Introduction to Robotics

로봇공학 개론

염기원 지음

도서출판 홍릉

저자소개

염기원

상명대학교 휴먼지능로봇공학과 교수

로봇공학 개론

인　쇄 : 2023년 1월 16일 초판 1쇄
발　행 : 2023년 1월 27일 초판 1쇄

저　자 : 염기원
발행인 : 송 준
발행처 : 도서출판 홍릉
주　소 : 01093 서울시 강북구 인수봉로 50길 10
등　록 : 1976년 10월 21일 제5-66호

전　화 : 02-999-2274~5
팩　스 : 02-905-6729
e-mail : hongpub@hongpub.co.kr
http://www.hongpub.co.kr
ISBN : 979-11-5600-087-7(93550)

정　가 : 29,000원

서 문

먼저, 학창 시절에 로봇공학에 대한 강의를 듣고 교재를 통해서 공부할 수 있도록 좋은 교재를 출간해 주셨던 국내외 많은 교수님들과 공학자분들께 감사를 전한다. 그 분들의 힘들고 고된 집필 작업 끝에, 마침내 좋은 책이 출간되어 그것을 통해 지식을 쌓을 수 있었던 것이 오늘 이 책을 출간할 수 있는 밑거름이 되었다.

저자가 처음으로 로봇공학 교재를 구입했을 때, TV에서나 볼 수 있었던 로봇을 이제 직접 만들어 낼 수 있을 것만 같은 설레임과 기대감으로 한동안 마음이 들떠 있던 시간들을 보냈었다. 하지만 점차 시간이 흐르면서, 전공 지식이 흔들리는 것을 느꼈고, 기본적으로 갖추고 있어야만 했던 많은 것들을 잘 배워두지 않았다는 것을 알게 되었다. 돌이켜 생각했을 때, 다른 교과 과정에서 충분히 다루어졌던 내용이었지만, 저자의 교만한 마음이 아마도 그런 것들을 대수롭지 않게 혹은 시시하게 여기면서 소홀히 넘겨버렸던 내용들이 로봇공학에서 꼭 필요하고 중요한 사항들이라는 것을 깨닫게 되었다. 그리고, 소홀히 여겼던 것들을 채우기 위해서는 꽤나 긴 시간을 들여야만 했다.

저자는 그렇게 기본기의 중요성을 가슴에 품으면서 언젠가 로봇공학에 대한 책을 쓰게 된다면, 작은 부분이라도 간과하지 않고 기본에 충실한 원리적인 내용들을 채워서 학생들에겐 학업에 도움이 되고, 전공자들에게는 업무적으로 활용될 수 있는 책을 써야겠다는 생각을 하게 되었다.

시중에는 로봇공학에 관련된 다양한 외국 서적과 여러 번역서, 그리고 국내의 여러 훌륭하신 교수님들이 집필하신 기본서뿐만 아니라, 다양하고 복잡한 주제를 다루는 서적들이 이미 많이 출간되어 있다.

저자는 로봇공학에 관심을 가지고 있거나 전공하는 학생들, 그리고 전공 엔지니어들이 로봇의 기구학적인 특성을 수학적으로 이해하고 해석할 수 있는 기본 지식을 갖추는데 도움이 되고자 하는 마음으로 책의 내용을 구성했다. 그리고, 여러 산업 시설에서 많이 사용되는 현대적인 로봇의 사례들을 포함시켜서 전공 관련자들에게도 도움이 될 수 있는 내용도 담고자 하였다.

처음으로 로봇공학을 접하면서 설레는 마음으로 공부했던 John J. Craig 교수님의 『Introduction to Robotics: Mechanics and Control, 2nd Edition』과 이 책의 번역서이자 과거 학창 시절에 교재였던 『로봇공학개론』(이대길 교수님외)은 이 책을 집필하는데 지침서가 되었다.

최근 로봇공학의 추세는 기구학, 역학, 센서 및 컴퓨터 비전, 그리고 인공지능 영역으로 더욱 세분화 되고 있으며, 그에 못지 않게, 이들 간의 상호 융합이 다양하고 활발하게 진행되고 있다. 기구학과 컴퓨터 비전, 기구학과 인공지능 등이 결합된 연구가 많이 발표되는 것은 이러한 추세를 반영하는 것이라고 할 수 있다.

이 책은 총 10장으로 구성되어 있으며, 전반부 제1장부터 제5장까지는 로봇 시스템의 기구학적 특성에 대한 수학적 모델링과 해석 방법에 대해 소개한다. 저자가 학교에서 로봇공학을 강의하면서 학생들에게 필요하다고 생각되는 부분들에 대한 이론과 수학적 모델링 및 해석적인 부분들을 최대한 상세하게 다루고 있다. 후반부 제6장에서 제10장까지는 기구학에 기초한 정역학과 동역학을 다루면서, 역학적 관점에서 로봇 제어에 필요한 경로 계획과 컴퓨터 비전과 인공지능을 이용한 로봇 제어 방법에 대해서 설명하고 있다.

제1장에서는 로봇공학에 대한 여러 기초적인 내용들과 응용분야 및 현대적인 로봇의 발전에 대해서 소개하고, 제2장에서는 로봇공학의 기구학적 특성을 이해하는데 필요한 벡터 기반의 위치와 방향을 다룬다. 제3장에서는 산업용 로봇인 다관절 매니퓰레이터에 대해서 단순한 것부터 현대의 복잡한 형태의 로봇을 대상으로 기구학적인 특성을 세밀하게 설명한다. 제4장에서는 제3장에 소개한 기구학에 대한 역기구학을 소개함으로써, 로봇의 목표물 추종에 관한 수학적인 이론과 제어방법에 대해서 논의한다. 마지막으로 제5장에서는 속도 기구학, 즉 로봇의 관절의 변화율을 로봇의 말단에서 관측되는 속도와 가속도로 나타내는 방법과 자코비안에 대해서 심도 있게 다룬다.

제6장에서는 로봇이 정적 평형상태를 유지하는데 필요한 정역학 이론을 소개하고, 제7장에서는 외부 환경과 다양한 상호작용을 위한 뉴튼-오일러, 라그랑쥐-오일러 방정식을 이용하는 로봇의 동역학 방정식을 유도한다. 제8장에서는 역학적 관점에서 로봇의 경로 추종을 위한 궤적 계획법에 대해서 설명하고, 제9장에서는 로봇 제어에 필요한 제어 이론과 PID 제어기에 대해서 소개한다. 마지막 제10장에서는 컴퓨터 비전을 이용한 영상 처리 방법과 이를 이용한 비주얼 서보잉 제어에 대해서 설명한다. 그리고, 최근 화두가 되고 있는 인공 지능 기술을 이용한 로봇 제어 방법에 대한 내용을 실무적인 관점에서 소개한다.

이 책은 공학 수학, 선형 대수학, 제어 공학을 이수한 학부 3학년 2학기 또는 4학년 1학기 과정의 학생을 주대상으로 한다. 그러나 각 장을 순차적으로 공부한다면 선수 교과목에 대한 내용을 학습하면서 관련된 내용을 이해할 수 있도록 배려하였다.

이 책에서 사용하는 전문적인 외국어 용어는 가급적 한글(영문 표기) 형태로 병행 표기 후에 한글 용어를 채택하여 사용하였다. 최대한 오탈자와 내용상의 오류가 없도록 여러 번 검토를 하였으나, 저자가 발견하지 못한 오탈자와 오류를 발견한다면 출판사로 연락을 부탁드린다. 향후에 반영 및 수정하여 개정판을 출간할 예정이다.

이 책을 통해서 학생들이 쉽고 즐겁게 로봇공학을 공부할 수 있기를 바라며 나아가 저자와 같이 불필요한 시행착오를 겪지 않고 기본기를 잘 갖추어서 능력 있는 로봇공학자들로 성장하길 바라는 마음이다.

COVID-19의 전국적인 재확산과 이로 인한 경기 침체, 세계적인 펜데믹 등 대내외적으로 어려운 상황 속에서도 이 책이 출간될 수 있도록 협조해 주신 도서출판 홍릉의 최윤석 이사님과 박찬혁 부장님께 감사를 드린다,

마지막으로 대학에서 로봇공학을 가르칠 수 있는 삶을 허락해주신 것에 감사드리며, 모든 분들의 삶에 건강과 축복이 함께하기를 소망한다.

2023년 1월

염 기 원

차 례

Chapter 1

개론

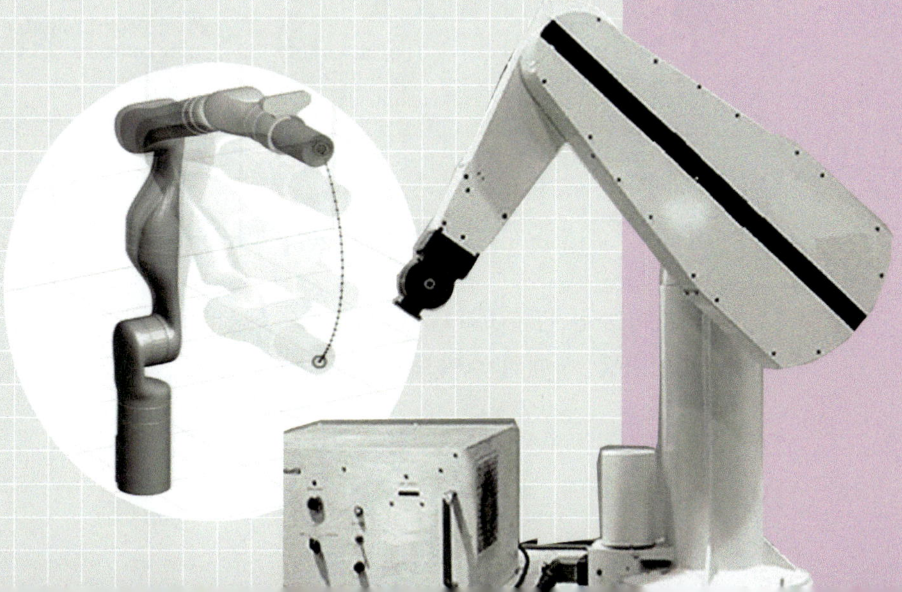

1.1 개요

1940년대에 원격으로 작동되는 방식의 로봇이 처음으로 등장하였고, 1950년대에 최초의 산업용 로봇이 미국에서 개발되었다. 그리고, 1970년대부터 생산시스템 환경에 본격적으로 산업용 로봇이 도입되면서 CAD/CAM(Computer Aided Design / Computer Aided Manufacturing)과 함께 생산 공정의 자동화를 선도하였다. 공장 자동화는 제 3차 산업혁명을 주도하는 키워드였다.

로봇 산업이 눈부신 발전을 거듭하면서, 과거의 자동화 공장 또는 자동화 생산 시스템에 국한되었던 산업용 로봇이 현재에는 개인에게 서비스를 제공하거나 소규모 서비스업의 무인화를 이끌면서 로봇의 시장 규모가 매년 10% 이상씩 성장하는 추세를 보이고 있다. 그리고, 최근의 공장 자동화 시스템은 다양한 센서 기술과 센서로부터 유입되는 빅데이터를 기반으로 기존의 공정 위주의 자동화에서 주변 환경에 능동적으로 반응하고, 개별 맞춤 품목이나 다품종 소량 생산 등의 요구 사항에 유연하고 신속하게 대처할 수 있는 지능적인 생산 시스템으로 변화되고 있다. 스마트 팩토리(Smart Factory)는 이러한 지능적인 생산 시스템을 통칭하는 4차 산업 혁명의 대표적인 요소 기술이다.

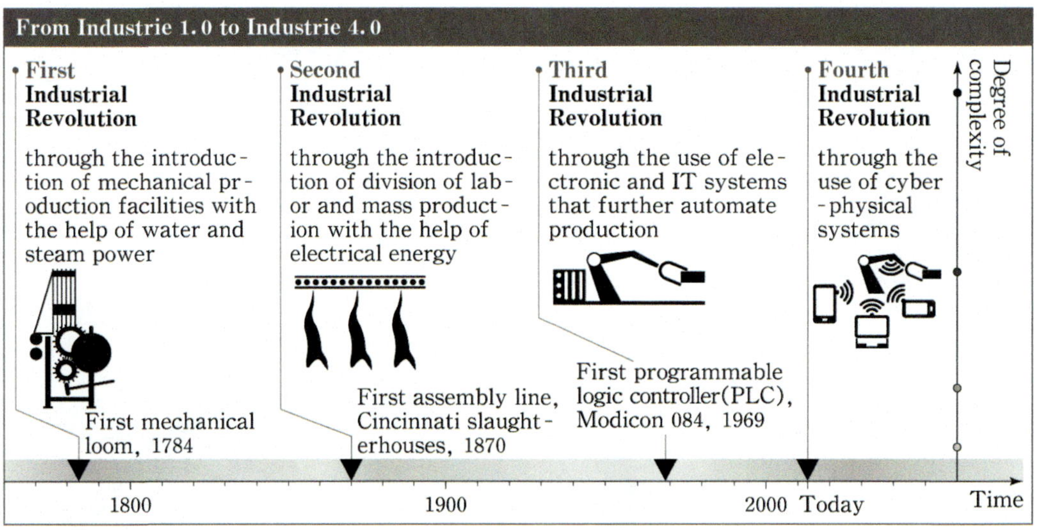

〈https://DFKI(2011)〉

그림 1.1 4차 산업혁명(Industry 4.0) 시대

정보 통신 기술(ICT)의 융합으로 이루어지는 새로운 산업사회를 지칭하는 '4차 산업 혁명' 시대의 스마트 팩토리는 빅데이터, 인공지능, 로봇공학, 사물 인터넷,

무인 이동체, 3D 프린터, 나노 기술 등을 이용해서 물리적인 세계와 디지털적인 세계를 통합시키려 하고 있다. 즉, 사용자는 공장 설비가 있는 현장에 있지 않아도, 디지털화된 가상의 공장을 통해 생산 시스템을 제어할 수 있다. 또한, 실제 생산 현장에서 사용자는 물리적인 생산 시스템의 구성 요소 상에 스마트 글래스, 스마트 폰, 스마트 패드 등을 통해 확장된 가상 현실을 이용해서 부품의 설치, 조립, 수리, 유지보수 등과 같은 다양한 업무를 수행할 수 있다. 이를 사이버-물리 시스템(Cyber-Pysical System, CPS)이라고 하며, 스마트 팩토리의 요소 기술 중 하나이다.

기존의 개별 공정 자동화 위주의 생산 시스템은 앞뒤 공정에서 어떤 일이 발생되는지를 알 수 없는 경우가 많았지만, 스마트 팩토리가 도입됨에 따라 모든 설비나 장치, 재료 등이 센서와 통신 기술을 바탕으로 연결되어 정보를 주고 받으며, 각 공정을 모니터링하고 수집되는 빅데이터를 통해서 인공지능 기술을 이용한 최적의 생산 환경을 유지해 갈 수 있도록 한다. 스마트 팩토리의 키워드는 자동화이며, 로봇(Robot)과 센서는 지능형 자동화를 가능하게 하는 핵심 요소라고 할 수 있다.

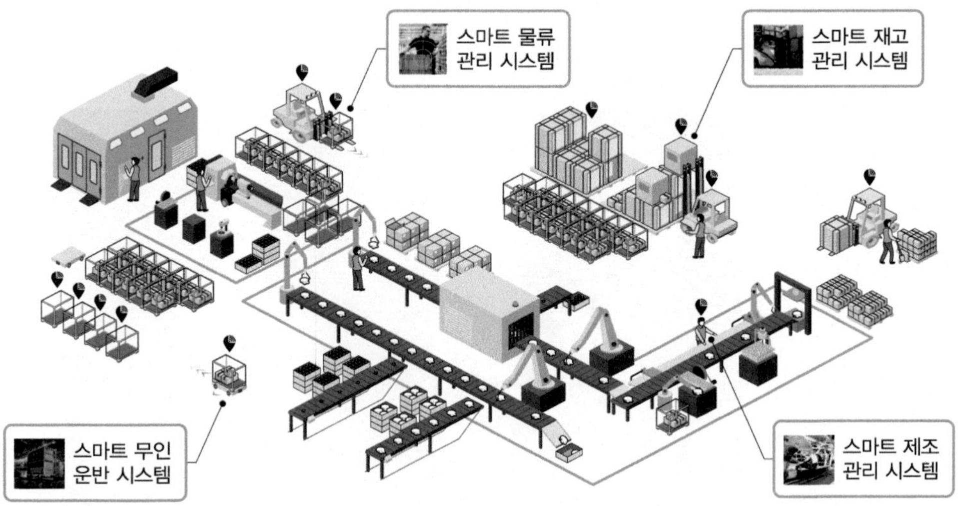

〈https://kinexon.com〉

그림 1.2 스마트 팩토리(Smart Factory) 개념도

과거의 로봇은 산업용 도구의 하나로서, 사람이 지시한 내용이나 명령에 따라 움직이는 원격조종 자동기계로 인식되었으나, 4차 산업혁명 시대의 스마트 팩토리에 적용되는 로봇은 스스로 주변의 환경과 상태를 인식하고 자율적으로 행동할 수 있는 지능형 로봇으로 발전되고 있다.

1.2 로봇의 정의

'로봇(Robot)'이라는 용어는 1920년 체코슬로바키아의 극작가 카렐 차페크(Karel Capek)가 발표한 희곡 '로섬의 만능 로봇'(R.U.R:Rossum's Universal Robots)에서 처음 등장하였으며, 어원은 체코어의 노동을 의미하는 단어 Robots으로부터 나왔다고 알려져 있다.

로봇공학 또는 '로보틱스(Robotics)'라는 용어는 1942년 3월에 첫 출판된 아이작 아시모프(Isaac Asimov)의 공상과학 소설에서 처음 등장하였으며, 다음과 같이 인간을 돕기 위한 기본적인 세 가지 원칙을 제안하였다.

첫 번째, 로봇은 인간을 해칠 수 없으며 인간이 해를 입도록 방치해서도 안 된다.

두 번째, 로봇은 첫 번째 법칙에 어긋나는지 않는다면 인간이 내린 명령에 복종해야 한다.

세 번째, 로봇은 첫 번째와 두 번째 법칙에 어긋나지 않는다면 자신을 보호해야 한다.

그림 1.3 체코의 카렐 차펙과 소설 RUR

놀라운 것은 첫 번째와 두 번째 원칙은 인간을 위한 것이고, 세 번째는 로봇 자체를 위한 것이다. 여러 공상과학 영화에서 사람과 로봇의 갈등과 전쟁 등으로 상호 배타적인 면을 표현하기도 했지만, 로봇은 4차 산업혁명 시대에서 일상의 한 부분이 되어가고 있다.

1.3 로봇의 역사

상상력에서 출발한 로봇에 대한 개념이 실제로 사용 가능한 형태의 로봇으로 실현되는 데까지 약 30여 년의 시간이 소요되었다. 로봇과 유사한 기계 장치는 고대로부터 사용되어 왔다.

기원전 1세기경 알렉산드리아의 기계학자 헤론은 증기, 가축 또는 사람의 힘을 이용해 문을 열거나 파이프 오르간을 연주하는 기계를 설계하였다. 1세기경 그리스에서는 두 개의 회전하는 바퀴 축을 이용하여 행성, 태양, 달의 위치를 예측하는데 기계식 장치인 '안티사이테라'를 이용하였다. 4세기경엔 별의 위치, 시각, 경위도를 관측할 수 있는 천문기계 '아스트롤라베'가 이슬람권에서 사용된 기록이 있다.

중세시대에는 물을 끌어 올리거나 음식을 제공할 수 있는 기계 장치의 하나인 '알 자자리'가 사용되었으며, 성당 첨탑에 매일 정오에 날개를 퍼덕거리며 부리를 벌리고 혀를 내밀어 소리를 낼 수 있는 기계 장치가 사용된 사례가 있다.

근대에서는 프랑스 기술자 보캉송이 '플룻 연주자', 걷고 먹고 배설할 수 있는 '자동으로 움직이는 오리' 등을 개발하였고, 이러한 장치들은 외부에서 기계 장치를 이용해서 움직이도록 하는 자동화 기구 발전의 시작점이 되었다. 1900년에는 루이스 페류에 의해서 '마차를 끄는 자동 인형'이 개발되었다. 이외에도 오늘날의 로봇과 유사한 캐릭터들이 다수의 장치들이 나타나기도 하였다.

현대적인 로봇 장치는 1940년대 후반부터 과학기술의 급속한 발전과 더불어 빠르게 발전하기 시작했다. 조지 데볼이 마그네틱 테이프에 명령을 기록하여 기계를 제어하는 방법을 1946년에 제시하였으며, 그레이 월터가 미리 입력된 명령에 의해 빛에 반응하고 빛을 따라다니는 최초의 자율 로봇을 1948년도에 발표하였다. 그리고, 1954년에 조지 데볼에 의해서 반복적인 작업을 수행할 수 있는 최초의 산업용 로봇이 고안되었다. 1961년 미국의 자동차 회사인 제너럴 모터스(GM)에서 최초의 산업용 로봇인 유니메이션(Unimation)사의 유니메이트 로봇(Unimate robot)이 운영되기 시작하였으며, 이는 미국의 로봇 산업을 태동 시키는 계기가 되었다. 스탠포드 연구소에서는 컴퓨터에 의해서 제어 가능한 이동 로봇 쉐이키(Shakey)를 1958년에 개발하였고, 1973년 독일의 쿠카(KUKA)에서 최초의 6축 로봇 파뮬러스(Famulus)를 제작하였다. 1980년대는 일본과 미국에서 다양한 산업용 로봇이 개발되면서 로봇 자동화 시장을 선도하였다. 특히 현재에도 로봇공학의 기본적 기구 구조와 제어 개념을 공부할 때 사용되는 유니메이션(Unimation)사의 Unimate PUMA 500이 1983년도에 개발되었다.

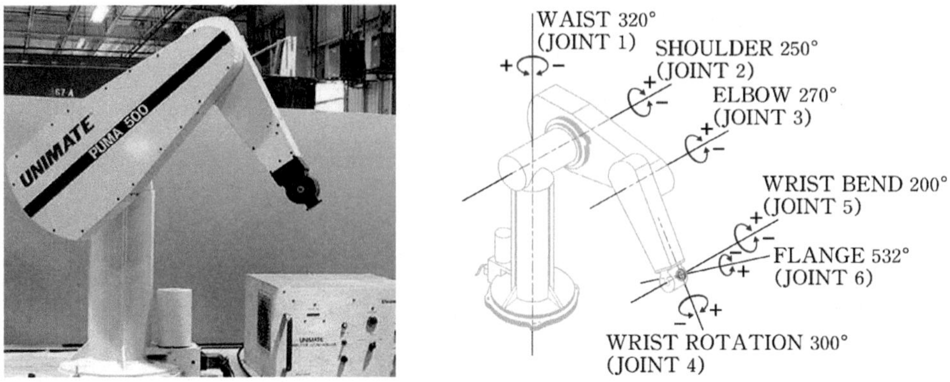

그림 1.4 PUMA 500 로봇

1986년 혼다에서 인간과 같이 직립보행할 수 있는 로봇 개발에 착수하여 1997년 최초의 휴머노이드 로봇 P2를 개발하였으며, 2001년에는 인간과 가장 유사한 형태의 로봇인 아시모(ASIMO)를 개발하였다. 아시모는 이후, 세계 여러 나라에서 다양한 형태의 휴머노이드 로봇들을 등장하게 만든 계기가 되었다.

그림 1.5 혼다 ASIMO의 변천

2005년에는 미국의 보스턴 다이나믹스사에서 개발한 4족 보행 로봇인 빅독(Big Dog)이 발표되면서 큰 화제가 되었으며, 발전을 거듭하여 4족 보행 로봇인 스팟을 출시하였다. 더욱이 최근에는 기계체조 선수처럼 덤블링까지 가능한 아틀라스(Atlas) 로봇을 발표하면서 세계 로봇 기술을 선도하고 있다.

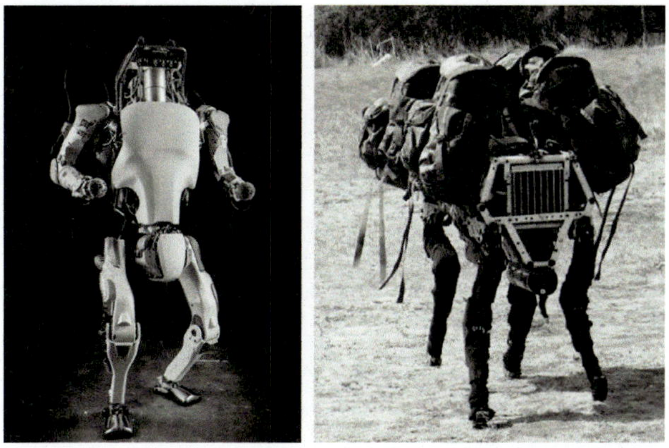

그림 1.6 Boston Dynamics 사의 빅독(좌)과 아틀라스(우)

1.4 로봇의 응용 분야

로봇은 사람이 하기 힘든 고위험, 고반복, 고정밀 작업에 적합하도록 고안되었다. 이러한 로봇의 응용 분야는 [그림 1.7]에 나타난 것처럼 광범위하며, 앞으로 더욱 다양해지고 많은 분야에서 사용되면서 발전해 나갈 것으로 예상된다.

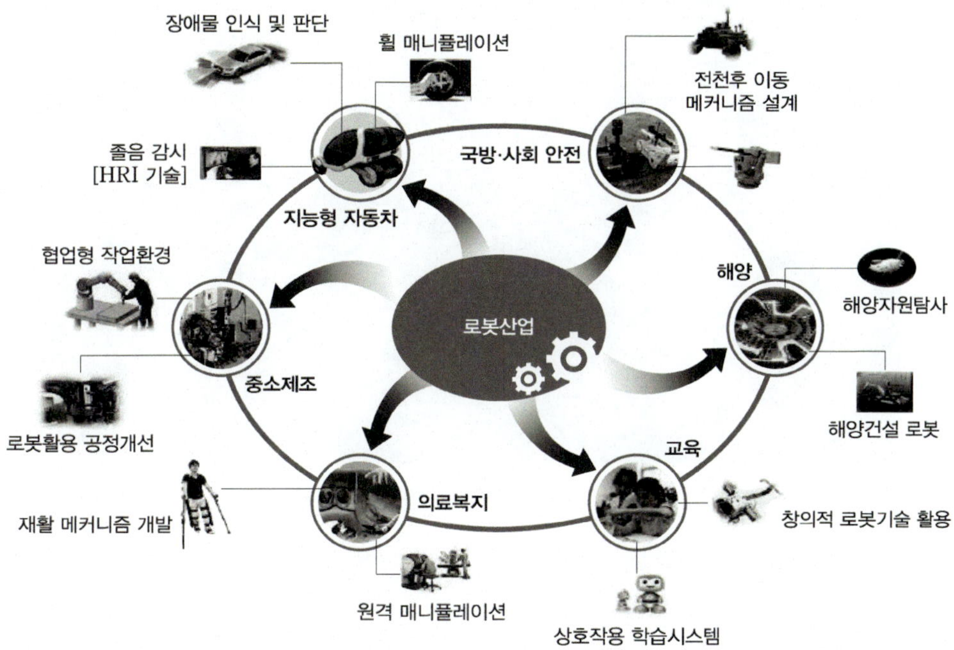

그림 1.7 로봇의 응용분야

1.5 로봇의 분류

로봇은 구조, 용도, 역할 등에 따라서 다양한 형태로 구분될 수 있다. 보통 로봇이라는 개념에는 단단한 기계적 구조와 모터 장치를 주 구동계로 사용하는 장치가 일반적이었으나, 최근에는 생체 모방 기술의 일환으로 부드럽고 변형이 용이한 물질과 새로운 구동방식을 이용해서 유연한 구조를 갖는 소프트 로봇도 부각되고 있다.

1.5.1 산업용 로봇

산업용 로봇은 산업현장에서 실제 사용되고 있는 로봇을 총칭한다. 최초의 산업용 로봇은 1959년 유니메이션(Unimation)사에서 Devol과 Joseph Engelberger에 의해 개발된 유니메이트 001(Unimate #001)이며, 1961년부터 제너럴 모터스(General Motors)에서 설치되어 사용되어 약 10만 시간 활용된 것으로 알려져 있다. 산업용 로봇은 [그림 1.8]과 같이 자동차 산업과 제조업을 중심으로 한 생산현장에서 조립, 기계 가공, 용접, 입출하, 검사 및 측정, 프레스, 도장, 이송, 수지가공 등 다양한 공정에서 활용되고 있다.

그림 1.8 자동차 생산에 활용되는 산업용 로봇

1.5.2 의료용 로봇

의료용 로봇은 의료 서비스 로봇이라고도 지칭하며, 의료 서비스 로봇은 의료 현장의 다양한 분야에 의료 목적의 고품질 서비스 행위를 인간을 대신하여 수행하는 로봇으로 정의한다. 기존의 의료 기기(Medical device) 또는 의료 로봇(Medical robot)보다 의료 서비스로 확대되고 있으며, 수술, 재활, 간호, 병원 안내, 의료 물품 이송 등에 활용되고 있다. 최근에는 [그림 1.9]와 같이 정밀한 수술이 필요할 때, 많은 병원에서 수술 로봇인 다빈치(Da Vinchi)를 사용하여 수술이 이루어지고 있다.

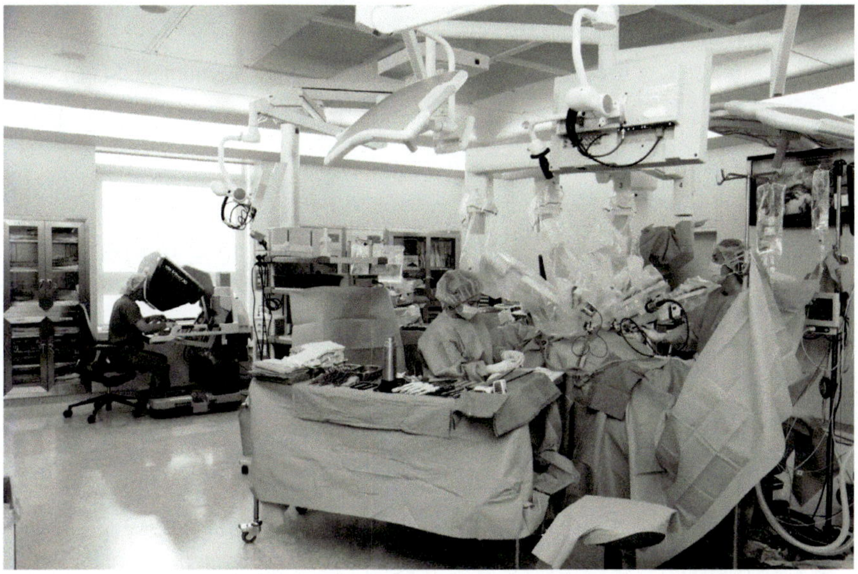

그림 1.9 다빈치(Da Vinchi) 수술 로봇

1.5.3 군사용 로봇

군사용 로봇은 인간을 대신하거나 보조하면서 군사작전을 수행하는 로봇이다. 군사용 로봇은 폭발물 제거, 탐사, 적대적 환경 또는 험준한 지형에서의 이동 등과 같은 가혹 환경하에서 임무를 수행하기 때문에 부품의 높은 내구성과 신뢰성을 필요로 한다. 현재는 지뢰제거, 무인 정찰과 감시, 경계 등의 임무를 수행하는 로봇에 대한 연구가 많이 이루어지고 있다. [그림 1.10]과 같이 인간을 대신하여 무거운 군수 물품을 운반하는 로봇에 대한 시범적인 운용도 진행되고 있다.

그림 1.10 군사용 물품을 이송하는 Boston Dynamics 사의 LS3

1.5.4 가정용 로봇

가정용 로봇은 주로 가사 지원 서비스 로봇이라고도 불리며, 일반 가정 내에서 인간의 다양한 가사를 지원해 줄 수 있는 미래형 지능 로봇으로 분류된다. 최근에는 간단한 완구 형태의 반려 로봇과 청소 로봇이 주를 이루고 있으나, 가정용 로봇이 현실화된다면 인간에게 효율적이고 창의적인 시간을 부여해 줄 수 있을 것으로 기대된다. 가정용 로봇에서는 환경 인식, 위치인식을 통한 자율 주행, 사람과의 상호작용이 필요한 네트워킹 기술, 인공지능을 이용한 로봇 지능화 기술이 핵심기술로 대두되고 있다. [그림 1.11]은 로봇을 이용하여 간단한 요리가 가능함을 보여주는 사례이다.

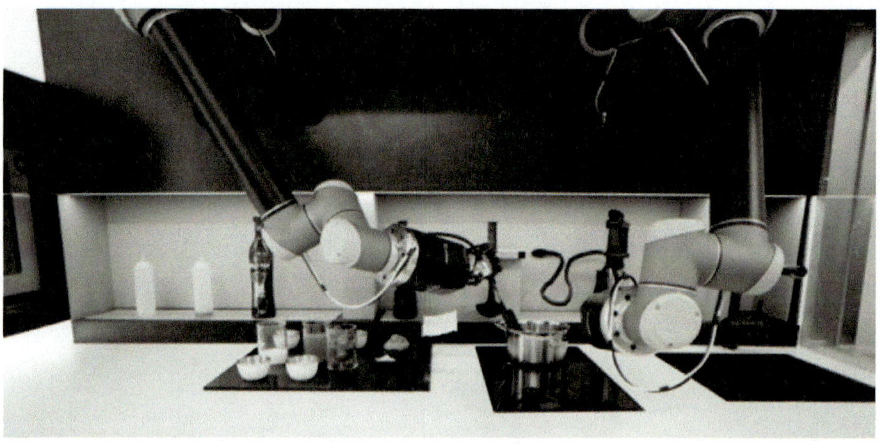

그림 1.11 가사 일을 돕는 로봇

1.5.5 우주용 로봇

지구와 다른 환경을 가지고 있는 우주 공간에서는 인간의 생존에 어려움이 있기 때문에 우주 발사체, 국제 우주 정거장의 유지 보수, 행성 탐사 등에 우주 로봇이 사용되고 있다. 우주 환경은 매우 극한 환경이기 때문에, 우주 로봇은 매우 특별한 보호 장치를 필요로 한다. 그리고, [그림 1.12]와 같이 화성 탐사와 같은 태양계 내 또는 외부의 행성 탐사를 위해서 지상 관제소로부터 탐사 로봇을 제어할 수 있는 우주 로봇 원격 제어 기술이 적용된다.

그림 1.12 NASA의 화성 탐사 로봇 PathFinder

1.5.6 인간형 로봇

휴머노이드 로봇인 인간형 로봇은 인간의 행동을 모사해서 인간처럼 움직일 수 있는 로봇이다. 혼다의 아시모(ASIMO), 보스턴 다이나믹스의 아틀라스(Atlas), 한국과학기술원의 휴보(Hubo) 등이 대표적인 휴머노이드 로봇이라고 할 수 있다.

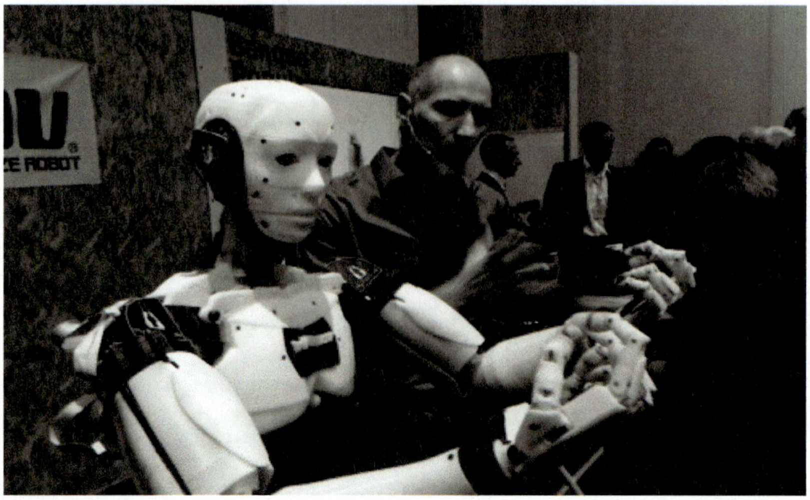

그림 1.13 사람의 손동작을 따라하는 휴머노이드 로봇

1.5.7 생체 모방형 로봇

생체 모방형 로봇은 Biomimetic 또는 Bio-inspired 로봇이라고 하며, 동물이나 곤충의 구조나 구동 메커니즘을 모방하여, 실제 동물이나 곤충이 움직이는 것과 유사하게 움직일 수 있는 로봇을 지칭한다. 생체 모방형 로봇은 군사용 로봇처럼 인간이 접근하기 어려운 위험한 지역이나 심해에서 활동할 수 있는 로봇에 대한 연구가 활발히 진행되고 있으며, 생화학 무기나 방사능 탐지, 도청, 감시 등과 같은 정찰 활동에 활용될 수 있다.

그림 1.14 개미의 모습과 행동을 모방한 FESTO 사의 개미 로봇

1.6 산업용 로봇의 구조

산업용 로봇을 구성하는 세 가지 기본 요소는 [그림 1.15]와 같이 기계적 동작을 하는 기구부(Manipulator), 명령을 해석하여 로봇이 작동되도록 하는 제어장치(Controller), 로봇에 필요한 작동 명령을 입력하거나 프로그래밍할 수 있는 교시 장치(Teaching pendant)이다.

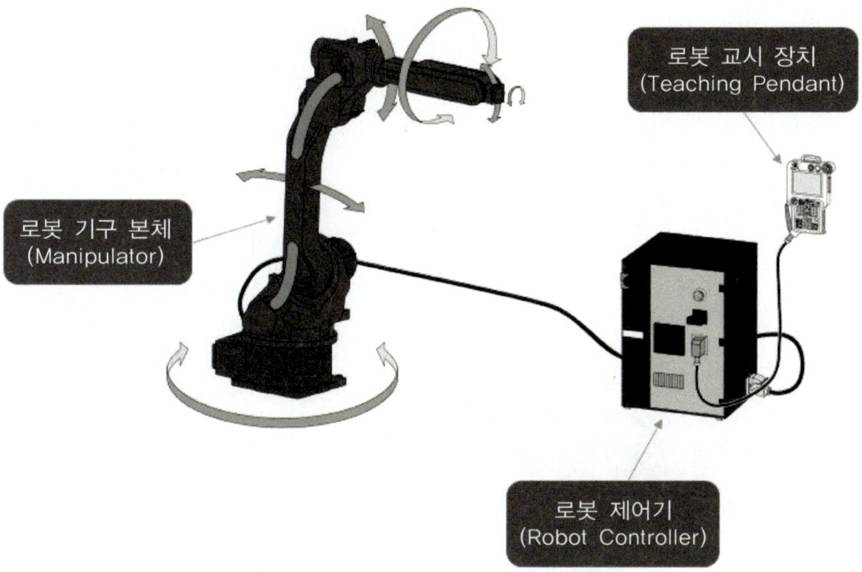

그림 1.15 산업용 로봇의 구성요소

1.6.1 로봇 기구부(Manipulator)

로봇 기구부는 로봇 본체를 의미하며, [그림 1.16]과 같이 최하단의 몸통(Base), 어깨(Shoulder), 팔꿈치(Elbow), 팔(Arm), 손목(Wrist), 손(Hand 또는 End-effector)로 구성된다.

각 부분은 링크(Link)와 관절(Joint 또는 Axis)에 의해서 서로 연결된다. 관절 또는 조인트는 직선 또는 회전운동을 할 수 있는 부분을 의미하며, 링크는 사람의 뼈대와 같은 관절과 관절을 연결해 주는 강체(Rigid body)를 의미한다.

몸체를 이루는 베이스부(Base)는 몸통과 수평 회전을 할 수 있는 관절(Joint 1)로 구성되며, 메니퓰레이터 전체의 지지대 역할을 한다. 어깨부(Shoulder)는 수직 회전을 할 수 있는 관절(Joint 2)로 구성되고, 베이스부와 어깨부는 링크(Link 1)

에 의해서 연결된다. 팔꿈치부(Elbow)는 수직 회전을 할 수 있는 관절(Joint 3)으로 구성되며, 사람 팔꿈치와 같은 역할을 수행한다. 어깨부와 팔꿈치부는 다시 링크(Link 2)에 의해서 연결된다. 로봇의 팔꿈치에 연결되어 있는 링크(Link 3)는 팔꿈치부에서 관절(Joint 4)이 추가되어 사람의 팔이 작은 범위에서 회전할 수 있듯이 수평 회전 운동이 가능하도록 구성된다. 따라서, 어깨부터 손목 직전 부분까지 통칭하여 팔(또는 Arm)이라고 지칭한다. 손목부(Wrist)는 수직 회전 운동을 할 수 있는 관절(Joint 5)을 포함하며, 바로 이어지는 로봇의 손(End-effector)과 맞닿아 있다. 로봇의 손은 Hand/End-effector/Gripper 등 용도에 따라서 다양한 명칭으로 불리고 있으나, 통상적으로 말단 장치를 뜻하는 엔드 이펙트(End-effector)로 불리운다. 말단 장치는 손목과 맞닿아 수평 회전 운동을 할 수 있는 관절(Joint 6)을 포함한다.

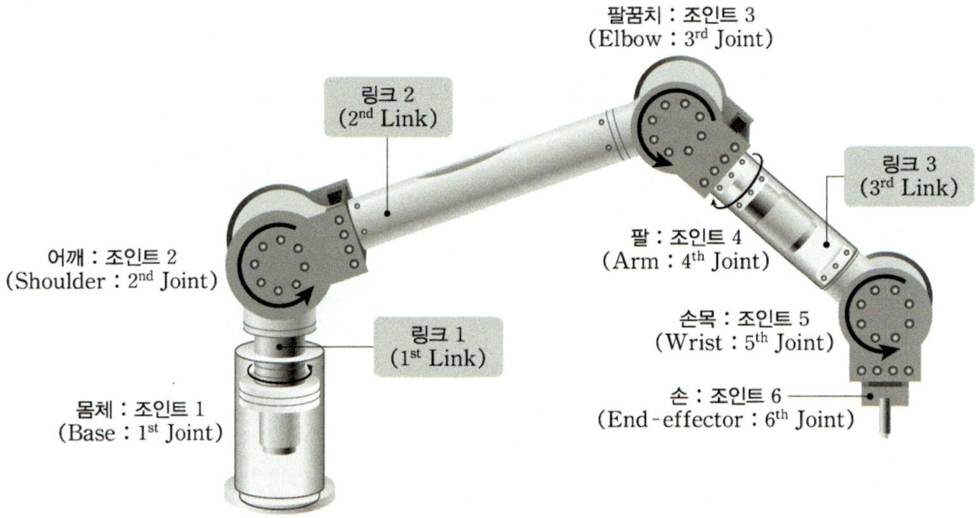

그림 1.16 산업용 로봇의 구조

1.6.2 제어기(Controller)

로봇의 기구부는 자체적으로는 움직일 수 없으며, 로봇을 움직이기 위해서는 로봇 내부에 관절을 구성하고 있는 엑츄에이터(Actuator)를 움직이도록 전기적 신호로 명령을 전송해야 한다. 산업용 로봇이나 일반적인 로봇을 구동시킬 수 있는 엑츄에이터는 모터 시스템을 채용한다. 사용자가 지시하는 대로 로봇이 움직일 수 있도록 하기 위해서는 로봇 관절이 유효한 작동 범위 내에서 움직일 수 있는 모터 제어 명령을 내려서 사용자가 원하는 동작을 수행할 수 있도록 해야한다.

제어기는 사용자의 명령을 해석하고 이를 로봇이 움직일 수 있는 모터 제어 신호로 변경하는 역할을 한다. 제어기 내부는 각 관절을 구성하는 모터의 동력과 제어 신호 전달에 필요한 전자 장치들로 구성되어 있다. [그림 1.17]은 현대 로보틱스의 Hi5a 산업용 로봇에 적용되는 제어기의 예시를 보여주고 있다.

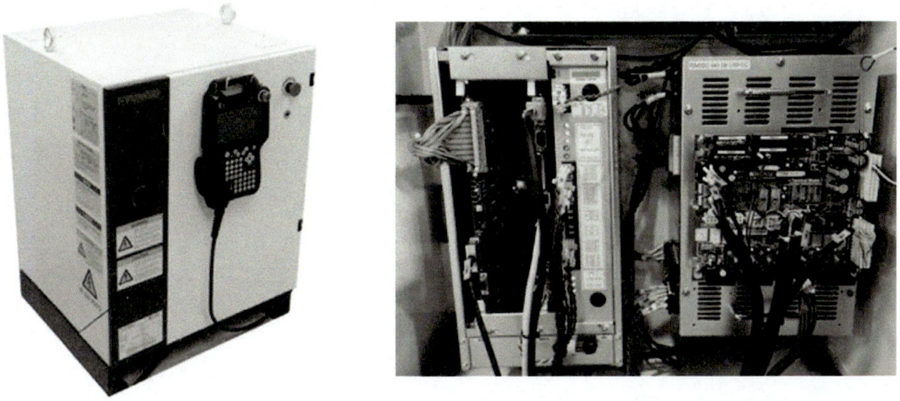

그림 1.17 현대로틱스 산업용 로봇 Hi5a의 제어기 외부 및 내부

1.6.3 교시 장치(Teaching pendant)

교시 장치 또는 티칭 펜던트는 사용자가 로봇의 작업을 지시할 수 있는 사용자 인터페이스이다. 사용자는 티칭 펜던트를 이용해서 로봇이 다양한 작업을 수행할 수 있도록 각종 파라미터를 설정할 수 있으며, 작업의 순서, 위치 이동, 이동 속도, 핸들링 등과 같은 로봇의 모든 동작을 교시할 수 있다. [그림 1.18]에 나타나 있듯이 티칭 펜던트는 로봇 제어기와 직접 연결되어 있으며, 이를 이용해서 로봇의 작동이나 제어 파라미터를 쉽고 편리하게 설정할 수 있다.

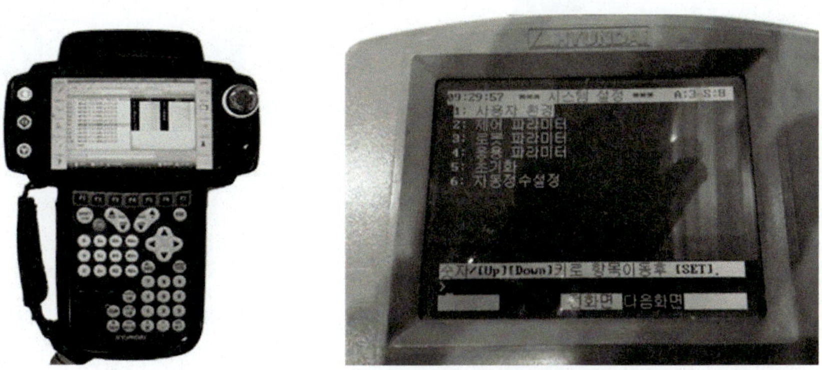

그림 1.18 현대로틱스 산업용 로봇 Hi5a의 티칭 펜던트와 화면 인터페이스

1.7 로봇의 구동장치

로봇의 관절을 구성하는 구동장치, 즉, 엑츄에이터는 동력 전달 방식에 따라 전기식, 유압식 및 공압식으로 구분된다.

표 1.1 구동장치의 특징

구분	전기	유압	공압
구조	간단	복잡	복잡
가격	저가	고가	중가
출력	소출력	대출력	고출력
발열	약간 정도	큼	없음
부하 안전성	과부하에 민감	과부하에 강인	과부하에 매우 강인
응답성	보통~상	매우 좋음	나쁨
정확성	높음	보통	낮음
반복성	좋음	좋음	나쁨

1.7.1 전기식 구동장치

전기식 구동장치는 모터를 사용하며 운동 형태에 따라 회전형 및 선형(직동) 작동 방식이 있다. 일반적으로 로봇의 관절은 [그림 1.19]와 같은 DC/AC 모터, 스테핑(Stepping) 모터와 서보모터를 사용하며, 최근에는 브러쉬가 없는 BLDC(Brushless DC) 모터도 많이 사용되고 있다.

DC 모터 스텝 모터 서보 모터

그림 1.19 로봇에 사용되는 모터

모터는 [그림 1.20]과 같이 자기장 속에 도체가 놓여있을 때, 이 도체가 어떤 방향으로든지 운동을 하면 도체 내부에는 전류가 유기되어 흐르게 되면서, 반대로 도체 내에 전류를 흘리면 특정한 방향으로 힘을 받아 운동하려고 한다. 이러한 전자기적 원리를 이용하여 인위적으로 자기장을 형성하고 도체를 구성한 후 전류를 공급하여 도체가 임의적으로 회전 운동을 할 수 있도록 한 것이 DC 모터이다. DC 모터에 직류 전기와 양극에서 발생하는 자기장에 의해서 발생하는 힘은 로렌츠(또는 플레밍의 왼손) 법칙에 따라 회전의 방향을 결정하게 된다.

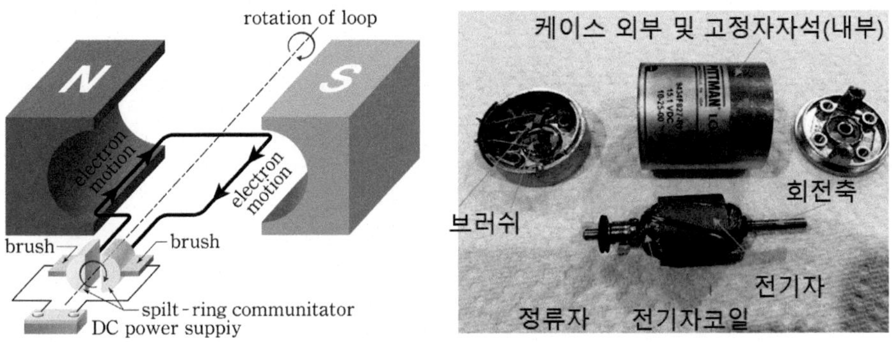

그림 1.20 DC 모터의 회전 원리 및 내부 구조

또한, 모터 자체는 전원이 인가될 때 매우 빠른 회전 속도를 갖는 것이 특징이기 때문에, 단독적으로 로봇의 기구부와 연결되어 사용되지 않고 기어 시스템과 결합되어 로봇의 관절부를 이루게 된다. 로봇의 모터부와 연결되는 기어 시스템은 모터의 회전 속도를 떨어뜨리기 때문에 감속기라고도 한다. 일반적으로 기어(Gear), 싸이클로이드(Cycloid), RV, 하모닉 드라이브(Harmonic Drive) 감속기가 로봇에 사용된다.

- 기어(Gear): 기어는 두 축 사이의 회전력을 전달하는 기계 요소로, 회전 운동을 전달하는 축의 위치, 회전 방향, 속도비 등에 따라 여러 종류의 기어가 있다. [그림 1.21]은 DC 모터에 각도 제어가 가능하도록 기어 박스로 구성된 서보 모터의 예시이다.

그림 1.21 서보 모터의 기어박스

기어박스는 기어의 여러 결합 방식에 따라 특수한 성질을 가지게 된다. 기어에 대한 자세한 내용은 기구학을 다루는 별도의 책을 통해 공부해야 할 내용이며, 본 교재에서는 간략한 소개와 기어비를 이용한 속도 감속의 원리만 다루도록 한다.

기어는 이가 서로 맞물려 돌아가기 때문에 미끄러지지 않고 동력을 정확히 전달할 수 있다. [그림 1.22]에서와 같이 기어와 기어 사이에는 맞물림을 할 수 있는 약간의 공간이 필요한데, 이 공간이 너무 적으면 마찰과 소음이 발생하고, 너무 크면 기어가 파손되기 쉽다. 이 공간을 백래쉬(Backlash)라고 하며, 낮은 백래쉬를 갖는 기어시스템의 내구성이 우수하다.

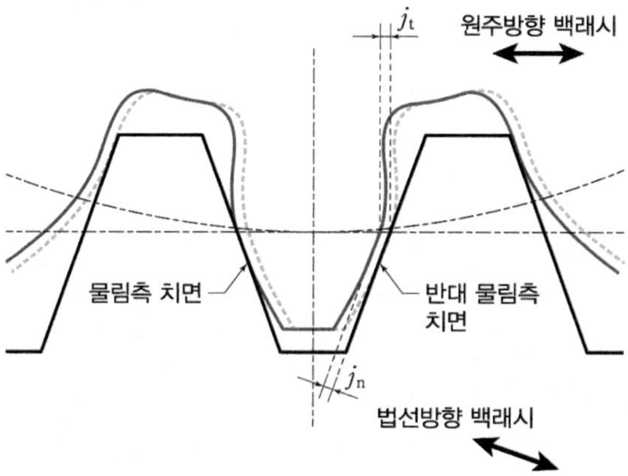

⟨https://khkgears.net/.com⟩

그림 1.22 기어의 백래쉬

맞물리는 한 쌍의 기어에서 회전비(i)는 구동장치에 직접 연결되어 회전 운동을 하는 기어의 직경(기준원 직경)에 반비례하고 잇수와 회전수는 비례하며, 다음과 같은 관계를 가진다.

$$\text{회전비}\,(i) = \frac{d_B}{d_A} = \frac{Z_B}{Z_A} = \frac{n_A}{n_B} \tag{1.1}$$

기어에서 기어의 기준원 직경(d), 잇수(Z), 회전수(n)의 관계는 [그림 1.23]과 같다.

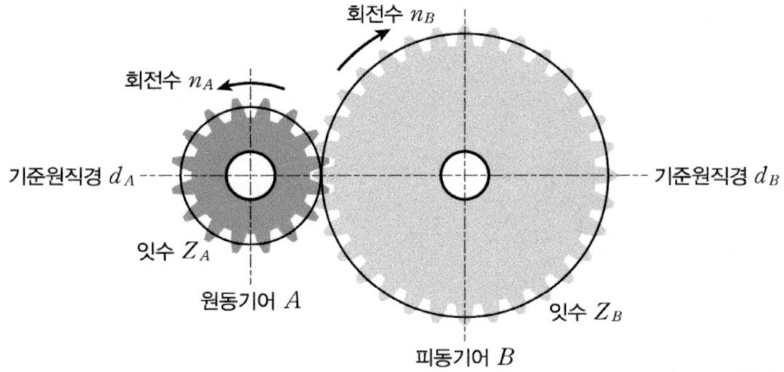

〈https://khkgears.net/.com〉

그림 1.23 기어와 기

기어간 맞물리는 기어의 잇수를 조절하면 회전 속도와 힘의 크기를 변경할 수 있으며, 두 축이 직선 또는 평행으로 되어 있지 않아도 동력을 전달할 수 있다. [표 1.2]는 다양한 기어 시스템에 대한 특징과 용도를 설명하고 있다.

두 축이 평행할 때 사용되는 기어는 이가 축에 평행하게 나 있으며, 평행한 두 축 사이의 회전력을 전달하는 평 기어와 이가 곡선으로 된 원통 기어로 이의 물림이 원활하고 진동과 소음이 적은 헬리컬 기어가 있다. 맞물린 평 기어의 하나가 지름이 아주 크거나 무한대로 된 기어를 래크(rack), 이에 비하여 지름이 작은 기어를 피니언(Pinion)이라고 한다.

표 1.2 기어의 종류와 특징

종 류	모 양	축 관계 및 특징	용 도
평기어		• 두 축이 평행할 때 동력 전달	시계, 선반, 내연 기관 등
헬리컬 기어	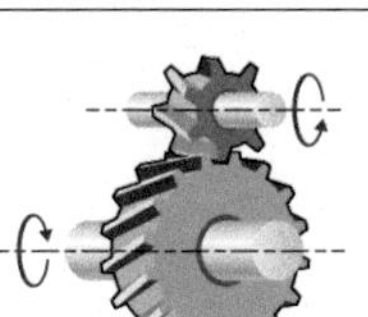	• 두 축이 평행할 때 • 물림이 원활하여 소음이 적음	공작 기계, 내연기관 등
베벨 기어		• 두 축이 서로 직각으로 만날 때 • 회전 방향을 직각으로 바꿀 때	핸드 드릴, 자동차의 구동장치 등

표 1.2 기어의 종류와 특징(계속)

종 류	모 양	축 관계 및 특징	용 도
웜과 웜기어	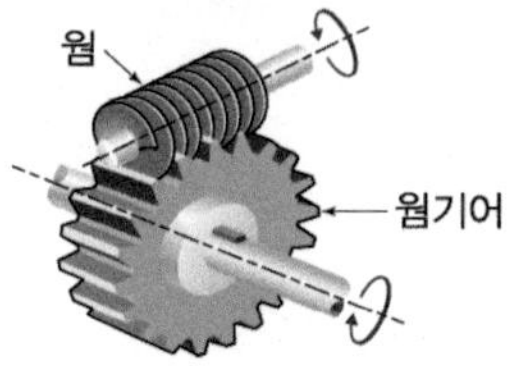	• 두 축이 평행하지도, 교차하지도 않을 때 • 큰 감속도를 얻을 수 있음	감속 장치
래크와 피니언		• 두 축이 평행할 때 • 회전 운동을 직선운동을 회전 운동으로 바꿀 때	선반, 드릴링 머신, 사진기 등의 이송 기구

〈https://ettkorea.com〉

두 축이 교차하는 곳에 사용되는 베벨 기어는 이가 원뿔면에 방사상으로 곧게 나 있기 때문에 핸드 드릴이나 자동차 차동 장치 등에 많이 쓰인다. 두 축이 평행하지도 교차하지도 않을 때 사용되는 기어는 두 축이 직각이며, 서로 만나지 않을 때 지름이 작은 나사 모양의 웜과 평 기어 모양의 웜 기어를 사용한다. 그리고 큰 감속비를 얻으려고 할 경우에는 웜과 웜 기어를 사용한다.

- 싸이클로이드(Cycloid) 감속기: 싸이클로이드란 [그림 1.24]에서 보이는 것과 같이, 원이 한 바퀴 회전할 때, 원둘레 위에 고정된 한점이 그리는 자취이다.

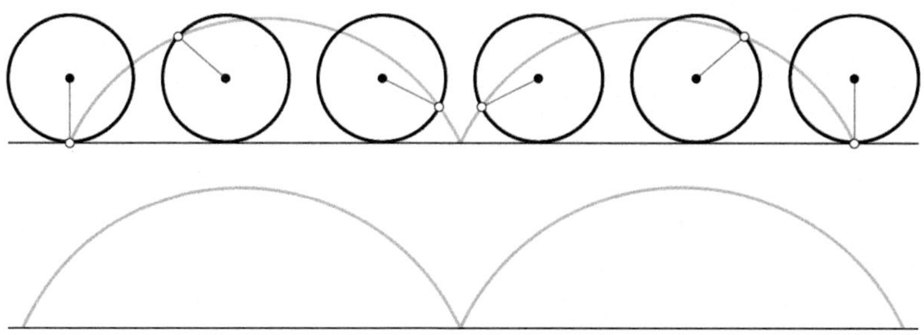

그림 1.24 싸이클로이드 운

사이클로이드 감속기는 그 치형에서 이름을 차명한 것이며, 현재 상용되고 있는 감속기의 작동의 원리는 [그림 1.25]와 같이 사이클로이드 치형에 핀과 로울러를 사용하여 편심판이 굴러가면서 원주 길이의 차이에 의한 운동량의 차이, 즉, 차동으로 감속을 한다.

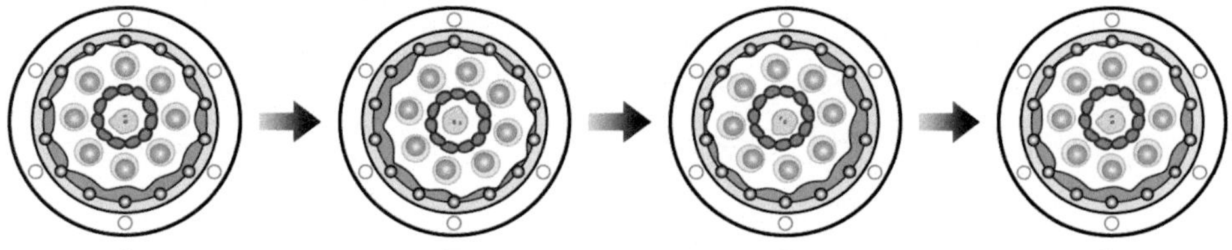

그림 1.25 싸이클로이드 감속기의 구동 원리

[그림 1.26]에서 나타나 있는 것과 같이 기어 방식의 감속기보다 작은 공간에서 큰 감속비를 가지며, 감속 조절이 용이하고 구조가 간단하다. 감속비를 크게 하기 위해 피니언의 치수를 적게 하여도, 이로 인한 간섭 문제가 없어서 기어 톱니를 약화시키는 일이 없기 때문에 시계류나 특수 계측류 등에 폭넓게 사용되고 있다.

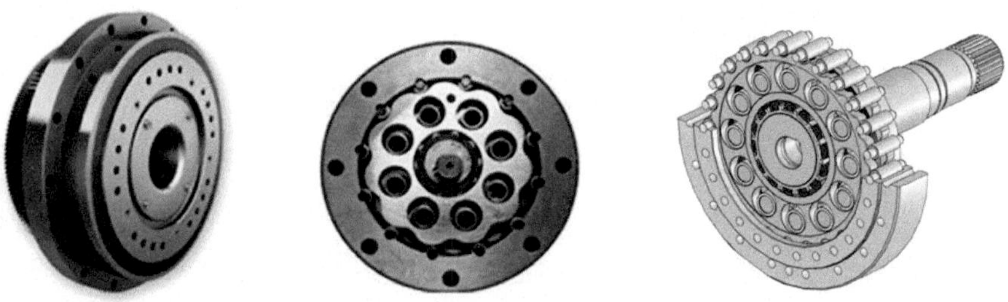

그림 1.26 싸이클로이드 감속기와 기어구조

- RV 감속기: 플라노센트릭(Planocentric, 유성기어) 방식의 감속 기구 장치를 사용하는 싸이클로이드 형태의 고정밀 제어용 감속기이다. 이 감속기는 동시 맞물림 수가 많기 때문에 소형, 경량이면서 강성이 높고, 과부하에 강한 것이 특징이다.

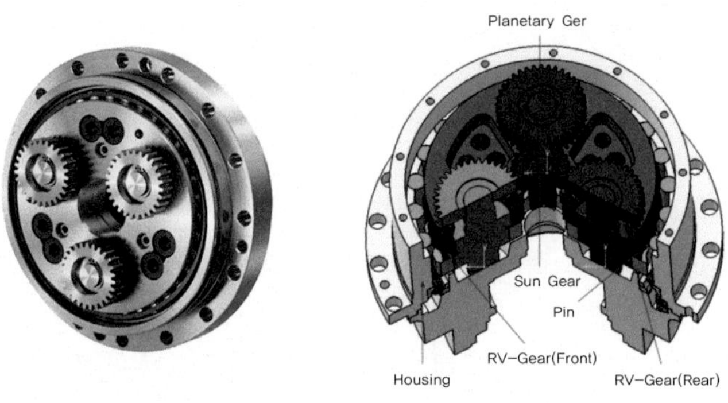

그림 1.27 RV-N 감속기와 기어구조

백래쉬(Backlash), 회전진동, 관성모멘트(Inertia)가 작기 때문에 가속 성능이 좋고 부드러운 움직임, 우수한 위치 정밀도를 얻을 수 있다. 현재 산업용 로봇, 공작기계, 조립 장치, 반송 장치 등의 애플리케이션에 적용되고 있다. 일반적으로는 RV-E 감속기가 많이 사용되고 있으며, RV-E 대비 동일한 정격 토크 기준으로 크기는 약 20% 축소, 무게는 약 36% 경량화를 실현한 [그림 1.27]과 같은 RV-N 감속기 또한 많이 사용되고 있다. [그림 1.28]은 싸이클로이드와 유사한 작동을 하는 RV-N 감속기의 구동 방식을 예시하고 있다.

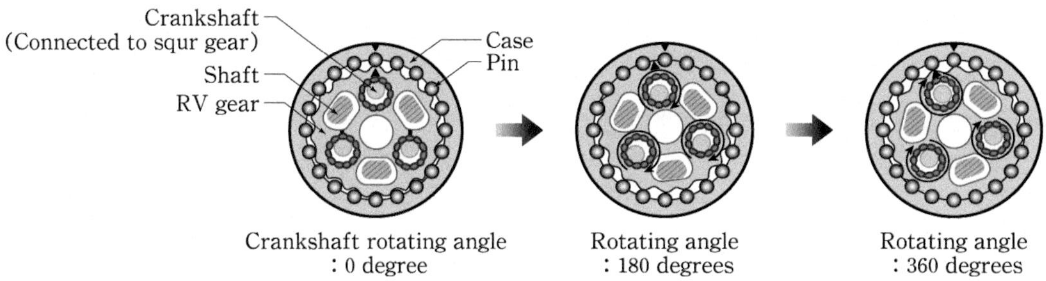

그림 1.28 RV-N 감속기의 구동 원

- 하모닉 드라이브(Harmonic Drive): 하모닉드라이브 시스템(Harmonic Drive System)은 [그림 1.29]와 같이 일반적인 기어 방식의 감속기에 비해 소형, 경량, 고감속비, 초정밀 등의 특성을 갖는 독득한 형태의 감속기다.

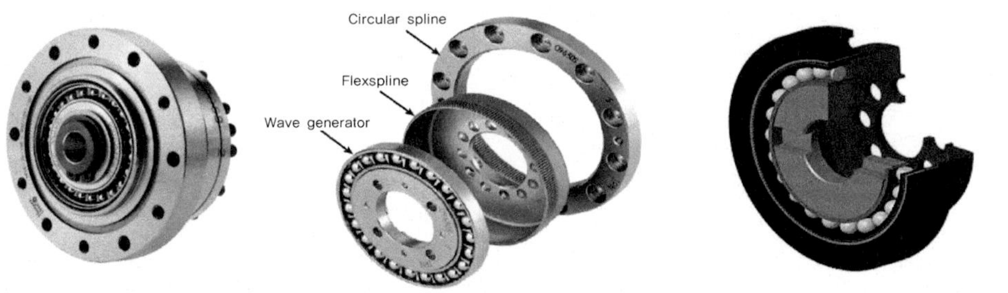

그림 1.29 하모닉 드라이브와 기어 구조

하모닉 드라이브는 금속의 탄성역학을 응용하는 메커니즘으로 종래의 감속기와 다른 성능적, 구조적 특성으로 인해 1980년 이후 많은 기술적 관심이 집중되고 있다. 하모닉 드라이브는 1959년 미국의 발명가 Musser에 의해 고안 발명되었으며, 소형 경량화가 가능하고 초정밀 고감속비를 실현할 수 있어 로봇이나 정밀기기 등의 산업에서 그 활용도가 빠른 속도로 넓어지고 있다.

하모닉 드라이브는 Wave Generator(W/G), Flexspline(F/S)과 Circular Spline

(C/S)의 3가지 핵심요소 부품으로 구성되며, 이들은 기존 감속기와 달리 동일축(In-line input/output) 선상에 조립이 되는 구조며 각 부분의 기능은 다음과 같다.

가. Wave Generator (W/G)

타원 형상의 캠 외주에 볼베어링이 조립된 전체가 타원 형상을 한 부품이며, 베어링의 내륜은 캠에 고정되고 외륜은 볼을 매개로 탄성 변형 운동을 한다. 즉, 입력된 원운동 형태의 회전 동력을 타원의 웨이브 형태의 동력으로 바꾸어주는 부분이다.

나. Flexspline (F/S)

Flexspline은 기어의 감속비를 결정함과 동시에 출력축에 동력을 전달하는 역할을 한다. Wave Generator에서 전달된 타원의 동력이 이 부분에 연결되어 감속된 동력을 전달한다.

다. Circular Spline (C/S)

강체의 링 형상의 부품으로서 안쪽에 플렉스 스플라인과 같은 모듈의 톱니가 플렉스 스플라인보다 2매 또는 4매 정도 많게 성형된다. 플렉스 스플라인과 상호 접촉에 의해 감속비를 형성한다.

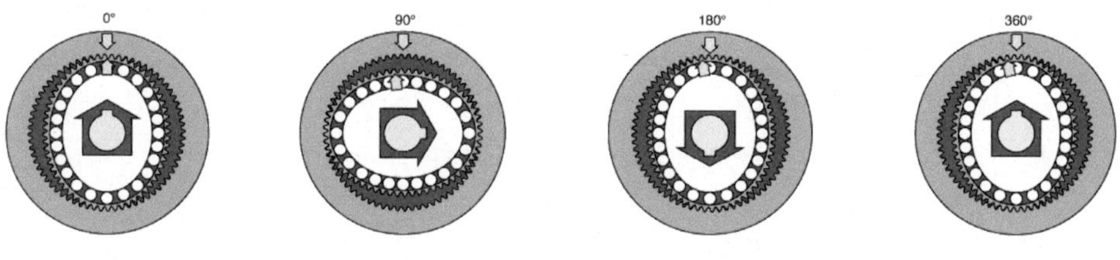

그림 1.30 하모닉 드라이브 구동 방

하모닉 드라이브의 W/G가 1회전을 할 경우, 각각의 위치 각도에 따른 동력 전달 메커니즘은 [그림 1.30]과 같다. 첫 번째, Wave Generator의 0° 위치에서 F/S는 W/G에 의해 타원 형상으로 탄성변형된다. 이 때문에 타원의 장축 부분에서는 C/S 톱니가 맞물리고 단축 부분에서는 톱니가 완전히 떨어진 상태로 된다. 두 번째, Wave Generator의 90° 위치에서 C/S을 고정하고 W/G를 시계방향으로 회전시키면 F/S은 탄성 변형을 하고 C/S과의 톱니의 맞물린 위치가 순차적으로 이동해 간다. 세 번째, Wave Generator의 180° 위치에서 W/G가 시계방향으로 180°까지 회전하면 F/S는 톱니수의 1매분만 반시계 방향으로 이동한다. 네 번째, Wave Generator의 360° 위치에서 W/G가 1회전을 완료하며, 이때 F/S는

C/S보다 톱니수가 2매 또는 4매로 작기 때문에 해당 톱니수의 차이, 즉, 2매 또는 4매분만큼 반시계 방향으로 이동한다. 일반적으로는 이때의 이동량을 출력으로 사용한다.

하모니 드라이브는 기존의 기어 방식의 감속기 대비 1/3 또는 1/2 중량과 매우 작은 크기로 제작이 가능하지만, 감속비는 1/30~1/320 까지의 고감속비를 얻을 수 있는 장점을 지니고 있다. 하모닉 드라이브는 많은 기어 톱니가 맞물릴 뿐만 아니라, 180° 대칭을 이루는 양쪽 두 군데에서 기어 톱니가 맞물리기 때문에 기어 톱니의 오차로 인한 회전 정밀도의 영향이 평균화되어 고위치 정밀도와 우수한 회전 정밀도를 얻을 수 있다.

1.7.2 유압식 구동장치

유압펌프에 의하여 공급된 작동유의 압력에너지를 기계적인 일로 변환하는 장치를 유압 액추에이터(Oil hydraulic actuator) 또는 유압모터(Oil hydraulic motor)라고 한다.

유압식(Hydraulic) 구동장치는 전기식이나 공압식 구동보다 큰 힘을 필요로 할 때 사용된다. 유압식 구동장치는 유체의 흐름에 의하여 동작하며, 저속에서 전기식보다 큰 힘으로 구동할 수 있다. 포크레인은 유압식 구동장치를 이용하는 대표적인 장비이다. 로봇에 사용되는 유압 구동장치는 [그림 1.31]과 같은 형태의 유압 실린더를 이용하며, 밸브로 유량과 유압을 제어함으로써 무단변속이 가능하고, 부하에 대응하는 힘 방향을 자유롭게 변경할 수 있다.

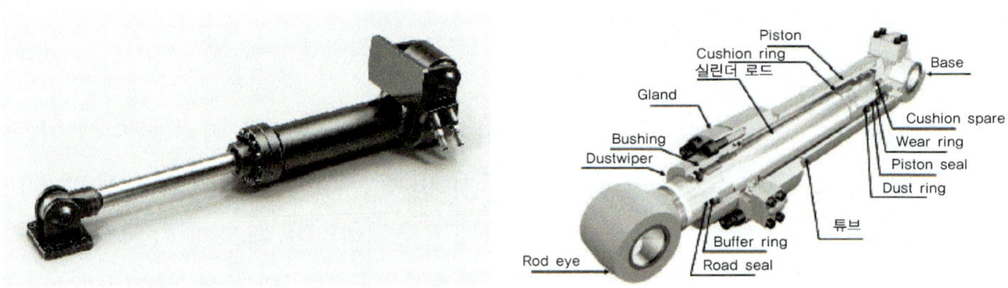

그림 1.31 유압 실린더와 구조

1.7.3 공압식 구동장치

공압 엑츄에이터인 공압 실린더는 실린더의 밸브에 기체가 인입되면서 실린더의 피스톤 로드가 전진 또는 후진 운동을 할 수 있다.

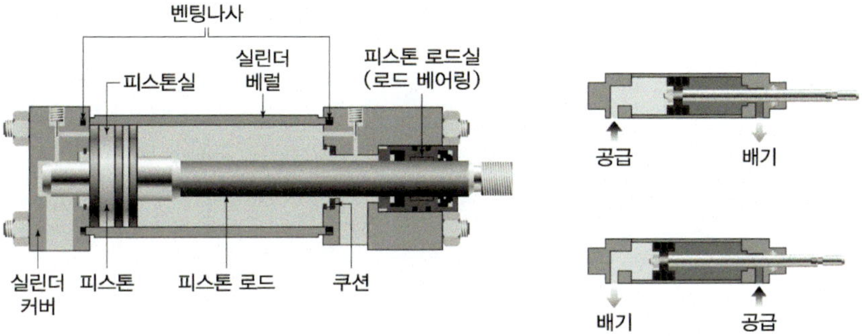

그림 1.32 공압 실린더 구조

공압 엑츄에이터는 [그림 1.32]와 같으며, 설비가 간단하고 유압에 비해 경제적이다. 하지만, 실린더 내부에 유입되는 공기압의 정확하지 않기 때문에 정밀 위치 제어가 어려우며, 유압식 엑츄에이터와 같은 힘을 발생시키기 위해서는 초대형의 크기를 갖는 실린더를 필요로 한다.

1.8 로봇의 관절

로봇에 사용되는 관절의 유형은 회전 운동을 생성할 수 있는 회전 관절(Revolute joint)과, 직선운동시 필요한 직동 또는 병진 관절(Prismatic joint)의 두 가지 형태를 가지고 있다.

[그림 1.33]의 회전 관절은 대부분의 로봇에서 수평회전, 수직회전에 필요한 회전 운동을 할 수 있으며, 고정된 한 축을 기준으로 맞물려 있는 링크가 회전하게 된다.

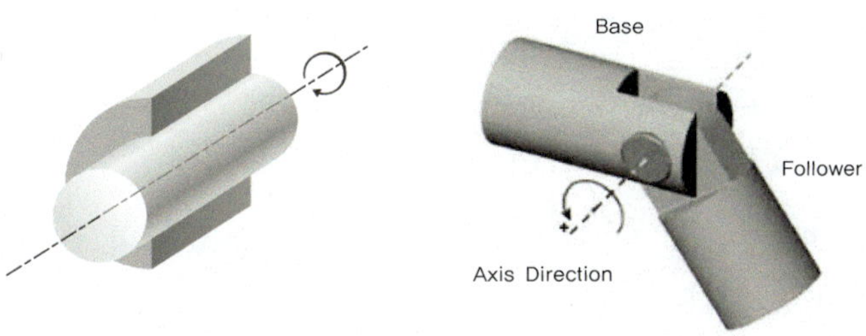

그림 1.33 로봇의 회전 관절

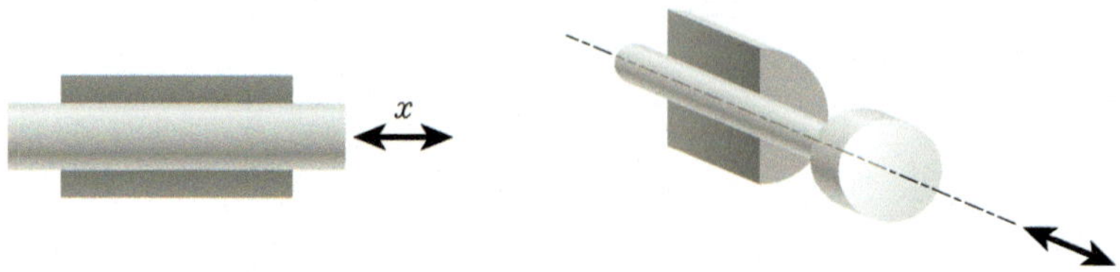

그림 1.34 로봇의 직동 관절

[그림 1.34]의 직동 관절은 로봇이 직선 운동을 필요로 하는 경우에, 모터의 회전 운동을 직선 운동으로 변환할 수 있도록 고안된 웜 기어나, 랙피니언 형태를 이용해서 직선 운동을 생성할 수 있는 구조를 갖는다. 로봇 관절에 적용되는 관절 유형에 따라서 회전 관절은 R, 직동 관절은 P로 표기한다.

1.9 작업 영역과 형상에 의한 로봇의 분류

로봇은 어떤 작업을 완료하는데 필요한 기구부의 관절 동작 방식 즉, 말단 장치의 이송 형태에 따라서 여러 가지로 분류될 수 있다. 일반적으로 로봇의 작업은 3차원 공간에서 이루어지기 때문에, 로봇의 말단 장치는 3개의 축 즉, X, Y, Z축으로 구성되는 공간의 임의의 지점에 도달할 수 있어야 한다. 이때, 로봇의 말단 장치가 도달할 수 있는 공간을 로봇의 작업 공간(Workspace) 또는 작업 영역이라 한다. 로봇의 작업 공간은 로봇의 형상과 링크의 길이, 손목 관절의 형태에 따라서 달라진다.

로봇의 말단 장치가 작업 공간 내에서 어떠한 자세를 이용해서 자유롭게 도달 가능한 영역은 자유자재(Dextrous) 공간이라고 하며, 로봇의 말단 장치가 최소한 개의 자세로 도달할 수 있는 공간을 도달가능(Reachable) 공간이라고 한다.

로봇은 3차원 공간 또는 좌표 공간에서 로봇의 말단 장치가 어떤 위치에 도달 가능하도록 구성되어 있는 로봇 팔의 기하학적 형상에 따라 다음과 같이 5가지 형태로 구분할 수 있다.

1.9.1 직교좌표 로봇(Cartesian coordinate robot)

직교좌표 로봇은 X, Y, Z 각 축을 따라 직선 운동을 할 수 있는 로봇이다. [그림 1.35]과 같이 X축 좌우 운동, Y축 전후 운동, Z축 상하 운동을 수행하며, 각 축의 도달거리 내에서 육면체 형태의 작업 공간을 갖는다.

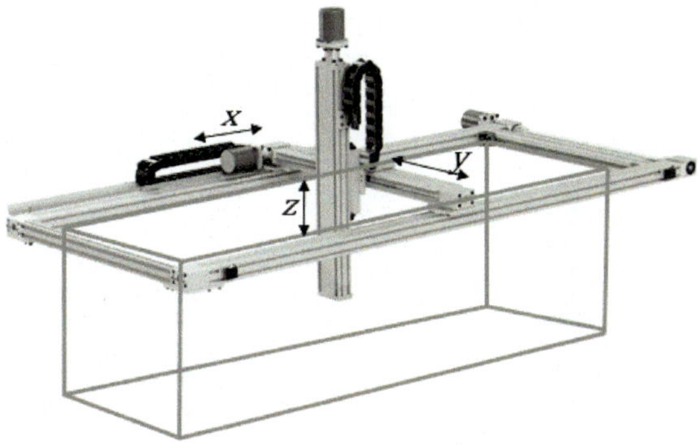

그림 1.35 직교좌표 로봇과 작업 공간

직교좌표 로봇은 인간에게 가장 익숙한 각 축이 수직인 직교 좌표계(Cartesian coordinate)를 이용하기 때문에 직관적인 로봇 작업을 할 수 있다. 직교좌표 로봇은 흔히 X, Y, Z로봇, 겐트리(Gantry) 로봇 등으로 불리기도 하며, 각 축에 연결되어 있는 모터의 회전 운동을 직선 운동으로 바꾸는 볼 스크류(Ball screw)와 랙 피니언(Rack & pinion) 기어 시스템이 많이 사용된다. 그리고, 각 축이 상호 독립인 직각좌표를 이용하기 때문에 로봇의 각 축 운동 방향 또한 독립이다.

작업 공간내에서 로봇의 위치를 결정하는 기구학이 일정하고, 로봇 말단의 동력학도 일정하기 때문에, 간단하면서 일관된 제어 특성을 가지고 있다. 직교좌표 로봇의 기구학적 일관성은 로봇의 고반복 작업 수행시에도 정밀도상의 변화가 거의 없으며, 이러한 특징 때문에 다양한 조립 및 가공, X-ray 촬영, 반도체 제조 공정, CNC, 3D 프린터 등 정밀도가 높은 분야에서 사용되고 있다.

1.9.2 원통좌표 로봇(Cylindrical coordinate robot)

원통 또는 기둥 모양의 좌표형 로봇(Cylindrical 또는 Post-type-coordinated robot)은 [그림 1.36]과 같이 2개의 직선 운동과 1개의 회전 운동을 가지는 로봇이다. 직선 운동과 회전 운동을 이용해서 직교 좌표형 로봇이 가질 수 없는 다양한 가변 운동을 수행할 수 있으며, 이에 따라 작업 공간도 직교 좌표형 로봇보다 넓은 영역을 갖게 된다.

상하 직선 운동은 직교 좌표형 로봇과 같이 Z축에 의해 발생하고, 이 축 상에 연결된 로봇의 베이스는 회전 운동을 할 수 있게 되어 있다. 직교 좌표형 로봇에서 X축과 Y축에 의해서 평면의 한 점으로 이동하는 위치 변화는 베이스의 회전 운동과 Y축의 직선 운동에 의해서 이루어진다. 원통형 로봇은 반도체 웨이퍼 이송이나

LCD 패널 이송 등에 많이 사용되고, 일상생활에서 찾아볼 수 있는 사례로는 고층 빌딩 건설에 사용되는 타워크레인이 원통형 로봇의 한 종류라고 생각할 수 있다.

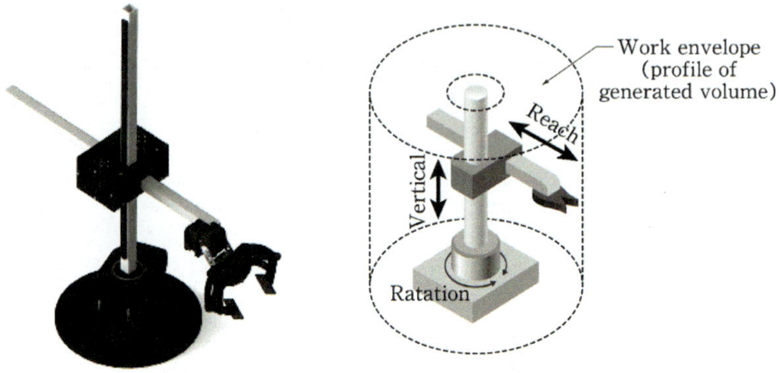

그림 1.36 원통좌표 로봇과 작업 공간

1.9.3 수평 다관절 로봇(Horizontal articulated robot)

수평 다관절 로봇은 [그림 1.37]과 같은 구조를 가지도록 설계되며, 일반적으로 1개의 수직 운동을 할 수 있는 관절과 수평 회전 운동을 수행할 수 있는 2개의 관절을 이용해서 작업 공간내 특정 위치에 접근할 수 있다. 가장 대표적인 수평 다관절 로봇은 1979년 일본의 야마니시대학교(Yamanishi Univ.)에서 개발한 스카라(SCARA: Selectively Compliance Arm for Robotic Assembly) 로봇이다.

보통 4축으로 구성되는 스카라 로봇은 2차원 평면에서 선택적으로 유연하고 빠르게 움직이기 때문에, 작업대 또는 컨베이어 위에서 빠르게 움직이며 부품을 정밀하게 들고 놓고 하는 전자제품 조립에 적합하도록 고안되었다.

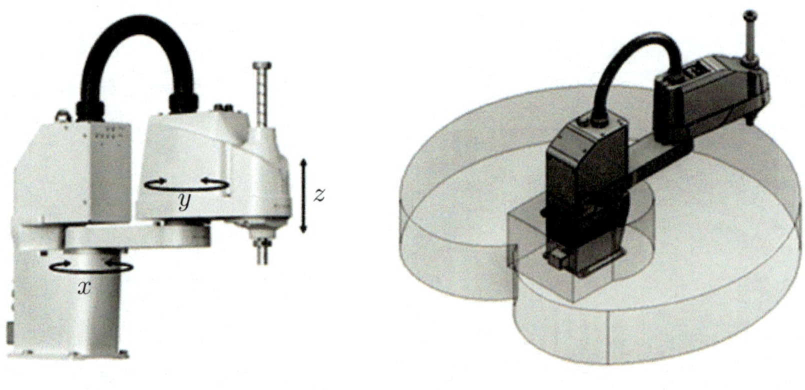

그림 1.37 스카라 로봇과 작업 공간

1.9.4 수직 다관절 로봇(Vertical articulated robot)

수직 다관절 로봇은 불규칙하게 형성된 작업 영역에서 작업을 수행하고 [그림 1.38]과 같이(중앙 및 우측) 즉, 수직과 수평으로 이루어지는 2개의 작업 공간을 갖는다. 수직 다관절 로봇은 대부분 산업용 로봇에서 매니퓰레이터(Manipulator)라고 지칭되며, [그림 1.38]의 좌측과 같은 형태의 산업용 로봇이 대표적인 수직 다관절 로봇이다.

수직 다관절 로봇은 3개의 회전 관절을 통해서 로봇의 손목 부분이 로봇 작업 공간상의 특정 지점에 도달할 수 있는 구조를 가지고 있으며, 작업 공간은 위에서 보았을 때 원형이고, 측면에서 보았을 때 관절의 운동 한계로 인하여 내부의 부채꼴 모양을 갖는다.

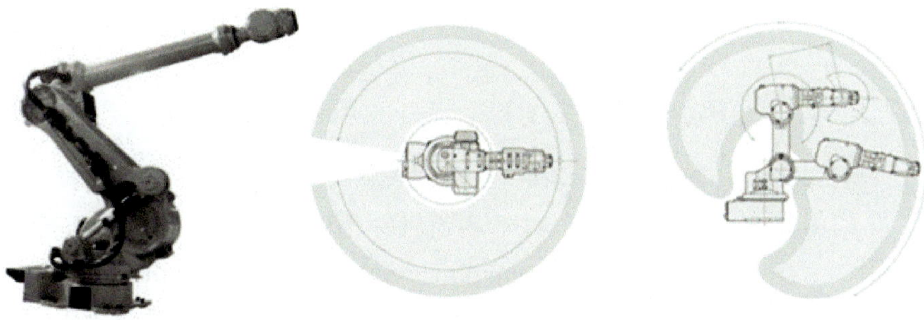

그림 1.38 수직 다관절 로봇과 작업 공간

수직 다관절 로봇의 가장 큰 특징은 다양한 방향으로 빠른 속도 이동과 주어진 위치에 다양한 방향과 각도로 접근할 수 있어서 복잡한 형상의 기구물에 대한 작업이 가능하다. 따라서, 자동차나 선박 등의 조립, 용접, 도장 등 매우 많은 산업 분야에서 활용되고 있다.

1.10 기타 로봇의 분류 및 특징

1.10.1 협동 로봇(Collaborative Robot)

인간과 로봇이 같은 공간에서 작업하기 위한 협업 운용 조건을 충족하는 산업용 다관절 로봇을 통칭한다. 또한, 협동 로봇의 구속조건으로 ISO/TS 15066(통증 임계치)를 안전 기준으로 사용하게 함으로써, 사람과의 충돌로 통증을 유발하더라도 다치지 않는 범위의 통증을 임계치로 설정하여 사람의 안전을 보장하도록 하고 있다. 대부분의 협동 로봇은 이와 같은 임계치에 대한 조건이 있기 때문에, [그림 1.39]와 같이 소형의 다관절 로봇인 경우가 대다수라고 볼 수 있다.

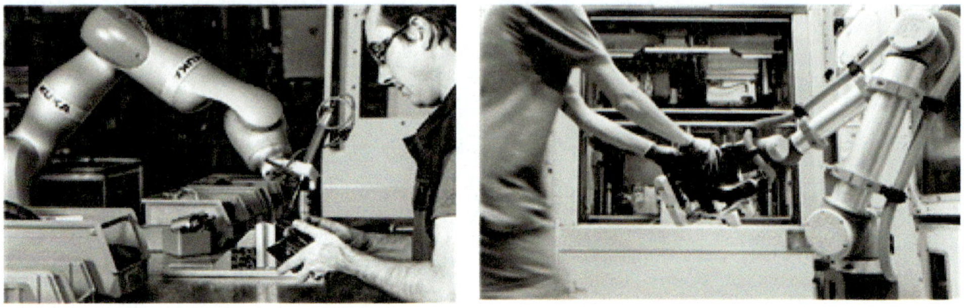

그림 1.39 협동로봇의 예(좌: KUKA 로봇, 우: UR로봇)

1.10.2 병렬 로봇(Parallel robot)

병렬로봇은 하나의 직렬화된 연결구조를 갖는 다관절 로봇과 달리, [그림 1.40]과 같이 2개 이상의 링크에 의해 지지되는 말단장치 구조를 가지도록 설계된 로봇이다. 스튜어트 플랫폼 (Stewart platform), 델타 로봇 (Delta robot) 등이 대표적인 병렬 로봇이며, 직렬 로봇에 비해 고속 및 고가속력을 가지는 특성이 있다. 또한, 로봇 말단에 작용하는 힘이 다수의 링크에 의하여 연결되어 있기 때문에 로봇 자체 중량 대비 큰 가반하중(Payload)과 고강성을 가진다.

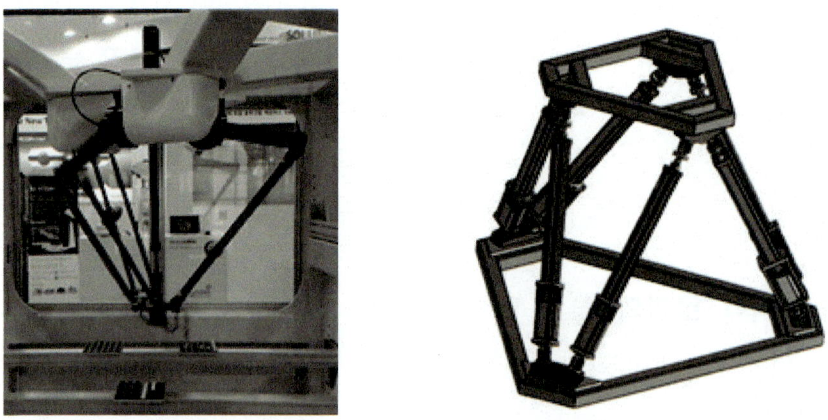

그림 1.40 병렬 로봇의 예(좌: 델타 로봇, 우: 스튜어트 플랫폼)

1.10.3 이동 로봇(Mobile robot)

로봇에 내재되어 있는 힘을 이용하여 스스로 위치를 변화시킬 수 있는 로봇 즉, 자유롭게 이동 및 주행이 가능한 로봇을 이동 로봇이라고 한다. 이동 로봇의 가장 큰 특징은 어느 한 장소에서 다른 장소로 이동할 수 있는 주행 능력에 있다고 할 수 있다. 목적하는 장소에 정확히 이동하기 위해서 로봇은 다양한 환경 변수를 인지 및 처리할 수 있어야 하며, 상황에 적합한 경로를 수립하고, 유연하고 신속한 주행을 할 수 있어야 한다.

그림 1.41 다양한 이동 로봇 예

이동 로봇에 탑재된 다양한 센서 정보를 이용해서 로봇이 이동하면서 로봇 스스로의 위치와 주변 상황에 대한 정보를 인식할 수 있게 하는 SLAM(Simultaneous Localization and Mapping) 기법과, 로봇 자체에 설치된 거리 및 방위 센서에 의해 이동 거리와 방위를 검출하여 현재 위치를 추측하는 Dead reckoning 등의 기법을 이용해서 이동 로봇이 최종 목적지까지 안전하고 정확하게 이동할 수 있도록 한다. 이동 로봇은 [그림 1.41]과 같이 일반적인 휠베이스 구조의 이동 메커니즘 외에 메카넘, 옴니휠 등의 특수한 형태의 이동 메커니즘을 이용해서 구성하기도 한다.

Chapter 1 연습문제

1.1 보스턴 다이나믹스의 로봇들을 유투브에서 시청하고, 각각의 특징과 기능을 설명하시오.

1.2 4차 산업 혁명 시대의 로봇의 역할에 대해서 조사하고 정리하시오.

1.3 메니퓰레이터를 분류하고 각각의 특징을 기술하시오.

1.4 산업용 로봇의 종류와 용도를 조사하고 각각의 특징에 대해서 설명하시오.

1.5 직류 전동기(DC 모터)의 구동 원리를 설명하시오.

1.6 싸이클로이드, RV, 하모닉 감속기의 원리를 설명하시오.

1.7 로봇의 관절 형태에 따른 동작 특성과 적용 사례를 기술하시오.

1.8 구동장치에 따른 특성을 간략히 설명하시오.

1.9 협동 로봇의 종류와 특성에 대해서 기술하시오.

1.10 병렬 로봇에 대해서 조사하여 종류별 특징과 기능 및 활용성에 대해서 기술하시오.

1.11 이동 로봇에 대해서 기술하시오.

Chapter
2

위치와 방향

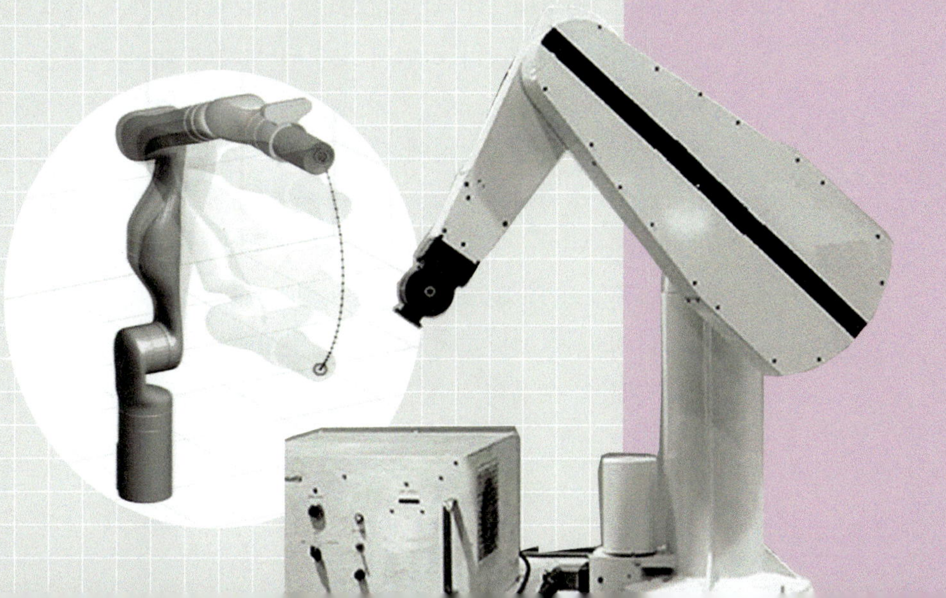

2.1 개요

매니퓰레이션(Manipulation)이란 공간상에서 부품을 집거나 옮기는 행위나 어떤 공구를 이용해서 작업을 하는 등의 조작을 의미한다. 간단한 예로, [그림 2.1]과 같이 사람 앞의 한 벽면의 터치스크린에 한 지점을 손가락으로 터치하기 위해서는, 우선 벽 또는 터치스크린과 사람의 몸까지의 상대적인 거리를 인지해야 하고, 만약 거리가 멀면 손을 뻗어 닿을 수 있는 거리가 될 때까지 벽쪽으로 적당한 거리까지 이동해야 한다. 그리고, 터치하고자 하는 지점 또는 물체의 위치와 방향을 확인하고, 어깨, 팔꿈치 및 손목을 적절히 조정해서 원하는 지점의 물체를 터치한다.

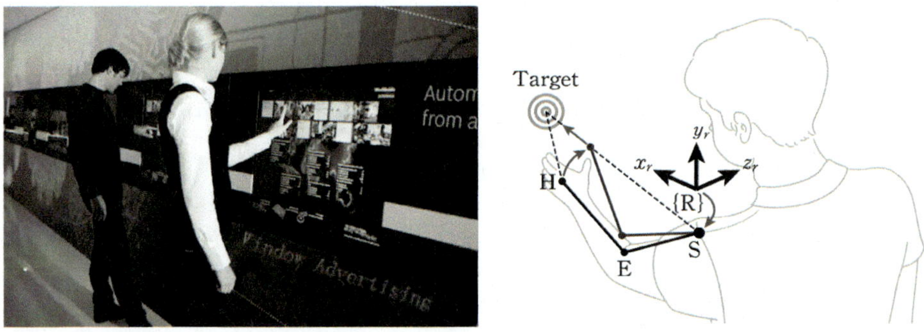

그림 2.1 벽면 터치 스크린의 한 지점을 터치하기 위한 손 움직임 예

사람의 매니퓰레이션을 행위적인 관점에서 관찰하면 키, 자세, 팔의 길이, 목표 지점과 몸 중심의 상대적 위치 등에 따라서, 그림과 같이 터치하고자 하는 물체에 대한 팔과 손가락의 위치와 방향이 달라지는 것을 알 수 있다.

[그림 2.1]과 달리, 로봇을 이용하는 자동화된 산업 시설에서는 일반적으로 로봇을 특정 위치에 고정시키고 여러 부품들을 집어서 옮기거나 조립하는 등의 작업을 수행한다. 경우에 따라서는 로봇을 컨베이어와 같은 이동시스템에 설치하고, 좌우 또는 앞뒤로 왔다갔다 하면서 고정된 물체에 대한 작업을 하기도 한다. 이를 위해서는 공구나 부품, 또는 기구물 자체의 위치와 방향을 알아야 가능하며, 때로는 어떤 속도로 움직이는지에 대한 정보도 필요하게 된다. 따라서, 공간상에 놓여 있는 물체의 정확한 위치와 방향과 로봇의 물체에 대한 상대적 위치(Position)와 방향(Orientation) 정보를 알아야만 로봇이 물체에 필요한 작업을 수행할 수 있다.

일반적으로 위치와 방향은 좌표계를 이용해서 정의할 수 있는 수학적인 값이며, 위치와 방향을 하나로 합쳐서 자세 또는 포즈(Pose)라고 한다. 따라서, 어떤 물체의 공간상의 위치와 방향을 특정짓기 위해서는 좌표계에 대한 정의가 필수적이라고 할 수 있고, 해당 좌표계 내에서 일관되게 로봇과 물체의 관계를 표시할 수 있는 약속이나 규칙을 정해야 한다.

이 장에서는 로봇 몸체로부터 로봇 손의 상대적 위치, 물체에 대한 로봇 손의 상대적 위치 등을 명시할 수 있는 수학적 표현 방법에 대해 다루기로 한다.

2.2 직교 좌표계

평면상의 한 점은 2차원 직교 좌표계(Two-dimensional cartesian coordinate system)를 이용해서 표시할 수 있으며, 3차원 공간상의 한 점은 3차원 직교 좌표계(Three-dimensional cartesian coordinate system)에 의해 기술될 수 있다. 2차원 평면상의 어떤 점은 항상 평면 상에 놓여있거나 접해있기 때문에 2개의 정보 즉, 길이와 폭(x축, y축)을 이용해서 점의 위치를 표시할 수 있다. 하지만, 3차원 공간 상의 한 점을 표시하기 위해서는 [그림 2.2]와 같이 x, y축 정보 이외에 깊이(또는 높이)를 표현해 주는 z축의 정보를 필요로 한다.

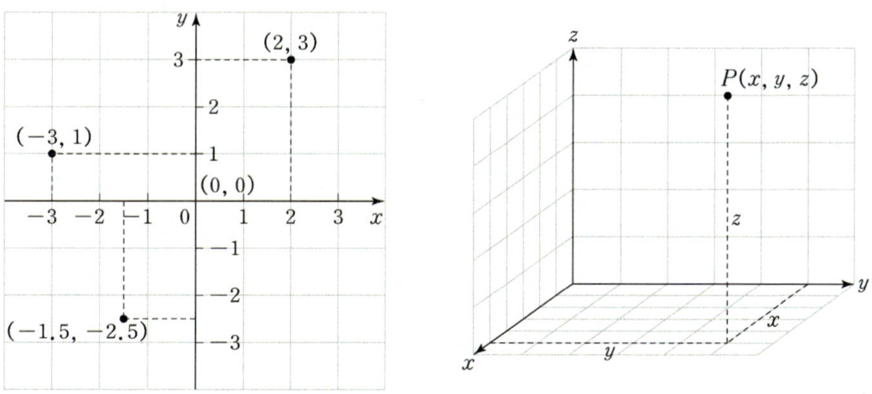

그림 2.2 2차원 직각 좌표계와 3차원 직각 좌표계

공간 상의 직교 좌표계는 [그림 2.3]에서와 같이 오른손 법칙을 따른다. 즉, x축에서 y축 방향으로 오른 손의 네 손가락을 감을 때, 엄지 손가락의 방향이 z축 방향으로 결정된다.

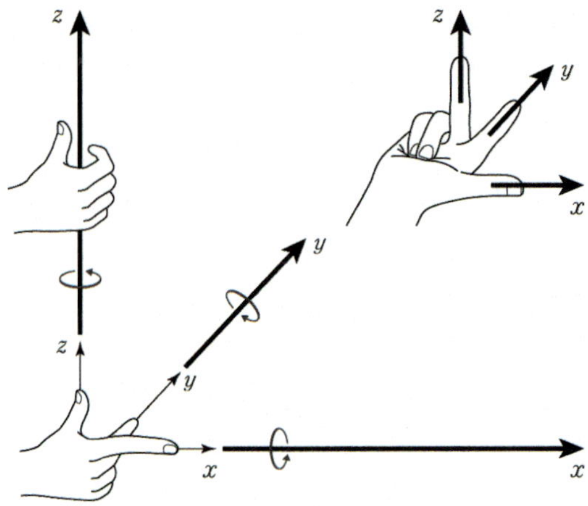

그림 2.3 오른손 법칙에 의한 3차원 공간 직각 좌표계 표현법

때로는 오른손 법칙에 의한 회전변환으로 x축을 엄지로, z축을 중지로 지정하는 경우도 있으나, 이 책에서는 엄지 손가락의 방향을 z축으로 지정하는 것을 기준으로 표현한다.

2.3 좌표계와 위치 표현

행렬은 한 고정 좌표계 내의 점, 벡터, 이동 좌표계, 병진, 회전 변환 등을 표현하는데 사용된다. 뿐만 아니라, 로봇의 기구학적인 요소들과 물체들과의 관계도 행렬을 이용하여 나타낼 수 있다.

2.3.1 평면상의 점의 표현

[그림 2.4]에서 평면상의 한 점 P는 좌표계상의 두 개의 좌표 성분 값과 단위 벡터로 표현 가능하다.

$$\overrightarrow{OP} = \vec{P} = x\vec{i} + y\vec{j} = x\hat{i} + y\hat{j} \tag{2.1}$$

여기에서 x, y는 2차원 평면의 좌표계에 대한 벡터 성분이다. 벡터의 두 성분은 식 (2.2)에서처럼 행렬을 이용해서 표현할 수 있다.

$$\overrightarrow{OP} = \overrightarrow{P} = \begin{bmatrix} p_x \\ p_y \end{bmatrix} \tag{2.2}$$

또한, 이 책에서 다루려고 하는 로봇과 관련된 모든 것을 기준할 수 있는 우주 좌표계 또는 월드 좌표계(Universe/World coordinate system)가 있다고 가정할 때, [그림 2.4]에서 한 점 P를 나타내는 좌표계는 우주 좌표계 안에 작은 한 부분을 표시하는 부분 좌표계로 생각할 수 있다.

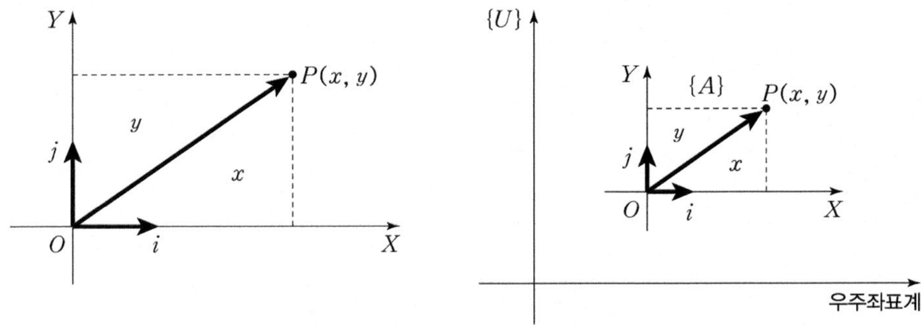

그림 2.4 2차원 평면상의 점의 표현과 좌표계를 이용한 벡터 표현법

이러한 부분 좌표계는 우주 좌표계에 기준하여 설정 가능하며 직각 좌표계를 이용해서 표기한다. 이 책에서는 간단히 좌표계(Coordinate frame 또는 간단히 frame)라고 지칭하고, 괄호 안에 대문자로 $\{A\}$, $\{B\}$ 등과 같은 방법으로 나타낸다.

점 P는 우주 좌표계 $\{U\}$에 대한 좌표계 $\{A\}$상의 한 점 P를 의미하므로 행렬 표현 방식을 이용해서 $^{U}P_A$라고 표현한다. 우주 좌표계는 일반적인 모든 물체를 표현하는 기준 좌표계이며, 좌표계 $\{A\}$의 원점(O)을 우주 좌표계의 원점과 일치시키거나 동일하다고 간주하면, 우주 좌표계$\{U\}$를 생략할 수 있으므로, 간단하게 좌표계 $\{A\}$상의 점 P를 위치 벡터(Position vector)를 이용해서 ^{A}P로 표기한다. 따라서, [그림 2.4]에서 나타낸 점 P는 식 (2.3)과 같이 나타낼 수 있으며, 이는 로봇의 기구학적 요소와 속도, 가속도 등의 동력학적 요소를 표현하기 위한 방법으로 이 책 전반에 걸쳐서 사용된다.

$$^{U}P_A = {}^{A}P = \begin{bmatrix} p_x \\ p_y \end{bmatrix} \tag{2.3}$$

2.3.2 공간상의 위치 표현

2차원 좌표계를 이용해서 평면상의 한 점에 대해서 벡터로 표현할 수 있었듯이, 3차원 좌표계가 설정되면 공간상의 어떠한 점도 3×1 의 위치 벡터로 표현할 수 있다.

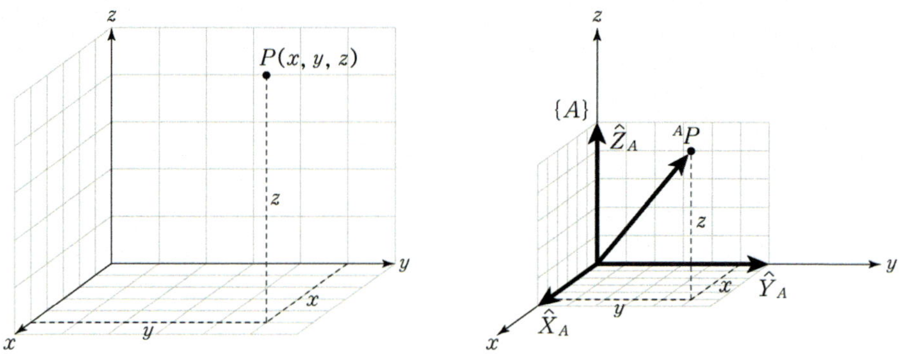

그림 2.5 3차원 공간상의 한 점에 대한 벡터 표현 방법

[그림 2.5]는 앞의 절에서 설명된 2차원 좌표계를 3차원으로 확장한 것이며, 좌표계 상에 화살표로 나타낸 3개의 서로 직교하는 단위벡터($\hat{X}_A$, $\hat{Y}_A$, $\hat{Z}_A$)를 보여준다. 이렇게 정의된 좌표계에서 임의의 점 $P(x, y, z)$는 단위벡터를 이용하여 다음과 같이 표현할 수 있다.

$$(x, y, z) = (x\,\hat{X}_A,\ y\,\hat{Y}_A,\ z\,\hat{Z}_A) \tag{2.4}$$

또한, [그림 2.5]에서 3차원 좌표계 $\{A\}$에서 한 점을 나타내는 위치벡터 ^AP의 성분들은 $\{A\}$의 각 축을 따라 측정된 거리를 나타내는 수치값 (x, y, z)을 가지고 있다.

공간상의 한 점 P를 식 (2.3)을 확장하면 식 (2.5)와 같이 z축 성분이 추가된 위치 벡터로 표현할 수 있다.

$$^AP = \begin{bmatrix} p_x \\ p_y \\ p_z \end{bmatrix} = \begin{bmatrix} p_x\,\widehat{X_A} \\ p_y\,\widehat{Y_A} \\ p_z\,\widehat{Z_A} \end{bmatrix} = \begin{bmatrix} ^Ap_x\,\widehat{X_A} \\ ^Ap_y\,\widehat{Y_A} \\ ^Ap_z\,\widehat{Z_A} \end{bmatrix} \tag{2.5}$$

2.3.3 고정 좌표계에서의 다른 좌표계의 표현

로봇을 이용해서 어떤 작업을 수행하려고 하는 대상 물체는 로봇을 표현하는 기준 좌표계로부터 공간적으로 얼마만큼 떨어져 있거나 회전되어 있을 수 있다. 그리고, 로봇의 말단 장치(End-effector)가 작업 대상 물체에 어떻게 접촉하느냐 또는 어떤 형태로 잡느냐에 따라서 말단 장치에 다양한 변화가 일어날 수 있다.

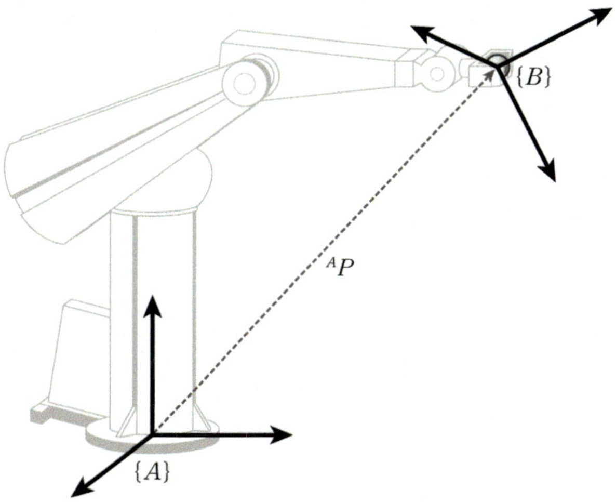

그림 2.6 고정 좌표계에서 다른 좌표계의 표현

기준 좌표계에 대해 움직이는 임의의 좌표계를 표현하기 위해서는 [그림 2.6]과 같이 해당되는 물체에 좌표계를 설정하고, 기준 좌표계의 원점으로부터 물체의 좌표계의 원점을 연결하여 상대적으로 표시한다. 이 기준 좌표계는 참조 좌표계(Reference frame)라고도 하며, 좌표계 $\{B\}$의 주축들을 나타내는 단위 벡터는 좌표계 $\{A\}$에서와 같은 표현방법을 적용하여 $\hat{X}_B$, $\hat{Y}_B$, $\hat{Z}_B$를 사용한다. 좌표계 $\{B\}$의 단위 벡터는 좌표계 $\{A\}$의 관점에서 ${}^A\hat{X}_B$, ${}^A\hat{Y}_B$, ${}^A\hat{Z}_B$와 같이 표현한다.

2.4 좌표계와 방향 표현

이동하는 물체를 표현하는 경우, 물체에 새로운 좌표계를 기준 좌표계에 대해서 설정할 수 있기 때문에 벡터 연산을 통해서 상대적인 관계를 표현하는 것이 가능하다. 직관적으로 [그림 2.6]의 로봇의 베이스 부분과 로봇의 말단 부분의 좌표계는

[그림 2.7]과 같이 기준 좌표계 $\{A\}$상에 로봇의 말단 좌표계 즉, 물체 좌표계 $\{B\}$를 설정하고, 좌표계 $\{B\}$를 P위치로 병진이동(Translation, 전위)한 후 해당 각도만큼 회전(Rotation)을 했다고 할 수 있다. 또한, 반대로 기준 좌표계 $\{A\}$상에서 물체 좌표계 $\{B\}$를 먼저 회전시킨 후 P위치로 병진 이동한 것으로 생각할 수 있다. 두 경우 모두 같은 결과를 가져오므로, 좌표계 $\{B\}$는 좌표계 $\{A\}$에 대해서 회전을 수행하는 회전행렬 ${}^{A}R_{B}$ 과 좌표계 $\{A\}$에서 점 P로 병진이동을 나타내는 행렬 ${}^{A}P_{Borg}$ 로 표현할 수 있다.

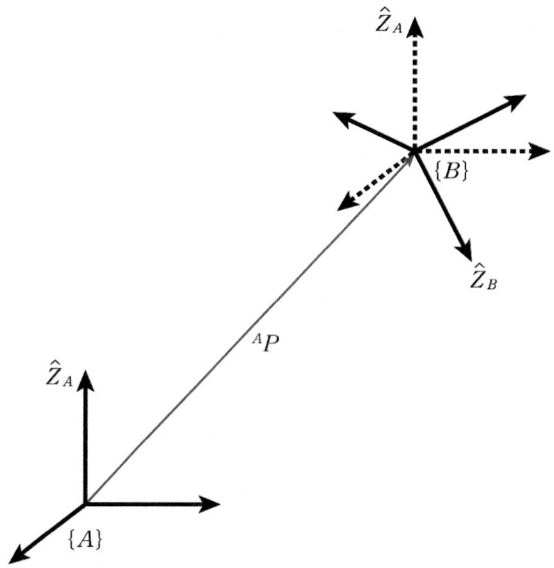

그림 2.7 기준 좌표계에 대한 물체의 좌표계

두 벡터의 덧셈 연산을 하는 경우, 한 벡터의 끝과 다른 한 벡터의 시작 부분을 서로 연결하는 것과 같이, 기준 좌표계에 대해서 병진 이동한 물체 좌표계를 연결할 때는 좌표계의 원점을 연결해야 한다는 것에 주의해야 한다. 기준 좌표계 $\{A\}$에 대한 물체 좌표계 $\{B\}$의 상대적인 관계는 식 (2.6)과 같이 나타낼 수 있다.

$$\{B\} = \left\{ {}^{A}R_{B},\ {}^{A}P_{Borg} \right\} \text{ 또는 } \left\{ {}^{A}P_{Borg},\ {}^{A}R_{B} \right\} \tag{2.6}$$

물체에 어떠한 회전이 이루어지면, 최초에 설정된 기준좌표계와 다른 방향으로 각 축이 위치하기 때문에, 이때의 방향은 회전 행렬에 의해서 별도로 계산되어야 한다.

로봇 공학에서 위치(Position)와 방향(Orientation)은 대상 물체에 대해서 로봇의 말단이 취해야 하는 자세(Pose)를 결정하기 때문에, 로봇의 제어를 위해서 반드시 이해하고 있어야 하는 개념이다.

2.5 한 좌표계에서 다른 좌표계로의 표현 전환

로봇공학 또는 로봇을 이용하는 환경에서는 [그림 2.8]과 같이 편의상 여러 다른 기준 좌표계를 설정하고, 로봇의 말단이나 대상 물체에 대한 좌표의 관계를 기준 좌표계에 대해서 상대적으로 나타내는 경우가 빈번하다. 예를 들어 [그림 2.8]에서 작업대 상에 놓여져 있는 대상 물체의 위치는 작업대의 한 모퉁이를 원점으로 설정한 후, 원점으로부터 떨어진 거리를 측정해서 쉽게 결정할 수 있다.

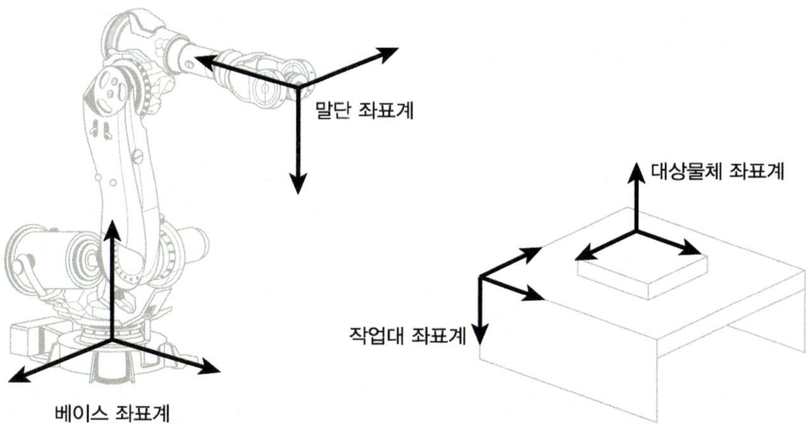

그림 2.8 로봇과 대상 물체간의 다양한 좌표계 설정

그렇다면, 로봇과 대상 물체와의 거리는 어떻게 계산해야 하는지를 생각해 볼 필요가 있다. 로봇의 베이스 좌표계와 작업대 좌표계가 같은 공간 내에 있으며, 또한 같은 월드 좌표계 또는 우주 좌표계를 기준으로 설정했다고 가정할 수 있다.

만약, 로봇 베이스 좌표계의 원점을 월드 좌표계의 원점과 동일하게 설정했다면, 작업대 좌표계의 원점은 로봇 베이스 좌표계의 원점으로부터의 거리를 측정함으로 결정할 수 있다. 따라서, 로봇과 대상 물체의 상대적 관계는 로봇 베이스 원점에서 작업대의 원점으로 연결된 후, 작업대 원점으로부터 계산된 대상 물체의 원점까지의 거리에 대한 연속적인 합에 의해서 나타낼 수 있게 된다. 이것은 수학적으로 간단한 벡터의 덧셈 연산을 이용해서 표현할 수 있다.

로봇이 위치하는 베이스 좌표계의 원점과 대상 물체 좌표계의 원점은 월드 좌표계를 기준으로 직접적으로 획득할 수 있는 정보이기 때문에, 벡터 연산에 필요한 좌표계를 베이스부, 말단 장치부 그리고 대상 물체로 한정시키는 것 또한 가능하다.

2.5.1 병진 이동(전위)된 좌표계의 변환

[그림 2.8]의 로봇 시스템에서 베이스 $\{A\}$, 말단 $\{B\}$, 대상 물체 $\{W\}$ 좌표계를 선택하고 회전이 없는 상태로 가정하면, 말단 및 대상물체 좌표계는 2.4절에서 기술했던 것처럼 로봇의 베이스 좌표계로부터 전위된 것으로 [그림 2.9]와 같이 나타낼 수 있다.

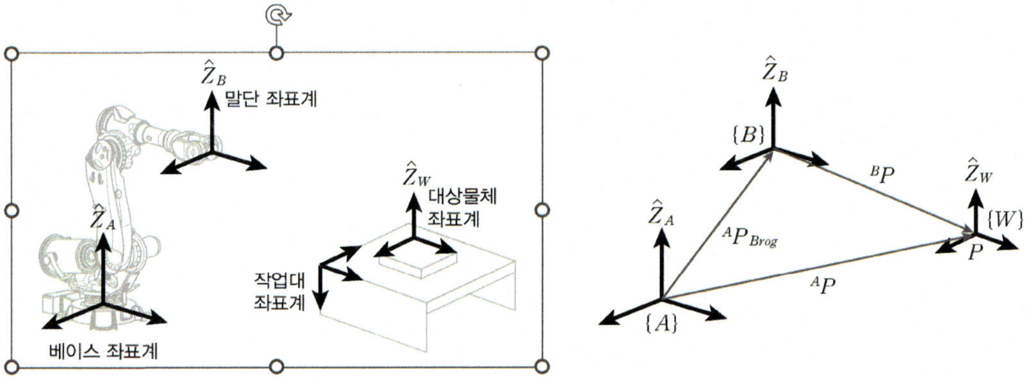

그림 2.9 전위된 좌표계의 변환

월드 좌표계 상의 한 점 P에 놓여 있는 대상 물체는 로봇의 베이스 좌표계 $\{A\}$의 원점으로부터 거리 P만큼 전위되어 있기 때문에, 2.3절의 표현 방법을 이용해서 ^AP로 나타낼 수 있다. 마찬가지 방법으로, 대상 물체의 원점은 로봇의 말단 장치에 부착된 좌표계 $\{B\}$를 기준으로 ^BP로 나타낼 수 있다. 그리고, 베이스 좌표계 $\{A\}$에서 말단 좌표계 $\{B\}$의 원점이 연결되어 있으므로, 2.4절에서 좌표계의 원점과 원점을 연결하는 표현 방법을 적용해서 $^AP_{Borg}$로 표현할 수 있다.

두 벡터 $^AP_{Borg}$, ^BP는 동일한 방향을 가지는 좌표계에 기준하여 정의되었기 때문에, 점 P의 좌표계 $\{A\}$에 대해서 표현한 벡터 ^AP는 식 (2.7)과 같이 두 벡터 $^AP_{Borg}$와 ^BP의 합으로 나타낼 수 있다.

$$^{A}P = {}^{A}P_{Borg} + {}^{B}P \tag{2.7}$$

서로 다른 좌표계에서 정의된 벡터들에 대한 덧셈 연산은 좌표계들이 동일한 방향을 가지고 있는 경우 즉, 회전 변환이 없는 경우에만 가능하다는 것에 주의해야 한다.

2.5.2 회전 변환된 좌표계의 변환

로봇은 여러 관절로 연결되어 있고, 목표 대상물에 접근하기 위해서는 각 관절의 적당한 움직임을 통해 물체에 닿을 수 있기 때문에 이동하는 중에 관절 및 말단 장치에 회전 운동이 발생한다. 그리고, 로봇이 대상 물체에 어떤 작업을 수행하기 위해서는 각 링크를 연결하는 관절뿐만 아니라, 말단 장치의 회전이 필수적으로 발생하게 된다.

회전 변환이 이루어지는 좌표계의 전환 방법을 설명하기 위해, 앞의 예시에서 로봇 말단에 작업 도구를 부착하여 작업을 수행하는 것으로 [그림 2.10]과 같이 설정한다. 도구의 아래쪽 방향이 대상 물체를 향하는 순방향이라고 생각할 수 있으므로, 해당하는 쪽에 직관적으로 z축을 부여하고 나머지 축에 대해서는 오른손 법칙에 따라 좌표계를 부여한다. 이런 경우, 자연스럽게 좌표계는 기준 좌표계와 달리 회전한 좌표계로 전환된다.

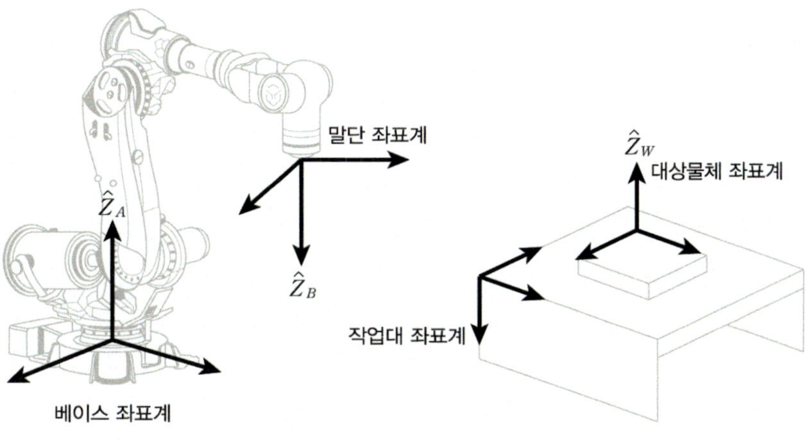

그림 2.10 말단의 회전된 좌표계를 포함하는 로봇 좌표계

2.4절에서 좌표계 $\{A\}$에 기준한 회전 좌표계 $\{B\}$는 행렬을 이용한 표현 방법으로 ${}^{A}R_{B}$ 와 같이 나타내기로 하였다. 설명의 편의를 위해, 좌표계의 주축은 단위 벡터로 표시하고 있음에 유의해야 한다.

회전 행렬은 ${}^{A}R_{B}$ 는 3개의 단위벡터 $[{}^{A}\hat{X}_{B}, {}^{A}\hat{Y}_{B}, {}^{A}\hat{Z}_{B}]$를 원소로 가지고 있고, 서로 직교(Orthogonal)한다. 따라서, 선형대수의 성질로부터 행렬 ${}^{A}R_{B}$ 의 역행렬은 행렬 ${}^{A}R_{B}$ 의 전치(Transpose) 행렬과 동일하다.

$$
{}^{A}R_{B} = {}^{B}R_{A}^{-1} = {}^{B}R_{A}^{T} \tag{2.8}
$$

그러므로, 회전 행렬은 3개의 행 벡터 또는 3개의 열 벡터의 조합으로 표현하는 것이 가능하며, 행벡터 형태로 기술되는 식 (2.8)을 전치 행렬을 이용해서 식 (2.9)와 같이 열 벡터 형태로 나타낼 수 있다.

$$
\begin{aligned}
{}^{A}R_{B} &= \left[{}^{A}\hat{X}_{B} \; {}^{A}\hat{Y}_{B} \; {}^{A}\hat{Z}_{B} \right] \\
&= \begin{bmatrix} {}^{B}\hat{X}_{A}^{T} \\ {}^{B}\hat{Y}_{A}^{T} \\ {}^{B}\hat{Z}_{A}^{T} \end{bmatrix}
\end{aligned} \tag{2.9}
$$

반대로, 좌표계 $\{B\}$에 대해서 좌표계 $\{A\}$를 표현하면 ${}^{B}R_{A}$가 되므로, 이는 다시 식 (2.8)의 전치 행렬이 된다. 따라서, 식 (2.10)과 (2.11) 같은 관계가 만들어진다.

$$
{}^{B}R_{A} = {}^{A}R_{B}^{T} \tag{2.10}
$$

$$
{}^{A}R_{B}^{-1} = {}^{A}R_{B}^{T} \tag{2.11}
$$

회전 변환에 대한 좌표계 전환 표현을 위해서 [그림 2.10]의 사례에서 좌표계만 분리하여 [그림 2.11]과 같이 간략히 나타낸다.

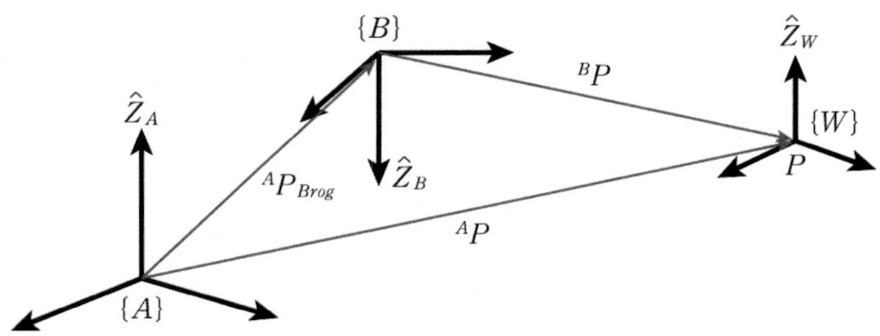

그림 2.11 회전을 포함하는 로봇 좌표계의 전환

조금 더 이해가 쉽도록 기준 좌표계와 회전 좌표계만을 고려하고, 로봇의 목표 지점인 P 만을 표시하면 [그림 2.12]와 같이 나타낼 수 있다. 단, 목표 지점 P는 좌표계 $\{A\}$에 대해서 표현되지 않고, 좌표계 $\{B\}$에 대해서 나타낸 것을 주의한다.

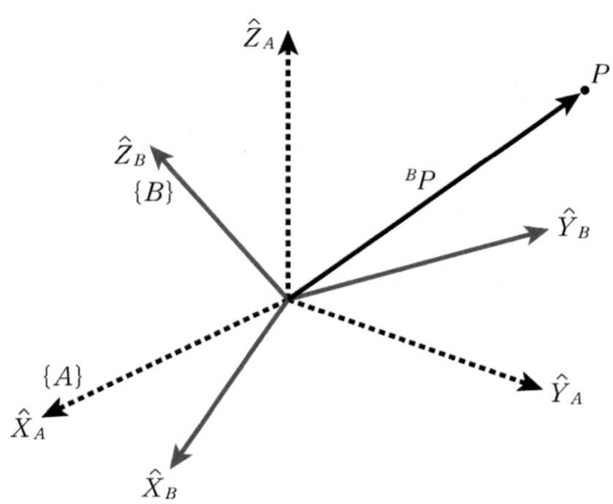

그림 2.12 회전을 포함하는 좌표계 전환

이는 기준 좌표계로 설정한 $\{A\}$에서 목표 지점을 표시한 ^AP를 좌표계 $\{B\}$에 의해서 전환시키기 위함이다. 다시 말하면, 기준 좌표계 또는 월드 좌표계 상에서 정의된 목표 지점을 로봇 제어의 최종 대상이 되는 말단 장치에서 필요로 하는 값으로 도출할 수 있다. 이는 회전된 좌표계 $\{B\}$의 각 주축 성분의 단위 벡터를 좌표계 $\{A\}$의 해당되는 주축으로 정사영(Projection, 투영)했을 때의 값과 동일하다. 이 값은 벡터의 내적에 의해서 계산 가능하다. 즉, 좌표계 $\{B\}$의 x축을 좌표계 $\{A\}$의 각 축에 투영하면, 식 (2.12)과 같다.

$$ {}^{A}\hat{X}_B = \begin{bmatrix} \hat{X}_B \cdot \hat{X}_A \\ \hat{X}_B \cdot \hat{Y}_A \\ \hat{X}_B \cdot \hat{Z}_A \end{bmatrix} \tag{2.12} $$

다른 y 및 z축에 대해서도 같은 방법을 적용하면

$$ {}^{A}\hat{Y}_B = \begin{bmatrix} \hat{Y}_B \cdot \hat{X}_A \\ \hat{Y}_B \cdot \hat{Y}_A \\ \hat{Y}_B \cdot \hat{Z}_A \end{bmatrix} \tag{2.13} $$

$$ {}^{A}\hat{Z}_B = \begin{bmatrix} \hat{Z}_B \cdot \hat{X}_A \\ \hat{Z}_B \cdot \hat{Y}_A \\ \hat{Z}_B \cdot \hat{Z}_A \end{bmatrix} \tag{2.14} $$

이며, 이상의 모든 식을 하나로 합치면 식 (2.15)와 같은 회전 행렬을 얻을 수 있다.

$$ {}^{A}R_B = \begin{bmatrix} \hat{X}_B \cdot \hat{X}_A & \hat{Y}_B \cdot \hat{X}_A & \hat{Z}_B \cdot \hat{X}_A \\ \hat{X}_B \cdot \hat{Y}_A & \hat{Y}_B \cdot \hat{Y}_A & \hat{Z}_B \cdot \hat{Y}_A \\ \hat{X}_B \cdot \hat{Z}_A & \hat{Y}_B \cdot \hat{Z}_A & \hat{Z}_B \cdot \hat{Z}_A \end{bmatrix} \tag{2.15} $$

일반적으로 두 벡터의 내적은

$$ \vec{a} \cdot \vec{b} = |\vec{a}||\vec{b}|\cos\theta \tag{2.16} $$

이며, 단위 벡터의 크기가 1이므로 단위 벡터의 내적은 두 벡터가 이루는 각도의 코사인 값이 됨을 알 수 있다.

식 (2.13)부터 (2.14)의 두 단위 벡터의 내적은 두 단위 벡터가 이루는 각의 코사인(Cosine) 값이므로, 이들을 방향 코사인(Direction cosine)이라고도 한다. 따라서, 식 (2.15)는 좌표계 $\{A\}$에서 본 벡터 ${}^{A}\hat{X}_B$ 의 회전 방향을 나타내는 방향벡터로 볼 수 있다.

위치는 상대적인 개념이기 때문에 관점 즉, 기준에 따라 같은 위치를 다르게 표현할 수 있다. 따라서, 공간상의 한 점의 위치는 어떤 기준 좌표계에 대한 상대적 위치인지를 명시할 필요가 있다. 각 좌표계에 따라서 점 P를 사영시키면 [그림 2.13]과 같다.

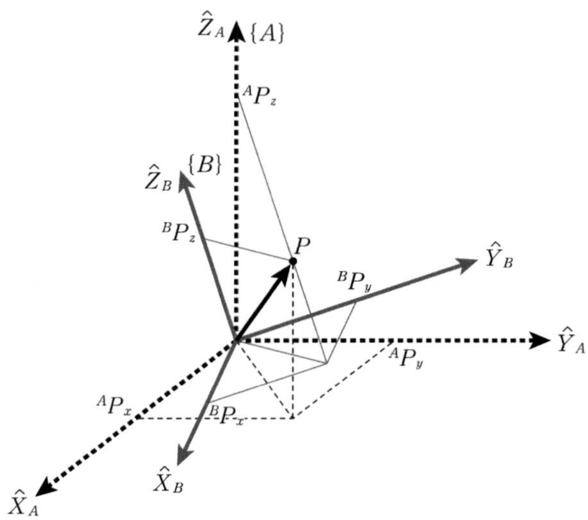

그림 2.13 좌표계 $\{A\}$와 $\{B\}$에서 본 점 P의 기하학적 표현

점 P의 위치는 좌표계 $\{A\}$를 기준으로 ^AP로 나타낼 수 있고, 좌표계 $\{B\}$를 기준으로 ^BP로 표현할 수 있다. 이를 다시 수학적으로 표현하면 식 (2.16)과 같다.

$$\begin{aligned} P &= {}^AP = {}^Ap_x \cdot \hat{X}_A + {}^Ap_y \cdot \hat{Y}_A + {}^Ap_z \cdot \hat{Z}_A \\ &= {}^BP = {}^Bp_x \cdot \hat{X}_B + {}^Bp_y \cdot \hat{Y}_B + {}^Bp_z \cdot \hat{Z}_B \end{aligned} \tag{2.17}$$

여기서 $^Ap_x, {}^Ap_y, {}^Ap_z$는 위치 벡터 P의 좌표계 $\{A\}$에 대한 방향 성분 $(\hat{X}_A, \hat{Y}_A, \hat{Z}_A)$을 $^Bp_x, {}^Bp_y, {}^Bp_z$는 위치 벡터 P의 좌표계 $\{B\}$에 대한 방향 성분 $(\hat{X}_B, \hat{Y}_B, \hat{Z}_B)$을 이용하여 나타내고 있음에 유의한다.

물체의 방위(Orientation)는 물체에 부착된 좌표계가 다른 기준 좌표계에 대해 갖는 상대적 회전량으로 생각할 수 있다. 따라서, 식 (2.14)에서 유도된 회전 행렬 ^AR_B은 물체에 부착된 좌표계 $\{B\}$가 이 물체의 기준 좌표계 $\{A\}$에 대해 갖는 방위를 나타낸다.

식 (2.15)와 (2.17)를 이용해서 좌표계 $\{B\}$에 의해서 기술되는 ^AP를 다음과 같이 유도할 수 있다.

$$
{}^{A}P = \begin{bmatrix} {}^{A}p_x \\ {}^{A}p_y \\ {}^{A}p_z \end{bmatrix} = \begin{bmatrix} {}^{A}P \cdot \hat{X}_A \\ {}^{A}P \cdot \hat{Y}_A \\ {}^{A}P \cdot \hat{Z}_A \end{bmatrix} = \begin{bmatrix} P \cdot \hat{X}_A \\ P \cdot \hat{Y}_A \\ P \cdot \hat{Z}_A \end{bmatrix}
$$
$$
= \begin{bmatrix} ({}^{B}p_x \hat{X}_B + {}^{B}p_y \hat{Y}_B + {}^{B}p_z \hat{Z}_B) \cdot \hat{X}_A \\ ({}^{B}p_x \hat{X}_B + {}^{B}p_y \hat{Y}_B + {}^{B}p_z \hat{Z}_B) \cdot \hat{Y}_A \\ ({}^{B}p_x \hat{X}_B + {}^{B}p_y \hat{Y}_B + {}^{B}p_z \hat{Z}_B) \cdot \hat{Z}_A \end{bmatrix} \tag{2.18}
$$

식 (2.18)을 전개한 후 정리하면 다음과 같이 나타낼 수 있다.

$$
{}^{A}P = \begin{bmatrix} {}^{A}p_x \\ {}^{A}p_y \\ {}^{A}p_z \end{bmatrix} = \begin{bmatrix} {}^{B}p_x \hat{X}_B \cdot \hat{X}_A + {}^{B}p_y \hat{Y}_B \cdot \hat{X}_A + {}^{B}p_z \hat{Z}_B \cdot \hat{X}_A \\ {}^{B}p_x \hat{X}_B \cdot \hat{Y}_A + {}^{B}p_y \hat{Y}_B \cdot \hat{Y}_A + {}^{B}p_z \hat{Z}_B \cdot \hat{Y}_A \\ {}^{B}p_x \hat{X}_B \cdot \hat{Z}_A + {}^{B}p_y \hat{Y}_B \cdot \hat{Z}_A + {}^{B}p_z \hat{Z}_B \cdot \hat{Z}_A \end{bmatrix}
$$
$$
= \begin{bmatrix} \hat{X}_B \cdot \hat{X}_A & \hat{Y}_B \cdot \hat{X}_A & \hat{Z}_B \cdot \hat{X}_A \\ \hat{X}_B \cdot \hat{Y}_A & \hat{Y}_B \cdot \hat{Y}_A & \hat{Z}_B \cdot \hat{Y}_A \\ \hat{X}_B \cdot \hat{Z}_A & \hat{Y}_B \cdot \hat{Z}_A & \hat{Z}_B \cdot \hat{Z}_A \end{bmatrix} \begin{bmatrix} {}^{B}p_x \\ {}^{B}p_y \\ {}^{B}p_z \end{bmatrix} \tag{2.19}
$$
$$
= {}^{A}R_B \, {}^{B}P
$$

식 (2.19)는 다시 회전 행렬 연산자를 이용해서 식 (2.20)과 같이 표현할 수 있다.

$$
\begin{aligned} {}^{A}p_x &= {}^{B}\hat{X}_A \cdot {}^{B}P_x \\ {}^{A}p_y &= {}^{B}\hat{Y}_A \cdot {}^{B}P_y \\ {}^{A}p_z &= {}^{B}\hat{Z}_A \cdot {}^{B}P_z \end{aligned} \tag{2.20}
$$

이를 행렬의 곱셈으로 간단히 정리하면 식 (2.21)은 식 (2.18)의 최종 식과 같음을 알 수 있다.

$$
{}^{A}P = {}^{A}R_B \, {}^{B}P \tag{2.21}
$$

예제 2.1

[그림 2.14]와 같이 좌표계 $\{A\}$가 $\hat{X}_A$를 기준으로 θ만큼 회전한 좌표계를 $\{B\}$라고 할 때, 회전 행렬 ${}^AR_B$를 구하시오.

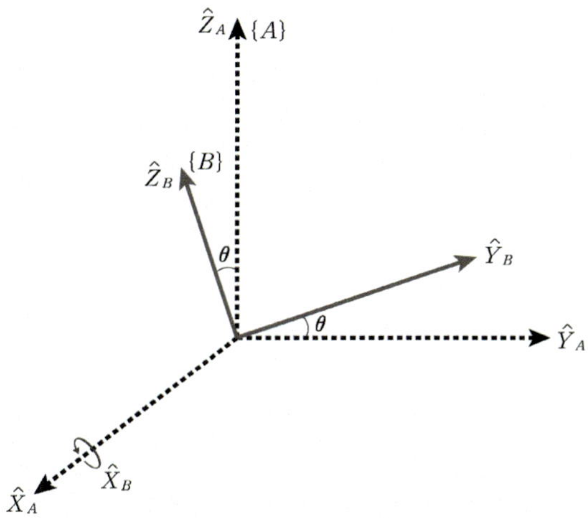

그림 2.14 $\hat{X}_A$를 기준으로 θ만큼 회전한 좌표계

풀이

식 (2.15)를 참고하면

$$
\begin{aligned}
{}^AR_B &= \begin{bmatrix} \hat{X}_B \cdot \hat{X}_A & \hat{Y}_B \cdot \hat{X}_A & \hat{Z}_B \cdot \hat{X}_A \\ \hat{X}_B \cdot \hat{Y}_A & \hat{Y}_B \cdot \hat{Y}_A & \hat{Z}_B \cdot \hat{Y}_A \\ \hat{X}_B \cdot \hat{Z}_A & \hat{Y}_B \cdot \hat{Z}_A & \hat{Z}_B \cdot \hat{Z}_A \end{bmatrix} \\
&= \begin{bmatrix} |\hat{X}_B||\hat{X}_A|\cos\theta & |\hat{Y}_B||\hat{X}_A|\cos\theta & |\hat{Z}_B||\hat{X}_A|\cos\theta \\ |\hat{X}_B||\hat{Y}_A|\cos\theta & |\hat{Y}_B||\hat{Y}_A|\cos\theta & |\hat{Z}_B||\hat{Y}_A|\cos\theta \\ |\hat{X}_B||\hat{Z}_A|\cos\theta & |\hat{Y}_B||\hat{Z}_A|\cos\theta & |\hat{Z}_B||\hat{Z}_A|\cos\theta \end{bmatrix} \qquad (2.22) \\
&= \begin{bmatrix} \cos 0^\circ & \cos 90^\circ & \cos 90^\circ \\ \cos 90^\circ & \cos\theta & \cos(90^\circ + \theta) \\ \cos 90^\circ & \cos(90^\circ - \theta) & \cos\theta \end{bmatrix} \\
&= \begin{bmatrix} \cos 0^\circ & \cos 90^\circ & \cos 90^\circ \\ \cos 90^\circ & \cos\theta & -\sin\theta \\ \cos 90^\circ & \sin\theta & \cos\theta \end{bmatrix} \\
&= \begin{bmatrix} 1 & 0 & 0 \\ 0 & \cos\theta & -\sin\theta \\ 0 & \sin\theta & \cos\theta \end{bmatrix}
\end{aligned}
$$

예제 2.2

[그림 2.15]와 같이 좌표계 $\{A\}$가 $\hat{Z}_A$를 기준으로 θ만큼 회전한 좌표계를 $\{B\}$라고 할 때, 회전 행렬 ${}^AR_B$를 구하시오.

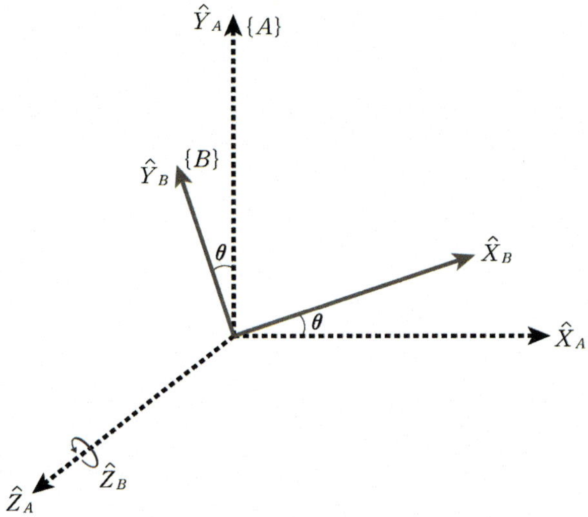

그림 2.15 $\hat{Z}_A$를 기준으로 θ만큼 회전한 좌표계

풀이

식 (2.22)를 참고하면

$$
\begin{aligned}
{}^AR_B &= \begin{bmatrix} \cos\theta & \cos(90^\circ + \theta) & \cos 90^\circ \\ \cos(90^\circ - \theta) & \cos\theta & \cos 90^\circ \\ \cos 90^\circ & \cos 90^\circ & \cos 0^\circ \end{bmatrix} \\
&= \begin{bmatrix} \cos\theta & -\sin\theta & 0 \\ \sin\theta & \cos\theta & 0 \\ 0 & 0 & 1 \end{bmatrix}
\end{aligned}
\tag{2.23}
$$

예제 2.3

[그림 2.16]와 같이 좌표계 $\{A\}$가 $\hat{Y}_A$를 기준으로 θ만큼 회전한 좌표계를 $\{B\}$라고 할 때, 회전 행렬 ${}^A R_B$를 구하시오.

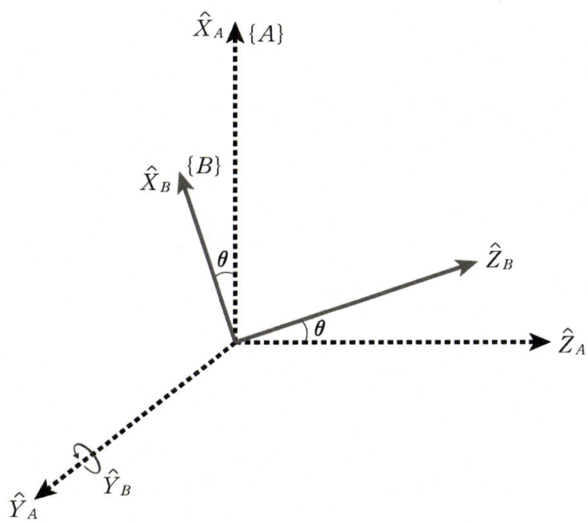

그림 2.16 $\hat{Y}_A$를 기준으로 θ만큼 회전한 좌표계

풀이

식 (2.22)를 참고하면

$$
\begin{aligned}
{}^A R_B &= \begin{bmatrix} \cos\theta & \cos 0^\circ & \cos(90^\circ - \theta) \\ \cos 90^\circ & \cos 0^\circ & \cos 90^\circ \\ \cos(90^\circ + \theta) & \cos 90^\circ & \cos\theta \end{bmatrix} \\
&= \begin{bmatrix} \cos\theta & 0 & \sin\theta \\ 0 & 1 & 0 \\ -\sin\theta & 0 & \cos\theta \end{bmatrix}
\end{aligned}
\tag{2.24}
$$

이다.

식 (2.22), (2.23), (2.24)에서 보여주는 각각의 회전 행렬은 회전 좌표계의 방위를 기준 좌표계에 대한 방위로 나타내며, 기본 회전 행렬이라고 한다. 또한, 임의의 축 $\hat{K}$를 중심으로 θ만큼 회전을 수행하므로 회전 행렬을 나타내는 기호 $Rot(K, \theta)$를 이용해서 식 (2.25)와 같이 표시할 수 있다.

$$Rot(X,\theta) = \begin{bmatrix} 1 & 0 & 0 \\ 0 & \cos\theta & -\sin\theta \\ 0 & \sin\theta & \cos\theta \end{bmatrix}$$

$$Rot(Y,\theta) = \begin{bmatrix} \cos\theta & 0 & \sin\theta \\ 0 & 1 & 0 \\ -\sin\theta & 0 & \cos\theta \end{bmatrix} \tag{2.25}$$

$$Rot(Z,\theta) = \begin{bmatrix} \cos\theta & -\sin\theta & 0 \\ \sin\theta & \cos\theta & 0 \\ 0 & 0 & 1 \end{bmatrix}$$

예제 2.4

[그림 2.17]과 같이 좌표계 $\{A\}$에 관해 $\hat{Z}$을 중심으로 30° 회전한 ^{B}P가 다음과 같을 때, ^{A}P를 구하시오.

$$^{B}P = [0.0\ 2.0\ 0.0]^{T} \tag{2.26}$$

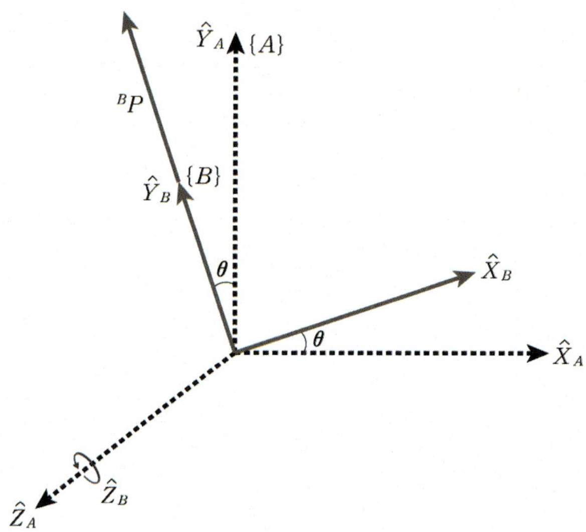

그림 2.17 $\hat{Z}$을 중심으로 30° 회전한 좌표계 $\{B\}$

풀이

식 (2.21)과 (2.25)를 이용하면,

$$^{A}P = {}^{A}R_{B}\ {}^{B}P = Rot(Z,\theta)^{B}P \tag{2.27}$$

이므로, 회전 행렬은 다음과 같다.

$$
{}^{A}R_{B} = Rot(Z,\theta) = \begin{bmatrix} \cos\theta & -\sin\theta & 0 \\ \sin\theta & \cos\theta & 0 \\ 0 & 0 & 1 \end{bmatrix}
$$

$$
= Rot(Z, \frac{\pi}{180}) = \begin{bmatrix} \cos\frac{\pi}{180} & -\sin\frac{\pi}{180} & 0 \\ \sin\frac{\pi}{180} & \cos\frac{\pi}{180} & 0 \\ 0 & 0 & 1 \end{bmatrix} \tag{2.28}
$$

$$
= \begin{bmatrix} 0.87 & -0.50 & 0.00 \\ 0.50 & 0.87 & 0.00 \\ 0 & 0 & 1.00 \end{bmatrix}
$$

따라서, ${}^{A}P$는 다음과 같다.

$$
{}^{A}P = {}^{A}R_{B}\,{}^{B}P
$$

$$
= \begin{bmatrix} 0.87 & -0.50 & 0.00 \\ 0.50 & 0.87 & 0.00 \\ 0 & 0 & 1.00 \end{bmatrix} \begin{bmatrix} 0.00 \\ 2.00 \\ 0.00 \end{bmatrix} \tag{2.29}
$$

$$
= \begin{bmatrix} -1.000 \\ 1.732 \\ 0.000 \end{bmatrix}
$$

주의할 것은 원래의 위치 벡터 P는 공간상에서 변화하지 않는다. 단지, 새로운 좌표계를 기준으로 변환해서 새로운 벡터로 전환한 것이다.

2.6 동차 변환을 이용한 좌표 변환

2.5.1 절에서 다루어진 좌표계의 전위(Translation)에 대한 기본적인 개념을 확장하여 이 절에서는 원점이 서로 일치하지 않고 벡터 오프셋(Offset)을 가지고 있는 [그림 2.18]의 두 좌표계에 대한 일반적인 변환 방법을 고려한다.

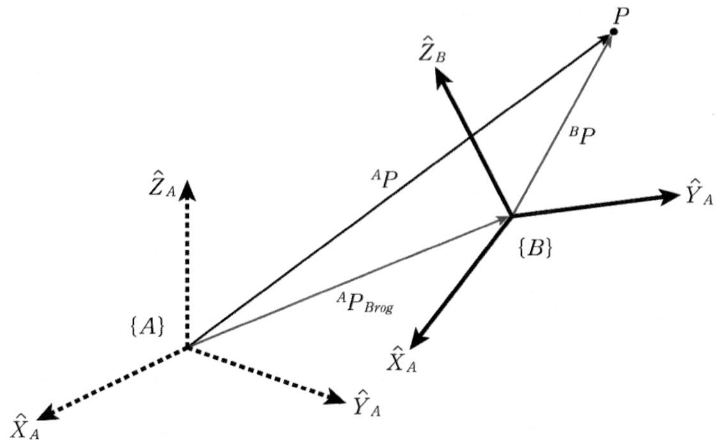

그림 2.18 일반적인 좌표계 상의 한 점을 표현하는 벡터 표현

일반적인 좌표계의 변환은 단계적으로 [그림 2.19]와 같이, (1) 공간상의 한 점 P에 대해서 서로 다른 두 좌표계를 설정하고, (2) 로봇의 말단이 위치하는 부분 즉, 이동하는 제어의 직접적인 대상이 되는 말단 장치나 작업의 대상이 되는 물체에 좌표계를 지정하고, (3) 말단 장치나 작업 대상 물체의 방위를 고려해서 좌표계를 회전시킨다. 이때, 좌표계에 대한 전위와 회전의 순서는 최종적인 결과에 영향을 미치지 않는다.

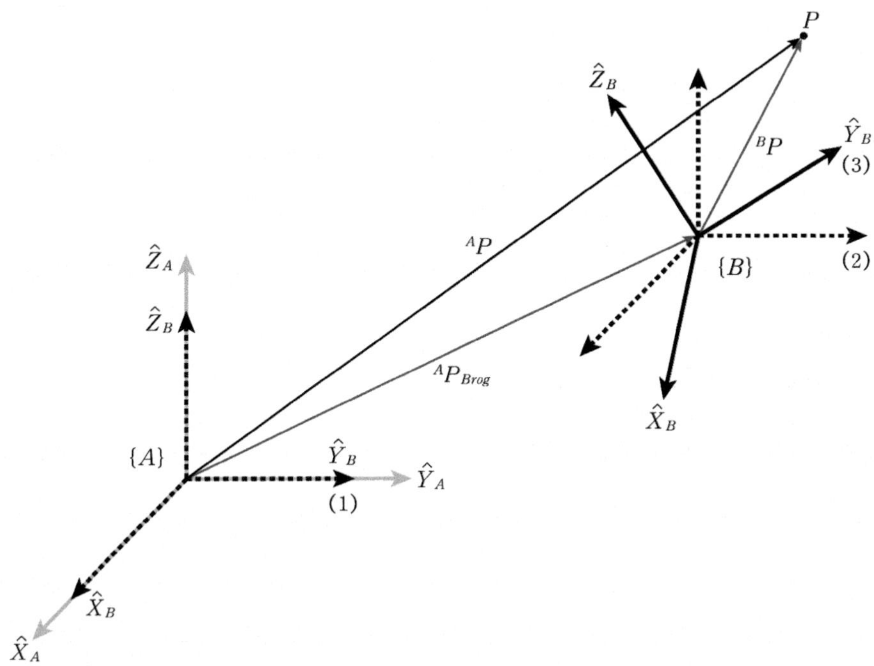

그림 2.19 공간상의 한 점에 대한 일반 좌표계의 변환과 벡터 표현 방법

좌표계 $\{A\}$로부터 좌표계 $\{B\}$의 원점에 이르는 벡터를 ${}^{A}P_{Borg}$, 좌표계 $\{B\}$에서 바라본 점 P에 대한 위치 벡터를 ${}^{B}P$, 좌표계 $\{A\}$에서 바라본 점 P에 대한 위치 벡터를 ${}^{A}P$로 지정하고 이들의 관계를 좌표계의 전위에 관한 관계를 나타내는 2.5.1절의 식 (2.7)과 좌표계의 회전에 관한 관계를 나타내는 2.5.2절의 식 (2.21)을 이용해서 다음과 같이 벡터 해석적으로 표현할 수 있다.

$$ {}^{A}P = {}^{A}P_{Borg} + {}^{A}R_{B}\,{}^{B}P \tag{2.30} $$

식 (2.29)는 한 좌표계에서 나타낸 벡터에 대해서 다른 좌표계로의 일반적인 변환을 의미하고, 식 (2.18)을 이용해서 다음과 같이 전개할 수 있다.

$$ \begin{aligned} {}^{A}P &= {}^{A}P_{Borg} + {}^{A}R_{B}\,{}^{B}P \\ &= \begin{bmatrix} {}^{A}p_{Borg_x} \\ {}^{A}p_{Borg_y} \\ {}^{A}p_{Borg_z} \end{bmatrix} + \begin{bmatrix} \widehat{X_B}\cdot\widehat{X_A} & \widehat{Y_B}\cdot\widehat{X_A} & \widehat{Z_B}\cdot\widehat{X_A} \\ \widehat{X_B}\cdot\widehat{Y_A} & \widehat{Y_B}\cdot\widehat{Y_A} & \widehat{Z_B}\cdot\widehat{Y_A} \\ \widehat{X_B}\cdot\widehat{Z_A} & \widehat{Y_B}\cdot\widehat{Z_A} & \widehat{Z_B}\cdot\widehat{Z_A} \end{bmatrix} \begin{bmatrix} {}^{B}p_x \\ {}^{B}p_y \\ {}^{B}p_z \end{bmatrix} \\ &= \begin{bmatrix} {}^{B}p_x\widehat{X_B}\cdot\widehat{X_A} + {}^{B}p_y\widehat{Y_B}\cdot\widehat{X_A} + {}^{B}p_z\widehat{Z_B}\cdot\widehat{X_A} + {}^{A}p_{Borg_x} \\ {}^{B}p_x\widehat{X_B}\cdot\widehat{Y_A} + {}^{B}p_y\widehat{Y_B}\cdot\widehat{Y_A} + {}^{B}p_z\widehat{Z_B}\cdot\widehat{Y_A} + {}^{A}p_{Borg_y} \\ {}^{B}p_x\widehat{X_B}\cdot\widehat{Z_A} + {}^{B}p_y\widehat{Y_B}\cdot\widehat{Z_A} + {}^{B}p_z\widehat{Z_B}\cdot\widehat{Z_A} + {}^{A}p_{Borg_z} \end{bmatrix} \end{aligned} \tag{2.31} $$

식 (2.31)의 마지막 행렬의 내부를 잘 살펴보면, 이 행렬은 4개의 열 원소에 대해서 3개의 행 원소가 곱해진 형태를 보이고 있음을 알 수 있다. 그러나, 차원이 다른 두 행렬($m \times n$, $p \times q$)의 곱의 연산이 가능하기 위해서는 $n = p$ 이어야만 한다. 따라서, 두 행렬의 곱의 형태로 식 (2.31)의 행렬과 동일한 결과를 나타내기 위해서는 행렬에 대한 수학적인 조작이 필요하다.

식(2.31)의 결과의 4번째 행에 [0 0 0 1]을 추가하고 ${}^{A}P$의 마지막 행에 1을 추가하면 4×1의 위치 벡터가 되며, 식 (2.32)과 같은 4×4 정방 행렬로 만들 수 있게 된다.

$$
{}^{A}P = \begin{bmatrix} {}^{B}p_x \widehat{X}_B \cdot \widehat{X}_A + {}^{B}p_y \widehat{Y}_B \cdot \widehat{X}_A + {}^{B}p_z \widehat{Z}_B \cdot \widehat{X}_A + {}^{A}p_{Borg_x} \\ {}^{B}p_x \widehat{X}_B \cdot \widehat{Y}_A + {}^{B}p_y \widehat{Y}_B \cdot \widehat{Y}_A + {}^{B}p_z \widehat{Z}_B \cdot \widehat{Y}_A + {}^{A}p_{Borg_y} \\ {}^{B}p_x \widehat{X}_B \cdot \widehat{Z}_A + {}^{B}p_y \widehat{Y}_B \cdot \widehat{Z}_A + {}^{B}p_z \widehat{Z}_B \cdot \widehat{Z}_A + {}^{A}p_{Borg_z} \\ 0 \quad + \quad 0 \quad + \quad 0 \quad + \quad 1 \end{bmatrix} \tag{2.32}
$$

$$
= \begin{bmatrix} \widehat{X}_B \cdot \widehat{X}_A & \widehat{Y}_B \cdot \widehat{X}_A & \widehat{Z}_B \cdot \widehat{X}_A & {}^{A}p_{Borg_x} \\ \widehat{X}_B \cdot \widehat{Y}_A & \widehat{Y}_B \cdot \widehat{Y}_A & \widehat{Z}_B \cdot \widehat{Y}_A & {}^{A}p_{Borg_y} \\ \widehat{X}_B \cdot \widehat{Z}_A & \widehat{Y}_B \cdot \widehat{Z}_A & \widehat{Z}_B \cdot \widehat{Z}_A & {}^{A}p_{Borg_z} \\ 0 & 0 & 0 & 1 \end{bmatrix} \begin{bmatrix} {}^{B}p_x \\ {}^{B}p_y \\ {}^{B}p_z \\ 1 \end{bmatrix}
$$

이를 간단히 식 (2.33)으로 정리할 수 있다.

$$
\left[\frac{{}^{A}\boldsymbol{P}_{3\times 1}}{1}\right] = \left[\begin{array}{c|c} [{}^{A}\boldsymbol{R}_B]_{3\times 3} & [{}^{A}\boldsymbol{P}_{Borg}]_{3\times 1} \\ \hline 0\,0\,0 & 1 \end{array}\right] \left[\frac{{}^{B}\boldsymbol{P}}{1}\right] \tag{2.33}
$$

또한, 식 (2.33)가 다음과 같음을 나타내고 있음을 알 수 있다.

$$
\begin{aligned} {}^{A}P &= {}^{A}R_B \, {}^{B}P + {}^{A}P_{Borg} \\ 1 &= 1 \end{aligned} \tag{2.34}
$$

이렇게 좌표계 $\{A\}$에서 좌표계 $\{B\}$로의 변환이 이루어지도록 만들어진 4×4 행렬을 동차 변환 행렬(Homogeneous transformation matrix)라고 하며, ${}^{A}T_B$로 나타낸다. 식 (2.33) 또는 (2.34)는 로봇공학에서는 일반적인 좌표계의 회전과 전위를 1개의 행렬 형식으로 표현하는데 활용되지만, 컴퓨터 그래픽스와 같은 분야에서는 마지막 행 [0 0 0 1]을 그림의 확대 축소 등에 필요한 스케일링(Scaling) 계산에 활용하기도 한다. 동차 변환 행렬 ${}^{A}T_B$는 다음과 같은 구조를 가지고 있다.

$$
{}^{A}T_B = \begin{bmatrix} \text{회전행렬}(3\times 3) & \text{병진벡터}(3\times 1) \\ 0 \quad 0 \quad 0 & 1 \end{bmatrix} \tag{2.35}
$$

식 (2.33) 또는 (2.34)을 앞에서 구한 동차 변환 행렬의 정의를 이용해서 나타내면 식 (2.36)과 같이 하나의 행렬 형태로 나타낼 수 있다.

$$
{}^{A}P = {}^{A}T_B \, {}^{B}P \tag{2.36}
$$

만약, 두 좌표계의 오프셋이 0이라면 ${}^{A}P_{Borg} = [0\ 0\ 0]^T$이므로, ${}^{A}T_B$은 행렬

식 (2.37)과 같이 회전 행렬과 같은 물리적 의미를 갖게 된다.

$$
\begin{aligned}
{}^{A}T_{B} = Rot(X,\theta) &= \begin{bmatrix} 1 & 0 & 0 & 0 \\ 0 & \cos\theta & -\sin\theta & 0 \\ 0 & \sin\theta & \cos\theta & 0 \\ 0 & 0 & 0 & 1 \end{bmatrix} \\
{}^{A}T_{B} = Rot(Y,\theta) &= \begin{bmatrix} \cos\theta & 0 & \sin\theta & 0 \\ 0 & 1 & 0 & 0 \\ -\sin\theta & 0 & \cos\theta & 0 \\ 0 & 0 & 0 & 1 \end{bmatrix} \\
{}^{A}T_{B} = Rot(Z,\theta) &= \begin{bmatrix} \cos\theta & -\sin\theta & 0 & 0 \\ \sin\theta & \cos\theta & 0 & 0 \\ 0 & 0 & 1 & 1 \end{bmatrix}
\end{aligned}
\tag{2.37}
$$

두 좌표계가 방위는 동일하고 좌표계 $\{A\}$의 원점에서 좌표계 $\{B\}$의 원점이 ${}^{A}P_{Borg}$로 전위했다면 ${}^{A}P_{Borg} = \left[{}^{A}P_{Borg_x}\ {}^{A}P_{Borg_y}\ {}^{A}P_{Borg_z}\right]^T$ 이므로, 동차 변환 행렬은 식 (2.38)과 같이 간단한 형식으로 구성된다.

$$
{}^{A}T_{B} = Trans(p_x, p_y, p_z) = \begin{bmatrix} 1 & 0 & 0 & {}^{A}P_{Borg_x} \\ 0 & 1 & 0 & {}^{A}P_{Borg_y} \\ 0 & 0 & 1 & {}^{A}P_{Borg_z} \\ 0 & 0 & 0 & 1 \end{bmatrix}
\tag{2.38}
$$

좌표계 $\{A\}$를 특정한 축을 기준으로 θ만큼 회전한 좌표계를 $\{B\}$라고 하고, 이 회전한 좌표계를 좌표계 $\{A\}$로부터 ${}^{A}P$ 만큼 병진 이동하는 경우, 좌표계 $\{B\}$는 회전과 병진 행렬의 곱으로 동차 변환 행렬을 나타낼 수 있다. 예를 들어, $\hat{Z}$축을 중심으로 회전하고 ${}^{A}P$만큼 병진이동 했다면 식 (2.39)와 같다.

같은 방법으로 $\hat{X}$축에 대한 변환 행렬은 식 (2.40), $\hat{Y}$축에 대한 변환 행렬은 식 (2.41)로 정의할 수 있다.

$$
\begin{aligned}
{}^{A}T_B &= Trans(p_x, p_y, p_z)Rot(Z, \theta) \\
&= \begin{bmatrix} 1 & 0 & 0 & {}^{A}P_x \\ 0 & 1 & 0 & {}^{A}P_y \\ 0 & 0 & 1 & {}^{A}P_z \\ 0 & 0 & 0 & 1 \end{bmatrix} \begin{bmatrix} \cos\theta & -\sin\theta & 0 & 0 \\ \sin\theta & \cos\theta & 0 & 0 \\ 0 & 0 & 1 & 0 \\ 0 & 0 & 0 & 1 \end{bmatrix} \\
&= \begin{bmatrix} \cos\theta & -\sin\theta & 0 & {}^{A}P_x \\ \sin\theta & \cos\theta & 0 & {}^{A}P_y \\ 0 & 0 & 1 & {}^{A}P_z \\ 0 & 0 & 0 & 1 \end{bmatrix}
\end{aligned} \tag{2.39}
$$

$$
\begin{aligned}
{}^{A}T_B &= Trans(p_x, p_y, p_z)Rot(X, \theta) \\
&= \begin{bmatrix} 1 & 0 & 0 & {}^{A}P_x \\ 0 & 1 & 0 & {}^{A}P_y \\ 0 & 0 & 1 & {}^{A}P_z \\ 0 & 0 & 0 & 1 \end{bmatrix} \begin{bmatrix} 1 & 0 & 0 & 0 \\ 0 & \cos\theta & -\sin\theta & 0 \\ 0 & \sin\theta & \cos\theta & 0 \\ 0 & 0 & 0 & 1 \end{bmatrix} \\
&= \begin{bmatrix} 1 & 0 & 0 & {}^{A}P_x \\ 0 & \cos\theta & -\sin\theta & {}^{A}P_y \\ 0 & \sin\theta & \cos\theta & {}^{A}P_z \\ 0 & 0 & 0 & 1 \end{bmatrix}
\end{aligned} \tag{2.40}
$$

$$
\begin{aligned}
{}^{A}T_B &= Trans(p_x, p_y, p_z)Rot(Y, \theta) \\
&= \begin{bmatrix} 1 & 0 & 0 & {}^{A}P_x \\ 0 & 1 & 0 & {}^{A}P_y \\ 0 & 0 & 1 & {}^{A}P_z \\ 0 & 0 & 0 & 1 \end{bmatrix} \begin{bmatrix} \cos\theta & 0 & \sin\theta & 0 \\ 0 & 1 & 0 & 0 \\ -\sin\theta & 0 & \cos\theta & 0 \\ 0 & 0 & 0 & 1 \end{bmatrix} \\
&= \begin{bmatrix} \cos\theta & 0 & \sin\theta & {}^{A}P_x \\ 0 & 1 & 0 & {}^{A}P_y \\ -\sin\theta & 0 & \cos\theta & {}^{A}P_z \\ 0 & 0 & 0 & 1 \end{bmatrix}
\end{aligned} \tag{2.41}
$$

예제 2.5

[그림 2.20]은 공간상의 한 점 $P_1(5.0,\ 3.0,\ 0.0)$을 좌표계 $\hat{Z}$축에 대해서 45° 만큼 회전하고 $\hat{X}$축을 따라 7, $\hat{Y}$축을 따라 3 만큼 병진 이동했을 때의 점을 P_2라 할 때, 이 점의 좌표를 동차 변환을 이용해서 구하시오. 그리고 변환의 과정을 개략적으로 그래프로 나타내시오.

풀이

좌표계 $\{A\}$에서 한 점 P를 P_1이라 하고, 이를 나타내는 위치 벡터를 ${}^AP_1$이라고 정의하고, $\hat{Z}$축에 대해서 회전 후 $\hat{X}$축을 따라 7, $\hat{Y}$축을 따라 3 만큼 병진 이동한 점의 위치 P_2를 위치 벡터 ${}^AP_2$라고 정의한다. 점 P_1은 행렬을 이용해서 $P_1 = [5.0\ 3.0\ 0]^T$이며, 벡터 ${}^AP_1$는 ${}^BP$로, ${}^AP_2$는 ${}^AP$라고 할 수 있으므로 식 (2.36)을 이용하여 변환 과정을 단계별로 나타내면 그림 [2.20]과 같다.

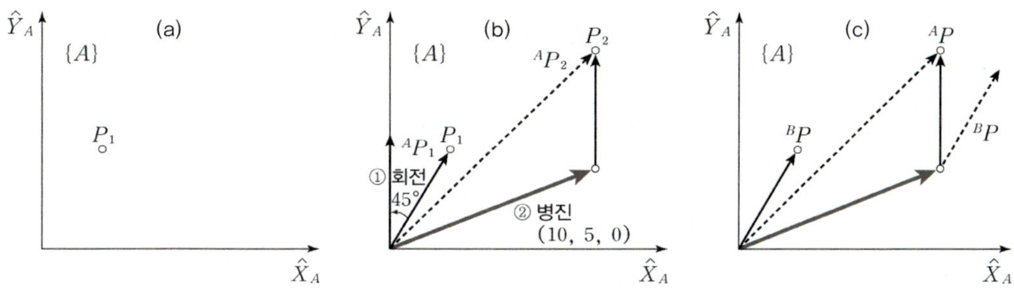

그림 2.20 동차 변환에 의한 위치 벡터의 변환 과정

회전과 병진 이동을 나타내는 동차 변환 행렬은 식 (2.39)에 의해 다음과 같이 정의된다.

$$
\begin{aligned}
{}^AT_B &= \begin{bmatrix} \cos 45^\circ & -\sin 45^\circ & 0 & 7 \\ \sin 45^\circ & \cos 45^\circ & 0 & 3 \\ 0 & 0 & 1 & 0 \\ 0 & 0 & 0 & 1 \end{bmatrix} \\
&= \begin{bmatrix} 0.707 & -0.707 & 0 & 7 \\ 0.707 & 0.707 & 0 & 3 \\ 0 & 0 & 1 & 0 \\ 0 & 0 & 0 & 1 \end{bmatrix}
\end{aligned}
\tag{2.42}
$$

위치 벡터 ${}^AP_1$ (= ${}^BP$)와 구해진 동차 변환 행렬(${}^AT_B$)을 식 (2.36)에 적용하면,

${}^{A}P_2$ (= ${}^{A}P$)를 구할 수 있다.

$$
{}^{A}P = {}^{A}T_B \, {}^{B}P = \begin{bmatrix} 0.707 & -0.707 & 0 & 7 \\ 0.707 & 0.707 & 0 & 3 \\ 0 & 0 & 1 & 0 \\ 0 & 0 & 0 & 1 \end{bmatrix} \begin{bmatrix} 5.0 \\ 3.0 \\ 0.0 \\ 1 \end{bmatrix} = \begin{bmatrix} 8.41 \\ 8.66 \\ 0.00 \\ 1 \end{bmatrix} \tag{2.43}
$$

따라서, 점 P_1은 동차 변환을 통해서 점 $P_2(8.41, 8.66, 0.00)$로 이동된다.

2.6.1 연속 변환의 계산

[그림 2.21]에서와 같이 점 P가 좌표계 $\{C\}$에 대해 정의되어 있을 때, 점 P를 좌표계 $\{A\}$에 대해 나타내는 ${}^{A}P$를 구하려고 한다. 이 때, 좌표계 $\{B\}$는 좌표계 $\{A\}$에 기준하여 알려져 있고, 좌표계 $\{C\}$는 좌표계 $\{B\}$에 기준하여 알려져 있다고 가정한다. '알려져 있다'의 의미는 [그림 2.10]의 로봇 시스템의 예로 다시 설명하면, 로봇의 링크들의 길이나 방향, 작업 대상물이 놓여져 있는 책상의 위치와 방향 등의 정보를 관측을 통해 획득할 수 있음을 의미한다. 즉, 각 독립된 물체에 대한 위치와 방향을 결정할 수 있는 정보를 얻을 수 있다.

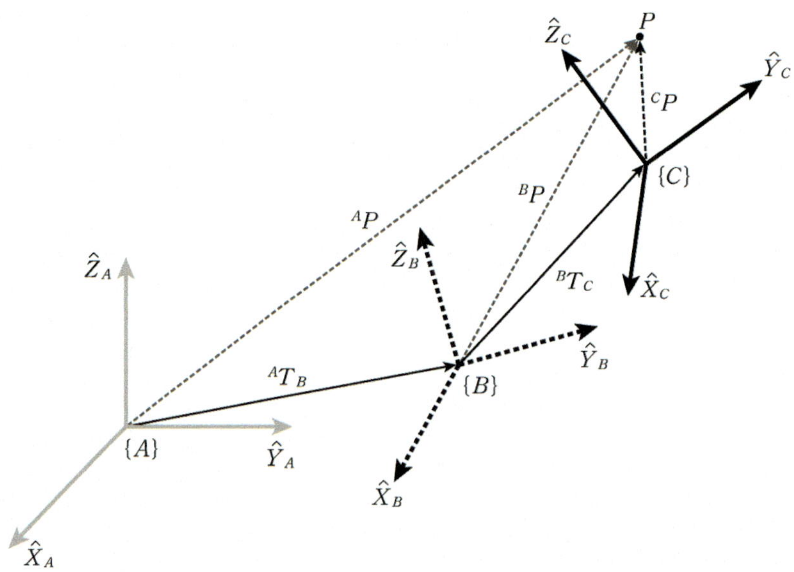

그림 2.21 연속 변환에 의한 좌표계의 복합 전환

좌표계 $\{C\}$가 좌표계 $\{B\}$에 대해 변환이 이루어졌으므로, 이 때의 동차 변환 행렬을 ${}^{B}T_{C}$ 라고 정의한다. 좌표계 $\{B\}$는 좌표계 $\{A\}$에 대해 변환이 이루어졌기 때문에, 이 때의 동차 변환 행렬을 ${}^{A}T_{B}$ 라고 정의한다. 따라서, 공간상의 한 점 P를 가르키는 ${}^{A}P$, ${}^{B}P$, ${}^{C}P$는 동차 변환 행렬을 이용해서 다음과 같은 관계식을 수립할 수 있다.

$$\begin{aligned} {}^{B}P &= {}^{B}T_{C}\,{}^{C}P \\ {}^{A}P &= {}^{A}T_{B}\,{}^{B}P \end{aligned} \tag{2.44}$$

식 (2.44)의 ${}^{B}P$에 관한 식을 ${}^{A}P$식에 대입하면 다음과 같은 연쇄 결합식이 나오게 된다.

$${}^{A}P = {}^{A}T_{B}\,{}^{B}T_{C}\,{}^{C}P = {}^{A}T_{C}\,{}^{C}P \tag{2.45}$$

식 (2.45)의 연속적인 동차 변환 행렬을 행렬의 연쇄법칙을 적용하면 다음과 같은 결과를 얻을 수 있다.

$${}^{A}T_{C} = {}^{A}T_{B}\,{}^{B}T_{C} \tag{2.46}$$

n개의 좌표계에 대한 연속적인 변환은 식 (2.46)의 방식을 이용해서 간단히 다음과 같이 정의할 수 있다.

$${}^{A}T_{N} = {}^{A}T_{B}\,{}^{B}T_{C}\,{}^{C}T_{D}\cdots{}^{N-1}T_{N} \tag{2.47}$$

2.6.2 역변환

좌표계 $\{A\}$에 대해 좌표계 $\{B\}$의 상대적 관계를 나타내는 동차 변환은 앞의 절에서 ${}^{A}T_{B}$ 라고 정의하므로, [그림 2.19]의 좌표계 $\{B\}$에 대해서 좌표계 $\{A\}$의 상대적 관계는 ${}^{A}T_{B}$ 의 역변환인 ${}^{B}T_{A}$ 라고 할 수 있으며, 행렬을 이용해서 다음과 같이 정의내릴 수 있다.

$${}^{A}P = {}^{A}T_{B}\,{}^{B}P \;\Leftrightarrow\; {}^{B}P = {}^{B}T_{A}\,{}^{A}P = ({}^{A}T_{B})^{-1}\,{}^{A}P \tag{2.48}$$

개념적으로 [그림 2.19]에서 좌표계 $\{A\}$에서 좌표계 $\{B\}$의 원점을 가리키고 있는 ${}^{A}P_{Borg}$는 화살표가 좌표계 $\{B\}$에서 좌표계 $\{A\}$로 향하도록 하면 ${}^{B}P_{Aorg}$임을 알 수 있다. 그리고, 이 역변환의 최종 목적지는 좌표계 $\{A\}$의 원점이 된다. 좌표계를 역으로 회전한 후 반대 방향인 원점을 향하므로 행렬에 '−' 부호를 붙여주어야 한다. 따라서, ${}^{B}P_{Aorg}$는 다음과 같이 나타낼 수 있다.

$$ {}^{B}P_{Aorg} = -{}^{B}R_{A}\,{}^{A}P_{Borg} \tag{2.49} $$

그리고, 식 (2.8)의 회전 행렬의 특성을 이용하면 다음과 같다.

$$ {}^{B}P_{Aorg} = -{}^{A}R_{B}^{T}\,{}^{A}P_{Borg} \tag{2.50} $$

또한, 앞에서 정의한 식 (2.32)와 (2.34)의 3×3 회전 행렬은 좌표계 $\{A\}$에서 좌표계 $\{B\}$로의 회전 변환 ${}^{A}R_{B}$을 의미하기 때문에, 역변환 ${}^{B}T_{A}$를 위한 회전 변환은 정의에 따라 ${}^{B}R_{A} = {}^{A}R_{B}^{T}$가 된다. 따라서, 좌표계 $\{B\}$에서 좌표계 $\{A\}$로의 역변환은 다음과 같이 정의할 수 있다.

$$ {}^{B}T_{A} = \begin{bmatrix} [{}^{A}\boldsymbol{R}_{B}^{T}]_{3\times 3} & [-{}^{A}\boldsymbol{R}_{B}^{T}\,{}^{A}\boldsymbol{P}_{Borg}]_{3\times 1} \\ 0\,0\,0 & 1 \end{bmatrix} \tag{2.51} $$

식 (2.51)은 기본 동차 변환의 회전행렬의 특성만을 이용해서 간단하게 역 동차 변환을 이루어 낼 수 있음을 보이고 있다.

예제 2.6

좌표계 $\{A\}$의 $\hat{Z}$축에 대해서 30도 만큼 회전하고 $\hat{X}$축을 따라 4, $\hat{Y}$축을 따라 3 만큼 병진 이동한 좌표계 $\{B\}$를 그래프로 나타내고 이에 대한 동차 변환 행렬을 구하시오. 또한, 이 변환의 역변환 행렬을 구하시오.

풀이

좌표계 $\{A\}$의 $\hat{Z}$축에 대해서 30도 만큼 회전하고 $\hat{X}$축을 따라 4, $\hat{Y}$축을 따라 3 만큼 병진 이동한 좌표계 $\{B\}$로의 동차 변환 행렬 ${}^{A}T_{B}$는 다음과 같다.

$$
\begin{aligned}
{}^{A}T_{B} &= \begin{bmatrix} \cos 30^\circ & -\sin 30^\circ & 0 & 4 \\ \sin 30^\circ & \cos 30^\circ & 0 & 3 \\ 0 & 0 & 1 & 0 \\ 0 & 0 & 0 & 1 \end{bmatrix} \\
&= \begin{bmatrix} 0.87 & -0.50 & 0 & 4 \\ 0.50 & 0.87 & 0 & 3 \\ 0 & 0 & 1 & 0 \\ 0 & 0 & 0 & 1 \end{bmatrix}
\end{aligned} \tag{2.52}
$$

좌표계 $\{B\}$에서 좌표계 $\{A\}$로의 역변환 ${}^{B}T_{A}$ 는 다음과 같다.

$$
{}^{B}T_{A} = \begin{bmatrix} 0.87 & 0.50 & 0 & -4.98 \\ -0.50 & 0.87 & 0 & -0.61 \\ 0 & 0 & 1 & 0.00 \\ 0 & 0 & 0 & 1 \end{bmatrix} \tag{2.53}
$$

2.6.3 좌표계의 변환 방정식

물체의 위치는 상대적인 개념이므로 기준이 되는 지점에 따라 다르게 정의된다. [그림 2.22]는 용접 대상물에 대한 용접 로봇의 제어를 위한 복합 좌표계를 나타내고 있다.

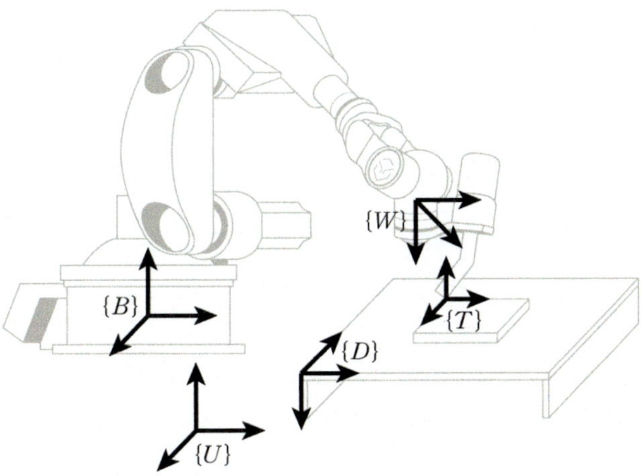

그림 2.22 로봇 응용 시스템을 위한 복합 좌표계 설정

[그림 2.22]의 로봇이 작업 대상물의 특정 지점에 아크 용접을 하기 위해서 말단부에 용접 기구가 채결되어 움직인다고 가정한다. 로봇의 용접 기구가 작업 대상물에 접촉해서 용접을 수행하는 특정 지점은 항상 로봇 용접봉의 끝점과 일치하게

된다. 따라서, 물체의 좌표계는 로봇의 용접봉 끝에 부여된 좌표계와 동일하다고 할 수 있다. [그림 2.22]의 로봇 응용 시스템은 하나의 작업 공간에서 로봇의 설치 위치 및 로봇 링크에 대한 물리적 구성 정보와 작업 물체가 올려져 있는 작업대의 위치 등에 대한 정보가 알려져 있기 때문에, 2.6.1절에서의 좌표계에 대한 연속 변환 방법을 적용할 수 있다.

기준점(Universe/World), 매니퓰레이터의 기저(Base), 손목(Wrist), 용접봉(Tool), 작업대(Desk)에 각각 영문 첫 자를 이용해서 각각 좌표계 $\{U\}$, $\{B\}$, $\{W\}$, $\{T\}$, $\{D\}$를 부여한다. 기준 좌표계로부터 각각의 좌표계를 벡터로 연결하고, 동차 변환 행렬을 이용해서 좌표계 간의 상대적인 관계를 표시하면 [그림 2.23]과 같이 하나의 폐루프를 형성하는 좌표계로 변환이 된다.

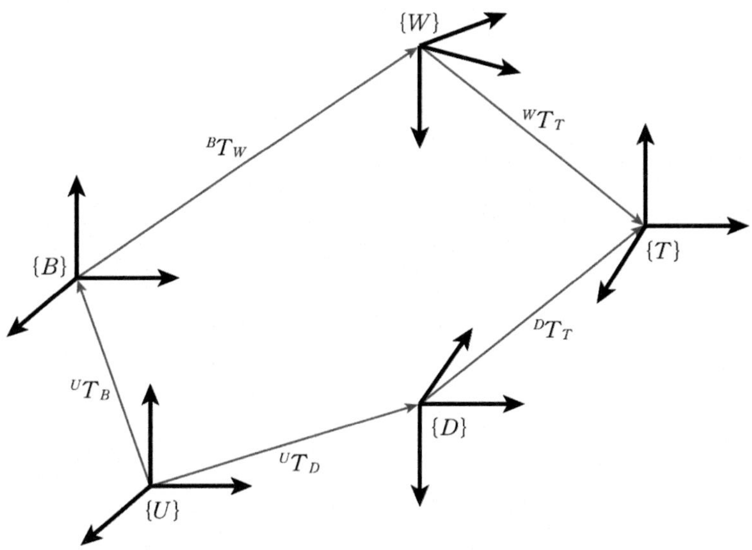

그림 2.23 폐루프를 형성하는 로봇 응용 시스템의 좌표계 변환

[그림 2.23]에서 최종 위치 또는 제어의 직접적인 대상이 되는 위치를 표시하는 좌표계 $\{T\}$는 두 가지 변환 곱으로 표시될 수 있다. 첫 번째로, 기준점에서 우측 방향으로 로봇 용접 기구의 끝점 찾아갈 수 있으므로

$$^{U}T_{T} = {^{U}T_{B}}\, {^{B}T_{W}}\, {^{W}T_{T}} \tag{2.54}$$

이 되며, 또한 기준점에서 로봇의 베이스 정보를 이용하여 로봇 용접 기구의 끝점을 찾아갈 수 있으므로 다음과 같이 표현할 수 있다.

$$ {}^{U}T_{T} = {}^{U}T_{D}\,{}^{D}T_{T} \tag{2.55} $$

식 (2.54)와 (2.55)는 같은 지점에 대한 서로 다른 두 좌표계의 변환이므로, 양변을 같게 놓으면 다음과 같다.

$$ {}^{U}T_{D}\,{}^{D}T_{T} = {}^{U}T_{B}\,{}^{B}T_{W}\,{}^{W}T_{T} \tag{2.56} $$

식 (2.56)으로부터 로봇 응용 시스템에서 제어의 직접적인 대상이 되지만, 알려지지 않은 로봇의 베이스로부터 대상 물체와 맞닿아 용접을 수행하는 로봇의 손목 부분에 대한 정확한 위치 정보를 획득할 수 있게 된다. 예를 들어, 로봇의 베이스로부터 손목까지는 여러 개의 링크로 구성이 되어 있으나, 링크간의 연결된 정보없이 작업 대상 물체에 대한 위치 정보가 주어졌다면, 2.6.1절의 역변환을 이용하면

$$
\begin{aligned}
{}^{U}T_{D}\,{}^{D}T_{T} &= {}^{U}T_{B}\,{}^{B}T_{W}\,{}^{W}T_{T} \\
{}^{U}T_{B}^{-1}\,{}^{U}T_{D}\,{}^{D}T_{T} &= {}^{U}T_{B}^{-1}\,{}^{U}T_{B}\,{}^{B}T_{W}\,{}^{W}T_{T} \\
{}^{U}T_{B}^{-1}\,{}^{U}T_{D}\,{}^{D}T_{T}\,{}^{W}T_{T}^{-1} &= {}^{B}T_{W}\,{}^{W}T_{T}\,{}^{W}T_{T}^{-1} \\
{}^{U}T_{B}^{-1}\,{}^{U}T_{D}\,{}^{D}T_{T}\,{}^{W}T_{T}^{-1} &= {}^{B}T_{W}
\end{aligned}
\tag{2.57}
$$

이므로, 좌우변 정리하면 다음과 같다.

$$ {}^{B}T_{W} = {}^{U}T_{B}^{-1}\,{}^{U}T_{D}\,{}^{D}T_{T}\,{}^{W}T_{T}^{-1} \tag{2.58} $$

[그림 2.23]에서 좌표계의 상대적 관계를 나타내는 벡터의 방향이 어느 한 좌표계의 원점으로부터 다른 좌표계의 원점을 향하도록 정의되고 있음을 주목할 필요가 있다.

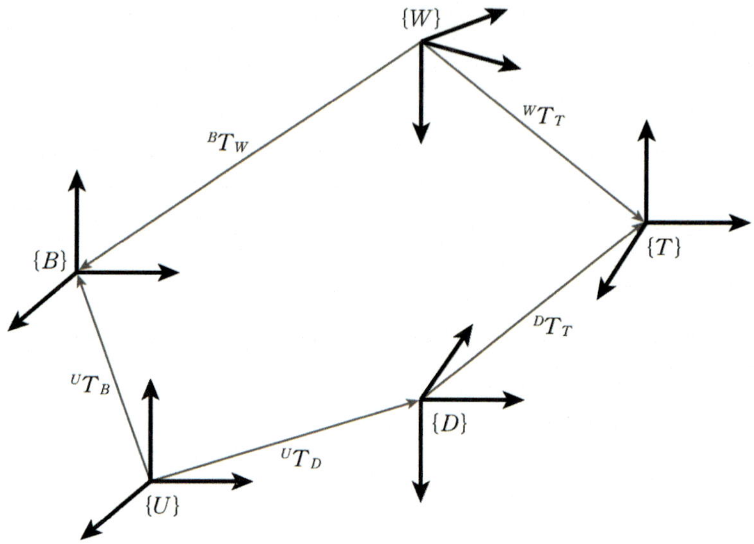

그림 2.24 역방향을 포함하는 로봇 응용 시스템의 좌표계 변환

만약, [그림 2.24]와 같이 로봇의 손목을 중심으로 설정된 좌표계 $\{W\}$를 기준하여 로봇의 베이스 좌표계 $\{B\}$가 알려져 있고, 기준점으로부터 로봇의 베이스 위치를 찾기 원한다면, 좌표계 $\{W\}$로부터 좌표계 $\{B\}$로의 역변환이므로 식 (2.54)는 다음과 같이 변경된다.

$$^{U}T_{T} = {}^{U}T_{B}\,{}^{B}T_{W}^{-1}\,{}^{W}T_{T} \tag{2.59}$$

그리고,

$$^{U}T_{T} = {}^{U}T_{D}\,{}^{D}T_{T} \tag{2.60}$$

이므로, 식 (2.59)와 (2.60)을 같게 놓음으로써 $^{U}T_{B}$를 구할 수 있으며, 이를 통해서 기준점으로부터 미정의 되었던 로봇 베이스 위치를 결정할 수 있게 된다.

$$^{U}T_{B} = {}^{U}T_{D}\,{}^{D}T_{T}\,{}^{W}T_{T}^{-1}\,{}^{W}T_{B} \tag{2.61}$$

예제 2.7

[그림 2.25]는 선반 위의 물체를 잡기 위해 스카라 로봇과 로봇 말단 장치로 그리퍼(집게)를 부착한 로봇 응용 시스템을 보이고 있다. 말단 장치인 그리퍼 툴 좌표계로부터 작업 대상 물체로의 좌표계 변환을 완성하시오.

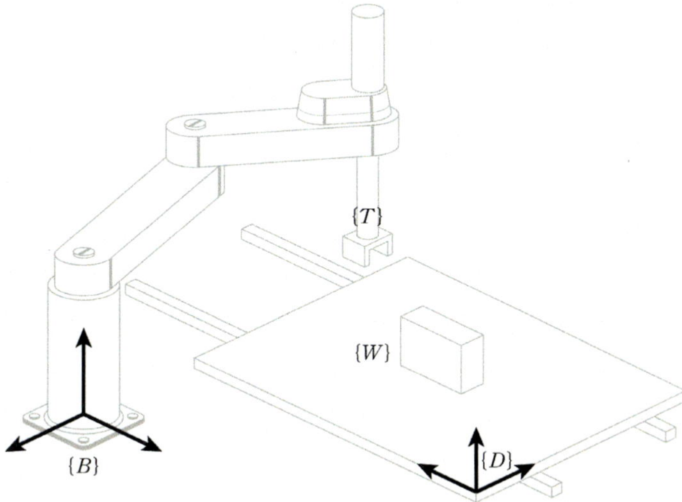

그림 2.25 선반 위의 물체를 잡기 위한 스카라 로봇 응용 시스템

풀이

스카라 로봇 응용 시스템에 부착된 계를 이용하여 [그림 2.26]과 같이 좌표계의 변환 관계를 나타낼 수 있다.

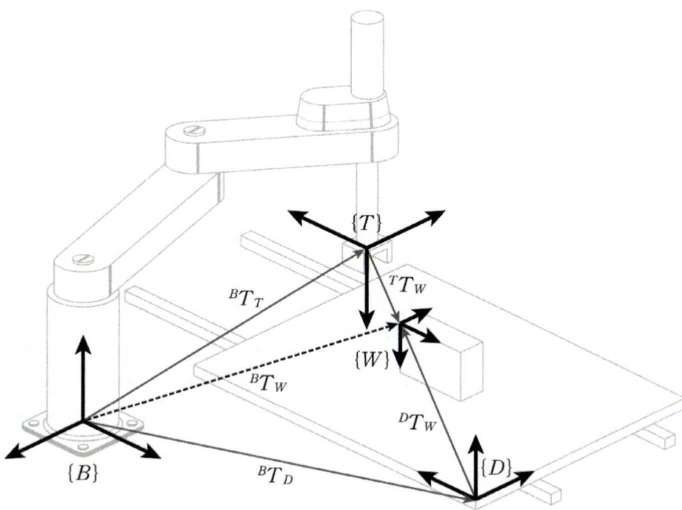

그림 2.26 스카라 로봇 응용 시스템에 대한 좌표계 부여

로봇의 베이스로부터 말단 툴의 변환과 베이스로부터 작업대 및 작업대로부터 작업 대상 물체로의 좌표계가 알려져 있으므로, 로봇의 베이스 좌표계로부터 툴 좌표계를 경유한 후 작업 대상물로 향하는 좌표계를 다음과 같이 표현할 수 있다.

$$^{B}T_{W} = {}^{B}T_{T}\,{}^{T}T_{W} \tag{2.62}$$

또한, 로봇의 베이스 좌표계로부터 작업대 좌표계를 경유한 후 작업 대상물로 향하는 좌표계는 다음과 같이 나타낼 수 있다.

$$^{B}T_{W} = {}^{B}T_{D}\,{}^{D}T_{W} \tag{2.63}$$

따라서, 식 (2.62)와 (2.63)은 같음을 이용하여 다음과 같이 $^{T}T_{W}$를 구할 수 있다.

$$\begin{aligned} {}^{B}T_{T}\,{}^{T}T_{W} &= {}^{B}T_{D}\,{}^{D}T_{W} \\ {}^{B}T_{T}^{-1}\,{}^{B}T_{T}\,{}^{T}T_{W} &= {}^{B}T_{T}^{-1}\,{}^{B}T_{D}\,{}^{D}T_{W} \\ {}^{T}T_{W} &= {}^{B}T_{T}^{-1}\,{}^{B}T_{D}\,{}^{D}T_{W} \end{aligned} \tag{2.64}$$

2.6.4 절대 변환과 상대 변환

개념적으로 변환의 순서에 관계없이 즉, 회전 변환 후에 병진 이동을 하는 경우나 병진 이동을 한 후 회전 변환을 하는 경우에도 동차 변환 행렬의 결과가 동일하기를 기대할 수 있다. 그러나, 일반적으로 교환 법칙이 성립되지 않는 행렬의 곱셈 특성 때문에, 병진과 회전 순서의 변경은 변환 결과에서도 다른 값을 나타내게 된다. 단, 좌표계의 연속 변환은 회전과 병진이 동일한 축에 대해 발생하는 경우에는 예외적으로 교환 법칙이 성립된다.

여러 연속적인 좌표계의 변환을 구하기 위해서는 변환에 의해서 새롭게 얻어지는 좌표계를 이동 좌표계(Moving frame)라고 정의하며, 변환과 관계없이 처음과 동일하게 고정된 좌표계를 고정 좌표계(Fixed frame)라고 정의한다. 2.6절의 [그림 2.19]의 좌표계 $\{A\}$는 고정 좌표계이며, 좌표계 $\{B\}$는 이동 좌표계라고 할 수 있다.

회전과 병진을 포함한 연속적인 변환이 발생할 때, 각 단계의 변환 수행후 얻어진 새로운 좌표계인 이동 좌표계에 대해서 다음 변환이 수행되는 것을 상대 변환(Relative transform)이라고 한다. 반대로, 직전 단계의 변환에 관계없이 모든 이어지는 변환을 초기의 고정된 기준 좌표계에 대해서 수행하는 것을 절대 변환(Absolute transform)이라고 한다.

2.6절의 식 (2.39)부터 (2.41)은 고정되어 있는 기준 좌표계 $\{A\}$에 대해서 회전

및 병진이 일어났으므로 절대 변환이 이루어진 것이라 할 수 있다.

이 경우, 두 좌표계 사이의 변환에 대해 다음과 같은 네 개의 가능한 변환 조합을 생각할 수 있다. 편의상 좌표계 $\{A\}$의 $\hat{Z}$축을 회전의 중심으로 하며, 간략하게 표현하기 위해서 그림에서 $\hat{Z}$축은 생략한다.

① 고정 좌표계를 기준으로 회전 후, 고정 좌표계를 따라 병진 이동

② 고정 좌표계를 따라 병진 이동 후, 고정 좌표계를 기준으로 회전

③ 이동 좌표계를 따라 병진 이동 후, 이동 좌표계를 기준으로 회전

④ 이동 좌표계를 기준으로 회전 후, 이동 좌표계를 따라 병진 이동

네 개의 변환 조합은 [그림 2.27]에서 확인할 수 있다. 여기서 첫 번째와 세 번째의 변환은 동일한 결과를 나타내고, 두 번째와 네 번째 변환은 서로 다른 결과를 만들뿐만 아니라 첫 번째나 세 번째와도 결과가 상이하다.

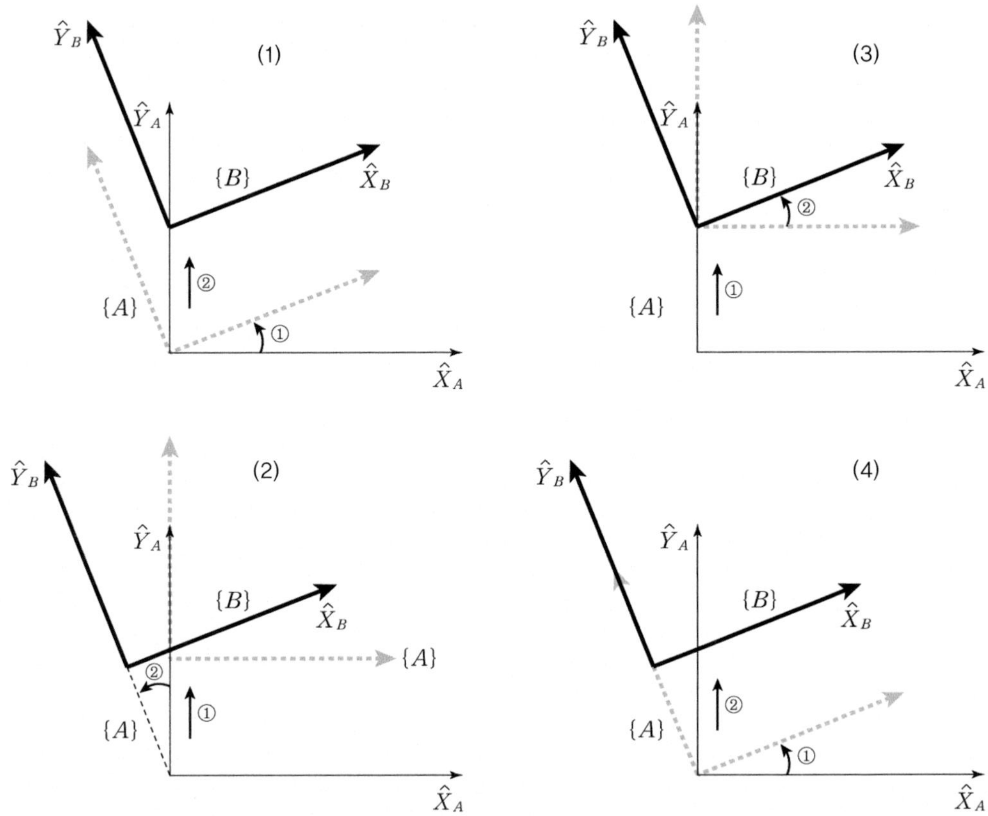

그림 2.27 절대 변환과 상대 변환에 의한 4개의 좌표계 변환 조합

[그림 2.27]의 (1)과 (3)을 참고하면, 절대 변환을 적용하는 (1)의 경우에는 좌표계의 변환이 회전과 병진의 순서로 일어났다면, 이 변환을 나타내는 변환 행렬은 순차적으로 뒤에서부터 [병진행렬][회전행렬]의 순서로 곱해져야 함을 나타낸다. 반대로, 상대 변환을 이용하는 경우에는 변환의 일어난 순서대로 순차적으로 앞에서부터 [회전행렬][병진행렬]로 곱해져야 절대 변환과 동일한 결과를 얻을 수 있다.

- **절대 변환 순서**: 기준 좌표계에 대한 회전 → 기준 좌표계에 대한 병진
- **상대 변환 순서**: 이동 좌표계에 대한 병진 → 이동 좌표계에 대한 회전

절대 변환은 기준 좌표계를 고정시키고 변환을 수행하는 경우, 변환 행렬을 이전 변환 행렬 앞에 곱해주기 때문에 전위곱(Pre-multiplication)이라고 하며, 반대로 상대 변환은 변환된 좌표계를 다시 자신의 기준 좌표계로 설정하고 다음 변환 행렬을 이어서 곱해주기 때문에 후위곱(Post-multiplication)이라고 한다.

예제 2.8

[그림 2.28]의 변환 과정을 정의하고 이 변환에 대한 완전한 동차 변환 행렬을 구하시오.

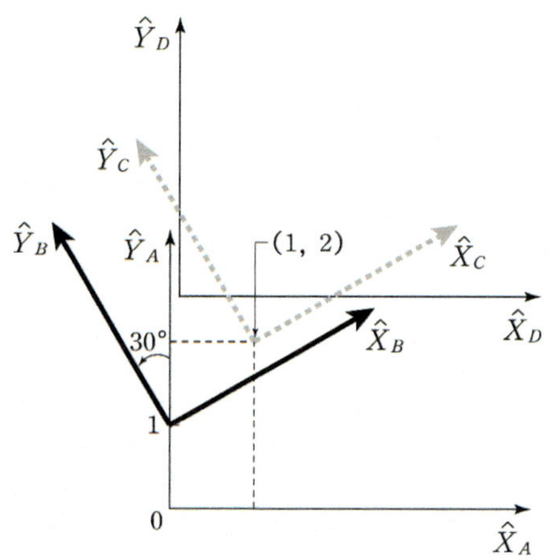

그림 2.28 상대 변환에 의한 좌표계 전환

풀이

좌표계 $\{A\}$에서 좌표계 $\{C\}$로의 변환은 이동 좌표계에 대한 병진 이동과 회전이 순차적으로 일어나는 상대 변환임을 알 수 있다. 각 변환 행렬은 순서대로 $Trans(0,\ 1,\ 0)$, $Rot(Z,\ 30^{\circ})$, $Trans(1,\ 1,\ 0)$, $Rot(Z,\ -30^{\circ})$이다. 상대 변환은 변환의 발생 순서대로 앞에서부터 곱해져야 하는 후위곱이므로, 이에 대한 행렬 표현은 다음과 같다.

$$Trans(0,1,0)Rot(Z,30^{\circ})Trans(1,1,0)Rot(Z,-30^{\circ}) \tag{2.65}$$

또한, 정의에 의해서 연속된 회전과 병진은 하나의 동차 변환으로 나타낼 수 있으므로, 좌표계$\{A\}$에 대한 좌표계 $\{B\}$의 동차 변환과 좌표계 $\{B\}$에 대한 좌표계 $\{C\}$의 동차 변환식은 다음과 같이 정의할 수 있다.

$$\begin{aligned} {}^{A}T_{B} &= Trans(0,1,0)Rot(Z,30^{\circ}) \\ {}^{B}T_{C} &= Trans(1,1,0)Rot(Z,-30^{\circ}) \end{aligned} \tag{2.66}$$

따라서, 좌표계 $\{A\}$에서 좌표계 $\{C\}$로의 변환은

$$\begin{aligned} {}^{A}T_{C} &= {}^{A}T_{B}\,{}^{B}T_{C} \\ &= Trans(0,1,0)Rot(Z,30^{\circ})Trans(1,1,0)Rot(Z,-30^{\circ}) \end{aligned} \tag{2.67}$$

이며, 이 행렬의 연산 결과는 다음과 같다.

$$\begin{aligned} {}^{A}T_{C} &= ({}^{A}T_{B})({}^{B}T_{C}) \\ &= \left(\begin{bmatrix} 1 & 0 & 0 & 0 \\ 0 & 1 & 0 & 1 \\ 0 & 0 & 1 & 0 \\ 0 & 0 & 0 & 1 \end{bmatrix}\begin{bmatrix} \cos30^{\circ} & -\sin30^{\circ} & 0 & 0 \\ \sin30^{\circ} & \cos30^{\circ} & 0 & 0 \\ 0 & 0 & 1 & 0 \\ 0 & 0 & 0 & 1 \end{bmatrix}\right) \\ &\quad \left(\begin{bmatrix} 1 & 0 & 0 & 1 \\ 0 & 1 & 0 & 1 \\ 0 & 0 & 1 & 0 \\ 0 & 0 & 0 & 1 \end{bmatrix}\begin{bmatrix} \cos(-30^{\circ}) & -\sin30^{\circ} & 0 & 0 \\ \sin30^{\circ} & \cos30^{\circ} & 0 & 0 \\ 0 & 0 & 1 & 0 \\ 0 & 0 & 0 & 1 \end{bmatrix}\right) \\ &= \begin{bmatrix} 1 & 0 & 0 & 0.37 \\ 0 & 1 & 0 & 2.37 \\ 0 & 0 & 1 & 0 \\ 0 & 0 & 0 & 1 \end{bmatrix} \end{aligned} \tag{2.68}$$

2.7 방위에 대한 추가적인 표현 방법

지금까지 공간에 위치한 물체의 방위는 해당 물체에 좌표계를 부착한 후, 세 개의 독립된 축의 방향 코사인을 이용해서 표현하였다. 각 축의 방향 코사인은 3 × 1의 크기를 갖는 열벡터를 2.5.2절의 식 (2.12)부터 (2.14)에서 나타내었다. 그리고, 어떤 물체의 3차원 공간상의 특정한 방위를 나타내기 위해서는 2.5.2절의 식 (2.15)에서 정의된 바와 같이 9개의 행렬 원소를 필요로 한다.

앞에서 살펴본 정규직교 행렬을 이용하지 않고, 연속된 세 번의 회전만으로도 공간상의 물체의 방위를 표현할 수 있는 또 다른 방법으로 오일러 각(Euler angle)과 롤-피치-요우(Roll-Pitch-Yaw) 방법이 있다.

오일러 각은 초기 방위를 나타내는 좌표계를 이동 좌표계의 주축에 대해 연속적으로 세 번 회전 시킴으로써 공간상의 물체에 대한 특정 방위를 계산하는 방법이다.

롤-피치-요우 방법은 고정 기준 좌표계에 대해 연속적으로 세 번 회전하여 공간상의 물체에 대한 특정 방위를 계산하는 방법이다.

두 방법 모두 초기 좌표로부터 각 회전시 한 개씩의 회전량만을 필요로 하기 때문에, 총 세 개의 회전량만으로도 공간상의 물체의 방위를 특정할 수 있다. 따라서, 9개의 정규직교 행렬 원소를 필요로 하는 방법보다 편리하고 계산량이 적어지는 장점을 갖는다. 일반적으로 3개의 축 방향으로 회전이 이루어지는 3자유도의 로봇 말단부를 구성하기 때문에, 오일러 각이나 롤-피치-요우를 이용하면 로봇 말단의 모든 방위를 쉽게 구현할 수 있게 된다.

2.7.1 X-Y-Z 고정각 (롤-피치-요우)

좌표계 $\{B\}$의 방위를 표시할 수 있는 한 가지 방법은 롤-피치-요우(Roll-Pitch-Yaw) 방법이다.

먼저, 알려진 기준 좌표계 $\{A\}$와 일치하는 좌표계 $\{A'\}$ 또는 $\{B\}$를 설정한다. 처음 좌표계 $\{A'\}$ 또는 $\{B\}$를 기준이 되는 고정 좌표계 $\{A\}$의 $\hat{X}_A$축을 중심으로 각도 γ만큼 회전한 후, $\hat{Y}_A$축을 중심으로 각도 β만큼 회전하고, $\hat{Z}_A$축을 중심으로 α만큼 회전한다.

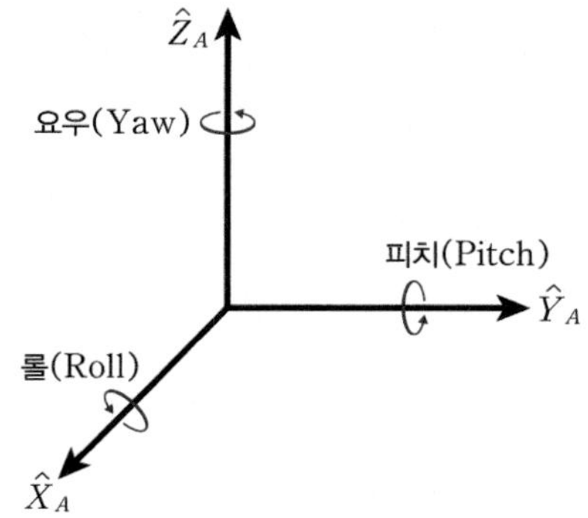

그림 2.29 롤-피치-요우 회전

[그림 2.29]에서와 같이 $\hat{X}_A$주위로 각도 γ만큼 회전하는 것을 롤(Roll), $\hat{Y}_A$축 주위로 각도 β만큼 회전은 피치(Pitch), $\hat{Z}_A$축 주위로 α만큼 회전하는 것을 요우(Yaw)라고 한다.

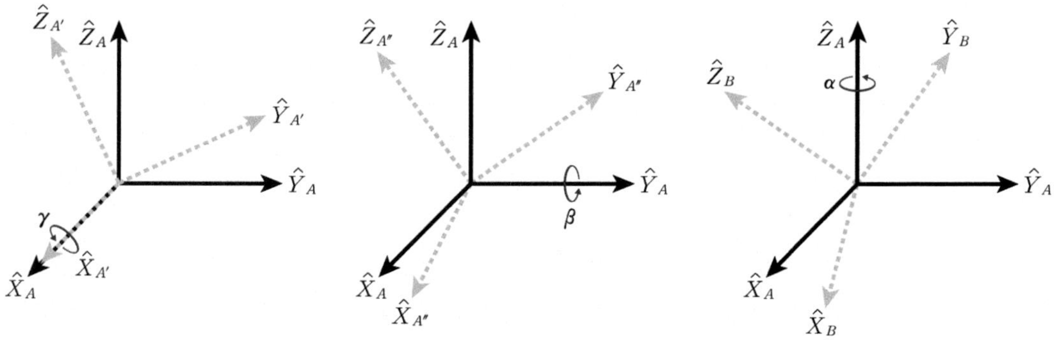

그림 2.30 롤-피치-요우 회전에 의한 회전 변환 과정

3개의 회전은 각각 고정된 기준 좌표계 $\{A\}$의 축 주위로 행해지기 때문에, **X-Y-Z 고정각** 또는 **롤-피치-요우 회전**이라고 한다. [그림 2.30]은 롤-피치-요우 회전에 의한 좌표축의 변환 과정을 나타내고 있으며, 중간 단계의 회전에서는 축의 위쪽에 프라임 기호 (')를 이용해서 표시하며 회전이 일어날 때마다 하나씩 추가되었다. 첫 번째 회전은 기준 좌표계의 $\hat{X}_A$을 중심으로 각도 γ만큼 회전하는 롤(Roll) 회전 변환($Rot(X,\gamma)$)이고, 두 번째 회전은 $\hat{Y}_A$축을 중심으로 각도 β만큼 회전은 피치(Pitch) 회전 변환($Rot(Y,\beta)$)이며, 세 번째 회전은 $\hat{Z}_A$축을 중심으로 α만큼 회전하는 요우(Yaw) 회전 변환($Rot(Z,\beta)$)이다.

롤-피치-요우의 모든 회전은 고정 기준 좌표계에 대해서 연속 회전을 이용하는 절대 변환이므로, 롤-피치-요우를 나타내는 연속 변환 행렬은 변환 순서에 대해서 역순으로 곱(전위곱)해서 구할 수 있다.

롤-피치-요우 회전 행렬은 다음과 같이 각 축의 연속 회전의 곱 형태로 나타낸다.

$$\begin{aligned} {}^{A}T_{B} &= {}^{A}R_{B}(ZYX, \alpha, \beta, \gamma) = {}^{A}Rot(Z, \alpha)\, {}^{A}Rot(Y, \beta)\, {}^{A}Rot(X, \gamma) \\ &= Rot(Z, \alpha)\, Rot(Y, \beta)\, Rot(X, \gamma) \end{aligned} \tag{2.69}$$

롤-피치-요우 회전 행렬의 연산 결과는 다음과 같다.

$$\begin{aligned} {}^{A}T_{B} &= Rot(Z, \alpha)\, Rot(Y, \beta)\, Rot(X, \gamma) \\ &= \begin{bmatrix} \cos\alpha & -\sin\alpha & 0 \\ \sin\alpha & \cos\alpha & 0 \\ 0 & 0 & 1 \end{bmatrix} \begin{bmatrix} \cos\beta & 0 & \sin\beta \\ 0 & 1 & 0 \\ -\sin\beta & 0 & \cos\beta \end{bmatrix} \begin{bmatrix} 1 & 0 & 0 \\ 0 & \cos\gamma & -\sin\gamma \\ 0 & \sin\gamma & \cos\gamma \end{bmatrix} \\ &= \begin{bmatrix} \cos\alpha\cos\beta & \cos\alpha\sin\beta\sin\gamma - \sin\alpha\cos\gamma & \cos\alpha\sin\beta\cos\gamma + \sin\alpha\sin\gamma \\ \sin\alpha\cos\beta & \sin\alpha\sin\beta\sin\gamma + \cos\alpha\cos\gamma & \sin\alpha\sin\beta\cos\gamma - \cos\alpha\sin\gamma \\ -\sin\beta & \cos\beta\sin\gamma & \cos\beta\cos\gamma \end{bmatrix} \end{aligned} \tag{2.70}$$

여기서 $\cos\alpha = c\alpha$, $\cos\beta = c\beta$, $\cos\gamma = c\gamma$, $\sin\alpha = s\alpha$, $\sin\beta = s\beta$, $\sin\gamma = s\gamma$이다.

롤-피치-요우 회전 변환은 고정 기준 좌표계에 대한 회전 각도가 정의될 때, 변환이 수행되는 순서를 반드시 고려해야 하므로, 위의 식 (2.70)은 회전 변환이 롤, 피치, 요우 순서로 일어날 때만 성립되는 결과이다. 따라서, 회전 변환의 순서가 변경되면 변환 행렬의 연산 결과도 달라짐에 유의해야 한다.

주어진 롤-피치-요우의 회전 행렬로부터 롤, 피치, 요우의 회전각을 역으로 계산하는 경우도 빈번히 발생한다. 식 (2.70)의 첫 번째 열로부터 $\hat{Y}_A$축을 중심으로 회전한 각도 β는 다음과 같이 구할 수 있다. 우선, 수식 전개의 편리성을 위해 첫 번째 열의 각 원소를 r_{11}, r_{21}, r_{31} 으로, 세 번째 행의 두 개의 나머지 원소를 r_{32}, r_{33} 으로 대응시킨다. 첫 번째 및 두 번째 원소를 제곱하고 합산한 후 이에 대한 제곱근을 구하면 다음과 같다.

$$r_{11} = c\alpha\, c\beta,\ r_{21} = s\alpha\, c\beta,\ r_{31} = s\beta\ ,\ \ r_{32} = c\beta\, s\gamma,\ \ r_{33} = c\beta\, c\gamma$$

$$r_{11}^2 + r_{21}^2 = (c\alpha\, c\beta)^2 + (s\alpha\, c\beta)^2 = (c^2\alpha + s^2\alpha)\, c^2\beta = c^2\beta \tag{2.71}$$

$$\sqrt{r_{11}^2 + r_{21}^2} = \sqrt{c^2\beta} = \pm c\beta$$

식 (2.71)로부터 구해진 $c\beta$와 r_{31}의 $-s\beta$에 대해서 tanβ는 다음과 같이 나타낼 수 있다.

$$\tan\beta = \frac{\sin\beta}{\cos\beta} = \frac{\frac{y}{r}}{\frac{x}{r}} = \frac{y}{x} \qquad \text{단, } r = \sqrt{x^2 + y^2} \tag{2.72}$$

탄젠트의 역함수인 아크탄젠트(Atan)를 이용해서 원하는 β 값을 찾을 수 있다.

$$\beta = \tan^{-1}\left(\frac{\sin\beta}{\cos\beta}\right) = \tan^{-1}\left(\frac{y}{x}\right) \tag{2.73}$$

식 (2.73)에서 설정된 방위각이 $[-\pi/2, \pi/2]$ 내에 있을 때는 식 (2.73)에 의해서 정확한 회전각을 얻을 수 있으나, 해당 범위를 벗어나면 어느 사분면인지를 결정해야 할 필요가 있게 된다. 따라서, 방위각이 어느 사분면에 있더라도 올바른 각도를 구할 수 있도록 고안된 '4사분면 역탄젠트'라 불리우는 Atan2(y, x)를 적용하여 β값을 다음과 같이 구한다.

$$\beta = Atan2\left(-r_{31},\ \sqrt{r_{11}^2 + r_{21}^2}\right) \tag{2.74}$$

유사한 방법으로 α와 γ에 대한 값을 구할 수 있으며, 회전 행렬이 주어졌을 때 다음의 식 (2.75)를 이용하여 원하는 회전각을 계산할 수 있다.

$$\begin{aligned} \beta &= Atan2\left(-r_{31},\ \sqrt{r_{11}^2 + r_{21}^2}\right) \\ \alpha &= Atan2(r_{21}/c\beta,\ r_{11}/c\beta) \\ \gamma &= Atan2(r_{32}/c\beta,\ r_{33}/c\beta) \end{aligned} \tag{2.75}$$

β가 ±90°인 경우에는 cos 값이 0이 되기 때문에 α와 γ값을 구할 수 없게 된다. 이러한 경우에는 보통 $\alpha = 0$으로 설정하고 식 (2.70)의 행렬 원소 r_{12}, r_{22} 에 대입하면

$$r_{12} = c\alpha\, s\beta\, s\gamma - s\alpha\, c\gamma = sr$$
$$r_{22} = s\alpha\, s\beta\, s\gamma + c\alpha\, c\gamma = c\gamma \tag{2.76}$$

이므로, 아크탄젠트를 이용하여 다음과 같이 구할 수 있다.

$$\beta = \pm 90^{\circ}$$
$$\alpha = 0 \tag{2.77}$$
$$\gamma = \pm Atan2(r_{12},\, r_{22})$$

2.7.2 Z-Y-X 오일러 각(Euler's angle)

좌표계 $\{B\}$의 방위를 표시할 수 있는 또 다른 한 가지는 오일러 각도를 이용하는 방법이다.

먼저, 알려진 기준 좌표계 $\{A\}$와 일치하는 좌표계 $\{A'\}$ 또는 $\{B\}$를 설정한다. 처음 좌표계 $\{A'\}$ 또는 $\{B\}$를 기준이 되는 고정 좌표계 $\{A\}$의 $\hat{Z}_A$축을 중심으로 α만큼 회전 후, 이동 좌표계 $\{A''\}$ 또는 $\{B'\}$의 $\hat{Y}_B$축을 중심으로 각도 β만큼 회전하고, 마지막으로 이동 좌표계 $\{A'''\}$ 또는 $\{B''\}$의 $\hat{X}_B$ 축을 중심으로 각도 γ만큼 회전한다. [그림 2.31]은 오일러 회전에 의한 좌표축의 변환 과정을 나타내고 있으며, 중간 단계의 회전에서는 축의 위쪽에 프라임 기호 (')를 이용해서 표시하며 회전이 일어날 때마다 하나씩 추가되었다.

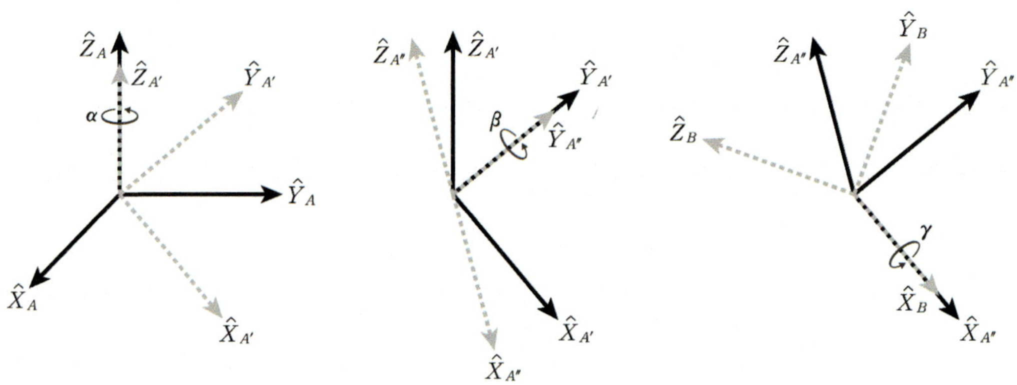

그림 2.31 Z-Y-X 오일러 각 회전에 의한 변환 과정

3개의 회전은 고정된 기준 좌표계 $\{A\}$축 주위로 회전하는 것이 아니라, 이동 좌표계 $\{B\}$ 축 주위로 회전하고 이를 오일럭 각(Euler angle)이라고 한다. 각각의

회전은 직전의 회전에 의하여 변경된 이동 좌표계 상에서 이루어지며, 3개의 회전이 각각 이동 좌표계 $\{B\}$의 $\hat{Z}_A$, $\hat{Y}_A$, $\hat{X}_A$ 축을 중심으로 행해지기 때문에, **Z-Y-X 오일러 각** 회전이라고 한다.

오일러 각에 의한 모든 회전이 이동 좌표계에 대한 회전을 이용하는 상대 변환이므로, 변환 행렬은 회전이 발생한 순서대로 차례로 곱하는 후위곱으로 식 (2.78)과 같이 구할 수 있다.

$$\begin{aligned} {}^{A}T_{B} &= {}^{A}R_{B}(ZYX,\ \alpha, \beta, \gamma) = {}^{A}Rot(Z,\alpha)\,{}^{A}Rot(Y,\beta)\,{}^{A}Rot(X,\gamma) \\ &= Rot(Z,\alpha)\,Rot(Y,\beta)\,Rot(X,\gamma) \end{aligned} \tag{2.78}$$

식 (2.78)의 행렬 곱의 결과는 다음과 같다.

$$\begin{aligned} {}^{A}T_{B} &= Rot(Z,\alpha)\,Rot(Y,\beta)\,Rot(X,\gamma) \\ &= \begin{bmatrix} \cos\alpha & -\sin\alpha & 0 \\ \sin\alpha & \cos\alpha & 0 \\ 0 & 0 & 1 \end{bmatrix} \begin{bmatrix} \cos\beta & 0 & \sin\beta \\ 0 & 1 & 0 \\ -\sin\beta & 0 & \cos\beta \end{bmatrix} \begin{bmatrix} 1 & 0 & 0 \\ 0 & \cos\gamma & -\sin\gamma \\ 0 & \sin\gamma & \cos\gamma \end{bmatrix} \\ &= \begin{bmatrix} \cos\alpha\cos\beta & \cos\alpha\sin\beta\sin\gamma - \sin\alpha\cos\gamma & \cos\alpha\sin\beta\cos\gamma + \sin\alpha\sin\gamma \\ \sin\alpha\cos\beta & \sin\alpha\sin\beta\sin\gamma + \cos\alpha\cos\gamma & \sin\alpha\sin\beta\cos\gamma - \cos\alpha\sin\gamma \\ -\sin\beta & \cos\beta\sin\gamma & \cos\beta\cos\gamma \end{bmatrix} \\ &= \begin{bmatrix} c\alpha\, c\beta & c\alpha\, s\beta\, s\gamma - s\alpha\, c\gamma & c\alpha\, s\beta\, c\gamma + s\alpha\, s\gamma \\ s\alpha\, c\beta & s\alpha\, s\beta\, s\gamma + c\alpha\, c\gamma & s\alpha\, s\beta\, c\gamma - c\alpha\, s\gamma \\ -s\beta & c\beta\, s\gamma & c\beta\, c\gamma \end{bmatrix} \end{aligned} \tag{2.79}$$

식 (2.79)의 결과는 고정축 주위를 반대의 순서로 3번 같은 회전을 하여 얻은 롤-피치-요우의 결과와 같다.

2.7.3 Z-Y-Z 오일러 각(Euler's angle)

Z-Y-Z 오일럭 각은 Z-Y-X의 오일럭 각을 이용하는 방법에서 마지막 회전을 좌표계 $\{B\}$의 $\hat{Z}_B$를 중심으로 회전하여 물체의 방위를 구하는 방법이다. Z-Y-Z 오일럭 각 회전과 마찬가지로 모든 3개의 회전이 이동 좌표계의 축을 중심으로 일어나기 때문에 상대 변환의 후위곱을 이용해서 변환 행렬을 구할 수 있다. Z-Y-Z 오일럭 각에 의한 변환 행렬은 다음의 식 (2.80)과 같다.

$$
\begin{aligned}
{}^{A}T_{B} &= {}^{A}R_{B}(ZYZ, \alpha, \beta, \gamma) = {}^{A}Rot(Z,\alpha){}^{A}Rot(Y,\beta){}^{A}Rot(Z,\gamma) \\
&= Rot(Z,\alpha)\,Rot(Y,\beta)\,Rot(Z,\gamma) \\
&= \begin{bmatrix} \cos\alpha & -\sin\alpha & 0 \\ \sin\alpha & \cos\alpha & 0 \\ 0 & 0 & 1 \end{bmatrix} \begin{bmatrix} \cos\beta & 0 & \sin\beta \\ 0 & 1 & 0 \\ -\sin\beta & 0 & \cos\beta \end{bmatrix} \begin{bmatrix} \cos\alpha & -\sin\alpha & 0 \\ \sin\alpha & \cos\alpha & 0 \\ 0 & 0 & 1 \end{bmatrix} \qquad (2.80) \\
&= \begin{bmatrix} c\alpha c\beta c\gamma - s\alpha s\gamma & -c\alpha c\beta s\gamma - s\alpha c\gamma & c\alpha s\beta \\ s\alpha c\beta c\gamma + c\alpha s\gamma & -s\alpha c\beta s\gamma + c\alpha c\gamma & s\alpha s\beta \\ -s\beta c\gamma & s\beta s\gamma & c\beta \end{bmatrix}
\end{aligned}
$$

2.7.1절의 아크탄젠트를 이용하는 방법을 적용하면, 다음과 같이 회전 행렬의 회전각을 구할 수 있다.

$$
\begin{aligned}
\beta &= Atan2(\sqrt{r_{31}^2 + r_{32}^2}\,, r_{33}) \\
\alpha &= Atan2(r_{23}/s\beta,\ r_{13}/s\beta) \qquad (2.81) \\
\gamma &= Atan2(r_{32}/s\beta,\ -r_{31}/s\beta)
\end{aligned}
$$

β가 0° 또는 180°인 경우에는 sin 값이 0이 되기 때문에 α와 γ값을 구할 수 없게 된다. 이러한 경우에는 앞에서와 같은 방법으로 $\alpha=0$으로 설정하여 다음과 같이 구할 수 있다.

β가 0°인 경우,

$$
\begin{aligned}
\beta &= 0 \\
\alpha &= 0 \qquad (2.82) \\
\gamma &= Atan2(-r_{12}\,, r_{11})
\end{aligned}
$$

β가 180°인 경우

$$
\begin{aligned}
\beta &= 180^{\circ} \\
\alpha &= 0^{\circ} \qquad (2.83) \\
\gamma &= Atan2(r_{12}\,, -r_{11})
\end{aligned}
$$

Chapter 2 연습문제

2.1 3차원 공간상에 단위벡터로 이루어지는 여러 좌표계의 원점이 각각 $\{A\}$: (-1,-2), $\{B\}$: (0,0), {C}: (-2,2), $\{D\}$: (-2,4)일 때, 각 좌표계를 공간상에 표시하시오. 또한, 좌표계의 동차 변환 행렬 ${}^{B}T_{A}$, ${}^{C}T_{B}$, ${}^{D}T_{A}$, ${}^{B}T_{D}$, ${}^{C}T_{D}$를 구하시오.

2.2 공간상 좌표계 $\{B\}$를 기준으로 측정된 공간상의 한 점 P(1, 3, 5)를 좌표계 $\{A\}$ 상으로 전환하는 변환 행렬을 구하고, $\{A\}$ 상의 점 P의 위치를 결정하시오. 단, 좌표계 $\{B\}$는 원점이 좌표계$\{A\}$의 원점으로부터 (3, 5, 9)만큼 떨어져 있으며, 좌표계 $\{A\}$의 Z축에 대해 30도 만큼 회전되어 있다.

2.3 2차원 회전행렬 ${}^{A}R_{B}$의 고유값과 고유벡터를 구하고, 고유값이 1일 때의 의미를 설명하시오.

2.4 어느 공간상의 좌표계에 대한 변환행렬 ${}^{U}T_{A}$, ${}^{B}T_{A}$, ${}^{C}T_{U}$이 알려져 있을 때, 이들의 관계를 그래프로 나타내고, ${}^{B}T_{C}$를 구하시오.

$$
{}^{U}T_{A} = \begin{bmatrix} 0.87 & -0.50 & 0.00 & 5.0 \\ 0.50 & 0.87 & 0.00 & -1.0 \\ 0 & 0 & 1.00 & 8.0 \\ 0 & 0 & 0 & 1 \end{bmatrix}
$$

$$
{}^{B}T_{A} = \begin{bmatrix} 1.00 & 0.00 & 0.00 & 0.0 \\ 0.00 & 0.87 & -0.50 & 8.0 \\ 0 & 0.50 & 0.87 & -12.0 \\ 0 & 0 & 0 & 1 \end{bmatrix}
$$

$$
{}^{C}T_{U} = \begin{bmatrix} 0.87 & -0.50 & 0.00 & -3.0 \\ 0.45 & 0.75 & -0.50 & -4.0 \\ 0.25 & 0.45 & 0.87 & 5.0 \\ 0 & 0 & 0 & 1 \end{bmatrix}
$$

2.5 [그림 2.32]와 같이 공간상의 6자유도 로봇의 말단이 물체에 도장 작업을 위해 좌표계 $\{A\}$에서 좌표계 $\{B\}$의 상태로 이동하려고 한다. 이동에 필요한 오일러 각을 정의하고 동차 변환 행렬을 구하시오.

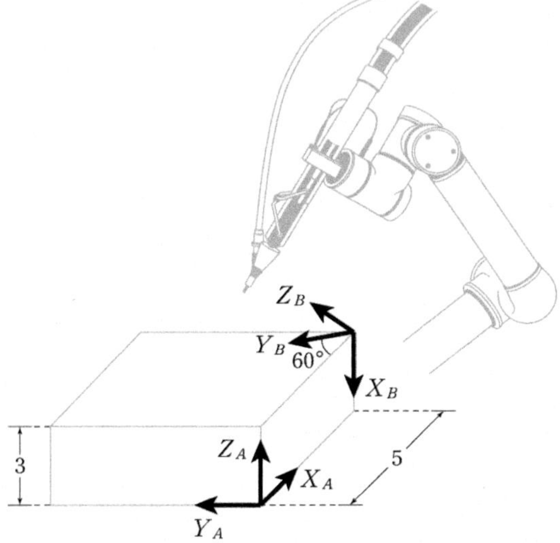

그림 2.32 로봇 작업을 위한 물체 좌표계

2.6 [그림 2.33]의 변환 행렬 ${}^{U}T_{C}$, ${}^{U}T_{A}$, ${}^{A}T_{B}$를 구하고 ${}^{B}T_{C}$를 결정하시오.

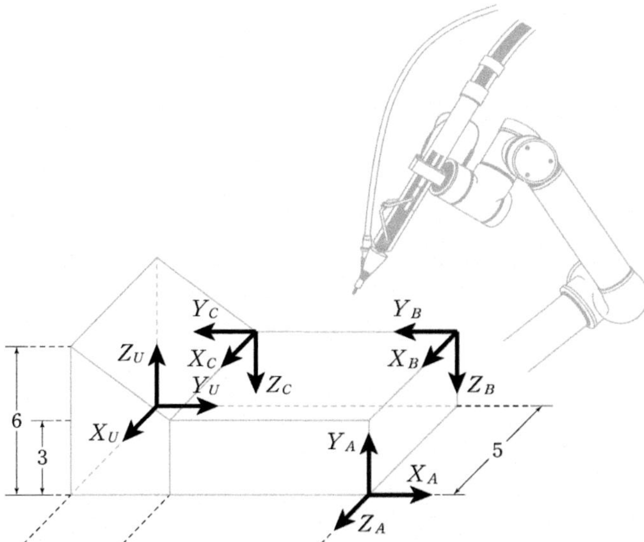

그림 2.33 경사면을 포함하는 물체의 작업을 위한 로봇 좌표계

2.7 다음 그림의 로봇 좌표계에 따른 모든 변환 행렬을 구하시오. 단, C에서의 회전각은 60° 이다.

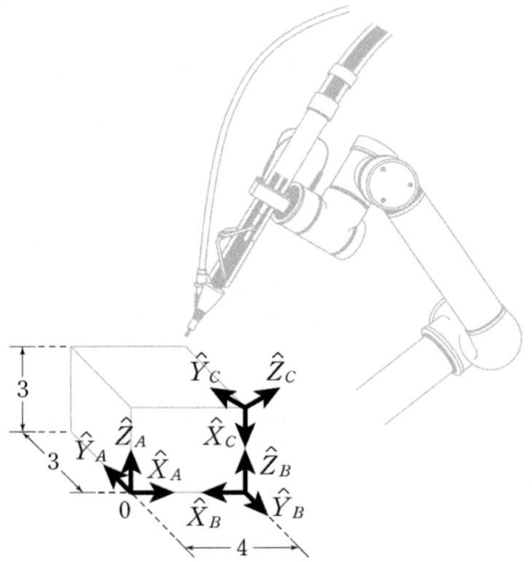

그림 2.34 로봇 작업 대상물 좌표계 변환

2.8 공간상의 한 점 (7,3,2)에 대하여 z축을 중심으로 90도 회전하고 y축을 중심으로 90도 회전했을 때, 변환된 점의 좌표를 구하시오.

2.9 [연습문제 2.8]의 회전의 순서를 반대로 수행했을 때, 변환된 점의 좌표를 구하시오.

2.10 다음과 같은 좌표계가 주어졌을 때의 변환행렬을 모두 구하시오.

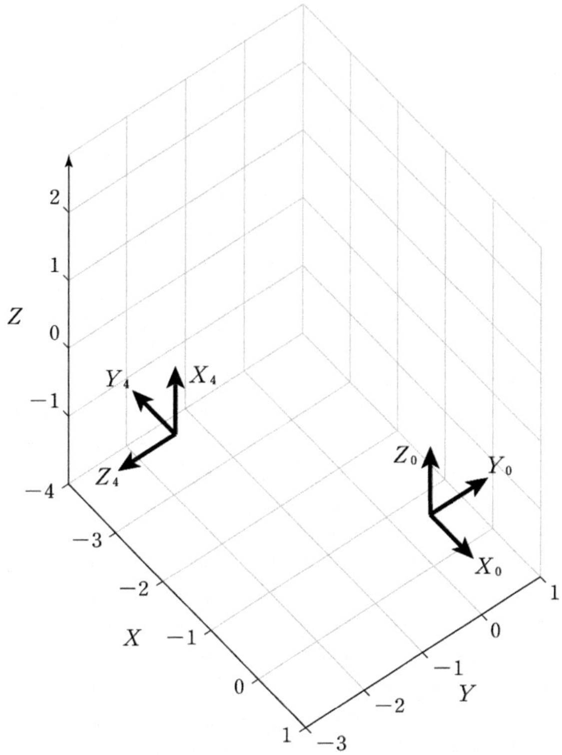

그림 2.35 좌표계 변환

2.11 [그림 2.33]의 좌표계 변환에서 Z-Y-Z 오일러 각과 Roll-Pitch-Yaw 각을 계산하시오.

프로젝트 과제

2.12 [그림 2.36]은 6자유도 로봇이 팔레트의 모서리로 도달하기 위해서 움직이려고 한다. 각 좌표계가 그림과 같이 알려져 있을 때, 로봇 말단이 목표 지점에 도달할 수 있는 변환 행렬을 결정하시오.

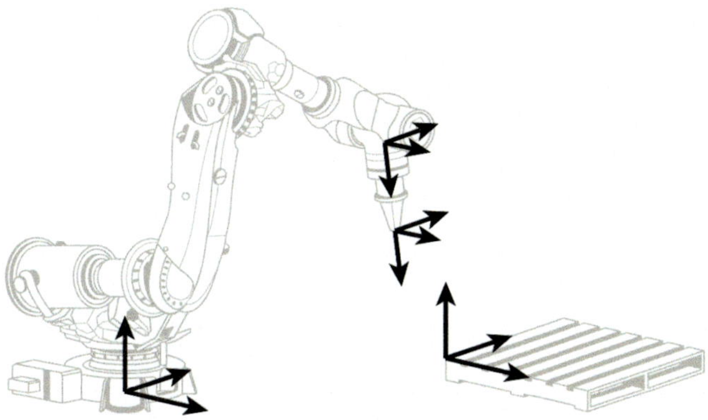

그림 2.36 팔렛트 작업을 위한 로봇 좌표계

2.13 [그림 2.34]에서 각 좌표계에 임의의 값을 설정하고, 이를 MATLAB 프로그램을 이용해서 3차원 그래프로 나타내시오.

2.14 [그림 2.34]에서 임의로 설정된 좌표값을 이용해서 로봇의 베이스에서 손목, 손목에서 말단, 로봇의 베이스에서 팔레트의 모서리로의 변환 행렬을 구하시오.

2.15 [문제 2.12]에서 로봇 말단이 팔레트의 모서리에 도달하기 위한 변환 행렬 값을 [문제 2.14]에서 구한 행렬을 이용해서 구하시오.

2.16 MATLAB 프로그램을 이용해서 동차 변환 후 로봇 말단이 팔레트의 목표 지점에 도달했는지 검증하시오.

Chapter
3

매니퓰레이터 기구학

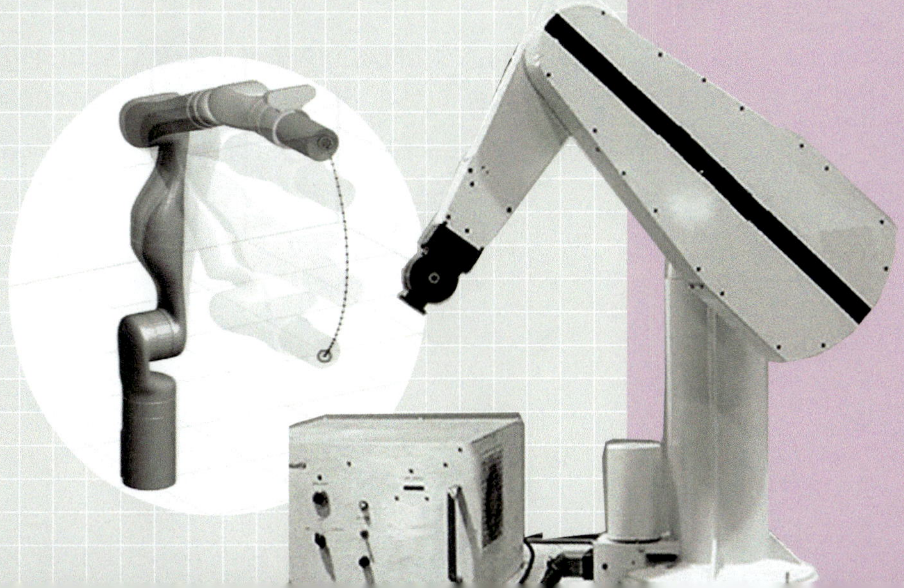

3.1 개요

제1장에서 소개된 바와 같이, 매니퓰레이터는 링크(Link)들과 이들을 연결하는 관절(Joint)들의 조합으로 구성되어있으며, 관절은 인접한 두 링크를 연결하고 상대적인 운동을 가능하게 한다. 매니퓰레이터 관절들의 움직임에 의해서 공간상에서 매니퓰레이터의 자세뿐만 아니라, 말단 장치의 위치나 방위가 결정된다.

로봇공학에 있어서 빼놓을 수 없는 것 중 하나는 바로 로봇의 실제적인 움직임을 적절하게 생성함으로써, 공간상에 위치하는 물체에 대해서 사용자가 원하는 기능 또는 작업을 수행할 수 있도록 하는 것이라고 할 수 있다.

매니퓰레이터의 관절을 움직여서 말단 장치가 특정한 위치에 도달해서 작업 대상물을 잡거나 집어 올리거나, 다른 위치로 이동시키거나 하는 등의 일련의 과정을 운동 또는 모션(Motion)이라고 한다. 매니퓰레이터가 어떤 목적에 부합하게 움직이도록 하는 것을 모션 제어(Motion control)라고 한다. 다시 말하면, 로봇의 링크와 링크를 연결하는 관절을 유효한 범위에서 적절하게 제어하는 것이 모션 제어이며, 기구학(Kinematics)은 이러한 모션 제어의 기초가 되는 학문이다.

기구학은 3차원상에서 기구물의 형태를 결정하기 위하여 공간 기하학적인 원리를 이용해서 위치와 방위를 표현한다. 따라서, 기구학에서는 기구물의 위치와 방위를 결정할 수 있는 요소인 링크의 길이, 관절의 각도, 또는 관절의 속도, 가속도 등에 대한 사항을 이용하지만, 기구물의 운동을 유발시킬 수 있고 운동을 지속할 수 있도록 하는 힘에 대한 사항은 고려되지 않는다.

이 장에서는 정지된 위치에서 매니퓰레이터의 복잡한 형상을 기하학적이고 시간적인 운동 측면을 이용해서 기구학적으로 나타내는 방법을 다룬다. 힘과 토크에 관련된 것은 속도와 가속도가 존재할 때의 기구학적 내용을 다루는 제5장과 제6장에서 논의된다.

이 장에서는 매니퓰레이터의 베이스부를 기준으로 각 관절에 관절 좌표계를 부여하고 제2장의 계의 변환을 이용하여, 말단 장치의 위치와 방위를 베이스부에 대한 관절 변수의 함수로 표현하는 방법이 논의된다.

3.2 관절과 자유도

매니퓰레이터는 연쇄적인 링크와 링크를 관절로 연결한 기구물의 조합이라고 할 수 있다. 제1장의 1.6절과 1.7절에서 소개된 것과 같이, 링크와 관절은 매니퓰레이터 또는 산업용 로봇을 구성하는 기본 요소이다. 매니퓰레이터의 동작이 관절을 중심으로 일어나기 때문에 축(Axis)이라고 표현되기도 하며, 이웃한 한 쌍의 링크를 연결하기 때문에 관절의 움직임에 따라 링크의 연결된 모습 즉, 매니퓰레이터의 자세가 결정된다.

일반적인 산업용 로봇이나 이 책의 주 대상이 되는 매니퓰레이터에 적용되는 관절의 유형은 제1장의 1.7절에서 소개된 바와 같이, 회전(Revolute) 관절이나 직동(Prismatic) 관절 또는 미끄럼 관절로 구성된다. [그림 3.1]은 산업용 로봇에 사용되는 대표적인 관절 유형과 동작 형태를 나타내고 있다.

여러 관절로 구성되는 매니퓰레이터의 경우 회전 관절은 R, 직동 관절은 P로 나타내며 구성의 순서에 따라 베이스부터 말단 장치 순서로 각 관절을 표시한다. 예를 들어, 회전 베이스 관절과 회전 손목 관절을 가지고 있는 매니퓰레이터는 RR형, 회전 베이스 관절과 직동 손목을 가지고 있는 매니퓰레이터는 RP형 등으로 구분할 수 있다.

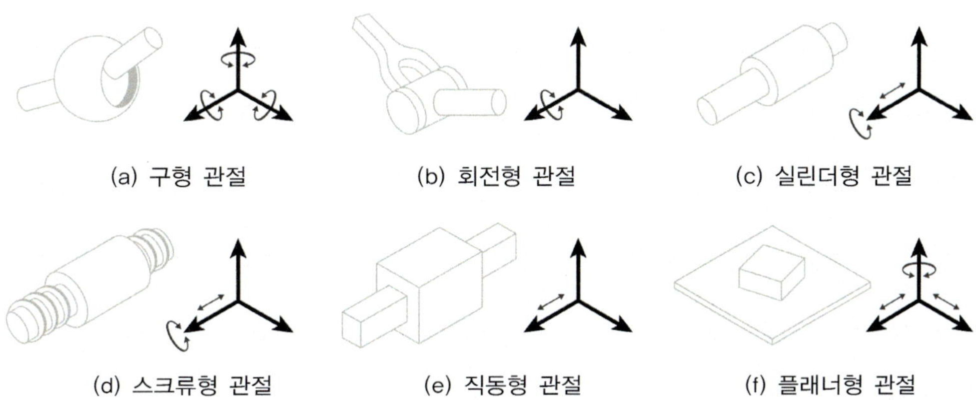

(a) 구형 관절 (b) 회전형 관절 (c) 실린더형 관절
(d) 스크류형 관절 (e) 직동형 관절 (f) 플래너형 관절

그림 3.1 산업용 로봇에 활용되는 대표적 관절 유형과 동작 형태

매니퓰레이터의 관절은 1개의 자유도(Degree of Freedom, DoF/dof)를 갖는 것이 일반적이며, 기구학 또는 매니퓰레이터에서의 자유도란 자세(Pose)를 결정하기 위해 필요한 최소한의 좌표계 변수를 의미한다. 또는 기구물의 자세나 상태를 설명하는데 필요한 독립변수의 개수라고 할 수 있다.

기구학에서는 복잡한 형상의 매니퓰레이터를 단순화하여 링크는 직선으로, 회전 관절은 각도로, 직동관절은 양방향 화살표를 이용해서 나타낸다. [그림 3.2]는 매니퓰레이터의 링크와 관절 그리고 자유도의 상대적 관계를 간략하게 나타내고 있다. (a)의 예에서는 하나의 링크와 원점 또는 기저부의 회전 관절 하나로 이루어진 매니퓰레이터이며, 회전 관절 하나로 로봇의 말단의 위치와 방향이 나타날 수 있기 때문에 1자유도 매니퓰레이터라고 할 수 있다. (b)의 경우에는 링크가 2개가 있으며, 두 링크는 관절2에 의해서 연결되어 있다. 링크1의 말단은 관절1에 의해서 온전히 위치와 방위가 결정될 수 있으나, 링크2의 말단의 위치와 방위는 관절1에 의한 링크1의 위치와 방위 및 관절2의 조합에 의해서 결정된다. 따라서, 이러한 경우 매니퓰레이터는 2개의 독립된 관절에 의해서 위치와 방향이 완전하게 결정될 수 있므로 2자유도를 갖게 된다. 같은 방법으로 (c)의 경우는 3자유도임을 알 수 있다.

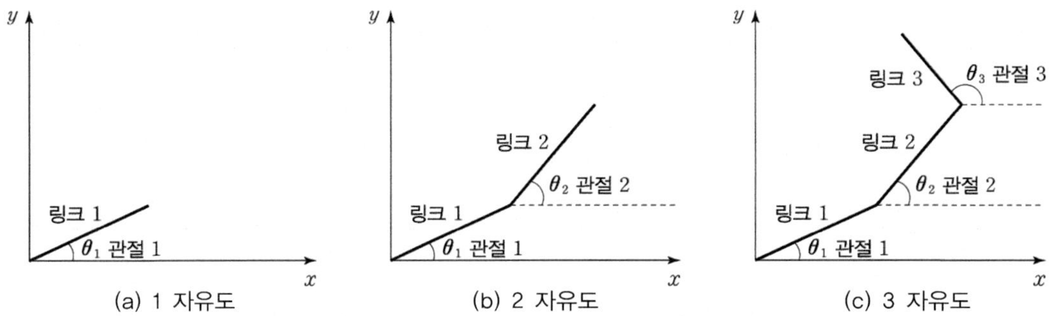

그림 3.2 링크와 관절 및 자유도

[그림 3.2]의 예시로 보이는 매니퓰레이터의 움직임 형태를 유심히 살펴보면 z축 방향으로의 비틀림이나 회전이 없이 $x-y$평면 상에서만 동작하는 것을 볼 수 있다. 이러한 평면상의 기구에 대한 자유도는 매니퓰레이터의 베이스부를 링크로 포함시키는 Kutzbach의 공식을 이용해서 쉽게 파악할 수 있다.

$$DoF = 3(L-1) - 2J_1 - J_2 \tag{3.1}$$

L: 링크의 개수

J_1: 자유도가 1인 관절의 개수

J_2: 자유도가 2인 관절의 개수

예제 3.1

식 (3.1)의 공식을 이용하여, [그림 3.2]에서 예시한 매니퓰레이터의 자유도를 계산하시오.

풀이

(a)의 경우, 원점의 고정링크를 포함하면 링크의 개수는 총 2개이고 관절 1개로 구성된 매니퓰레이터이다. 따라서, Kutzbach의 공식을 이용하면

$$DoF = 3(2-1) - 2(1) - (0) = 1 \tag{3.2}$$

(b)의 경우, 링크의 개수는 총 3개, 1자유도를 가지는 2개의 관절로 구성되어 있으므로

$$DoF = 3(3-1) - 2(2) - (0) = 2 \tag{3.3}$$

(c)의 경우, 원점 고정링크를 포함하여 링크의 개수는 4개, 2자유도를 가지는 관절은 관절1, 관절2, 관절3의 3개의 관절을 가지므로

$$DoF = 3(4-1) - 2(3) - (0) = 3 \tag{3.4}$$

이 된다.

[그림 3.2]를 통해서 매니퓰레이터의 자유도가 n이라면, 이는 1자유도를 갖는 n개의 관절이 연속적으로 연결되어 있다는 것을 알 수 있다. 일반적으로 말단 장치의 위치와 방위를 3차원 공간상에서 완벽하게 나타내기 위해서는 최소 6개의 관절을 필요로 하며, 매니퓰레이터의 경우는 [그림 3.3]과 같이 보통 5개 또는 6개의 관절로 구성된다. 매니퓰레이터의 말단 장치가 일반적으로는 3자유도를 가지도록 설계되지만, 사용되는 목적에 따라서 2자유도를 갖는 형태로 생산되는 경우도 있다.

사람 팔은 어깨의 3방향 운동, 팔꿈치의 1방향 운동, 그리고 손목의 3방향 운동이 가능하기 때문에 7자유도를 갖는다. 하지만, 어깨 운동을 [그림 3.3]에서처럼 2방향으로 제한하면 우측의 매니퓰레이터의 자유도와 같게 된다. 따라서, 우측의 매니플레이터 관절1 및 관절2는 사람 팔의 어깨에 해당되며, 관절3은 팔꿈치, 관절4부터 6까지는 손목에 해당된다고 할 수 있다. 매니퓰레이터의 관절4 부분은 [그림 3.3]의 3자유도 말단 장치와 같이 손목 관절의 한 부분을 중심으로 구현되기도 하지만, 우측의 매니플레이터 예시와 같이 관절3에서 연결되는 링크의 시작 부분

에 관절4가 적용되는 경우도 많이 있다. 매니플레이터의 동작은 사람의 팔 동작과 유사한 움직임을 나타내므로, 사람의 팔 동작을 연상하면 매니퓰레이터의 동작 특성을 쉽게 이해할 수 있다.

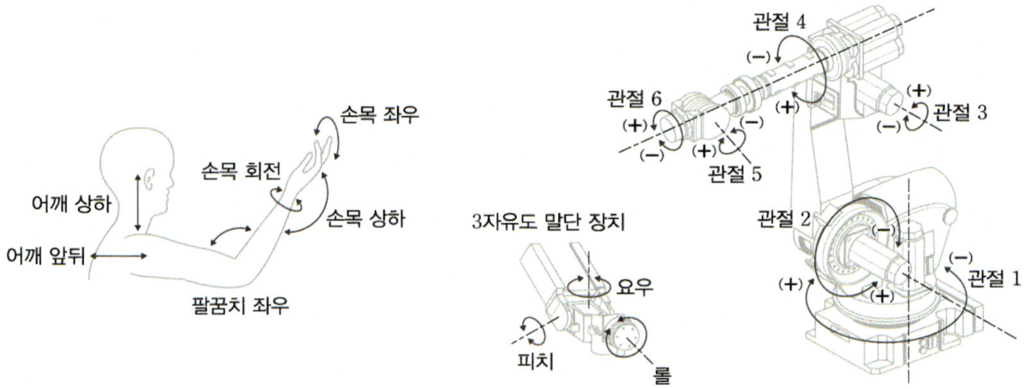

그림 3.3 사람 팔과 매니퓰레이터의 자유도 비교

기구학적으로 링크를 표현하기 위해서, 일반적으로 매니퓰레이터를 지면에 고정시키는 부분을 기구부 0번으로 정한 후에 움직이는 첫 번째 부분인 베이스부를 기구 1번으로 시작해서 말단 장치까지 순서대로 번호를 부여한다.

3.3 관절과 링크의 표현

매니퓰레이터의 기구는 목적에 따라서 설계 시에 여러 요소들을 고려해야 한다. 특히, 무거운 물체를 들어 올리거나 이동시키는 등의 작업을 성공적으로 수행하기 위해서는 링크의 중량, 강도, 강성, 관성저항 등의 요소들을 면밀하게 검토해야 한다. 하지만, 매니퓰레이터의 기구학에서는 이러한 설계 요소를 고려하지 않고, 두 이웃하는 관절을 연결하는 하나의 완벽하고, 외력에 의해 링크의 모양이나 크기가 변형되지 않는 완전한 강체(Rigid body)를 가정한다.

회전 관절은 고정된 회전축을 중심으로 회전이 이루어지는 고정축 또는 단순 링크가 기구적으로 연결되어야만 회전할 수 있게 된다. 고정축에 대한 이해를 돕기 위해서 [그림 3.5]와 같은 회전 원판(자이로, Gyro)의 구성을 살펴본다. 피벗(Pivot) 부분은 지면에 고정축을 중심으로 회전이 되는 회전부와 회전 원판을 연결시켜 주는 고정링크로 구성되어 있다.

피벗은 지면 고정판의 축을 중심으로, 회전 원판은 자체적으로 회전이 이루어지지 않는 고정된 피벗 링크에 연결되어 회전이 일어남을 알 수 있다.

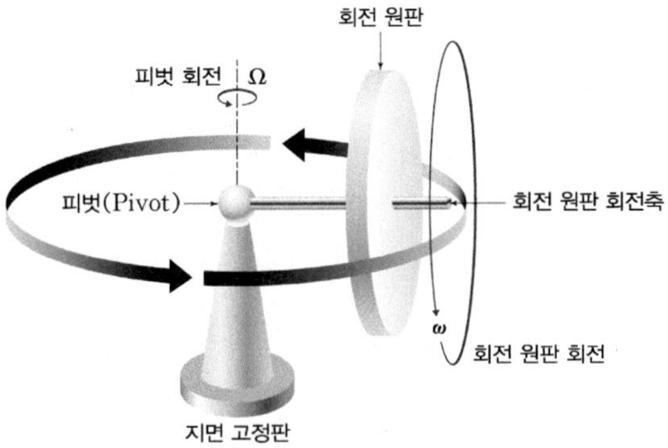

그림 3.4 고정축과 회전축의 결합 방식

[그림 3.5]는 관절과 관절을 연결하는 링크가 길이와 비틀림의 두 인자를 이용해서 나타나 있다. 링크에 연결된 관절축의 중심은 실선으로 나타내며, 관절축의 방향은 관절 $i-1$과 관절 i가 서로 붙어 있다고 가정할 때, 관절 $i-1$에서 관절 i로의 벡터로 지정한다.

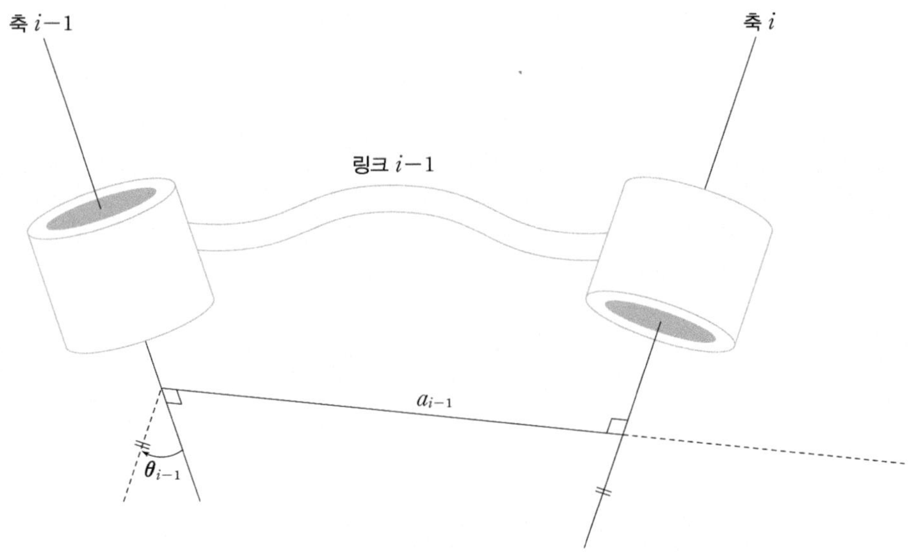

그림 3.5 관절 회전축과 링크와의 관계

기구학적으로 관절이 회전되려면 고정축 또는 단순 링크가 필요하므로, 관절

$i-1$에서 나와서 다음 관절을 연결하는 링크 $i-1$의 끝부분은 관절 i를 위한 고정축 또는 단순 링크이다. 다시 설명하면, 관절 $i-1$는 관절 $i-2$의 끝 부분의 고정축 위에 놓인 회전 관절이고, 관절 i는 관절 $i-1$의 끝 부분의 고정축 위에 놓인 회전 관절이다. 기하학적으로 두 직선 간의 최단 거리는 두 직선에 서로 수직인 유일한 직선으로 정의되기 때문에, 서로 다른 두 관절 $i-1$과 i를 연결하는 최단 거리 a_{i-1}은 링크 $i-1$의 길이(Link length)가 된다.

[그림 3.5]에서 관절 $i-1$의 회전축에 수직으로 만나는 부분에서 관절 i와 평행한 선분을 정의하고 있는데, 이것은 관절 i를 관절 $i-1$의 평면에 투영시킨 것으로 생각할 수 있으며, 이때 두 선분이 이루는 각의 값 α_{i-1}이 된다. 이것을 링크 $i-1$의 뒤틀림 각(Link twist angle)이라고 정의한다. 제2장에서 설명되었던 좌표계의 축을 설정하는 방법과 마찬가지로, 축 $i-1$에서부터 축 i쪽 a_{i-1}에 대하여 오른손 법칙에 의해서 뒤틀림이 정의되고 있음에 유의할 필요가 있다.

3.4 관절변수

매니퓰레이터의 링크 설계 시에 고려되어야 하는 사항들이 있었듯이, 서로 다른 두 링크를 연결하는 관절의 설계 과정에서도 관절의 강도, 회전에 필요한 베어링, 기어 등과 같은 요소를 반영해야만 한다. 하지만, 기구학적인 측면에서는 연결된 두 링크에 대한 표시만을 고려해서 단순화할 수 있다.

두 개의 연속된 링크의 상대 위치와 회전을 나타내기 위해서는 [그림 3.6]과 같이 하나의 회전 관절에서 나온 링크의 끝에 고정된 축과 이 축 상에서 다른 링크의 회전 관절이 놓여져야 한다.

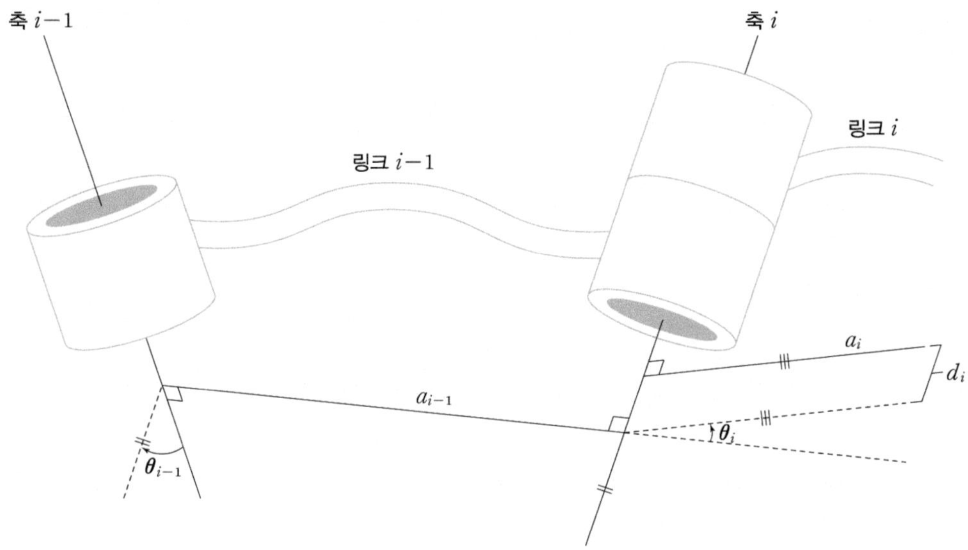

그림 3.6 연속된 두 링크에 대한 링크 오프셋과 관절각

두 개의 서로 다른 링크를 연결하기 위해서는 연결 부위에 하나의 회전축을 공통으로 포함해야만 한다. 링크의 길이를 축과 축간의 거리를 두 축을 수직으로 동시에 연결하는 법선과의 교차점을 기준으로 정의하는 방법을 이용하면, 링크 i에서 링크 $i+1$를 연결하는 유일한 법선이 존재하고 이 법선은 링크 i와 링크 $i+1$간의 거리 a_i임을 알 수 있다.

공통의 회전축 즉, 축 i선상에서 법선 a_i와 이전 링크의 법선인 a_{i-1}가 수직으로 만나는 한 점까지의 거리 d_i는 링크 $i-1$과 링크 i간의 떨어진 거리를 나타내며 링크 오프셋(Link offset)이라고 한다. 링크 오프셋을 관절 $i-1$에 대한 관절 i의 거리 즉, 관절 간격(Joint distance)으로 나타내기도 한다.

링크 $i-1$의 축 $i-1$과 i에 대한 공통법선 a_{i-1}와 링크 i의 축 i와 축 $i+1$의 공통법선 a_i가 이루는 각 θ_i는 축 $i-1$과 축 i가 이루는 관절 각도(Joint angle)를 나타낸다.

3.5 매니퓰레이터의 좌표계 설정

복잡한 형상의 다자유도를 가지는 매니퓰레이터는 제2장에서 다루었던 좌표계 방법을 사용하면, 매니퓰레이터의 베이스 관절에서부터 순서대로 연결된 모든 관절에 대해서 좌표계를 부여하고 이들의 관계를 동차 변환을 이용하여 상대적으로 표현할 수 있다. 즉, 어떠한 매니퓰레이터 또는 로봇도 기구학적으로 각 링크에 대한 4개의 값으로 표현될 수 있다. 2개는 링크 자체를 설명하고, 나머지 2개는 어떤 링크와 그 링크에 연결된 다른 링크와의 연결을 설명한다. 회전 관절인 경우에는 관절 각도 θ_i에 따라서 매니퓰레이터의 자세를 확정할 수 있기 때문에는 관절 변수(Joint variable)가 되며, 다른 3개의 요소는 고정된 링크 인자가 된다. 직동 관절인 경우에는 하나의 관절이 축을 따라 이동하는 거리에 따라 매니퓰레이터의 자세가 결정되므로, 링크 오프셋 또는 관절 간격 d_i가 관절 변수가 되고, 나머지 3개의 요소는 고정된 링크 인자가 된다.

매니퓰레이터에 좌표계를 설정하는 방법은 데나비트-하텐버그 표기법(Denavit-Hartenberg convention 또는 간략히 DH parameters)이 사용된다. 물론 매니퓰레이터의 기구를 표현하는 여러 방법들이 있지만, 이 책에서는 가장 일반적인 데나비트-하텐버그 표기법을 이용한다.

3.5.1 매니퓰레이터의 연결된 링크에 대한 좌표계 설정

매니퓰레이터의 각 링크와 링크에 이웃하는 링크들에 대한 상대적인 위치를 기술하기 위하여, 각 링크의 번호 또는 순서에 따라 해당 링크에 링크 번호와 같은 번호를 갖는 좌표계를 부여한다. 즉, 링크계 $\{i\}$는 링크 i에 부여된 링크 좌표계이다.

[그림 3.7]에 나타나 있는 것과 같이 링크에 부여된 링크계의 $\hat{Z}$축은 해당 관절축의 벡터 방향과 일치시킨다. 다시 말하면, 링크계 $\{O_{i-1}\}$의 $\hat{Z}_{i-1}$축은 관절축 $i-1$의 벡터상에 있으며, 링크계 $\{O_i\}$의 $\hat{Z}_i$축은 관절축 i의 벡터상에 위치한다.

각 링크계의 원점은 링크의 길이를 나타내는 축과 이웃하는 축이 수직으로 만나는 공통 법선이 교차하는 점에 위치시킨다. [그림 3.7]에서 링크계 $\{O_{i-1}\}$의 원점은 관절축 $i-1$과 a_{i-1}이 만나는 지점, 링크계 $\{O_i\}$의 원점은 관절축 i와 a_i이 만나는 지점에 놓여져 있다.

링크계의 $\hat{X}$축 방향은 공통 법선이 이웃하는 링크로 향하는 방향과 일치시킨다. 따라서, 링크계 $\{O_{i-1}\}$의 $\hat{X}_{i-1}$축은 공통 법선 a_{i-1}상에 있으며, 링크계 $\{O_i\}$의 $\hat{X}_i$축은 공통 법선 a_i상에 있게 된다.

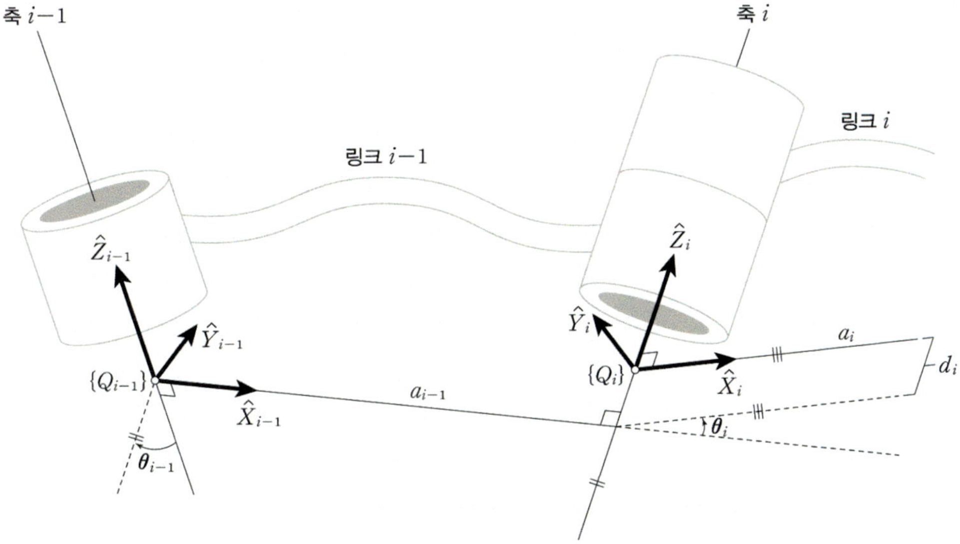

그림 3.7 링크계를 부여하는 규약

링크계의 $\hat{Y}$축 방향은 $\hat{Z}$, $\hat{X}$ 축을 데나비트-하텐버그 규약에 맞게 부여한 후, 3차원 공간상의 완전한 좌표계를 생성할 수 있도록, 오른손 법칙에 따라 부여한다.

3.5.2 매니퓰레이터의 베이스부와 말단 장치에 대한 좌표계 설정

매니퓰레이터는 지면에 고정될 수 있도록 고정면을 바닥에 고정한 후, 그 위에 회전 관절을 두어 베이스부를 만드는 경우가 대부분이다. 이때, 지면에 고정되는 부분을 링크계 {0}으로 지정하고, 매니퓰레이터의 기구학적인 문제를 해석하는데 필요한 기준 좌표계로서의 역할을 한다.

3.5.1절의 연결된 링크에 대한 좌표계 설정 방법에 따라, 링크계 {0}의 $\hat{Z}_0$축은 관절 1의 $\hat{Z}_1$축을 따라서 정한다. 그리고, 링크계 {0}과 링크계 {1}을 일치시킴으로써 [그림 3.8]과 같이 단순화할 수 있다. 이 방법을 사용하면 링크 길이 a_0와 링크 뒤틀림 각 α_0의 값은 항상 0이 되며, 링크계 {1}의 관절이 회전 관절이면 링크 오프셋 d_1의 값은 0이 된다. 만약, 그림에서 굵게 표시된 선분방향으로 링크계 {1}의 관절이 $\hat{Z}_1$축 방향으로 병진이동을 하는 직동관절인 경우에는 관절 각도 θ_1이 0이 된다.

만약 마지막 링크 n의 관절은 회전 관절인 경우에 마지막 관절의 $\hat{X}_n$ 방향을 $\theta_n = 0$일 때, $\hat{X}_{n-1}$과 같은 선상에서 정렬시킨다. 직동 관절인 경우에는 $\hat{X}_n$의 방향을 $\theta_n = 0$이 되도록 선택한다. 링크계 $\{n\}$의 원점은 회전 관절인 경우에는 $d_n = 0$인 지점에 설정하고, 반대로 직동 관절인 경우에는 링크계 {n}의 원점을 $\hat{X}_{n-1}$과 $\hat{Z}_n$이 교차하는 지점으로 한다.

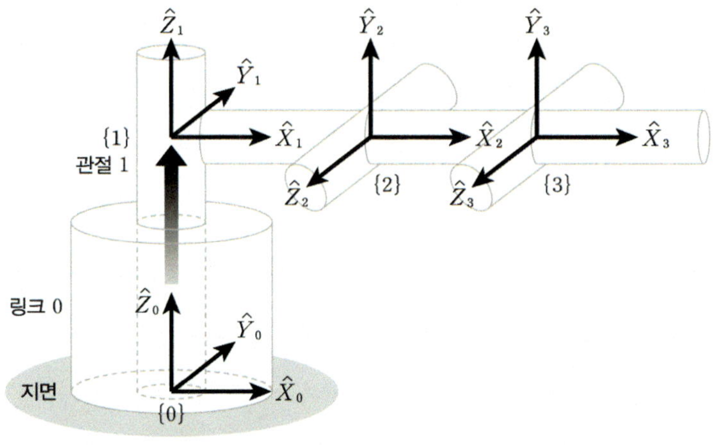

그림 3.8 첫 번째 및 마지막 링크에 대한 링크 좌표계 정의 방법

3.5.3 링크계 설정을 위한 링크인자 정의 및 좌표계 설정 순서

데나비트-하텐버그 규약을 통해서 매니퓰레이터 또는 로봇 제어에 필요한 관절 변수와 링크 인자에 대해 정의할 수 있으며, 링크계에 대한 동차변환 행렬을 완성할 수 있다.

매니퓰레이터를 구성하는 링크와 링크간의 상대적인 관계를 표현하기 위해서는 [표 3.1]과 같이 4개의 링크 인자가 필요하다.

표 3.1

기호	이름	설명
a_i	링크 길이	$\hat{X}_i$축을 따라 측정한 $\hat{Z}_i$축과 $\hat{Z}_{i+1}$축 사이의 거리
α_i	링크 뒤틀림 각도	$\hat{X}_i$축을 중심으로 측정한 $\hat{Z}_i$축과 $\hat{Z}_{i+1}$축 사이의 각도
d_i	링크 오프셋	$\hat{Z}_i$축을 따라 측정한 $\hat{X}_i$축과 $\hat{X}_{i+1}$축 사이의 거리
θ_i	관절 각도	$\hat{Z}_i$축을 중심으로 측정한 $\hat{X}_{i-1}$축과 $\hat{X}_i$축 사이의 각도

링크계를 부여하는 순서와 영점(Zero position)을 정하는 방법은 다음과 같다.

1. 링크 번호를 고정된 매니퓰레이터의 바닥면 (0)에서부터 마지막 링크(n)까지 순서대로 할당한다.
2. 링크와 링크를 연결하는 모든 관절에 대해서 관절의 기준 축(회전 관절은 회전 축, 직동 관절은 운동 방향)을 $\hat{Z}$축으로 지정하고, 각 축을 관통하는 연장선을 그린다.
3. 서로 이웃하는 $\hat{Z}_i$축과 $\hat{Z}_{i+1}$축을 지정하고 두 축이 서로 교차하지 않으면 두 축에 공통으로 수직인 법선을 지정하고, 공통 법선을 따라 $\hat{X}_i$축을 설정한다. 만약 두 축이 서로 교차하면 두 축이 만들어낸 평면에 수직한 방향으로 $\hat{X}_i$축을 설정한다.
4. $\hat{Z}_i$이 $\hat{Z}_i$축과 만나는 점, 또는 $\hat{Z}_i$축과 $\hat{Z}_{i+1}$축이 교차하는 경우 교차점을 링크계 $\{i\}$의 원점 O_i로 설정한다.
5. 오른손 법칙을 이용하여 $\hat{Y}_i$축을 설정한다.
6. 첫 번째 관절 변수(회전 관절, 직동 관절)가 0이면, 링크계 {0}과 링크계 {1}을 일치시킨다.
7. 마지막 링크 n의 좌표계는 이웃하는 링크 $n-1$의 좌표계와 동일하게 설정한다.
8. 마지막으로 로봇의 영점 위치는 모든 관절 변수가 0인 위치로 지정한다. 회전 관절의 경우, 모든 좌표계의 x축이 평행되고 같은 방향일 때, 직동 관절의 경우, 링크 사이의 거리가 최소일 때를 영점 위치로 설정한다.

예제 3.2

[그림 3.9]의 로봇에 대하여 데나비트-하텐버그 표기법에 따라 기구학에 필요한 링크 인자를 정의하시오.

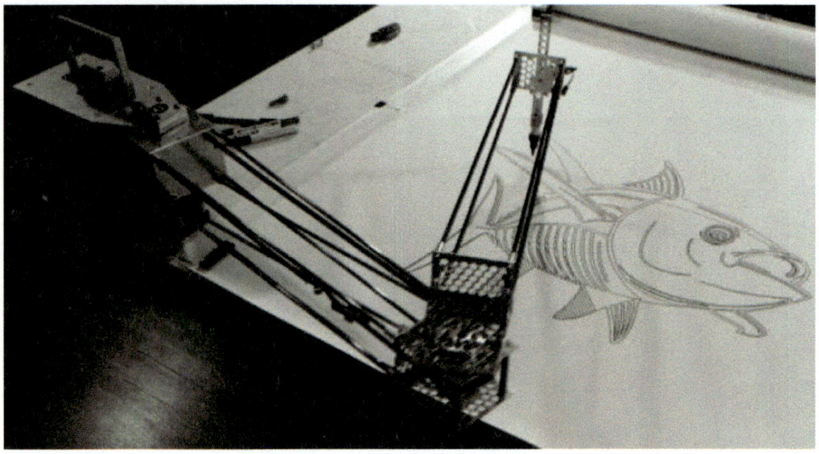

그림 3.9 그림 그리는 2자유도 로봇(Mechpen robot arm)

풀이

[그림 3.9]의 매니퓰레이터는 베이스부 즉, 어깨에 해당하는 1자유도 회전 관절과 팔꿈치에 해당하는 1자유도 회전 관절로 구성되어 있으며, 두 번째 링크의 끝에 말단 장치로 펜촉을 부착해서 3차원 공간상에서 2차원 평면상에 그림을 그릴 수 있는 2자유도 로봇이다. 또한 모든 관절이 회전 관절로 구성되어 있기 때문에 RR형 매니퓰레이터 또는 RR형 로봇이라고 하기도 한다.

설명의 편의성을 위해서 그림 상의 매니퓰레이터를 앞쪽 방향으로 기울이면 즉, x축을 기준으로 z축이 정면에 오도록 적절하게 회전을 시킨후, 매니퓰레이터의 각 링크를 적당히 조절해서 [그림 3.10]과 같이 간략한 블록 형태로 나타낸다.

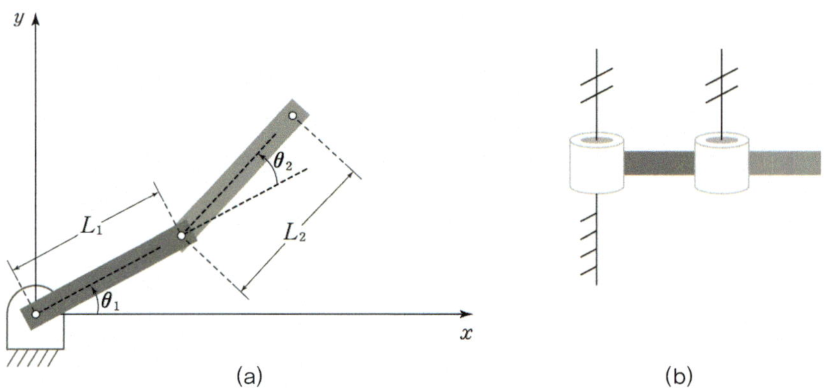

그림 3.10 2자유도 회전 관절형(RR형) 매니퓰레이터의 스키메틱 표현

[그림 3.10]은 로봇공학과 기구학에서 빈번하게 사용되는 스키메틱 다이어그램(Schematic diagram)으로, 복잡한 형상을 간단한 도형을 이용해서 매니퓰레이터 또는 로봇의 링크와 관절 등을 도식적으로 단순화하여 나타낸다. 좀 더 간단한 방법으로는 링크와 관절을 (b)처럼 직선과 원기둥 블록(직동 관절인 경우, 직사각형/모래시계모양/삼각형 등)으로 간략하게 표시하기도 한다. 각 축 상의 빗금 // 표시는 축이 서로 평행하다는 것을 나타내며, 베이스부의 빗금은 지면에 고정되어 있음을 나타낸다.

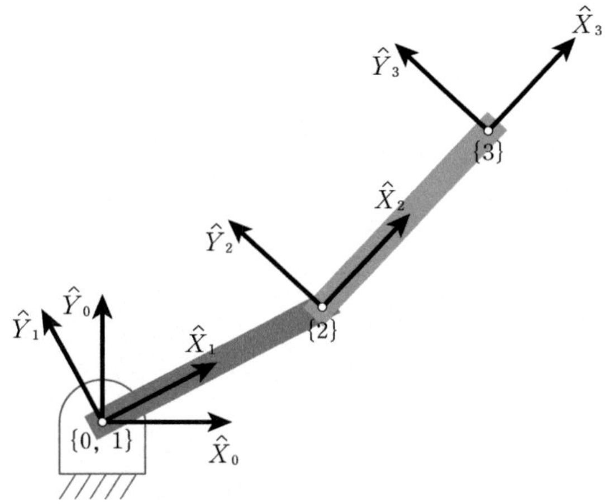

그림 3.11 2자유도 매니퓰레이터의 링크계 설정

[그림 3.10] (a)의 스키메틱 방법으로 나타낸 매니퓰레이터에 DH 파라미터 방법을 적용하여 [그림 3.11]과 같이 링크계를 부여할 수 있다. 링크계 {0}과 링크계 {1}이 동일한 원점을 가지고 있음에 유의해야 한다. 또한, 매니퓰레이터의 말단 장치로 펜이 연결되어 있기 때문에 링크계 {3}이 정의될 수는 있지만, 스키메틱 형태로 표현한 그림에서 말단 장치가 연결된 지점이 $x-y$평면상을 움직이는 매니퓰레이터의 최종 위치가 되기 때문에 링크계를 부여할 필요는 없다. 그러나, 마지막 링크와 말단 장치와의 좌표계 관계를 가상적으로 연상할 수 있도록, 예시로 마지막 축에 회색으로 좌표계를 표기하였다.

지면에 고정된 링크계 {0}을 기준 좌표계로 정의하면서, 첫 번째 관절변수 θ_1이 0일 때, 링크계 {1}과 정렬시킨다. 따라서, 링크계 {0}의 $\hat{Z}_0$축이 링크계 {1}의 관절축 $\hat{Z}_1$축과 동일선상에 있게 된다. 이 매니퓰레이터의 경우, 모든 관절축은 독립관절로 이루어져 있으며, 관절과 관절이 합쳐지는 형태를 가지고 있지 않고 동일 평면상에 존재하기 때문에 모든 관절에 대해 링크 오프셋(d_i)은 0이 된다. 마지막으로, 모든 관절이 회전 관절이므로 각 관절을 정렬해서 각도가 0인 지점을 원점으로 지정한다.

이러한 사항을 바탕으로 [표 3.2]와 같이 2자유도 매니퓰레이터에 대한 링크 인자를 모두 설정할 수 있다.

표 3.2

링크(i)	α_{i-1}	a_{i-1}	d_i	θ_i
1	0	0	0	θ_1
2	0	L_1	0	θ_2

예제 3.3

[그림 3.12]는 3개의 링크로 구성된 Nexrobo 매니퓰레이터를 보여준다. 베이스부는 앞의 예제와 같이 1자유도의 회전 관절이며, 말단 장치에 1자유도 회전 관절이 추가된 RRR형 매니퓰레이터이다.

그림 3.12 3자유도를 갖는 Nexrobo 매니퓰레이터

일반적으로 이러한 매니퓰레이터는 베이스부가 지면에 수진인 회전 관절축을 가지고 있으나, 이번 예제에서는 해당 관절축은 앞의 예제와 같이 지면에 고정된 것으로 간주한다. 3자유도를 갖는 Nexrobo 매니퓰레이터에 대한 스키메틱 다이어그램을 나타내고, 모든 DH 파라미터를 결정하시오.

풀이

[예제 3.2]와 같이 예시 그림을 적절하게 회전시켜서 [그림 3-13]와 같이 3자유도를 가지는 매니퓰레이터에 대한 스키메틱 다이어그램을 나타낼 수 있다.

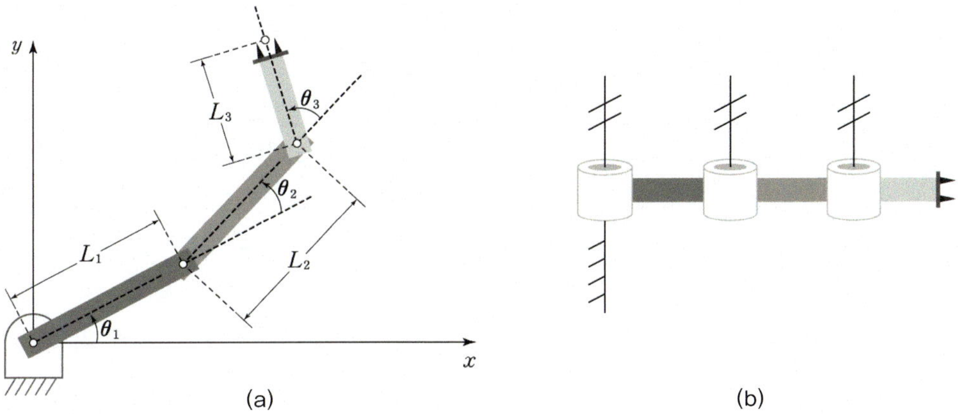

그림 3.13 Nexrobo 매니퓰레이터의 스키메틱 다이어그램

[예제 3.2]에서 링크계를 부착했던 방법과 동일하게 매니퓰레이터의 바닥 고정면의 좌표계를 기준 좌표계로 시작해서 [그림 3.14]와 같이 말단 장치까지 순서대로 링크계를 부여한다.

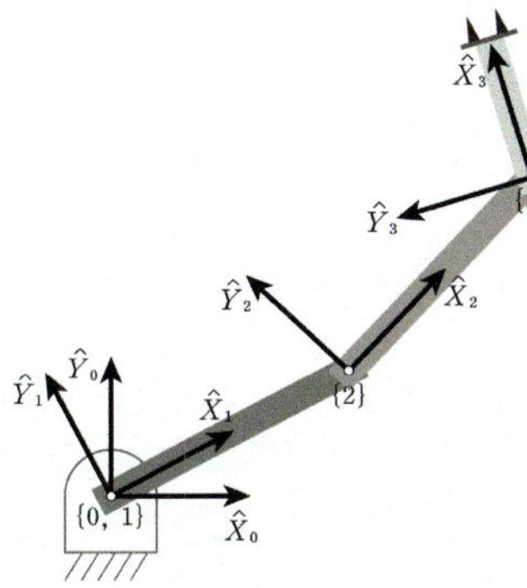

그림 3.14 3자유도(RRR형) 매니퓰레이터의 링크계

[예제 3.2]와 비교했을 때, 링크계 {3}이 추가되면서 고려해야할 DH 파라미터의 개수는 8개에서 12개로 증가됨을 알 수 있다. [표 3.3]은 3자유도 RRR형 매니퓰레이터의 링크인자를 보여주고 있다.

표 3.3

링크(i)	α_{i-1}	a_{i-1}	d_i	θ_i
1	0	0	0	θ_1
2	0	L_1	0	θ_2
3	0	L_2	0	θ_3

[표 3.2]와 [표 3.3]을 다시 살펴보면, 기구 스키메틱 다이어그램에 표시되어 있는 마지막 링크의 길이나 회전 각도에 대한 정보가 나타나 있지 않다. 다음 절의 순정 기구학(Forward kinematics)에서 언급되지만, 이러한 DH 파라미터는 마지막 링크에 부착된 좌표계의 방위와 그 좌표계 원점의 위치에 대한 정보만을 나타내게 된다. 따라서, 마지막 n번째 링크 끝점의 위치와 방위를 얻기 위해서는 [그림 3.11]에서와 같이 링크의 끝에 추가적으로 가상의 $n+1$번째 링크가 연결되어 있다고 가정하고 링크계를 부여한다. 이러한 추가적인 과정을 통해서 매니퓰레이터의 마지막 n번째 링크 끝점의 위치와 방위에 대한 정보를 계산해 낼 수 있다.

[표 3.2]의 경우, 회색의 링크계를 고려하면 DH 파라미터의 링크 인자는 [표 3.4]와 같아진다.

표 3.4

링크(i)	α_{i-1}	a_{i-1}	d_i	θ_i
1	0	0	0	θ_1
2	0	L_1	0	θ_2
3	0	L_2	0	0

같은 방식으로 [표 3.3]의 경우, 가상의 $n+1$번째 링크를 말단 장치 이후에 부착했다고 가정하면, DH 파라미터의 링크 인자는 [표 3.5]와 같아진다.

표 3.5

링크(i)	α_{i-1}	a_{i-1}	d_i	θ_i
1	0	0	0	θ_1
2	0	L_1	0	θ_2
3	0	L_2	0	θ_3
4	0	L_3	0	0

예제 3.4

[그림 3.15]는 3개의 링크로 구성된 실린더형 매니퓰레이터이다. 베이스부는 1자유도의 회전 관절로 구성되어 있으며, 수직 및 수평 병진 운동을 할 수 있는 2개의 링크와 직동 관절을 가지고 있고, 말단 장치는 1자유도의 회전 관절을 가지고 있는 Pishrobot사의 $RPPR$형 매니퓰레이터이다. 4자유도를 갖는 실린더형 매니퓰레이터에 대한 스키메틱 다이어그램을 나타내고, 모든 DH 파라미터를 결정하시오.

그림 3.15 Pishrobot사의 4자유도 실린더형 매니퓰레이터

풀이

실린더형 매니퓰레이터의 스키메틱 다이어그램은 [그림 3.16]과 같다. 앞의 예제와 같이 회전 관절은 원기둥 형태로 나타내고 직동 관절에 대해서는 육면체 블록을 이용해서 나타내고 있다. 직동 관절의 움직임 방향은 육면체 블록에 이격되어 나타나 있는 사각형 블록으로 표시되었다.

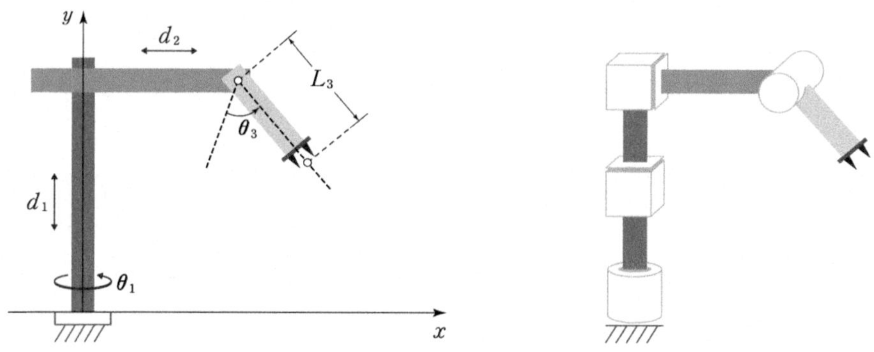

(a) (b)

그림 3.16 4자유도 $RPPR$형 매니퓰레이터의 스키메틱 다이어그램

직동 관절은 고정 링크를 따라 한 축 방향으로 수평 또는 수직 운동을 하기 때문에, 회전 관절형 매니퓰레이터에서 고정 또는 상수값인 링크 길이를 특정지을 수 없다. 따라서, 직동 관절을 포함하는 매니퓰레이터는 직동 관절의 가동 범위 d_i가 변수로 설정된다.

매니퓰레이터의 바닥 고정면의 좌표계를 기준 좌표계로 시작해서 [그림 3.17]과 같이 말단 장치까지 순서대로 링크계를 부여한다. 링크계를 설정하는 방법 2번을 참고하여 직동 관절의 움직이는 방향으로 $\hat{Z}_i$축을 설정한다. 또한, 링크계를 설정하는 방법 3번을 참고하여 두 축이 교차하는 평면을 기준으로 각 링크계의 $\hat{X}_i$축이 설정되었다.

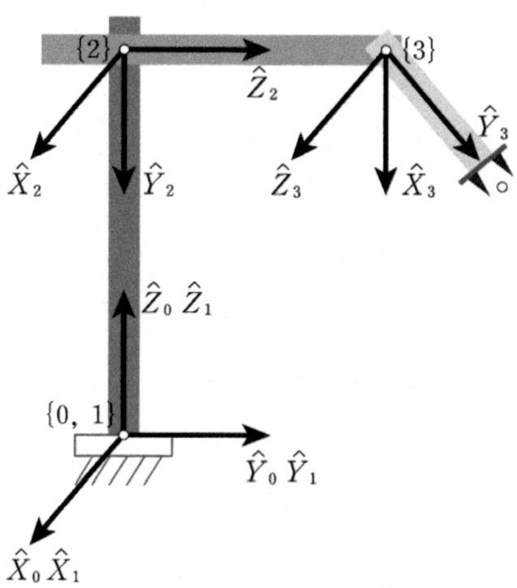

그림 3.17 4자유도 $RPPR$형 매니퓰레이터의 링크계 설정

이러한 사항들을 바탕으로 [표 3.6]과 같이 4자유도 직동관절을 포함하는 $RPPR$형 매니퓰레이터에 대한 링크 인자를 가상의 4번째 링크를 고려하여 설정할 수 있다.

표 3.6

링크(i)	α_{i-1}	a_{i-1}	d_{i-1}	θ_{i-1}
1	0	0	0	θ_1
2	$-90°$	0	d_1	0
3	$-90°$	0	d_2	0
4	0	L_3	0	θ_3

매니퓰레이터의 링크계를 명확하게 설명할 수 있는 방법 즉, 링크계를 부여하는 방법과 DH 파라미터를 결정하는 방법이 유일성을 보장하는 것은 아니다. 예를 들어 [예제 3.4]의 $\hat{Z}_i$와 $\hat{Z}_{i+1}$축이 교차할 때, 교차하는 평면을 기준으로 설정하는 $\hat{X}_i$축의 방향이 $\hat{Z}_{i+1}$축의 방향에 따라서 두 가지가 가능하다는 것을 예상할 수 있다. 같은 방식으로, $\hat{Z}_i$의 방향에 따라서도 $\hat{X}_i$축의 방향이 반대로 설정될 수 있기 때문에, 총 4 가지의 링크계 부여 방법이 있을 수 있다.

3.6 매니퓰레이터 기구학

n개의 링크로 구성되어 있는 매니퓰레이터에 대해서 데나비트-하텐버그 규약에 따라 0번째 링크를 기준으로 링크 인자와 링크계를 설정한 이후에는, 제2장에서 다루어진 계의 연결 변환 즉, 연쇄적인 동차 변환을 적용해서 매니퓰레이터의 베이스부에 대한 말단 장치의 위치와 방위를 계산할 수 있다. 이를 정 기구학(Forward kinematics) 또는 순 기구학, 줄여서 기구학이라고 한다.

링크계의 연쇄 동차 변환 관계는 계의 회전과 전위로 단계적으로 분리해서 설명할 수 있으므로, 좌표계를 4개의 단계로 분리하여 [그림 3.18]과 같이 나타낼 수 있다. 각 링크계의 축이 중복적으로 겹쳐서 나타날 수 있기 때문에, 설명의 편의상, 관절축과 다음 링크와의 연결 관계를 나타내는 $\hat{X}$축만을 고려하고 겹치는 링크계는 크기를 변경하여 단순화한 형태로 나타낸다.

링크계의 변환 과정을 표시하는 링크계를 처음 매니퓰레이터에 부여된 링크계 $\{i-1\}$ 및 $\{i\}$와 구분하여 표기하기 위해서, 링크계의 색을 다르게 하고 링크계의 변환이 일어나는 순서대로 괄호 순번을 부여해서 표기하기로 한다.

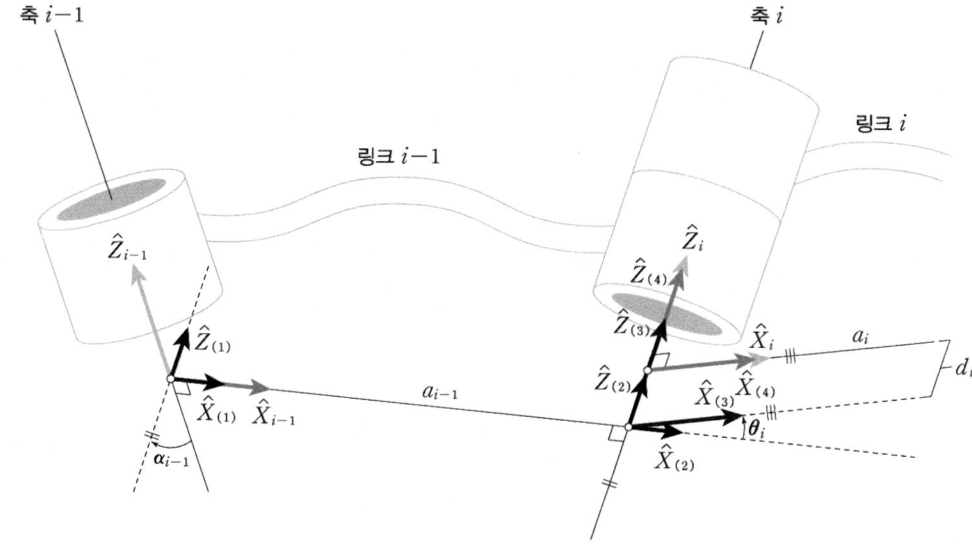

그림 3.18 링크계 변환 과정 분리를 위한 중간 단계 링크계 설정

[그림 3.18]에서 좌표계의 변환은 다음 순서로 분리해서 살펴볼 수 있다.

(1) 링크계 $\{i-1\}$이 링크계 $\{i-1\}$의 $\hat{X}_{i-1}$축을 중심으로 각도 α_{i-1}만큼 회전

(2) 링크계 $\{i-1\}$이 $\hat{X}_{i-1}$축을 따라서 거리 a_{i-1} 만큼 이동

(3) 링크계 $\{i-1\}$이 링크계 $\{i\}$의 $\hat{Z}_i$축을 중심으로 각도 θ_i만큼 회전

(4) 링크계 $\{i-1\}$이 링크계 $\{i\}$의 $\hat{Z}_i$축을 따라서 거리 d_i만큼 이동

첫 번째부터 네 번째까지 링크계의 변환이 순서대로 일어나면 축 i-1의 원점 $\{O_{i-1}\}$은 [그림 3.7]에서 나타낸 링크계의 원점 $\{O_i\}$와 일치하게 된다.

매니퓰레이터에서 발생한 네 단계 변환 과정은 각각 회전 또는 이동 후 만들어진 새로운 좌표계인 이동 좌표계가 기준 좌표계가 되어서 다음 변환이 일어나기 때문에 이동 좌표계의 상대 변환임을 알 수 있다. 따라서, 각 단계의 변환 행렬을 앞에서부터 순차적으로 후위곱으로 연산하면 두 좌표계 사이의 변환을 나타내는 변환 행렬을 얻을 수 있다.

링크계 $\{i\}$에서 정의된 한 점에 대한 위치 벡터 P를 링크계 $\{i-1\}$에서의 상대적인 값으로 변환하기 위해서는 제2장 2.6.3절에서 다루어진 좌표계의 변환법을 이용해서 식 (3.5)와 같이 표현할 수 있다.

$$ {}^{i-1}P = {}^{i-1}T_i\,{}^{i}P \tag{3.5} $$

식 (3.5)는 새롭게 부여한 중간 단계의 링크계를 이용해서 식 (3.6)과 같이 나타낼 수 있다.

$$ \begin{aligned} {}^{i-1}P &= {}^{i-1}T_i\,{}^{i}P \\ &= {}^{i-1}T_{(1)}\,{}^{(1)}T_{(2)}\,{}^{(2)}T_{(3)}\,{}^{(3)}T_i\,{}^{i}P \end{aligned} \tag{3.6} $$

또한, 링크계 $\{i\}$와 링크계 $\{4\}$는 일치하므로 식 (3.6)은

$$ \begin{aligned} {}^{i-1}P &= {}^{i-1}T_i\,{}^{i}P \\ &= {}^{i-1}T_{(1)}\,{}^{(1)}T_{(2)}\,{}^{(2)}T_{(3)}\,{}^{(3)}T_{(4)}\,{}^{(4)}P \end{aligned} \tag{3.7} $$

와 같다. 여기서

$$ {}^{i-1}T_i = {}^{i-1}T_{(1)}\,{}^{(1)}T_{(2)}\,{}^{(2)}T_{(3)}\,{}^{(3)}T_{(4)} \tag{3.8} $$

이며, 두 링크계 사이의 상대 관계를 나타내는 동차 변환 ${}^{i-1}T_i$는 제2장의 변환 방정식을 이용해서 다음과 같이 정의할 수 있다.

$$ {}^{i-1}T_i = Rot(\hat{X}_{i-1}, \alpha_{i-1})Trans(\hat{X}_{i-1}, a_{i-1})Rot(\hat{Z}_i, \theta_i)Trans(\hat{Z}_i, d_i) \tag{3.9} $$

이를 일반적인 행렬로 표현하면 식 (3.10)과 같다.

$$ {}^{i-1}T_i = \begin{bmatrix} 1 & 0 & 0 & 0 \\ 0 & \cos\alpha_{i-1} & -\sin\alpha_{i-1} & 0 \\ 0 & \sin\alpha_{i-1} & \cos\alpha_{i-1} & 0 \\ 0 & 0 & 0 & 1 \end{bmatrix} \begin{bmatrix} 1 & 0 & 0 & a_{i-1} \\ 0 & 1 & 0 & 0 \\ 0 & 0 & 1 & 0 \\ 0 & 0 & 0 & 1 \end{bmatrix} \begin{bmatrix} \cos\theta_i & -\sin\theta_i & 0 & 0 \\ \sin\theta_i & \cos\theta_i & 0 & 0 \\ 0 & 0 & 1 & 0 \\ 0 & 0 & 0 & 1 \end{bmatrix} \begin{bmatrix} 1 & 0 & 0 & 0 \\ 0 & 1 & 0 & 0 \\ 0 & 0 & 1 & d_i \\ 0 & 0 & 0 & 1 \end{bmatrix} $$

$$ = \begin{bmatrix} \cos\theta_i & -\sin\theta_i & 0 & a_{i-1} \\ \sin\theta_i\cos\alpha_{i-1} & \cos\theta_i\cos\alpha_{i-1} & -\sin\alpha_{i-1} & -\sin\alpha_{i-1}d_i \\ \sin\theta_i\sin\alpha_{i-1} & \cos\theta_i\sin\alpha_{i-1} & \cos\alpha_{i-1} & \cos\alpha_{i-1}d_i \\ 0 & 0 & 0 & 1 \end{bmatrix} $$

$$
= \begin{bmatrix} c\theta_i & -s\theta_i & 0 & a_{i-1} \\ s\theta_i c\alpha_{i-1} & c\theta_i c\alpha_{i-1} & -s\alpha_{i-1} & -s\alpha_{i-1} d_i \\ s\theta_i s\alpha_{i-1} & c\theta_i s\alpha_{i-1} & c\alpha_{i-1} & c\alpha_{i-1} d_i \\ 0 & 0 & 0 & 1 \end{bmatrix}
$$

단,

$c\theta_i = \cos\theta_i$, $c\alpha_{i-1} = \cos\alpha_{i-1}$

$s\theta_i = \sin\theta_i$, $s\alpha_{i-1} = \sin\alpha_{i-1}$

(3.10)

식 (3.8)을 링크계 {0}에서부터 링크계 $\{n\}$으로 확장하면 기구학식에 대한 변환 행렬을 식 (3.11)과 같이 나타낼 수 있다.

$$
{}^0T_n = {}^0T_1 {}^1T_2 {}^2T_3 {}^3T_4 \cdots {}^{n-1}T_n \tag{3.11}
$$

일반적으로 매니퓰레이터의 설계 시에 링크의 길이와 뒤틀림 각도는 알려지기 때문에 고정값 또는 상수로 생각할 수 있다. 따라서, 두 링크간의 상대 운동량인 θ_i와 d_i는 두 링크간의 상대 위치 및 방위를 결정하는 변수가 된다. 즉, 두 링크의 변환을 나타내는 ${}^{i-1}T_i$는 두 변수 θ_i 또는 d_i의 함수가 된다. 회전 관절인 경우에는 θ_i, 직동 관절인 경우에는 d_i라고 할 수 있으며, 이들은 매니퓰레이터의 관절 변수이다. 두 변수를 대표하는 새로운 변수를 $q_i(\theta_i,\ d_i)$라 하면 ${}^{i-1}T_i$는 다음과 같이 표현할 수 있다.

$$
{}^{i-1}T_i = {}^{i-1}T_i(q_i) \tag{3.12}
$$

이를 이용해서 식 (3.11)을 다음과 같이 나타낼 수 있다.

$$
{}^0T_n = {}^0T_1(q_1) {}^1T_2(q_2) {}^2T_3(q_3) \cdots {}^{n-1}T_n(q_n) \tag{3.13}
$$

또한, 식 (3.10)을 참고하면, n개의 링크를 가지는 매니퓰레이터의 기구학식은 다음과 같이 정리할 수 있다.

$$
{}^0T_n = {}^0T_1(q_1) {}^1T_2(q_2) {}^2T_3(q_3) \cdots {}^{n-1}T_n(q_n) = \begin{bmatrix} \boldsymbol{R}_{3\times 3} & \boldsymbol{P}_{3\times 1} \\ \mathbf{0}_{1\times 3} & 1 \end{bmatrix} \tag{3.14}
$$

3.7 관절 벡터와 관절 공간

n개의 링크로 연결되어 있는 매니퓰레이터, 다시 말해 n자유도를 가지는 매니퓰레이터의 모든 링크의 위치는 n개의 관절 변수의 조합으로 나타낼 수 있음을 살펴보았다. 이 독립된 관절 변수를 열 벡터(또는 행렬)로 표현하면 $n \times 1$ 벡터가 된다. 이 n개의 변수들의 조합을 벡터 형태로 나타낸 것을 일반적으로 관절 벡터(Joint vector)라고 한다. 그리고, 이러한 관절 벡터에 의해서 형성되는 공간을 관절 공간(Joint space)라고 한다.

관절 공간은 직교 좌표 공간에서 기준 좌표계에 대한 매니퓰레이터 말단 장치의 특정한 위치 및 방위를 결정하기 때문에, 제2장과 제3장에서는 매니퓰레이터의 링크계를 이용한 관절 공간 표시법과 이를 이용해서 직교 좌표 공간에서의 표시로 전환하는 계산법에 대한 설명이 이루어졌다. 또한, 직교 좌표 공간의 표시를 역으로 관절 공간에서 표현하는 방법에 대해서도 다루어졌다.

예제 3.5

[예제 3.2]의 2자유도 회전 관절형(RR형) 매니퓰레이터에 대한 정기구학 행렬을 구하시오.

풀이

기구학 계산을 위해, [예제 3.2]의 링크계 및 스키메틱 다이어그램을 다시 나타내면 다음과 같다.

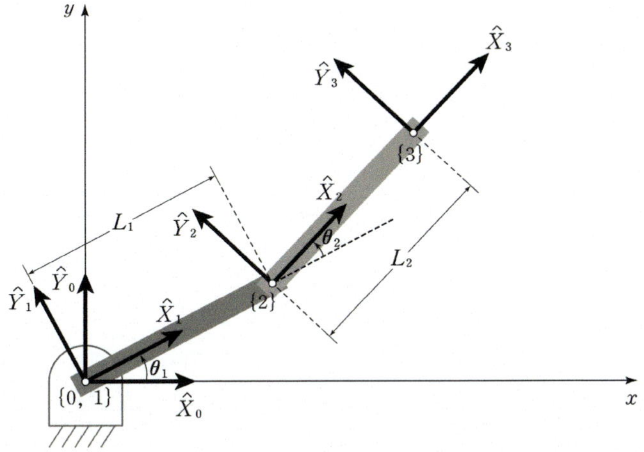

그림 3.19 2자유도 RR형 매니퓰레이터

[표 3.2]에서 구한 DH 파라미터와 식 (3.11) 또는 (3.14)를 이용하여 다음과 같은 동차 변환 행렬식을 정의할 수 있다.

$$^0T_3 = {}^0T_1 {}^1T_2 {}^2T_3 \tag{3.15}$$

이를 행렬로 표현하면 다음과 같다.

$$^0T_1 = \begin{bmatrix} \cos\theta_1 & -\sin\theta_1 & 0 & 0 \\ \sin\theta_1 & \cos\theta_1 & 0 & 0 \\ 0 & 0 & 1 & 0 \\ 0 & 0 & 0 & 1 \end{bmatrix}, \quad {}^1T_2 = \begin{bmatrix} \cos\theta_2 & -\sin\theta_2 & 0 & L_1 \\ \sin\theta_2 & \cos\theta_2 & 0 & 0 \\ 0 & 0 & 1 & 0 \\ 0 & 0 & 0 & 1 \end{bmatrix}$$

$$^2T_3 = \begin{bmatrix} 1 & 0 & 0 & L_2 \\ 0 & 1 & 0 & 0 \\ 0 & 0 & 1 & 0 \\ 0 & 0 & 0 & 1 \end{bmatrix}$$

$$^0T_3 = \begin{bmatrix} \cos\theta_1 & -\sin\theta_1 & 0 & 0 \\ \sin\theta_1 & \cos\theta_1 & 0 & 0 \\ 0 & 0 & 1 & 0 \\ 0 & 0 & 0 & 1 \end{bmatrix} \begin{bmatrix} \cos\theta_2 & -\sin\theta_2 & 0 & L_1 \\ \sin\theta_2 & \cos\theta_2 & 0 & 0 \\ 0 & 0 & 1 & 0 \\ 0 & 0 & 0 & 1 \end{bmatrix} \begin{bmatrix} 1 & 0 & 0 & L_2 \\ 0 & 1 & 0 & 0 \\ 0 & 0 & 1 & 0 \\ 0 & 0 & 0 & 1 \end{bmatrix}$$

$$= \begin{bmatrix} \cos(\theta_1+\theta_2) & -\sin(\theta_1+\theta_2) & 0 & L_1\cos\theta_1 + L_2\cos(\theta_1+\theta_2) \\ \sin(\theta_1+\theta_2) & \cos(\theta_1+\theta_2) & 0 & L_1\sin\theta_1 + L_2\sin(\theta_1+\theta_2) \\ 0 & 0 & 1 & 0 \\ 0 & 0 & 0 & 1 \end{bmatrix}$$

$$= \begin{bmatrix} c_{12} & -s_{12} & 0 & L_1c_1 + L_2c_{12} \\ s_{12} & c_{12} & 0 & L_1s_1 + L_2s_{12} \\ 0 & 0 & 1 & 0 \\ 0 & 0 & 0 & 1 \end{bmatrix}$$

단,

$$c_{12} = \cos(\theta_1+\theta_2), \quad s_{12} = \sin(\theta_1+\theta_2)$$

$$x = L_1\cos\theta_1 + L_2\cos(\theta_1+\theta_2)$$

$$y = L_1\sin\theta_1 + L_2\sin(\theta_1+\theta_2) \tag{3.16}$$

예제 3.6

[예제 3.3]의 3자유도 회전 관절형(RRR형) 매니퓰레이터에 대한 정기구학 행렬을 구하시오.

풀이

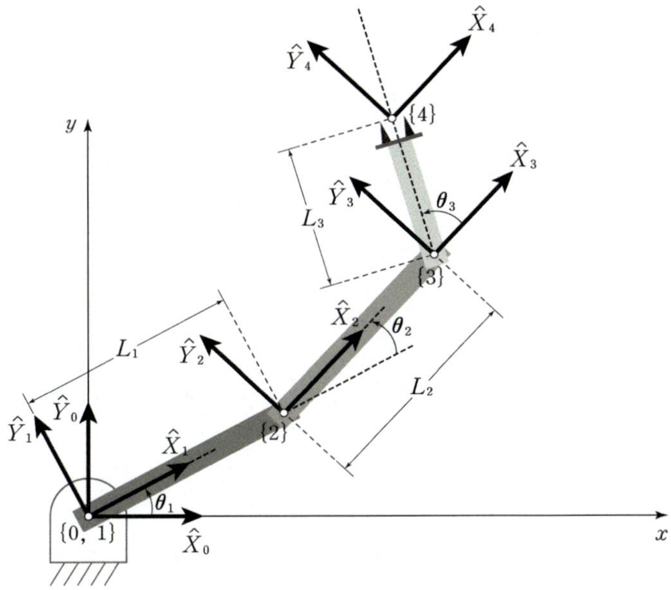

그림 3.20 3자유도 RRR형 매니퓰레이터

기구학 계산을 위해, [예제 3.3]의 링크계 및 스키메틱 다이어그램을 다시 나타내면 [그림 3.20]과 같다. 링크계 {3}의 $\hat{X}_3$축이 링크계 {2}와 같은 방향으로 설정되어 있으며, 회전후 변경된 축의 방향은 편의상 생략되었다. 링크계 {4}에 대한 가정도 동일하다.

[표 3.3] 또는 [표 3.5]에서 구한 DH 파라미터와 식 (3.11) 또는 (3.14)를 이용하여 다음과 같은 동차 변환 행렬식을 정의할 수 있다.

$$^0T_4 = {^0T_1}\,{^1T_2}\,{^2T_3}\,{^3T_4} \tag{3.17}$$

이를 행렬로 표현하면 다음과 같다.

$$
{}^0T_1 = \begin{bmatrix} \cos\theta_1 & -\sin\theta_1 & 0 & 0 \\ \sin\theta_1 & \cos\theta_1 & 0 & 0 \\ 0 & 0 & 1 & 0 \\ 0 & 0 & 0 & 1 \end{bmatrix}, \quad {}^1T_2 = \begin{bmatrix} \cos\theta_2 & -\sin\theta_2 & 0 & L_1 \\ \sin\theta_2 & \cos\theta_2 & 0 & 0 \\ 0 & 0 & 1 & 0 \\ 0 & 0 & 0 & 1 \end{bmatrix}
$$

$$
{}^2T_3 = \begin{bmatrix} \cos\theta_3 & -\sin\theta_3 & 0 & L_2 \\ \sin\theta_3 & \cos\theta_3 & 0 & 0 \\ 0 & 0 & 1 & 0 \\ 0 & 0 & 0 & 1 \end{bmatrix}, \quad {}^3T_4 = \begin{bmatrix} 1 & 0 & 0 & L_3 \\ 0 & 1 & 0 & 0 \\ 0 & 0 & 1 & 0 \\ 0 & 0 & 0 & 1 \end{bmatrix}
$$

$$
\begin{aligned}
{}^0T_4 &= \begin{bmatrix} \cos\theta_1 & -\sin\theta_1 & 0 & 0 \\ \sin\theta_1 & \cos\theta_1 & 0 & 0 \\ 0 & 0 & 1 & 0 \\ 0 & 0 & 0 & 1 \end{bmatrix} \cdot \begin{bmatrix} \cos\theta_2 & -\sin\theta_2 & 0 & L_1 \\ \sin\theta_2 & \cos\theta_2 & 0 & 0 \\ 0 & 0 & 1 & 0 \\ 0 & 0 & 0 & 1 \end{bmatrix} \\
&\quad \cdot \begin{bmatrix} \cos\theta_3 & -\sin\theta_3 & 0 & L_2 \\ \sin\theta_3 & \cos\theta_3 & 0 & 0 \\ 0 & 0 & 1 & 0 \\ 0 & 0 & 0 & 1 \end{bmatrix} \cdot \begin{bmatrix} 1 & 0 & 0 & L_3 \\ 0 & 1 & 0 & 0 \\ 0 & 0 & 1 & 0 \\ 0 & 0 & 0 & 1 \end{bmatrix} \\
&= \begin{bmatrix} \cos(\theta_1+\theta_2+\theta_3) & -\sin(\theta_1+\theta_2+\theta_3) & 0 & r_{14} \\ \sin(\theta_1+\theta_2+\theta_3) & \cos(\theta_1+\theta_2+\theta_3) & 0 & r_{24} \\ 0 & 0 & 1 & 0 \\ 0 & 0 & 0 & 1 \end{bmatrix}
\end{aligned} \tag{3.18}
$$

단,

$$
r_{14} = L_1\cos\theta_1 + L_2\cos(\theta_1+\theta_2) + L_3\cos(\theta_1+\theta_2+\theta_3)
$$

$$
r_{24} = L_1\sin\theta_1 + L_2\sin(\theta_1+\theta_2) + L_3\sin(\theta_1+\theta_2+\theta_3)
$$

r_{14}, r_{24}는 최종 변환 후 매니퓰레이터의 말단 장치의 위치(p_x, p_y) 또는 $P(x, y)$를 의미한다. 말단 장치의 최종 방위는 각 관절의 회전각을 모두 합산한 방향과 일치하므로 $\phi = \theta_1 + \theta_2 + \theta_3$ 이다. 따라서 식 (3.18)의 마지막 행렬은 다음과 같이 간략하게 나타낼 수 있다.

$$
\begin{aligned}
{}^0T_4 &= \begin{bmatrix} c_{123} & -s_{123} & 0 & L_1c_1 + L_2c_{12} + L_3c_{123} \\ s_{123} & c_{123} & 0 & L_1s_1 + L_2s_{12} + L_3s_{123} \\ 0 & 0 & 1 & 0 \\ 0 & 0 & 0 & 1 \end{bmatrix} \\
&= \begin{bmatrix} c_\phi & -s_\phi & 0 & x \\ s_\phi & c_\phi & 0 & y \\ 0 & 0 & 1 & 0 \\ 0 & 0 & 0 & 1 \end{bmatrix}
\end{aligned} \tag{3.19}
$$

단,

$$c_{123} = \cos(\theta_1 + \theta_2 + \theta_3), \quad s_{123} = \sin(\theta_1 + \theta_2 + \theta_3)$$

$$\phi = \theta_1 + \theta_2 + \theta_3$$

$$c_\phi = c_{123}, \; s_\phi = s_{123}$$

$$x = L_1 c_1 + L_2 c_{12} + L_3 c_{123}$$
$$y = L_1 s_1 + L_2 s_{12} + L_3 s_{123}$$

예제 3.7

[그림 3.21]의 PUMA 500(또는 PUMA 560)에 대한 DH 파라미터를 정의하고 기구학식을 유도하시오.

그림 3.21 유니메이트사의 PUMA 500

풀이

UNIMATE PUMA 500(또는 PUMA 560)은 로봇공학의 기구학 문제에서 매우 빈번하게 다루어지는 매니퓰레이터 중 하나이다. 기구적으로 다소 복잡한 6자유도를 가지며 현대적인 산업용 로봇의 등장을 가속화시킨 대표적인 매니퓰레이터이다. 이러한 6자유도 매니퓰레이터의 세밀한 기구적인 특성을 도식화하고 이에 대한 기구학식을 유도하는 것은 현대의 산업용 로봇에 대한 이해에 기본적인 사항을 파악하고, 기구학식을 바탕으로 다양한 제어 기술을 습득하는데 도움이 된다.

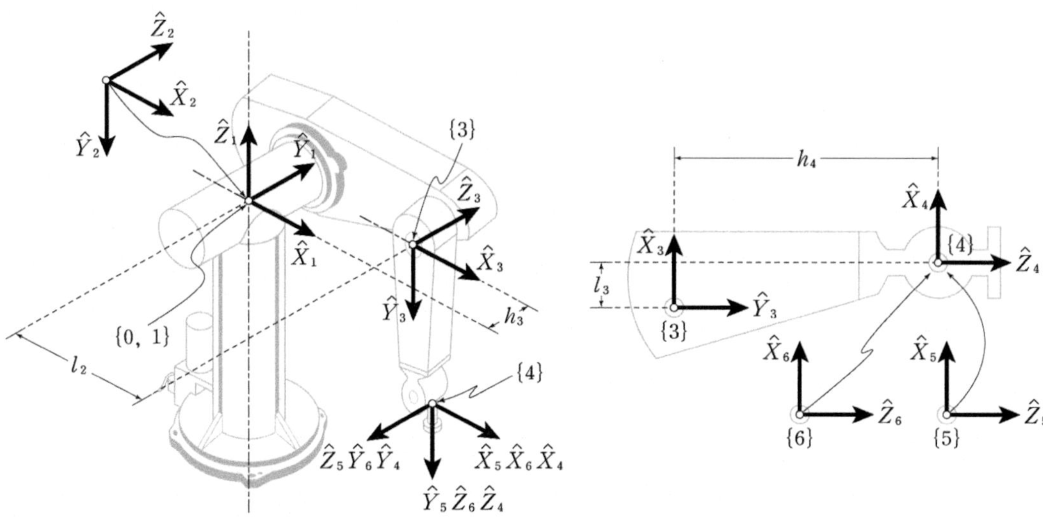

그림 3.22 6자유도 매니퓰레이터 PUMA 500의 링크계 설정

우선 PUMA 500(또는 PUMA 560)의 링크계는 [그림 3.22]처럼 표시할 수 있다. 앞의 예제들과 달리 매니퓰레이터의 축의 교차와 위치 등이 복잡하므로, 3차원 상에서 간단한 형태로 표현한다. 그러나, 기구적으로 복잡하게 설계되어 있는 3번째 링크는 추가적으로 세밀한 관찰을 필요로 한다. [그림 3.22]의 좌측처럼 링크계를 정의하는 경우, DH 파라미터 규약에 따라 링크 길이(a_i)를 $\hat{X}_i$축 방향으로 지정하므로 3번째 링크의 축(링크계 {3})과 말단 장치가 연결되어 회전하는 축(링크계 {4})간의 링크 길이(a_i)가 [그림 3.22]의 우측 3번째 링크에서 보이는 것처럼 설정된다.

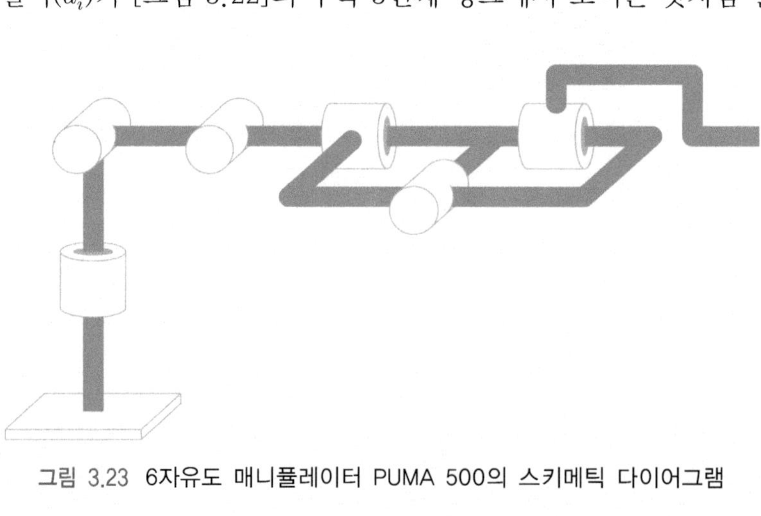
그림 3.23 6자유도 매니퓰레이터 PUMA 500의 스키메틱 다이어그램

또한, 링크계 {4}는 링크계 {3}을 $\hat{X}_3$축을 중심으로 90° 회전하고 d_4만큼 이동하여 정의되었기 때문에 링크 오프셋이 발생하게 된다. 따라서, 링크 길이와 오프셋을 혼돈하지 않도록 주의할 필요가 있다.

PUMA 500(또는 PUMA 560)에 대한 스키메틱 다이어그램은 [그림 3.23]과 같다. 여기서 손목 링크에서 3개의 관절이 한 점에서 교차하면서 서로 직교하도록 고안된 방법은 현대의 산업용 로봇의 손목 관절을 구현할 때 많이 사용되는 형태이다.

매니퓰레이터의 구조가 다소 복잡하므로, 먼저 각각의 파라미터를 분리해서 DH 파라미터를 정의한다. 첫 번째로, $\hat{X}_{i-1}$를 따라 측정되는 두 링크의 회전축 $\hat{Z}_{i-1}$과 $\hat{Z}_i$가 이루는 각도(링크 뒤틀림 각도) α_{i-1}는 순서대로 다음과 같이 정의할 수 있다.

α_0는 $\hat{X}_0$축에 대해서 $\hat{Z}_0$축과 $\hat{Z}_1$이 이루는 각도 ($\alpha_0 = \angle \hat{Z}_0 \hat{Z}_1 (\hat{X}_0)$)로 정의되며, 링크계 {0}과 링크계 {1}은 일치하도록 설정되어 있으므로 두 축 $\hat{Z}_0$와 $\hat{Z}_1$이 이루는 각은 0°이다. 따라서, $\alpha_0 = \angle \hat{Z}_0 \hat{Z}_1 (\hat{X}_0) = 0°$ 이다. 링크계 {1}과 링크계 {2}는 $\hat{X}_1$축을 기준으로 시계방향 회전하였으므로, $\alpha_1 = \angle \hat{Z}_1 \hat{Z}_2 (\hat{X}_1) = -90°$ 이다. 이와 같은 방법으로 모든 관절에 대한 뒤틀림 각도를 구하면

$$\begin{aligned} &\alpha_0 = \angle \hat{Z}_0 \hat{Z}_1 (\hat{X}_0) = 0°, \quad \alpha_1 = \angle \hat{Z}_1 \hat{Z}_2 (\hat{X}_1) = -90° \\ &\alpha_2 = \angle \hat{Z}_2 \hat{Z}_3 (\hat{X}_2) = 0°, \quad \alpha_3 = \angle \hat{Z}_3 \hat{Z}_4 (\hat{X}_3) = -90° \\ &\alpha_4 = \angle \hat{Z}_4 \hat{Z}_5 (\hat{X}_4) = 90°, \quad \alpha_5 = \angle \hat{Z}_5 \hat{Z}_6 (\hat{X}_5) = -90° \end{aligned} \tag{3.20}$$

이며, 이를 [표 3.7]과 같이 나타낼 수 있다.

표 3.7

$i-1$	링크(i)	α_{i-1}
0	1	0
1	2	-90
2	3	0
3	4	-90
4	5	90
5	6	-90

두 번째로, $\hat{X}_{i-1}$축을 따라 측정되는 이웃하는 두 링크의 회전축 $\hat{Z}_{i-1}$과 $\hat{Z}_i$의 거리 즉, 링크 길이 a_{i-1}도 앞의 방법과 같이 정의할 수 있고,

$$
\begin{aligned}
&a_0 = \llcorner\, \hat{Z}_0\hat{Z}_1(\hat{X}_0) = 0\,,\ a_1 = \llcorner\, \hat{Z}_1\hat{Z}_2(\hat{X}_1) = 0 \\
&a_2 = \llcorner\, \hat{Z}_2\hat{Z}_3(\hat{X}_2) = l_2,\ a_3 = \llcorner\, \hat{Z}_3\hat{Z}_4(\hat{X}_3) = l_3 \\
&a_4 = \llcorner\, \hat{Z}_4\hat{Z}_5(\hat{X}_4) = 0\,,\ a_5 = \llcorner\, \hat{Z}_5\hat{Z}_6(\hat{X}_5) = 0
\end{aligned}
\tag{3.21}
$$

[표 3.8]과 같이 나타낼 수 있다.

표 3.8

$i-1$	링크(i)	a_{i-1}
0	1	0
1	2	0
2	3	l_2
3	4	l_3
4	5	0
5	6	0

세 번째로, $\hat{Z}_i$축을 따라 측정되는 두 축 $\hat{X}_{i-1}$와 $\hat{X}_i$의 거리인 링크 오프셋 d_i도 같은 방식으로 정의할 수 있으며

$$
\begin{aligned}
&d_1 = \measuredangle\, \hat{X}_0\hat{X}_1(\hat{Z}_1) = 0\ ,\ d_2 = \measuredangle\, \hat{X}_1\hat{X}_2(\hat{Z}_2) = 0 \\
&d_3 = \measuredangle\, \hat{X}_2\hat{X}_3(\hat{Z}_3) = h_3,\ d_4 = \measuredangle\, \hat{X}_3\hat{X}_4(\hat{Z}_4) = h_4 \\
&d_5 = \measuredangle\, \hat{X}_4\hat{X}_5(\hat{Z}_5) = 0\ ,\ d_6 = \measuredangle\, \hat{X}_5\hat{X}_6(\hat{Z}_6) = 0
\end{aligned}
\tag{3.22}
$$

[표 3.9]와 같이 나타낼 수 있다.

표 3.9

$i-1$	링크(i)	d_i
0	1	0
1	2	0
2	3	h_3
3	4	h_4
4	5	0
5	6	0

마지막으로, $\hat{Z}_i$축에 대해서 측정되는 두 축 $\hat{X}_{i-1}$축과 $\hat{X}_i$의 각도인 관절각 θ_i도 같은 방식으로 정의할 수 있으며

$$\begin{aligned}
&\theta_0 = \measuredangle \hat{X}_0\hat{X}_1(\hat{Z}_1) = \theta_1,\ \ \theta_1 = \measuredangle \hat{X}_1\hat{X}_2(\hat{Z}_2) = \theta_2 \\
&\theta_2 = \measuredangle \hat{X}_2\hat{X}_3(\hat{Z}_3) = \theta_3,\ \ \theta_3 = \measuredangle \hat{X}_3\hat{X}_4(\hat{Z}_4) = \theta_4 \\
&\theta_4 = \measuredangle \hat{X}_4\hat{X}_5(\hat{Z}_5) = \theta_5,\ \ \theta_5 = \measuredangle \hat{X}_5\hat{X}_6(\hat{Z}_6) = \theta_6
\end{aligned} \tag{3.23}$$

[표 3.10]과 같이 나타낼 수 있다.

표 3.10

$i-1$	링크(i)	θ_i
0	1	θ_1
1	2	θ_2
2	3	θ_3
3	4	θ_4
4	5	θ_5
5	6	θ_6

이상을 종합하여, [표 3.11]처럼 PUMA 500 또는 560에 대한 완전한 DH 파라미터를 정의할 수 있다.

표 3.11

$i-1$	링크(i)	α_{i-1}	a_{i-1}	d_i	θ_i
0	1	0	0	0	θ_1
1	2	-90	0	0	θ_2
2	3	0	a_2	d_3	θ_3
3	4	-90	a_3	d_4	θ_4
4	5	90	0	0	θ_5
5	6	-90	0	0	θ_6

DH 파라미터와 식 (3.10)을 이용하여 각각의 기구 변환 행렬을 구하면 다음과 같다.

$$
\begin{aligned}
{}^{0}T_1 &= \begin{bmatrix} \cos\theta_1 & -\sin\theta_1 & 0 & 0 \\ \sin\theta_1 & \cos\theta_1 & 0 & 0 \\ 0 & 0 & 1 & 0 \\ 0 & 0 & 0 & 1 \end{bmatrix}, \quad {}^{1}T_2 = \begin{bmatrix} \cos\theta_2 & -\sin\theta_2 & 0 & 0 \\ 0 & 0 & 1 & 0 \\ -\sin\theta_2 & -\cos\theta_2 & 0 & 0 \\ 0 & 0 & 0 & 1 \end{bmatrix} \\
{}^{2}T_3 &= \begin{bmatrix} \cos\theta_3 & -\sin\theta_3 & 0 & a_2 \\ \sin\theta_3 & \cos\theta_3 & 0 & 0 \\ 0 & 0 & 1 & d_3 \\ 0 & 0 & 0 & 1 \end{bmatrix}, \quad {}^{3}T_4 = \begin{bmatrix} \cos\theta_4 & -\sin\theta_4 & 0 & a_3 \\ 0 & 0 & 1 & d_4 \\ -\sin\theta_4 & -\cos\theta_4 & 0 & 0 \\ 0 & 0 & 0 & 1 \end{bmatrix} \qquad (3.24) \\
{}^{4}T_5 &= \begin{bmatrix} \cos\theta_5 & -\sin\theta_5 & 0 & 0 \\ 0 & 0 & -1 & 0 \\ \sin\theta_5 & \cos\theta_5 & 0 & 0 \\ 0 & 0 & 0 & 1 \end{bmatrix}, \quad {}^{5}T_6 = \begin{bmatrix} \cos\theta_6 & -\sin\theta_6 & 0 & 0 \\ 0 & 0 & -1 & 0 \\ -\sin\theta_6 & -\cos\theta_6 & 0 & 0 \\ 0 & 0 & 0 & 1 \end{bmatrix}
\end{aligned}
$$

링크계 {0}을 기준으로 링크계 {1}부터 링크계 {6}까지의 온전한 위치와 방위를 얻기 위해, 앞에서 다룬 연쇄 동차 변환식을 단계별로 계산한다. 먼저, 3개의 링크계가 한 점에 모여있는 손목 관절 변환을 후위곱 연산하면 다음과 같다.

$$
\begin{aligned}
{}^4T_6 &= {}^4T_5\,{}^5T_6 \\
&= \begin{bmatrix} \cos\theta_5\cos\theta_6 & -\cos\theta_5\sin\theta_6 & -\sin\theta_5 & 0 \\ \sin\theta_6 & \cos\theta_6 & 0 & 0 \\ \sin\theta_5\cos\theta_6 & -\sin\theta_5\sin\theta_6 & \cos\theta_5 & 0 \\ 0 & 0 & 0 & 1 \end{bmatrix} \\
&= \begin{bmatrix} c_5c_6 & -c_5s_6 & -s_5 & 0 \\ s_6 & c_6 & 0 & 0 \\ s_5c_6 & -s_5s_6 & c_5 & 0 \\ 0 & 0 & 0 & 1 \end{bmatrix}
\end{aligned}
\tag{3.25}
$$

단,

$c_5 = \cos\theta_5$, $s_5 = \sin\theta_5$, $c_6 = \cos\theta_6$, $s_6 = \sin\theta_6$

손목과 팔꿈치 관절의 후위곱 연산 결과는 다음과 같다. 지면 관계상 행렬의 원소를 한 줄에 모두 나타낼 수 없기 때문에 선행하는 열을 (·) 기호로 표시하였다.

$$
\begin{aligned}
{}^3T_6 &= {}^3T_4\,{}^4T_6 \\
&= \left[\begin{matrix} \cos\theta_4\cos\theta_5\cos\theta_6 \\ \sin\theta_5\cos\theta_6 \\ -\sin\theta_4\cos\theta_5\cos\theta_6-\cos\theta_4\sin\theta_6 \\ 0 \end{matrix}\right. \\
&\qquad \begin{matrix} \cdot & -\cos\theta_4\cos\theta_5\sin\theta_6-\sin\theta_4\cos\theta_6 \\ \cdot & -\sin\theta_5\sin\theta_6 \\ \cdot & \sin\theta_4\cos\theta_5\sin\theta_6-\cos\theta_4\cos\theta_6 \\ \cdot & 0 \end{matrix} \\
&\qquad \left.\begin{matrix} \cdot & \cdot & -\cos\theta_4\sin\theta_5 & a_3 \\ \cdot & \cdot & \cos\theta_5 & d_4 \\ \cdot & \cdot & \sin\theta_4\sin\theta_5 & 0 \\ \cdot & \cdot & 0 & 1 \end{matrix}\right] \\
&= \begin{bmatrix} c_4c_5c_6-s_4s_6 & -c_4c_5s_6-s_4c_6 & -c_4s_5 & a_3 \\ s_5c_6 & -s_5s_6 & c_5 & d_4 \\ -s_4c_5c_6-c_4s_6 & s_4c_5s_6-c_4c_6 & s_4s_5 & 0 \\ 0 & 0 & 0 & 1 \end{bmatrix}
\end{aligned}
\tag{3.26}
$$

단,

$c_4 = \cos\theta_4$, $s_4 = \sin\theta_4$

마지막으로 손목과 어깨 관절의 후위곱은

$$
\begin{aligned}
{}^{1}T_3 &= {}^{1}T_2\,{}^{2}T_3 \\
&= \begin{bmatrix} \cos\theta_2\cos\theta_3 - \sin\theta_2\sin\theta_3 & -\cos\theta_2\sin\theta_3 - \sin\theta_2\cos\theta_3 & 0 & a_2\cos\theta_2 \\ 0 & 0 & 1 & d_3 \\ -\cos\theta_2\sin\theta_3 - \sin\theta_2\cos\theta_3 & -\cos\theta_2\cos\theta_3 + \sin\theta_2\sin\theta_3 & 0 & a_2\sin\theta_2 \\ 0 & 0 & 0 & 1 \end{bmatrix} \\
&= \begin{bmatrix} c_{23} & -s_{23} & 0 & a_2 c_2 \\ 0 & 0 & 1 & d_3 \\ -s_{23} & -c_{23} & 0 & a_2 s_2 \\ 0 & 0 & 0 & 1 \end{bmatrix}
\end{aligned}
$$

단,

$$
c_{23} = \cos\theta_2\cos\theta_3 - \sin\theta_2\sin\theta_3,\quad s_{23} = \cos\theta_2\sin\theta_3 + \sin\theta_2\cos\theta_3 \tag{3.27}
$$

이다. 이제 식(3.26)과 식(3.27)을 곱하면 식(3.28)과 같은 6자유도를 가지는 매니퓰레이터에 대한 완전한 기구학식을 얻게 된다.

$$
{}^{0}T_6 = {}^{0}T_1\,{}^{1}T_3\,{}^{3}T_6 = \begin{bmatrix} r_{11} & r_{12} & r_{13} & p_x \\ r_{21} & r_{22} & r_{23} & p_y \\ r_{31} & r_{32} & r_{33} & p_z \\ 0 & 0 & 0 & 1 \end{bmatrix}
$$

$$
\begin{aligned}
r_{11} &= c_1[c_{23}(c_4c_5c_6 - s_4s_5) - s_{23}s_5c_5] + s_1(s_4c_5c_6 + c_4s_6) \\
r_{21} &= s_1[c_{23}(c_4c_5c_6 - s_4s_6) - s_{23}s_5c_6] - c_1(s_4c_5c_6 + c_4s_6) \\
r_{31} &= -s_{23}(c_4c_5c_6 - s_4s_6) - c_{23}s_5c_6 \\
r_{12} &= c_1[c_{23}(-c_4c_5s_6 - s_4c_6) + s_{23}s_5s_6] + s_1(c_4c_6 - s_4c_5s_6) \\
r_{22} &= s_1[c_{23}(-c_4c_5s_6 - s_4c_6) + s_{23}s_5s_6] - c_1(c_4c_6 - s_4c_5s_6) \\
r_{32} &= -s_{23}(-c_4c_5c_6 - s_4c_6) + c_{23}s_5s_6 \\
r_{31} &= -c_1[c_{23}c_4s_5 + s_{23}c_5] - s_1s_4s_5 \\
r_{32} &= -s_1[c_{23}c_4s_5 + s_{23}c_5] + c_1s_4s_5 \\
r_{33} &= s_{23}c_4c_5 - c_{23}c_5 \\
p_x &= c_1[a_2c_2 + a_3c_{23} - d_4s_{23}] - d_3s_1 \\
p_y &= s_1[a_2c_2 + a_3c_{23} - d_4s_{23}] + d_3c_1 \\
p_z &= -a_3s_{23} - a_2s_2 - d_4c_{23}
\end{aligned} \tag{3.28}
$$

식 (3.28)은 PUMA 500(또는 PUMA 560)의 기구학을 나타내며, 링크계 {0}에 기준한 링크계 {6}의 위치와 방위를 계산할 수 있다.

3.8 현대적인 산업용 로봇의 기구학식

FANUC(일본), KUKA(독일), HYUNDAI Robotics(한국), YASKWA(일본), ABB(스위스) 등 세계적인 산업용 로봇 제조사들은 기존의 PUMA형태에서 현대적인 제조 산업에서 작업 효율과 제어 성능을 향상시킬 수 있도록 기구적으로 개선된 다양한 형태의 매니퓰레이터를 출시하고 있다. 특히, 매니퓰레이터의 베이스 부와 첫 번째 링크의 연결을 [그림 3.24]와 같은 구조를 가지게 함으로써, 매니퓰레이터의 작업 영역의 확대와 작업 유연성을 높일 수 있게 되었다.

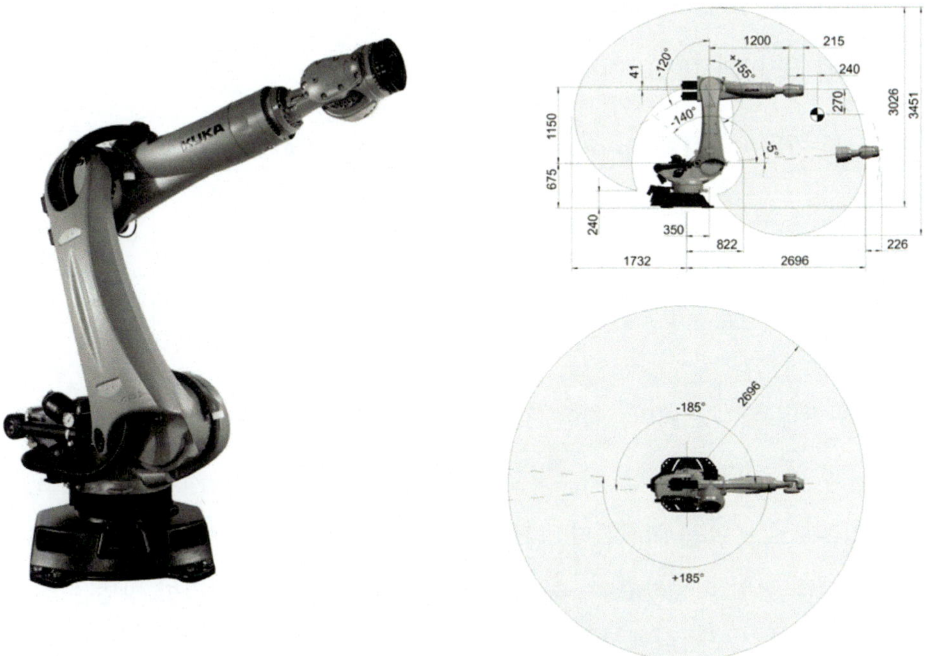

그림 3.24 KUKA사의 KR 200 산업용 로봇 및 작업 영역

최근에는 [그림 3.25]와 같은 인간과 함께 작업이 가능한 다양한 협동 로봇(Collaborative robot) 제품이 출시되고 점차 활용 범위를 넓혀가고 있다.

그림 3.25 Universal Robots사의 UR10e 협동 로봇

이번 절에서는 몇 가지 예제를 통해서 이러한 최근의 현대적인 산업용 로봇에 대한 DH 파라미터와 기구학식을 유도한다.

식 (3.9)과 (3.10)에서 유도된 기구학식

$$
\begin{aligned}
{}^{i-1}T_i &= Rot(\hat{X}_{i-1}, \alpha_{i-1})Trans(\hat{X}_{i-1}, a_{i-1})Rot(\hat{Z}_i, \theta_i)Trans(\hat{Z}_i, d_i) \\
&= \begin{bmatrix} c\theta_i & -s\theta_i & 0 & a_{i-1} \\ s\theta_i c\alpha_{i-1} & c\theta_i c\alpha_{i-1} & -s\alpha_{i-1} & -s\alpha_{i-1}d_i \\ s\theta_i s\alpha_{i-1} & c\theta_i s\alpha_{i-1} & c\alpha_{i-1} & c\alpha_{i-1}d_i \\ 0 & 0 & 0 & 1 \end{bmatrix}
\end{aligned}
\tag{3.29}
$$

을 형태는 다르지만, 같은 결과를 가지는 새로운 형태로 변형할 수 있다.

우선 i번째 링크를 기준으로 $\hat{Z}_{i-1}$축을 따라 d_i만큼 전위 이동하고, $\hat{Z}_{i-1}$축을 기준으로 θ_i만큼 회전한다. 다음으로 앞의 변환에 의한 이동 좌표계를 $\hat{X}_i$축을 따라 a_i만큼 전위 이동하고 $\hat{X}_i$축을 따라 α_i만큼 회전한다. 이러한 방법은 식 (3.9) 또는 (3.10)의 기구학식에서 사용된 첨자에 비해, 간결하고 통일성이 있게 된다. 또한, 말단의 공간 위치를 나타내는 4번째 열의 표현 방식도 각 축에 사영되는 점의 위치 형태로 정의되기 때문에 더욱 직관적이다.

식 (3.30)은 다시 정의된 기구학식이다.

$$
\begin{aligned}
{}^{i-1}T_i &= Rot(\hat{Z}_i, \theta_i)\, Trans(\hat{Z}_i, d_i)\, Trans(\hat{X}_i, a_i) Rot(\hat{X}_i, \alpha_i) \\
&= \begin{bmatrix} \cos\theta_i & -\sin\theta_i & 0 & 0 \\ \sin\theta_i & \cos\theta_i & 0 & 0 \\ 0 & 0 & 1 & 0 \\ 0 & 0 & 0 & 1 \end{bmatrix}
\begin{bmatrix} 1 & 0 & 0 & 0 \\ 0 & 1 & 0 & 0 \\ 0 & 0 & 1 & d_i \\ 0 & 0 & 0 & 1 \end{bmatrix}
\begin{bmatrix} 1 & 0 & 0 & a_i \\ 0 & 1 & 0 & 0 \\ 0 & 0 & 1 & 0 \\ 0 & 0 & 0 & 1 \end{bmatrix}
\begin{bmatrix} 1 & 0 & 0 & 0 \\ 0 & \cos\alpha_i & -\sin\alpha_i & 0 \\ 0 & \sin\alpha_i & \cos\alpha_i & 0 \\ 0 & 0 & 0 & 1 \end{bmatrix} \\
&= \begin{bmatrix} \cos\theta_i & -\cos\alpha_i \sin\theta_i & \sin\alpha_i \sin\theta_i & a_i \cos\theta_i \\ \sin\theta_i & \cos\alpha_i \cos\theta_i & -\sin\alpha_i \cos\theta_i & a_i \sin\theta_i \\ 0 & \sin\alpha_i & \cos\alpha_i & d_i \\ 0 & 0 & 0 & 1 \end{bmatrix} \\
&= \begin{bmatrix} c\theta_i & -c\alpha_i s\theta_i & s\alpha_i s\theta_i & a_i c\theta_i \\ s\theta_i & c\alpha_i c\theta_i & -s\alpha_i c\theta_i & a_i s\theta_i \\ 0 & s\alpha_i & c\alpha_i & d_i \\ 0 & 0 & 0 & 1 \end{bmatrix}
\end{aligned} \tag{3.30}
$$

예제 3.8

[그림 3.24]의 KUKA KR 200 매니퓰레이터에 대한 DH 파라미터를 정의하고 기구학식을 유도하시오.

풀이

KUKA KR 200 매니퓰레이터의 기구적 스키메틱 다이어그램은 제조사의 문서를 참조하여 [그림 3.26]과 같이 나타낼 수 있다. 링크계 {0}과 링크계 {1}이 기구학적인 특성 때문에 일치하지 않는 점을 유의해야 한다. 그림에서 좌표계의 축, 연장선 및 길이 등을 분리해서 표시하기 위해서 일부 축과 좌표계 선분이 겹치지 않도록 표시되었다.

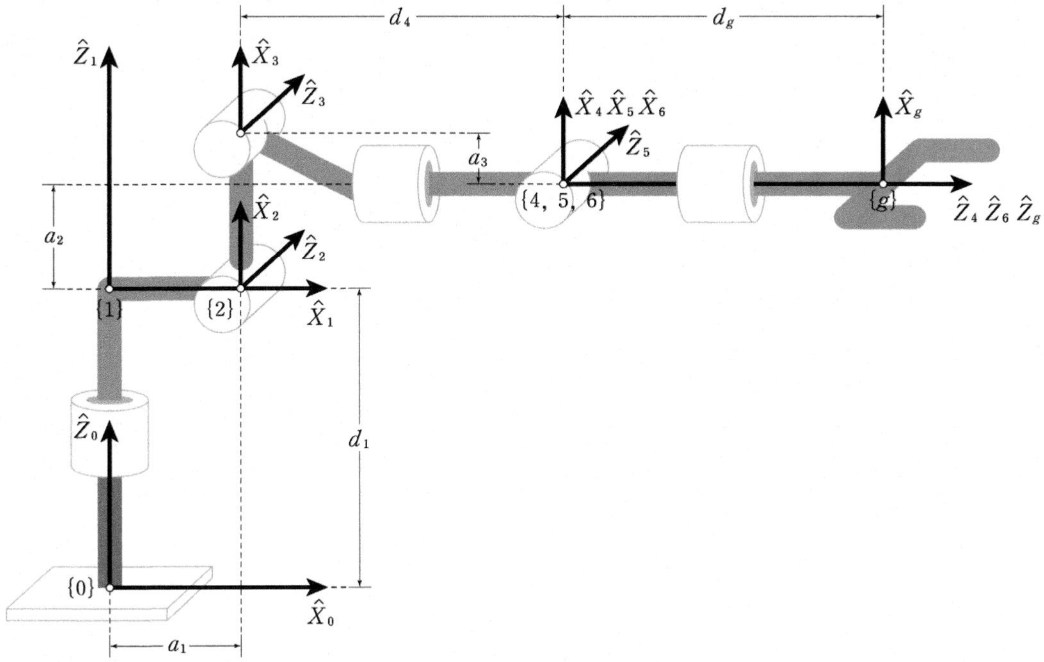

그림 3.26 KUKA KR 200 매니퓰레이터의 링크계 및 스키메틱 다이어그램

스키메틱 다이어그램에서 정의된 링크계와 링크인자를 바탕으로 [표 3.12]의 DH 파라미터를 완성할 수 있다.

표 3.12

$i-1$	링크(i)	α_{i-1}	a_{i-1}	d_i	θ_i
0	1	0	0	–	–
1	2	−90°	a_1	d_1	θ_1
2	3	0	a_2	0	θ_2
3	4	−90°	a_3	0	θ_3
4	5	90°	0	d_4	θ_4
5	6	−90°	0	0	θ_5
6	7	0	0	$d_g = d_6$	θ_6

새롭게 정의된 기구학 식 (3.30)을 이용하여 KUKA KR 200의 각 링크계의 상대적인 변환 행렬을 다음과 같이 구할 수 있다.

$$
{}^0T_1 = \begin{bmatrix} c\theta_1 & 0 & s\theta_1 & a_1c\theta_1 \\ s\theta_1 & 0 & -c\theta_1 & a_1s\theta_1 \\ 0 & 1 & 0 & 0 \\ 0 & 0 & 0 & 1 \end{bmatrix}, \quad {}^1T_2 = \begin{bmatrix} c\theta_2 & -s\theta_2 & 0 & a_2c\theta_2 \\ s\theta_2 & c\theta_2 & 0 & a_2s\theta_2 \\ 0 & 0 & 1 & 0 \\ 0 & 0 & 0 & 1 \end{bmatrix}
$$

$$
{}^2T_3 = \begin{bmatrix} c\theta_3 & 0 & s\theta_3 & a_3c\theta_3 \\ s\theta_3 & 0 & -c\theta_3 & a_3c\theta_3 \\ 0 & 1 & 0 & d_3 \\ 0 & 0 & 0 & 1 \end{bmatrix}, \quad {}^3T_4 = \begin{bmatrix} c\theta_4 & 0 & -s\theta_4 & 0 \\ s\theta_4 & 0 & c\theta_4 & 0 \\ 0 & -1 & 0 & d_4 \\ 0 & 0 & 0 & 1 \end{bmatrix} \tag{3.31}
$$

$$
{}^4T_5 = \begin{bmatrix} c\theta_5 & 0 & s\theta_5 & 0 \\ s\theta_5 & 0 & -c\theta_5 & 0 \\ 0 & 1 & 0 & 0 \\ 0 & 0 & 0 & 1 \end{bmatrix}, \quad {}^5T_6 = \begin{bmatrix} c\theta_6 & -s\theta_6 & 0 & 0 \\ s\theta_6 & c\theta_6 & 0 & 0 \\ 0 & 0 & 1 & d_6 \\ 0 & 0 & 0 & 1 \end{bmatrix}
$$

KUKA KR 200 매니퓰레이터의 링크계를 {0}에서부터 {6}까지 연속적으로 곱하면 베이스를 기준으로 매니퓰레이터의 말단 장치에 대한 완전한 위치와 방위를 구할 수 있는 기구학식을 얻을 수 있다. 앞의 예제와 같이 삼각함수에 대한 간단한 표현식으로 나타내면 다음과 같다.

$$
\begin{aligned}
{}^0T_6 &= {}^0T_1\,{}^1T_2\,{}^2T_3\,{}^3T_4\,{}^4T_5\,{}^5T_6 \\
&= \begin{bmatrix} c\theta_1 & 0 & s\theta_1 & a_1c\theta_1 \\ s\theta_1 & 0 & -c\theta_1 & a_1s\theta_1 \\ 0 & 1 & 0 & 0 \\ 0 & 0 & 0 & 1 \end{bmatrix} \cdot \begin{bmatrix} c\theta_2 & -s\theta_2 & 0 & a_2c\theta_2 \\ s\theta_2 & c\theta_2 & 0 & a_2s\theta_2 \\ 0 & 0 & 1 & 0 \\ 0 & 0 & 0 & 1 \end{bmatrix} \\
&\cdot \begin{bmatrix} c\theta_3 & 0 & s\theta_3 & a_3c\theta_3 \\ s\theta_3 & 0 & -c\theta_3 & a_3c\theta_3 \\ 0 & 1 & 0 & d_3 \\ 0 & 0 & 0 & 1 \end{bmatrix} \cdot \begin{bmatrix} c\theta_4 & 0 & -s\theta_4 & 0 \\ s\theta_4 & 0 & c\theta_4 & 0 \\ 0 & -1 & 0 & d_4 \\ 0 & 0 & 0 & 1 \end{bmatrix} \\
&\cdot \begin{bmatrix} c\theta_5 & 0 & s\theta_5 & 0 \\ s\theta_5 & 0 & -c\theta_5 & 0 \\ 0 & 1 & 0 & 0 \\ 0 & 0 & 0 & 1 \end{bmatrix} \cdot \begin{bmatrix} c\theta_6 & -s\theta_6 & 0 & 0 \\ s\theta_6 & c\theta_6 & 0 & 0 \\ 0 & 0 & 1 & d_6 \\ 0 & 0 & 0 & 1 \end{bmatrix}
\end{aligned} \tag{3.32}
$$

이며, ${}^0T_6 = {}^0T_1\,{}^1T_2\,{}^2T_3\,{}^3T_4\,{}^4T_5\,{}^5T_6$ 를 계산하면 다음과 같다.

$$
{}^{0}T_6 = \begin{bmatrix} r_{11} & r_{12} & r_{13} & p_x \\ r_{21} & r_{22} & r_{23} & p_y \\ r_{31} & r_{32} & r_{33} & p_z \\ 0 & 0 & 0 & 1 \end{bmatrix}
$$

$$
\begin{aligned}
r_{11} &= c_1[c_{23}(c_4c_5c_6 - s_4s_6) - s_{23}s_5c_6] + s_1(s_4c_5c_6 - c_4s_6) \\
r_{21} &= s_1[c_{23}(c_4c_5c_6 - s_4s_6) - s_{23}s_5c_6] - c_1(s_4c_5c_6 - c_4s_6) \\
r_{31} &= s_{23}(c_4c_5c_6 - s_4s_6) - c_{23}s_5c_6 \\
r_{12} &= c_1[-c_{23}(c_4c_5s_6 + s_4c_6) + s_{23}s_5s_6] - s_1(s_4c_4c_6 - c_4c_6) \\
r_{22} &= s_1[-c_{23}(c_4c_5s_6 + s_4c_6) + s_{23}s_5s_6] + c_1(s_4c_4c_6 - c_4c_6) \\
r_{32} &= -s_{23}(c_4c_5c_6 + s_4c_6) - c_{23}s_5s_6 \\
r_{31} &= c_1[c_{23}c_4s_5 + s_{23}c_5] + s_1s_4s_5 \\
r_{32} &= s_1[c_{23}c_4s_5 + s_{23}c_5] - c_1s_4s_5 \\
r_{33} &= s_{23}c_4c_5 - c_{23}c_5 \\
p_x &= c_1[a_1 + a_2c_2 + a_3c_{23} + d_4s_{23} + d_6(c_{23}c_4s_5 + s_{23}c_5)] + d_6s_1s_4s_5 \\
p_y &= s_1[a_1 + a_2c_2 + a_3c_{23} + d_4s_{23} + d_6(c_{23}c_4s_5 + s_{23}c_5)] - d_6c_1s_4s_5 \\
p_z &= a_2s_2 + a_3s_{23} - d_4c_{23} + d_6(s_{23}c_4s_5 - c_{23}c_5)
\end{aligned} \tag{3.33}
$$

이를 계산한 결과인 기구학식 (3.34)은 KUKA, FANUC, HYUNDAI Robotics 사에 생산되는 유사한 기구학적 형태를 가지는 모든 6자유도 매니퓰레이터에 적용할 수 있다.

예제 3.9

[그림 3.25]의 Universal Robots사의 UR10e 매니퓰레이터에 대한 DH 파라미터를 정의하고 기구학식을 유도하시오.

풀이

Universal Robots사에서 제공하는 공식적인 URe 계열 로봇 링크계는 다음과 같다.

(참조, https://www.universal-robots.com/articles/ur/)

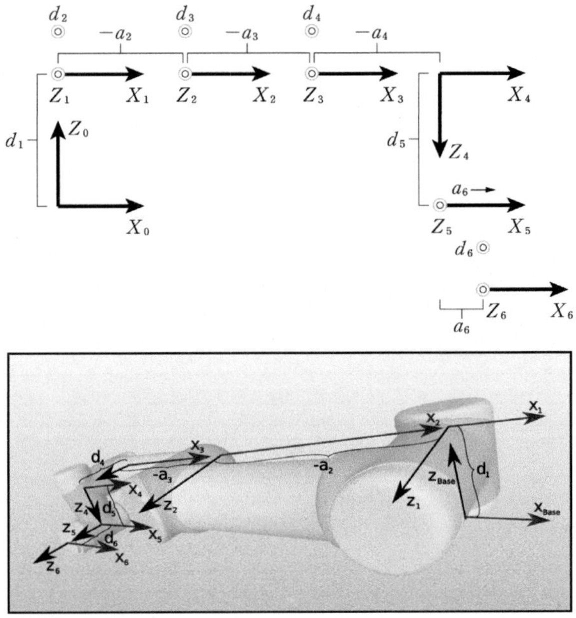

그림 3.27 Universal Robots의 URe 계열 링크계

제조사 제공 정보를 바탕으로 링크계를 수정하여 UR10e 매니퓰레이터에 대한 스키메틱 다이어그램을 좀더 직관적으로 확인할 수 있도록 나타내면 [그림 3.28]과 같다.

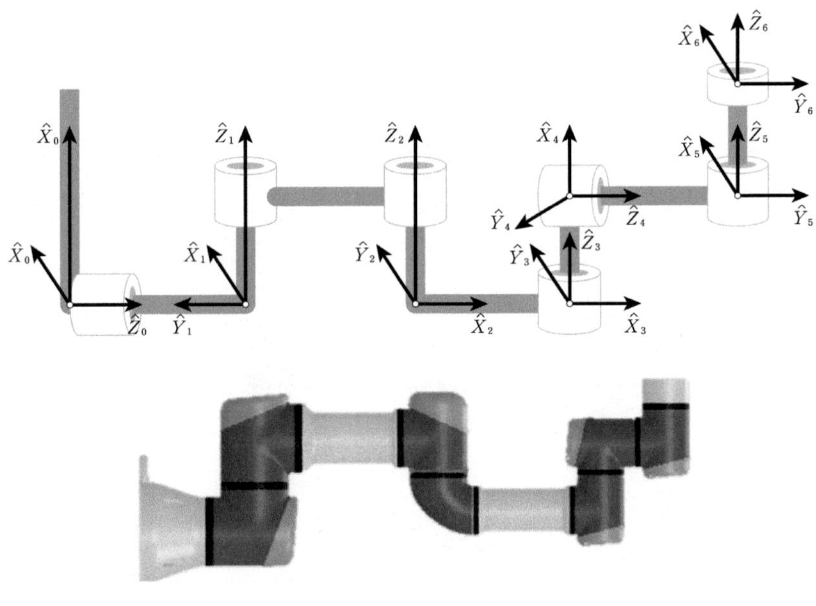

그림 3.28 UR10e 매니퓰레이터의 링크계와 스키멕틱 다이어그램

[그림 3.27]의 링크 인자와 [그림 3.28]의 스키메틱 다이어그램에서 정의된 링크계를 이용하면 [표 3.13]의 DH 파라미터를 완성할 수 있다.

표 3.13

$i-1$	링크(i)	α_{i-1}	a_{i-1}	d_i	θ_i
0	1	0	0	–	–
1	2	90°	0	d_1	θ_1
2	3	0	a_2	0	θ_2
3	4	0	a_3	0	θ_3
4	5	90°	0	d_4	θ_4
5	6	−90°	0	d_5	θ_5
6	7	0	0	d_5	θ_6

식 (3.30)을 이용하여 각 링크에 대한 변환 행렬은 다음과 같이 구할 수 있다.

$$
{}^0T_1 = \begin{bmatrix} c\theta_1 & 0 & s\theta_1 & 0 \\ s\theta_1 & 0 & -c\theta_1 & 0 \\ 0 & 1 & 0 & d_1 \\ 0 & 0 & 0 & 1 \end{bmatrix}, \quad
{}^1T_2 = \begin{bmatrix} c\theta_2 & -s\theta_2 & 0 & a_2c\theta_2 \\ s\theta_2 & c\theta_2 & 0 & a_2s\theta_2 \\ 0 & 0 & 1 & 0 \\ 0 & 0 & 0 & 1 \end{bmatrix}
$$

$$
{}^2T_3 = \begin{bmatrix} c\theta_3 & 0 & s\theta_3 & a_3c\theta_3 \\ s\theta_3 & 0 & -c\theta_3 & a_3c\theta_3 \\ 0 & 1 & 0 & d_3 \\ 0 & 0 & 0 & 1 \end{bmatrix}, \quad
{}^3T_4 = \begin{bmatrix} c\theta_4 & 0 & s\theta_4 & 0 \\ s\theta_4 & 0 & -c\theta_4 & 0 \\ 0 & 1 & 0 & d_4 \\ 0 & 0 & 0 & 1 \end{bmatrix}
$$

$$
{}^4T_5 = \begin{bmatrix} c\theta_5 & 0 & -s\theta_5 & 0 \\ s\theta_5 & 0 & c\theta_5 & 0 \\ 0 & -1 & 0 & d_5 \\ 0 & 0 & 0 & 1 \end{bmatrix}, \quad
{}^5T_6 = \begin{bmatrix} c\theta_6 & -s\theta_6 & 0 & 0 \\ s\theta_6 & c\theta_6 & 0 & 0 \\ 0 & 0 & 1 & d_6 \\ 0 & 0 & 0 & 1 \end{bmatrix}
\tag{3.35}
$$

따라서, UR10e 매니퓰레이터에 대한 완전한 기구학식은 다음과 같다.

$$
\begin{aligned}
{}^{0}T_{6} &= {}^{0}T_{1}\,{}^{1}T_{2}\,{}^{2}T_{3}\,{}^{3}T_{4}\,{}^{4}T_{5}\,{}^{5}T_{6} \\
&= \begin{bmatrix} r_{11} & r_{12} & r_{13} & p_x \\ r_{21} & r_{22} & r_{23} & p_y \\ r_{31} & r_{32} & r_{33} & p_z \\ 0 & 0 & 0 & 1 \end{bmatrix}
\end{aligned}
$$

$$
\begin{aligned}
r_{11} &= c_6(s_1 s_5 + c_{234}c_1c_5) - s_{234}c_1 s_6 \\
r_{21} &=- c_6(c_1 s_5 - c_{234}c_5 s_1) - s_{234}s_1 s_6 \\
r_{31} &= c_{234}s_6 + s_{234}c_5c_6 \\
r_{12} &=- s_6(s_1 s_5 + c_{234}c_1c_5) - s_{234}c_1 c_6 \\
r_{22} &= s_6(c_1 s_5 - c_{234}c_5 s_1) - s_{234}c_6 s_1 \\
r_{32} &= c_{234}c_6 + s_{234}c_5 s_6 \\
r_{31} &= c_5 s_1 - c_{23}c_1 s_5 \\
r_{32} &=- c_1c_5 - c_{234}s_1 s_5 \\
r_{33} &=- s_{234}s_5 \\
p_x &= d_6(c_5 s_1 - c_{234}c_1 s_5) + d_4 s_1 + c_1(a_3c_{23} + a_2c_2) + d_5 s_{234}c_1 \\
p_y &= s_1(a_3c_{23} + a_2c_2) - d_4c_1 - d_6(c_1c_5 + c_{234}s_1 s_5) + d_5 s_{234}s_1 \\
p_z &= d_1 + a_3 s_{23} + a_2 s_2 - d_5 c_{234} - d_6 s_{234}s_5
\end{aligned}
\tag{3.36}
$$

Chapter 3 연습문제

3.1 다음의 매니퓰레이터에 대한 DH 파라미터를 정의하고 정기구학식을 구하시오.

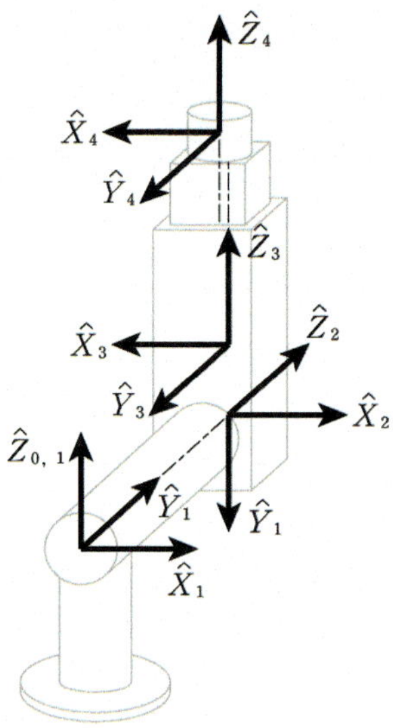

그림 3.29 *RPR*형 매니퓰레이터

3.2 다음의 실린더 매니퓰레이터의 DH 파라미터와 정기구학식을 계산하시오.

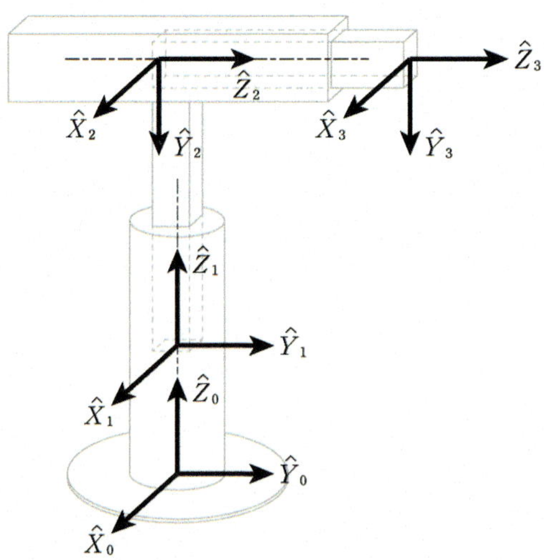

그림 3.30 *RPP*형 매니퓰레이터

3.3 다음 그림의 RR형 매니퓰레이터에 대한 DH 파라미터와 정기구학식을 계산하시오.

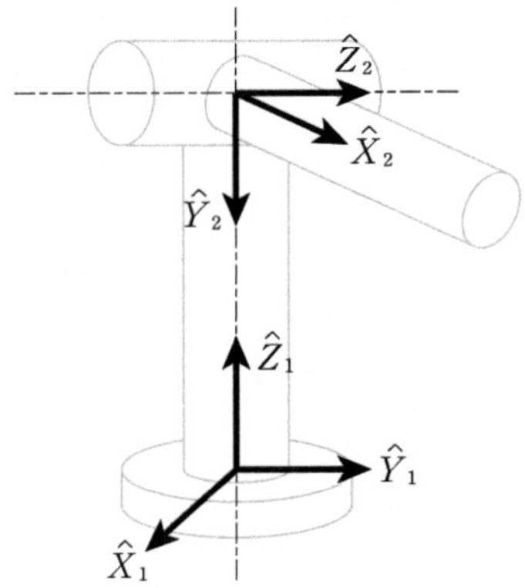

그림 3.31 RR형 매니퓰레이터

3.4 $RRPR$형 스카라 매니퓰레이터에 대한 DH 파라미터와 정기구학식을 구하시오.

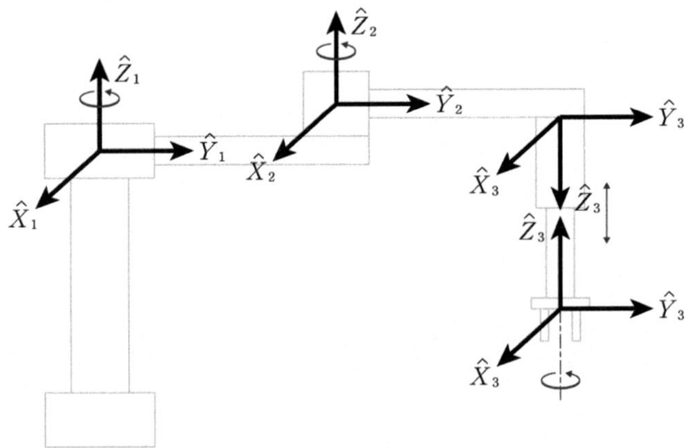

그림 3.32 $RRPR$형 매니퓰레이터

3.5 다음과 같은 RRR형 매니퓰레이터의 DH 파라미터와 정기구학식을 구하시오.

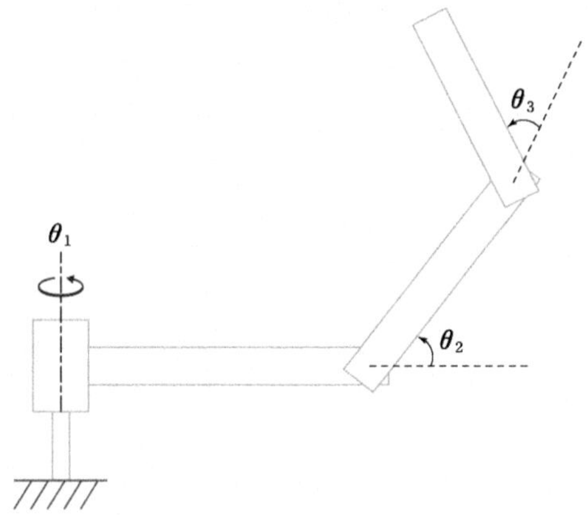

그림 3.33 RRR형 매니퓰레이터

3.6 다음의 RRR형 매니퓰레이터에 대한 DH 파라미터와 정기구학식을 구하시오.

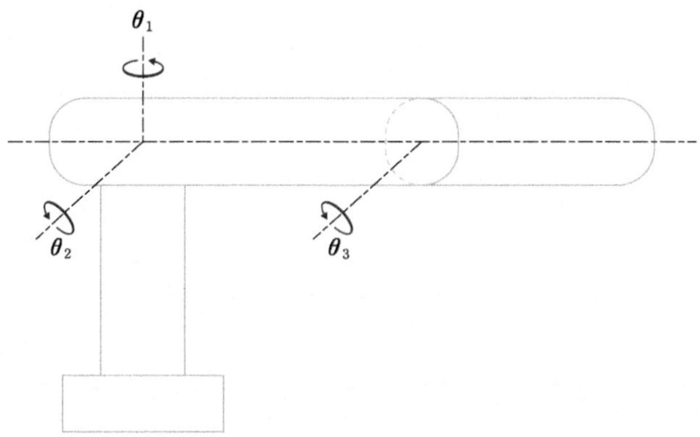

그림 3.34 RRR형 매니퓰레이터

3.7 다음과 같은 RP형 매니퓰레이터에 대한 DH 파라미터와 정기구학식을 계산하시오.

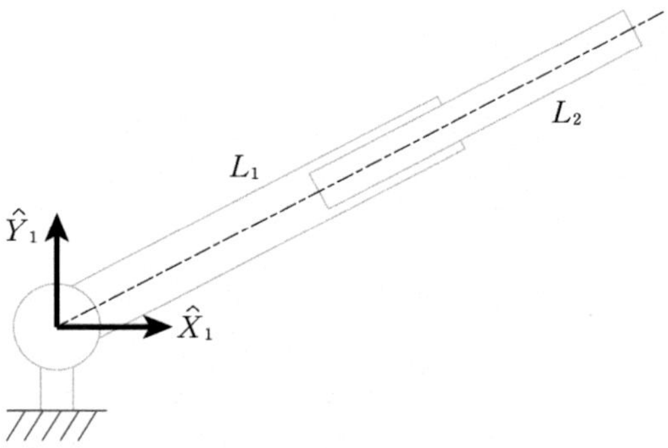

그림 3.35 RP형 매니퓰레이터

3.8 다음과 같은 형태의 매니퓰레이터에 대한 링크계를 설정하고, DH 파라미터와 정기구학식을 유도하시오.

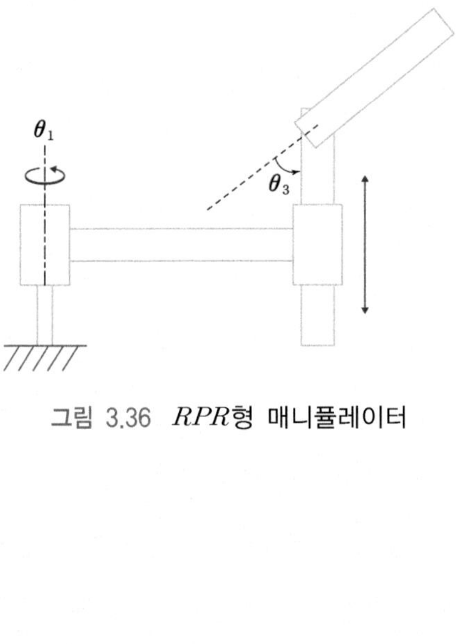

그림 3.36 RPR형 매니퓰레이터

프로젝트 과제

3.9 다음과 같이 평면의 직교 좌표 공간에 2자유도 RR형 매니퓰레이터가 있을 때, 사용자가 슬라이드 버튼을 이용해서 매니퓰레이터 각각의 관절을 움직일 수 있는 파이썬(Python 프로그램을 작성하시오.

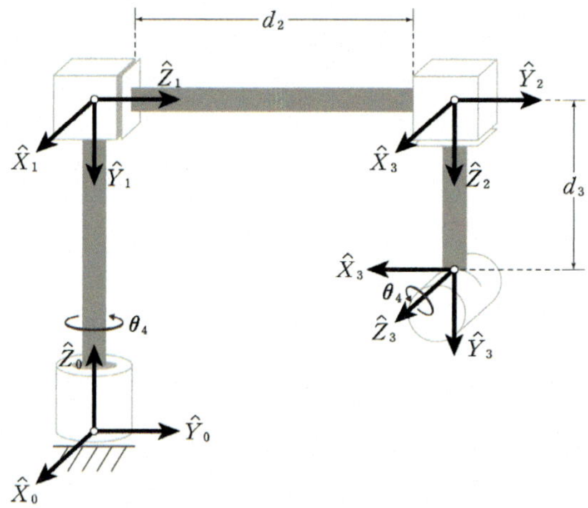

그림 3.37 RPPR 매니퓰레이터 스키메틱 다이어그램

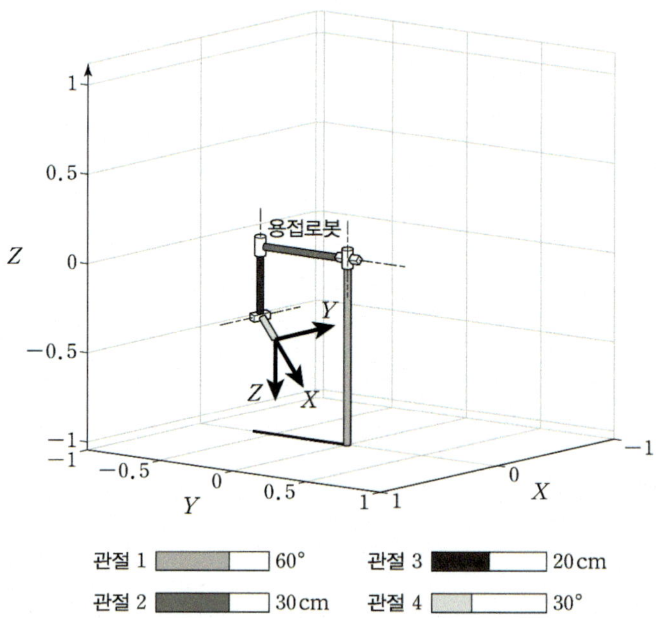

3.10 [연습문제 3.9]의 과제를 3자유도 RRR형 매니퓰레이터로 확장하여 구현하시오.

Chapter
4

매니퓰레이터 역기구학

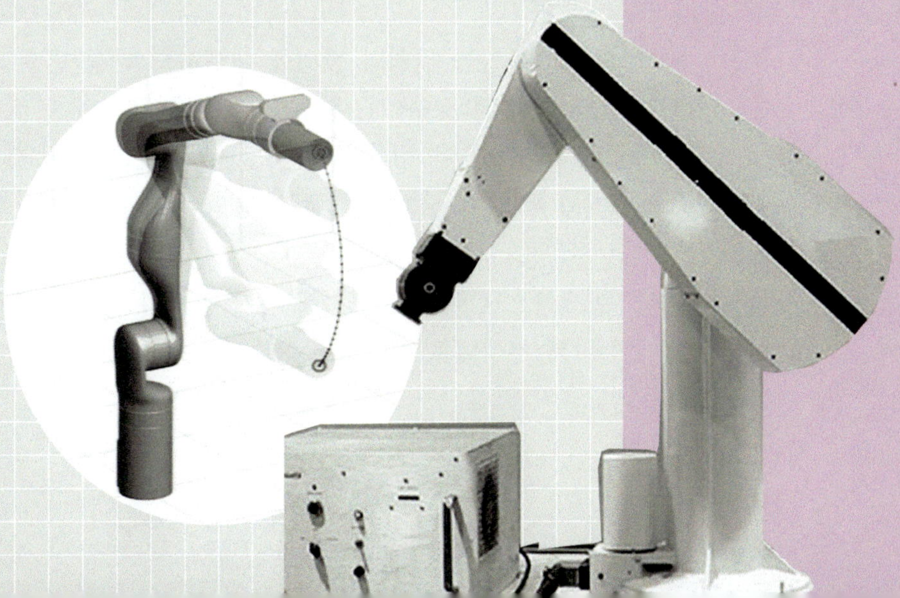

4.1 개요

앞 장에서는 관절각이 주어진 경우, 직교 좌표계를 이용하여 매니퓰레이터의 말단 장치의 위치와 방향을 계산하는 정 기구학(Forward kinematics)에 대해서 논의하였다. 이 장에서는 정 기구학의 반대 개념으로 작업 대상 물체 또는 이와 맞닿는 매니퓰레이터의 말단 장치의 위치와 방위가 알려진 경우, 매니퓰레이터의 말단 장치가 원하는 목표 위치와 방위에 일치할 수 있도록 각 관절각의 조합을 계산하는 역 기구학(Inverse kinematics)에 대해서 살펴본다.

[그림 4.1]에 나타나 있는 것과 같이, 정 기구학은 매니퓰레이터의 베이스를 기준으로 말단 장치의 위치와 방위를 결정하는 방법이므로, 매니퓰레이터의 관절값을 순차적으로 제어함으로써 말단 장치의 위치와 방위를 목표로 하는 값에 도달할 수 있게 한다. 이와 반대로, 역 기구학은 말단 장치의 위치와 방위가 결정된 상태에서 매니퓰레이터가 주어진 자세를 취할 수 있도록 매니퓰레이터의 각 관절의 조합을 찾는 과정이라고 할 수 있다.

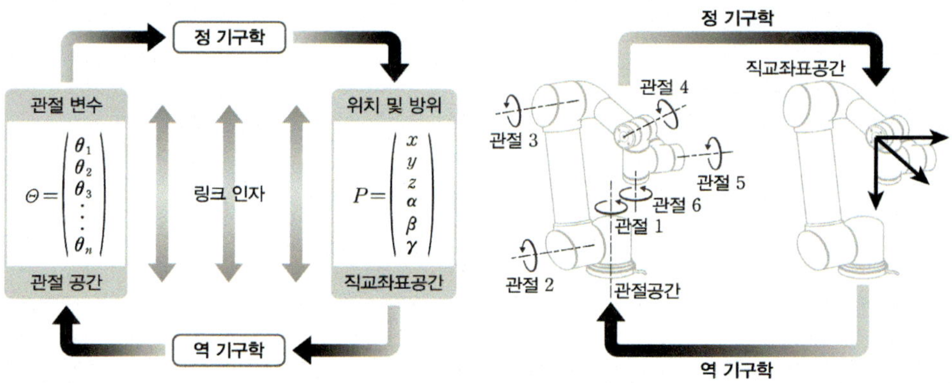

그림 4.1 정 기구학과 역 기구학의 관계

말단 장치의 동일한 위치와 방위에 대해서도 관절 변수(회전 관절인 경우에는 회전각, 직동 관절인 경우에는 이동 거리)들의 조합에 따라서 매니퓰레이터의 어깨, 팔꿈치, 손목 관절의 자세(또는 모양)는 달라질 수 있다. 이것은 매니퓰레이터의 목적을 달성할 수 있도록 하는 관절 변수의 조합 즉, 관절 공간에서의 해가 유일하지 않다는 것을 의미한다.

만약, 연쇄적으로 연결된 링크의 관절 변수의 유일한 값이 매니퓰레이터의 각 관절에 하나씩 차례대로 주어지면, 하나의 링크에 이웃한 다음 링크의 끝부분 또는 다음 링크와 연결되는 링크계의 원점의 위치와 방위는 선행하는 링크의 관절 변수에 종속된다. 그러므로, 이러한 경우 매니퓰레이터의 말단 장치는 선행하는 모든 링크의 관절값의 조합에 의해 종속적으로 유일한 위치와 방위를 가질 수 있다. 하지만, 역 기구학에서는 정 기구학과 달리 직교 좌표 공간에서 정의된 말단 장치의 최종 위치와 방위를 기준으로 이웃하는 직전 링크의 위치와 방위를 순차적으로 결정한다. 따라서, 말단 장치가 연결된 관절의 가동 범위 내에서 직전 링크의 위치와 방위는 무한개의 해를 가질 수도 있게 된다. 그러나, 매니퓰레이터의 자유도는 이러한 극단적인 해를 가지지 않도록 제한한다. 즉, 종속적으로 연결된 링크와 관절의 가동 범위는 가능한 관절 조합의 개수를 유한개로 한정시키게 되며, 링크계 또는 관절의 상대적인 관계에 따라서 관절 공간에서 복수 개의 해만을 가지게 된다.

제3장의 3.7절에서 논의된 것처럼, 위치와 방위는 직교 좌표 공간상에서 주어지는 값이며, 관절값(각도)은 매니퓰레이터의 관절 상태를 직접적으로 의미한다. 그러므로 서로 다른 속성을 가지는 두 공간에서 매니퓰레이터의 상태를 정 기구학은 관절 공간에서 직교 좌표 공간상의 좌표를 통해서 해석할 수 있으며, 역 기구학은 직교 좌표 공간에서 관절 공간의 관절각도를 통해서 매니퓰레이터의 상태를 해석할 수 있도록 한다.

4.2 링크계에 대한 대표적 이름

제3장에서 각 링크계는 베이스에서부터 순서대로 {0}, {1}, {2}...등과 같이 숫자 형태로 나타내었다. 하지만, 이러한 링크계의 표현법 이외에 통상적으로 이용되는 명칭을 사용하는 경우도 매우 빈번하다.

매니퓰레이터의 형상이 사람의 팔과 유사하기 때문에 앞 장에서 몇 번 사용이 된 공통적인 계의 이름을 다음과 같이 붙이는 것이 일반적이다.

4.2.1 고정부분

베이스부(기저계)

베이스부는 매니퓰레이터가 지면에 고정되어 설치되는 부분을 가정해서 설정하고, 매니퓰레이터의 기준 좌표계의 역할을 한다. 보통 {0}으로 시작하는 링크계를 의미한다. 이런 베이스부는 약자를 이용해서 $\{B\}$로 표시하기도 하며, 기저계라는 이름으로 사용하는 경우도 흔하다.

스테이션부(정지계)

스테이션부는 매니퓰레이터의 작업 대상물이 놓여져 있는 곳을 의미하며, 작업 대상물에 대한 절대 좌표 또는 기준 좌표계이다. 모든 작업 대상물은 바로 이 스테이션부에서 상대적으로 측정된 위치에 대해서 좌표계가 결정되어 진다. 약자로 $\{S\}$를 사용하며, 움직이지 않는 기준 좌표계이기 때문에 정지계라고도 한다.

4.2.2 이동부분

손목부(손목계)

매니퓰레이터를 구성하는 링크 중 마지막으로 연결된 부분을 가리키며, 다양한 말단장치가 결합될 수 있는 부분이다. 보통 손목 부분은 사람의 손목과 같이, 한 점에서 2자유도 또는 3자유도의 운동을 얻을 수 있는 구조를 갖는다. 약자를 이용해서 $\{W\}$라고 하며 매니퓰레이터의 원점을 이 손목계의 원점과 일치시키는 경우가 많다. 제3장에서 다루어진 것처럼 매니퓰레이터의 손목계는 기저계 $\{B\}$를 기준으로 변환 행렬의 연쇄적인 곱에 의해서 결정되므로 $\{W\} = {}^{0}T_N = {}^{B}T_W$ 이 된다.

말단부(공구계)

손목부에 부착되는 말단 장치의 끝 지점에 부여되는 좌표계이며 약자를 이용해서 공구계$\{T\}$로 사용된다. 매니퓰레이터의 최종 목적지는 직교 좌표 공간상에서 항상 이 공구계의 원점과 일치한다. 또한, 말단 장치는 다양한 크기와 형상을 가지고 있기 때문에, 기준 좌표계인 베이스부에 서부터 계산하여 정의하지 않고, 손목계로부터 상대적인 좌표계를 정의하는 것이 일반적이다.

물체부(목표계)

매니퓰레이터의 공구계를 작업 대상물 상이나 특정 지점에 최종적으로 위치시킬 지점을 표시하는 좌표계로 약자를 이용해서 통상 목표계 $\{G\}$로 사용한다. 구체적으로 매니퓰레이터의 말단부 즉, 공구계의 끝점은 항상 목표계의 좌표와 일치해야만 한다.

4.3 목표 위치 구현을 위한 기구학 계산

제3장 3.7절의 UNIMATE PUMA 500(또는 PUMA 560)이나 3.8절의 KUKA KR 200, Universal Robots UR10e 등과 같은 6자유도 매니퓰레이터의 완전한 기구학 방정식을 풀기 위해서는 많은 노력을 필요로 한다. 식 (3.28), (3.34), (3.36)의 결과에서도 보이는 것처럼, 매니퓰레이터의 말단 장치의 최종 목표 위치는 3×1의 열벡터로, 최종 목표 방위는 3×3의 회전 행렬로 나타나 있다. 그러므로, 총 12개의 방정식을 풀어서 6개의 관절 변수값을 찾는 비선형적인 문제가 된다.

6자유도를 가지는 매니퓰레이터의 회전 행렬 ${}^{0}T_{6}$에서 발생되는 9개의 방정식 중 세 개의 식만 독립적이기 때문에, 위치 벡터를 나타내는 세 개의 식을 포함해서 6개의 방정식으로 6개의 미지수에 대해서 풀게 된다. 하지만, 이들은 상당히 복잡하기도 하며, 해를 구하는 과정도 초월함수를 포함하기 때문에 어려운 과정이기도 하다.

일반적으로 자유도가 높을수록 기구학 계산식은 더 복잡해지기 때문에, 기구학식을 푸는 과정에서는 해의 존재 가능성, 다수의 해, 풀이 방법 등을 충분히 검토하여 풀이 과정에서 배제시킬 수 있는 부분들 찾거나 제약조건 등을 고려하여 풀이 과정을 최대한 단순화해야 할 필요가 있다.

4.4 작업공간과 부분공간

제1장 1.8절에서 설명된 바와 같이, 매니퓰레이터의 말단 장치가 도달할 수 있는 범위를 작업공간(Workspace)이라고 한다. 매니퓰레이터의 작업공간은 매니퓰레이터의 관절값을 적절하게 조절해서 말단 장치가 베이스를 기준으로 도달할 수 있는 모든 공간이라고 할 수 있다.

작업공간은 자유자재 작업공간(Dextrous workspace), 도달가능 작업공간(Reachable workspace)으로 구분된다. 자유자재 작업공간은 매니퓰레이터의 말단 장치가 어느 방위에서도 도달할 수 있는 공간이며, 도달 가능 작업공간은 매니퓰레이터의 말단 장치가 최소 한 개의 방위로 도달할 수 있는 공간이다.

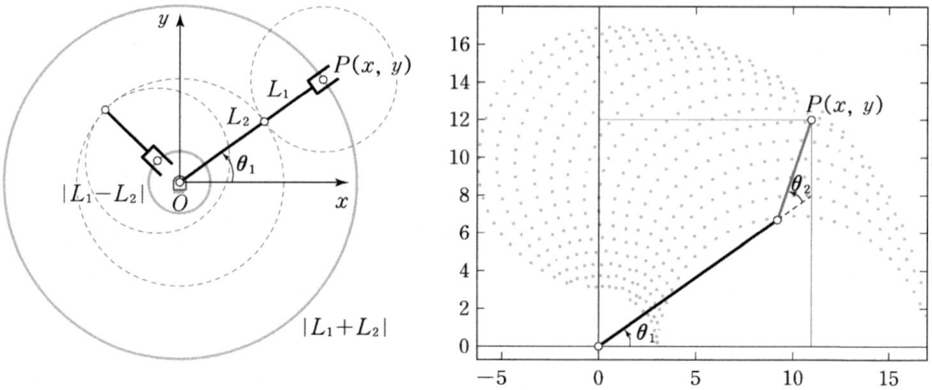

(a) (b)

그림 4.2 2자유도 RR형 매니퓰레이터의 도달가능 작업공간

[그림 4.2]의 2자유도 매니퓰레이터의 두 링크가 길이가 서로 같은 경우 즉, $L_1 = L_2$ 이라면 매니퓰레이터의 말단 장치가 도달할 수 있는 도달 가능 작업공간은 $L_1 + L_2 = 2L$ 을 반지름으로 하는 반원 영역이 된다. 이러한 경우는 [그림 4.2]의 (a)에서 말단 장치의 끝점이 원점에 위치하게 될 것임을 알 수 있다. 따라서 공간상의 모든 방위에서 매니퓰레이터의 말단 장치가 베이스부의 원점에 도달할 수 있기 때문에 유일한 자유자재 작업공간이 된다고 할 수 있다. 그러나, 이러한 경우는 기구적인 제약 조건이나 작업 조건 등의 이유로 현실적으로는 거의 나타나지 않는다. 일반적으로 매니퓰레이터의 두 링크의 길이는 서로 다르므로 즉, $L_1 \neq L_2$ 이므로 매니퓰레이터의 말단 장치가 도달 가능한 공간은 외경 $L_1 + L_2$, 내경 $|L_1 - L_2|$ 의 범위로 제한된다. 그리고, 각 관절의 가동 범위에 따라서 도달 가능 작업공간이 결정된다. [그림 4.2]의 (b)는 2자유도 RR형 매니퓰레이터의 링크의 길이가 $L_1 > L_2$ 이고, 첫 번째 링크의 회전 가능 각도가 $0° \leq \theta_1 < 180°$ 경우에 말단 장치가 도달할 수 있는 작업공간을 나타낸다.

[그림 4.2] 평면형 매니퓰레이터는 베이스 부분이나 말단 장치에 수직으로 이동 가능한 직동 관절이 추가되지 않는 한, Z축의 값이 0이 아닌 어떠한 지점에도 도달할 수 없다. 이러한 점을 고려해보면, 평면에서 공간으로 위치와 방위를 확장하기 위해서는 더 많은 자유도가 필요하다는 것을 알 수 있을 뿐만 아니라, 4 또는 5자유도의 매니퓰레이터를 이용하는 경우에도 3차원 공간상의 일반적인 위치나 방위에 도달하는데 매우 제한적이라는 것을 짐작할 수 있다.

4.5 복수개의 해를 갖는 역 기구학

4.1 절에서 언급된 것과 같이, 기구학적인 해를 찾는 과정에서 발생할 수 있는 문제는 특정 위치와 방위를 만족시키는 해가 유일하지 않고 복수 개인 경우가 있을 수 있다는 것이다. [그림 4.3]의 $RRRR$형 매니퓰레이터의 경우는 링크 길이와 관절각의 범위가 적절하다면, 넓은 자유자재 작업공간을 갖기 때문에 작업공간 내에 존재하는 어떤 점도 임의의 방위에서 도달 가능하게 된다. 따라서, 매니퓰레이터의 말단 장치는 특정한 위치와 방위에 대해서 관절의 몇 가지 조합에 의한 복수개의 해를 갖게 된다.

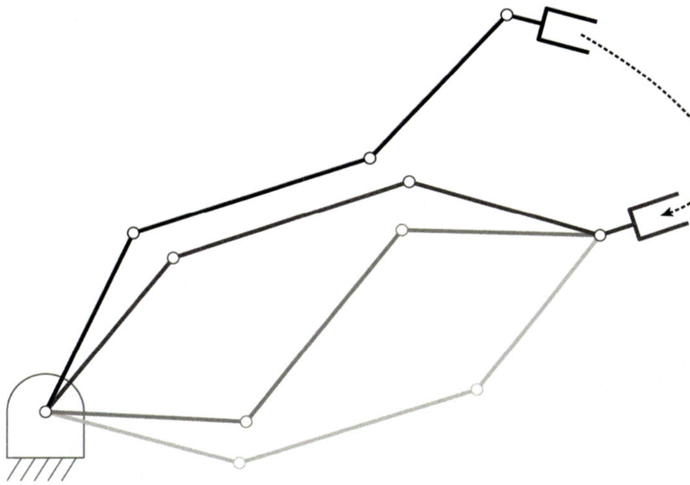

그림 4.3 $RRRR$형 매니퓰레이터의 서로 다른 복수개의 해

따라서, 매니퓰레이터의 최종적인 자세를 결정하기 위해서 유효하거나 적절하다고 판단할 수 있는 판단 기준 또는 고려 사항들이 필요한 경우가 있다. 예를 들어, 이동 거리를 최소화할 수 있는 해 또는 작업공간 내의 장애물과 충돌을 피할 수 있는 조건 등을 만족시키는 해를 선택하는 것이다.

매니퓰레이터의 기구학 방정식의 해는 관절의 수, 관절 각도의 범위 및 링크 길이 등에 의해서 결정된다. [그림 4.4]는 6자유도 매니퓰레이터가 공간상의 한점에 대하여 8개의 서로 다른 해(자세)를 가질 수 있음을 나타내고 있다.

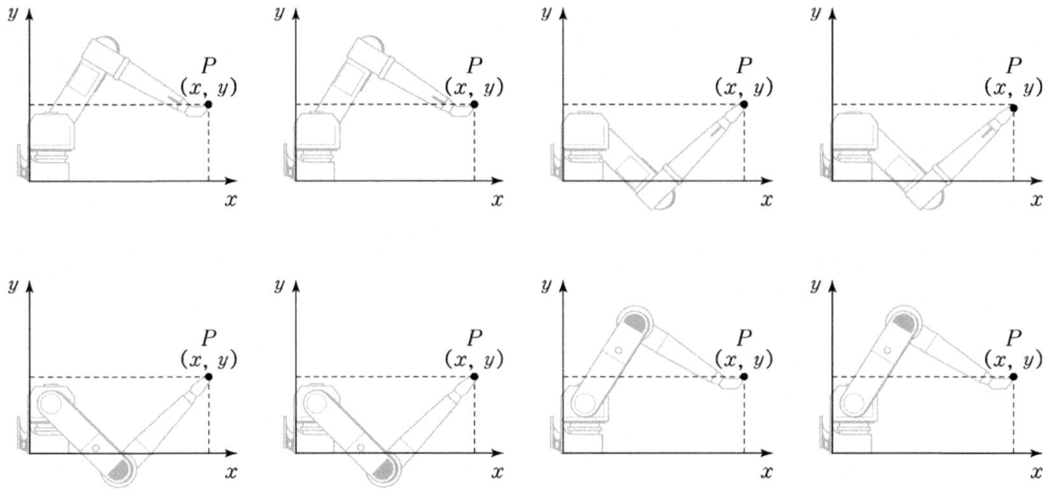

그림 4.4 동일 목적지점에 대한 6자유도 매니퓰레이터의 서로 다른 8개의 자세

매니퓰레이터는 목적에 따라 기구학적 구조와 형상이 매우 상이해 질 수 있다. 일반적으로 베이스에서 손목까지의 링크계에 대한 기구학식(${}^{B}T_{W}$)의 구성은 비슷하나, 제3장 3.8절에서 구한 KUKA나 Universial Robots의 매니퓰레이터의 기구학식이 매우 상이함을 상기할 필요가 있다.

해석적인 방법으로 기구학 방정식의 해를 유도하기 어려운 경우에는 대안적으로 수치 해석적인 방법을 이용하여 해를 발견할 수 있으나, 특정 주기마다 반복적인 연산에 필요한 시간이 요구되고 연산이 종료될 때까지는 매니퓰레이터의 다음 동작이 이루어지지 않는다. 따라서, 고속의 실시간 작업을 요구하는 자동화 산업 현장에서는 속도적인 대응 측면, 생산성과 효율성 등의 측면을 고려할 때 수치 해석적인 방법을 적용하기엔 한계가 있다.

매니퓰레이터의 역 기구학의 해를 찾기 위해서는 기하학적인(Geometric) 방법이나 대수학적(Algebraic)인 방법이 주로 사용된다. 일반적으로 역 기구학의 해는 말단 장치의 위치에서 시작하여 베이스부로 순차적으로 이동하면서 찾고자 하는 관절 변수 이외의 다른 관절들을 최대한 고립시키고 단순화한 후, 기하학적 또는 대수학적 연산을 통해서 관절 변수의 해를 찾아 나간다.

4.6 역 기구학의 대수학적 풀이 방법과 절차

제3장에서 소개한 2자유도 평면형 매니퓰레이터를 다시 고려하여 역 기구학을 풀어가는 방법과 순서에 대해서 생각해 보기로 한다. [그림 4.5]는 매니퓰레이터에 대한 모든 링크계와 링크 인자를 나타내고, 특별히 말단 장치의 방위를 $\phi = \theta_1 + \theta_2$로 나타내고 있다.

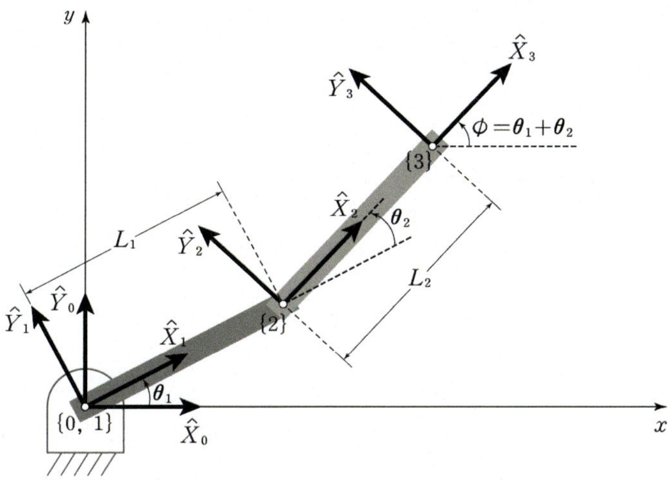

그림 4.5 2자유도 평면(RR)형 매니퓰레이터

2자유도 평면형 매니퓰레이터의 DH 파라미터는 제3장에서 정의한 것과 동일하며, 제3장의 후반부에서 사용했던 확장형태로 나타내면 [표 4.1]과 같다.

표 4.1

$i-1$	링크(i)	α_{i-1}	a_{i-1}	d_i	θ_i
0	1	0	0	0	θ_1
1	2	0	L_1	0	θ_2
2	3	0	L_2	0	0

제3장의 식 (3.16)은 2자유도 매니퓰레이터의 기저계($\{B\}$)를 기준으로 손목계($\{W\}$)에 대한 완전한 기구학식 ${}^BT_W = {}^0T_3 = {}^0T_1\,{}^1T_2\,{}^2T_3$을 나타낸다. 2자유도 평면 매니퓰레이터의 최종 목표점의 위치 좌표를 $(x,\ y)$로, 말단의 방향은 원점계를 기준으로 회전한 각도(ϕ)로 표현하면, 식 (3.16)은 다음의 식 (4.1)과 같은 형태로 나타낼 수 있다.

$$\underbrace{\begin{bmatrix} c_\phi & -s_\phi & 0 & x \\ s_\phi & c_\phi & 0 & y \\ 0 & 0 & 1 & 0 \\ 0 & 0 & 0 & 1 \end{bmatrix}}_{^BT_W} = \underbrace{\begin{bmatrix} c_{12} & -s_{12} & 0 & L_1c_1 + L_2c_{12} \\ s_{12} & c_{12} & 0 & L_1s_1 + L_2s_{12} \\ 0 & 0 & 1 & 0 \\ 0 & 0 & 0 & 1 \end{bmatrix}}_{^0T_3} \tag{4.1}$$

식 (4.1)의 좌우변을 비교하는 등식을 풀면 θ_1, θ_2을 구할 수 있는 4개의 비선형 방정식을 얻을 수 있다.

$$c_\phi = c_{12} \tag{4.2}$$

$$s_\phi = s_{12} \tag{4.3}$$

$$x = L_1c_1 + L_2c_{12} \tag{4.4}$$

$$y = L_1s_1 + L_2s_{12} \tag{4.5}$$

식 (4.4)와 (4.5)의 양변을 제곱하고 더하면 다음의 식이 얻어진다.

$$x^2 + y^2 = L_1^2 + L_2^2 + 2L_1L_2(c_1c_{12} + s_1s_{12}) = L_1^2 + L_2^2 + 2L_1L_2c_2$$

단, (4.6)

$$c_{12} = c_1c_2 - s_1s_2$$

$$s_{12} = s_1c_2 = c_1s_2$$

식 (4.4)를 c_2에 대해서 풀면

$$c_2 = \frac{x^2 + y^2 - L_1^2 - L_2^2}{2L_1L_2} \tag{4.7}$$

식 (4.7)이 해를 갖기 위해서는 우변의 값이 -1과 1사이의 값을 가져야 한다. 따라서, 이 범위를 초과하는 경우에는 목표점이 매니퓰레이터의 도달 가능 영역이 아니라고 판단할 수 있다. 만약, 식 (4.7)의 해가 -1과 1사이에 있다면 삼각함수의 법칙에 의해서 다음의 식이 성립된다.

$$s_2 = \pm\sqrt{1 - c_2^2} \tag{4.8}$$

마지막으로, atan2를 이용하면 θ_2를 계산할 수 있다.

$$\theta_2 = atan2(s_2, c_2) \tag{4.9}$$

θ_2의 값이 결정되면 식 (4.4)와 (4.5)는 변수 θ_1에 대한 방정식이 되므로, 식 (4.4)와 (4.5)을 다음과 같이 변형한다.

$$x = L_1 c_1 + L_2 c_{12} = L_1 c_1 + L_2 (c_1 c_2 - s_1 s_2) \tag{4.10}$$

$$y = L_1 s_1 + L_2 s_{12} = L_1 s_1 + L_2 (c_1 s_2 + s_1 c_2) \tag{4.11}$$

식 (4.10) 및 (4.11)을 전개한 후 정리하면 다음과 같다.

$$\begin{aligned} x &= L_1 c_1 + L_2 (c_1 c_2 - s_1 s_2) = (L_1 + L_2 c_2) c_1 - (L_2 s_2) s_1 \\ y &= L_1 s_1 + L_2 (c_1 s_2 - s_1 c_2) = (L_1 + L_2 c_2) s_1 + (L_2 s_2) c_1 \end{aligned} \tag{4.12}$$

간단한 변수 변환을 이용하면 식 (4.12)는 다음과 같이 나타낼 수 있다.

$$\begin{aligned} x &= (L_1 + L_2 c_2) c_1 - (L_2 s_2) s_1 = k_1 c_1 - k_2 s_1 \\ y &= (L_1 + L_2 c_2) s_1 + (L_2 s_2) c_1 = k_1 s_1 + k_2 c_1 \end{aligned} \tag{4.13}$$

단,

$$\begin{aligned} k_1 &= L_1 + L_2 c_2 \\ k_2 &= L_2 s_2 \end{aligned}$$

변수의 순서를 맞추어서 식 (4.12)을 정렬하면

$$\begin{aligned} x &= L_1 c_1 + L_2 (c_1 c_2 - s_1 s_2) = (L_1 + L_2 c_2) c_1 - (L_2 s_2) s_1 \\ y &= L_1 s_1 + L_2 (c_1 s_2 - s_1 c_2) = (L_2 s_2) c_1 + (L_1 + L_2 c_2) s_1 \end{aligned} \tag{4.14}$$

이다.

식 (4.14)는 다음과 같이 행렬 형태로 변환할 수 있다.

$$\begin{bmatrix} L_1 + L_2 c_2 & -L_2 s_2 \\ L_2 s_2 & L_1 + L_2 c_2 \end{bmatrix} \begin{bmatrix} c_1 \\ s_1 \end{bmatrix} = \begin{bmatrix} x \\ y \end{bmatrix} \tag{4.15}$$

크래머 규칙(Cramer's rule)을 이용하여 식 (4.1)로부터 $\cos\theta_1$과 $\sin\theta_1$을 구할 수 있다.

$$\begin{bmatrix} L_1 + L_2 c_2 & -L_2 s_2 \\ L_2 s_2 & L_1 + L_2 c_2 \end{bmatrix} \begin{bmatrix} c_1 \\ s_1 \end{bmatrix} = \begin{bmatrix} x \\ y \end{bmatrix}$$

$$c_1 = \frac{1}{D} \begin{vmatrix} x & -L_2 s_2 \\ y & L_1 + L_2 c_2 \end{vmatrix}$$

$$s_1 = \frac{1}{D} \begin{vmatrix} L_1 + L_2 c_2 & x \\ L_2 s_2 & y \end{vmatrix} \tag{4.16}$$

단,

$$\begin{aligned} D &= (L_1 + L_2 c_2)(L_1 + L_2 c_2) + (L_2 s_2)(L_2 s_2) \\ &= L_1^2 + L_2^2 + 2L_1 L_2 c_2 \end{aligned}$$

따라서, 식 (4.9)와 같이 atan2를 이용해서 θ_1을 구할 수 있다.

$$\theta_1 = atan2(s_1, c_1) \tag{4.17}$$

식 (4.8)의 부호에 따라서 $\theta_2 > 0$ 또는 $\theta_2 < 0$ 두 가지 경우가 있을 수 있으므로, 적어도 2개의 해가 가능하다는 것을 알 수 있다. θ_2의 값은 앞에서 기술한 바와 같이 다양한 상황에 가장 적합한 값을 선택할 수 있다.

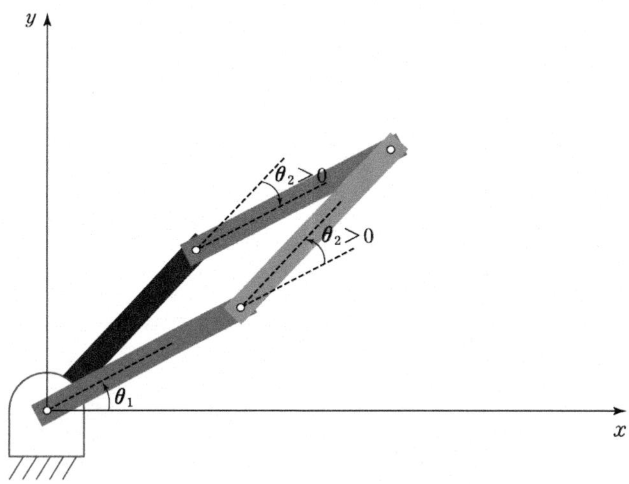

그림 4.6 2자유도 매니퓰레이터의 부호에 따른 두 가지 자세

[그림 4.6]은 이러한 2자유도 매니퓰레이터의 자세를 보여주며 $\theta_2 > 0$인 경우에는 팔꿈치의 상향, $\theta_2 < 0$인 경우에는 팔꿈치의 하향 자세를 취하게 된다. 결과적으로 식 (4.9)에서 구한 θ_2의 부호 선택은 θ_1에 영향을 미친다는 것을 알 수 있다.

식 (4.12)는 또 다른 대수학적 풀이 방법을 유도할 수 있는 힌트를 제공해 준다.

식 (4.13)의 $\cos\theta_1$과 $\sin\theta_1$은 동일한 형태의 계수 k_1과 k_2를 가지고 있으므로, 각각의 계수를 일반 문자로 대체하여 다음과 같이 나타낼 수 있다.

$$
\begin{aligned}
x &= (L_1 + L_2 c_2)c_1 - (L_2 s_2)s_1 = mc_1 - ns_1 \\
y &= (L_1 + L_2 c_2)s_1 + (L_2 s_2)c_1 = ms_1 + nc_1
\end{aligned}
\tag{4.18}
$$

단,

$$
\begin{aligned}
m &= L_1 + L_2 c_2 \\
n &= L_2 s_2
\end{aligned}
$$

식 (4.18)은 삼각형의 닮음 성질을 이용하여 [그림 4.7]과 같은 특성을 도출하는 데 용이하다. 여기서 △은 θ_1과 같은 동위각을 표현하고 있다.

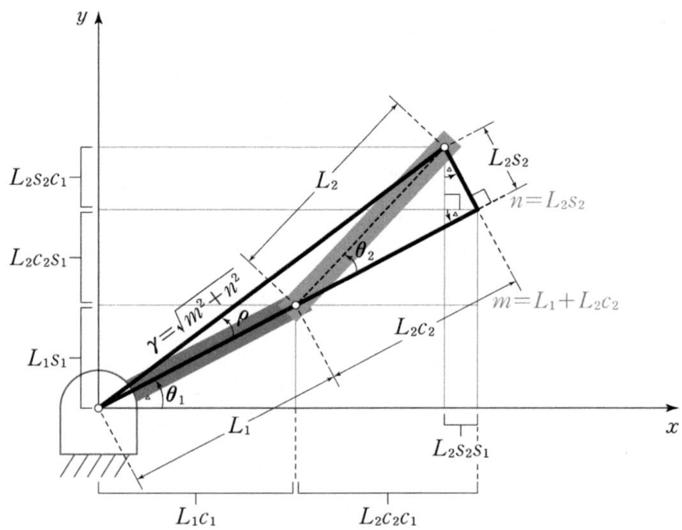

그림 4.7 역 기구학 해를 찾기 위한 대수학적 특성

식 (4.18)에서 정의한 m과 n은 피타고라스 정리에 의해 다음과 같은 관계를 만족시키므로

$$r = \sqrt{m^2 + n^2} \tag{4.19}$$

이며, m과 n의 끼인각 ρ는 atan2를 이용하여

$$\rho = atan2(n, m) \tag{4.20}$$

와 같이 나타낼 수 있다. 따라서, m과 n은

$$\begin{aligned} m &= r\cos\rho \\ n &= r\sin\rho \end{aligned} \tag{4.21}$$

을 만족시키므로, 식 (4.21)을 이용하여 식 (4.18)을 다음과 같이 나타낼 수 있다.

$$\begin{aligned} x &= mc_1 - ns_1 = rcos\,\rho\cos\theta_1 - r\sin\rho\sin\theta_1 \\ y &= ms_1 + nc_1 = rcos\,\rho\sin\theta_1 - r\sin\rho\cos\theta_1 \end{aligned} \tag{4.22}$$

식 (4.22)의 양변을 r로 나누면

$$\begin{aligned} \frac{x}{r} &= \cos\rho\cos\theta_1 - \sin\rho\sin\theta_1 \\ \frac{y}{r} &= \cos\rho\sin\theta_1 - \sin\rho\cos\theta_1 \end{aligned} \tag{4.23}$$

이며, 삼각함수의 덧셈 정리를 이용해서 나타내면

$$\begin{aligned} \frac{x}{r} &= \cos(\rho + \theta_1) \\ \frac{y}{r} &= \sin(\rho + \theta_1) \end{aligned} \tag{4.24}$$

이므로,

$$\rho + \theta_1 = atan2\left(\frac{y}{r}, \frac{x}{r}\right) \tag{4.25}$$

이다. 여기서 r은 공통 분모로 없어지므로

$$\rho + \theta_1 = atan2(y, x) \tag{4.26}$$

이고, 식을 정리하면

$$\theta_1 = atan2(y, x) - \rho \tag{4.27}$$

이다. 식 (4.20)을 식 (4.27)에 대입하면 최종적으로 θ_1을 다음과 같이 정의할 수 있다.

$$\theta_1 = atan2(y, x) - atan2(n, m) \tag{4.28}$$

4.7 역 기구학의 기하학적 풀이 방법과 절차

식 (4.9), (4.17)과 (4.28)은 대수학적인 방법으로 계산한 역 기구학의 해이다. 단순한 매니퓰레이터에서는 대수학적인 방법으로 역 기구학의 해를 계산하는 것이 가능하지만, 자유도가 높아지고 형상이 복잡한 매니퓰레이터의 경우에는 대수학적인 접근 방법이 매우 난해한 경우가 많다.

매니퓰레이터의 말단 장치가 4.6절의 [그림 4.5]와 같이 직교 좌표계 상의 위치와 방위로 주어지면, 매니퓰레이터의 공간적 형상을 일반적인 평면 기하학 문제로 분해하여 접근할 수 있다. 많은 경우에 있어서 평면 기하학적 방법은 매니퓰레이터의 역 기구학 해를 찾는 보편화된 방법이기도 하다.

앞 절에서 다루었던 2자유도 평면형(RR) 매니퓰레이터에 대한 역 기구학 해는 다음과 같은 기하학적 방법으로 유도할 수 있다.

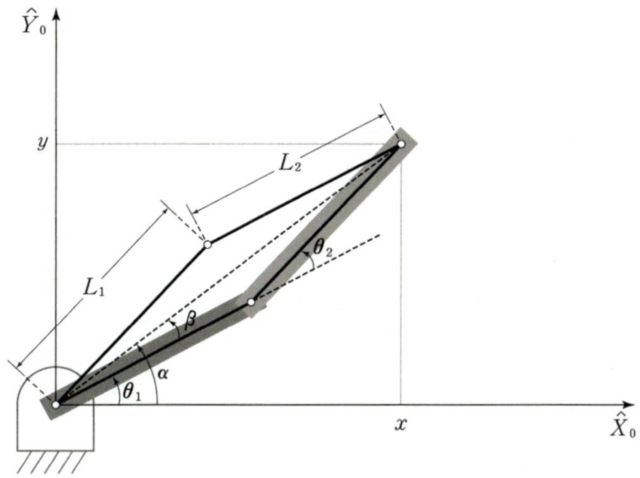

그림 4.8 역 기구학 해를 위한 평면 기하학적 분해 방법

먼저, [그림 4.8]에서와 같이 매니퓰레이터의 기저의 원점과 말단 장치의 끝점 또는 마지막 링크의 끝점을 연결하면, 평면 기하학의 삼각형으로 단순화시킬 수 있으며 삼각함수의 제2 코사인 법칙을 이용하여 다음과 같은 식을 정의할 수 있다.

$$x^2 + y^2 = L_1^2 + L_2^2 - 2L_1L_2\cos(\pi + \theta_2) \tag{4.29}$$

여기서, $\cos(\pi + \theta_2) = -\cos\theta_2$ 이므로

$$\cos\theta_2 = \frac{x^2 + y^2 - (L_1^2 + L_2^2)}{2L_1L_2} \tag{4.30}$$

이다. 식 (4.30)은 식 (4.7)과 같으므로, 식 (4.8)과 (4.9)를 이용하여 θ_2를 구할 수 있다.

기하학적으로 나타낸 매니퓰레이터의 삼각형이 성립되기 위해서는 매니퓰레이터의 기저의 원점과 링크의 끝점 또는 말단 장치의 위치 $\sqrt{x^2+y^2}$이 항상 링크 길이의 합 $L_1 + L_2$와 같거나 작아야 한다. 이러한 조건을 만족할 때, θ_2는 $0° \le \theta_2 \le 180°$ (또는, $-180° \le \theta_2 \le 0°$) 사이의 값을 가지게 된다. 다른 가능한 대칭해는 앞 절에서와 마찬가지로 팔꿈치의 하향 자세 즉, $-\theta_2$로 구할 수 있다.

θ_1에 대한 기하학적 접근 방법은 [그림 4.8]의 α와 β각에 대한 관계를 정의함으로써 계산할 수 있다. α는 $atan2$를 이용해서 간단하게 다음과 같이 구할 수 있다.

$$\alpha = atan2(y, x) \tag{4.31}$$

β를 구하기 위해서 다시 제2 코사인 법칙을 적용하면

$$x^2 + y^2 + L_1^2 - 2\sqrt{x^2+y^2}\,L_1 \cos\beta = L_2^2 \tag{4.32}$$

이므로, $\cos\beta$에 대해서 정리하면 다음과 같다.

$$\cos\beta = \frac{x^2 + y^2 - (L_1^2 + L_2^2)}{2L_1L_2} \tag{4.33}$$

식 (4.33)에 arccos을 적용하면 간단하게 β의 값을 얻을 수 있다. 주의할 것은 앞에서 구한 θ_2의 제약조건과 마찬가지로 β의 값의 범위가 $0° \le \beta \le 180°$를 만족시키도록 하여야만 한다. 이와 같은 제약 조건은 기하학적으로 역 기구학의 해를 계산할 때 반드시 고려되어야 하는 사항이며, 이는 매니퓰레이터의 동작 범위 또는 작업 공간내에서 만들어 낼 수 있는 기구학적 해임을 보장한다. 그러므로, 이러한 제약 조건을 반영하면 θ_1에 대한 해는 식 (4.34)와 같이 계산될 수 있으며, + 부호는 $\theta_2 < 0$일 때, - 부호는 $\theta_2 > 0$일 때 적용된다.

$$\theta_1 = \alpha \pm \beta \tag{4.34}$$

4.8 3-링크 매니퓰레이터의 역 기구학 해

3자유도를 갖는 평면형(RRR) 매니퓰레이터의 역 기구학의 해는 2자유도를 갖는 평면형(RR) 매니퓰레이터의 말단 장치부를 확장함으로써 간단하게 구할 수 있다. 3자유도 평면형 매니퓰레이터의 말단 장치의 방위를 [그림 4.9]와 같이 나타낸다. 제3장에서와 마찬가지로, 링크계 {3}의 $\hat{X}_3$축이 링크계 {2}와 같은 방향으로 설정되어 있으며, 회전후 변경된 축의 방향은 추가적인 설명 요소를 나타내기 위해 편의상 생략되었다.

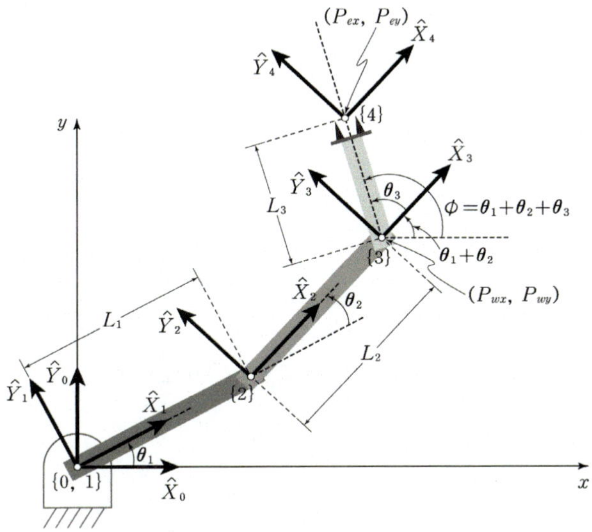

그림 4.9 3자유도 매니퓰레이터 말단 장치의 방위

제3장에서 구한 3자유도 매니퓰레이터의 정 기구학식은 다음과 같으므로

$$
{}^0T_4 = \begin{bmatrix} c_{123} & -s_{123} & 0 & L_1 c_1 + L_2 c_{12} + L_3 c_{123} \\ s_{123} & c_{123} & 0 & L_1 s_1 + L_2 s_{12} + L_3 s_{123} \\ 0 & 0 & 1 & 0 \\ 0 & 0 & 0 & 1 \end{bmatrix}
$$

$$
= \begin{bmatrix} c_\phi & -s_\phi & 0 & x \\ s_\phi & c_\phi & 0 & y \\ 0 & 0 & 1 & 0 \\ 0 & 0 & 0 & 1 \end{bmatrix} \tag{4.35}
$$

단,

$c_{123} = \cos(\theta_1 + \theta_2 + \theta_3)$, $s_{123} = \sin(\theta_1 + \theta_2 + \theta_3)$

$\phi = \theta_1 + \theta_2 + \theta_3$

$$c_\phi = c_{123}, s_\phi = s_{123}$$

$$x = L_1c_1 + L_2c_{12} + L_3c_{123}$$
$$y = L_1s_1 + L_2s_{12} + L_3s_{123}$$

링크계 {3} 즉, 손목 관절부까지는 2자유도 매니퓰레이터의 역기구학 방정식과 동일하며, 마지막 링크가 추가되고 그에 해당되는 관절각 θ_3에 의해서 최종적인 위치와 방위가 결정된다. 말단 장치의 최종 위치를 (P_{ex}, P_{ey})라 하고, 손목 관절(링크계 {3})의 위치를 (P_{wx}, P_{wy})라 할 때, 손목의 위치는 말단의 최종 위치로부터 다음과 같이 계산된다.

$$\begin{aligned} P_{wx} &= P_{ex} - L_3 c_{123} = P_{ex} - L_3 c\phi \\ &= L_1c_1 + L_2c_{12} \\ P_{wy} &= P_{ey} - L_3 s_{123} = P_{ey} - L_3 s\phi \\ &= L_1s_1 + L_2s_{12} \end{aligned} \tag{4.36}$$

식 (4.36)의 양변을 제곱하고 더하면

$$P_{wx}^2 + P_{wy}^2 = L_1^2 + L_2^2 + 2L_1L_2c_2 \tag{4.37}$$

이고, 이를 다시 $\cos\theta_2$에 대해서 풀면

$$c_2 = \frac{P_{wx}^2 + P_{wy}^2 - L_1^2 - L_2^2}{2L_1L_2} \tag{4.38}$$

이고, 삼각함수 제곱합 공식을 적용하여

$$s_2 = \pm\sqrt{1 - c_2^2} \tag{4.39}$$

이다.

식 (4.36)부터 (4.39)까지는 앞절의 식 (4.6)과 (4.8)까지의 식과 동일하므로, 식 (4.9)를 이용하여 θ_2를 구할 수 있음이 자명하다.

θ_1를 구하기 위해서 다음과 같은 대수학적 접근을 시도해 본다. 식 (4.36)의 P_{wx}에 c_1와 P_{wy}에 s_1를 각각 곱한 후 더하면 다음과 같은 식으로 변형할 수 있다.

$$P_{wx}c_1 = [L_1c_1 + L_2(c_1c_2 - s_1s_2)]c_1 = (L_1 + L_2c_2)c_1^2 - (L_2c_1)s_1s_2$$
$$P_{wy}s_1 = [L_1s_1 + L_2(s_1c_2 + c_1s_2)]s_1 = (L_1 + L_2c_2)s_1^2 + (L_2c_1)s_1s_2 \tag{4.40}$$
$$P_{wx}c_1 + P_{wy}s_1 = L_1 + L_2c_2$$

마찬가지로 식 (4.36)의 P_{wx}에 s_1와 P_{wy}에 c_1를 각각 곱한 후 빼면 다음과 같은 식으로 변형할 수 있다.

$$P_{wx}s_1 = [L_1c_1 + L_2(c_1c_2 - s_1s_2)]s_1 = (L_1c_1s_1 + L_2c_1c_2s_1) - L_2s_2s_1^2$$
$$P_{wy}c_1 = [L_1s_1 + L_2(s_1c_2 + c_1s_2)]c_1 = (L_1c_1s_1 + L_2c_1c_2s_1) + L_2s_2c_1^2 \tag{4.41}$$
$$P_{wy}c_1 - P_{wx}s_1 = L_2s_2$$

또한, 식 (4.40)에 P_{wx}, 식 (4.41)에 P_{wy}를 곱한 후 두 식을 더하면

$$(P_{wx}^2 + P_{wy}^2)c_1 = P_{wx}(L_1 + L_2c_2) + P_{wy}L_2s_2 \tag{4.42}$$

이며, 이 식을 $\cos\theta_1$에 대해서 풀면

$$c_1 = \frac{P_{wx}(L_1 + L_2c_2) + P_{wy}L_2s_2}{P_{wx}^2 + P_{wy}^2} \tag{4.43}$$

이다.

반대로 식 (4.40)에 P_{wy}, 식 (4.41)에 P_{wx}를 곱한 후 두 식을 빼면

$$(P_{wx}^2 + P_{wy}^2)s_1 = P_{wy}(L_1 + L_2c_2) - P_{wx}L_2s_2 \tag{4.44}$$

이며, 이 식을 $\sin\theta_1$에 대해서 풀면

$$s_1 = \frac{P_{wy}(L_1 + L_2c_2) - P_{wx}L_2s_2}{P_{wx}^2 + P_{wy}^2} \tag{4.45}$$

이다. 식 (4.43)과 (4.45)를 atan2에 대입하면 θ_1을 구할 수 있다.

$$\theta_1 = atan2(s_1, c_1) \tag{4.46}$$

세 번째 관절인 θ_3는 $\phi = \theta_1 + \theta_2 + \theta_3$이므로 다음과 같다.

$$\theta_3 = \phi - (\theta_1 + \theta_2) \tag{4.47}$$

4.9 3-자유도 구형(Spherical) 손목 관절에 대한 역 기구학 해

PUMA 500(또는 PUMA 560) 매니퓰레이터에서 소개된 손목 관절은 롤(Roll)-피치(Pitch)-요우(Yaw)의 3가지 동작이 한 점을 기준으로 일어나도록 고안되었으며, 이러한 손목 관절의 구조가 현대의 많은 6자유도 매니퓰레이터의 말단 장치에서 다양하게 적용되는 메커니즘이라고 할 수 있다.

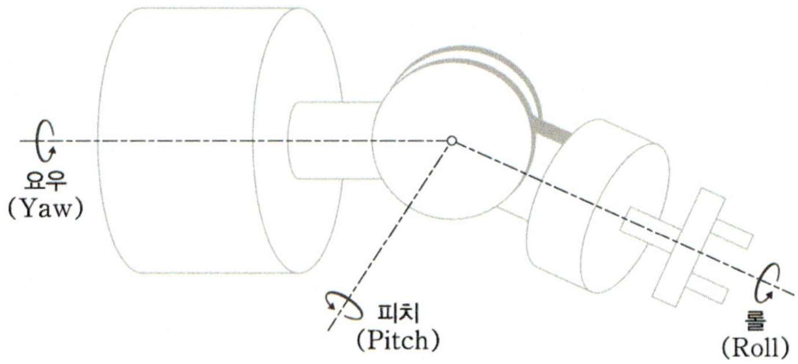

그림 4.10 3자유도 손목 관절의 구성

이러한 손목 관절의 구조는 [그림 4.10]과 같은 형태를 가지고 있으며, 가장 많이 사용되는 형태로는 RRR형, RRP 등이 있다. 이번 절에서는 이러한 3자유도를 갖는 손목 관절에 대한 역기구학의 해를 구하는 과정을 설명함으로써, 앞의 절에서 구한 3자유도 매니퓰레이터와 3자유도 손목 관절로 구성되는 6자유도 매니퓰레이터의 역 기구학의 해를 구하는 방법에 대해서 설명한다.

일반적으로 사용되는 많은 6자유도 매니퓰레이터는 [그림 4.11]과 같이 3자유도의 손목 관절의 위치와 방위를 결정한 후, 손목 관절에 부착된 3자유도의 말단 장치의 위치와 방위를 계산해서 최종적인 위치와 방위를 얻게 된다. 이러한 경우, 복잡한 역 기구학 문제를 2개 부분으로 나누면 쉽게 역 기구학의 해에 접근할 수 있게 된다.

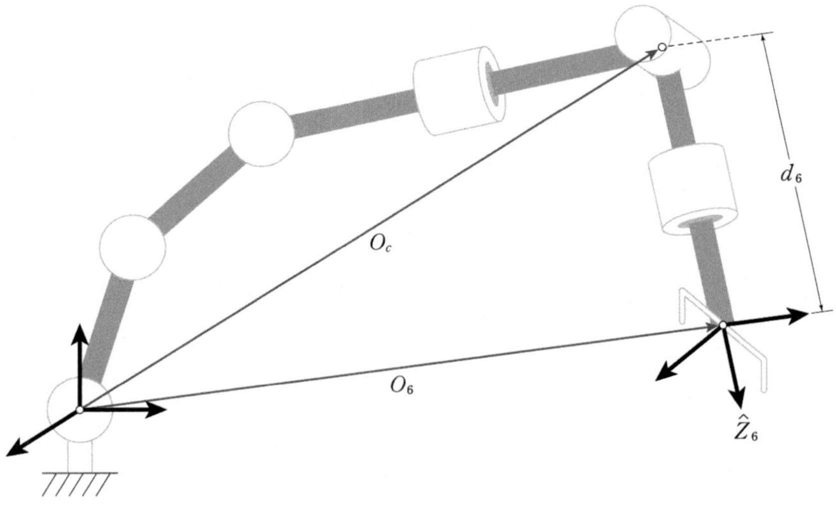

그림 4.11 6자유도 매니퓰레이터의 역 기구학을 위한 2개의 부분 집합

[그림 4.10]의 손목 관절의 형태는 다음과 같은 스키메틱 다이어그램으로 표현할 수 있다.

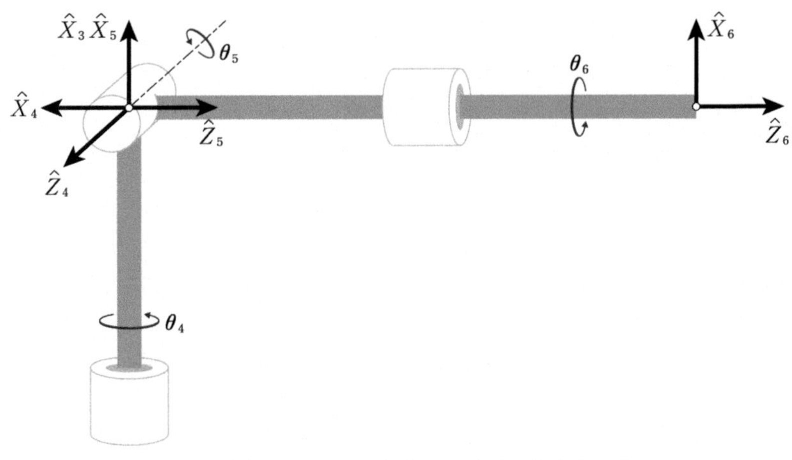

그림 4.12 3자유도 손몬 관절의 스키메틱 다이어그램

3자유도 손목 관절에 대한 DH 파라미터는 [표 4.2]와 같이 정의할 수 있다.

표 4.2

$i-1$	링크(i)	α_{i-1}	a_{i-1}	d_i	θ_i
4	5	-90°	0	0	θ_4
5	6	90°	0	0	θ_5
6	7	0	0	d_6	θ_6

[그림 4.12]에서 3개의 회전 관절로 구성되어 있는 6자유도 매니퓰레이터의 손목 관절은 다음과 같이 나타낼 수 있다.

$$^3T_6 = {}^3T_4\,{}^4T_5\,{}^5T_6 = \begin{bmatrix} c_4c_5c_6 - s_4s_6 & -c_4c_5s_6 - s_4c_6 & -c_4s_5 & c_4s_5d_6 \\ s_4c_5c_6 + c_4s_6 & -s_4c_5s_6 + c_4c_6 & s_4s_5 & s_4s_5d_6 \\ -s_5c_6 & s_5s_6 & c_5 & c_5d_6 \\ 0 & 0 & 0 & 1 \end{bmatrix} \tag{4.48}$$

만약, $\sin\theta_5$가 0이 아니라면 atan2를 이용하여 θ_5는 식 (4.48)의 r_{33}을 이용하여 다음과 같이 구할 수 있다.

$$r_{33} = \cos\theta_5 = c_5 \tag{4.49}$$

이고, 삼각함수의 제곱 합 공식에 의해 $\sin^2\theta_5 = 1 - \cos^2\theta_5$ 이므로 $\theta_5 > 0$인 경우

$$atan2(s_5, c_5) = atan2(\sqrt{1-r_{33}^2}, r_{33}) \tag{4.50}$$

이며, $\theta_5 < 0$인 경우

$$atan2(s_5, c_5) = atan2(-\sqrt{1-r_{33}^2}, r_{33}) \tag{4.51}$$

이다.

다음으로 θ_4는 r_{23}과 r_{13}, θ_6는 r_{32}과 r_{31}을 이용해서 구할 수 있다. $\theta_5 > 0$인 경우

$$\theta_4 = atan2(s_4, c_4) = atan2(r_{23}, r_{13}) = atan2(s_4s_5, c_4s_5) \tag{4.52}$$

$$\theta_6 = atan2(s_6, c_6) = atan2(r_{32}, -r_{31}) = atan2(s_5s_6, -s_5c_6) \tag{4.53}$$

이며, $\theta_5 < 0$인 경우

$$\theta_4 = atan2(s_4, c_4) = atan2(-r_{23}, -r_{13}) = atan2(-s_4 s_5, -c_4 s_5) \tag{4.54}$$

$$\theta_6 = atan2(s_6, c_6) = atan2(-r_{32}, r_{31}) = atan2(-s_5 s_6, s_5 c_6) \tag{4.55}$$

이고, 마지막으로, $\theta_5 = 0$인 경우

$$\begin{aligned} {}^3T_6 &= {}^3T_4\,{}^4T_5\,{}^5T_6 \\ &= \begin{bmatrix} c_4c_6 - s_4s_6 & -c_4s_6 - s_4c_6 & -c_4s_5 & 0 \\ s_4c_6 + c_4s_6 & -s_4s_6 + c_4c_6 & s_4s_5 & 0 \\ 0 & 0 & c_5 & d_6 \\ 0 & 0 & 0 & 1 \end{bmatrix} \end{aligned} \tag{4.56}$$

이므로, 식 (4.56)은 다음과 같이 나타낼 수 있다.

$$\begin{aligned} {}^3T_6 &= {}^3T_4\,{}^4T_5\,{}^5T_6 \\ &= \begin{bmatrix} c_4c_6 - s_4s_6 & -c_4s_6 - s_4c_6 & 0 & 0 \\ s_4c_6 + c_4s_6 & -s_4s_6 + c_4c_6 & 0 & 0 \\ 0 & 0 & 1 & d_6 \\ 0 & 0 & 0 & 1 \end{bmatrix} \\ &= \begin{bmatrix} c_{46} & -s_{46} & 0 & 0 \\ s_{46} & c_{46} & 0 & 0 \\ 0 & 0 & 1 & d_6 \\ 0 & 0 & 0 & 1 \end{bmatrix} \end{aligned} \tag{4.57}$$

단,

$$c_{46} = c_4c_6 - s_4s_6, \quad s_{46} = s_4c_6 + c_4s_6$$

손목 관절의 중심(O_c)는 말단 장치의 방위와 독립적이며 말단 장치의 방위는 앞의 3 관절 조합에 종속적이다. [그림 4.11]과 [그림 4.12]에서 말단 장치의 중심 위치(O_6, 링크계 {6}의 원점)는 손목 관절의 중심(O_c)로부터 $\hat{Z}_5$를 따라 d_6만큼 전위된 곳에 위치하고 있다. 이를 기하학(벡터)적인 관점에서 다음과 같이 나타낼 수 있다.

$$O_p = O_c + d_6 \boldsymbol{R} \begin{bmatrix} 0 \\ 0 \\ 1 \end{bmatrix} \tag{4.58}$$

손목 관절의 중심은 다음과 같다.

$$O_c = O_p - d_6 \boldsymbol{R} \begin{bmatrix} 0 \\ 0 \\ 1 \end{bmatrix} \tag{4.59}$$

손목 관절의 중심을 (x_c, y_c, z_c), 말단 장치의 중심을 (x, y, z)라고 하면, 식 (4.59)를 이용하여 매니퓰레이터의 손목 관절의 중심을 다음과 같이 계산할 수 있다.

$$[x_c \ y_c \ z_c]^T = \begin{bmatrix} O_x - d_6 r_{13} \\ O_y - d_6 r_{23} \\ O_z - d_6 r_{33} \end{bmatrix} \tag{4.60}$$

매니퓰레이터의 베이스로부터 말단 장치의 방위는 다음과 같이 나타낼 수 있으므로

$${}^0R_6 = {}^0R_3 \, {}^3R_6 \tag{4.61}$$

말단 장치의 방위를 나타내는 ${}^3R_6$은 다음과 같이 나타낼 수 있다.

$${}^3R_6 = ({}^0R_3)^T \, {}^0R_3 = ({}^0R_3)^{-1} \, {}^0R_3 \tag{4.62}$$

4.10 매니퓰레이터 역 기구학 예제

예제 4.1

[그림 4.13]의 SCARA 매니퓰레이터의 역 기구학 해를 구하시오.

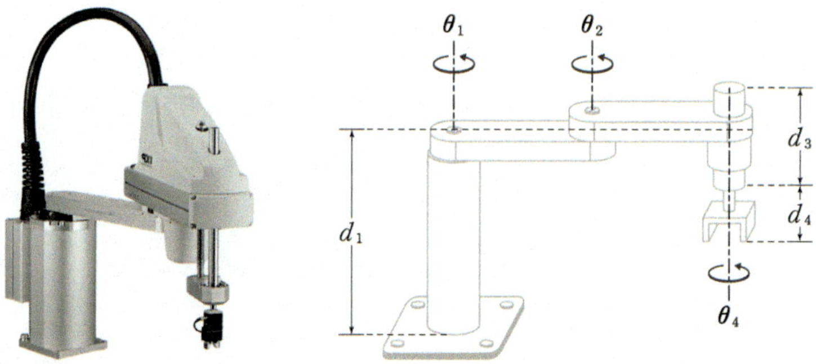

그림 4.13 4자유도 SCARA 매니퓰레이터와 기구 모델

풀이

[그림 4.13]에 나와 있는 SCARA 매니퓰레이터의 스키메틱 다이어그램은 다음과 같다.

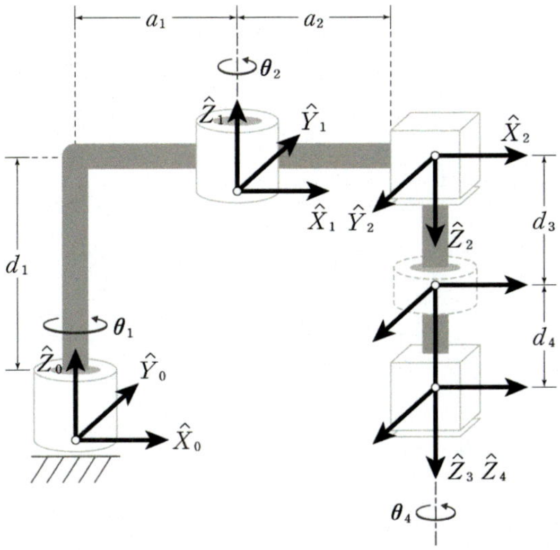

그림 4.14 4자유도 SCARA 매니퓰레이터의 스키메틱 다이어그램

[그림 4.14]의 스키메틱 표현과 링크계를 이용해서 다음과 같은 DH 파라미터를 정의할 수 있다.

표 4.3

$i-1$	링크(i)	α_{i-1}	a_{i-1}	d_i	θ_i
1	0	0	0	0	0
2	1	0	a_1	d_1	θ_1
3	2	180°	a_2	0	θ_2
4	3	0	0	d_3	0
5	4	0	0	d_4	θ_4

4자유도 SCARA 매니퓰레이터의 정 기구학은 다음과 같다. 지면 관계상 행렬의 원소를 한 줄에 모두 나타낼 수 없기 때문에 선행하는 열을 (•) 기호로 표시하였다.

$$
{}^{0}T_1 = \begin{bmatrix} c_1 & -s_1 & 0 & a_1c_1 \\ s_1 & c_1 & 0 & a_1s_1 \\ 0 & 0 & 1 & d_1 \\ 0 & 0 & 0 & 1 \end{bmatrix}
$$

$$
{}^{1}T_2 = \begin{bmatrix} c_2 & s_2 & 0 & a_2c_2 \\ s_2 & -c_2 & 0 & a_2s_2 \\ 0 & 0 & -1 & 0 \\ 0 & 0 & 0 & 1 \end{bmatrix}
$$

$$
{}^{2}T_3 = \begin{bmatrix} 1 & 0 & 0 & 0 \\ 0 & 1 & 0 & 0 \\ 0 & 0 & 1 & d_3 \\ 0 & 0 & 0 & 1 \end{bmatrix}
$$

$$
{}^{3}T_4 = \begin{bmatrix} c_4 & -s_4 & 0 & 0 \\ s_4 & c_4 & 0 & 0 \\ 0 & 0 & 1 & d_4 \\ 0 & 0 & 0 & 1 \end{bmatrix}
$$

$$
{}^{0}T_4 = {}^{0}T_1\,{}^{1}T_2\,{}^{2}T_3\,{}^{3}T_4 \tag{4.63}
$$

$$
= \begin{bmatrix} c_1c_2c_4 - c_4s_1s_2 + c_2s_1s_4 + c_1s_2s_4 & c_2c_4s_1 + c_1c_4s_2 - c_1c_2s_4 + s_1s_2s_4 & 0 & a_1c_1 + a_2c_1c_2 - a_2s_1s_2 \\ c_2c_4s_1 + c_1c_4s_2 - c_1c_2s_4 + s_1s_2s_4 & -c_1c_2c_4 + c_4s_1s_2 - c_2s_1s_4 - c_1s_2 & 0 & a_1s_1 + a_2c_2s_1 + a_2c_1s_2 \\ 0 & 0 & -1 & d_1 - d_3 - d_4 \\ 0 & 0 & 0 & 1 \end{bmatrix}
$$

$$
= \begin{bmatrix} c_{12}c_4 + s_{12}s_4 & -c_{12}s_4 + s_{12}c_4 & 0 & a_1c_1 + a_2c_{12} \\ s_{12}c_4 - c_{12}s_4 & -s_{12}s_4 - c_{12}c_4 & 0 & a_1s_1 + a_2s_{12} \\ 0 & 0 & -1 & d_1 - d_3 - d_4 \\ 0 & 0 & 0 & 1 \end{bmatrix}
$$

단,

$$
c_{12} = c_1c_2 - s_1s_2
$$
$$
s_{12} = s_1c_2 + c_1s_2
$$

[그림 4.13] 또는 [그림 4.14]를 $x-y$평면에 정사영시키면 다음과 같다.

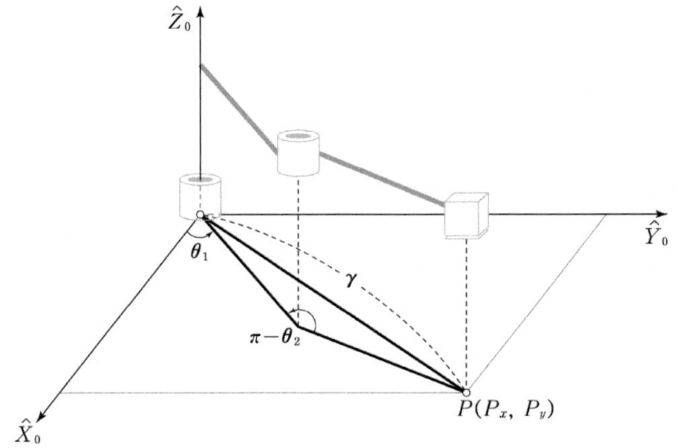

그림 4.15 SCARA 매니퓰레이터의 $x-y$평면에 대한 정사영

식 (4.63)의 기구학 식의 회전변환 행렬이 다음식과 같다고 하면

$$R=\begin{bmatrix} c_\phi & s_\phi & 0 \\ s_\phi & -c_\phi & 0 \\ 0 & 0 & 1 \end{bmatrix} \tag{4.64}$$

$\phi=\theta_1+\theta_2$ 이며, 코사인 제2법칙을 이용하면 다음과 같은 관계식을 얻을 수 있다.

$$r^2=P_x^2+P_y^2=a_1^2+a_2^2-2a_1a_2\cos(180-\theta_2) \tag{4.65}$$

$\cos(180-\theta_2)=-\cos\theta_2=-c_2$ 이므로 식 (4.65)로부터

$$c_2=\frac{P_x^2+P_y^2-(a_1^2+a_2^2)}{2a_1a_2} \tag{4.66}$$

이다. $s_2=\pm\sqrt{1-c_2^2}$ 이므로

$$\theta_2=atan2(\pm\sqrt{1-c_2},c_2) \tag{4.67}$$

또는

$$\theta_2=\pm\cos^{-1}\left(\frac{P_x^2+P_y^2-(a_1^2+a_2^2)}{2a_1a_2}\right) \tag{4.68}$$

을 이용하여 구할 수 있다.

θ_1은 앞에서 θ_2을 구했기 때문에, 다음과 같은 방법으로 계산할 수 있다.

$$\begin{aligned} P_x &= a_1 c_1 + a_2 c_{12} \\ P_y &= a_1 s_1 + a_2 s_{12} \end{aligned} \tag{4.69}$$

식 (4.69)에 삼각함수 합의 공식을 적용하면

$$\begin{aligned} P_x &= a_1 c_1 + a_2 (c_1 c_2 + s_1 s_2) \\ &= (a_1 + a_2 c_2) c_1 + a_2 s_2 s_1 \\ P_y &= a_1 s_1 + a_2 (s_1 c_2 - c_1 s_2) \\ &= (-a_2 s_2) c_1 + (a_1 + a_2 c_2) s_1 \end{aligned} \tag{4.70}$$

이며, θ_2은 식 (4.67)이나 (4.68)로부터 계산되었으므로 미지수 $\cos\theta_1$과 $\sin\theta_1$은 식 (4.70)의 두 방정식으로부터 계산 가능하다. 먼저 $\cos\theta_1$에 대해서 방정식을 세우면

$$\begin{aligned} \frac{P_x + a_2 s_2 s_1}{a_1 + a_2 c_2} &= \frac{P_y - (a_1 + a_2 c_2) s_1}{a_2 s_2} \\ a_2 s_2 P_x + (a_2 s_2)^2 s_1 &= P_y (a_1 + a_2 c_2) - (a_1 + a_2 c_2)^2 s_1 \end{aligned} \tag{4.71}$$

이고, 양변을 정리하면

$$s_1 = \frac{a_2 s_2 P_x - (a_1 + a_2 c_2) P_y}{(a_2 s_2)^2 + (a_1 + a_2 c_2)^2} \tag{4.72}$$

이다.

같은 방법으로 $\sin\theta_1$에 대해 식을 세워 풀면 다음과 같이 $\cos\theta_1$을 구할 수 있다.

$$c_1 = \frac{(a_1 + a_2 c_2) P_x + a_2 s_2 P_y}{(a_2 s_2)^2 + (a_1 + a_2 c_2)^2} \tag{4.73}$$

식 (4.51)으로부터 atan2를 적용하면, 공통 분모가 사라지고 θ_2가 알려져 있으므로 다음과 같이 θ_1이 계산된다.

$$\theta_1 = atan2(a_2 s_2 P_x + (a_1 + a_2 c_2) P_y, (a_1 + a_2 c_2) P_x - a_2 s_2 P_y) \tag{4.74}$$

θ_4는 매니퓰레이터의 최종 방위를 나타내는 식 (4.64)로부터 다음과 같이 구할 수 있다.

$$\begin{aligned} \phi &= \theta_1 + \theta_2 - \theta_4 = atan2(r_{12}, r_{11}) \\ \theta_4 &= \theta_1 + \theta_2 - atan2(r_{12}, r_{11}) \end{aligned} \tag{4.75}$$

예제 4.2

PUMA 500(또는 PUMA 560) 매니퓰레이터에 대한 역 기구학 해를 구하시오.

풀이

PUMA 500 또는 560 매니퓰레이터의 정 기구학해는 제3장의 3.6절에서 얻어진 식 (3.33)과 각 관절변수(θ_i)에 대한 동차 변환 행렬의 연쇄적 후위곱으로 다음과 같이 표현할 수 있다.

$$\begin{aligned} {}^0T_6 &= \begin{bmatrix} r_{11} & r_{12} & r_{13} & p_x \\ r_{21} & r_{22} & r_{23} & p_y \\ r_{31} & r_{32} & r_{33} & p_z \\ 0 & 0 & 0 & 1 \end{bmatrix} \\ &= {}^0T_1(\theta_1)\,{}^1T_2(\theta_2)\,{}^2T_3(\theta_3)\,{}^3T_4(\theta_4)\,{}^4T_5(\theta_5)\,{}^5T_6(\theta_6) \end{aligned} \tag{4.76}$$

식 (4.56) 좌, 우변에 ${}^0T_1(\theta_1)$의 역행렬을 곱하면

$$\begin{aligned} {}^0T_1^{-1}(\theta_1)\,{}^0T_6 &= \begin{bmatrix} c_1 & s_1 & 0 & 0 \\ -s_1 & c_1 & 0 & 0 \\ 0 & 0 & 1 & 0 \\ 0 & 0 & 0 & 1 \end{bmatrix} \begin{bmatrix} r_{11} & r_{12} & r_{13} & p_x \\ r_{21} & r_{22} & r_{23} & p_y \\ r_{31} & r_{32} & r_{33} & p_z \\ 0 & 0 & 0 & 1 \end{bmatrix} \\ &= {}^0T_1^{-1}(\theta_1)\,{}^0T_1(\theta_1)\,{}^1T_2(\theta_2)\,{}^2T_3(\theta_3)\,{}^3T_4(\theta_4)\,{}^4T_5(\theta_5)\,{}^5T_6(\theta_6) \end{aligned} \tag{4.77}$$

이므로, 행렬을 정리하면 다음식과 같다.

$${}^0T_1^{-1}(\theta_1)\,{}^0T_6 = {}^1T_2(\theta_2)\,{}^2T_3(\theta_3)\,{}^3T_4(\theta_4)\,{}^4T_5(\theta_5)\,{}^5T_6(\theta_6) \tag{4.78}$$

또한, 식 (4.78)의 좌변은

$$
{}^0T_1^{-1}(\theta_1)\,{}^0T_6 = \begin{bmatrix} c_1 & s_1 & 0 & 0 \\ -s_1 & c_1 & 0 & 0 \\ 0 & 0 & 1 & 0 \\ 0 & 0 & 0 & 1 \end{bmatrix} \begin{bmatrix} r_{11} & r_{12} & r_{13} & p_x \\ r_{21} & r_{22} & r_{23} & p_y \\ r_{31} & r_{32} & r_{33} & p_z \\ 0 & 0 & 0 & 1 \end{bmatrix}
$$

$$
= \begin{bmatrix} c_1 r_{11} + r_{21} s_1 & c_1 r_{12} + r_{22} s_1 & c_1 r_{13} + r_{23} s_1 & p_x c_1 + p_y s_1 \\ c_1 r_{21} - r_{11} s_1 & c_1 r_{22} - r_{12} s_1 & c_1 r_{23} - r_{13} s_1 & -p_x s_1 + p_y c_1 \\ r_{31} & r_{32} & r_{33} & Pz \\ 0 & 0 & 0 & 1 \end{bmatrix} \tag{4.79}
$$

와 같다.

식 (4.78)의 우변 ${}^1T_2(\theta_2)\,{}^2T_3(\theta_3)\,{}^3T_4(\theta_4)\,{}^4T_5(\theta_5)\,{}^5T_6(\theta_6)$의 연산 결과는 ${}^0T_6$의 부분 결과이므로 첨자 s를 이용해서 다음과 같이 표현할 수 있으며,

$$
{}^1T_6 = {}^1T_2(\theta_2)\,{}^2T_3(\theta_3)\,{}^3T_4(\theta_4)\,{}^4T_5(\theta_5)\,{}^5T_6(\theta_6)
$$

$$
= \begin{bmatrix} {}^s r_{11} & {}^s r_{12} & {}^s r_{13} & {}^s p_x \\ {}^s r_{21} & {}^s r_{22} & {}^s r_{23} & {}^s p_y \\ {}^s r_{31} & {}^s r_{32} & {}^s r_{33} & {}^s p_z \\ 0 & 0 & 0 & 1 \end{bmatrix} \tag{4.80}
$$

${}^1T_6$의 연쇄곱한 행렬의 각 원소의 계산 결과는 제3장의 식 (3.28)로부터

$$
\begin{aligned}
{}^s r_{11} &= c_{23}(c_4 c_5 c_6 - s_4 s_6) - s_{23} s_5 s_6 \\
{}^s r_{21} &= -s_4 c_5 c_6 - c_4 s_6 \\
{}^s r_{31} &= -s_{23}(c_4 c_5 c_6 - s_4 s_6) - c_{23} s_5 c_6 \\
{}^s r_{12} &= -c_{23}(c_4 c_5 s_6 + s_4 c_6) + s_{23} s_5 s_6 \\
{}^s r_{22} &= s_4 c_5 s_6 - c_4 c_6 \\
{}^s r_{32} &= s_{23}(c_4 c_5 c_6 + s_4 c_6) + c_{23} s_5 s_6 \\
{}^s r_{13} &= -c_{23} c_4 s_5 - s_{23} c_5 \\
{}^s r_{23} &= s_4 s_5 \\
{}^s r_{33} &= s_{23} c_4 s_5 - c_{23} c_5 \\
{}^s p_x &= a_2 c_2 + a_3 c_{23} - d_4 s_{23} \\
{}^s p_y &= d_3 \\
{}^s p_z &= -a_3 s_{23} - a_2 s_2 - d_4 c_{23}
\end{aligned} \tag{4.81}
$$

이다.

식 (4.80)과 (4.81)의 원소 (2,4)를 살펴보면 앞 절에서 다루었던 atan2를 이용하여 비교적 간단하게 관절변수 θ_1을 구할 수 있는 구조임을 알 수 있다. 두 식으로부터

$$-p_x s_1 + p_y c_1 = d_3 \tag{4.82}$$

이며, 다음의 식으로부터

$$\begin{aligned} p_x &= \rho\cos\phi \\ p_y &= \rho\sin\phi \\ \rho &= \sqrt{p_x^2 + p_y^2} \\ \phi &= atan2(p_y, p_x) \end{aligned} \tag{4.83}$$

p_x, p_x를 ρ, ϕ로 치환하면

$$c_1 s_\phi - s_1 c_\phi = \frac{d_3}{\rho} \tag{4.84}$$

이며, 식 (4.84)의 좌변은 삼각함수의 합차 공식을 이용하면

$$\sin(\phi - \theta_1) = \frac{d_3}{\rho} \tag{4.85}$$

이고, 제곱합 공식

$$\sin^2(\phi - \theta_1) + \cos^2(\phi - \theta_1) = 1 \tag{4.86}$$

으로부터,

$$\cos(\phi - \theta_1) = \pm\sqrt{1 - \frac{d_3^2}{\rho^2}} \tag{4.87}$$

이다. 따라서, 관절변수 θ_1은 다음과 같이 구할 수 있으며, 부호에 따라 2가지의 해를 갖게 된다.

$$\phi - \theta_1 = atan2\left(\frac{d_3}{\rho}, \pm\sqrt{1 - \frac{d_3^2}{\rho^2}}\right) \tag{4.88}$$

$$\theta_1 = atan2(p_y, p_x) - atan2\left(\frac{d_3}{\rho}, \pm\sqrt{1-\frac{d_3^2}{\rho^2}}\right) \tag{4.89}$$

다음으로 θ_1과 마찬가지로 비교적 간단한 대수적 풀이를 통해 관절변수 θ_3를 계산한다. 식 (4.79)의 원소 (1,4)와 식 (4.81)의 원소 (3,4) 및 식 (4.82)을 이용하면 다음과 같은 방정식을 세울 수 있다.

$$\begin{aligned} p_x c_1 + p_y s_1 &= a_2 c_2 + a_3 c_{23} - d_4 s_{23} \\ -p_z &= a_2 c_2 + a_3 c_{23} + d_4 s_{23} \\ -p_x s_1 + p_y c_1 &= d_3 \end{aligned} \tag{4.90}$$

식 (4.90)을 제곱하면 좌변은

$$\begin{aligned} &(p_x c_1 + p_y s_1)^2 + (-p_z)^2 + (-p_x s_1 + p_y c_1)^2 \\ &= p_x^2 c_1^2 + p_y^2 s_1^2 + 2p_x c_1 p_y s_1 + p_z^2 + p_x^2 s_1^2 + p_y^2 c_1^2 - 2p_x s_1 p_y c_1 \\ &(c_1^2 + s_1^2)p_x^2 + (c_1^2 + s_1^2)p_y^2 + p_z^2 \\ &= p_x^2 + p_y^2 + p_z^2 \end{aligned} \tag{4.91}$$

이고, 우변을 정리하면

$$2a_2(a_3 c_3 - d_4 s_3) + (a_2^2 - a_3^2 - d_3^2 - a_4^2) \tag{4.92}$$

이므로

$$\begin{aligned} 2a_2(a_3 c_3 - d_4 s_3) + (a_2^2 + a_3^2 + d_3^2 + a_4^2) &= p_x^2 + p_y^2 + p_z^2 \\ 2a_2(a_3 c_3 - d_4 s_3) &= p_x^2 + p_y^2 + p_z^2 - (a_2^2 + a_3^2 + d_3^2 + a_4^2) \\ a_3 c_3 - d_4 s_3 &= \frac{p_x^2 + p_y^2 + p_z^2 - (a_2^2 + a_3^2 + d_3^2 + a_4^2)}{2a_2} \end{aligned} \tag{4.93}$$

식 (4.92)에서 $a_3 c_3 - d_4 s_3 = K$라 하면

$$\begin{aligned} a_3 c_3 - d_4 s_3 &= K \\ K &= \frac{p_x^2 + p_y^2 + p_z^2 - (a_2^2 + a_3^2 + d_3^2 + a_4^2)}{2a_2} \end{aligned} \tag{4.94}$$

식 (4.94)는 관절 변수 θ_3에 관한 식이며, θ_3는 (4.83)에서부터 (4.89)까지의 과정과 같은 방식으로 변수 치환을 이용하여 구할 수 있다. 식 (4.89)를 참고하여 관절 변수 θ_3는

$$\theta_3 = atan2(a_3,\, d_4) - atan2(K,\, \pm\sqrt{a_3^2 + d_4^2 - K^2}\,) \tag{4.95}$$

이다.

관절 변수 θ_1과 θ_3이 구해졌으므로, 변환행렬 ${}^0T_3$은 이제 θ_2에 관한 함수만으로 생각할 수 있다. 따라서, ${}^0T_3^{-1}$을 이용하면 제3장의 식 (3.28)은

$$\begin{aligned} {}^0T_3^{-1}(\theta_3)\,{}^0T_6 &= {}^0T_3^{-1}\,{}^0T_3(\theta_3)\,{}^3T_6(\theta_4,\theta_5,\theta_6) \\ &= {}^0T_3^{-1}\,{}^0T_3(\theta_3)\,{}^3T_4(\theta_4)\,{}^4T_5(\theta_5)\,{}^5T_6(\theta_6) \end{aligned} \tag{4.96}$$

와 같이 표현할 수 있다. 식 (4.72)의 좌변은

$${}^0T_3^{-1}(\theta_3){}^0T_6 = \begin{bmatrix} c_1c_{23} & s_1c_{23} & -s_{23} & -a_2c_3 \\ -c_1s_{23} & -s_1s_{23} & -c_{23} & a_2s_3 \\ -s_1 & c_1 & 0 & -d_3 \\ 0 & 0 & 0 & 1 \end{bmatrix} \begin{bmatrix} r_{11} & r_{12} & r_{13} & p_x \\ r_{21} & r_{22} & r_{23} & p_y \\ r_{31} & r_{32} & r_{33} & p_z \\ 0 & 0 & 0 & 1 \end{bmatrix} \tag{4.97}$$

이고, 우변은 제3장의 식 (3.26)과 같으므로 다음과 같이 나타낼 수 있다.

$${}^3T_4(\theta_4){}^4T_5(\theta_5){}^0T_6(\theta_6) = \begin{bmatrix} c_4c_5c_6 - s_4s_6 & -c_4c_5s_6 - s_4c_6 & -c_4s_5 & a_3 \\ s_5c_6 & -s_5s_6 & -c_5 & d_4 \\ -s_4c_5c_6 - c_4s_6 & s_4c_5s_6 - c_4c_6 & s_4s_5 & 0 \\ 0 & 0 & 0 & 1 \end{bmatrix} \tag{4.98}$$

식 (4.97)과 (4.98)로부터 원소 (1,4)와 원소 (2,4)를 이용하여 다음과 같은 방정식을 세울 수 있다.

$$\begin{aligned} &p_xc_1c_{23} + p_ys_1c_{23} - s_{23}p_z - a_2c_3 = a_3 \\ &-p_xc_1s_{23} - p_ys_1s_{23} - c_{23}p_z + a_2s_3 = d_4 \end{aligned} \tag{4.99}$$

식 (4.99)를 다시 다음과 같이 정리하면

$$-p_z s_{23} + (p_x c_1 + p_y s_1)c_{23} = a_3 + a_2 c_3$$
$$-(p_x c_1 + p_y s_1)s_{23} - p_z c_{23} = d_4 - a_2 s_3 \qquad (4.100)$$

이며, 크래머 규칙(Cramer's rule)을 이용하여 s_{23}, c_{23}을 구할 수 있다.

$$\begin{bmatrix} -p_z & p_x c_1 + p_y s_1 \\ -p_x c_1 - p_y s_1 & -p_z \end{bmatrix} \begin{bmatrix} s_{23} \\ c_{23} \end{bmatrix} = \begin{bmatrix} a_3 + a_2 c_3 \\ d_4 - a_2 s_3 \end{bmatrix}$$

$$s_{23} = \frac{1}{D} \begin{vmatrix} a_3 + a_2 c_3 & p_x c_1 + p_y s_1 \\ d_4 - a_2 s_3 & -p_z \end{vmatrix} = \frac{(-a_3 - a_2 c_3)p_z + (p_x c_1 + p_y s_1)(a_2 s_3 - d_4)}{D} \qquad (4.101)$$

$$c_{23} = \frac{1}{D} \begin{vmatrix} -p_z & a_3 + a_2 c_3 \\ -p_x c_1 - p_y s_1 & d_4 - a_2 s_3 \end{vmatrix} = \frac{(a_2 s_3 - d_4)p_z + (a_3 + a_2 c_3)(p_x c_1 + p_y s_1)}{D}$$

단,

$$D = p_z^2 + (p_x c_1 + p_y s_1)^2$$

s_{23}, c_{23}에 대한 atan2를 이용하면 다음과 같이 θ_{23}을 구할 수 있으며

$$\begin{aligned} \theta_{23} &= atan2(s_{23},\ c_{23}) \\ &= atan2[(-a_3 - a_2 c_3)p_z + (p_x c_1 + p_y s_1)(a_2 s_3 - d_4), \\ &\qquad (a_2 s_3 - d_4)p_z + (a_3 + a_2 c_3)(p_x c_1 + p_y s_1)] \end{aligned} \qquad (4.102)$$

$\theta_{23} = \theta_2 + \theta_3$ 이므로 식 (4.95)를 이용하면 관절 변수 θ_2는 다음과 같다.

$$\begin{aligned} \theta_2 &= \theta_{23} - \theta_3 \\ &= atan2[(-a_3 - a_2 c_3)p_z + (p_x c_1 + p_y s_1)(a_2 s_3 - d_4), \\ &\qquad (a_2 s_3 - d_4)p_z + (a_3 + a_2 c_3)(p_x c_1 + p_y s_1)] \\ &\quad - atan2(a_3,\ d_4) - atan2(K,\ \pm\sqrt{a_3^2 + d_4^2 - K^2}\,) \end{aligned} \qquad (4.103)$$

관절 변수 θ_4의 해를 찾기 위해 다음과 같이 식 (4.97)과 (4.98)의 원소 (1,3)과 (3,3)을 이용하여 방정식을 세우면 다음과 같다.

$$\begin{bmatrix} c_1c_{23} & s_1c_{23} & -s_{23} & -a_2c_3 \\ -c_1s_{23} & -s_1s_{23} & -c_{23} & a_2s_3 \\ -s_1 & c_1 & 0 & -d_3 \\ 0 & 0 & 0 & 1 \end{bmatrix}\begin{bmatrix} r_{11} & r_{12} & r_{13} & p_x \\ r_{21} & r_{22} & r_{23} & p_y \\ r_{31} & r_{32} & r_{33} & p_z \\ 0 & 0 & 0 & 1 \end{bmatrix}$$

$$= \begin{bmatrix} c_4c_5c_6 - s_4s_6 & -c_4c_5s_6 - s_4c_6 & -c_4s_5 & a_3 \\ s_5c_6 & -s_5s_6 & -c_5 & d_4 \\ -s_4c_5c_6 - c_4s_6 & s_4c_5s_6 - c_4c_6 & s_4s_5 & 0 \\ 0 & 0 & 0 & 1 \end{bmatrix}$$

$r_{13}c_1c_{23} + r_{23}s_1c_{23} - s_{23}r_{33} = -c_4s_5$ 로부터 (4.104)

$$c_4 = \frac{-r_{13}c_1c_{23} - r_{23}s_1c_{23} + s_{23}r_{33}}{s_5}$$

$-r_{13}s_1 + r_{23}c_1 = s_4s_5$ 로부터

$$s_4 = \frac{-r_{13}s_1 + r_{23}c_1}{s_5}$$

단, $s_5 \neq 0$

atan2를 이용하여 관절 변수 θ_4는 다음과 같이 계산된다.

$$\begin{aligned} \theta_4 &= atan2(s_4,\ c_4) \\ &= atan2(-r_{13}s_1 + r_{23}c_1,\ -r_{13}c_1c_{23} - r_{23}s_1c_{23} + s_{23}r_{33}) \end{aligned} \tag{4.105}$$

관절 변수 $\theta_1, \theta_2, \theta_3, \theta_4$에 대한 값이 결정되었으므로, 다시 식 (4.76)에 ${}^0T_4^{-1}$를 곱하면

$$\begin{aligned} &{}^0T_4^{-1}(\theta_4)\,{}^0T_6 = \\ &{}^0T_4(\theta_1, \theta_2, \theta_3, \theta_4)^{-1}\,{}^0T_1(\theta_1)\,{}^1T_2(\theta_2)\,{}^2T_3(\theta_3)\,{}^3T_4(\theta_4)\,{}^4T_5(\theta_5)\,{}^5T_6(\theta_6) \end{aligned} \tag{4.106}$$

이며, 이를 행렬 형태로 나타내면 다음과 같다.

$$\begin{bmatrix} c_1c_{23}c_4+s_1s_4 & s_1c_{23}c_4-c_1s_4 & -s_{23}c_4 & -a_2c_3c_4+d_3s_4-a_3c_4 \\ -c_1c_{23}s_4+s_1c_4 & -s_1c_{23}s_4-c_1s_4 & s_{23}s_4 & a_2c_3s_4+d_3c_4-a_3s_4 \\ -c_1s_1 & -s_1s_{23} & -c_{23} & a_2s_3-d_4 \\ 0 & 0 & 0 & 1 \end{bmatrix} \cdot \begin{bmatrix} r_{11} & r_{12} & r_{13} & p_x \\ r_{21} & r_{22} & r_{23} & p_y \\ r_{31} & r_{32} & r_{33} & p_z \\ 0 & 0 & & \end{bmatrix}$$

$$= \begin{bmatrix} c_5c_6 & -c_5s_6 & -s_5 & 0 \\ s_6 & c_6 & 0 & 0 \\ s_5c_6 & -s_5s_6 & c_5 & 0 \\ 0 & 0 & 0 & 1 \end{bmatrix} \tag{4.107}$$

식 (4.107)에서 원소 (1,3)과 (3,3)을 이용하여 방정식을 세우면

$$\begin{aligned} & r_{13}(c_1c_{23}c_4+s_1s_4)+r_{23}(s_1c_{23}c_4-c_1s_4)-r_{33}(s_{23}c_4)=-s_5 \\ & r_{13}(-c_1s_{23})+r_{23}(-s_1s_{23})+r_{33}(-c_{23})=c_5 \end{aligned} \tag{4.108}$$

이므로, atan2를 이용하여 관절 변수 θ_5는 다음과 같이 구할 수 있다.

$$\begin{aligned} \theta_5 &= atan2(s_5,\ c_5) \\ &= atan2[-r_{13}(c_1c_{23}c_4+s_1s_4)-r_{23}(s_1c_{23}c_4-c_1s_4)+r_{33}(s_{23}c_4), \\ &\qquad r_{13}(-c_1s_{23})+r_{23}(-s_1s_{23})+r_{33}(-c_{23})] \end{aligned} \tag{4.109}$$

마지막으로 관절 변수 θ_6도 같은 방식을 이용하면

$$\begin{aligned} & {}^0T_5^{-1}(\theta_5)\,{}^0T_6 = \\ & \quad {}^0T_4(\theta_1,\theta_2,\theta_3,\theta_4,\theta_5)^{-1}\,{}^0T_1(\theta_1)\,{}^1T_2(\theta_2)\,{}^2T_3(\theta_3)\,{}^3T_4(\theta_4)\,{}^4T_5(\theta_5)\,{}^5T_6(\theta_6) \end{aligned} \tag{4.110}$$

이고, 이를 행렬로 표현하면

$$
\begin{bmatrix}
c_1c_{23}c_4c_5+s_1s_4c_5-c_1c_{23}s_5 & c_{23}c_4c_5s_1-c_1c_5s_4-s_1s_{23}s_5 \\
-c_1c_{23}c_4s_5-s_1s_4s_5-c_1s_{23}c_5 & -c_{23}c_4s_5s_1+c_1s_5s_4-s_1s_{23}c_5 \\
-c_4s_1+c_1c_{23}s_4 & c_1c_4+c_{23}s_1s_4 \\
0 & 0
\end{bmatrix}
$$

$$
\begin{matrix}
\cdot & \cdot & -c_4s_{23}c_5-c_{23}s_5 & -a_2c_3c_4+d_3s_4-a_3c_4 \\
\cdot & \cdot & -c_{23}c_5+c_4s_{23}s_5 & a_2c_3s_4+d_3c_4-a_3s_4 \\
\cdot & \cdot & -s_{23}s_4 & a_2s_3-d_4 \\
\cdot & \cdot & 0 & 1
\end{matrix}
\Bigg]
\begin{bmatrix}
r_{11} & r_{12} & r_{13} & p_x \\
r_{21} & r_{22} & r_{23} & p_y \\
r_{31} & r_{32} & r_{33} & p_z \\
0 & 0 & 0 & 1
\end{bmatrix}
$$

$$
=\begin{bmatrix}
c_6 & -s_6 & 0 & 0 \\
0 & 0 & 1 & 0 \\
-s_6 & -c_6 & 0 & 0 \\
0 & 0 & 0 & 1
\end{bmatrix}
\tag{4.111}
$$

이다. 식 (4.111)에서 (•)기호는 지면 관계상 모든 4 × 4 행렬 원소를 한 줄에 나타낼 수 없어서 3열과 4열을 다음 줄에 이어서 표현하기 위하여 임의로 사용되었다. 식 (4.111) 행렬의 원소 (3,1)과 (1,1)을 이용하여 방정식을 세우면

$$
\begin{aligned}
&-r_{11}(c_1c_{23}c_4-s_1c_4)-r_{21}(s_1c_{23}s_4+c_1c_4)+r_{31}(s_{23}s_4)=s_6 \\
&r_{11}[(c_1c_{23}c_4+s_1s_4)c_5-c_1s_{23}s_5]+ \\
&r_{21}[(s_1c_{23}c_4-c_1c_4)c_5-s_1s_{23}s_5]-r_{31}(s_{23}c_4c_5+c_{23}s_5)=c_6
\end{aligned}
\tag{4.112}
$$

이므로, atan2를 이용하여 관절 변수 θ_6는 다음과 같이 구할 수 있다.

$$
\begin{aligned}
\theta_6 &= atan2(s_6,\ c_6) \\
&= atan2[-r_{11}(c_1c_{23}c_4-s_1c_4)-r_{21}(s_1c_{23}s_4+c_1c_4)+r_{31}(s_{23}s_4), \\
&\qquad r_{11}[(c_1c_{23}c_4+s_1s_4)c_5-c_1s_{23}s_5]+\ r_{21}[(s_1c_{23}c_4-c_1c_4)c_5-s_1s_{23}s_5] \\
&\qquad\quad -r_{31}(s_{23}c_4c_5+c_{23}s_5)
\end{aligned}
\tag{4.113}
$$

역 기구학 해를 계산하는 과정에서 식 (4.89)와 (4.95)는 부호에 따라 θ_1에 대한 2개의 해와 θ_3에 대한 2개 해를 합쳐 서로 다른 4개의 해가 존재함을 알 수 있다. 그리고, 식 (4.103)에서 θ_{23}은 θ_1과 θ_3의 조합에 의해서 4개의 서로 다른 해가 가능하다. 따라서, PUMA 500(또는 PUMA 560)은 총 8개의 서로 다른 역 기구학 해를 가지게 된다. 추가적으로 식 (4.89)와 (4.95)의 4개의 해에 대해서 손목 관절을 '뒤집음'으로 서로 다른 4개의 해를 더 가질 수 있다. 이러한 뒤집음 해는 다음의 식으로 구할 수 있다.

$$\begin{aligned}\theta_4{}' &= \theta_4 + 180^\circ \\ \theta_5{}' &= \theta_5 \\ \theta_6{}' &= \theta_6 + 180^\circ\end{aligned} \tag{4.114}$$

예제 4.3

제3장의 3.8절에서 소개된 UR 매니퓰레이터의 역 기구학 해를 구하시오.

풀이

UR10e 매니퓰레이터는 PUMA 500(또는 PUMA 560)과 같이 6자유도의 매니퓰레이터이다. UR10e의 관절 변수 θ_1은 링크계 {5}의 원점을 이용하여 다음과 같이 구할 수 있다. 기호 (•)는 지면 관계상 행렬의 연쇄곱을 한 줄에 나타낼 수 없어서 다음 줄에 이어서 표현하기 위해 임의로 사용되었다.

$$\begin{aligned}{}^0T_1^{-1}(\theta_1)\,{}^0T_6\,{}^5T_6^{-1}(\theta_6) &= {}^0T_1^{-1}(\theta_1)\,{}^0T_1(\theta_1)\,{}^1T_2(\theta_2)\,{}^2T_3(\theta_3)\,\cdot \\ &\quad \cdot\,{}^3T_4(\theta_4)\,{}^4T_5(\theta_5)\,{}^5T_6(\theta_6)\,{}^5T_6^{-1}(\theta_6)\end{aligned} \tag{4.115}$$

이므로, 다시 정리하면 다음과 같다.

$${}^1T_5 = {}^1T_2(\theta_2)\,{}^2T_3(\theta_3)\,{}^3T_4(\theta_4)\,{}^4T_5(\theta_5) \tag{4.116}$$

UR10e에서 d_6는 알려져 있으므로, 링크계 {5}의 원점은 [그림 4.16]와 같은 기하학적 접근이 가능하다.

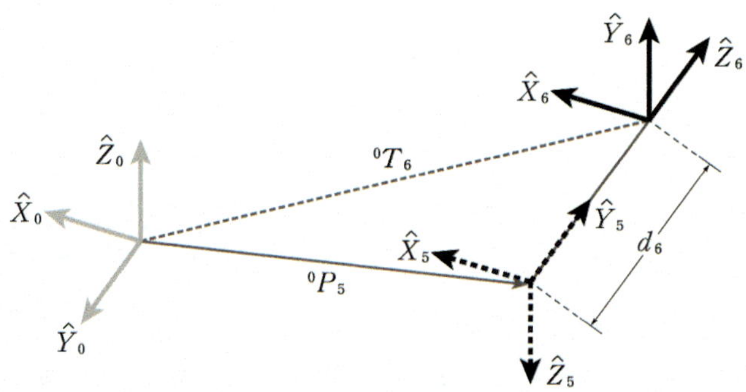

그림 4.16 링크계 {5}의 원점 계산

링크계 {0}에서 링크계 {5}의 전위 ${}^0P_5$는 다음과 같다.

$$
\begin{aligned}
{}^0P_5 &= {}^0P_6 - d_6\hat{Z}_6 \\
&= {}^0T_6\begin{bmatrix} 0 \\ 0 \\ -d_6 \\ 0 \end{bmatrix}
\end{aligned}
\tag{4.117}
$$

또한, [그림 4.17]에서와 같이 $x-y$평면으로 정사영하면 ϕ_1과 ϕ_2는

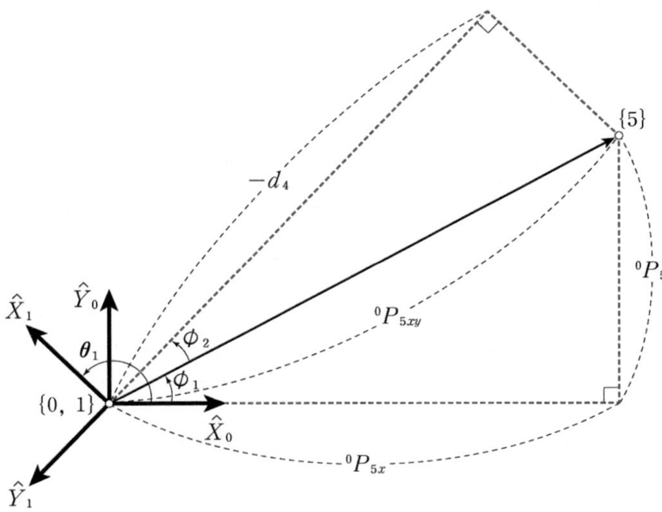

그림 4.17 θ_1을 위한 $x-y$평면으로의 정사영

$$
\begin{aligned}
\tan\phi_1 &= \frac{{}^0P_{5y}}{{}^0P_{5x}} \\
\phi_1 &= atan2({}^0P_{5y}, {}^0P_{5x}) \\
\cos\phi_2 &= \frac{d_4}{|{}^0P_{5xy}|} = \pm\frac{d_4}{\sqrt{({}^0P_{5x}^2 + {}^0P_{5y}^2)}} \\
\phi_2 &= \pm acos\left(\frac{d_4}{\sqrt{({}^0P_{5x}^2 + {}^0P_{5y}^2)}}\right)
\end{aligned}
\tag{4.118}
$$

이다. 따라서, 관절 변수 θ_1은 다음과 같이 구할 수 있다.

$$\theta_1 = \phi_1 + \phi_2 + \pi/2$$
$$= atan2({}^0P_{5y}, {}^0P_{5x}) \pm acos\left(\frac{d_4}{\sqrt{({}^0P_{5x}^2 + {}^0P_{5y}^2)}}\right) + \frac{\pi}{2} \quad (4.119)$$

다음으로, 관절 변수 θ_5에 대한 역 기구학 해를 구하기 위해 링크계 {6}을 포함시켜 $x-y$평면으로의 정사영을 나타내면 [그림 4.18]과 같다.

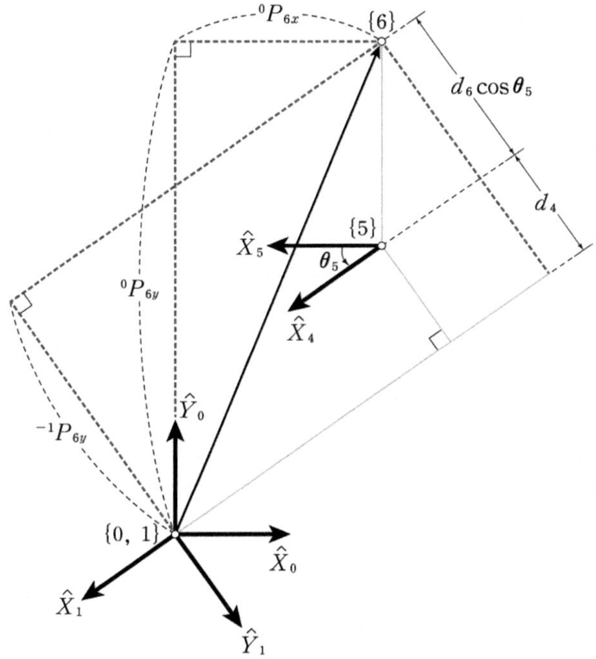

그림 4.18 θ_5을 위한 $x-y$평면으로의 정사영

${}^1P_6$의 y성분 ${}^1P_{6y}$는 관절 변수 θ_5에 종속되는 것을 알 수 있고, ${}^1P_{6y}$는 다음과 같이 계산된다.

$$-{}^1P_{6y} = d_4 + d_6\cos\theta_5 \quad (4.120)$$

${}^1P_6$는 ${}^0P_6$에 대한 역 회전 변환 행렬을 이용해서 나타낼 수 있으므로

$$
\begin{aligned}
&{}^{0}P_6 = {}^{0}R_1\,{}^{1}P_6 \\
&{}^{1}P_6 = {}^{0}R_1^{T}\,{}^{0}P_6 \\
&\begin{bmatrix} {}^{1}P_{6x} \\ {}^{1}P_{6y} \\ {}^{1}P_{6z} \end{bmatrix} = \begin{bmatrix} \cos\theta_1 & -\sin\theta_1 & 0 \\ \sin\theta_1 & \cos\theta_1 & 0 \\ 0 & 0 & 1 \end{bmatrix} \begin{bmatrix} {}^{0}P_{6x} \\ {}^{0}P_{6y} \\ {}^{0}P_{6z} \end{bmatrix}
\end{aligned} \tag{4.121}
$$

이다. 여기에서 ${}^{1}P_{6y}$는 원소 (2,1)에서 나타나므로 다음과 같다.

$$
{}^{1}P_{6y} = -{}^{0}P_{6x}\sin\theta_1 + {}^{0}P_{6y}\cos\theta_1 \tag{4.122}
$$

식 (4.120)과 (4.122)를 이용하여 방정식을 풀면, 관절 변수 θ_5를 구할 수 있다.

$$
\begin{aligned}
d_4 + d_6\cos\theta_5 &= -{}^{0}P_{6x}\sin\theta_1 + {}^{0}P_{6y}\cos\theta_1 \\
\cos\theta_5 &= \frac{{}^{0}P_{6x}\sin\theta_1 - {}^{0}P_{6y}\cos\theta_1 - d_4}{d_6} \\
\theta_5 &= \pm\, acos\left(\frac{{}^{0}P_{6x}\sin\theta_1 - {}^{0}P_{6y}\cos\theta_1 - d_4}{d_6}\right)
\end{aligned} \tag{4.123}
$$

단,

$$
|{}^{1}P_{6y} - d_4| \le |d_6|
$$

관절 변수 θ_6는 UR10e 매니퓰레이터의 손목 관절의 형태를 통해서 비교적 간단하게 유도할 수 있다. 제3장의 3.8절에 소개되어 있는 UR10e의 정기구학 스키메틱을 참고하고, [그림 4.19]에서 링크계 {6} 표시되어 있는 좌표계를 살펴보면, θ_6는 구면 좌표계에 의한 방위각이고, θ_5는 극좌표계의 각도임을 확인할 수 있다. 따라서, $\hat{Y}_1$은 다음과 같이 나타낼 수 있다.

$$
\begin{aligned}
\hat{Y}_1 &= {}^{6}\hat{Y}_1 \\
&= \begin{bmatrix} -\sin\theta_5\cos\theta_6 \\ \sin\theta_5\sin\theta_6 \\ -\cos\theta_5 \end{bmatrix}
\end{aligned} \tag{4.124}
$$

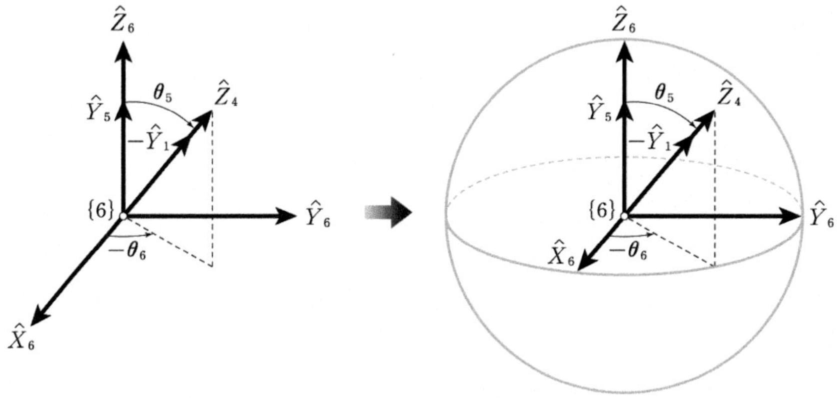

그림 4.19 θ_6을 위한 $x-y$평면으로의 정사영

또한, $\hat{Y}_1$은 링크계 {0}의 $x-y$평면상에서 θ_1만큼 회전한 값으로도 표현 가능하기 때문에 다음과 같은 식이 성립한다.

$$\begin{aligned}\hat{Y}_1 &= {}^6\hat{Y}_1 \\ &= {}^6\hat{X}_0(-\sin\theta_1)+{}^6\hat{Y}_0(\cos\theta_1) \\ &= \begin{bmatrix} {}^6\hat{X}_{0x}(-\sin\theta_1)+{}^6\hat{Y}_{0x}(\cos\theta_1) \\ {}^6\hat{X}_{0y}(-\sin\theta_1)+{}^6\hat{Y}_{0y}(\cos\theta_1) \\ {}^6\hat{X}_{0z}(-\sin\theta_1)+{}^6\hat{Y}_{0z}(\cos\theta_1) \end{bmatrix}\end{aligned} \tag{4.125}$$

식 (4.124)와 (4.125)로부터

$$\begin{bmatrix} -\sin\theta_5\cos\theta_6 \\ \sin\theta_5\sin\theta_6 \\ -\cos\theta_5 \end{bmatrix} = \begin{bmatrix} {}^6\hat{X}_{0x}(-\sin\theta_1)+{}^6\hat{Y}_{0x}(\cos\theta_1) \\ {}^6\hat{X}_{0y}(-\sin\theta_1)+{}^6\hat{Y}_{0y}(\cos\theta_1) \\ {}^6\hat{X}_{0z}(-\sin\theta_1)+{}^6\hat{Y}_{0z}(\cos\theta_1) \end{bmatrix}$$

$$\begin{aligned} -\sin\theta_5\cos\theta_6 &= -{}^6\hat{X}_{0x}\sin\theta_1+{}^6\hat{Y}_{0x}\cos\theta_1 \\ \cos\theta_6 &= \frac{{}^6\hat{X}_{0x}\sin\theta_1-{}^6\hat{Y}_{0x}\cos\theta_1}{\sin\theta_5} \end{aligned} \tag{4.126}$$

$$\begin{aligned} \sin\theta_5\sin\theta_6 &= -{}^6\hat{X}_{0y}\sin\theta_1+{}^6\hat{Y}_{0y}\cos\theta_1 \\ \sin\theta_6 &= \frac{-{}^6\hat{X}_{0y}\sin\theta_1+{}^6\hat{Y}_{0y}\cos\theta_1}{\sin\theta_5} \end{aligned}$$

이므로, atan2를 이용하여 다음과 같이 θ_6를 구할 수 있다.

$$\theta_6 = atan2(\sin\theta_2,\ \cos\theta_2)$$
$$= atan2\left(\frac{-{}^6\hat{X}_{0y}\sin\theta_1 + {}^6\hat{Y}_{0y}\cos\theta_1}{\sin\theta_5},\ \frac{{}^6\hat{X}_{0x}\sin\theta_1 - {}^6\hat{Y}_{0x}\cos\theta_1}{\sin\theta_5}\right) \tag{4.127}$$

이제 관절 변수 θ_2, θ_3, θ_4에 대한 값을 구하기 위해서 [그림 4.20]와 같은 기하학적인 특성을 고려한다. [그림 4.20]을 살펴보면 세 개의 관절은 평행하기 때문에 RRR 평면형 매니퓰레이터에 대한 역 기구학 풀이 방법을 적용할 수 있다.

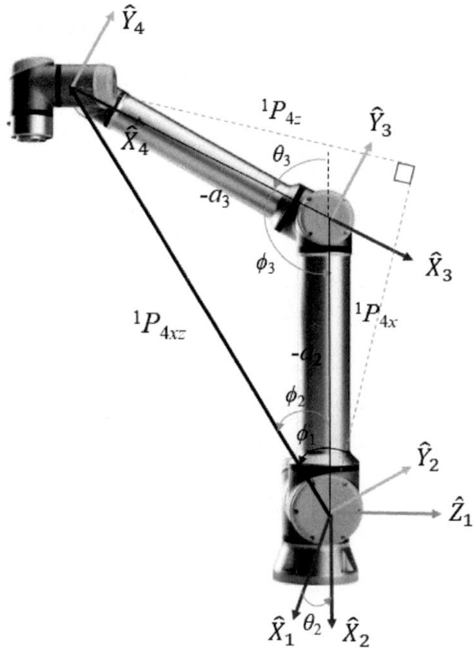

그림 4.20 θ_2, θ_3, θ_4를 위한 UR10e의 기하학적 특징

[그림 4.20]으로부터 ${}^1P_{4xz}$는 θ_3 또는 ϕ_3에 의해서 결정됨을 알 수 있다. ϕ_3는 코사인 제2법칙을 이용하여 구할 수 있으므로

$$\cos\phi_3 = \frac{(-a_2)^2 + (-a_3)^2 - |{}^1P_{4xz}|^2}{2(-a_2)(-a_3)} = \frac{a_2^2 + a_3^2 - |{}^1P_{4xz}|^2}{2a_2a_3} \tag{4.128}$$

이다. $\cos\theta_3$는 $\cos\phi_3$와의 관계를 이용할 수 있으므로

$$\cos\theta_3 = \cos(\pi - \phi_3) = -\cos(\phi_3) \tag{4.129}$$

이며, 관절 변수 θ_3는 다음과 같이 계산된다.

$$\cos\theta_3 = -\frac{a_2^2 + a_3^2 - |{}^1P_{4xz}|^2}{2a_2a_3}$$
$$\theta_3 = \pm acos\left(\frac{|{}^1P_{4xz}|^2 - a_2^2 - a_3^2}{2a_2a_3}\right) \tag{4.130}$$

관절 변수 θ_2는 $\phi_1 - \phi_2$에서 구할 수 있으므로 [그림 4.20]으로부터 atan2를 이용하여 ϕ_1을 구하면

$$\phi_1 = atan2(-{}^1P_{4z}, -{}^1P_{4x}) \tag{4.131}$$

이며, ϕ_2는 사인 법칙을 이용하면

$$\frac{\sin\phi_2}{-a_3} = \frac{\sin\phi_3}{|{}^1P_{4xz}|}$$
$$\phi_2 = asin\left(\frac{-a_3\sin\phi_3}{|{}^1P_{4xz}|}\right) \tag{4.132}$$

이므로, θ_2는 다음과 같이 구할 수 있다.

$$\begin{aligned}\theta_2 &= \phi_1 - \phi_2\\ &= atan2(-{}^1P_{4z}, -{}^1P_{4x}) - asin\left(\frac{-a_3\sin\phi_3}{|{}^1P_{4xz}|}\right)\end{aligned} \tag{4.133}$$

마지막으로 관절 변수 θ_4는 변환 행렬 ${}^3T_4$의 첫 번째 열 성분(${}^3\hat{X}_4$)을 이용하여 다음과 같이 구할 수 있다.

$$\theta_4 = atan2({}^3\hat{X}_{4y}, {}^3\hat{X}_{4x}) \tag{4.134}$$

Chapter 4 연습문제

4.1 다음과 같은 SCARA 매니퓰레이터는 [예제 4.1]의 기구학적 장치에서 말단 장치가 확장되어 회전 기능이 추가된 기구학적 특징을 가지고 있다. 이에 대한 DH 파라미터 및 역기구학 해를 구하시오.

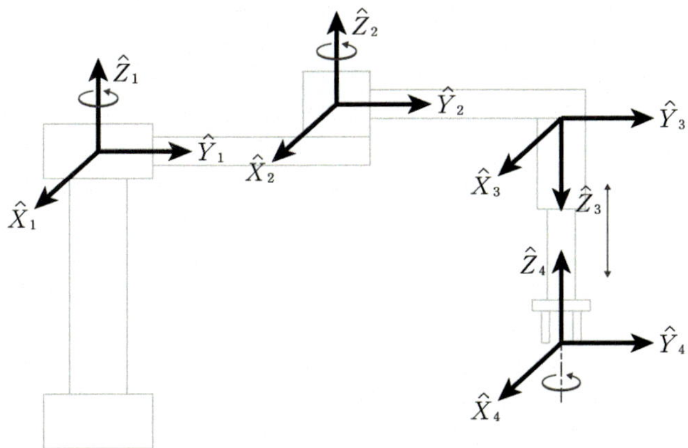

그림 4.21 $RRPR$형 스카라 매니퓰레이터

4.2 다음과 같은 매니퓰레이터의 DH 파라미터와 정 기구학 및 역 기구학 해를 구하시오.

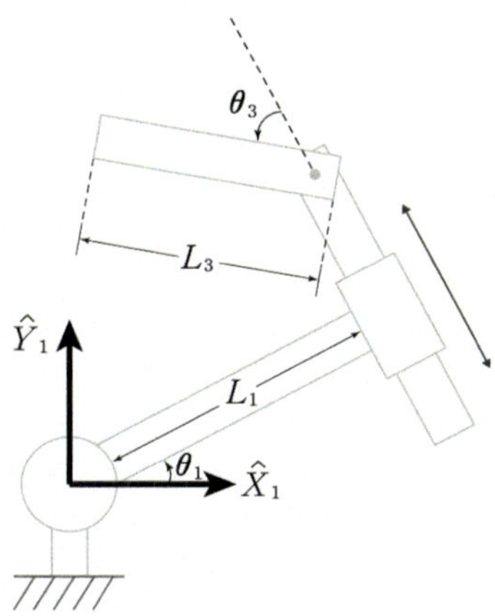

그림 4.22 RPR형 매니퓰레이터

4.3 다음과 같은 매니퓰레이터의 DH 파라미터를 정의하고 역 기구학 해를 구하시오.

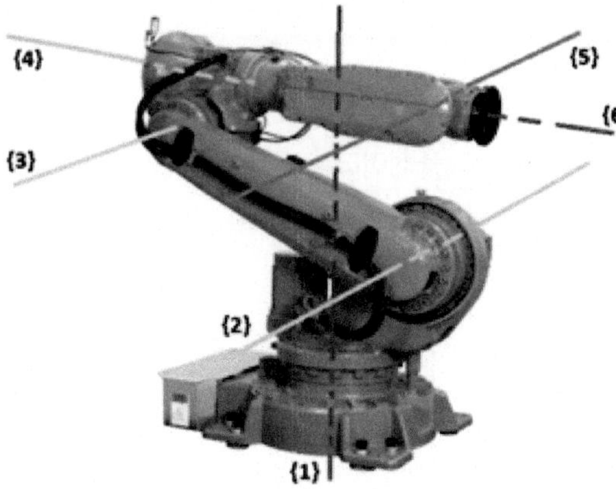

그림 4.23 수직 다관절 6자유도 매니퓰레이터

4.4 다음과 같은 3자유도 매니퓰레이터의 DH 파라미터를 정의하고, 정 기구학을 위한 변환 행렬로부터 역 기구학 해를 유도하시오.

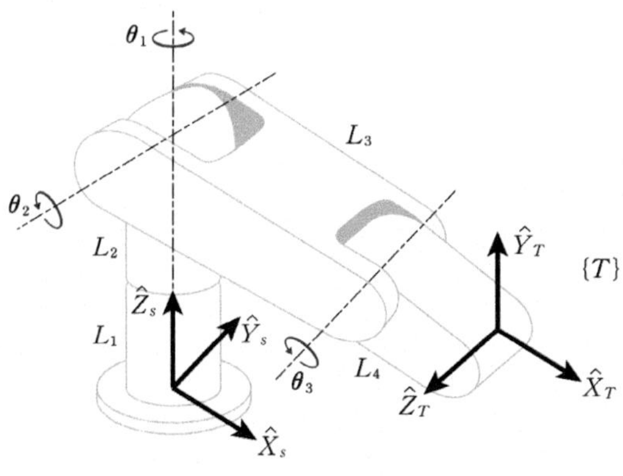

그림 4.24 RRR형 매니퓰레이터

4.5 2자유도 매니퓰레이터에 대한 링크계가 다음과 같을 때, 이 매니퓰레이터의 역 기구학식을 구하시오.

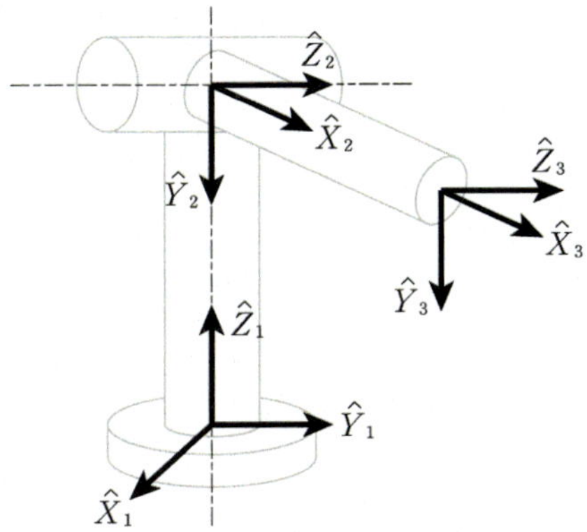

그림 4.25 RR형 매니퓰레이터

프로젝트 과제

4.6 2링크 평면(RR)형 및 3링크 평면(RRR)형 매니퓰레이터의 역 기구학을 위한 파이썬 프로그램을 작성하시오.

4.7 [연습문제 4.6]의 프로그램 상에서 $x-y$평면상에 마우스의 왼쪽 버튼을 클릭했을 때의 지점을 매니퓰레이터 말단 장치가 도달해야 하는 목표 지점으로 설정하고, 이 지점에 대한 각 관절 변수의 해를 나타내고, 목표 위치로의 이동을 일정 시간 간격 또는 지정 횟수만큼으로 균등 분할하여 단계별로 나타내주는 시뮬레이션 프로그램을 작성하시오.

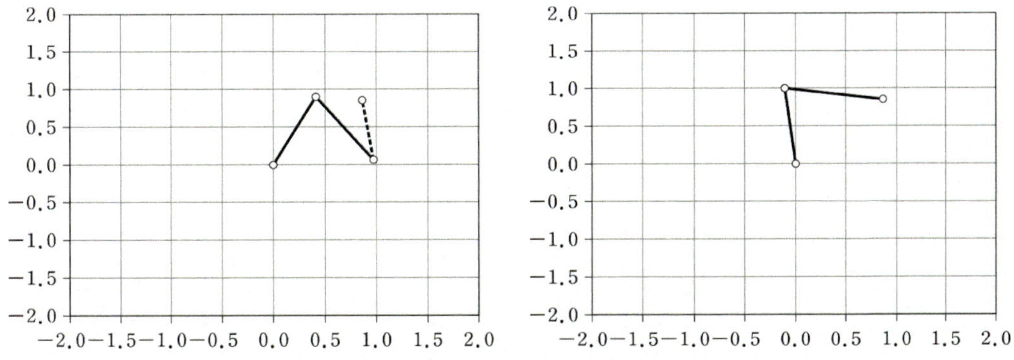

그림 4.26 RR형 매니퓰레이터 역 기구학 시뮬레이션 예시

Chapter 5

속도 기구학

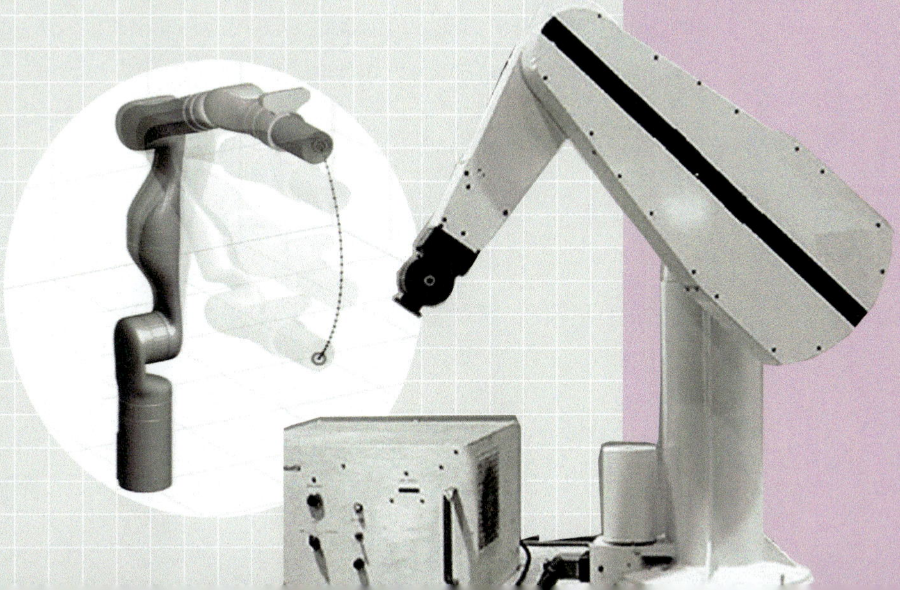

5.1 개요

지금까지는 정지 상태에 있는 매니퓰레이터 말단 장치의 위치 및 방위를 매니퓰레이터를 구성하는 관절 변수들의 관계를 이용해서 정·역 기구학으로 나타내는 방법에 대해서 다루었다. 이 장에서는 움직이는 상태 즉, 운동 중인 상태의 매니퓰레이터 말단 장치의 위치와 방위에 대한 시간 변화율인 선속도와 각속도라는 개념을 소개한다. 그리고, 매니퓰레이터가 움직이는 상태에서 모양이나 크기에 약간의 변형이 있을 수 있지만, 그 정도가 무시할 수 있을 만큼 작기 때문에 강체(Rigid body)로 가정한 후 말단 장치의 선속도 및 각속도와 매니퓰레이터의 관절의 시간에 따른 변화율과의 관계를 나타내는 자코비안 행렬(Jacobian matrix, 간단히 자코비안)에 대해서 논의한다.

5.2 속도와 가속도

강체의 운동에 대해 기술하기 전에, 먼저 강체의 운동에 대한 이해와 분석에 필요한 물리량인 속도와 가속도에 대한 개념을 소개한다.

5.2.1 수직선 위의 운동

속도(Velocity)는 속력(Speed)과 비슷하지만 다른 물리량으로, 속도는 위치의 변화 즉 변위에 대한 시간당 변화량을 의미하는 벡터량이며, 속력은 이동 거리에 대한 시간당 변화량을 의미하는 스칼라양이다. 속력을 계산하기 위한 측정치인 이동 거리는 물체의 전체 이동 길이를 의미하며, 속도를 계산하기 위한 측정치인 변위는 속력과 마찬가지로 변화된 위치의 전체 이동 길이 또는 크기의 스칼라양에 위치의 변화가 이루어지는 방향을 포함한다.

속력은 다음과 같이 표현할 수 있다.

$$\text{속력}(speed) = \frac{\text{이동 거리}}{\text{이동 시간}} = \frac{\Delta d}{\Delta t}(m/s) \tag{5.1}$$

속도는 위치의 변화를 시간의 관점에서 측량할 때, [그림 5.1]과 같이 나타낼 수 있다.

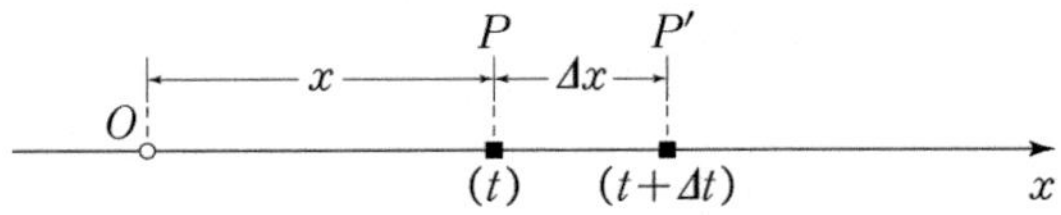

그림 5.1 수직선 상의 운동

$$속도(velocity) = \frac{위치의\ 변화량}{이동\ 시간} = \frac{변위}{이동\ 시간} = \frac{\Delta x}{\Delta t}(m/s) \tag{5.2}$$

식 (5.2)의 속도는 총 소요시간 Δt에 대한 전체 변위량 Δx인 평균 속도(Average velocity)를 의미한다. 평균 속도에서 시간의 간격을 매우 작은 단위 즉, 미소(Differential) 단위로 측정하면 변위량 또한 미소량의 변화를 나타내게 된다. 이를 순간 속도(Instantaneous velocity)라고 다음과 같이 나타낸다.

$$\begin{aligned} 순간\ 속도(v) &= \lim_{\Delta t \to 0} \frac{\Delta x}{\Delta t} \\ v &= \frac{dx}{dt}(m/s) \end{aligned} \tag{5.3}$$

가속도(Acceleration)는 물체의 속도가 시간에 따라 변화된 정도를 나타내는 값이며, 벡터량인 속도의 변화량을 시간 단위에서 관측하는 값으로 속도와 같은 벡터량이다. 속도와 마찬가지로 가속도도 평균 가속도(Average acceleration)와 순간 가속도(Instantaneous acceleration)로 구분할 수 있다.

평균 가속도는 일정한 시간 동안 물체의 평균적인 가속도를 의미하며, 운동하는 동안의 가속도 변화는 고려하지 않는다.

$$\begin{aligned} 평균\ 가속도(acceleration) &= \frac{속도의\ 변화량}{총\ 소요\ 시간} \\ &= \frac{나중\ 속도 - 처음\ 속도}{총\ 소요\ 시간} \\ &= \frac{v - v_0}{t}(m/s^2) \end{aligned} \tag{5.4}$$

순간 가속도는 미소 시간에 대한 속도의 변화량을 나타내며 다음과 같이 표현한다.

$$\text{순간 가속도}(a) = \lim_{\Delta t \to 0} \frac{\Delta v}{\Delta t}$$
$$a = \frac{dv}{dt} (m/s^2) \quad (5.5)$$

5.2.2 평면 위의 운동

수직선상에서의 운동은 간단히 전진과 후진 (전후, 또는 좌우 등)의 두 가지 경우밖에 없지만, 수직선상의 운동을 평면상으로 가져오면 평면에서는 무수한 방향이 존재할 수 있기 때문에 방향성이 매우 중요한 역할을 한다. 따라서, 운동을 평면이나 공간 차원에서 고려하는 경우, 벡터를 이용해서 표현하고 해석하게 된다.

[그림 5.2]에 나타나 있는 것과 같이, 좌표 평면 위를 움직이는 점 $P(x,y)$에 대하여 시간 t에서의 위치벡터 $\overrightarrow{OP} = \boldsymbol{P} = (x, y)$ 로 나타낼 수 있다.

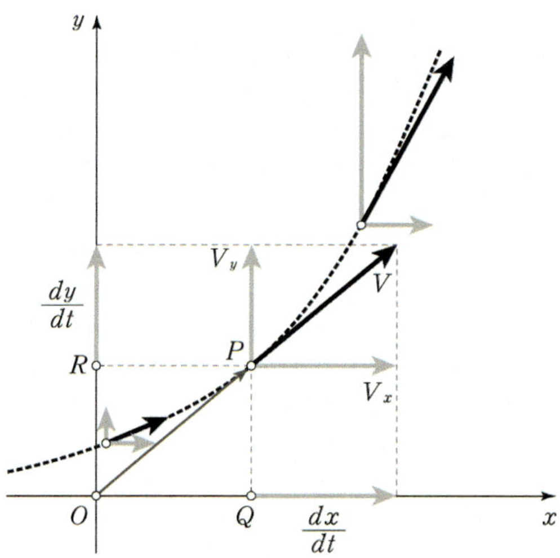

그림 5.2 평면에서의 운동

점 P의 좌표 (x,y)에 대하여 시간 t를 매개변수로 하는 함수로 다음과 같이 나타낼 수 있다.

$$x = f(t), \ y = g(t) \quad (5.6)$$

이를 이용하여 벡터 $\boldsymbol{P}$를 표현하면 다음과 같다.

$$\boldsymbol{P} = (f(t), \ g(t)) \quad (5.7)$$

점 P의 x, y축 위로의 정사영을 각각 Q, R이라고 하면 점 P의 움직임에 따라 점 Q는 x축 위에서 $x=f(t)$ 로 나타내어지는 직선 운동을 하고, 점 R는 y축 위에서 $y=g(t)$ 로 나타내어지는 직선 운동을 한다. 따라서 시간 t에서 두 점 Q, R의 속도는 각각

$$\frac{dx}{dt}=f'(t),\ \frac{dy}{dt}=g'(t) \tag{5.8}$$

이다. 이때, $\frac{dx}{dt}$, $\frac{dy}{dt}$를 각각 x, y 성분으로 하는 벡터 v는 다음과 같이 나타낼 수 있으며

$$v(t)=\left(\frac{dx}{dt},\ \frac{dy}{dt}\right)=(f'(t),\ g'(t))=(v_x,\ v_y) \tag{5.9}$$

이를 점 P의 속도라고 한다. 벡터 v의 크기는 다음과 같다.

$$|v(t)|=\left|\frac{dr}{dt}\right|=\sqrt{\left(\frac{dx}{dt}\right)^2+\left(\frac{dy}{dt}\right)^2} \tag{5.10}$$

[식 5.10]은 점 P의 즉, 속력을 나타낸다. 또한, 시간 t에서 평면상의 가속도는 두 점 Q, R에 대한 속도의 미분이므로

$$\frac{d}{dt}\left(\frac{dx}{dt}\right)=f''(t),\ \frac{d}{dt}\left(\frac{dy}{dt}\right)=g''(t) \tag{5.11}$$

이며, $\frac{d}{dt}\left(\frac{dx}{dt}\right)$, $\frac{d}{dt}\left(\frac{dy}{dt}\right)$를 각각 x, y 성분으로 하는 벡터 a는 다음과 같이 나타낼 수 있으며

$$a(t)=\left(\frac{d^2x}{dt^2},\ \frac{d^2y}{dt^2}\right) \tag{5.12}$$

이를 점 P의 가속도라고 한다. 또한, 벡터 a의 크기는

$$|a(t)|=\sqrt{\left(\frac{d^2x}{dt^2}\right)^2+\left(\frac{d^2y}{dt^2}\right)^2} \tag{5.13}$$

이며, 이를 점 P의 가속도의 크기라고 한다.

5.2.3 공간에서의 운동

매우 작은 입자(Particle)가 공간상에서 한 곡선을 따라 움직일 때 시간 t에서의 점 P에 대한 위치 벡터를 $r(t)=(x(t), y(t), z(t))$ 라 하고, 매우 작은 시간 Δt 동안 움직였을 때의 점 Q에 대한 위치 벡터를 $r(t+\Delta t)$라고 하면 두 벡터의 관계는 [그림 5.3]과 같이 나타낼 수 있다.

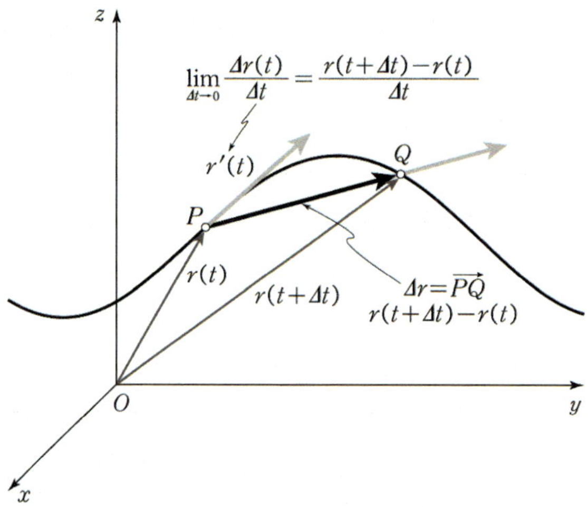

그림 5.3 공간상의 운동과 벡터 표현

벡터 $\overrightarrow{PQ}$ 또는 $\Delta r(t)$는 벡터 $r(t+\Delta t)$와 $r(t)$의 차로 나타낼 수 있으므로

$$\Delta r(t) = r(t+\Delta t) - r(t) \tag{5.14}$$

이며, 이를 시간 Δt로 나눈 값은 평균 속도가 되므로 다음과 같이 나타낼 수 있다.

$$\frac{\Delta r(t)}{\Delta t} = \frac{r(t+\Delta t) - r(t)}{\Delta t} \tag{5.15}$$

단, 시간 Δt로 나타나는 값은 미소 시간에 의한 것이므로 Δt가 작을수록 $\frac{\Delta r(t)}{\Delta t}$는 큰 벡터값을 가지게 됨을 유의해야 한다. Δt를 무한히 작은 값, 즉 0으로 접근시키면 다음의 식과 같이 나타낼 수 있으며

$$\begin{aligned} v(t) &= \lim_{\Delta t \to 0} \frac{r(t+\Delta t) - r(t)}{\Delta t} \\ &= r'(t) \end{aligned} \tag{5.16}$$

속도 벡터 $v(t)$는 [그림 5.3]에서와 같이 위치 벡터 $r(t)$가 가리키는 점 P에서의 일차 도함수 $r'(t)$이며, 점 P에서의 곡선에 접하는 접선 벡터(Tangent vector, $T(t)$)이다. 속도 벡터의 방향은 이 접선 벡터의 화살표 방향을 가르킨다. 속도 벡터 $r'(t)$ 의 각 축 성분을 평면상에서의 운동과 같은 방법으로 나타낼 수 있으므로, 각 축 성분의 단위벡터를 이용하여 속도 벡터를 표시할 수 있다.

$$\begin{aligned} v(t) &= \frac{dr(t)}{dt} = \left(\frac{dx}{dt}, \frac{dy}{dt}, \frac{dz}{dt}\right) \\ &= \frac{dx}{dt}\hat{i} + \frac{dy}{dt}\hat{j} + \frac{dz}{dt}\hat{k} \end{aligned} \tag{5.17}$$

속도 벡터 $v(t)$를 식 (5.9)와 같은 방법으로 다음과 같이 나타낼 수 있다.

$$v(t) = (v_x, v_y, v_z)$$

단,

$$v_x = \frac{dx}{dt},\ v_y = \frac{dy}{dt},\ v_z = \frac{dz}{dt} \tag{5.18}$$

속도 벡터의 도함수 $v'(t)$는 위치 벡터 $r(t)$에 대한 2계 도함수이므로 다음과 같이 나타낼 수 있다.

$$\begin{aligned} v'(t) = a(t) &= \left(\frac{d}{dt}\left(\frac{dx}{dt}\right), \frac{d}{dt}\left(\frac{dy}{dt}\right), \frac{d}{dt}\left(\frac{dz}{dt}\right)\right) \\ &= \left(\frac{d^2x}{dt^2}, \frac{d^2y}{dt^2}, \frac{d^2z}{dt^2}\right) \end{aligned} \tag{5.19}$$

식 (5.19)를 가속도 벡터(Acceleration vector)라고 한다. 여기에서 중요한 성질을 하나 발견할 수 있다. 속도 벡터의 크기, 즉 속력을 다시 나타내면

$$|v(t)| = \left|\frac{dr}{dt}\right| = \sqrt{\left(\frac{dx}{dt}\right)^2 + \left(\frac{dy}{dt}\right)^2 + \left(\frac{dz}{dt}\right)^2} \tag{5.20}$$

이며, 이는 선분의 길이를 나타내는 스칼라 값이므로 다시 다음과 같이 나타낼 수 있다. 편의상 시간 기호(t)를 생략되었다.

$$|v| = c \tag{5.21}$$

식 (5.21)의 양변을 제곱하여 제곱근을 풀어내면 벡터의 내적으로 나타낼 수 있으므로 다음과 같은 식이 성립된다.

$$\begin{aligned} |v|^2 &= c^2 \\ v \cdot v &= c^2 \end{aligned} \tag{5.22}$$

식 (5.22)의 양변을 미분하면

$$\frac{d}{dt}(v \cdot v) = \frac{dc^2}{dt} \tag{5.23}$$

식 (5.23)의 우변은 0이 되고, 좌변의 벡터 곱에 대한 미분식을 전개하면

$$\begin{aligned} \frac{d}{dt}(v \cdot v) &= \frac{dv}{dt} \cdot v + v \cdot \frac{dv}{dt} \\ &= 2v \cdot \frac{dv}{dt} \end{aligned} \tag{5.24}$$

이므로

$$v \cdot \frac{dv}{dt} = 0 \tag{5.25}$$

이다. 여기에서 $\frac{dv}{dt}$는 속도 벡터의 미분 즉, 가속도 벡터이며 식 (5.25)를 시간의 함수로 나타내면 다음과 같다.

$$v(t) \cdot a(t) = 0 \tag{5.26}$$

식 (5.26)으로부터 속도 벡터와 가속도 벡터는 서로 수직임을 알 수 있다. 속도 벡터를 접선 벡터라고 한 것과 같이, 가속도 벡터는 접선 벡터에 수직인 법선 벡터(Normal vector, $N(t)$)라고 한다. 속도 벡터(접선 벡터)와 가속도 벡터(법선 벡터)에 대한 기하학적 관계는 [그림 5.4]와 같다.

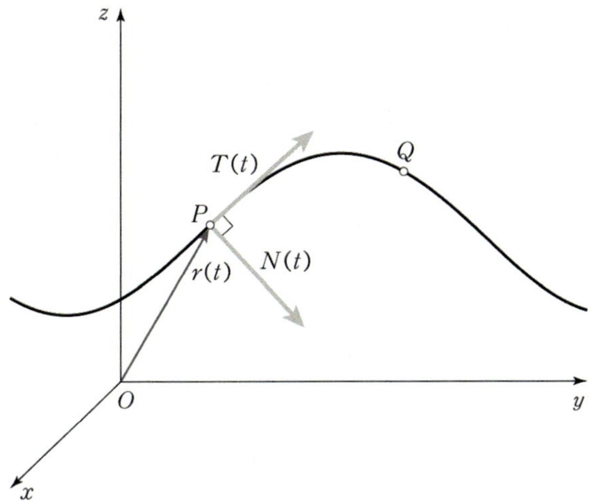

그림 5.4 위치 벡터와 접선 벡터 및 법선 벡터의 관계

5.2.4 고정 축에 대한 강체의 회전 운동

지금까지 속도와 가속도의 물리학적 개념은 입자의 선형 운동을 바탕으로 논의되었으며, 앞에서 소개된 속도 및 가속도는 선속도(Linear velocity) 또는 선가속도(Linear acceleration)라고 지칭하기도 한다. 이와 반대로 이 절에서는 선형 운동이 아닌 회전 운동에 대해서 논의하고자 한다.

어떤 물체가 한 축을 중심으로 회전을 하는 경우, 임의의 시각 t에서 물체의 운동 상태를 관찰하면 물체를 구성하는 각각의 부분은 서로 다른 선속도와 선가속도를 가지는 것을 확인할 수 있다. 이는 물체를 구성하는 입자들의 거리가 변형되기 때문에 물체를 하나의 입자로 간주하여 운동 상태를 분석할 수 없게 된다. 그러나, 강체(Ridgid body)의 개념을 도입하면 외력에 의한 변형을 무시할 수 있기 때문에 회전 운동에 대한 운동 분석에는 강체의 개념을 도입하여 설명한다.

[그림 5.5]와 같이 고정 축 z를 중심으로 회전하는 강체에 대해서, 기준선인 x축으로부터 각 θ만큼 이동하면 강체에 속한 모든 다른 입자들도 같은 각도 θ만큼 회전한다. 각 입자와 마찬가지로 전체 강체에 각 θ를 부여할 수 있으므로, 회전하는 강체의 각위치(Angular position)를 정의할 수 있다.

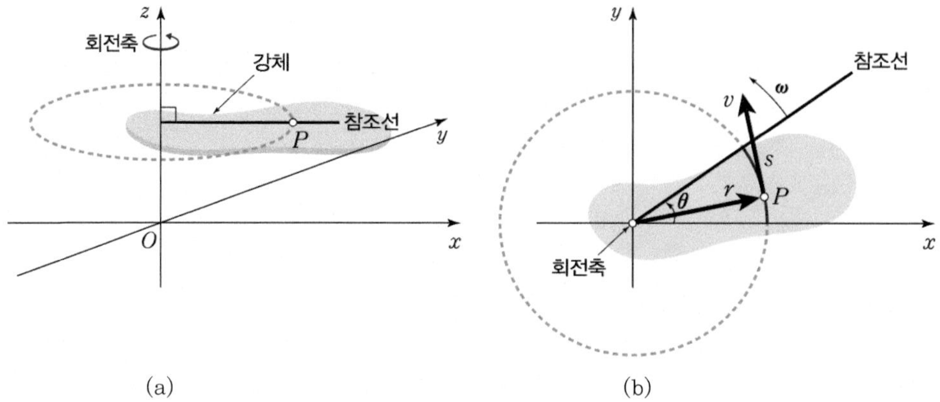

그림 5.5 고정 축에 대한 강체의 회전 운동

강체에 포함되며 회전축에 수직인 참조선(Reference line)을 [그림 5.5]의 (a)와 같이 설정할 수 있고, 이를 $x-y$평면에 정사영 시키면 [그림 5.5]의 (b)와 같이 나타낼 수 있다. 참조선이 x축과 이루는 각도를 θ, 회전 반경을 r, 각도 θ와 반지름 r에 의한 호의 길이를 s라 하면

$$s = r\theta$$
$$\theta = \frac{s}{r} \tag{5.27}$$

이다. 여기에서 각도 θ는 라디안(radian)이며, 1 라디안은 호의 길이 s가 반지름의 길이 r과 같을 때의 각도를 의미한다.

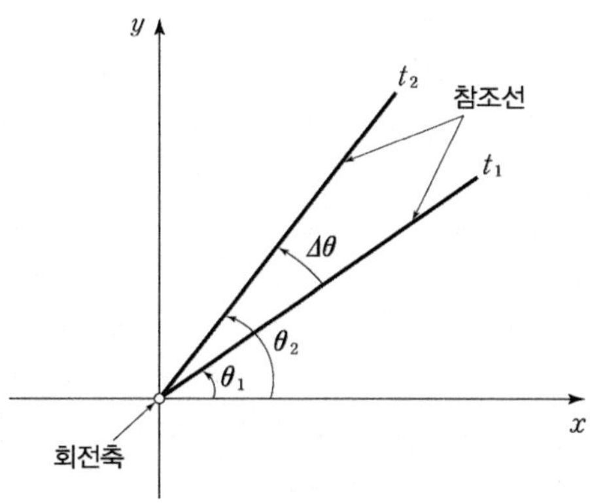

그림 5.6 시간의 변화에 따른 각도의 변화(각변위)

[그림 5.6]과 같이 시각 t_1, t_2에서의 회전각을 각각 θ_1, θ_2라고 할 때 시간 Δt 동안의 각변위(Angular displacement) $\Delta\theta$는 다음과 같다.

$$\Delta\theta = \theta_2 - \theta_1 \tag{5.28}$$

식 (5.28)로부터 강체가 회전 운동할 때의 평균 각속도(Average angular velocity, ω_{avg})를 다음과 같이 정의할 수 있다.

$$\omega_{avg} = \frac{\theta_2 - \theta_1}{t_2 - t_1} = \frac{\Delta\theta}{\Delta t} \tag{5.29}$$

또한, 식 (5.29)로부터 순간 각속도(Instantaneous angular velocity, ω)를 정의할 수 있다.

$$\omega = \lim_{\Delta t \to 0} \frac{\Delta\theta}{\Delta t} = \frac{d\theta}{dt} \tag{5.30}$$

선가속도의 정의와 마찬가지로, 평균 각가속도(Average angular acceleration)는 다음과 같으며

$$\alpha_{avg} = \frac{\omega_2 - \omega_1}{t_2 - t_1} = \frac{\Delta\omega}{\Delta t} \tag{5.31}$$

순간 각가속도(Instantaneous angular acceleration)는 다음과 같다.

$$\alpha = \lim_{\Delta t \to 0} \frac{\Delta\omega}{\Delta t} = \frac{d\omega}{dt} \tag{5.32}$$

[그림 5.5]는 점질량과 단위 벡터를 이용해서 [그림 5.6]과 같이 나타낼 수 있다.

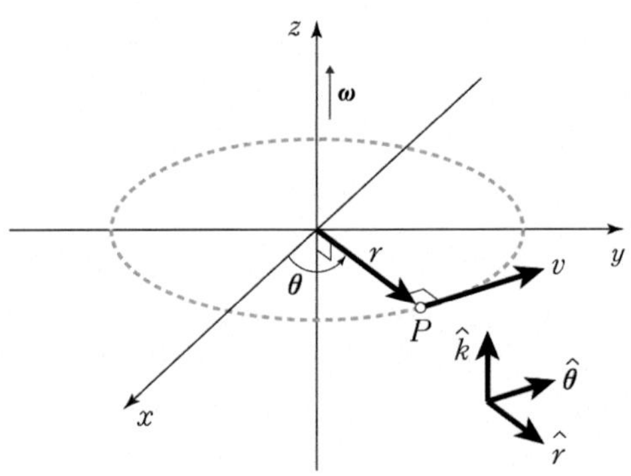

그림 5.7 각속도와 선속도의 관계

식 (5.27)로부터 점 P의 각변위 s에 대한 시간의 변화율인 선속도(Linear velocity)는

$$v = \frac{ds}{dt} = r\frac{d\theta}{dt} = r\omega \tag{5.33}$$

이므로, 다시 선속도를 미분하면 선가속도(Linear acceleration)는

$$a = \frac{dv}{dt} = r\frac{d\omega}{dt} = r\alpha \tag{5.34}$$

이다. 식 (5.33)을 단위 벡터를 이용하여 다시 나타내면

$$v = r\omega = r\frac{d\theta}{dt}\hat{\theta} \tag{5.35}$$

이고, 단위 벡터 $\hat{\theta}$는 단위 벡터 $\hat{k}$와 $\hat{r}$의 외적($\hat{\theta} = \hat{k} \times \hat{r}$)이므로, r은 단위 벡터 $\hat{r}$을 이용하여 $r = r\hat{r}$로 나타내면 식 (5.35)는 다음과 같이 나타낼 수 있다.

$$\begin{aligned} v = r\omega &= r\frac{d\theta}{dt}\hat{\theta} \\ &= \frac{d\theta}{dt}\hat{k} \times r\hat{r} \\ &= w \times r \end{aligned} \tag{5.36}$$

회전 운동에서 발생하는 가속도는 벡터량이기 때문에 [그림 5.8]과 같이 접선 방향으로의 벡터인 접선 가속도(Tangential acceleration)와 원점방향으로의 벡터 즉, r과 반대 방향 벡터인 구심 가속도(Centripetal acceleration)로 분해된다.

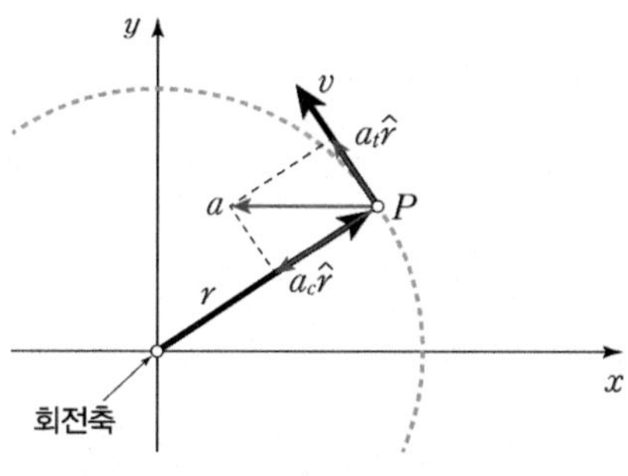

그림 5.8 회전 운동에서의 가속도 분해

각각의 가속도 성분을 이용하여 가속도 벡터는 다음과 같이 나타낼 수 있다.

$$a = a_t + a_c \tag{5.37}$$

구심 가속도의 벡터 방향이 중심을 향하는 것을 고려하면 식 (5.37)은 다시 다음과 같다.

$$a = a_t - a_c \tag{5.38}$$

접선 가속도 a_t는 속도 벡터와 같은 방향을 가르키고 식 (5.34)에서 구한 결과와 같으므로, 이를 단위 벡터를 이용해서 표현하면

$$a_t = r\alpha\hat{\theta} \tag{5.39}$$

이다. 또한, 구심 가속도 a_c는 [그림 5.9]와 같이 위치 벡터와 속도 벡터의 닮은꼴 삼각형의 성질을 이용하여 구할 수 있다.

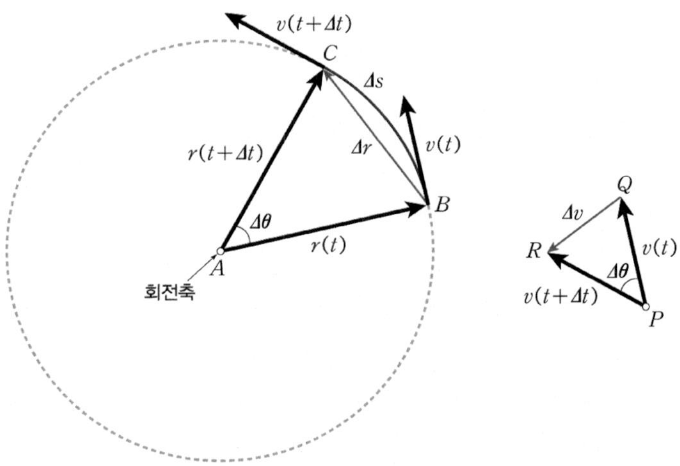

그림 5.9 회전 운동에서의 위치벡터 및 속도벡터의 방향

[그림 5.9]에서 $\triangle ABC$과 $\triangle PQR$는 서로 닮은꼴이므로 속도 벡터 $v(t)$는 위치 벡터 $r(t)$에 수직이며, 위치 벡터$r(t)$, $r(t+\Delta t)$와 벡터 Δr에 의한 삼각형은 속도 $v(t)$, $v(t+\Delta t)$와 Δv는 다음의 관계가 성립한다.

$$\frac{\Delta v}{v} = \frac{\Delta r}{r} \tag{5.40}$$

따라서,

$$\Delta v = \frac{v}{r}\Delta r \tag{5.41}$$

이며, $\Delta t \rightarrow 0$으로 극한을 취하면 구심 가속도는

$$\begin{aligned} a_c &= \lim_{\Delta t \rightarrow 0}\frac{\Delta v}{\Delta t} = \frac{v}{r}\lim_{\Delta t \rightarrow 0}\left(\frac{\Delta r}{\Delta t}\right) = \frac{v}{r}v \\ &= \frac{v^2}{r} \end{aligned} \tag{5.42}$$

이다. 가속도 방향은 속도 벡터의 수직인 방향 즉, 원의 중심 방향이므로 가속도 a는 원의 중심 방향을 가르킨다. 또한, $v = r\omega$이므로 구심 가속도는 각속도를 이용하여 다음과 같이 표현할 수 있다.

$$\begin{aligned} a_c &= \frac{v^2}{r} = \frac{(r\omega)^2}{r} \\ &= r\omega^2 \end{aligned} \tag{5.43}$$

식 (5.41)을 단위 벡터를 이용하여 나타내면

$$a_c = r\omega^2\hat{r} \tag{5.44}$$

이며, 식 (5.37)과 (5.38)은

$$\begin{aligned} a &= a_t + (-a_c) = r\alpha\hat{\theta} + (-r\omega^2\hat{r}) \\ &= r\alpha\hat{\theta} - r\omega^2\hat{r} \end{aligned} \tag{5.45}$$

이며, 가속도 벡터의 크기는 다음과 같다.

$$a = \sqrt{a_t^2 + a_c^2} \tag{5.46}$$

5.3 매니퓰레이터 링크의 회전 좌표계를 이용한 상대 운동 해석

매니퓰레이터 링크가 한 축에 대하여 회전 운동할 때, 제2장에서 논의된 링크계와 벡터 성분을 이용하여 공간상의 위치 벡터로 표시되는 한 질점(Mass of point)에 대한 선형 속도를 정의한다.

5.3.1 링크계상의 선속도

[그림 5.10]에서 링크계상에 놓여있는 한 점에 대한 위치 벡터의 속도는 앞의 절에서 다루어진 공간상의 위치 벡터로 표시된 점의 선속도로 생각할 수 있다.

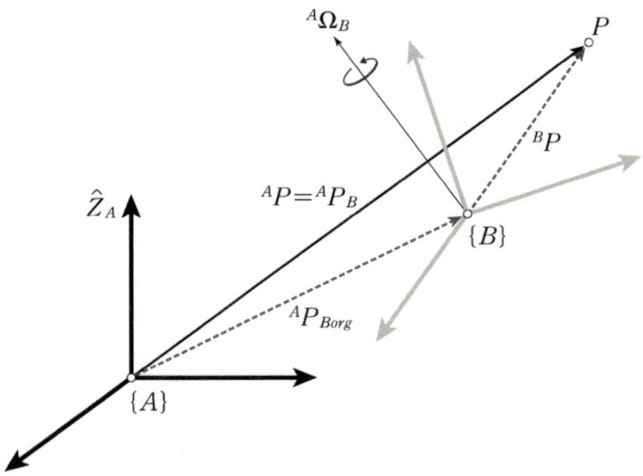

그림 5.10 링크계 $\{A\}$에 대해 각속도 ${}^{A}\Omega_{B}$로 회전하는 링크계 $\{B\}$

점 P에 대한 위치 벡터는 ${}^{A}P = {}^{A}P_{B}$라고 할 수 있으므로, 선속도는 미분의 정의를 이용하여 다음과 같이 표현할 수 있다.

$$ {}^{A}V_{P} = \frac{d}{dt}{}^{A}P_{B} = \lim_{\Delta t \to 0} \frac{{}^{A}P_{B}(t+\Delta t) - {}^{A}P_{B}(t)}{\Delta t} \tag{5.47} $$

링크계 $\{A\}$에서 점 P에 대한 위치 벡터는 다음과 같이 표현할 수 있기 때문에

$$ {}^{A}P_{B} = \begin{bmatrix} {}^{A}P_{B_x} \\ {}^{A}P_{B_y} \\ {}^{A}P_{B_z} \end{bmatrix} \tag{5.48} $$

식 (5.47)의 선속도 벡터는 다음과 같이 나타낼 수 있다.

$$ {}^{A}V_{P} = \frac{d}{dt}\,{}^{A}P_{B} = \frac{d}{dt}\begin{bmatrix} {}^{A}P_{B_x} \\ {}^{A}P_{B_y} \\ {}^{A}P_{B_z} \end{bmatrix} \tag{5.49} $$

식 (5.49)는 링크계 $\{A\}$에서 관찰된 점 P의 위치 벡터를 링크계 $\{A\}$에 대해서 미분한 결과를 벡터로 나타낸 것이다. 따라서, 벡터를 미분한 링크계를 좀더 구체적으로 표시한다면 미분 기호 앞에 미분이 이루어지는 링크계를 표시하여 다음과 같이 나타낼 수 있다.

$$ \begin{aligned} {}^{A}V_{P} &= \frac{{}^{A}d}{dt}\,{}^{A}P_{B} = \frac{{}^{A}d}{dt}\begin{bmatrix} {}^{A}P_{B_x} \\ {}^{A}P_{B_y} \\ {}^{A}P_{B_z} \end{bmatrix} \\ &= \begin{bmatrix} {}^{A}\dot{P}_{B_x} \\ {}^{A}\dot{P}_{B_y} \\ {}^{A}\dot{P}_{B_z} \end{bmatrix} \end{aligned} \tag{5.50} $$

5.3.2 링크계상의 각속도

선속도가 한 점에 대한 속도를 의미하는 반면 각속도는 강체의 회전 운동시 한 질점에 대한 속도 즉, 물체의 회전 속도를 의미한다. 링크계의 회전에 의한 각속도는 Ω 기호를 사용하여 나타내며, 링크계를 부여해서 기준계에 대한 특정계의 회전을 표현한다. [그림 5.10]의 ${}^{A}\Omega_{B}$는 기준계 $\{A\}$에 대해서 링크계 $\{B\}$의 회전을 의미하며, 링크계 $\{B\}$의 원점을 기준계 $\{A\}$의 원점과 일치하도록 평행 이동하여 나타내면 [그림 5.11]과 같다.

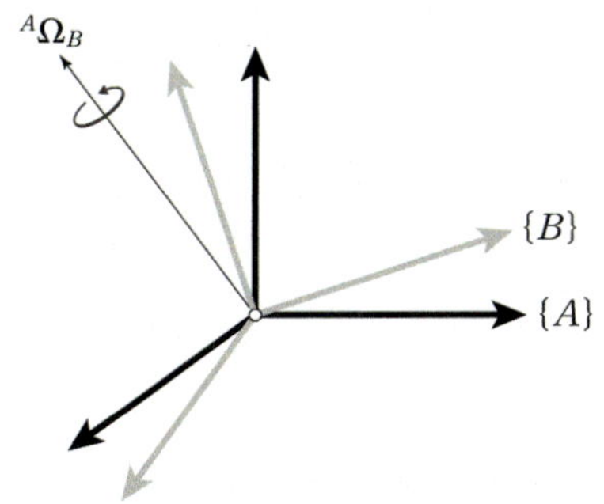

그림 5.11 각속도 $^A\Omega_B$로 링크계 {A}에 대해서 회전하는 링크계 {B}

[그림 5.11]의 각속도 벡터는 다음과 같은 행렬 형태로 표현할 수 있다.

$$^A\Omega_B = \begin{bmatrix} \Omega_x \\ \Omega_y \\ \Omega_z \end{bmatrix} \tag{5.51}$$

5.3.3 계를 이용한 상대 속도

[그림 5.12]는 링크계 {B}에서 측정된 속도 벡터를 기준계 {A} 상에서 나타내고 있다.

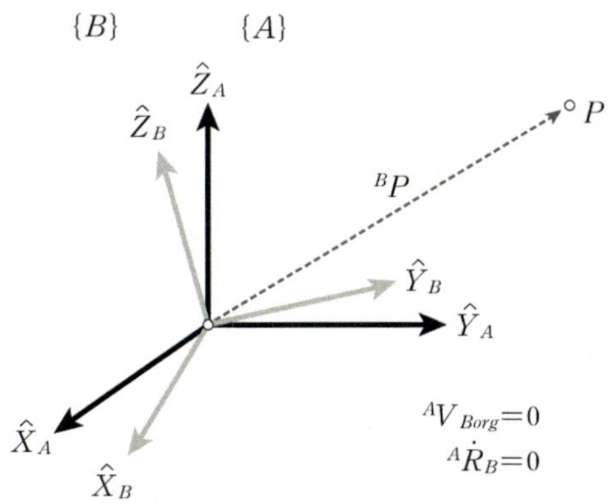

그림 5.12 링크계 {B}에서 측정된 속도 벡터의 기준계 {A}상에서의 표현

기준계 {A}에서 링크계 {B}에서의 속도 벡터를 나타낼 때, 일반적으로 좌측 상단에 해당 기준계를 표기한다. [그림 5.12]의 점 P에 대한 링크계 {B}에서의 속도 벡터는 기준계 {A}를 이용하여 다음과 같이 표현할 수 있다.

$$ {}^{A}({}^{B}V_P) = \frac{{}^{A}d}{dt}\,{}^{B}P \tag{5.52} $$

그러므로, [그림 5.10]에서 기준계 $\{A\}$에서 공간상의 점 P에 대한 속도 벡터는 링크계 $\{B\}$에 대한 위치 벡터 ${}^{A}P_{Borg}$와 회전 행렬 ${}^{A}R_B$를 이용하여 다음과 같이 나타낼 수 있다.

$$ {}^{A}P_B = {}^{A}P_{Borg} + {}^{A}R_B\,{}^{B}P $$

또는

$$ {}^{A}P = {}^{A}P_{Borg} + {}^{A}R_B\,{}^{B}P $$

이므로, (5.53)

$$ \begin{aligned} {}^{A}V_P &= \frac{{}^{A}d}{dt}\,{}^{A}P = \frac{{}^{A}d}{dt}({}^{A}P_{Borg}) + \frac{{}^{A}d}{dt}({}^{A}R_B\,{}^{B}P) \\ &= {}^{A}V_{Borg} + {}^{A}({}^{B}V_P) \end{aligned} $$

5.4 각속도

이 절에서는 앞에서 다루었던 기하학적인 특성을 활용하여 일반적인 회전하는 계의 각속도에 관한 식을 유도한다. 또한, 수학적인 측면에서 대수적인 방법을 통해서도 각속도에 대한 식을 유도한다.

5.4.1 기하학적 해석

[그림 5.11]의 회전하는 한 축을 기준으로 원점을 공유하는 링크계 $\{B\}$상의 한 점 ${}^{B}P$가 고정 링크계 $\{A\}$에 대해서 각속도 ${}^{A}\Omega_B$로 회전하는 관계를 다시 생각해 보면 [그림 5.13]과 같이 나타낼 수 있다.

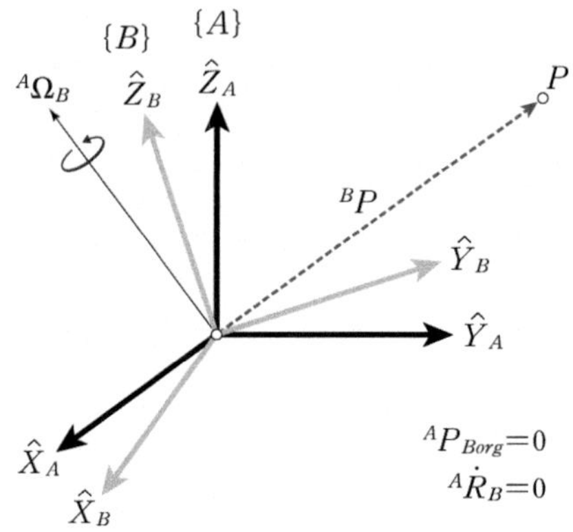

그림 5.13 링크계 $\{A\}$에 대해서 각속도 $^A\Omega_B$로 회전하는 링크계 $\{B\}$상의 점 P

링크계 $\{B\}$의 위치 벡터인 ^BP는 링크계 $\{A\}$의 원점을 기준으로 관찰하면 점 ^BP에 대한 고정된 값으로 간주할 수 있으므로, 시간에 따른 위치 벡터의 크기에는 변화가 없다고 할 수 있다. 다시 말하면 시간에 따른 위치의 변화인 속도가 0인 상태($^BV_P=0$)이다. 그러나, 링크계 $\{A\}$에 대해서 링크계 $\{B\}$가 각속도 $^A\Omega_B$로 회전하기 때문에 링크계 $\{A\}$를 기준으로 관측되는 점 ^BP는 속도를 가지고 움직이고 있다라고 판단할 수 있다. 이러한 상대적인 운동은 5.2.4 절의 각속도에 대한 정의를 이용하여 [그림 5.14]와 같이 나타낼 수 있다.

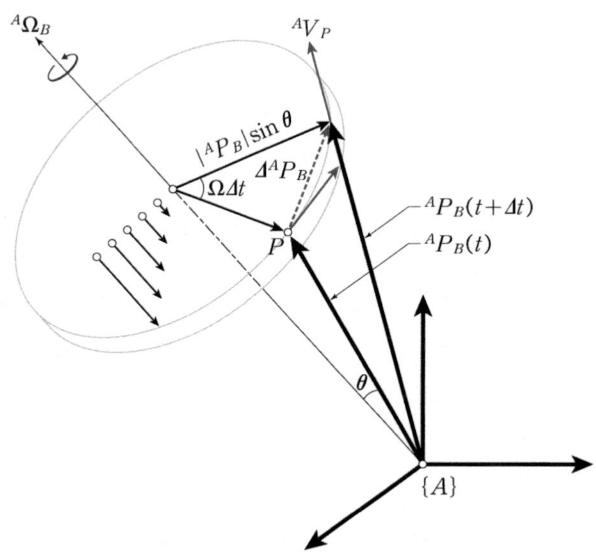

그림 5.14 각속도에 기인한 한 점의 속도

[그림 5.13]에서 링크계 {B}상의 한 점 P는 [그림 5.14]에서 링크계 {A}의 관점에서 표현하는 위치 벡터 ^AP_B로 나타난다. 링크계 {B}가 링크계 {A}에 대해서 각속도 $^A\Omega_B$로 회전하므로, 시간에 따른 위치의 변화량 $\Delta\,^AP_B$는 다음과 같이 나타낼 수 있다.

$$|\Delta\,^AP_B| = (|\,^A\Omega_B|\,\Delta t)(|\,^AP_B|\sin\theta) \tag{5.54}$$

[그림 5.13]에서 ^AV_P는 각속도 벡터 $^A\Omega_B$와 위치 벡터 ^AP_B와 수직이므로

$$\begin{aligned} {}^A\Omega_B &\perp {}^AV_P \\ {}^AP_B &\perp {}^AV_P \end{aligned} \tag{5.55}$$

이고, 식 (5.54)의 양변을 Δt로 나누면 다음과 같다.

$$\frac{\Delta\,^AP_B}{\Delta t} = {}^A\Omega_B\,{}^AP_B\sin\theta \tag{5.56}$$

여기서, $\dfrac{\Delta\,^AP_B}{\Delta t} = {}^AV_P$ 이고 $^AP_B\sin\theta$는 ^AP_B와 수직이기 때문에, 식 (5.36)과 같이 벡터의 외적을 이용하면 다음과 같이 나타낼 수 있다.

$$^AV_P = {}^A\Omega_B \times {}^AP_B \tag{5.57}$$

5.3.1절에서 논의된 그림 [5.10]과 같이 벡터 P가 링크계 {B}에 고정되지 않고 변화할 수 있으므로, 고정되지 않은 상태의 벡터 P의 속도식은 선속도 성분과 각속도 성분을 모두 포함하게 된다. 그러므로 식 (5.53)의 선속도 식에 식 (5.57)의 각속도 성분이 추가된 형태로 다음과 같이 나타낼 수 있다.

$$^AV_P = {}^A({}^BV_P) + {}^A\Omega_B \times {}^AP_B \tag{5.58}$$

또는 벡터 ^AP_B는 링크계 {A}의 관점에서 위치 벡터 ^AP와 동일하므로 식 (5.58)은 다음과 같이 나타낼 수 있다.

$$^AV_P = {}^A({}^BV_P) + {}^A\Omega_B \times {}^AP \tag{5.59}$$

링크계 {A}를 기준으로 회전하는 링크계 {B}는 식 (5.53)에서 사용된 것과 같이 회전 행렬을 이용하면 $^A({}^BV_P)$를 $^AR_B\,{}^BV_P$로 나타낼 수 있다. 따라서, 왼쪽 위의

이중 첨자를 기준계 또는 링크계의 회전 관계를 나타내는 형태로 전환할 수 있다. 그리고, ${}^{A}P_{B}$는 회전 행렬을 이용하면 ${}^{A}R_{B}{}^{A}P_{B}$이므로 식 (5.57)은 다음과 같이 표현할 수 있다.

$$
{}^{A}V_{P} = {}^{A}R_{B}{}^{B}V_{P} + {}^{A}\Omega_{B} \times {}^{A}R_{B}{}^{B}P \tag{5.60}
$$

식 (5.60)과 달리 원점을 공유하지 않는 [그림 5.10]과 같은 경우에는 원점의 선속도를 더해서 식 (5.61)과 같이 나타낼 수 있다.

$$
{}^{A}V_{P} = {}^{A}V_{Borg} + {}^{A}R_{B}{}^{B}V_{P} + {}^{A}\Omega_{B} \times {}^{A}R_{B}{}^{B}P \tag{5.61}
$$

5.4.2 대수적 해석

이 절에서는 계산적 측면에서 회전 행렬의 특성을 이용하여 상대 속도 변환에 필요한 특성과 회전 행렬의 미분을 이용하여 각속도를 유도한다. 또한, 회전 행렬을 이용해서 각속도를 표현하는데 필요한 정규직교(Orthonormal) 행렬의 특성에 대해서 논의한다.

제2장에서 직교 벡터(Orthogonal vector)에 대해서 논의한 바와 같이, 정규직교 벡터 또는 행렬은 직교 벡터이면서 단위 벡터인 벡터를 의미한다. 두 벡터가 90°를 이루면서 즉, 서로 수직(Perperdicular)이면서 각 벡터의 크기는 1인 방향 성분만을 나타내는 벡터이다. 정규직교 벡터를 각각 q_i, q_j라고 하면 정규직교 벡터는 다음과 같은 특성을 만족시킨다.

$$
q_i^T q_j = \begin{cases} 0 \text{ if } i \neq j \\ 1 \text{ if } i = j \end{cases} \tag{5.62}
$$

이때, 정규직교 벡터는 자기 자신에게는 직교하지 않으며, 자신에 대한 내적의 결과는 항상 1이 되므로 단위 벡터이다. 정규직교 벡터는 자기 자신을 제외한 나머지 모든 벡터들과는 직교한다. 즉 자기 자신을 제외한 모든 벡터들과의 내적의 결과는 0이 된다. 예를 들어 두 벡터 q_i, q_j를 다음과 같이 정의하고

$$
q_i = \begin{bmatrix} \cos\theta \\ \sin\theta \end{bmatrix},\ q_j = \begin{bmatrix} -\sin\theta \\ \cos\theta \end{bmatrix} \tag{5.63}
$$

이 벡터를 그래프 상에 나타내면 다음과 같다.

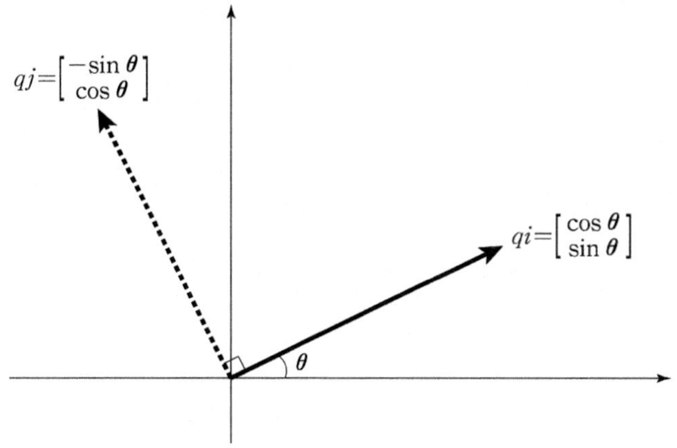

그림 5.15 정규 직교 벡터

여기에서 정규직교 벡터인 q_i, q_j를 하나의 행렬의 열 벡터(Column vector)에 삽입하면 직교 행렬(Orthogonal matrix)이 되고, [그림 5.15]는 제2장에서 다루어진 회전 행렬이 되는 것을 확인할 수 있다.

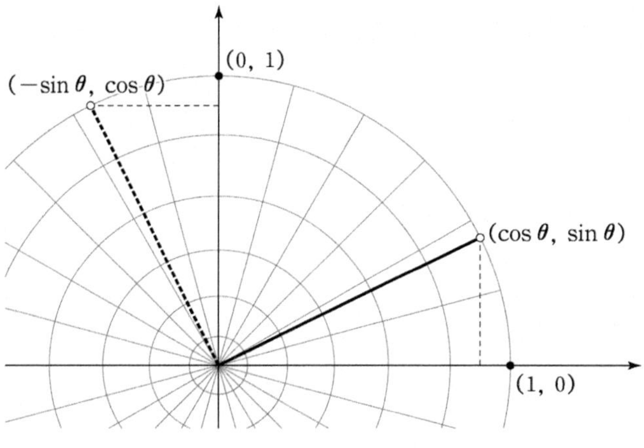

그림 5.16 기저 벡터를 이용한 회전

[그림 5.16]과 같이 x축 위의 점 (1,0)을 θ만큼 회전하면 해당 좌표는 $(\cos\theta, \sin\theta)$, y축 위의 점 (0,1)을 θ만큼 회전하면 해당 좌표는 $(-\sin\theta, \cos\theta)$이므로, 회전 행렬 R은 선형 변환임을 이용하여 다음이 성립된다.

$$
\begin{aligned}
R\begin{bmatrix}x\\ y\end{bmatrix} &= R\begin{bmatrix}x\\ 0\end{bmatrix} + R\begin{bmatrix}0\\ y\end{bmatrix} \\
&= R\begin{bmatrix}1\\ 0\end{bmatrix}x + R\begin{bmatrix}0\\ 1\end{bmatrix}y
\end{aligned}
\tag{5.64}
$$

여기서 $R(1,0)$, $R(0,1)$이 각각 $(\cos\theta, \sin\theta)$, $(-\sin\theta, \cos\theta)$이므로 식 (5.64)에 대입하면

$$R\begin{bmatrix} x \\ y \end{bmatrix} = \begin{bmatrix} \cos\theta \\ \sin\theta \end{bmatrix} x + \begin{bmatrix} -\sin\theta \\ \cos\theta \end{bmatrix} y$$

$$= \begin{bmatrix} \cos\theta & -\sin\theta \\ \sin\theta & \cos\theta \end{bmatrix} \begin{bmatrix} x \\ y \end{bmatrix} \tag{5.65}$$

$$R = \begin{bmatrix} \cos\theta & -\sin\theta \\ \sin\theta & \cos\theta \end{bmatrix}$$

이다. 이를 3차원으로 확장하면 z축을 기준으로 회전하는 회전 행렬을 다음과 같이 간단하게 유도할 수 있다.

$$R_z\begin{bmatrix} x \\ y \\ z \end{bmatrix} = R_z\begin{bmatrix} x \\ 0 \\ 0 \end{bmatrix} + R_z\begin{bmatrix} 0 \\ y \\ 0 \end{bmatrix} + R_z\begin{bmatrix} 0 \\ 0 \\ z \end{bmatrix}$$

$$= R_z\begin{bmatrix} 1 \\ 0 \\ 0 \end{bmatrix} x + R_z\begin{bmatrix} 0 \\ 1 \\ 0 \end{bmatrix} y + R_z\begin{bmatrix} 0 \\ 0 \\ 1 \end{bmatrix} z$$

$$= \begin{bmatrix} \cos\theta \\ \sin\theta \\ 0 \end{bmatrix} x + \begin{bmatrix} -\sin\theta \\ \cos\theta \\ 0 \end{bmatrix} y + \begin{bmatrix} 0 \\ 0 \\ 1 \end{bmatrix} z \tag{5.66}$$

$$= \begin{bmatrix} \cos\theta & -\sin\theta & 0 \\ \sin\theta & \cos\theta & 0 \\ 0 & 0 & 1 \end{bmatrix} \begin{bmatrix} x \\ y \\ z \end{bmatrix}$$

$$\therefore\ R_z = \begin{bmatrix} \cos\theta & -\sin\theta & 0 \\ \sin\theta & \cos\theta & 0 \\ 0 & 0 & 1 \end{bmatrix}$$

따라서, 회전 행렬 R은 각 열이 정규직교 벡터로 이루어진 직교 행렬임을 알 수 있다. 정규직교 벡터 또는 정규직교 행렬은 공간에서 특정 위치 벡터를 표현하는 경우뿐만 아니라, 각 축을 기준으로 회전하는 회전 행렬과 더불어 운동을 표현할 때 자주 사용되는 개념이다.

3차원 공간상의 회전 행렬은 모든 열이 서로 수직이고 크기가 1인 단위 벡터이기 때문에 행렬식의 값이 언제나 +1이 된다. 이는 회전 변환시 벡터의 방향이 바뀌거나 뒤집히지 않고 회전하는 방향쪽으로 그대로 보존됨을 의미한다. 이러한 회전 행렬을 정상 혹은 적절 정규직교 행렬(Proper orthonormal matrices)이라고 한다.

대수적인 해석을 통해 각속도를 표현하기 위해서 추가적으로 필요한 사항은 비대칭 행렬(Skew symmetric matrix)에 대한 개념이다. 어떤 행렬 S가 다음과 같은 사항을 만족시킬 때 이를 비대칭 행렬이라고 한다.

$$S^T + S = 0$$

단, (5.67)

S: $n \times n$ 정방 행렬
0: $n \times n$ 영 행렬

$n = 3$이라고 가정하고, 첨자를 이용하여 행렬의 원소 표현법으로 식 (5.67)을 나타내면

$$s_{ij} + s_{ji} = 0$$

단, (5.68)

$$i, j = 1, 2, 3$$

이다. 식 (5.68)은 주대각 원소 즉, $s_{ii} = 0$(또는 $s_{jj} = 0$)이고 $i \neq j$ 인 모든 원소에 대해서 $s_{ij} = -s_{ji}$ 임을 나타낸다. 이러한 특성을 가지는 비대칭 행렬은 다음과 같은 형태로 나타내는 것이 일반적이다.

$$S = \begin{bmatrix} 0 & -s_3 & s_2 \\ s_3 & 0 & -s_1 \\ -s_2 & s_1 & 0 \end{bmatrix} \tag{5.69}$$

임의의 벡터 a, b가 있을 때, 벡터는 단위 벡터를 이용하면 다음과 같이 표현할 수 있고

$$a = [a_1\ a_2\ a_3]\begin{bmatrix} \hat{X} \\ \hat{Y} \\ \hat{Z} \end{bmatrix},\ b = [b_1\ b_2\ b_3]\begin{bmatrix} \hat{X} \\ \hat{Y} \\ \hat{Z} \end{bmatrix} \tag{5.70}$$

두 벡터 a, b의 외적을 구하면 다음과 같다.

$$
\begin{aligned}
a\times b &= [a_1\ a_2\ a_3]\begin{bmatrix}\hat{X}\\ \hat{Y}\\ \hat{Z}\end{bmatrix}\times[\hat{X}\ \hat{Y}\ \hat{Z}]\begin{bmatrix}b_1\\ b_2\\ b_3\end{bmatrix}\\
&= [a_1\ a_2\ a_3]\begin{bmatrix}\hat{X}\times\hat{X} & \hat{X}\times\hat{Y} & \hat{X}\times\hat{Z}\\ \hat{Y}\times\hat{X} & \hat{Y}\times\hat{Y} & \hat{Y}\times\hat{Z}\\ \hat{Z}\times\hat{X} & \hat{Z}\times\hat{Y} & \hat{Z}\times\hat{Z}\end{bmatrix}\begin{bmatrix}b_1\\ b_2\\ b_3\end{bmatrix}
\end{aligned} \tag{5.71}
$$

여기서 벡터 a와 b는 단위 벡터의 곱 형태로 나타냈으므로 교환 법칙이 성립한다. 벡터의 외적에서는 $\hat{X}\times\hat{X}=\hat{Y}\times\hat{Y}=\hat{Z}\times\hat{Z}=0$ 이며, 서로 다른 두 정규직교 벡터의 외적은 오른손 법칙의 방향을 고려하여 두 벡터에 수직인 하나의 벡터를 나타내므로, 식 (5.71)은 다음과 같이 계산된다.

$$
\begin{aligned}
a\times b &= [a_1\ a_2\ a_3]\begin{bmatrix}\hat{X}\times\hat{X} & \hat{X}\times\hat{Y} & \hat{X}\times\hat{Z}\\ \hat{Y}\times\hat{X} & \hat{Y}\times\hat{Y} & \hat{Y}\times\hat{Z}\\ \hat{Z}\times\hat{X} & \hat{Z}\times\hat{Y} & \hat{Z}\times\hat{Z}\end{bmatrix}\begin{bmatrix}b_1\\ b_2\\ b_3\end{bmatrix}\\
&= [a_1\ a_2\ a_3]\begin{bmatrix}0 & \hat{Z} & -\hat{Y}\\ -\hat{Z} & 0 & \hat{X}\\ \hat{Y} & -\hat{X} & 0\end{bmatrix}\begin{bmatrix}b_1\\ b_2\\ b_3\end{bmatrix}\\
&= [\hat{X}\ \hat{Y}\ \hat{Z}]\begin{bmatrix}0 & -a_3 & a_2\\ a_3 & 0 & -a_1\\ -a_2 & a_1 & 0\end{bmatrix}\begin{bmatrix}b_1\\ b_2\\ b_3\end{bmatrix}
\end{aligned} \tag{5.72}
$$

식 (5.72)에 있는 3×3 행렬은 식 (5.69)에서 정의한 비대칭 행렬과 일치함을 알 수 있다. 임의의 벡터 a는 비대칭 행렬로 식 (5.73)과 같이 나타낼 수 있으며, 일반적으로 어떤 벡터 k에 대한 비대칭 행렬은 $S(k)$로 나타낸다.

$$
S(a)=\begin{bmatrix}0 & -a_3 & a_2\\ a_3 & 0 & -a_1\\ -a_2 & a_1 & 0\end{bmatrix} \tag{5.73}
$$

앞에서 언급된 정규직교 벡터로 이루어져 있는 두 직교 벡터의 외적은 비대칭 행렬을 이용해서 나타낼 수 있음을 유념해야 할 필요가 있다.

예제 5.1

3차원 공간좌표계의 각 축에 대한 단위 벡터 i, j, k를 비대칭 행렬을 이용해서 나타내시오.

풀이

각각의 단위 벡터는 다음과 같이 나타낼 수 있다.

$$\begin{aligned} i &= (1, 0, 0)^T \\ j &= (0, 1, 0)^T \\ k &= (0, 0, 1)^T \end{aligned} \tag{5.74}$$

이에 대한 비대칭 행렬 $S(i)$, $S(j)$, $S(k)$은 식 (5.73)을 이용하여 다음과 같이 나타낼 수 있다.

$$S(i) = \begin{bmatrix} 0 & 0 & 0 \\ 0 & 0 & -1 \\ 0 & 1 & 0 \end{bmatrix}, \quad S(j) = \begin{bmatrix} 0 & 0 & 1 \\ 0 & 0 & 0 \\ -1 & 0 & 0 \end{bmatrix}, \quad S(k) = \begin{bmatrix} 0 & -1 & 0 \\ 1 & 0 & 0 \\ 0 & 0 & 0 \end{bmatrix} \tag{5.75}$$

비대칭 행렬을 이용한 외적은 다음 식과 같이 해당 행렬에 첨자(×)를 이용해서 표기하거나 Skew (또는 S)를 명시해서 나타낸다.

$$\begin{aligned} a \times b &= \text{Skew}(a)b \\ &= S(a)b \\ &= a_{\times} b \\ &= a^{\times} b \end{aligned} \tag{5.76}$$

비대칭 행렬은 원래의 정규직교 벡터를 의미하기 때문에 앞에서 다루었던 모든 특성이 같으며, 간단하게 다음과 같이 요약할 수 있다.

$$\begin{aligned} &(a_{\times})^T = -a_{\times} \\ &a_{\times} a = 0 \\ &a_{\times} b = -b_{\times} a \end{aligned} \tag{5.77}$$

또한, 다음과 같은 선형적인 특성을 가지고 있다.

$$S(\alpha a+\beta b)=\alpha S(a)+\beta S(b) \tag{5.78}$$

단, 벡터 $a, b \in R^3$이며 α, β는 상수

식 (5.75)에서와 같이, 다음과 같은 방법으로 임의의 두 벡터의 외적을 표현할 수 있다.

$$S(a)b=a\times b \tag{5.79}$$

비대칭 행렬은 다음과 같은 특성을 만족시킨다.

$$\begin{aligned} &RR^T=I \\ &\det(R)=+1 \end{aligned} \tag{5.80}$$

단,
R: $n\times n$ 직교 행렬(또는 회전 행렬)
I: $n\times n$ 단위 행렬

식 (5.78)의 특성을 만족시키는 3×3행렬은 3차원 특수 직교군(Special Orthogonal group)이라고 하고, 일반적으로 $SO(3)$로 표기한다. $SO(3)$의 추가적인 특징은 다음과 같다.

$$\begin{aligned} &R_1R_2(R_1R_2)^T=R_1R_2R_2^TR_1^T=R_1R_1^T=I \\ &\det(R_1R_2)=\det(R_1)\det(R_2)=+1 \\ &IR=RI=R \\ &R_1(R_2R_3)=(R_1R_2)R_3 \end{aligned} \tag{5.81}$$

이를 이용해서 중요한 특징 두 가지를 생각해 볼 수 있다. 벡터 R이 직교행렬(또는 일반적인 회전 행렬)이면 식 (5.82)가 성립한다.

$$R(a\times b)=Ra\times Rb \tag{5.82}$$

여기서 식 (5.79)와 (5.82)를 이용하면

$$RS(a)R^T=S(Ra) \tag{5.83}$$

이 성립한다. 이에 대한 증명은 다음과 같다.

$$\begin{aligned} RS(a)R^Tb &= R(a\times R^Tb) \\ &= (Ra)\times(RR^T)b \\ &= (Ra)\times b \\ &= S(Ra)b \end{aligned} \tag{5.84}$$

회전 행렬 R이 회전각도를 나타내는 변수 θ에 대한 함수라면, 회전 행렬 R은 모든 θ에 대해서 다음이 성립한다.

$$\begin{aligned} &R = R(\theta) \\ &RR^T = I \end{aligned} \tag{5.85}$$

식 (5.85)의 양변을 미분하면

$$\frac{dR}{d\theta}R^T + R\frac{dR^T}{d\theta} = 0 \tag{5.86}$$

이다. 식 (5.68)의 비대칭 행렬의 특성을 활용하여 비대칭 행렬 S를 다음과 같이 둘 수 있다.

$$S = \frac{dR}{d\theta}R^T \tag{5.87}$$

그리고, 비대칭 행렬 S의 전치 행렬 S^T은 다음과 같다.

$$S^T = \left(\frac{dR}{d\theta}R^T\right)^T = R\frac{dR^T}{d\theta} \tag{5.88}$$

따라서, 식 (5.86)은 식 (5.87)과 (5.88)로부터 다음과 같이 표현할 수 있으며

$$S + S^T = 0 \tag{5.89}$$

이는 식 (5.68)의 비대칭 행렬 특성을 만족시킨다.

식 (5.87)의 양변에 R을 곱하면

$$\begin{aligned} &SR = \frac{dR}{d\theta}R^TR \\ &SR = \frac{dR}{d\theta}I \\ &\frac{dR}{d\theta} = SR \end{aligned} \tag{5.90}$$

이고, 식 (5.85)로 부터 $R^T = R^{-1}$ 이므로, 식 (5.90)은 다음과 같이 나타낼 수 있다.

$$
\begin{aligned}
&S = \frac{dR}{d\theta} R^T = \frac{dR}{d\theta} R^{-1} \\
&SR = \frac{dR}{d\theta} R^{-1} R \\
&\frac{dR}{d\theta} = SR
\end{aligned}
\tag{5.91}
$$

예제 5.2

행렬 R이 $Rot(X, \theta)$로 주어졌을 때, 이 행렬에 대한 비대칭 행렬을 식 (5.87)을 이용하여 계산하고 [예제 5.1]의 결과와 같음을 보이시오.

풀이

$Rot(X, \theta)$의 기하학적 의미는 x축 또는 단위 벡터를 이용하여 $\hat{X}$축을 기준으로 θ만큼 회전하는 회전 행렬을 의미한다. 즉, 단위 벡터로 $\hat{X}$축은 (1, 0, 0)이다. 식 (5.90)을 이용하면

$$S = \frac{dR}{d\theta} R^T$$

에서 좌변은

$$Skew(\hat{X}) = S(\hat{X}) = \begin{bmatrix} 0 & 0 & 0 \\ 0 & 0 & -1 \\ 0 & 1 & 0 \end{bmatrix}$$

이고, 우변은

$$
\begin{aligned}
\frac{dR(\hat{X})}{d\theta} R^T(\hat{X}) &= \begin{bmatrix} 1 & 0 & 0 \\ 0 & -\sin\theta & -\cos\theta \\ 0 & \cos\theta & -\sin\theta \end{bmatrix} \begin{bmatrix} 1 & 0 & 0 \\ 0 & \cos\theta & \sin\theta \\ 0 & -\sin\theta & \cos\theta \end{bmatrix} \\
&= \begin{bmatrix} 0 & 0 & 0 \\ 0 & 0 & -(\cos\theta^2 + \sin\theta^2) \\ 0 & \cos\theta^2 + \sin\theta^2 & 0 \end{bmatrix} \\
&= \begin{bmatrix} 0 & 0 & 0 \\ 0 & 0 & -1 \\ 0 & 1 & 0 \end{bmatrix}
\end{aligned}
\tag{5.92}
$$

이므로,

$$S(\hat{X}) = \frac{dR(\hat{X})}{d\theta} R^{T}(\hat{X})$$

이다. 따라서, $i = (1, 0, 0)^T$ 의 비대칭 행렬인 $S(i)$와 같음을 알 수 있다.

[예제 5.2]의 결과 통해서, 식 (5.90)이나 (5.91)이 성립한다는 것을 확인할 수 있다. 이를 일반화 시키면 회전 행렬을 비대칭 행렬로 다음과 같이 일반화할 수 있다.

$$\begin{aligned} \frac{dRot(X,\theta)}{d\theta} &= S(i)Rot(X,\theta) \\ \frac{dRot(Y,\theta)}{d\theta} &= S(j)Rot(Y,\theta) \\ \frac{dRot(Z,\theta)}{d\theta} &= S(k)Rot(Z,\theta) \end{aligned} \quad (5.93)$$

이제 비대칭 행렬을 이용해서 기준계에서 관찰되는 회전 링크계의 한 점에 대한 각속도를 유도해 보도록 한다. 앞에서 설명된 바와 같이 의 위치 벡터를 링크계 $\{B\}$에 고정시키면 위치 벡터 ${}^{B}P$는 상수(c)처럼 간주할 수 있으므로 [그림 5.17]과 같이 나타낼 수 있다.

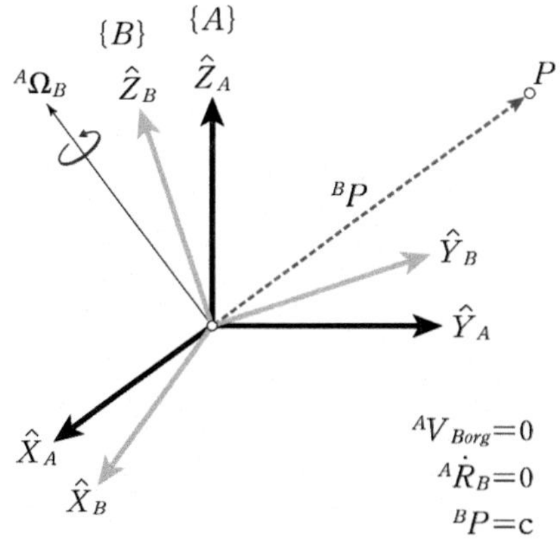

그림 5.17 각속도 ${}^{A}\Omega_B$로 회전하는 링크계 $\{B\}$상의 점 P의 각속도

회전 행렬 R이 비대칭 행렬임을 이용하면 링크계 $\{B\}$상에 고정되어 있는 점 P(또는 ${}^{B}P$)의 링크계 $\{A\}$에 대한 위치 벡터 ${}^{A}P$(또는 ${}^{A}P_B$)는 다음과 같이 표현할 수 있다.

$$
\begin{aligned}
&{}^{A}P = {}^{A}R_{B}\,{}^{B}P\ (\Rightarrow {}^{B}P = -\,{}^{A}R_{B}\,{}^{A}P) \\
&\frac{d}{dt}{}^{A}P = \frac{d}{dt}{}^{A}R_{B}\,{}^{B}P
\end{aligned}
\tag{5.94}
$$

${}^{A}\dot{P} = \frac{d}{dt}{}^{A}P$는 ${}^{A}V_{P}$이며, 식 (5.94)는 $SO(3)$ 특성을 이용하여 다시 다음과 같이 나타낼 수 있다.

$$
\begin{aligned}
{}^{A}V_{P} &= \frac{d}{dt}{}^{A}R_{B}\,{}^{B}P \\
&= \frac{d}{dt}{}^{A}R_{B}\,({}^{A}R_{B}^{-1}\,{}^{A}P)
\end{aligned}
\tag{5.95}
$$

여기서 $\frac{d}{dt}{}^{A}R_{B}\,{}^{A}R_{B}^{-1}$ (간단히, ${}^{A}\dot{R}_{B}\,{}^{A}R_{B}^{-1} = \dot{R}R^{T}$)는 식 (5.91)을 이용하여 다음과 같이 나타낼 수 있다.

$$
\begin{aligned}
{}^{A}V_{P} &= \frac{d}{dt}{}^{A}R_{B}\,{}^{B}P \\
&= \frac{d}{dt}{}^{A}R_{B}\,{}^{A}R_{B}^{-1}\,{}^{A}P
\end{aligned}
\tag{5.96}
$$

[예제 5.2]로부터 비대칭 행렬 S는 임의의 회전축 또는 회전 벡터에 대해서 성립하기 때문에, 식 (5.96)은 편의상 첨자를 생략하여 다음과 같이 나타낼 수 있다.

$$
\begin{aligned}
\frac{dR}{dt} = \frac{dR}{d\theta}\frac{d\theta}{dt} &= SR(\theta)\dot{\theta} \\
&= \dot{\theta}\,S(k)\,R(\theta)
\end{aligned}
\tag{5.97}
$$

[그림 5.7] 또는 [그림 5.14]를 참고하면 ${}^{A}\Omega_{B} = \omega = k\dot{\theta}$ 이므로, 식 (5.97)은

$$
\dot{\theta}\,S(k)\,R(\theta) = S(w)R(\theta) = S({}^{A}\Omega_{B})R(\theta) \tag{5.98}
$$

이다. 따라서, 식 (5.96)은 식 (5.98)을 이용하여 다시 나타내면

$$
\begin{aligned}
{}^{A}V_{P} &= S({}^{A}\Omega_{B})\,{}^{A}R_{B}\,{}^{A}R_{B}^{-1}\,{}^{A}P \\
&= S({}^{A}\Omega_{B})\,{}^{A}P
\end{aligned}
\tag{5.99}
$$

이다. 식 (5.57)로부터

$$S(^A\Omega_B)P = {}^A\Omega_B \times {}^A P \tag{5.100}$$

이고, 식 (5.79)로부터 다음의 식이 성립한다.

$$S(^A\Omega_B) = {}^A\Omega_B \tag{5.101}$$

여기서 ${}^A S_B$를 각속도 벡터 행렬(Angular velocity matrix)이라고 한다. 따라서, 5.3.2절에서 소개된 각속도 벡터 ${}^A\Omega_B$

$${}^A\Omega_B = \begin{bmatrix} \Omega_x \\ \Omega_y \\ \Omega_z \end{bmatrix} \tag{5.102}$$

에 대한 비대칭 행렬을 이용한 각속도 벡터 행렬 $S(^A\Omega_B) = {}^A S_B$는 다음과 같음을 알 수 있다.

$${}^A S_B = \begin{bmatrix} 0 & -\Omega_z & \Omega_y \\ \Omega_z & 0 & -\Omega_x \\ -\Omega_y & \Omega_x & 0 \end{bmatrix} \tag{5.103}$$

이상의 식을 정리하면, 식 (5.102)와 같이 각속도 벡터와 위치 벡터의 외적을 통해 속도 벡터를 나타낼 수 있으며, 비대칭 행렬을 이용하여 각속도 벡터 행렬과 위치 벡터의 곱으로 표현할 수 있다.

$$\begin{gathered} {}^A V_P = {}^A S_B^A P = {}^A\Omega_B \times {}^A P \\ {}^A S_B{}^A P = {}^A\Omega_B \times {}^A P \end{gathered} \tag{5.104}$$

마지막으로 임의의 축 $\hat{K}$를 기준으로 미소 시간 Δt 동안 미소 각도 $\Delta\theta$만큼의 회전에 대한 각속도 관계식을 유도한다. 우선 이를 위해서는 임의의 축에 대한 회전 행렬을 정의해야 하며, 이는 별도의 선형 대수학 서적을 참고하길 바란다.

임의의 축에 대한 벡터는 다음과 같이 정의하고

$${}^A\hat{K} = [k_x,\ k_y,\ k_z]^T \tag{5.105}$$

이에 대한 회전 행렬은 다음과 같이 정의한다.

$$Rot(K,\theta)=\begin{bmatrix} k_x^2(1-c\theta)+c\theta & k_xk_y(1-c\theta)-k_zs\theta & k_xk_z(1-c\theta)+k_ys\theta \\ k_yk_x(1-c\theta)+k_zs\theta & k_y^2(1-c\theta)+c\theta & k_yk_z(1-c\theta)-k_xs\theta \\ k_zk_x(1-c\theta)-k_ys\theta & k_zk_y(1-c\theta)+k_xs\theta & k_z^2(1-c\theta)+c\theta \end{bmatrix} \tag{5.106}$$

또한, 동일한 회전 축에 대한 시간 t에서 Δt의 움직임은 시간 t에서의 회전 행렬과 Δt에서의 회전 행렬의 곱으로 표현할 수 있으며, 회전 행렬의 연속 변환을 이용하면 다음과 같이 표현할 수 있다.

$$Rot(K,\theta_1+\theta_2)=Rot(K,\theta_2)Rot(K,\theta_1) \tag{5.107}$$

회전 행렬의 미분 정의식은

$$\frac{\frac{d}{dt}Rot(K,t)=\lim_{\Delta\to 0}Rot(K,t+\Delta t)-Rot(K,t)}{\Delta t} \tag{5.108}$$

이며, Δt를 $\Delta\theta$로 대체가능하므로 $R(t+\Delta t)$는 식 (5.105)를 이용하여 다음과 같은 방법으로 표현이 가능하다.

$$Rot(K,t+\Delta t)=Rot(K,\Delta\theta)Rot(K,t) \tag{5.109}$$

식 (5.108)에 식 (5.109)를 대입하면

$$\begin{aligned}\frac{d}{dt}Rot(K,t) &= \lim_{\Delta\to 0}\frac{Rot(K,\Delta\theta)Rot(K,t)-Rot(K,t)}{\Delta t} \\ &= \lim_{\Delta\to 0}\left[\frac{Rot(K,\Delta\theta)-I}{\Delta t}\right]Rot(K,t)\end{aligned} \tag{5.110}$$

이다. 식 (5.106)에서 다음과 같은 근사식을 적용하면

$$s(\Delta\theta)\simeq\Delta\theta,\ c(\Delta\theta)\simeq 1,\ 1-c(\Delta\theta)\simeq 0 \tag{5.111}$$

이고, $Rot(K,\Delta\theta)$에 대해서 다음과 같은 표현이 가능하다.

$$Rot(K,\Delta\theta)=\begin{bmatrix} 1 & -k_z\Delta\theta & k_y\Delta\theta \\ k_z\Delta\theta & 1 & -k_x\Delta\theta \\ -k_y\Delta\theta & k_x\Delta\theta & 1 \end{bmatrix} \tag{5.112}$$

따라서, 식 (5.110)은

$$\frac{d}{dt}Rot(K,t) = \lim_{\Delta \to 0}\left[\frac{\begin{bmatrix} 0 & -k_z\Delta\theta & k_y\Delta\theta \\ k_z\Delta\theta & 0 & -k_x\Delta\theta \\ -k_y\Delta\theta & k_x\Delta\theta & 0 \end{bmatrix}}{\Delta t}\right]Rot(K,t) \tag{5.111}$$

이다. 그러므로, 미소각의 시간에 대한 변화량을 미분 형태로 표현하고 식 (5.113)의 양변에 $Rot(K,t)$의 역행렬을 곱하면 다음과 같다.

$$\frac{d}{dt}Rot(K,t)\,Rot(K,t)^{-1} = \begin{bmatrix} 0 & -k_z\dot{\theta} & k_y\dot{\theta} \\ k_z\dot{\theta} & 0 & -k_x\dot{\theta} \\ -k_y\dot{\theta} & k_x\dot{\theta} & 0 \end{bmatrix} \tag{5.112}$$

식 (5.114)의 좌변은 식 (5.91)에 의해서 회전행렬의 비대칭 행렬임을 알 수 있으므로, 다음과 같은 관계식이 성립한다.

$$\begin{aligned} \frac{d}{dt}Rot(K,t)\,Rot(K,t)^{-1} &= \begin{bmatrix} 0 & -k_z\dot{\theta} & k_y\dot{\theta} \\ k_z\dot{\theta} & 0 & -k_x\dot{\theta} \\ -k_y\dot{\theta} & k_x\dot{\theta} & 0 \end{bmatrix} \\ &= \begin{bmatrix} 0 & -\Omega_z & \Omega_y \\ \Omega_z & 0 & -\Omega_x \\ -\Omega_y & \Omega_x & 0 \end{bmatrix} = {}^A S_B \end{aligned} \tag{5.115}$$

따라서,

$$\begin{aligned} \frac{d}{dt}Rot(K,t)\,Rot(K,t)^{-1} &= {}^A S_B \\ \frac{d}{dt}Rot(K,t) &= {}^A S_B\,Rot(K,t) \end{aligned} \tag{5.116}$$

와 같이 나타낼 수 있고, 임의의 축 $\hat{K}$에 대한 각속도는 다음과 같이 나타낼 수 있다.

$${}^A\Omega_B = \begin{bmatrix} \Omega_x \\ \Omega_y \\ \Omega_z \end{bmatrix} = \begin{bmatrix} k_x\dot{\theta} \\ k_y\dot{\theta} \\ k_z\dot{\theta} \end{bmatrix} = \dot{\theta}\hat{K} \tag{5.117}$$

이상의 각속도에 대한 표현 방법을 정리하면 [표 5.1]과 같다.

표 5.1 각속도에 대한 행렬 및 벡터 표현 방법

	행렬 형태	벡터 형태
정의식	${}^{A}S_{B}=\frac{d}{dt}{}^{A}R_{B}{}^{A}R_{B}^{-1}=\begin{bmatrix}0 & -\Omega_z & \Omega_y\\ \Omega_z & 0 & -\Omega_x\\ -\Omega_y & \Omega_x & 0\end{bmatrix}$	${}^{A}\Omega_{B}=\begin{bmatrix}\Omega_x\\ \Omega_y\\ \Omega_z\end{bmatrix}$
상수곱	$k\left[\frac{d}{dt}{}^{A}R_{B}{}^{A}R_{B}^{-1}\right]$	$k\left[{}^{A}\Omega_{B}\right]$
벡터곱	$\left[\frac{d}{dt}{}^{A}R_{B}{}^{A}R_{B}^{-1}\right]\begin{bmatrix}x\\ y\\ z\end{bmatrix}$	$\left[{}^{A}\Omega_{B}\right]\begin{bmatrix}x\\ y\\ z\end{bmatrix}$
행렬곱	$\left[{}^{S}R_{T}\right]\left[\frac{d}{dt}{}^{A}R_{B}{}^{A}R_{B}^{-1}\right]\left[{}^{S}R_{T}\right]^{T}$	$\left[{}^{S}R_{T}\right]\left[{}^{A}\Omega_{B}\right]\left[{}^{S}R_{T}\right]^{T}$

일반적으로 속도 벡터는 [표 5.1]의 행렬과 벡터 정의식을 이용하여 다음과 같이 두 가지 형태로 표현 가능하고 이에 대한 연산 결과 또한 동일함을 알 수 있다.

먼저 식(5.61)로부터 일반적인 속도 방정식은 다음과 같이 나타낼 수 있다.

$$ {}^{A}V_{P}={}^{A}V_{Borg}+{}^{A}R_{B}{}^{B}V_{P}+{}^{A}\Omega_{B}\times{}^{A}R_{B}{}^{B}P \tag{5.118}$$

여기서 각속도 항 ${}^{A}\Omega_{B}\times{}^{A}R_{B}{}^{B}P_{Q}$를 풀어쓰면 다음과 같다.

$$\begin{vmatrix}i & j & k\\ \Omega_x & \Omega_y & \Omega_z\\ P_x & P_y & P_z\end{vmatrix} \tag{5.119}$$

$$=i(\Omega_y P_z-\Omega_z P_y)-j(\Omega_x P_z-\Omega_z P_x)+k(\Omega_x P_y-\Omega_y P_x)$$

속도 벡터를 비대칭 행렬을 이용하여 나타내면 다음과 같다.

$$ {}^{A}V_{P}={}^{A}V_{Borg}+{}^{A}R_{B}{}^{B}V_{P}+{}^{A}S_{B}{}^{A}R_{B}{}^{B}P \tag{5.120}$$

각속도 항 ${}^{A}S_{B}{}^{A}R_{B}{}^{B}P_{Q}$를 풀어쓰면

$$\begin{bmatrix}0 & -\Omega_z & \Omega_y\\ \Omega_z & 0 & -\Omega_x\\ -\Omega_y & \Omega_x & 0\end{bmatrix}\begin{bmatrix}P_x\\ P_y\\ P_z\end{bmatrix}=\begin{bmatrix}\Omega_y P_z-\Omega_z P_y\\ \Omega_x P_z-\Omega_z P_x\\ \Omega_x P_y-\Omega_y P_x\end{bmatrix} \tag{5.121}$$

이므로, 식 (5.121)과 (5.119)는 동일하다.

5.5 매니퓰레이터의 링크 운동 해석

매니퓰레이터의 이웃하는 두 링크와 관절에 대한 운동 해석을 위해서, 이 절에서는 기준계인 베이스부(링크계 {0})를 기준으로 임의의 계(링크계 $\{i\}$)에서의 속도와 각속도를 다음과 같이 표현하기로 규약한다.

$$\begin{aligned} v_i &= {}^0\left({}^0V_i\right) = \left({}^0V_i\right) \\ \omega_i &= {}^0\left({}^0\Omega_i\right) = \left({}^0\Omega_i\right) \end{aligned} \tag{5.122}$$

앞 절에서 논의된 바와 같이, 어떤 링크계의 기준계 {0}에 대한 미소 속도를 임의의 좌표계 또는 링크계 $\{k\}$에 대해서 나타내는 방법은 다음과 같이 규약한다.

$$\begin{aligned} {}^kv_i &= {}^k\left({}^0V_i\right) = {}^kR_0\left({}^0V_i\right) = {}^kR_0\,v_i \\ {}^k\omega_i &= {}^k\left({}^0\Omega_i\right) = {}^kR_0\left({}^0\Omega_i\right) = {}^kR_0\,\omega_i \end{aligned} \tag{5.123}$$

임의의 링크계 $\{A\}$에 대한 링크계 $\{C\}$의 각속도는 링크계 $\{B\}$를 매개로하여 다음과 같이 나타낼 수 있다.

$${}^A\Omega_C = {}^A\Omega_B + {}^AR_B\,{}^B\Omega_C \tag{5.124}$$

강체로 구성되어 있는 매니퓰레이터의 링크계와 속도 및 각속도 벡터를 [그림 5.18]과 같이 나타내면, 매니퓰레이터의 운동은 5.3절에서 논의된 것과 같이 이웃하는 두 링크간의 상대적인 속도와 각속도로 해석할 수 있다.

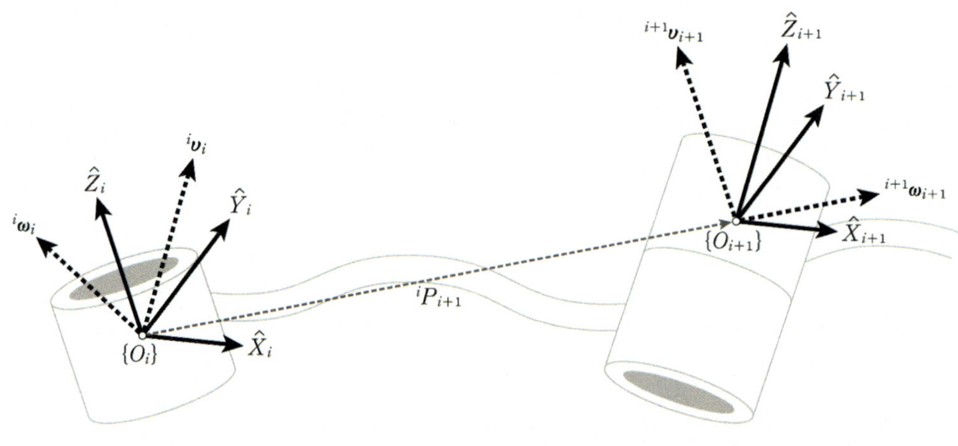

그림 5.18 매니퓰레이터의 이웃하는 두 링크계 간의 속도 및 각속도 표현

매니퓰레이터의 기준계 {0}에 대해서 [그림 5.18]의 링크계 $\{i+1\}$의 각속도는 다음과 같이 나타낼 수 있다.

$$^{0}\Omega_{i+1} = {}^{0}\Omega_{i} + {}^{0}R_{i}\,{}^{i}\Omega_{i+1} \tag{5.125}$$

식 (5.125) 양변에 $^{i+1}R_0$을 곱해주면 기준계 {0}에 대한 각속도 식은 링크계 $\{i+1\}$에 관한 식으로 다음과 같이 나타낼 수 있다.

$$^{i+1}R_0\,{}^{0}\Omega_{i+1} = {}^{i+1}R_0({}^{0}\Omega_{i} + {}^{0}R_{i}\,{}^{i}\Omega_{i+1}) \tag{5.126}$$

식 (5.123)의 규약을 이용하여 나타내면 다음과 같다.

$$^{i+1}\omega_{i+1} = {}^{i+1}\omega_{i} + {}^{i+1}R_{i}\,{}^{i}\Omega_{i+1} \tag{5.127}$$

여기서 $^{i+1}\omega_{i+1}$는 링크계 $\{i+1\}$의 기준계 {0}에 대한 각속도 벡터를 링크계 $\{i+1\}$에서, $^{i+1}\omega_i$는 기준계 {0}에 대하여 링크계 $\{i\}$의 각속도 벡터를 링크계 $\{i+1\}$에서, $^{i+1}R_i\,{}^{i}\Omega_{i+1}$는 링크계 $\{i\}$에 대하여 링크계 $\{i+1\}$의 각속도를 링크계 $\{i+1\}$에서 나타내고 있음에 유의해야 한다.

$^{i+1}\omega_i$는 기준계 {0}에 대하여 링크계 $\{i\}$의 각속도 벡터를 링크계 $\{i+1\}$에서 표현하고 있기 때문에, 앞에서 규정한 방식대로 다시 표현하면 다음과 같다.

$$^{i+1}\omega_{i} = {}^{i+1}R_{i}\,{}^{i}\omega_{i} \tag{5.128}$$

[그림 5.19]와 같은 3링크 평면형(RRR) 매니퓰레이터를 고려해 보자.

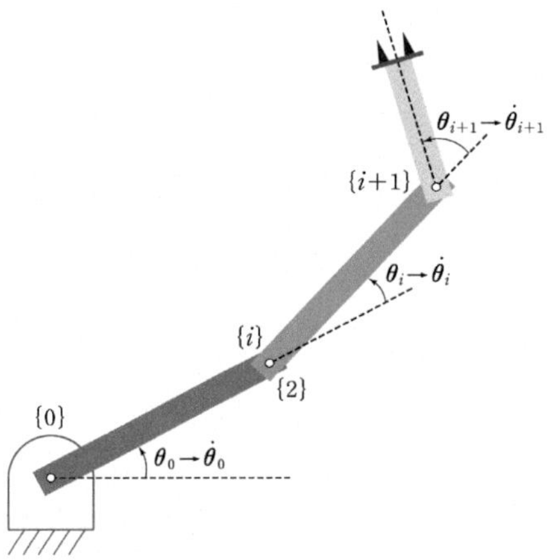

그림 5.19 3링크 평면형 매니퓰레이터의 속도 및 각속도 계 설정

관절의 회전은 오직 $\hat{Z}$축에 대해서만 일어나기 때문에, 식 (5.127)의 두 번째 항은 다음과 같이 표현될 수 있다.

$$
{}^{i+1}R_i \, {}^{i}\Omega_{i+1} = \begin{bmatrix} 0 \\ 0 \\ \dot{\theta}_{i+1} \end{bmatrix} \tag{5.129}
$$

따라서, 식 (5.127)은 다음과 같이 나타낼 수 있다.

$$
{}^{i+1}\omega_{i+1} = {}^{i+1}R_i \, {}^{i}\omega_i + \begin{bmatrix} 0 \\ 0 \\ \dot{\theta}_{i+1} \end{bmatrix} \tag{5.130}
$$

또는

$$
{}^{i+1}\omega_{i+1} = {}^{i+1}R_i \, {}^{i}\omega_i + \dot{\theta}_{i+1} \, {}^{i+1}\widehat{Z_{i+1}}
$$

다음으로, 5.4절의 식 (5.118) 또는 (5.120)을 매니퓰레이터의 기준계 {0}에 대해서 나타내면 다음과 같다.

$$
\begin{aligned}
{}^{A}V_P &= {}^{A}V_{Borg} + {}^{A}R_B \, {}^{B}V_P + {}^{A}S_B \, {}^{A}R_B \, {}^{B}P \\
{}^{0}V_{i+1} &= {}^{0}V_i + {}^{0}R_i \, {}^{i}V_{i+1} + {}^{0}S_i \, {}^{0}R_i \, {}^{i}P_{i+1}
\end{aligned} \tag{5.131}
$$

앞에서와 마찬가지로 식 (5.131)의 양변에 ${}^{i+1}R_0$을 곱해주면 링크계 $\{i\}$에 대한 속도 식은 링크계 $\{i+1\}$에 관한 식으로 완전하게 전환될 수 있다.

$$
\begin{aligned}
{}^{i+1}R_0 \, {}^{0}V_{i+1} &= {}^{i+1}R_0 ({}^{0}V_i + {}^{0}R_i \, {}^{i}V_{i+1} + {}^{0}S_i \, {}^{0}R_i \, {}^{i}P_{i+1}) \\
&= {}^{i+1}R_i ({}^{i}R_0 \, {}^{0}V_i + {}^{i}R_0 \, {}^{0}S_i \, {}^{0}R_i \, {}^{i}P_{i+1}) + {}^{i+1}R_i \, {}^{i}V_{i+1}
\end{aligned} \tag{5.132}
$$

식 (5.132)의 마지막 항을 식 (5.129)와 같은 방법으로 변형하면 다음과 같이 표현할 수 있다.

$$
{}^{i+1}R_i \, {}^{i}V_{i+1} = \begin{bmatrix} 0 \\ 0 \\ \dot{d}_{i+1} \end{bmatrix} \tag{5.133}
$$

여기서 $\dot{d}$는 직동 관절인 경우의 위치 벡터의 변화량이다. 식 (5.133)을 식 (5.132)에 대입하면

$$^{i+1}R_0\,{}^0V_{i+1} = {}^{i+1}R_i({}^iR_0\,{}^0V_i + {}^iR_0\,{}^0S_i\,{}^0R_i\,{}^iP_{i+1}) + \begin{bmatrix} 0 \\ 0 \\ \dot{d}_{i+1} \end{bmatrix} \tag{5.134}$$

이며, 앞에서 정의한 규약을 적용하여 식 (5.134)의 각 항을 다시 나타내면 다음과 같다.

$$\begin{aligned} &^{i+1}R_0\,{}^0V_{i+1} = {}^{i+1}v_{i+1} \\ &^iR_0\,{}^0V_i = {}^iv_i \\ &^iR_0\,{}^0S_i\,{}^0R_i = {}^iR_0\,{}^0\Omega_i = {}^iR_0\,{}^0\omega_i = {}^i\omega_i \end{aligned} \tag{5.135}$$

따라서, 식 (5.132)은 최종적으로 다음과 같이 표현할 수 있다.

$$^{i+1}v_{i+1} = {}^{i+1}R_i({}^iv_i + {}^i\omega_i \times {}^iP_{i+1}) + \begin{bmatrix} 0 \\ 0 \\ \dot{d}_{i+1} \end{bmatrix} \tag{5.136}$$

예제 5.3

[그림 5.20]의 2링크 매니퓰레이터의 말단 장치에서의 속도 및 각속도를 구하시오.

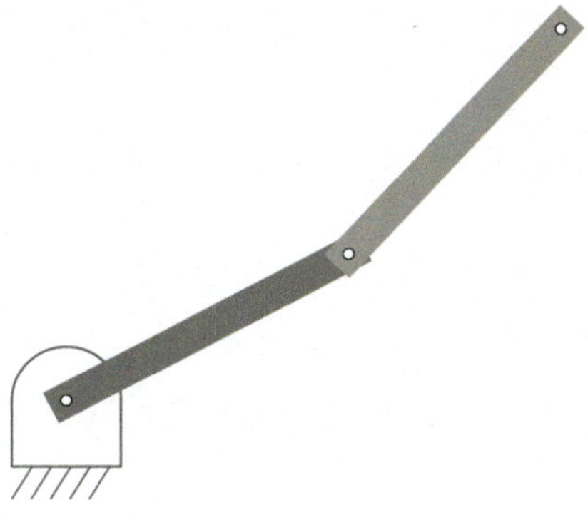

그림 5.20 2링크 매니퓰레이터

풀이

회전 관절을 가지는 평면형 매니퓰레이터의 말단 장치의 속도와 가속도를 구하기 위해서는 우선 말단 장치의 속도를 관절의 회전에 관한 함수로 나타낼 수 있어야 한다. 먼저, 2링크 평면형 매니퓰레이터의 기구학을 이용하여 행렬 형태로 각 인자를 계산할 수 있도록 동차 변환 관계식을 수립해야 한다.

제3장에서 다루었듯이, 말단 장치에 대한 최종적인 변환 행렬을 구하기 위해서는 [그림 5.21]과 같이 총 3개의 링크계와 2개의 각도 변수를 부착해야 한다.

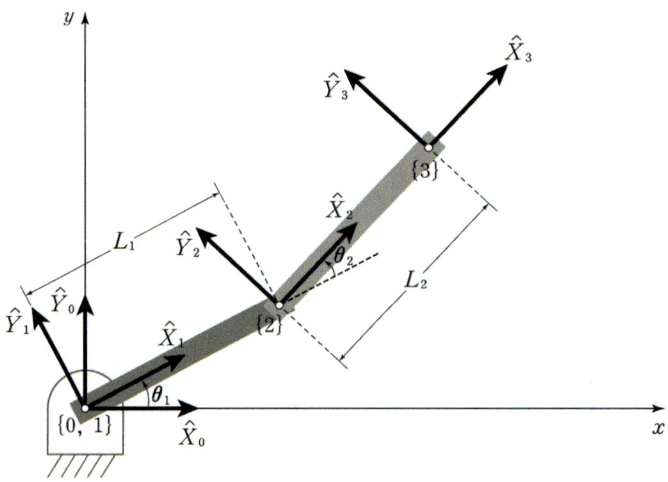

그림 5.21 2링크 매니퓰레이터의 계 및 각도 변수

2링크 매니퓰레이터의 DH 파라미터는 다음과 같으며

표 5.2 2링크 매니퓰레이터 DH 파라미터

링크(i)	α_{i-1}	a_{i-1}	d_{i-1}	θ_{i-1}
1	0	0	0	θ_1
2	0	L_1	0	θ_2

각 관절에서 순서대로 속도와 각속도를 식 (5.130)과 (5.136)을 이용하여 재귀적으로 계산할 수 있다. 변환 행렬에 개념적으로 첨자를 부여하여 보조적으로 활용하면 속도와 각속도를 순서대로 계산하는데 용이하다. 표현의 편의성을 위해, 각 링크의 길이를 나타내는 문자를 $L_1 = a_1$, $L_2 = a_2$로 대체하여 표현한다.

$$
{}^0T_1 = \begin{bmatrix} {}^0\boldsymbol{R}_1 & {}^0\boldsymbol{P}_1 \\ \mathbf{0} & 1 \end{bmatrix} = \begin{bmatrix} \cos\theta_1 & -\sin\theta_1 & 0 & 0 \\ \sin\theta_1 & \cos\theta_1 & 0 & 0 \\ 0 & 0 & 1 & 0 \\ 0 & 0 & 0 & 1 \end{bmatrix}
$$

$$
{}^1T_2 = \begin{bmatrix} {}^1\boldsymbol{R}_2 & {}^1\boldsymbol{P}_2 \\ \mathbf{0} & 1 \end{bmatrix} = \begin{bmatrix} \cos\theta_2 & -\sin\theta_2 & 0 & a_1 \\ \sin\theta_2 & \cos\theta_2 & 0 & 0 \\ 0 & 0 & 1 & 0 \\ 0 & 0 & 0 & 1 \end{bmatrix} \tag{5.137}
$$

$$
{}^2T_3 = \begin{bmatrix} {}^2\boldsymbol{R}_3 & {}^2\boldsymbol{P}_3 \\ \mathbf{0} & 1 \end{bmatrix} = \begin{bmatrix} 1 & 0 & 0 & a_2 \\ 0 & 1 & 0 & 0 \\ 0 & 0 & 1 & 0 \\ 0 & 0 & 0 & 1 \end{bmatrix}
$$

첫 번째, 링크계 {0}에 대해서 ($i = 0$일 때)

$$
\begin{aligned}
&{}^{0+1}\omega_{0+1} = {}^{0+1}R_0\,{}^0\omega_0 + \dot{\theta}_{0+1}\,{}^{0+1}\hat{Z}_{0+1} \\
&{}^1\omega_1 = {}^1R_0\,{}^0\omega_0 + \dot{\theta}_1\,{}^1\hat{Z}_1 \\
&{}^1R_0 = {}^0R_1^{-1} = \begin{bmatrix} c_1 & s_1 & 0 \\ -s_1 & c_1 & 0 \\ 0 & 0 & 1 \end{bmatrix}
\end{aligned} \tag{5.138}
$$

$$
\begin{aligned}
&{}^{0+1}v_{0+1} = {}^{0+1}R_0({}^0v_0 + {}^0\omega_0 \times {}^0P_{0+1}) \\
&{}^1v_1 = {}^1R_0({}^0v_0 + {}^0\omega_0 \times {}^0P_1)
\end{aligned}
$$

이고, ${}^0\omega_0 = \mathbf{0}$, ${}^0v_0 = \mathbf{0}$, ${}^0P_1 = \mathbf{0}$ 을 대입하면

$$
\begin{aligned}
{}^1\omega_1 &= {}^1R_0\mathbf{0} + \dot{\theta}_1\,{}^1\hat{Z}_1 \\
&= \dot{\theta}_1\,{}^1\hat{Z}_1 = \begin{bmatrix} 0 \\ 0 \\ \dot{\theta}_1 \end{bmatrix}
\end{aligned} \tag{5.139}
$$

$$
\begin{aligned}
{}^1v_1 &= {}^1R_0({}^0v_0 + {}^0\omega_0 \times {}^0P_1) \\
&= {}^1R_0(\mathbf{0} + \mathbf{0} \times \mathbf{0}) \\
&= \mathbf{0}
\end{aligned}
$$

이다.

두 번째, 링크계 {1}에 대해서 ($i=1$일 때)

$$^2\omega_2 = {}^2R_1\,{}^1\omega_1 + \dot{\theta}_2\,{}^2\hat{Z}_2$$

$$^2R_1 = {}^1R_2^{-1} = \begin{bmatrix} c_2 & s_2 & 0 \\ -s_2 & c_2 & 0 \\ 0 & 0 & 1 \end{bmatrix} \tag{5.140}$$

$$^2v_2 = {}^2R_1({}^1v_1 + {}^1\omega_1 \times {}^1P_2)$$

이므로, $^2\omega_2$, $^2v_2$는 다음과 같이 구할 수 있다.

$$^2\omega_2 = \begin{bmatrix} 0 \\ 0 \\ \dot{\theta}_1 + \dot{\theta}_2 \end{bmatrix},$$

$$^1\omega_1 \times {}^1P_2 = S(\omega)^1P_2 = \begin{bmatrix} 0 & -\dot{\theta}_1 & 0 \\ \dot{\theta}_1 & 0 & 0 \\ 0 & 0 & 0 \end{bmatrix} \begin{bmatrix} a_1 \\ 0 \\ 0 \end{bmatrix} = \begin{bmatrix} 0 \\ a_1\dot{\theta}_1 \\ 0 \end{bmatrix} \tag{5.141}$$

$$^2v_2 = \begin{bmatrix} c_2 & s_2 & 0 \\ -s_2 & c_2 & 0 \\ 0 & 0 & 1 \end{bmatrix} \left(\mathbf{0} + \begin{bmatrix} 0 \\ a_1\dot{\theta}_1 \\ 0 \end{bmatrix} \right) = \begin{bmatrix} a_1 s_2 \dot{\theta}_1 \\ a_1 c_2 \dot{\theta}_1 \\ 0 \end{bmatrix}$$

이다.

세 번째, 링크계 {2}에 대해서 ($i=2$일 때)

$$^3\omega_3 = {}^3R_2\,{}^2\omega_2 + \dot{\theta}_3\,{}^3\hat{Z}_3$$

$$^3R_2 = {}^2R_3^{-1} = I \tag{5.142}$$

$$^3v_3 = {}^3R_2({}^2v_2 + {}^2\omega_2 \times {}^2P_3)$$

이다. 마지막 말단 장치 자체의 회전 운동은 없으므로 즉, $\dot{\theta}_3 = 0$ 이기 때문에 말단 장치의 각속도는 직전 링크의 각속도와 동일하다. 따라서, $^3\omega_3$, $^3v_3$은 다음과 같이 나타낼 수 있다.

$$
{}^{3}\omega_{3} = {}^{2}\omega_{2}, \quad {}^{3}v_{3} = \begin{bmatrix} a_1 s_2 \dot{\theta}_1 \\ a_1 c_2 \dot{\theta}_1 + a_2(\dot{\theta}_1 + \dot{\theta}_2) \\ 0 \end{bmatrix}
$$

또는 (5.143)

$$
{}^{3}\omega_{3} = {}^{2}\omega_{2}, \quad {}^{3}v_{3} = \begin{bmatrix} a_1 s_2 & 0 & 0 \\ a_1 c_2 + a_2 & a_2 & 0 \\ 0 & 0 & 1 \end{bmatrix} \begin{bmatrix} \dot{\theta}_1 \\ \dot{\theta}_2 \\ 1 \end{bmatrix}
$$

예제 5.4

[예제 5.3]의 말단 장치에서의 속도를 매니퓰레이터의 기저부에 대해서 나타내시오.

풀이

[예제 5.3]의 말단 장치에 대한 속도를 매니퓰레이터의 기저부 즉, 베이스부를 기준으로 표현하기 위해서는 다음과 같이 앞에서 구한 속도 벡터 ${}^{3}v_{3}$에 대해서 말단 장치의 계로부터 베이스부의 계로의 회전 행렬 ${}^{0}R_{3}$을 곱함으로써 구할 수 있다.

$$
{}^{0}v_{3} = {}^{0}R_{3}\,{}^{3}v_{3} \tag{5.144}
$$

회전 행렬 ${}^{0}R_{3}$는 제3장의 [예제 3.5]를 참고하면

$$
{}^{0}R_{3} = {}^{0}R_{1}\,{}^{1}R_{2}\,{}^{2}R_{3} = \begin{bmatrix} c_{12} & -s_{12} & 0 \\ s_{12} & c_{12} & 0 \\ 0 & 0 & 1 \end{bmatrix} \tag{5.145}
$$

이므로

$$
\begin{aligned}
{}^{0}v_{3} = {}^{0}R_{3}\,{}^{3}v_{3} &= \begin{bmatrix} -a_1 s_1 \dot{\theta}_1 - a_2 s_{12}(\dot{\theta}_1 + \dot{\theta}_2) \\ a_1 c_1 \dot{\theta}_1 - a_2 c_{12}(\dot{\theta}_1 + \dot{\theta}_2) \\ 0 \end{bmatrix} \\
&= \begin{bmatrix} -a_1 s_1 - a_2 s_{12} & -a_2 s_{12} & 0 \\ a_1 c_1 + a_2 c_{12} & a_2 c_{12} & 0 \\ 0 & 0 & 0 \end{bmatrix} \begin{bmatrix} \dot{\theta}_1 \\ \dot{\theta}_2 \\ 1 \end{bmatrix}
\end{aligned} \tag{5.146}
$$

5.6 자코비안과 매니퓰레이터

이절에서는 매니퓰레이터의 관절 변수인 각 링크의 각도의 변화를 직교 좌표상의 매니퓰레이터의 운동으로의 변환해 주는 방법에 대해서 논의한다.

5.6.1 자코비안

자코비안 행렬(Jacobian matrix)을 소개하기에 앞서, 연쇄 법칙(Chain rule)을 사용하여 다변수 함수를 미적분하는 경우에 대해서 고려해 본다. 일반적으로 다변수 함수는 두 개 이상의 변수 혹은 입력을 가지는 함수를 의미한다. 다변수 함수 중 가장 간단한 이변수 함수에 대해서 연쇄 법칙을 적용하여 미분하는 방법에 대해서 간단하게 고찰해 보기로 한다.

다음과 같이 모든 구간에 대해서 미분 가능한 이변수 함수가 있다면

$$z = \Theta(x, y)$$
$$\text{단,} \quad x = f(t),\ y = g(t) \tag{5.147}$$

이 함수에 대한 미분은 연쇄 법칙을 이용하여 다음과 같이 나타낼 수 있다.

$$\frac{d\Theta}{dt} = \frac{\partial\Theta}{\partial x}\frac{dx}{dt} + \frac{\partial\Theta}{\partial y}\frac{dy}{dt} \tag{5.148}$$

식 (5.148)에서 양변을 dt를 곱하면 다음과 같이 표현할 수 있다.

$$d\Theta = \frac{\partial\Theta}{\partial x}dx + \frac{\partial\Theta}{\partial y}dy \tag{5.149}$$

또한, $x = f(u,v), y = g(u,v)$ 인 다변수 함수로 확장하면, 앞에서 적용했던 연쇄 법칙을 그대로 적용하여 다음과 같이 나타낼 수 있다.

$$\begin{aligned} &\frac{dx}{dt} = \frac{\partial f}{\partial u}\frac{du}{dt} + \frac{\partial f}{\partial v}\frac{dv}{dt},\ dx = \frac{\partial f}{\partial u}du + \frac{\partial f}{\partial v}dv \\ &\frac{dy}{dt} = \frac{\partial g}{\partial u}\frac{du}{dt} + \frac{\partial g}{\partial v}\frac{dv}{dt},\ dy = \frac{\partial g}{\partial u}du + \frac{\partial g}{\partial v}dv \end{aligned} \tag{5.150}$$

식 (5.148)을 행렬로 표현하면 다음과 같다.

$$\begin{bmatrix} dx \\ dy \end{bmatrix} = \begin{bmatrix} \frac{\partial f}{\partial u} & \frac{\partial f}{\partial v} \\ \frac{\partial g}{\partial u} & \frac{\partial g}{\partial v} \end{bmatrix} \begin{bmatrix} du \\ dv \end{bmatrix} \tag{5.151}$$

여기서 행렬 $\begin{bmatrix} \frac{\partial f}{\partial u} & \frac{\partial f}{\partial v} \\ \frac{\partial g}{\partial u} & \frac{\partial g}{\partial v} \end{bmatrix}$ 를 자코비안 행렬(Jacobian matrix, J)이라고 한다. 자코비안 행렬은 간단히 자코비안(J)이라고 하며, 일반적으로 다음과 같이 표현한다.

$$\dot{\mathbf{x}} = J(\theta)\dot{\theta} \tag{5.152}$$

여기서 $\dot{\mathbf{x}}$는 입력 변수의 미분, $\dot{\theta}$는 출력 변수의 미분을 의미한다.

자코비안은 출력 함수(f, g)를 입력 변수(u, v)에 대해서 각각 편미분한 것이라고 생각할 수 있다. 이는 출력의 미소 변화는 입력의 미소 변화에 의해서 나타남을 의미하고, 좌표계(u, v)로부터 좌표계(x, y)로의 변환 결과를 나타낸다. 또한 좌표계(u, v)상에서 입력된 미소 변화(du, dv)가 속도 또는 각속도로 주어지면, 좌표계(x, y)에서 측정되는 속도 또는 각속도로 변환됨을 의미한다.

예제 5.5

다음과 같은 함수의 자코비안을 구하시오.

$$z = h(x, y)$$

단,

$$x = r cos\theta,\ y = r sin\theta \tag{5.153}$$

풀이

자코비안의 정의를 이용하여 함수 $z = h(x, y)$의 자코비안은 다음과 같이 구할 수 있다.

$\begin{bmatrix} x \\ y \end{bmatrix} = \begin{bmatrix} r\cos\theta \\ r\sin\theta \end{bmatrix}$이므로

$$J(h) = \frac{\partial(x,\ y)}{\partial(r,\ \theta)} = \begin{bmatrix} \frac{\partial f}{\partial u} & \frac{\partial f}{\partial v} \\ \frac{\partial g}{\partial u} & \frac{\partial g}{\partial v} \end{bmatrix} = \begin{bmatrix} \cos\theta & -\sin\theta \\ \sin\theta & \cos\theta \end{bmatrix} \tag{5.154}$$

이제 동일한 구성 요소를 변수로 갖는 2개 이상의 벡터 함수에 대해서 논의한다. 다음과 같이 벡터 $\mathbf{x} = [x_1, x_2, \dots, x_n]$ 의 요소를 변수로 하는 다변수 함수 $f(x_1, x_2, \dots, x_n)$를 다음과 같이 정의한다.

$$f(\mathbf{x}) = f(x_1, x_2, \dots, x_n) \tag{5.155}$$

m개의 $f(\mathbf{x})$로 구성되어 있는 벡터 함수 $\mathbf{f}(\mathbf{x})$는 다음과 같이 정의할 수 있다.

$$\mathbf{f}(\mathbf{x}) = \begin{bmatrix} f_1(\mathbf{x}) \\ f_2(\mathbf{x}) \\ \vdots \\ f_m(\mathbf{x}) \end{bmatrix} = \begin{bmatrix} f_1(x_1, x_2, \dots, x_n) \\ f_2(x_1, x_2, \dots, x_n) \\ \vdots \\ f_m(x_1, x_2, \dots, x_n) \end{bmatrix} \tag{5.156}$$

벡터 함수 $\mathbf{f}(\mathbf{x})$의 벡터 $\mathbf{x}$에 대한 미분 $\frac{\mathbf{df}}{\mathbf{dx}}$은 다음과 같이 정의한다.

$$\frac{\mathbf{df}}{\mathbf{dx}} = \begin{bmatrix} \frac{\partial f_1}{\partial x_1} & \frac{\partial f_1}{\partial x_2} & \cdots & \frac{\partial f_1}{\partial x_n} \\ \frac{\partial f_2}{\partial x_1} & \frac{\partial f_2}{\partial x_2} & \cdots & \frac{\partial f_2}{\partial x_n} \\ \frac{\partial f_m}{\partial x_1} & \frac{\partial f_m}{\partial x_2} & \cdots & \frac{\partial f_m}{\partial x_n} \end{bmatrix} \tag{5.157}$$

$\frac{\mathbf{df}}{\mathbf{dx}}$는 행의 개수가 m, 열의 개수가 n인 행렬이다. m은 스칼라 함수의 개수, n은 벡터의 구성 요소의 개수이다. 이러한 벡터 함수의 미분 $\frac{\mathbf{df}}{\mathbf{dx}}$는 앞에서 유도한 자코비안 행렬과 같음을 알 수 있다.

5.6.2 관절 공간과 직교좌표 공간의 관계

제3장에서 이미 논의된 바와 같이, 매니퓰레이터는 각 관절의 각도를 제어함으로써 말단 장치를 직교 좌표 공간에 원하는 지점에 위치시킨다. 매니퓰레이터의 각 관절은 입력 변수이며 이를 관절 공간(Joint space)이라고 한다는 것을 다시 기억할 필요가 있다.

n개의 관절 변수를 가지는 매니퓰레이터의 관절 공간은 다음과 같고

$$\theta = \begin{bmatrix} \theta_1 \\ \theta_2 \\ \vdots \\ \theta_n \end{bmatrix} \tag{5.158}$$

매니퓰레이터의 말단 장치를 직교 좌표 공간상에 다음과 같이 나타낸다면

$$\boldsymbol{X} = \begin{bmatrix} [{}^0\boldsymbol{P}_n] \\ [{}^0\boldsymbol{R}_n] \end{bmatrix} \tag{5.159}$$

n 자유도 매니퓰레이터의 관절 공간과 직교좌표 공간의 관계는 제4장의 [그림 4.1]을 이용하여 다시 나타내면 다음과 같다.

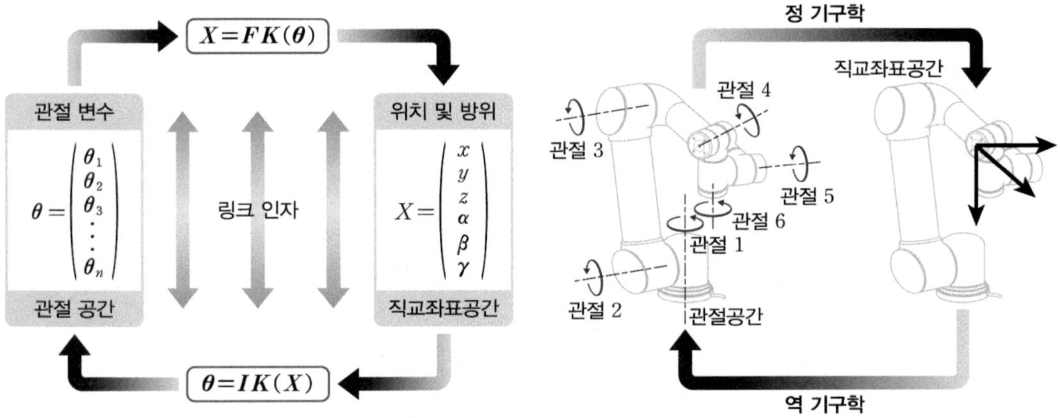

그림 5.22 관절 공간과 직교좌표 공간의 매핑

관절 공간의 미소 변화에 대응하는 좌표 공간의 미소 변화 관계는 자코비안을 이용하여 [그림 5.23]처럼 나타낼 수 있다.

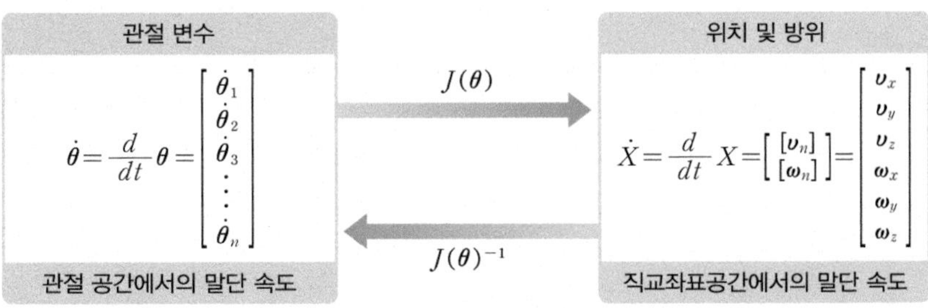

그림 5.23 자코비안을 이용한 관절 공간에서 직교공간으로의 속도 변환

대수학적으로 자코비안을 이용해서 6자유도 매니퓰레이터의 속도 기구학을 나타내기 위해서는 다음과 같은 사항에 대한 이해가 필요하다.

일반적으로 활용되는 산업용 로봇은 6개의 독립된 관절의 조합으로 이루어진 매니퓰레이터이다. 매니퓰레이터의 말단 장치는 각 관절의 움직임에 종속될 뿐만 아니라, 각 관절 또한 다른 관절의 움직임에 의해서 영향을 받게 된다. 그러므로, 각 관절은 하나의 함수로 생각할 수 있고, 해당 함수는 6개의 독립된 관절을 변수 또는 요소로 가지는 스칼라 함수라고 할 수 있다. 이러한 관계를 고려하면 매니퓰레이터의 관절 변수를 요소로 가지는 각 관절 함수를 다음과 같이 정의할 수 있다.

$$\begin{aligned} y_1(\mathbf{x}) &= f_1(x_1, x_2, x_3, x_4, x_5, x_6) \\ y_2(\mathbf{x}) &= f_2(x_1, x_2, x_3, x_4, x_5, x_6) \\ &\vdots \\ y_6(\mathbf{x}) &= f_6(x_1, x_2, x_3, x_4, x_5, x_6) \end{aligned} \tag{5.160}$$

식 (5.155)로부터 식 (5.160)은 다음과 같이 나타낼 수 있다.

$$\mathbf{y} = \mathbf{f}(\mathbf{x}) \tag{5.161}$$

식 (5.157)의 다변수 함수에 대한 자코비안 정의를 이용하면 식 (5.160)은

$$\begin{aligned} \delta y_1 &= \frac{\partial f_1}{\partial x_1}\delta x_1 + \frac{\partial f_1}{\partial x_2}\delta x_2 + \cdots + \frac{\partial f_1}{\partial x_n}\delta x_n \\ \delta y_2 &= \frac{\partial f_2}{\partial x_1}\delta x_1 + \frac{\partial f_2}{\partial x_2}\delta x_2 + \cdots + \frac{\partial f_2}{\partial x_n}\delta x_n \\ &\vdots \\ \delta y_6 &= \frac{\partial f_6}{\partial x_1}\delta x_1 + \frac{\partial f_6}{\partial x_2}\delta x_2 + \cdots + \frac{\partial f_6}{\partial x_n}\delta x_n \end{aligned} \tag{5.162}$$

이며, 다시 벡터 형태로 나타내면 식 (5.161)로부터 다음과 같이 나타낼 수 있다.

$$\begin{aligned} \delta\mathbf{y} &= \frac{\partial \mathbf{f}}{\partial \mathbf{x}}\delta\mathbf{x} \\ &= J(\mathbf{x})\delta\mathbf{x} \end{aligned} \tag{5.163}$$

식 (5.160)에 대하여 미소 시간에 대한 극한값을 취하면 다음과 같다.

$$\lim_{\delta t \to 0} \frac{\delta \mathbf{y}}{\delta t} = \frac{\partial \mathbf{f}}{\partial \mathbf{x}} \lim_{\delta t \to 0} \frac{\delta \mathbf{x}}{\delta t}$$
$$\dot{\mathbf{y}} = J(\mathbf{x})\dot{\mathbf{x}} \tag{5.164}$$

[그림 5.23]에 나타나 있는 것과 같이 로봇공학 분야에서 자코비안은 관절 공간의 운동을 말단 장치의 속도와 가속도로 변환해 주는 역할을 한다. 식 (5.102)와 (5.164)를 통해서 다음과 같은 사항을 유추할 수 있다.

$$\dot{\mathbf{x}} = J(\boldsymbol{\theta})\dot{\boldsymbol{\theta}}$$
$$\dot{\boldsymbol{\theta}} = J(\boldsymbol{\theta})^{-1}\dot{\mathbf{x}} \tag{5.165}$$

이에 대한 행렬 표현은 다음과 같이 나타낼 수 있다.

$$\dot{\mathbf{x}} = {}^0v_6 = \begin{bmatrix} \dot{x} \\ \dot{y} \\ \dot{z} \\ \dot{\alpha} \\ \dot{\beta} \\ \dot{\gamma} \end{bmatrix} = \begin{bmatrix} v_x \\ v_y \\ v_z \\ \omega_x \\ \omega_y \\ \omega_z \end{bmatrix} = \begin{bmatrix} \\ \\ & J(\boldsymbol{\theta}) & \\ \\ \\ \end{bmatrix} \begin{bmatrix} \dot{\theta}_1 \\ \dot{\theta}_2 \\ \dot{\theta}_3 \\ \dot{\theta}_4 \\ \dot{\theta}_5 \\ \dot{\theta}_6 \end{bmatrix} = J(\boldsymbol{\theta})\dot{\boldsymbol{\theta}} \tag{5.166}$$

여기서 $\dot{\mathbf{x}}$은 6×1인 속도와 각속도를 나타내는 벡터로서 3×1인 속도 벡터와 3×1인 가속도 벡터이다. $\dot{\boldsymbol{\theta}}$는 6×1인 매니퓰레이터의 관절 속도 벡터를 나타내고, $J(\boldsymbol{\theta})$는 6×6인 자코비안 행렬이다.

자코비안 행렬의 손쉬운 계산을 위해서 일반적으로 기하학적 자코비안 (Geometric jacobian)을 이용한다. 기하학적인 자코비안은 5.5절의 링크 운동 해석법을 이용하여 유도할 수 있다. 자세한 유도 과정은 생략하고, 로봇공학의 문제 해결에 필요한 내용을 요약해서 소개한다.

앞에서도 나타난 바와 같이 자코비안은 상위 절반은 선속도를, 하위 절반은 각속도와 관련이 있기 때문에 식 (5.159)를 이용해서 다음과 같은 방식으로 나타낼 수 있다.

$${}^0J_n = \begin{bmatrix} J_v \\ - \\ J_\omega \end{bmatrix} \tag{5.167}$$

그리고, 관절 변수 $q_1, q_2, \cdots, q_n$ 으로 이루어진 n 링크 매니퓰레이터 말단 장치의 변환 행렬을 다음과 같이 나타낼 때

$$ {}^0T_n(q) = \begin{bmatrix} {}^0R_n(q) & {}^0P_n(q) \\ \mathbf{0} & 1 \end{bmatrix} \tag{5.168} $$

말단 장치의 속도와 가속도 벡터는 다음과 같이 표현된다.

$$ \begin{aligned} {}^0v_n &= J_v(\dot{q}) \\ {}^0\omega_n &= J_\omega(\dot{q}) \end{aligned} \tag{5.169} $$

식 (5.169)에서 선속도를 나타내는 J_v의 i번째 열 J_{vi}는 다음과 같고

$$ J_{vi} = \frac{\partial\, {}^0P_n}{\partial q_i} \tag{5.170} $$

각속도를 나타내는 J_ω는 다음과 같다.

$$ J_\omega = \left[\rho_1 z_0 \ \rho_2 z_1 \cdots \ \rho_n z_{n-1}\right] \tag{5.171} $$

여기서 ρ_i는 관절 i가 회전 관절이면 1, 직동 관절이면 0이다.

직동 관절인 경우의 선속도 자코비안 J_{vi} 는 각속도를 나타내는 J_ω와 같으므로

$$ J_{vi} = J_w = \rho z_{i-1} \tag{5.172} $$

이고, 여기서 ${}^0z_0 = k = (0, 0, 1)^T$, $\rho = 1$ 이다.

회전 관절인 경우의 선속도 자코비안 J_{vi} 는 다음과 같다.

$$ J_{vi} = z_{i-1} \times ({}^0P_n - {}^0P_{i-1}) \tag{5.173} $$

따라서, 식 (5.172)와 (5.173)을 식 (5.167)에 대입하면, 다음과 같이 i번째 관절에 대한 기하학적 자코비안을 얻을 수 있다.

$$ J_i = \begin{bmatrix} z_{i-1} \times ({}^0P_n - {}^0P_{i-1}) \\ z_{i-1} \end{bmatrix} \tag{5.174} $$

예제 5.6

[예제 5.3]의 2링크 평면형(RR) 매니퓰레이터의 자코비안을 구하시오.

풀이

식 (5.174)를 이용하면 간단하게 2링크 매니퓰레이터의 말단 장치에서의 자코비안을 다음과 같이 구할 수 있다. [예제 5.3]의 매니퓰레이터의 모든 관절은 회전 관절이고 2개의 관절만을 고려하므로 다음과 같이 6×2 자코비안 형태가 된다. 편의상 첨자를 생략한다.

$$J(q) = \begin{bmatrix} z_0 \times (P_2 - P_0) & z_1 \times (P_2 - P_1) \\ z_0 & z_1 \end{bmatrix} \tag{5.175}$$

각 벡터는 다음과 같으므로

$$P_0 = \begin{bmatrix} 0 \\ 0 \\ 0 \end{bmatrix},\ P_1 = \begin{bmatrix} a_1 c_1 \\ a_1 s_1 \\ 0 \end{bmatrix},\ P_2 = \begin{bmatrix} a_1 c_1 + a_2 c_{12} \\ a_1 s_1 + a_2 s_{12} \\ 0 \end{bmatrix} \tag{5.176}$$

$$z_0 = z_1 = [0,\ 0,\ 1]^T$$

2링크 평면형(RR) 매니퓰레이터의 자코비안은 다음과 같이 구할 수 있다.

$$J = \begin{bmatrix} -a_1 s_1 - a_2 s_{12} & -a_2 s_{12} \\ a_1 c_1 + a_2 c_{12} & a_2 c_{12} \\ 0 & 0 \\ 0 & 0 \\ 0 & 0 \\ 1 & 1 \end{bmatrix} \tag{5.177}$$

예제 5.7

5.5절의 [그림 5.19]에 나타낸 3자유도 평면형(RRR) 매니퓰레이터의 자코비안을 구하시오.

풀이

풀이 절차는 [예제 5.6]를 참조하여, 자코비안과 각 벡터에 대해서 다음과 정의하면

$$J(q)=\begin{bmatrix} z_0\times(P_3-P_0) & z_1\times(P_3-P_1) & z_2\times(P_3-P_2) \\ z_0 & z_1 & z_2 \end{bmatrix}$$

$$P_0=\begin{bmatrix}0\\0\\0\end{bmatrix},\ P_1=\begin{bmatrix}a_1c_1\\a_1s_1\\0\end{bmatrix}$$

$$P_2=\begin{bmatrix}a_1c_1+a_2c_{12}\\a_1s_1+a_2s_{12}\\0\end{bmatrix},\ P_3=\begin{bmatrix}a_1c_1+a_2c_{12}+a_3c_{123}\\a_1s_1+a_2s_{12}+a_3s_{123}\\0\end{bmatrix} \tag{5.178}$$

$$z_0=z_1=z_2=[0,\ 0,\ 1]^T$$

이며, 자코비안 행렬은 다음과 같다.

$$J=\begin{bmatrix} -a_1s_1-a_2s_{12}-a_3s_{123} & -a_2s_{12}-a_3s_{123} & a_3s_{123} \\ a_1c_1+a_2c_{12}+a_3c_{123} & a_2c_{12}+a_3c_{123} & a_3c_{123} \\ 0 & 0 & 0 \\ 0 & 0 & 0 \\ 0 & 0 & 0 \\ 1 & 1 & 1 \end{bmatrix} \tag{5.179}$$

5.7 특이성

행렬에서 특이성 또는 특이점(singularity)은 역행렬이 존재하는지를 판단할 때 사용된다. 예를 들어, 어떤 선형 변환이 주어졌을 때 이 변환의 역을 구해서 이전의 값을 찾아갈 수 있는지에 대한 사항을 고려하는 경우에 사용된다. 즉, 비특이적(non-singular)이면 역행렬이 존재하므로 선형 변환에 대한 원래의 행렬을 구할 수 있게 된다.

[그림 5.23]에 나타나 있는 것과 같이, 매니퓰레이터 관절의 변화율로부터 얻어진 직교 좌표계상의 속도와 가속도를 계산할 수 있다. 반대로 로봇공학에서는 비특이적인 경우에 자코비안을 이용하여 직교 좌표계의 말단 장치에 대한 속도와 가속도를 이용해서 매니퓰레이터 관절의 변화율을 역으로 계산할 수 있다.

그러나 대부분의 매니퓰레이터는 기구적 또는 태생적으로 자코비안의 특이성을 가지는 값들을 가지고 있다. 매니퓰레이터의 특이점은 자코비안 행렬식 값이 0이 되는 경우에 발생한다.

$$Det(J(\boldsymbol{\theta})) = 0 \tag{5.180}$$

물리적으로는 작업공간의 경계부근에서 대부분의 매니퓰레이터가 기구적인 특이성을 가지고 있다. 특히, 작업 반경내에서 관절축이 일렬로 나란해지는 경우에 주로 발생한다. 그 외에 3자유도 구형 손목(Spherical wrist)에서도 특이점이 있을 수 있다.

특이점이 되는 부분에서는 예상할 수 있듯이 말단 장치의 임의의 운동이 제한되기 때문에 자유도의 감소가 발생한다. 또한, 역기구학 풀이시 무한개의 해가 나타나기 때문에 적절한 해를 찾는데 어려움이 있게 된다. 그리고, 특이점 근방에서 미소 속도는 매니퓰레이터 관절 공간에 매우 큰 속도값을 파생시키므로, 매니퓰레이터의 물리적인 기구 요소에 손상을 유발할 수도 있다.

예제 5.8

[예제 5.6]의 2링크 평면형(RR) 매니퓰레이터의 특이점을 구하시오.

풀이

2링크 매니퓰레이터의 자코비안을 다음과 같이 2×2 행렬 형태로 간략화한 후

$$J = \begin{bmatrix} -a_1 s_1 - a_2 s_{12} & -a_2 s_{12} \\ a_1 c_1 + a_2 c_{12} & a_2 c_{12} \end{bmatrix} \tag{5.181}$$

식 (5.181)의 행렬식을 구하면

$$Det(J(\boldsymbol{\theta})) = \begin{vmatrix} -a_1 s_1 - a_2 s_{12} & -a_2 s_{12} \\ a_1 c_1 + a_2 c_{12} & a_2 c_{12} \end{vmatrix} = a_1 a_2 s_2 \tag{5.182}$$

이므로,

$$Det(J(\boldsymbol{\theta})) = a_1 a_2 s_2 = 0 \tag{5.183}$$

를 만족하는 경우에 특이점이 발생한다. 즉, $\sin\theta_2 = 0$ 이 되는 경우이므로, 두 번째 관절이 완전히 접히거나 펴진 상태가 되는 $\theta_2 = 0°$ 또는 $\theta_2 = 180°$ 에서 발생한다.

Chapter 5 연습문제

5.1 다음과 같은 RRR형 매니퓰레이터의 DH 파라미터를 구하시오.

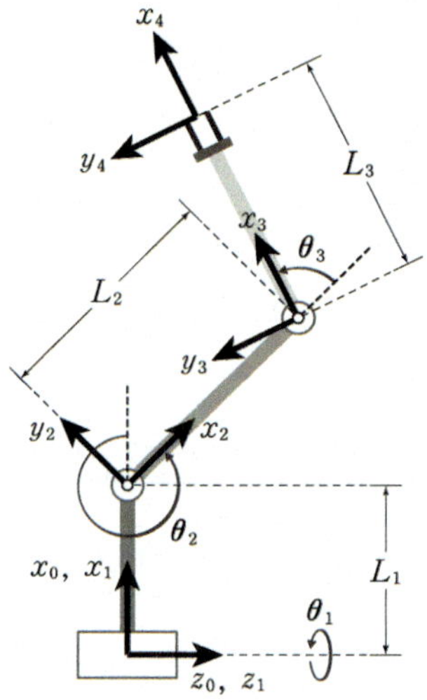

그림 5.24 RRR형 매니퓰레이터

5.2 [연습문제 5.1]의 정기구학식을 나타내시오.

5.3 [연습문제 5.1]의 매니퓰레이터 말단 장치에서의 가속도를 구하시오.

5.4 [연습문제 5.1]의 매니퓰레이터 말단 장치에서의 선속도를 구하시오.

5.5 [예제 5.7]의 3자유도 평면형 매니퓰레이터의 자코비안을 구하시오.

5.6 다음과 같은 매니퓰레이터의 DH 파라미터를 정의하시오.

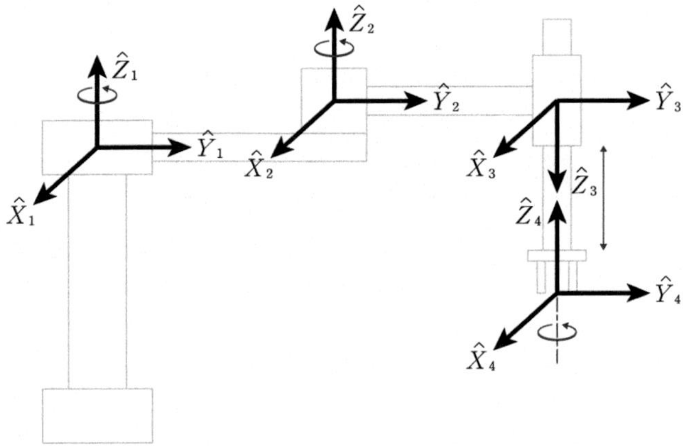

그림 5.25 $RRPR$형 SCARA 매니퓰레이터

5.7 [연습문제 5.6]의 정기구학식을 유도하시오.

5.8 [연습문제 5.6]의 자코비안을 구하시오.

프로젝트 과제

5.9 로봇 시뮬레이터의 하나인 V-REP(최근 CoppeliaSim으로 변경) 패키지를 이용하여 다음과 같은 매니퓰레이터를 구성하고, 자코비안을 이용한 정기구학 및 역기구학 시뮬레이션을 수행하시오.

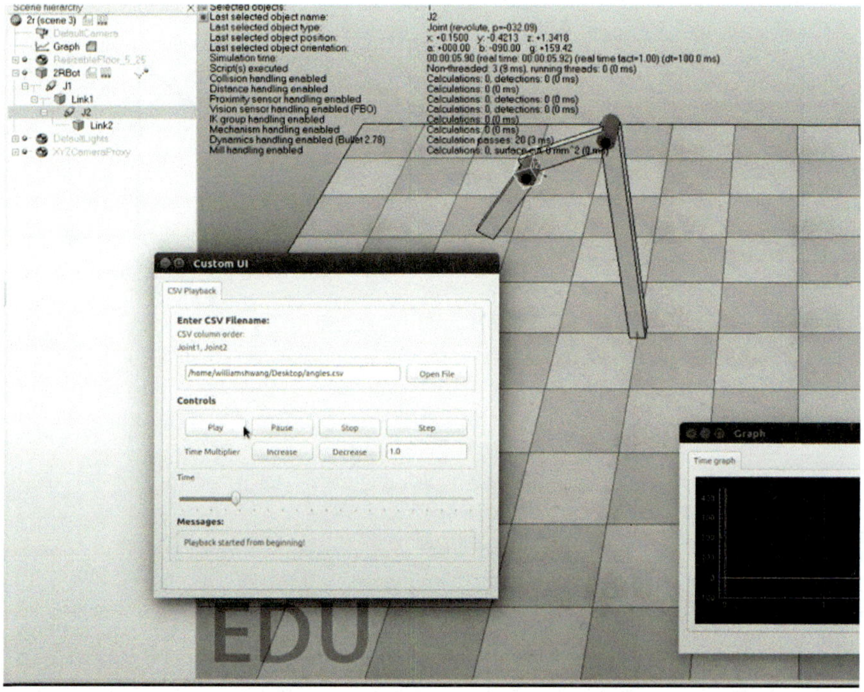

그림 5.26 V-REP를 이용한 시뮬레이션

Chapter
6

로봇 정역학

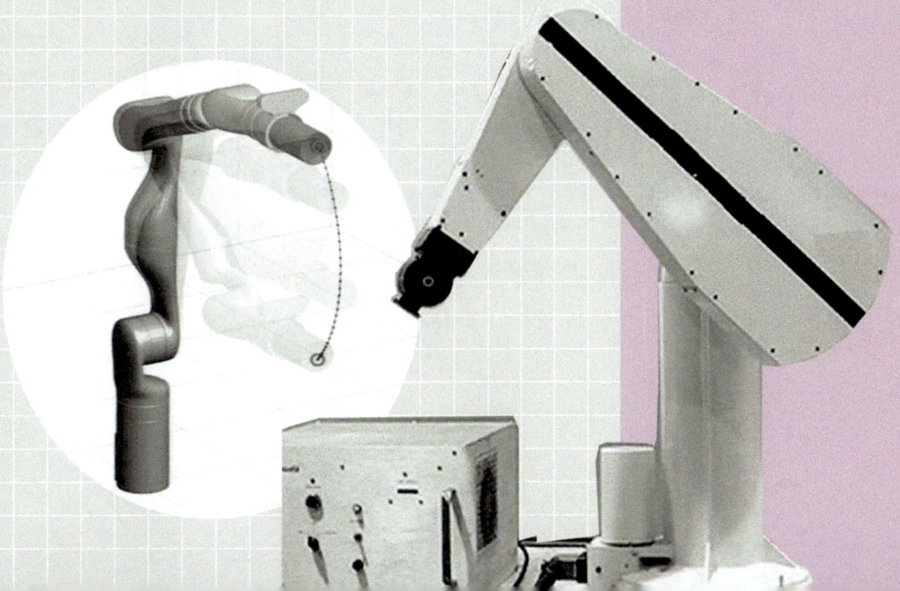

6.1 개요

제5장에서는 속도와 관련된 로봇의 기구학적인 특성과 후반부에서 특별히 연쇄적으로 연결되어 있는 로봇의 링크간의 속도의 전파 과정에 대해서 살펴보았다. 일반적으로 강체로 구성되어 있는 로봇의 각 링크가 움직이기 위해서는 링크와 링크를 연결하고 있는 관절, 즉 조인트가 회전이나 병진 운동이 가능하도록 힘이 주어져야만 한다. 이 책에서 다루고 있는 로봇의 기구학적 특성이 회전 관절에 기인하고 있으므로, 이장에서는 관절의 회전 운동을 발생시킬 수 있는 힘(Force)과 회전에 필요한 비틀림힘 또는 돌림힘이라고도 불리우는 토크(Torque) 또는 같은 의미로 사용되는 모멘트(Moment)에 대해서 논의한다.

제5장까지는 매니퓰레이터의 위치, 방위, 속도 및 가속도에 대한 기구학적 고려사항만을 고려하여 해석하였고, 실제 매니퓰레이터의 병진 및 회전 운동에 작용되는 힘과 토크에 대해서는 고려되지 않았다. 이 장에서는 매니퓰레이터의 링크와 회전 관절에 의한 운동 관계를 모멘트 및 토크를 이용해서 나타내는 방법에 대해서 소개한다.

6.2 힘

일반적으로 힘(Force)은 정지하고 있는 물체를 움직이게 하며, 움직이고 있는 물체의 속도나 운동 방향을 변경시키거나, 물체의 형태 또는 형상을 변형시킬 수 있는 물리량을 의미한다. 고전 역학에서 힘은 '물체의 운동 상태 또는 형상을 변화시키는 작용'을 의미하고, 선형 운동학의 관점에서는 '물체의 가속을 유발시키는 벡터량'으로 정의한다.

속도 기구학에서 언급되었던 어떤 물체의 한 질점 개념을 도입하면, 물체의 형상이 변하는 것도 물체를 이루는 질점의 운동 상태가 변한 것에 기인하는 것으로 볼 수 있기 때문에, 결과적으로는 물체의 운동 상태를 변하게 하는 작용으로 생각할 수 있다.

힘에 대한 개념은 뉴튼(Isaac Newton)에 의해 개념적으로 정립되었으며, 힘은 [그림 6.1]과 같이 작용선, 작용점, 크기와 방향으로 구성된다.

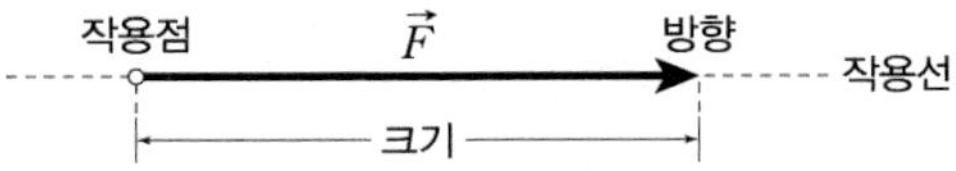

그림 6.1 힘의 구성요소

힘은 다음과 같이 정의하며, 단위는 뉴튼(Newton, N)이라고 한다.

$$F = m \cdot a \tag{6.1}$$

힘을 표시하는 기호는 F로 나타내며 단위는 kgf(킬로그램-힘, 킬로그램-중) 또는 N(뉴튼)이다. $1N$은 $1kg$의 질량을 갖는 물체를 $1m/s^2$의 가속도로 움직이는데 필요한 힘으로 정의한다. 따라서, 이 물리량의 단위는 다음과 같은 관계를 가진다.

$$1N = 1kg \cdot m/s^2 \tag{6.2}$$

또한, 중력으로 끌어당겨 지는 힘은 '무게'로 정의되기 때문에, 뉴튼은 무게의 단위로도 사용되며 $1kg$의 질량은 지구 표면에서 약 $9.8N$의 무게를 갖는다. 반대로, 무게 $1kg$은 질량 $1kg$의 물체에 $9.8m/s^2$의 중력 가속도를 발생시키는 힘을 의미한다.

일상생활에서 표현하는 무게(kg)는 공학적으로 kgf 또는 kg중으로 표현한다. 여기에서 f는 중력을 뜻하는 것이므로 $1kgf$의 무게란 질량이 $1kg$인 물체가 받는 중력을 의미한다. 따라서, 다음식과 같이 나타낼 수 있다.

$$1kgf = 1kg \cdot 9.8m/s^2 = 9.8 \cdot kg \cdot m/s^2 = 9.8\,N \tag{6.3}$$

일반적으로 사용하는 kg은 kg중을 의미하기 때문에, 편리하게

$$1kg = 9.8\,N \tag{6.4}$$

로 사용하고 있다. 반대로, $1N$은 약 $102g$의 질량을 가지는 물체의 무게에 해당되므로 간단히 $1N$을 $100g$중으로 표현하기도 한다. 일상생활에서 쉽게 경험하는 사례로 예를 든다면, $1N$의 크기 또는 힘은 $1kg$설탕이나 커피와 생산품을 들어 올릴 때 느껴지는 자극과 유사하다고 생각하면 좀 더 직관적으로 이해할 수 있다.

6.3 힘의 합성

두 힘의 방향이 일치하지 않지만 작용점이 같은 경우에는 서로 다른 두 힘의 합력을 구할 수 있다. 일반적으로 두 힘의 합력은 평행사변형 방법을 이용하며, 예각이나 둔각 또는 직각의 경우에 모두 같은 원리를 적용하여 합력을 계산할 수 있다. 다음 [그림 6.2]와 같은 경우를 이용해서 두 힘의 합력을 유도해 보자.

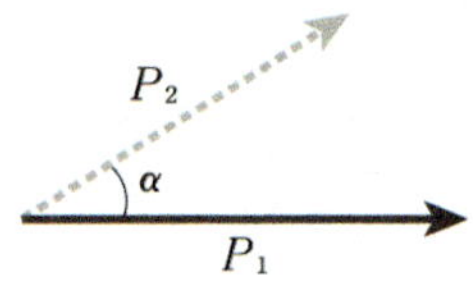

그림 6.2 작용점이 같은 서로 다른 두 힘

[그림 6.2]와 같이 두 힘이 한 점에서 작용하면, 두 힘과 크기가 같고 평행한 선분을 추가하여 연결하면 평행사변형을 그릴 수 있다. 이 평행사변형의 작용점과 평행한 성분이 만난 꼭지점을 이어서 이등분 되는 선분 (R)을 그리면, [그림 6.3]과 같이 두 힘의 합력을 나타낼 수 있다.

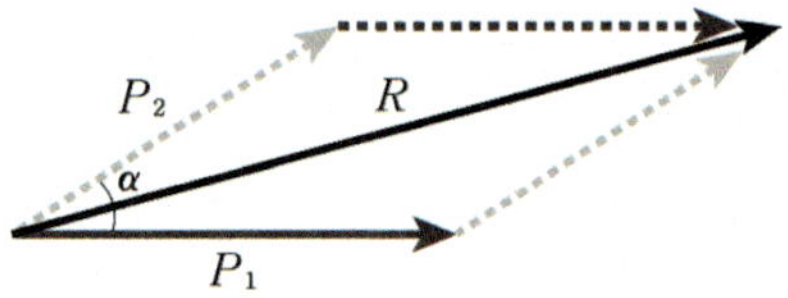

그림 6.3 평행사변형법에 의한 두 힘의 합성

[그림 6.3]의 평행사변형은 [그림 6.4]와 같이 연장해서 그릴 수 있고

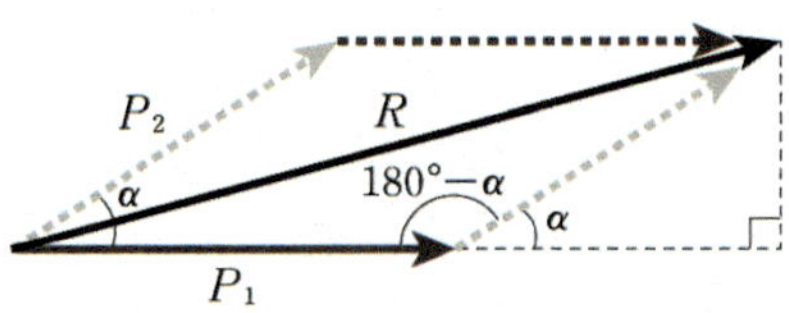

그림 6.4 코사인 법칙에 의한 두 힘의 합성

동위각 α, 빗변(R), 그리고 마주 보는 각($180-\alpha$)에 대해서 코사인 법칙을 적용하면

$$R^2 = P_1^2 + P_2^2 - 2P_1 P_2 \cos(180° - \alpha) \tag{6.5}$$

이고, $\cos(180° - \alpha)$는 $-\cos\alpha$이므로 합력 R은 다음과 같이 구할 수 있다.

$$R = \sqrt{P_1^2 + P_2^2 + 2P_1 P_2 \cos\alpha} \tag{6.6}$$

또한, 그림 [6.5]와 같이 합력이 이루는 방향각(θ)을 표시할 수 있으며

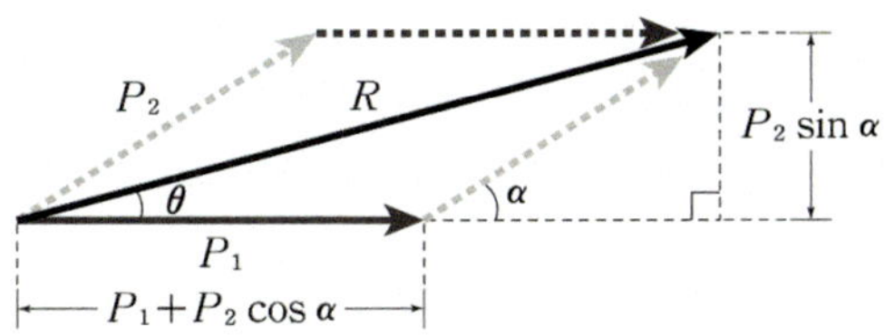

그림 6.5 삼각함수를 이용한 힘의 방향(각도)

합력의 방향각은 식 (6.7)과 같이 아크탄젠트를 이용하여 구할 수 있다.

$$\tan\theta = \frac{P_2 \sin\alpha}{P_1 + P_2 \cos\alpha}$$
$$\theta = \tan^{-1}\left(\frac{P_2 \sin\alpha}{P_1 + P_2 \cos\alpha}\right) \tag{6.7}$$

6.4 모멘트

기구학적인 측면에서 모멘트(Moment)는 회전력 또는 비틀림힘(돌림힘)으로 표현되는 토크(Torque)와 비슷하다. 단, 토크는 실제로 회전이 이루어질 때의 회전하는 힘으로, 모멘트는 회전이 없을 때 회전하려는 힘, 또는 실제 비틀림이 일어나서 회전을 막 시작하는 순간에 작용되는 힘을 의미한다. 그러나, 서로 단위가 같고 본질적인 뜻이 같으므로 모멘트 또는 토크는 서로 호환되면서 사용된다. 엄밀하게는 물체를 회전시키려고 하는 힘의 작용을 모멘트 힘(Moment of force)라고 하지만 간단하게 줄여서 모멘트라고 한다.

모멘트의 크기는 [그림 6.6]과 같이 작용된 힘과 힘이 작용된 위치로부터 회전작용점(회전축)까지의 수직 거리를 곱한 값으로 식(6.8)과 같이 정의된다.

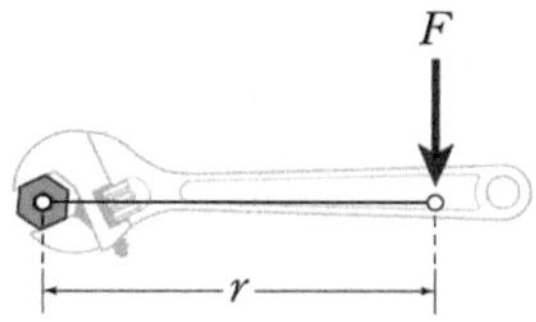

그림 6.6 모멘트의 크기

$$M = F \times r \tag{6.8}$$

모멘트의 단위는 $kgf \cdot m$ 또는 $kgf \cdot cm$이다. 예상할 수 있듯이, 힘의 방향은 수직일 때 최대치이며, 작용점과 동일한 선상에 작용되는 힘($\theta = 180^\circ$ 또는 0°)은 모멘트를 발생시키지 않는다. 그리고, 정의에서 나타나 있듯이 같은 힘이어도 원점과 힘의 작용이 이루어지는 지점과의 거리(r)에 따라 모멘트의 크기가 다르다는 점에 유의해야 한다.

[그림 6.7]과 같이 스패너를 이용해서 너트를 체결하는 경우를 생각해보자.

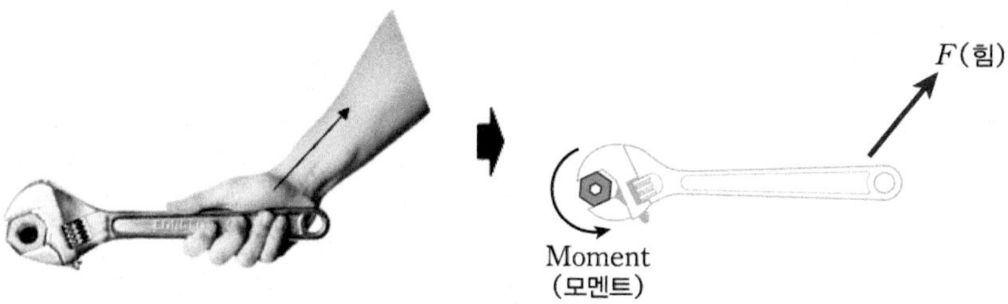

그림 6.7 너트에서 발생하는 모멘트

너트에서 발생하는 모멘트는 스패너로 너트를 체결할 때 너트의 회전 작용점(회전축)에서 힘의 작용선상에 내린 수직선의 길이와 스패너에 작용된 힘을 곱한 값이다. 앞 절에서 다룬 힘의 합성을 이용하면 [그림 6.8]과 같이 힘의 작용을 나타낼 수 있다. 작용점 또는 원점 O는 회전축이면서 너트의 중심을 의미한다.

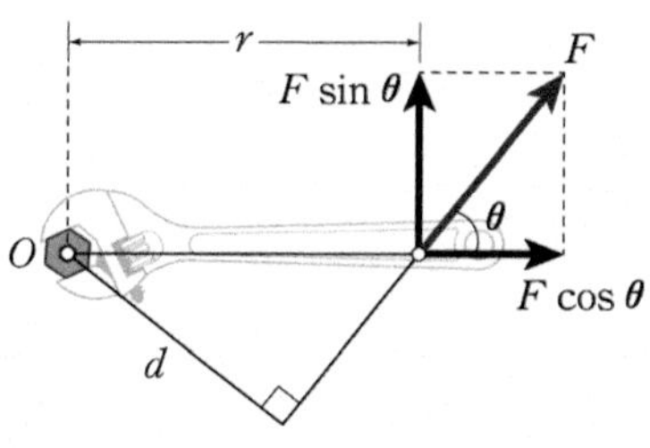

그림 6.8 작용점에 미치는 힘의 분해

너트에서 발생하는 모멘트는 모멘트의 정의로부터 힘의 합성 원리를 이용하여 식 (6.9)와 같이 나타낼 수 있으며, 모멘트의 크기는 회전의 중심점과 힘의 작용점 사이의 거리에 비례한다.

$$\begin{aligned} M &= F \times r \\ &= F\sin\theta \times r \end{aligned} \tag{6.9}$$

모멘트에 의해 회전이 발생할 때 모멘트의 축은 오른손 법칙을 따른다. [그림 6.7]의 경우, 회전은 시계 방향(너트 풀림)으로 이루어지며, 반대 방향으로 힘이 작용되면 회전은 반시계 방향(너트 잠김)으로 발생한다.

일반적으로 물체는 현재의 상태를 계속 유지하려는 속성을 가지고 있고, 이러한 속성을 표현하는 물리량으로 관성(Inertia)이라는 개념을 사용한다. 예를 들어, 직선운동을 하는 어떤 물체에 힘을 가하면 그 물체는 힘과 가속도의 법칙(뉴튼의 제2법칙)에 따라 가속도 운동을 한다. 똑같은 힘을 가하더라도 물체의 가속도 즉, 운동의 변화 정도는 질량에 따라서 다르게 된다. 질량이 클수록 가속도는 작기 때문에 운동 변화가 크지 않지만, 질량이 작은 경우에는 같은 힘에 대해서도 가속도가 크기 때문에 운동의 변화도 많아지게 된다. 반대로, 질량이 큰 물체에 힘을 가해서 정지시키려면 음의 방향으로의 가속도가 작게 작용되기 때문에 정지하는데 오랜 시간이 필요하게 된다. 이와는 반대로 질량이 작은 경우에는 음의 방향으로의 가속도도 크게 작용하기 때문에 감속 효과가 빠르게 나타나게 되어서 정지하는 시간이 짧아지게 된다. 이때, '관성이 크다'라고 하는 것은 운동의 변화가 별로 없다는 의미로 사용되며 일상적인 표현으로 '묵직'하다는 느낌을 가지게 된다. 보통의 경우, 질량을 곧 관성의 크기로 생각하는 이유이기도 하다.

회전 운동에서도 이와 비슷한 개념을 사용하게 되는데, 똑같은 돌림힘을 가하더라도 물체에 따라서 각가속도가 달라진다. 만약 계속해서 회전을 유지하려는 성질이 크다면 각가속도는 작고, 회전을 유지하려는 성질이 작다면 각가속도가 크다고 할 수 있다. 이렇게 회전과 관련된 관성을 표현할 수 있는 물리량을 관성 모멘트(Moment of inertia) 또는 회전 관성(Rotational moment)이라고 한다. 회전하는 물체의 관성이 크다는 것은 회전을 계속 유지하려고 하는 성질이 크다는 의미이며 각가속도는 작다고 할 수 있다. 즉 회전 관성이 클수록 각가속도의 변화는 작다.

관성 모멘트는 통상적으로 라틴 문자로 I로 표기하지만, 전자 회로의 전류 기호와 혼돈의 여지가 있는 경우에는 J로 쓰기도 한다. 관성 모멘트는 스칼라 관성 모멘트와 관성 텐서(Inertia tensor)의 두 가지 개념을 사용한다.

스칼라 관성 모멘트를 일반적으로 관성 모멘트라고 하기도 하며, 보통의 회전 운동은 고정된 하나의 축에 대해서 회전과 관련된 각가속도, 각속도, 각운동량 등 모든 물리량이 완전하게 설명될 수 있기 때문에 스칼라 관성 모멘트를 사용한다.

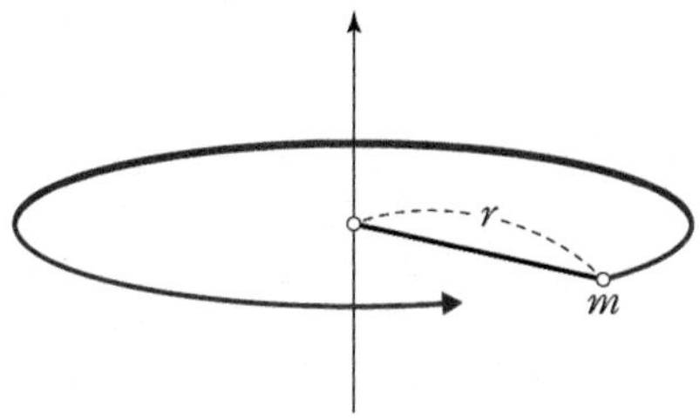

그림 6.9 점질량에 대한 관성 모멘트

[그림 6.9]와 같이 주어진 축을 중심으로 회전하는 점질량에 대한 관성 모멘트는 다음과 같이 정의된다.

$$I = mr^2 \tag{6.10}$$

여기서 m은 점질량, r은 회전축에서 점질량까지의 거리이다.

같은 축을 중심으로 회전하는 n개의 점질량을 [그림 6.10]과 같이 나타낼 수 있으며

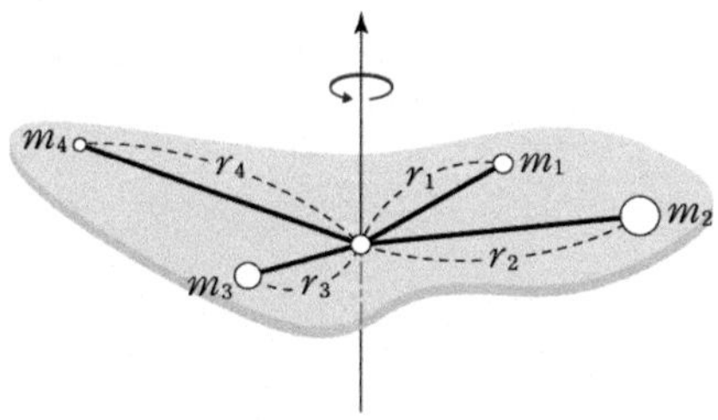

그림 6.10 회전축을 공유하는 점질량들의 관성 모멘트

이에 대한 총 관성 모멘트는 각 점질량들에 대한 관성 모멘트의 합이 되므로 다음과 같이 나타낼 수 있다.

$$I = m_1 r_1^2 + m_2 r_2^2 + \cdots + m_n r_n^2 = \sum_{i=1}^{n} m_i r_i^2 \tag{6.11}$$

점질량이 아닌 임의의 질량이 질량체(강체)에 연속적으로 분포하면, [그림 6.10]에 나타낸 점질량은 미소 질량 형태로 다음 [그림 6.11]과 같이 나타낼 수 있다.

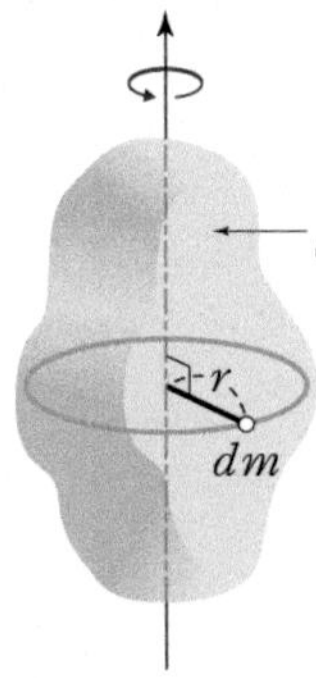

그림 6.11 질량체(강체)에 대한 관성 모멘트

이 경우, 미소 관성 모멘트는 미소 질량에 회전축으로부터 떨어진 거리를 곱한 것이 되므로

$$dI = r^2\,dm \tag{6.12}$$

이다. 이때, 회전축으로부터 떨어진 거리 r에서의 미소 질량의 밀도가 $\rho(r)$라면, 미소 질량 dm은 밀도와 미소 부피의 곱으로 식 (6.13)과 같이 표현할 수 있다.

$$dm = \rho(r)\,dV \tag{6.13}$$

따라서, dI는 다음과 같다.

$$dI = \rho(r)r^2\,dV \tag{6.14}$$

따라서, 강체의 관성 모멘트는 식 (6.15)와 같이 각 질점에 대해서 체적에 대한 적분의 결과로 얻을 수 있다.

$$I = \int r^2 dm = \int_V \rho(r)\,r^2 dV \tag{6.15}$$

[표 6.1]은 몇 가지 대표적인 강체의 관성 모멘트를 나타낸다. 자세한 유도 과정은 기계공학 또는 물리학 교재를 참고하면 쉽게 접할 수 있다.

〈https://namu.wiki/관성모멘트〉

표 6.1 다양한 강체에 대한 관성 모멘트

회전축이 중심에 있는 길이 L인 얇은 막대	반지름이 R인 구 껍질
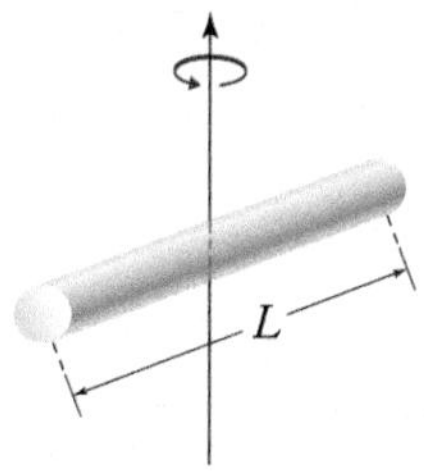	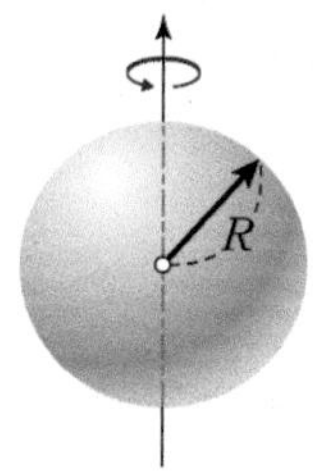
$\frac{1}{12}ML^2$	$\frac{2}{3}MR^2$
회전축이 막대 끝에 있는 길이 L인 얇은 막대	**반지름과 높이가 각각 R, h인 원판**
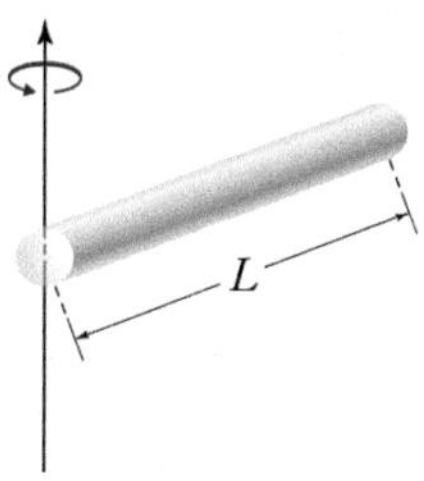	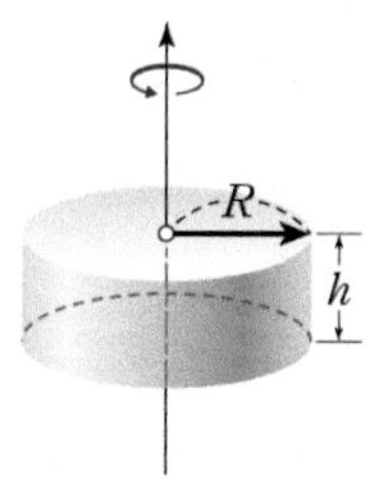
$\frac{1}{3}ML^2$	$\frac{1}{2}MR^2$
속이 꽉 찬 반지름이 R인 구	**반지름과 높이가 각각 R, h인 속이 빈 원판**
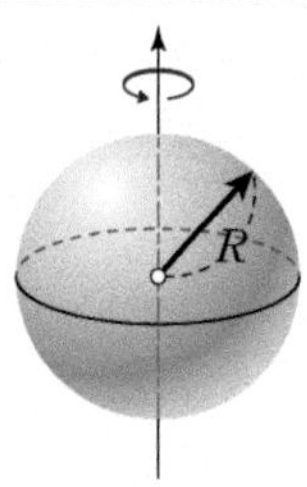	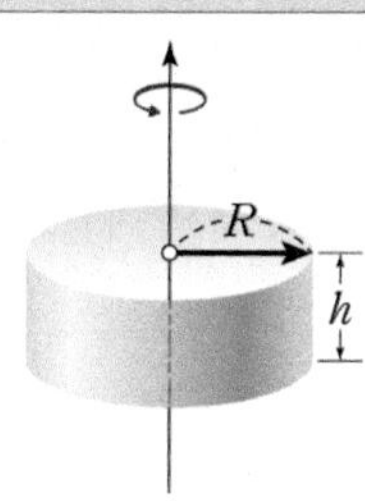
$\frac{2}{5}MR^2$	MR^2

6.5 관성 텐서

복잡한 회전 운동의 경우 예를 들어, 팽이, 자이로스코프와 같이 회전축이 변하는 회전 운동은 회전축이 달라질 때마다 관성 모멘트가 바뀌게 되므로, 임의의 축에 대한 관성 모멘트를 구할 수 있는 관성 텐서(Inertia tensor)를 이용한다.

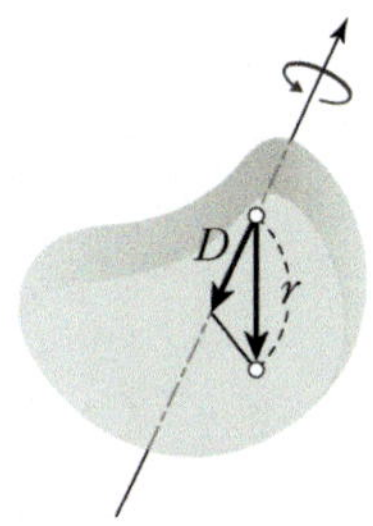

그림 6.12 강체에 대한 관성 텐서

[그림 6.12]에 나타나 있는 강체의 임의의 축에 대한 관성 모멘트를 구하기 위한 관성 텐서는 다음과 같이 유도할 수 있다. [그림 6.12]의 강체가 입자의 질량 m, 회전축의 한 중심점으로부터의 상대거리 $r=(x,y,z)$라면, 한 입자의 관성은 다음과 같이 표현된다. 여기서 D는 회전축의 단위 방향 벡터를 의미한다.

$$I = m(|r|^2 - (r \cdot D)^2) \tag{6.16}$$

강체가 N개의 입자로 이루어져 있다고 가정하면, 강체의 관성 모멘트는 식 (6.11)을 이용하여 다음과 같이 나타낼 수 있다.

$$I = \sum_{k=1}^{N} m_k (|r_k|^2 - (r_k \cdot \hat{D}_k)^2) \tag{6.17}$$

여기서 $r_k^2 = x_k^2 + y_k^2 + z_k^2$ 이고, D_k를 단위 방향 벡터로 $\hat{D} = (\hat{x}_k,\ \hat{y}_k,\ \hat{z}_k)$이다. 식 (6.17)을 전개하여 정리하면 다음과 같다.

$$\begin{aligned} I &= \sum_{k=1}^{N} m_k (x_k^2 + y_k^2 + z_k^2 - (x_k \hat{x}_k + y_k \hat{y}_k + z_k \hat{z}_k)^2) \\ &= \sum_{k=1}^{N} m_k [(1-\hat{x}_k^2)x_k^2 + (1-\hat{y}_k^2)y_k^2 + (1-\hat{z}_k^2)z_k^2 \\ &\qquad - 2(x_k y_k \hat{x}_k \hat{y}_k + y_k z_k \hat{y}_k \hat{z}_k + z_k x_k \hat{z}_k \hat{x}_k)] \end{aligned} \tag{6.18}$$

$\hat{x}_k\hat{y}_k+\hat{y}_k\hat{z}_k+\hat{z}_k\hat{x}_k=1$ 이므로, 식 (6.18)은 다시 다음과 같이 나타낼 수 있다.

$$\begin{aligned} I= & \sum_{k=1}^{N} m_k[(\hat{y}_k^2+\hat{z}_k^2)x_k^2+(\hat{x}_k^2+\hat{z}_k^2)y_k^2+(\hat{x}_k^2+\hat{y}_k^2)z_k^2] \\ & -2\sum_{k=1}^{N} m_k(x_k y_k \hat{x}_k\hat{y}_k+y_k z_k \hat{y}_k\hat{z}_k+x_k z_k \hat{x}_k\hat{z}_k) \end{aligned} \tag{6.19}$$

식 (6.19)에서 단위 방향 벡터를 밖으로 빼내어 정리하면

$$\begin{aligned} I= & \hat{x}_k^2\sum_{k=1}^{N} m_k(y_k^2+z_k^2)+\hat{y}_k^2\sum_{k=1}^{N} m_k(x_k^2+z_k^2)+\hat{z}_k^2\sum_{k=1}^{N} m_k(x_k^2+y_k^2) \\ & -2\left(\hat{x}_k\hat{y}_k\sum_{k=1}^{N} m_k x_k y_k+\hat{y}_k\hat{z}_k\sum_{k=1}^{N} m_k y_k z_k+\hat{z}_k\hat{x}_k\sum_{k=1}^{N} m_k z_k x_k\right) \end{aligned} \tag{6.20}$$

이다.

관성 텐서는 식 (6.21)과 같이 정의된다.

$$I_{ij}=\sum_{k=1}^{N} m_k(r_k^2\delta_{ij}-r_{ki}r_{kj}) \tag{6.21}$$

여기서

i, j : x, y 또는 z좌표를 나타내는 지표
r_k : 어떤 기준점으로부터 k번째 점질량까지의 방향벡터
δ_{ij} : 크로네커 델타($i=j$이면 1, $i \neq j$이면 0)

이다.

식 (6.21)을 이용하여 다음의 식을 얻을 수 있다.

$$\begin{aligned} & I_{xx}=\sum_{k=1}^{N} m_k(y_k^2+z_k^2),\ I_{yy}=\sum_{k=1}^{N} m_k(x_k^2+z_k^2),\ I_{zz}=\sum_{k=1}^{N} m_k(x_k^2+y_k^2) \\ & I_{xy}=I_{yx}=-\sum_{k=1}^{N} m_k x_k y_k,\ I_{xz}=I_{zx}=-\sum_{k=1}^{N} m_k x_k z_k,\ I_{yz}=I_{zy}=-\sum_{k=1}^{N} m_k y_k z_k \end{aligned} \tag{6.22}$$

식 (6.22)를 식 (6.20)에 대입하고 정리하면

$$\begin{aligned} I &= \hat{x}_k^2 I_{xx} + \hat{y}_k^2 I_{yy} + \hat{z}_k^2 I_{zz} - 2\hat{x}_k \hat{y}_k I_{xy} - 2\hat{y}_k \hat{z}_k I_{yz} - 2\hat{x}_k \hat{z}_k I_{xz} \\ &= \begin{bmatrix} \hat{x}_k I_{xx} - \hat{y}_k I_{xy} - \hat{z}_k I_{xz} & \hat{y}_k I_{yy} - \hat{x}_k I_{yx} - \hat{z}_k I_{yz} & \hat{z}_k I_{zz} - \hat{y}_k I_{zy} - \hat{x}_k I_{zx} \end{bmatrix} \begin{bmatrix} \hat{x}_k \\ \hat{y}_k \\ \hat{z}_k \end{bmatrix} \end{aligned} \tag{6.23}$$

이고, 이를 행렬의 곱으로 나타내면 식 (6.24)와 같은 관성 텐서 행렬을 구할 수 있다.

$$\begin{aligned} I &= \begin{bmatrix} \hat{x}_k & \hat{y}_k & \hat{z}_k \end{bmatrix} \begin{bmatrix} I_{xx} & I_{xy} & I_{xz} \\ I_{yx} & I_{yy} & I_{yz} \\ I_{zx} & I_{zy} & I_{zz} \end{bmatrix} \begin{bmatrix} \hat{x}_k \\ \hat{y}_k \\ \hat{z}_k \end{bmatrix} \\ &= DJD^T \end{aligned} \tag{6.24}$$

강체의 질량 중심에서의 관성 텐서를 I_0라고 할 때, 이 강체의 질량 중심으로부터 R(변위벡터, Displacement vector)만큼 떨어져 있는 지점의 관성 텐서 I는 강체의 질량 중심에서의 관성 텐서 I_0를 이용하여 다음과 같이 나타낸다.

$$I = I_0 + m[(R \cdot R)E - R \times R] \tag{6.25}$$

여기서 $R \cdot R$은 변위 벡터의 내적, $R \times R$은 변위 벡터의 외적이다.

또한, R을 강체의 회전을 나타내는 벡터라고 하면, 회전된 강체의 관성 텐서는 다음과 같이 정의된다.

$$I = RI_0R^T \tag{6.26}$$

식 (6.25)와 (6.26)의 상세한 유도 과정은 이 책의 범위를 벗어나므로, 물리학 또는 타 역학 관련 서적을 참고하기 바란다.

6.6 토크

병진 운동에서 힘, 위치, 속도, 가속도, 질량 등의 물리량이 있는 것처럼, 회전 운동에서는 토크, 각도, 각속도, 각가속도, 관성 모멘트(회전 관성 또는 관성 텐서) 등의 물리량이 대칭적으로 존재한다. 그리고, 회전 운동에서 각 물리량 사이의 관계 또한 병진 운동에서 각 물리량의 사이의 관계와 대칭적인 관계를 갖는다.

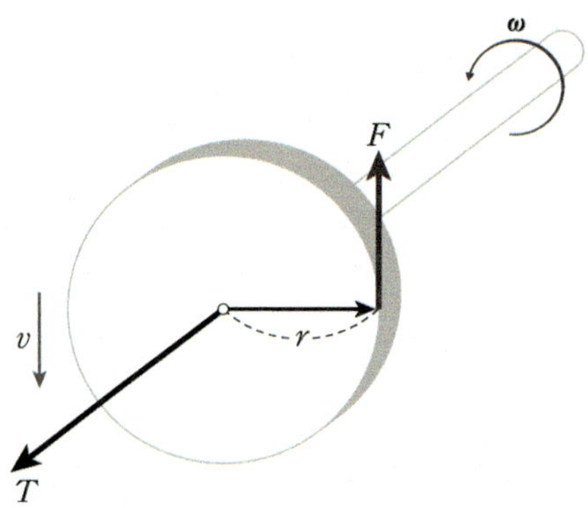

그림 6.13 회전체의 힘과 토크

토크(Torque, 회전력 또는 돌림힘)는 힘(병진력)과 다음과 같은 관계를 갖는다. 앞의 절에서 모멘트와 토크가 같은 개념으로 소개되었던 것처럼, 토크의 정의가 식 (6.8)과 같이 표현되고 있다.

$$T = r \times F \tag{6.27}$$

식 (6.27)을 회전 관성을 이용해서 다시 나타내면 다음과 같다.

$$T = J\alpha \tag{6.28}$$

여기서 J는 관성 모멘트, α는 각가속도이다. 제5장에서 소개된 것과 같이 속도와 각속도의 관계는

$$v = r\omega \tag{6.29}$$

이다.

모멘트는 일반적으로 고정된 기준점에 대해 일정한 거리만큼 떨어져 있는 지점에서 측정된 물리량이다. 앞에서도 소개한 것처럼 토크의 경우, 물체에 작용하는 힘의 모멘트(Moment of force) 또는 모멘트 힘이 이에 해당된다.

6.7 매니퓰레이터의 정역학

로봇을 이용해서 용접을 하거나 드릴을 이용해서 타공 등의 작업을 하는 경우, 로봇의 말단 장치에는 작업의 모든 과정에서 일정한 힘의 작용을 필요로 한다. 용접시에는 철판과 용접봉과의 정적 평형이 이루어져야 철판의 찌그러짐이나 다른 변형이 발생하지 않고 올바른 용접을 할 수 있으며, 드릴 작업시에는 타공 방향으로의 지속적인 힘이 가해져야만 볼트나 나사를 결합하는 데 필요한 구멍을 뚫을 수 있다.

외력 또는 힘을 받는 물체는 일반적으로 정지 또는 운동 상태로 해석할 수 있는데, 이러한 분야를 다루는 학문을 역학이라고 한다. 로봇공학에서는 전통적인 고전 역학 즉, 뉴튼의 운동 법칙에 기초하는 뉴튼 역학을 기반으로 힘의 작용에 의한 로봇의 상태를 설명한다. 특히, 힘을 받는 로봇이나 말단 장치를 대상으로 용접 작업과 같은 특정한 순간에 정지 상태나 어떤 면을 따라 일정한 속도로 움직일 때와 같이 등속도 운동을 하는 경우, 정역학(Statics)의 기법을 통해서 힘의 정적 상태 또는 정적 평형(Static equilibrium) 상태의 관점에서 로봇과 힘의 관계를 해석한다. 로봇의 운동 상태가 지속적으로 변화되는 드릴 작업과 같은 경우는 로봇의 운동을 가속도 운동 관점의 동역학(Dynamics) 기법을 통해서 로봇과 힘의 관계를 설명하게 된다.

매니퓰레이터의 정역학은 매니퓰레이터의 말단에 가해지는 일반 힘(힘과 모멘트)과 관절에 가해진 일반 힘(직동 관절의 경우에 힘, 회전 관절의 경우 토크)과의 관계를 구하는 것을 목적으로 한다. 예를 들어, 말단의 끝에 접촉하는 물체를 밀거나 들고 있는 물체를 지지하는데 필요한 적합한 힘 또는 평형(균형) 상태를 이루기 위한 관절 조건을 풀어내기 위함이라고 할 수 있다.

매니퓰레이터는 베이스부로부터 말단 장치까지 연속적으로 연결된 링크와 관절로 구성되어 있기 때문에, 힘과 모멘트가 한 링크에서 다음 링크로 어떤 영향력을 주게 되어 마지막에 연결되어 있는 말단 장치에 어떠한 힘과 모멘트가 전달되는지를 계산할 필요가 있다. 이러한 힘과 모멘트의 전달을 '전파(Propagation)' 라고 한다.

매니퓰레이터 말단 장치의 정역 해석을 위해서는 첫 번째, 고전 역학에서 다수의 링크 구조를 가지는 구조물을 하나의 구조물 형태로 풀어서 해석하는 것처럼 매니퓰레이터의 모든 관절을 고정시킴으로서 개념적으로 단일 구조물 또는 단일 링크로 이루어진 것과 같은 상태가 되도록 한다. 두 번째, 각 링크에 링크계를 부여한 후 링크계에 따라 힘의 분해 및 합력 관계를 표현한다. 세 번째, 매니퓰레이터가 정적 평형 상태를 유지할 수 있도록 관절축에 작용되는 정토크(Static torque)를 계산한다. 마지막으로, 말단 장치에 작용하는 외력 또는 정하중을 지지할 수 있는 반작용 힘 즉, 관절 토크 조합을 계산한다.

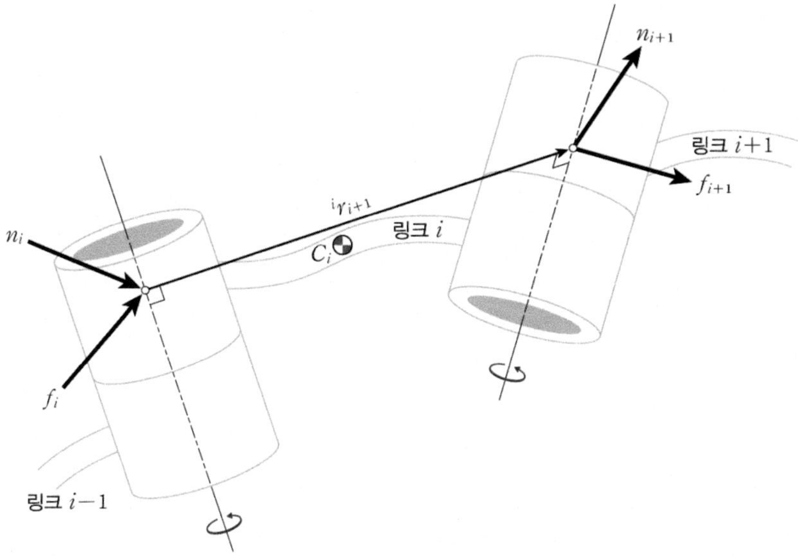

그림 6.14 매니퓰레이터 링크에 작용되는 힘과 토크

[그림 6.14]는 인접하는 두 링크의 힘과 모멘트의 작용을 나타내고 있다. 그림에서 f_i와 n_i는 $i-1$번째 링크가 i번째 링크에 작용하는 힘과 모멘트 벡터를 나타내고, ◉로 표시된 부분은 i번째 링크의 질량 중심(Center of mass) C_i를 의미하며, ${}^{i}r_{i+1}$은 링크계 설정 방법에 의해서 정의된 링크 i의 길이를 의미한다. 그림에서 매니퓰레이터가 i개의 링크로 구성되어 있다면, 외부 환경과 직접적인 상호작용이 일어나는 말단 장치는 $i+1$번째 관절에 연결된 링크의 끝이나 말단 장치라고 할 수 있다.

f_{i+1}와 n_{i+1}은 말단 장치가 외부 환경과의 작용에 대한 힘과 모멘트 벡터가 된다. $i-1$번째 링크로부터 i번째 링크로의 힘과 모멘트의 전파는 [그림 6.14]에서와 같이 링크계 $\{i\}$의 원점으로 향하는 f_i와 n_i와 같이, 매니퓰레이터의 말단이 외부 환경에 작용하는 힘과 모멘트는 f_{i+1}와 n_{i+1}의 반력 즉, $-f_{i+1}$와 $-n_{i+1}$로 나타낼 수 있다. 또한, $i+1$번째 링크의 운동에 의한 반력에 의해서 i번째 링크의 질량 중심에서 중력 방향으로 발생하는 중력 효과는 작용-반작용 효과를 통해 상쇄 또는 무시 가능하므로, 링크계 $\{i\}$ 즉, 링크 i에 작용되는 힘은 힘의 평형 특성($\sum F = 0$)을 이용하면 다음과 같이 나타낼 수 있다.

$$^{i}f_{i} - {}^{i}f_{i+1} = 0 \tag{6.30}$$

그리고, 이 링크계의 원점에 모멘트를 추가하면

$$^{i}n_{i} - {}^{i}n_{i+1} - {}^{i}r_{i+1} \times {}^{i}f_{i+1} = 0 \tag{6.31}$$

이 된다.

식 (6.30)과 (6.31)을 이용해서 매니퓰레이터의 말단 장치에 작용되는 힘과 모멘트는 매니퓰레이터의 기저부(또는 링크계 {0})로부터 말단 장치까지 연쇄적인 관계식으로 표현 가능함을 알 수 있다. 식 (6.30)과 (6.31)은 다음과 같이 다시 표현할 수 있다.

$$^{i}f_{i} = {}^{i}f_{i+1} \tag{6.32}$$

$$^{i}n_{i} = {}^{i}n_{i+1} + {}^{i}r_{i+1} \times {}^{i}f_{i+1} \tag{6.33}$$

링크계 $\{i\}$에 기준하여 링크계 $\{i+1\}$을 나타내는 회전 행렬(${}^{i}R_{i+1}$)을 이용해서 변환하면, 식 (6.32)와 (6.33)은 다시 다음과 같이 나타낼 수 있다.

$$^{i}f_{i} = {}^{i}R_{i+1}{}^{i+1}f_{i+1} \tag{6.34}$$

$$\begin{aligned} ^{i}n_{i} &= {}^{i}R_{i+1}{}^{i+1}n_{i+1} + {}^{i}r_{i+1} \times {}^{i}R_{i+1}{}^{i+1}f_{i+1} \\ &= {}^{i}R_{i+1}{}^{i+1}n_{i+1} + {}^{i}r_{i+1} \times {}^{i}f_{i} \end{aligned} \tag{6.35}$$

이렇게 하면, 매니퓰레이터의 기저부(링크계 {0})로부터 말단 장치(링크계 $\{k\}$)까지 순차적으로 줄여가면서 외부의 작업 환경과 정적 평형 상태를 이루기 위한 모든 관절의 구동부에서 작용되는 힘과 모멘트를 구할 수 있게 된다.

식 (6.34)는 외부에서 작용하는 힘에 대한 정적 평형을 유지하기 위한 각 관절의 반작용 즉, 반력이 작용-반작용의 법칙에 의해서 외부에서 주어지는 힘과 모두 같은 크기를 가져야 함을 의미한다. 즉, $f_1 = f_2 = \cdots = f_k$ 이다.

식 (6.34)와 (6.35)는 매니퓰레이터가 공간상에 존재하기 때문에 벡터 f_i와 n_i는 x, y, z 세 개의 성분을 갖는 3차원 벡터이다. 하지만, 매니퓰레이터의 관절은 제3장에서 논의된 바와 같이 회전축을 중심으로 $\hat{Z}$축 방향으로만 유효한 힘이나 모멘트가 존재하게 된다. 즉, 힘과 모멘트의 모든 벡터 요소들은 관절축 주위의 토크를 제외하면 기구 자체의 구조에 의해서 상쇄된다. 따라서, 매니퓰레이터의 정적 평형 상태를 유지하기 위한 관절 토크는 관절축의 벡터와 링크에 작용하는 모멘트 벡터의 내적으로 구할 수 있다.

$$\tau_i = {}^i n^{T_i}\, {}^i\hat{Z}_i \qquad (6.36)$$

직동형 관절에서는 식 (6.36)을 이용해서 다음과 같이 나타낼 수 있으며, 편의상 직동형 관절에서도 토크(τ)를 사용한다.

$$\tau_i = {}^i f^{T_i}\, {}^i\hat{Z}_i \qquad (6.37)$$

식 (6.36)과 (6.37)을 참고하면 매니퓰레이터 말단에서의 토크의 조합은 다음과 같이 각 링크의 독립적인 토크 벡터로 나타낼 수 있음이 자명하다.

$$\tau = \{\tau_1, \tau_2, \cdots, \tau_k\} \qquad (6.38)$$

예제 6.1

다음의 평면(RR)형 2링크 매니퓰레이터의 말단 장치에 외부 작업 환경에 힘 F를 가하고 있다. 이 때, 작업 상태를 유지하기 위해 각 관절에 필요한 토크를 계산하시오. 각 링크의 길이는 L_1, L_2이다.

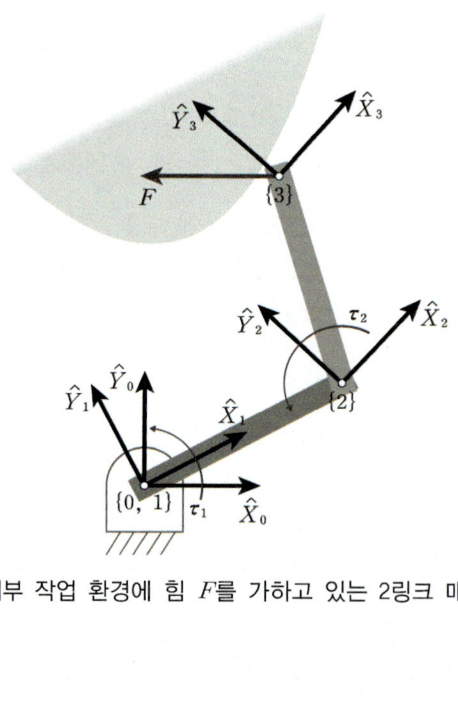

그림 6.15 외부 작업 환경에 힘 F를 가하고 있는 2링크 매니퓰레이터

풀이

먼저 말단 장치가 결합되어 있는 마지막 링크인 링크계 {2}를 고려하여 자유 물체도(Free body diagram)를 그려보면 힘의 작용–반작용 상태를 쉽게 이해할 수 있다.

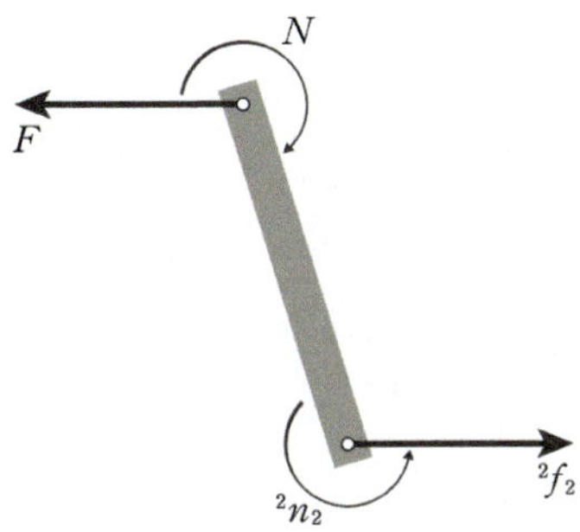

그림 6.16 2번째 링크의 힘과 모멘트

말단 장치의 힘이 링크계 {3}의 원점에서 작용하고 있다면, 이때의 힘(F)과 모멘트(N)는 말단 장치로부터 매니퓰레이터의 기저로 향하면서 식 (6.34)와 (6.36)을 순차적으로 적용할 수 있다. 매니퓰레이터의 2번째 링크가 외부에 가하고 있는 힘(F)은 첫 번째 링크와 두 번째 링크의 관절의 반력과 같으므로 다음과 같다.

$$
{}^2f_2 = \begin{bmatrix} f_x \\ f_y \\ 0 \end{bmatrix} \tag{6.39}
$$

같은 방법으로 모멘트(N)는 식 (6.33)을 이용해서 다음과 같이 나타낼 수 있다.

$$
{}^2n_2 = L_2\hat{X}_2 \times \begin{bmatrix} f_x \\ f_y \\ 0 \end{bmatrix} = \begin{bmatrix} 0 \\ 0 \\ L_2 f_y \end{bmatrix} \tag{6.40}
$$

또는 말단 장치가 외부 환경과의 접촉에 의해서 정적 평형 상태를 이루고 있으므로, 말단 장치의 모멘트는 0($N=0$)이다. 따라서, 모멘트 평형 특성을 이용하여 식 (6.33)을 이용하여 식 (6.40)을 다음과 같이 나타낼 수 있다.

$$
{}^2n_2 - N - {}^2r_3 \times F = 0
$$

$$
\begin{aligned}
{}^2n_2 &= {}^3n_3 + {}^2r_3 \times {}^3f_3 = 0 + {}^2r_3 \times {}^2f_2 \\
&= L_2\hat{X}_2 \times \begin{bmatrix} f_x \\ f_y \\ 0 \end{bmatrix} = \begin{bmatrix} 0 \\ 0 \\ L_2 f_y \end{bmatrix}
\end{aligned} \tag{6.41}
$$

같은 방법으로 링크 1의 힘에 대해서도 다음과 같은 결과를 얻을 수 있다.

$$\sum F = {}^1f_1 - {}^1f_2 = 0$$

$$\begin{aligned} {}^1f_1 &= {}^1f_2 = {}^1R_2\,{}^2f_2 \\ &= \begin{bmatrix} c_2 & -s_2 & 0 \\ s_2 & c_2 & 0 \\ 0 & 0 & 1 \end{bmatrix} \begin{bmatrix} f_x \\ f_y \\ 0 \end{bmatrix} \\ &= \begin{bmatrix} c_2 f_x - s_2 f_y \\ s_2 f_x + c_2 f_y \\ 0 \end{bmatrix} \end{aligned} \tag{6.42}$$

링크 1의 모멘트 또한 식 (6.35)를 이용해서 다음과 같이 계산할 수 있다.

$${}^1n_1 - {}^1n_2 - {}^1r_2 \times {}^1f_2 = 0$$

$${}^1n_1 - {}^1R_2\,{}^2n_2 - {}^1r_2 \times {}^1f_1 = 0$$

$$\begin{aligned} {}^1n_1 &= {}^1R_2\,{}^2n_2 + {}^1r_2 \times {}^1f_1 \\ &= \begin{bmatrix} c_2 & -s_2 & 0 \\ s_2 & c_2 & 0 \\ 0 & 0 & 1 \end{bmatrix} \begin{bmatrix} 0 \\ 0 \\ L_2 f_y \end{bmatrix} + L_1 \widehat{X_1} \times \begin{bmatrix} c_2 f_x - s_2 f_y \\ s_2 f_x + c_2 f_y \\ 0 \end{bmatrix} \\ &= \begin{bmatrix} 0 \\ 0 \\ L_1 s_2 f_x + L_1 c_2 f_y + L_2 f_y \end{bmatrix} \end{aligned} \tag{6.43}$$

따라서, 식 (6.37)을 이용하면 각 관절에 필요한 토크는 다음과 같이 구할 수 있다.

$$\begin{aligned} \tau_1 &= L_1 s_2 f_x + (L_2 + L_1 c_2) f_y \\ \tau_2 &= L_2 f_y \end{aligned} \tag{6.44}$$

식 (6.43)은 행렬 연산자로 다음과 같이 표현할 수 있다.

$$\tau = \begin{bmatrix} L_1 s_2 & L_2 + L_1 c_2 \\ 0 & L_2 \end{bmatrix} \begin{bmatrix} f_x \\ f_y \end{bmatrix} \tag{6.45}$$

식 (6.45)는 제5장의 [예제 5.3]에서 유도한 식 (5.141)의 2링크 매니퓰레이터 말단의 속도 관계를 나타내는 자코비안 행렬에 대한 전치행렬임을 알 수 있다.

6.8 힘과 모멘트와 자코비안

매니퓰레이터의 말단 장치가 외부 작업 환경과 상호 작용하기 위해 필요한 힘은 작용–반작용 법칙에 의해서 그에 해당하는 반력을 통해서 정적인 평형을 이루게 된다. 이러한 정적 평형에 필요한 관절 토크는 식 (6.44)로부터 관절 변수의 함수임을 알 수 있다. 어떤 물체에 힘이 작용해서 움직이는 경우 즉, 변위의 차이가 발생하는 경우에는 기술적으로 일(Work) 또는 에너지의 관점에서 운동에 대한 해석이 가능해진다. 일(Work)은 힘이 작용함에 따라 일정한 거리를 움직인 것으로 에너지의 단위로 줄(Joule, 기호 J)의 스칼라 단위가 사용되며, 1줄($1J$)은 물체에 $1N$(뉴튼)의 힘이 작용하는 동안 물체가 1m 이동했을 때 힘이 한 일을 의미한다.

$$1J = 1N \times 1m = 1N \cdot m = 1kg \cdot m^2/s^2 \tag{6.46}$$

식 (6.30)과 (6.31)에서 나타낸 것처럼, 정적 평형(Static equilibrium)은 물체에 가해지는 전체 힘의 합과 전체 토크의 합이 0이 되는 상태이다. 실제로 정적 평형을 계산하기 위해서는 외부에 가해진 힘뿐만 아니라 반작용력과 내력, 각 관절의 모든 힘과 조건을 고려해야 하기 때문에 복잡도가 매우 높아지게 된다. 하지만, 가상 일(Virutal work)의 원리를 적용하게 되면, 가상 변위와 관련된 힘만을 고려하면 되기 때문에 반작용이나 내력 등의 영향을 제거할 수 있고 구속 조건의 적용과 정역 해석이 간단해진다.

어떤 시스템의 미소 가상 변위(Virtual displacement, δr)에 대해서 시스템이 한 일을 가상 일(Virtual work, δW)라고 한다. 그리고, 가상 일 원리(Virutal work principle)는 시스템이 평형 상태에 있을 때, 가상 변위에 대한 가상 일이 0이 되도록 하는 것이다. 즉, 정적 평형 상태에서 시스템에 가해지는 모든 힘의 총합이 0이 되는 것과 동일하다고 할 수 있다.

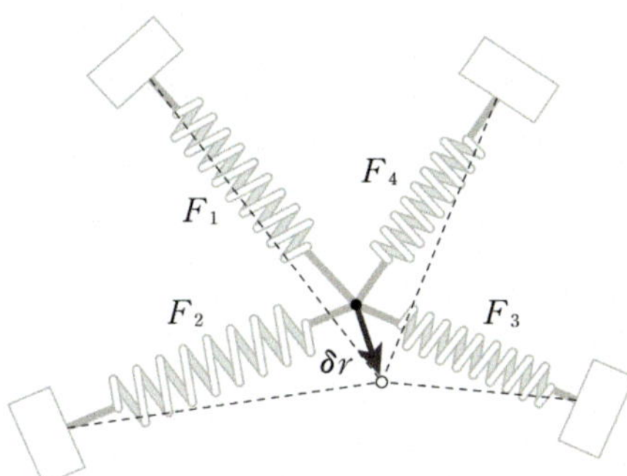

그림 6.17 스프링 시스템의 가상 일

[그림 6.17]과 같은 정적 평형 상태를 고려하면, 가상 변위에 대한 가상 일은 다음과 같이 나타낼 수 있다.

$$\delta W = \sum F_i \cdot \delta r \tag{6.47}$$

가상 일의 합은 0이므로

$$\delta W = 0 \tag{6.48}$$

이고 δr로 양변을 나누면, 식 (6.47)은 다음과 같이 표현된다.

$$\sum F_i = F_1 + F_2 + F_3 + F_4 = 0 \tag{6.49}$$

직교 좌표 공간에서 매니퓰레이터의 말단 장치에 작용한 힘 F에 의해 발생한 미소 변위 δX에 대한 미소 가상 일은 식 (6.47)을 이용하면 다음과 같이 정의할 수 있다.

$$\delta W = F \cdot \delta X \tag{6.50}$$

이미 식 (6.44)와 (6.45)에서 정적 평형 상태를 유지하기 위한 관절 토크가 직교 좌표 공간에서 표현할 수 있는 관절 변수의 함수라는 것을 나타내었음을 상기해 보자. 말단 장치에 가해진 힘 F에 의해 미소 변위 δX 만큼의 변화는 정적 평형 상태를 유지하기 위해서 구동부 즉, 매니퓰레이터를 구성하는 관절부의 반력을 유발시키는 요인이 되고, 작용-반작용의 원리에 의해 말단 장치에서 발생한 일 또는 에너지와 동일한 값을 가져야만 한다. 따라서, 관절부에 작용하는 힘은 관절 토크로 미소 변위는 미소 관절각으로 대응시킬 수 있으므로, 식 (6.51)이 성립된다.

$$F \cdot \delta X = \tau \cdot \delta\theta \tag{6.51}$$

식 (6.51)을 6자유도 매니퓰레이터로 확장하면, 힘 F는 말단 장치에 작용하는 직교 좌표계 상의 6×1 힘-모멘트 벡터이며, δX는 말단 장치의 6×1 직교 좌표계 상의 변위이다. 또한 τ는 관절 공간에서의 6×1 토크 벡터이며, $\delta\Theta$는 관절 공간에서 6×1 관절 변위에 대한 미분 벡터이다. 따라서, 식 (6.51)은 다음과 같이 표현할 수 있다.

$$F^T \cdot \delta X = \tau^T \cdot \delta\Theta \tag{6.52}$$

직교 좌표 공간에서 매니퓰레이터 말단 장치의 속도를 관절의 속도로 전환시킬 수 있는 자코비안의 정의를 사용하면 미소 변위에 대한 미소 관절각의 대응 관계를 다음과 같이 나타낼 수 있다.

$$\delta X = J\delta\Theta \tag{6.53}$$

식 (6.53)을 이용해서 식 (6.52)를 다음과 같이 나타낼 수 있다.

$$F^T \cdot J\delta\Theta = \tau^T \cdot \delta\Theta \tag{6.54}$$

식 (6.54)의 양변에 가상의 미소 변위($\delta\Theta$)가 공통이므로, 양변을 $\delta\Theta$로 나누어 가상의 미소 변위를 소거할 수 있다. 따라서, 말단 장치에 가해지는 힘에 대한 관절의 토크는 다음과 같이 나타낼 수 있다.

$$F^T \cdot J = \tau^T \tag{6.55}$$

식 (6.55)를 전치시키면 정적 평형 상태를 이룰 수 있는 관절 토크를 자코비안을 이용해서 관절 공간의 변수로 계산할 수 있는 다음과 같은 식을 얻을 수 있게 된다.

$$\tau = J^T F \tag{6.56}$$

식 (6.56)의 자코비안은 시사하는 바가 매우 크다. 제5장에서 다루었던 속도 관계와 마찬가지로 말단 장치에 작용하는 힘과 평형을 이룰 수 있는 관절 토크를 힘과 모멘트의 평형식을 적용하지 않고, 자코비안만으로도 간단하게 구할 수 있기 때문이다. 즉, 작업자가 직관적으로 조작하고 제어 가능한 관절 공간의 정보를 통해서 매니퓰레이터의 힘 제어를 할 수 있음을 보여주고 있다.

그러나, 속도 관계에서도 언급되었던 것처럼 힘과 토크 관계에서도 자코비안의 특이점이 존재하기 때문에, 이 특이점에서는 관절 토크의 어떠한 조합으로도 말단 장치에 적합한 힘을 작용시킬 수 없는 영역이 있다는 것을 주지할 필요가 있다.

6.9 직교 좌표 공간에서의 속도와 힘의 변환

매니퓰레이터는 일반적으로 작업 목적에 따라 말단 장치에 용접봉이나 그리퍼 등의 공구를 부착해서 사용하는 것이 일반적이다. 공구와 외부 환경이 직접적으로 상호작용이 이루어지는 부분에 다양한 센서를 이용해서 힘이나 속도 등의 정보를 취득해서 매니퓰레이터를 적절히 제어할 수도 있지만, 경우에 따라서는 공구나 작업 특성상 센서 부착이 어려울 때가 있다. 이러한 경우, 관절의 다른 부분에 센서를 부착하여 관절 좌표계의 속도와 힘 관계를 말단 좌표계 또는 공구 좌표계로 변환시킴으로써 말단 또는 공구의 속도와 힘을 계산할 수 있다.

6×1 벡터로 구성되는 일반적인 매니퓰레이터의 속도 및 각속도를 간단히 다음과 같이 표현하고,

$$\nu = \begin{bmatrix} v \\ w \end{bmatrix} \tag{6.56}$$

힘 벡터를 다음과 같이 나타낼 수 있다.

$$\mathfrak{I} = \begin{bmatrix} F \\ N \end{bmatrix} \tag{6.57}$$

여기서 F는 3×1 힘 벡터, N은 3×1 모멘트 벡터이다. 제5장에서 논의된 속도와 각속도의 전파식을 이용하면 일반화 되어 있는 매니퓰레이터의 한 링크계 $\{A\}$의 속도를 링크계 $\{B\}$에서 나타낼 수 있었다. 제5장 5.5절의 식 (5.123)이나 (5.133)을 이용하여, 다음과 같은 속도 변환 행렬 방정식을 나타낼 수 있다.

$${}^{B}\nu_{B} = {}^{B}T_{\nu A}\,{}^{A}\nu_{A} \tag{6.58}$$

여기서 T_{ν}는 속도 동차 변환 행렬을 의미하며, 식 (6.58)에 대한 역은 다음과 같다.

$${}^{A}\nu_{A} = {}^{A}T_{\nu B}\,{}^{B}\nu_{B} \tag{6.59}$$

이러한 관계는 두 좌표계 간의 변환 행렬이 다음과 같이 정의되고

$${}^{A}T_{B} = \begin{bmatrix} {}^{A}R_{B} & {}^{A}P_{B} \\ 0 & 1 \end{bmatrix} \tag{6.60}$$

식 (6.60)은 제5장의 5.4.2절에서 속도 전파식에 사용한 비대칭 행렬의 특성을 이용해서 다음과 같이 유도할 수 있다.

$$\begin{bmatrix} {}^A v_A \\ {}^A \omega_A \end{bmatrix} = \begin{bmatrix} {}^A R_B & {}^A P_{Borg\times} {}^A R_B \\ 0 & {}^A R_B \end{bmatrix} \begin{bmatrix} {}^B v_B \\ {}^B \omega_B \end{bmatrix} \tag{6.61}$$

여기서 ${}^A P_{Borg\times}$는 각 벡터 성분의 비대칭 행렬 표현을 의미한다. 자세한 유도 과정은 과제로 남긴다.

$${}^A P_{Borg\times} = \begin{bmatrix} 0 & -{}^A p_{B_z} & {}^A p_{B_y} \\ {}^A p_{B_z} & 0 & -{}^A p_{B_x} \\ -{}^A p_{B_y} & {}^A p_{B_x} & 0 \end{bmatrix} \tag{6.62}$$

링크계의 속도 관계 변환이 일반적인 벡터 표현에 의한 것이므로, 힘과 모멘트에 대한 변환 관계도 동일한 방법으로 유도할 수 있다.

식 (6.58)을 이용하면 링크계 $\{B\}$의 힘 벡터를 링크계 $\{A\}$로 변환시키는 행렬 방정식을 다음과 같이 나타낼 수 있다.

$${}^A\mathfrak{I}_A = {}^A T_{f\,B}\, {}^B\mathfrak{I}_B \tag{6.63}$$

여기서 T_f는 힘-모멘트 동차 변환 행렬을 의미한다. 식 (6.63)을 행렬로 표현하면

$$\begin{bmatrix} {}^A F_A \\ {}^A N_A \end{bmatrix} = \begin{bmatrix} {}^A R_B & 0 \\ {}^A P_{Borg\times} {}^A R_B & {}^A R_B \end{bmatrix} \begin{bmatrix} {}^B F_B \\ {}^B N_B \end{bmatrix} \tag{6.64}$$

이며, 식 (6.60)과 (6.62)에서 변환 행렬의 서로 전치 관계에 있으므로 다음과 같이 힘과 속도의 좌표계 변환식을 얻을 수 있다.

$${}^A T_{f\,B} = {}^A T_{v\,B} \tag{6.65}$$

예제 6.2

다음과 같은 매니퓰레이터의 공구 끝(Tool tip)에서의 힘이 말단 장치에 미치는 일반 힘을 구하시오. 단, 공구 끝점의 힘은 10(N)이며, 말단 장치와 공구 팁의 좌표계는 같으며, 공구 끝점의 원점 좌표는 말단 장치의 원점으로부터 은 Z축 방향으로 10, X축 방향으로 2, Y축 방향으로 0만큼 떨어져 있으며, 현재의 공구 끝의 회전각은 말단 장치계를 기준으로 0도이다.

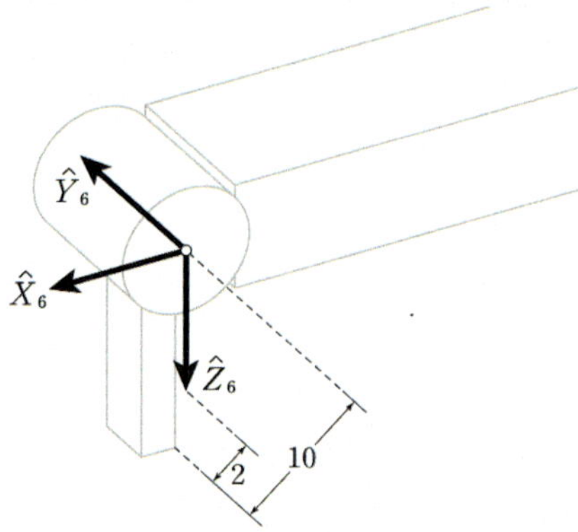

그림 6.18 좌표계 간의 힘의 변환

풀이

(식 6.6.1)로부터 그림에서 나타나 있는 말단 장치인 링크계 {6}번에서 공구 끝(링크계 {7})에 가해지는 힘을 표현할 수 있다. 편의상 단위는 생략한다.

모멘트의 정의에 의해서 링크계 {6}의 원점을 공유하므로 공구 끝에 걸리는 힘이 10이므로 모멘트는 100이다. 식 (6.64)를 이용하면 다음과 같이 말단 장치의 힘과 모멘트로 변환할 수 있다.

$$\begin{bmatrix} {}^6\boldsymbol{F}_6 \\ {}^6\boldsymbol{N}_6 \end{bmatrix} = \begin{bmatrix} {}^6\boldsymbol{R}_7 & \boldsymbol{0}_{3\times 3} \\ {}^6\boldsymbol{P}_{7org\times}\,{}^6\boldsymbol{R}_7 & {}^6\boldsymbol{R}_7 \end{bmatrix} \begin{bmatrix} {}^7\boldsymbol{F}_7 \\ {}^7\boldsymbol{N}_7 \end{bmatrix} \tag{6.66}$$

여기서,

$$\begin{gathered} {}^6R_7 = \begin{bmatrix} \cos 0^\circ & -\sin 0^\circ & 0 \\ \sin 0^\circ & \cos 0^\circ & 0 \\ 0 & 0 & 1 \end{bmatrix} = \begin{bmatrix} 1 & 0 & 0 \\ 0 & 1 & 0 \\ 0 & 0 & 1 \end{bmatrix} \\ {}^6P_{7org\times}\,{}^6R_7 = \begin{bmatrix} 0 & -10 & 0 \\ 10 & 0 & -2 \\ 0 & 2 & 0 \end{bmatrix} \begin{bmatrix} 1 & 0 & 0 \\ 0 & 1 & 0 \\ 0 & 0 & 1 \end{bmatrix} = \begin{bmatrix} 0 & -10 & 0 \\ 10 & 0 & -2 \\ 0 & 2 & 0 \end{bmatrix} \end{gathered} \tag{6.67}$$

이다. 공구 끝의 힘과 모멘트 벡터는 다음과 같이 나타낼 수 있다.

$${}^7F_7 = [0\ 0\ 10]^T,\ {}^7N_7 = [20\ 0\ 100]^T \tag{6.68}$$

따라서, 공구 끝의 힘과 모멘트는 식 (6.64)를 이용하여 다음과 같이 말단 장치에 가해지는 힘과 모멘트로 변환할 수 있다.

$$\begin{bmatrix} {}^6F_6 \\ {}^6N_6 \end{bmatrix} = \begin{bmatrix} 1 & 0 & 0 & 0 & 0 & 0 \\ 0 & 1 & 0 & 0 & 0 & 0 \\ 0 & 0 & 1 & 0 & 0 & 0 \\ 0 & -10 & 0 & 1 & 0 & 0 \\ 10 & 0 & -2 & 0 & 1 & 0 \\ 0 & 2 & 0 & 0 & 0 & 1 \end{bmatrix} \begin{bmatrix} 0 \\ 0 \\ 10 \\ 0 \\ 0 \\ 100 \end{bmatrix} = \begin{bmatrix} 0 \\ 0 \\ 10 \\ 0 \\ -20 \\ 100 \end{bmatrix} \tag{6.69}$$

Chapter 6 연습문제

6.1 다음과 같은 RRR형 매니퓰레이터의 말단 장치가 공간상에서 자세를 유지하기 위한 힘, 모멘트, 토크 및 자코비안을 구하시오.

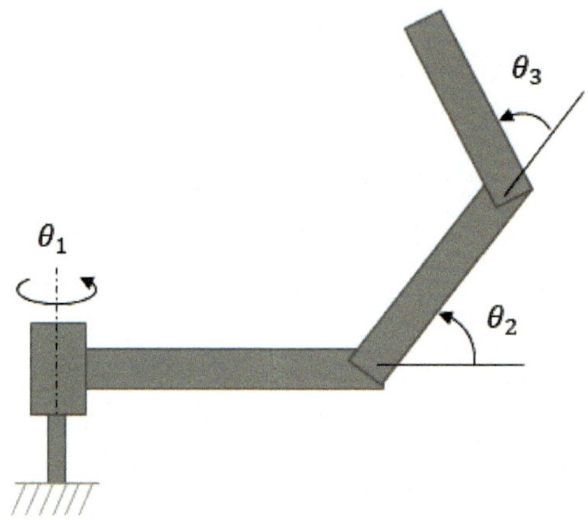

그림 6.19 RRR형 매니퓰레이터

6.2 [연습문제 6.1]의 매니퓰레이터가 말단 장치에 $500\,g$의 물체를 들고 그림의 자세를 유지하기 위해 필요한 관절 토크 행렬을 구하시오.

6.3 다음 그림과 같이 3R 매니퓰레이터가 말단의 끝에 3N으로 자세를 유지하기 위한 토크를 계산하시오. 단, 모든 링크의 길이는 1m이며 같은 질량을 가지고 있다.

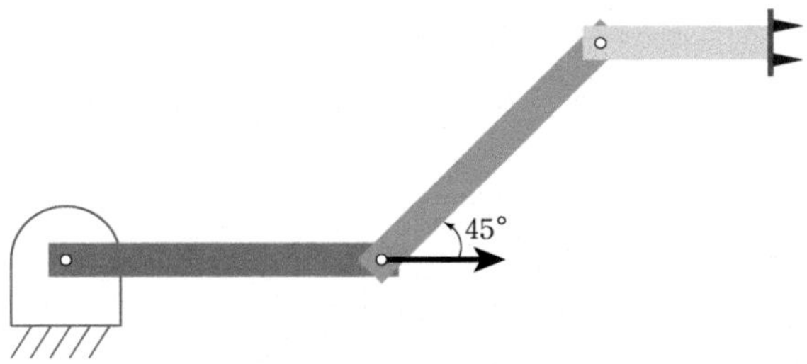

그림 6.20 3R 매니퓰레이터

6.4 다음 그림과 같은 SCARA 매니퓰레이터의 말단 장치의 힘을 계산하시오.

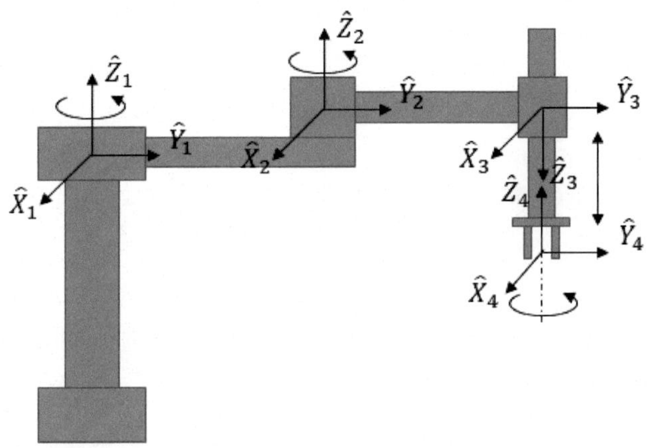

그림 6.21 SCARA 매니퓰레이터

6.5 그림과 같은 매니퓰레이터의 말단 장치의 힘이 5N일 때, 매니퓰레이터가 자세를 유지하기 위해 필요한 각 링크의 토크를 계산하시오.

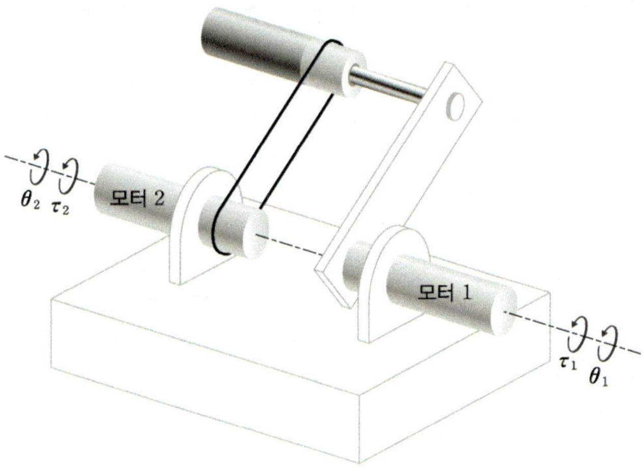

그림 6.21 이중 링크 매니퓰레이터

프로젝트 과제

6.6 다음과 같은 2링크 로봇의 말단 장치가 물체의 표면에서 정적 평형을 유지할 수 있는 시뮬레이션 프로그램을 작성하시오.

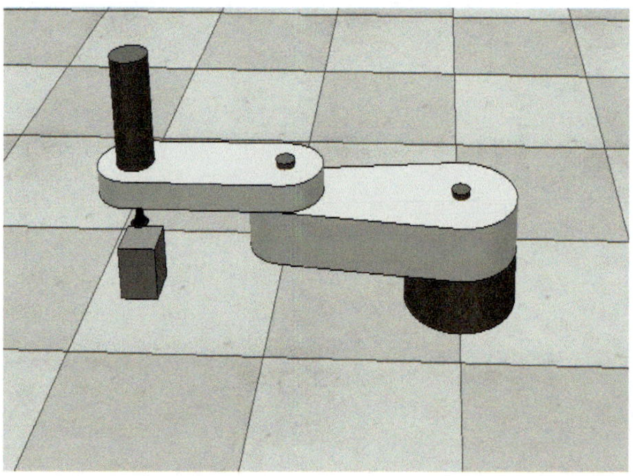

그림 6.23 SCARA 매니퓰레이터 정역학 시뮬레이션

Chapter
7

로봇 동역학

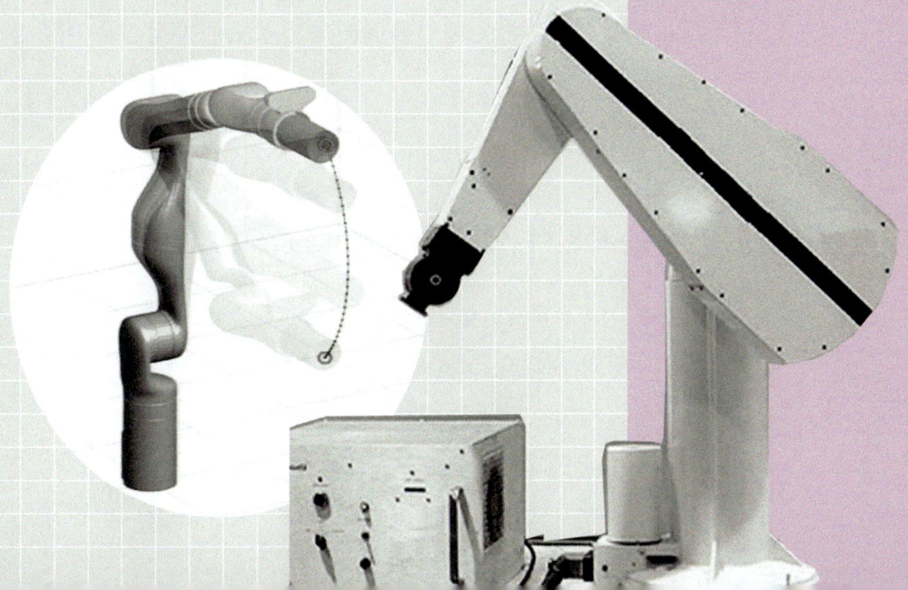

7.1 개요

제6장에서는 힘의 평형과 모멘트의 평형을 이용해서 매니퓰레이터가 정적인 평형 상태를 유지하기 위해 필요한 관절 토크를 기구학적인 관점에서 다루었다. 하지만, 관절 토크를 발생시킬 수 있는 즉, 운동을 일으키게 하는데 필요한 힘에 대해서는 고려하지 않았다.

매니퓰레이터를 원하는 속도와 가속도로 움직이게 하기 위한 힘과 토크는 매니퓰레이터의 관절을 구성하는 구동장치(엑추에이터)에 가해지는 힘 또는 토크에 의해서 결정된다. 다시 말하면 매니퓰레이터의 말단 장치를 사용자가 원하는 속도와 가속도로 움직이게 하기 위해서, 매니퓰레이터 각각의 관절 구동장치에 얼마나 큰 힘과 토크가 작용되어야 하는지를 계산할 필요가 있다. 이는 반대로, 힘과 토크를 알면 매니퓰레이터가 어떻게 움직이는지를 계산할 수 있고 그 결과를 관측 또는 예상할 수 있음을 의미한다.

제5장과 제6장에서 다루었던 것처럼, 어떤 질량체가 움직인다는 것은 가속도가 발생한다는 것이며, 이 가속도는 해당 질량체에 가해진 힘에 의해서 발생한다. 마찬가지로, 매니퓰레이터와 같은 회전 강체의 회전 운동은 각가속도가 발생한다는 것이며, 이 각가속도는 회전 강체에 토크가 가해질 때 발생한다. 이 장에서 다루고자 하는 매니퓰레이터의 동역학 문제는 관절 공간에서 정의되는 관절 벡터를 바탕으로 토크 벡터를 계산하는 문제와, 토크 벡터를 통해서 관절 벡터의 변화 즉, 매니퓰레이터가 어떻게 움직이는지를 계산하는 것으로 나누어질 수 있다.

제6장에서 힘 또는 모멘트에 대한 평형 방정식을 유도하여 매니퓰레이터의 정역을 계산하였듯이, 이 장에서는 힘과 모멘트를 이용하는 뉴튼-오일러(Newton-Euler) 방법을 통해서 매니퓰에이터의 운동 방정식을 유도한다. 그리고, 매니퓰레이터 전체 시스템에 대한 에너지의 개념을 이용하는 랑그랑쥐(Lagrangian) 방법을 통해서 보다 간결한 절차로 매니퓰레이터의 운동 방정식을 유도한다.

7.2 뉴튼-오일러 매니퓰레이터 운동 방정식

강체(Rigid body)의 운동은 제5장과 제6장에서 기술된 것처럼 질량체에 대한 병진 운동과 하나의 고정축에 대한 회전 운동의 조합으로 설명된다. 연속된 기구의 조합인 매니퓰레이터의 운동 방정식은 각 기구부를 이루는 강체의 질량 중심을 기준으로 병진 운동을 표현하는 뉴튼의 운동 방정식과 질량 중심을 기준으로 회전 운동을 나타내는 오일러 방정식을 이용하여 유도할 수 있다.

제6장에서 말단 장치의 정역 해석을 위해서 사용했던 힘과 모멘트의 전파(Propagation) 모델을 상기해 보자. 제6장 6.6절의 [그림 6.14]에서 나타낸 매니퓰레이터 링크간의 힘과 모멘트의 정적 평형 상태 모델에서 질량 중심에서의 속도와 각속도 성분을 추가하여 [그림 7.1]과 같이 나타낼 수 있다.

매니퓰레이터의 각 링크의 질량 중심과 관성 텐서는 제6장 6.5절에서 유도한 식을 이용해서 계산적으로 도출 가능할 뿐만 아니라 매니퓰레이터의 생산 단계에서 결정되어 알려질 수 있다. 이러한 매니퓰레이터가 움직이기 위해서는 적절한 힘 또는 토크가 가해져서 가속도 운동이 이루어져야 한다.

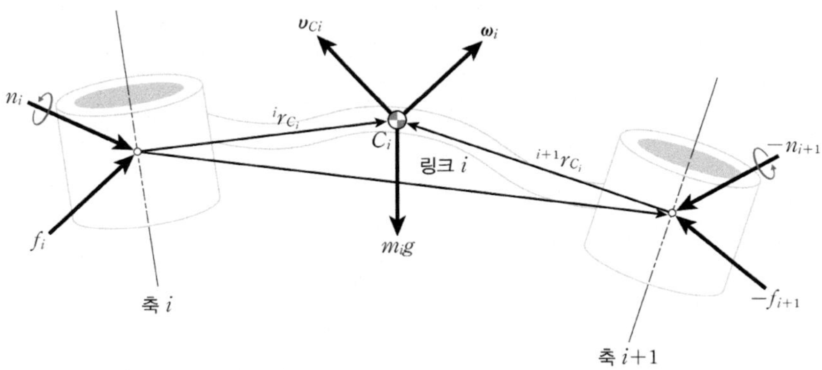

그림 7.1 힘-모멘트의 정적 평형 상태를 이용한 운동 모델

[그림 7.1]에서 질량 m_i의 강체에 힘이 작용하면, 링크의 질량 중심에서 가속도 $\dot{v}_{C_i}$의 운동이 발생하므로 제5장과 제6장에서 사용했던 자유 물체도와 운동 역학 선도를 이용하여 다음 [그림 7.2]와 같이 나타낼 수 있다.

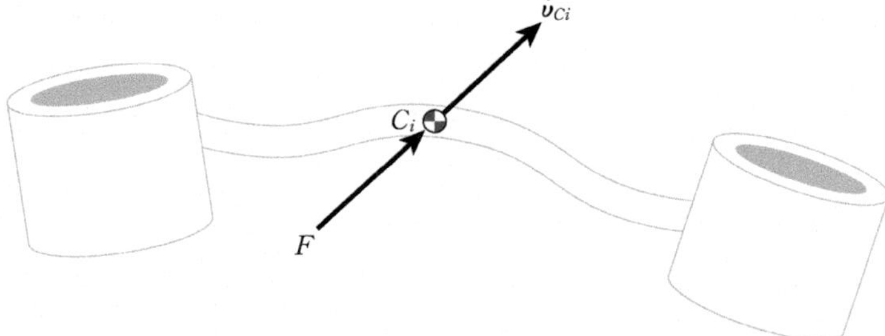

그림 7.2 질량 중심에 작용하는 힘과 가속도 운동 관계

질량 중심에 작용하는 힘과 가속도의 관계는 힘의 평형 특성을 이용하면 질량체에 작용하는 모든 힘의 합은

$$\sum F = 0 \tag{7.1}$$

이므로, 뉴튼의 운동 방정식에 의해서 다음과 같이 나타낼 수 있다.

$$m_i \dot{v}_{C_i} = {}^i f_i - {}^i f_{i+1} + m_i g \tag{7.2}$$

또한, 제6장의 식 (6.34)를 이용하여 식 (7.2)는 다음과 같이 표현할 수 있다.

$$m_i \dot{v}_{C_i} = {}^i f_i - {}^i R_{i+1} {}^{i+1} f_{i+1} + m_i {}^i R_0 {}^0 g \tag{7.3}$$

같은 방법으로 강체에 모멘트가 작용한 결과로 관성 텐서 I_{C_i}를 가지는 질량 중심에서 각속도 ω_i와 각가속도 $\dot{\omega}_i$로 회전 운동하므로 [그림 7.3]과 같이 나타낼 수 있다.

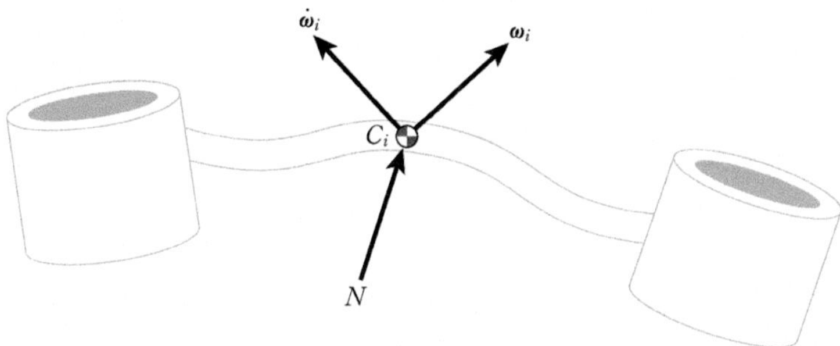

그림 7.3 질량 중심에 작용하는 모멘트와 회전 운동의 관계

제6장의 6.6절의 식 (6.31)을 이용하면, 이 물체에 작용되어 회전 운동을 일으키는 모멘트는 다음과 같이 나타낼 수 있다.

$$\sum M = {}^i n_i - {}^i n_{i+1} + [(-{}^i r_{C_i}) \times {}^i f_i + (-{}^{i+1} r_{C_i}) \times (-{}^i f_{i+1})] \tag{7.4}$$

또한, 관성 텐서가 I_C인 질량 중심에서의 회전 운동에 관한 오일러 방정식은

$$\sum M = I_{C_i} \dot{\omega}_i + \omega_i \times I_{C_i} \omega_i \tag{7.5}$$

이므로, 식 (7.4)와 (7.5)를 이용해서 모멘트에 대한 운동 방정식의 관계는 다음과 같이 나타낼 수 있다.

$$\sum M = {}^i n_i - {}^i n_{i+1} + [(-{}^i r_{C_i}) \times {}^i f_i + (-{}^{i+1} r_{C_i}) \times (-{}^i f_{i+1})]$$
$$= I_{C_i} \dot{\omega}_i + \omega_i \times I_{C_i} \omega_i \quad (7.6)$$

이상의 힘과 모멘트의 동적 평형 상태는 다음 그림과 같이 나타낼 수 있다.

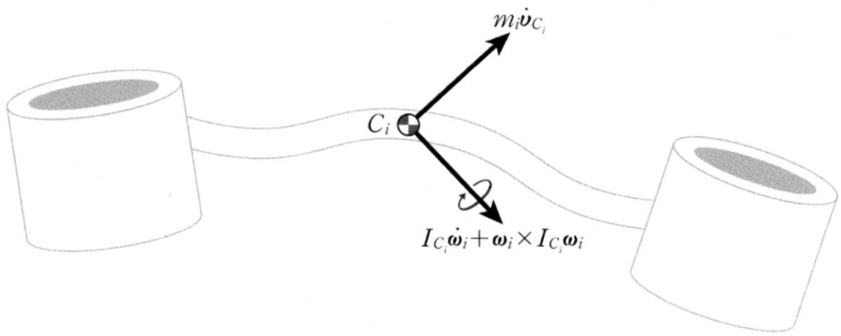

그림 7.4 링크의 동적 평형 상태에서 힘과 모멘트 관계

링크 i에 작용하는 힘을 합하면 질량 중심에서의 힘(${}^i F_i$)에 대한 관계식을 얻을 수 있다.

$${}^i F_i = {}^i f_i - {}^i R_{i+1} {}^{i+1} f_{i+1} \quad (7.7)$$

또한, 질량 중심에서 모멘트(${}^i N_i$)에 관한 관계식을 다음과 같이 세울 수 있다.

$${}^i N_i = {}^i n_i - {}^i n_{i+1} + (-{}^i r_{C_i}) \times {}^i f_i - ({}^i r_{i+1} - {}^i r_{C_i}) \times {}^i f_{i+1} \quad (7.8)$$

따라서, 식 (7.3)과 (7.6)은 다음과 같이 쓸 수 있다.

$${}^i f_i = m_i \dot{v}_{C_i} + {}^i R_{i+1} {}^{i+1} f_{i+1} - m_i {}^i R_0 {}^0 g$$
$${}^i n_i = I_{C_i} {}^i \dot{\omega}_i + {}^i \omega_i \times I_{C_i} {}^i \omega_i + {}^i n_{i+1} + ({}^i r_{C_i} \times {}^i f_i - {}^{i+1} r_{C_i} \times {}^i R_{i+1} {}^{i+1} f_{i+1}) \quad (7.9)$$

또는

$${}^i f_i = {}^i F_i + {}^i R_{i+1} {}^{i+1} f_{i+1}$$
$${}^i n_i = {}^i N_i + {}^i R_{i+1} {}^{i+1} n_{i+1} + ({}^i r_{C_i} \times {}^i F_i + {}^i r_{i+1} \times {}^i R_{i+1} {}^{i+1} f_{i+1}) \quad (7.10)$$

[그림 7.5]는 단일 링크의 운동에 대한 힘과 모멘트의 동적 평형 상태를 개략적으로 나타내고 있다.

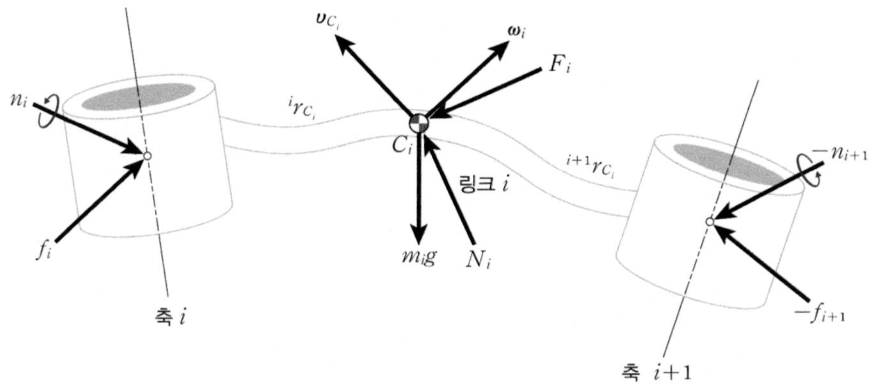

그림 7.5 단일 링크에 대한 힘-모멘트의 동적 평형

식 (7.9) 또는 (7.10)을 매니퓰레이터의 운동 방정식이라고 한다. 이 식을 이용해서 매니퓰레이터의 질량 중심이 가속도 $\dot{v}_{C_i}$로 가속 운동하면서, 각가속도 $\dot{\omega}_i$로 회전 운동하기 위해 요구되는 힘과 모멘트를 구할 수 있다.

정역학에서와 마찬가지로 매니퓰레이터의 각 관절의 구동장치에 작용하는 토크는 실제적으로 축방향 성분($\hat{Z}_i$)만 유효하게 되므로 운동에 필요한 토크는 제6장의 식 (6.36)과 (6.37)과 같이 회전 관절에 대해서는

$$\tau_i = {}^{i}n^{T_i}\, {}^{i}\hat{Z}_i \tag{7.11}$$

이며, 직동 관절에 대해서는

$$\tau_i = {}^{i}f^{T_i}\, {}^{i}\hat{Z}_i \tag{7.12}$$

이다.

식 (7.2)부터 (7.10)까지는 매니퓰레이터가 외부 환경과의 상호작용을 위해 즉, 말단 장치가 사용자가 원하는 형태로 외부 작용과 상호작용을 할 수 있는 힘과 토크를 말단 장치에서부터 기저부 방향으로 순차적으로 구할 수 있는 운동 방정식이다. 그러나, 식 (7.3)이나 (7.9)에 나타나 있는 것과 같이, 힘과 관련된 방정식은 매니퓰레이터의 가속도 성분을 포함하고 있다. 제5장에서 다루어진 것처럼 회전 운동하는 질량체에 작용하는 가속도는 선가속도와 각가속도를 포함하므로, 회전 속도의 전파 또는 가속도의 전파에 관한 방정식을 필요로 한다.

매니퓰레이터의 기구부 즉, 매니퓰레이터를 구성하는 링크들은 연쇄적으로 연결되어 있기 때문에, 매니퓰레이터의 말단 장치의 최종 속도와 가속도는 앞선 링크

의 속도와 가속도에 의해 영향을 받게 된다. 따라서, 각 링크의 속도와 가속도는 제5장에서 다루었던 것처럼 매니퓰레이터의 기저부에서부터 말단 장치 방향으로 순차적으로 계산해야 한다.

각속도를 나타내는 제5장 5.5절의 식 (5.130)은 다음과 같으므로

$$^{i+1}\omega_{i+1} = {}^{i+1}R_i\, {}^{i}\omega_i + \dot{\theta}_{i+1}\, {}^{i+1}\hat{Z}_{i+1} \tag{7.13}$$

한 링크에서 다음 링크로의 각가속도는 식 (7.13)에 대한 미분을 통해서 구할 수 있다. 제5장 5.5절에서 다룬 각속도에 관한 식 (5.124)를 다시 참고하면

$$^{A}\Omega_C = {}^{A}\Omega_B + {}^{A}R_B\, {}^{B}\Omega_C \tag{7.14}$$

이며, 이 식을 미분하면 다음과 같다.

$$^{A}\dot{\Omega}_C = {}^{A}\dot{\Omega}_B + \frac{d}{dt}({}^{A}R_B\, {}^{B}\Omega_C) \tag{7.15}$$

식 (7.15)의 마지막 항 $\frac{d}{dt}({}^{A}R_B\, {}^{B}\Omega_C)$는 회전 좌표계에서의 속도를 의미하며, 이는 제5장 5.4절의 식 (5.60)에서 $^{A}V_P = \frac{d}{dt}({}^{A}R_B\, {}^{B}V_P)$로 나타낼 수 있기 때문에 식 (7.15)의 마지막 항에 적용하면 다음과 같은 식을 얻을 수 있다.

$$^{A}\dot{\Omega}_C = {}^{A}\dot{\Omega}_B + {}^{A}R_B\, {}^{B}\dot{\Omega}_C + {}^{A}\Omega_B \times {}^{A}R_B\, {}^{B}\Omega_C \tag{7.16}$$

식 (7.16)를 이용하면, 식 (7.13)에 대한 미분 결과는 다음과 같음을 쉽게 알 수 있다.

$$^{i+1}\dot{\omega}_{i+1} = {}^{i+1}R_i\, {}^{i}\dot{\omega}_i + \ddot{\theta}_{i+1}\, {}^{i+1}\hat{Z}_{i+1} + {}^{i+1}R_i\, {}^{i}\omega_i \times \dot{\theta}_{i+1}\, {}^{i+1}\hat{Z}_{i+1} \tag{7.17}$$

여기에서 마지막 항은 일반적인 벡터의 미분에서와 다르게, 좌표계의 회전에 의해서 발생하는 성분임을 의미한다. 관절 $\{i+1\}$이 직동형 관절인 경우에는 회전 각도의 변화가 없으므로, 식 (7.17)로부터 간단하게 다음과 같은 식을 얻을 수 있다.

$$^{i+1}\dot{\omega}_{i+1} = {}^{i+1}R_i\, {}^{i}\dot{\omega}_i \tag{7.18}$$

다음으로 선가속도는 제5장에서 언급된 선속도 성분을 갖는 식 (5.61)을 미분해서 얻을 수 있으며, 제5장 5.5절의 일반화된 선속도식인 식 (5.134)를 이용하면 보다 간단하게 나타낼 수 있다. 식 (5.136)은 다음과 같이 다시 나타낼 수 있으므로

$$^{i+1}v_{i+1} = {}^{i+1}R_i({}^iv_i + {}^i\omega_i \times {}^iP_{i+1}) + \dot{d}_{i+1}{}^{i+1}\hat{Z}_{i+1} \tag{7.19}$$

식 (7.19)를 식 (7.16)을 이용하여 미분하면 다음과 같다.

$$\begin{aligned} {}^{i+1}\dot{v}_{i+1} &= {}^{i+1}R_i[{}^i\dot{v}_i + {}^i\dot{\omega}_i \times {}^iP_{i+1} + {}^i\omega_i \times ({}^i\omega_i \times {}^iP_{i+1})] \\ &= {}^{i+1}R_i{}^i\dot{v}_i + {}^{i+1}R_i({}^i\dot{\omega}_i \times {}^iP_{i+1}) + {}^{i+1}R_i{}^i\omega_i \times {}^{i+1}R_i({}^i\omega_i \times {}^iP_{i+1}) \end{aligned} \tag{7.20}$$

관절 $\{i+1\}$이 직동형 관절인 경우에는 식 (7.19)과 (7.20)으로부터 다음과 같은 식을 얻을 수 있다.

$$\begin{aligned} {}^{i+1}\dot{v}_{i+1} &= {}^{i+1}R_i{}^i\dot{v}_i + \ddot{d}_{i+1}{}^{i+1}\hat{Z}_{i+1} + 2 \cdot {}^{i+1}\omega_{i+1}\dot{d}_{i+1}{}^{i+1}\hat{Z}_{i+1} \\ &\quad + {}^{i+1}R_i({}^i\dot{\omega}_i \times {}^iP_{i+1}) + {}^{i+1}R_i{}^i\omega_i \times {}^{i+1}R_i({}^i\omega_i \times {}^iP_{i+1}) \end{aligned} \tag{7.21}$$

여기에서 링크계의 순차적 회전 관계를 기술하는 회전 행렬 ${}^iR_{i+1}$, ${}^{i+1}R_i$에 주의할 필요가 있다. 제2장의 식 (2.32)와 (2.51)에서 정의한 회전 행렬과 제3장의 식 (3.9)의 연쇄적인 링크계 간의 동차 변환의 성질로부터 순차적인 회전 행렬을 다음과 같이 다시 정의할 수 있다.

$$\begin{aligned} {}^iR_{i+1} &= \begin{bmatrix} \cos\theta_{i+1} & -\sin\theta_{i+1} & 0 \\ \sin\theta_{i+1} & \cos\theta_{i+1} & 0 \\ 0 & 0 & 1 \end{bmatrix} = \begin{bmatrix} c_{i+1} & -s_{i+1} & 0 \\ s_{i+1} & c_{i+1} & 0 \\ 0 & 0 & 1 \end{bmatrix} \\ {}^{i+1}R_i &= \begin{bmatrix} \cos\theta_{i+1} & \sin\theta_{i+1} & 0 \\ -\sin\theta_{i+1} & \cos\theta_{i+1} & 0 \\ 0 & 0 & 1 \end{bmatrix} = \begin{bmatrix} c_{i+1} & s_{i+1} & 0 \\ -s_{i+1} & c_{i+1} & 0 \\ 0 & 0 & 1 \end{bmatrix} \end{aligned} \tag{7.22}$$

마지막으로, 질량 중심에서의 선가속도 $\dot{v}_{C_i}$는 식 (7.20)이나 (7.21)를 이용해서 다음과 같이 나타낼 수 있다.

$${}^i\dot{v}_{C_i} = {}^i\dot{v}_i + ({}^i\dot{\omega}_i \times {}^iP_{i+1}) + {}^i\omega_i \times ({}^i\omega_i \times {}^iP_{i+1}) \tag{7.23}$$

질량 중심에서의 선가속도는 인접한 관절의 운동과 관계가 없으므로, 식 (7.23)은 회전 관절이나 직동 관절에 모두 적용할 수 있다.

예제 7.1

다음과 같은 2링크 평면형 매니퓰레이터의 운동 방정식을 구하시오. 단, 매니퓰레이터 각 링크의 질량(m_1, m_2), 길이(L_1, L_2), 질량 중심(C_1, C_2) 및 질량 중심에서의 관성 텐서(I_{C_1}, I_{C_2})는 알려져 있다.

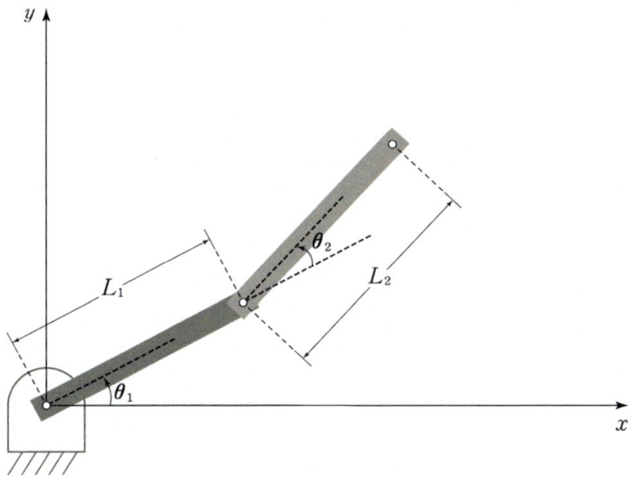

그림 7.6 평면 2링크 매니퓰레이터

풀이

평면 2링크 매니퓰레이터의 운동 방정식을 나타내기 위해서 우선적으로 각 링크에 대한 계와 질량 중심과 관성 텐서를 [그림 7.7]과 같이 부여한다. 제3장에서와 마찬가지로 필요한 내용을 그림상에 나타내기 위해 편의상 초기에 설정된 링크계만 표현되어 있으며, 링크계는 링크에 고정되어 관절의 회전에 따른 변화량과 동일하게 적용되는 것으로 가정한다.

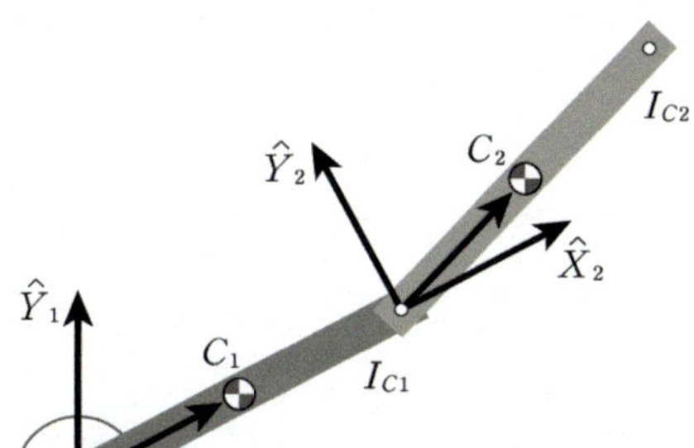

그림 7.7 운동 방정식을 위한 계, 질량중심 및 관성텐서

2링크 매니퓰레이터의 운동 방정식을 유도하기 위해서는 링크에서 링크로의 전파를 이용한 속도, 가속도, 각가속도, 힘 및 모멘트를 우선적으로 구해야 한다.

매니퓰레이터의 기저부 즉, 링크계 {0}은 매니퓰레이터를 지면에 고정하며 회전하지 않기 때문에 DH 파라미터 규약에서도 θ_0는 정의하지 않는다. 따라서, 기저부에서의 각속도 및 각가속도는 식 (7.22)와 같이 설정된다.

$$\begin{aligned} {}^0\omega_0 &= 0 \\ {}^0\dot{\omega}_0 &= 0 \end{aligned} \tag{7.24}$$

이제 각 링크계의 속도 성분에 대해서 식 (7.11)부터 (7.21)을 순차적으로 반복해서 찾은 후, 다시 반복해서 각 링크에서 발생되는 각속도와 선속도를 구한다.

$$\begin{aligned} {}^1\omega_1 &= {}^1R_0\,{}^0\omega_0 + \dot{\theta}_1\,{}^1\hat{Z}_1 \\ &= \dot{\theta}_1\,{}^1\hat{Z}_1 \\ &= \begin{bmatrix} 0 \\ 0 \\ \dot{\theta}_1 \end{bmatrix} \end{aligned} \tag{7.25}$$

$$\begin{aligned} {}^2\omega_2 &= {}^2R_1\,{}^1\omega_1 + \dot{\theta}_2\,{}^2\hat{Z}_2 \\ &= \begin{bmatrix} c_2 & s_2 & 0 \\ -s_2 & c_2 & 0 \\ 0 & 0 & 1 \end{bmatrix} \begin{bmatrix} 0 \\ 0 \\ \dot{\theta}_1 \end{bmatrix} + \begin{bmatrix} 0 \\ 0 \\ \dot{\theta}_2 \end{bmatrix} \\ &= \begin{bmatrix} 0 \\ 0 \\ \dot{\theta}_1 + \dot{\theta}_2 \end{bmatrix} \end{aligned} \tag{7.26}$$

매니퓰레이터의 관절은 회전 관절이므로 식 (7.19)로부터 첫 번째 링크에서의 선속도를 다음과 같이 쉽게 얻을 수 있다.

$${}^1v_1 = \begin{bmatrix} 0 \\ 0 \\ 0 \end{bmatrix} \tag{7.27}$$

두 번째 링크의 선속도식은 다음과 같으며

$${}^2v_2 = {}^2R_1({}^1v_1 + {}^1\omega_1 \times {}^1P_2) \tag{7.28}$$

두 벡터의 외적은

$$a \times b = \begin{vmatrix} i & j & k \\ a_1 & a_2 & a_3 \\ b_1 & b_2 & b_3 \end{vmatrix} \tag{7.29}$$

로 정의되므로, 식 (7.28)은 다음과 같이 계산된다.

$$\begin{aligned} {}^2v_2 &= {}^2R_1({}^1v_1 + {}^1\omega_1 \times {}^1P_2) \\ &= \begin{bmatrix} c_2 & s_2 & 0 \\ -s_2 & c_2 & 0 \\ 0 & 0 & 1 \end{bmatrix}\left(\begin{bmatrix} 0 \\ 0 \\ 0 \end{bmatrix} + \begin{vmatrix} i & j & k \\ 0 & 0 & \dot{\theta}_1 \\ L_1 & 0 & 0 \end{vmatrix}\right) \\ &= \begin{bmatrix} c_2 & s_2 & 0 \\ -s_2 & c_2 & 0 \\ 0 & 0 & 1 \end{bmatrix}\left(\begin{bmatrix} 0 \\ 0 \\ 0 \end{bmatrix} + \begin{bmatrix} 0 \\ L_1\dot{\theta}_1 \\ 0 \end{bmatrix}\right) \\ &= \begin{bmatrix} L_1 s_2 \dot{\theta}_1 \\ L_1 c_2 \dot{\theta}_1 \\ 0 \end{bmatrix} \end{aligned} \tag{7.30}$$

속도 성분이 모두 구해졌으므로, 이를 이용해서 각가속도 성분을 차례대로 반복해서 계산한다. 먼저 각가속도는 식 (7.17)로부터 다음과 같이 계산된다.

$$\begin{aligned} {}^1\dot{\omega}_1 &= {}^1R_0\,{}^0\dot{\omega}_0 + (\ddot{\theta}_1\,{}^1\hat{Z}_1 + {}^1R_0\,{}^0\omega_0 \times \dot{\theta}_1\,{}^1\hat{Z}_1) \\ &= \ddot{\theta}_1\,{}^1\hat{Z}_1 \\ &= \begin{bmatrix} 0 \\ 0 \\ \ddot{\theta}_1 \end{bmatrix} \end{aligned} \tag{7.31}$$

$$\begin{aligned} {}^2\dot{\omega}_2 &= {}^2R_1\,{}^1\dot{\omega}_1 + (\ddot{\theta}_2\,{}^2\hat{Z}_2 + {}^2R_1\,{}^1\omega_1 \times \dot{\theta}_2\,{}^2\hat{Z}_2) \\ &= \begin{bmatrix} c_2 & s_2 & 0 \\ -s_2 & c_2 & 0 \\ 0 & 0 & 1 \end{bmatrix}\begin{bmatrix} 0 \\ 0 \\ \ddot{\theta}_1 \end{bmatrix} + \left(\begin{bmatrix} 0 \\ 0 \\ \ddot{\theta}_2 \end{bmatrix} + \begin{bmatrix} c_2 & s_2 & 0 \\ -s_2 & c_2 & 0 \\ 0 & 0 & 1 \end{bmatrix}\begin{bmatrix} 0 \\ 0 \\ \dot{\theta}_1 \end{bmatrix} \times \begin{bmatrix} 0 \\ 0 \\ \dot{\theta}_2 \end{bmatrix}\right) \\ &= \begin{bmatrix} 0 \\ 0 \\ \ddot{\theta}_1 + \ddot{\theta}_2 \end{bmatrix} \end{aligned} \tag{7.32}$$

선가속도는 식 (7.20)로부터 다음과 같이 계산된다.

$$
\begin{aligned}
{}^1\dot{v}_1 &= {}^1R_0\,{}^0\dot{v}_0 + {}^1R_0({}^0\dot{\omega}_0 \times {}^0P_1) + {}^1R_0\,{}^0\dot{\omega}_0 \times {}^1R_0({}^0\omega_0 \times {}^0P_1) \\
&= \begin{bmatrix} 0 \\ 0 \\ 0 \end{bmatrix}
\end{aligned} \tag{7.33}
$$

$$
\begin{aligned}
{}^2\dot{v}_2 &= {}^2R_1\,{}^1\dot{v}_1 + {}^2R_1({}^1\dot{\omega}_1 \times {}^1P_2) + {}^2R_1\,{}^1\omega_1 \times {}^2R_1({}^1\omega_1 \times {}^1P_2) \\
&= \begin{bmatrix} c_2 & s_2 & 0 \\ -s_2 & c_2 & 0 \\ 0 & 0 & 1 \end{bmatrix}\begin{bmatrix} 0 \\ 0 \\ 0 \end{bmatrix} + \begin{bmatrix} c_2 & s_2 & 0 \\ -s_2 & c_2 & 0 \\ 0 & 0 & 1 \end{bmatrix}\left(\begin{vmatrix} i & j & k \\ 0 & 0 & \ddot{\theta}_1 \\ L_1 & 0 & 0 \end{vmatrix}\right) \\
&\quad + \begin{bmatrix} c_2 & s_2 & 0 \\ -s_2 & c_2 & 0 \\ 0 & 0 & 1 \end{bmatrix}\begin{bmatrix} 0 \\ 0 \\ \dot{\theta}_1 \end{bmatrix} \times \begin{bmatrix} c_2 & s_2 & 0 \\ -s_2 & c_2 & 0 \\ 0 & 0 & 1 \end{bmatrix}\left(\begin{vmatrix} i & j & k \\ 0 & 0 & \dot{\theta}_1 \\ L_1 & 0 & 0 \end{vmatrix}\right) \\
&= \begin{bmatrix} c_2 & s_2 & 0 \\ -s_2 & c_2 & 0 \\ 0 & 0 & 1 \end{bmatrix}\left(\begin{vmatrix} i & j & k \\ 0 & 0 & \ddot{\theta}_1 \\ L_1 & 0 & 0 \end{vmatrix}\right) + \begin{bmatrix} c_2 & s_2 & 0 \\ -s_2 & c_2 & 0 \\ 0 & 0 & 1 \end{bmatrix}\left(\begin{bmatrix} 0 \\ 0 \\ \dot{\theta}_1 \end{bmatrix} \times \begin{vmatrix} i & j & k \\ 0 & 0 & \dot{\theta}_1 \\ L_1 & 0 & 0 \end{vmatrix}\right)
\end{aligned} \tag{7.34}
$$

따라서, 식을 정리하면

$$
\begin{aligned}
&= \begin{bmatrix} c_2 & s_2 & 0 \\ -s_2 & c_2 & 0 \\ 0 & 0 & 1 \end{bmatrix}\begin{bmatrix} 0 \\ L_1\ddot{\theta}_1 \\ 0 \end{bmatrix} + \begin{bmatrix} c_2 & s_2 & 0 \\ -s_2 & c_2 & 0 \\ 0 & 0 & 1 \end{bmatrix}\left(\begin{bmatrix} 0 \\ 0 \\ \dot{\theta}_1 \end{bmatrix} \times \begin{bmatrix} 0 \\ L_1\dot{\theta}_1 \\ 0 \end{bmatrix}\right) \\
&= \begin{bmatrix} c_2 & s_2 & 0 \\ -s_2 & c_2 & 0 \\ 0 & 0 & 1 \end{bmatrix}\begin{bmatrix} 0 \\ L_1\ddot{\theta}_1 \\ 0 \end{bmatrix} + \begin{bmatrix} c_2 & s_2 & 0 \\ -s_2 & c_2 & 0 \\ 0 & 0 & 1 \end{bmatrix}\left(\begin{vmatrix} i & j & k \\ 0 & 0 & \dot{\theta}_1 \\ 0 & L_1\dot{\theta}_1 & 0 \end{vmatrix}\right) \\
&= \begin{bmatrix} c_2 & s_2 & 0 \\ -s_2 & c_2 & 0 \\ 0 & 0 & 1 \end{bmatrix}\begin{bmatrix} 0 \\ L_1\ddot{\theta}_1 \\ 0 \end{bmatrix} + \begin{bmatrix} c_2 & s_2 & 0 \\ -s_2 & c_2 & 0 \\ 0 & 0 & 1 \end{bmatrix}\begin{bmatrix} -L_1\dot{\theta}_1^2 \\ 0 \\ 0 \end{bmatrix} \\
&= \begin{bmatrix} L_1 s_2\ddot{\theta}_1 - L_1 c_2\dot{\theta}_1^2 \\ L_1 c_2\ddot{\theta}_1 + L_1 s_2\dot{\theta}_1^2 \\ 0 \end{bmatrix}
\end{aligned} \tag{7.35}
$$

이다. 다음으로 각 링크의 질량 중심에서의 가속도는 다음과 같다.

$$
\begin{aligned}
{}^1\dot{v}_{C_1} &= {}^1\dot{v}_1 + ({}^1\dot{\omega}_1 \times {}^1P_{C_1}) + {}^1\omega_1 \times ({}^1\omega_1 \times {}^1P_{C_1}) \\
&= \begin{bmatrix} 0 \\ 0 \\ 0 \end{bmatrix} + \begin{vmatrix} i & j & k \\ 0 & 0 & \ddot{\theta}_1 \\ L_{C_1} & 0 & 0 \end{vmatrix} + \begin{bmatrix} 0 \\ 0 \\ \dot{\theta}_1 \end{bmatrix} \times \begin{vmatrix} i & j & k \\ 0 & 0 & \dot{\theta}_1 \\ L_{C_1} & 0 & 0 \end{vmatrix} \\
&= \begin{vmatrix} i & j & k \\ 0 & 0 & \ddot{\theta}_1 \\ L_{C_1} & 0 & 0 \end{vmatrix} + \begin{vmatrix} i & j & k \\ 0 & 0 & \dot{\theta}_1 \\ 0 & L_{C_1}\dot{\theta}_1 & 0 \end{vmatrix} \\
&= \begin{bmatrix} 0 \\ L_{C_1}\ddot{\theta}_1 \\ 0 \end{bmatrix} + \begin{bmatrix} -L_{C_1}\dot{\theta}_1^2 \\ 0 \\ 0 \end{bmatrix} \\
&= \begin{bmatrix} -L_{C_1}\dot{\theta}_1^2 \\ L_{C_1}\ddot{\theta}_1 \\ 0 \end{bmatrix}
\end{aligned} \tag{7.36}
$$

$$
\begin{aligned}
{}^2\dot{v}_{C_2} &= {}^2\dot{v}_2 + ({}^2\dot{\omega}_2 \times {}^2P_{C_2}) + {}^2\omega_2 \times ({}^2\omega_2 \times {}^2P_{C_2}) \\
&= \begin{bmatrix} L_1 s_2\ddot{\theta}_1 - L_1 c_2\dot{\theta}_1^2 \\ L_1 c_2\ddot{\theta}_1 + L_1 s_2\dot{\theta}_1^2 \\ 0 \end{bmatrix} + \begin{vmatrix} i & j & k \\ 0 & 0 & \ddot{\theta}_1 + \ddot{\theta}_2 \\ L_{C_2} & 0 & 0 \end{vmatrix} + \begin{bmatrix} 0 \\ 0 \\ \dot{\theta}_1 + \dot{\theta}_2 \end{bmatrix} \times \begin{vmatrix} i & j & k \\ 0 & 0 & \dot{\theta}_1 + \dot{\theta}_2 \\ L_{C_2} & 0 & 0 \end{vmatrix} \\
&= \begin{bmatrix} L_1 s_2\ddot{\theta}_1 - L_1 c_2\dot{\theta}_1^2 \\ L_1 c_2\ddot{\theta}_1 + L_1 s_2\dot{\theta}_1^2 \\ 0 \end{bmatrix} + \begin{bmatrix} 0 \\ L_{C_2}(\ddot{\theta}_1 + \ddot{\theta}_2) \\ 0 \end{bmatrix} + \begin{bmatrix} -L_{C_2}(\dot{\theta}_1 + \dot{\theta}_2)^2 \\ 0 \\ 0 \end{bmatrix} \\
&= \begin{bmatrix} L_1 s_2\ddot{\theta}_1 - L_1 c_2\dot{\theta}_1^2 - L_{C_2}(\dot{\theta}_1 + \dot{\theta}_2)^2 \\ L_1 c_2\ddot{\theta}_1 + L_1 s_2\dot{\theta}_1^2 + L_{C_2}(\ddot{\theta}_1 + \ddot{\theta}_2) \\ 0 \end{bmatrix}
\end{aligned} \tag{7.37}
$$

운동 방정식에 필요한 모든 속도 및 가속도 성분이 구해졌으므로, 식 (7.7)이나 (7.8)을 이용해서 각 링크에 작용되는 힘과 모멘트를 계산할 수 있다. 예제에서 매니퓰레이터는 외부 환경과의 상호 작용이 없으므로, 말단 장치에 가해지는 외력이 없다. 따라서,

$$
{}^{3}f_{3} = {}^{2}f_{3} = 0, \text{또는 } {}^{3}f_{3} = {}^{2}f_{3} = \begin{bmatrix} 0 \\ 0 \\ 0 \end{bmatrix} \tag{7.38}
$$

$$
n_3 = 0
$$

이다. 매니퓰레이터의 링크가 움직이는 과정에서 중력의 영향을 고려하여, 베이스부에 설정된 링크계를 기준으로 $-g\hat{Y}_0$를 포함시킨다. 일반적인 중력 가속도로 포함하는 경우엔 $g\hat{Y}_0$가 되므로, 다음에서 유도하는 힘과 모멘트에서 중력을 나타내는 항의 부호가 바뀌는 점에 유의할 필요가 있다.

두 번째 링크에 작용하는 힘은 식 (7.7) 또는 (7.8)을 이용하여 다음과 같이 구할 수 있다.

$$
\begin{aligned}
m_2 \dot{v}_{C_2} &= {}^{2}f_2 - {}^{2}f_3 + m_2(-g) = {}^{2}f_2 - {}^{2}f_3 - m_2({}^{2}R_0 {}^{0}g) \\
{}^{2}f_2 &= m_2 \dot{v}_{C_2} + m_2({}^{2}R_0 {}^{0}g) \\
&= m_2 \dot{v}_{C_2} + m_2 \begin{bmatrix} c_{12} & s_{12} & 0 \\ -s_{12} & c_{12} & 0 \\ 0 & 0 & 1 \end{bmatrix} \begin{bmatrix} 0 \\ g \\ 0 \end{bmatrix} \\
&= m_2 \begin{bmatrix} L_1 s_2 \ddot{\theta}_1 - L_1 c_2 \dot{\theta}_1^2 - L_{C_2}(\dot{\theta}_1 + \dot{\theta}_2)^2 \\ L_1 c_2 \ddot{\theta}_1 + L_1 s_2 \dot{\theta}_1^2 + L_{C_2}(\ddot{\theta}_1 + \ddot{\theta}_2) \\ 0 \end{bmatrix} + m_2 \begin{bmatrix} g s_{12} \\ g c_{12} \\ 0 \end{bmatrix} \qquad (7.39) \\
&= m_2 \begin{bmatrix} L_1 s_2 \ddot{\theta}_1 - L_1 c_2 \dot{\theta}_1^2 - L_{C_2}(\dot{\theta}_1 + \dot{\theta}_2)^2 + g s_{12} \\ L_1 c_2 \ddot{\theta}_1 + L_1 s_2 \dot{\theta}_1^2 + L_{C_2}(\ddot{\theta}_1 + \ddot{\theta}_2) + g c_{12} \\ 0 \end{bmatrix} \\
&= \begin{bmatrix} m_2 L_1 s_2 \ddot{\theta}_1 - m_2 L_1 c_2 \dot{\theta}_1^2 - m_2 L_{C_2}(\dot{\theta}_1 + \dot{\theta}_2)^2 + m_2 g s_{12} \\ m_2 L_1 c_2 \ddot{\theta}_1 + m_2 L_1 s_2 \dot{\theta}_1^2 + m_2 L_{C_2}(\ddot{\theta}_1 + \ddot{\theta}_2) + m_2 g c_{12} \\ 0 \end{bmatrix}
\end{aligned}
$$

첫 번째 링크에 작용하는 힘은 앞에서와 같은 방법으로 구할 수 있다.

$$m_1\dot{v}_{C_1} = {}^1f_1 - {}^1f_2 + m_1(-g) = {}^1f_1 - {}^1f_2 - m_1({}^1R_0{}^0g)$$

$$\begin{aligned}
{}^1f_1 &= m_1\dot{v}_{C_1} + {}^1R_2{}^2f_2 + m_1({}^1R_0{}^0g) \\
&= m_1\dot{v}_{C_1} + \begin{bmatrix} c_2 & -s_2 & 0 \\ s_2 & c_2 & 0 \\ 0 & 0 & 1 \end{bmatrix}\begin{bmatrix} {}^2f_{2,x} \\ {}^2f_{2,y} \\ {}^2f_{2,z} \end{bmatrix} + m_1\begin{bmatrix} c_1 & s_1 & 0 \\ -s_1 & c_1 & 0 \\ 0 & 0 & 1 \end{bmatrix}\begin{bmatrix} 0 \\ g \\ 0 \end{bmatrix} \\
&= m_1\begin{bmatrix} -L_{C_1}\dot{\theta}_1^2 \\ L_{C_1}\ddot{\theta}_1 \\ 0 \end{bmatrix} \\
&\quad + \begin{bmatrix} c_2 & -s_2 & 0 \\ s_2 & c_2 & 0 \\ 0 & 0 & 1 \end{bmatrix}\begin{bmatrix} m_2L_1s_2\ddot{\theta}_1 - m_2L_1c_2\dot{\theta}_1^2 - m_2L_{C_2}(\dot{\theta}_1 + \dot{\theta}_2)^2 + m_2 g s_{12} \\ m_2L_1c_2\ddot{\theta}_1 + m_2L_1s_2\dot{\theta}_1^2 + m_2L_{C_2}(\ddot{\theta}_1 + \ddot{\theta}_2) + m_2 g c_{12} \\ 0 \end{bmatrix} \\
&\quad + m_1\begin{bmatrix} g s_1 \\ g c_1 \\ 0 \end{bmatrix} \\
&= \begin{bmatrix} -m_1L_{C_1}\dot{\theta}_1^2 + m_1 g s_1 \\ m_1L_{C_1}\ddot{\theta}_1 + m_1 g c_1 \\ 0 \end{bmatrix} \\
&\quad + \begin{bmatrix} c_2 & s_2 & 0 \\ -s_2 & c_2 & 0 \\ 0 & 0 & 1 \end{bmatrix}\begin{bmatrix} m_2L_1s_2\ddot{\theta}_1 - m_2L_1c_2\dot{\theta}_1^2 - m_2L_{C_2}(\dot{\theta}_1 + \dot{\theta}_2)^2 + m_2 g s_{12} \\ m_2L_1c_2\ddot{\theta}_1 + m_2L_1s_2\dot{\theta}_1^2 + m_2L_{C_2}(\ddot{\theta}_1 + \ddot{\theta}_2) + m_2 g c_{12} \\ 0 \end{bmatrix}
\end{aligned} \tag{7.40}$$

두 번째 링크에 작용하는 모멘트는 다음과 같다.

$$\begin{aligned}
\sum M_{C_2} &= I_{C_2}{}^2\dot{\omega}_2 + {}^2\omega_2 \times I_{C_2}{}^2\omega_2 \\
&= {}^2n_2 - {}^2n_3 + (-{}^2r_{C_2} \times {}^2f_2) + (-{}^3r_{C_2} \times (-{}^2f_3))
\end{aligned} \tag{7.41}$$

따라서,

$$\begin{aligned}
{}^2n_2 &= I_{C_2}{}^2\dot{\omega}_2 + {}^2r_{C_2} \times {}^2f_2 \\
&= I_{C_2}\begin{bmatrix} 0 \\ 0 \\ \ddot{\theta}_1 + \ddot{\theta}_2 \end{bmatrix} + \begin{vmatrix} i & j & k \\ L_{C_2} & 0 & 0 \\ {}^2f_{2,x} & {}^2f_{2,y} & {}^2f_{2,z} \end{vmatrix}
\end{aligned} \tag{7.42}$$

이며, $\hat{Z}_2$만 유효하므로 식을 정리하면 다음과 같다.

$$
{}^2n_2 = I_{C_2}\begin{bmatrix} 0 \\ 0 \\ \ddot{\theta}_1 + \ddot{\theta}_2 \end{bmatrix}
+ \begin{bmatrix} 0 \\ 0 \\ (m_2 L_1 L_{C_2} c_2 + m_2 L_{C_2}^2)\ddot{\theta}_1 + (m_2 L_{C_2}^2)\ddot{\theta}_2 \\ + (m_2 L_1 L_{C_2} s_2)\dot{\theta}_1 + m_2 L_{C_2} g c_{12} \end{bmatrix} \tag{7.43}
$$

같은 방법으로 첫 번째 링크에 적용하면 다음과 같다.

$$
\begin{aligned}
\sum M_{C_1} &= I_{C_1}{}^1\dot{\omega}_1 + {}^1\omega_1 \times I_{C_1}{}^1\omega_1 \\
&= {}^1n_1 - {}^2n_2 + (-{}^1r_{C_1} \times {}^1f_1) + (-{}^2r_{C_1} \times (-{}^1f_2))
\end{aligned} \tag{7.44}
$$

따라서,

$$
\begin{aligned}
{}^1n_1 &= I_{C_1}{}^1\dot{\omega}_1 + {}^2n_2 + ({}^1r_{C_1} \times {}^1f_1) - ({}^2r_{C_1} \times {}^1f_2) \\
&= I_{C_1}{}^1\dot{\omega}_1 + {}^2n_2 + ({}^1r_{C_1} \times {}^1f_1) - ({}^2r_{C_1} \times {}^1R_2{}^2f_2) \\
&= I_{C_1}\begin{bmatrix} 0 \\ 0 \\ \ddot{\theta}_1 \end{bmatrix} + {}^2n_2 + \begin{vmatrix} i & j & k \\ L_{C_1} & 0 & 0 \\ {}^1f_{1,x} & {}^1f_{1,y} & {}^1f_{1,z} \end{vmatrix} - \begin{vmatrix} i & j & k \\ -L_{C_1} & 0 & 0 \\ {}^1f_{1,x} & {}^1f_{1,y} & {}^1f_{1,z} \end{vmatrix}
\end{aligned} \tag{7.45}
$$

이므로, 식을 정리하면 다음과 같다.

$$
\begin{aligned}
{}^1n_1 = I_{C_2}\begin{bmatrix} 0 \\ 0 \\ \dot{\theta}_1 \end{bmatrix}
&+ \begin{bmatrix} 0 \\ 0 \\ (m_2 L_{C_1} L_{C_2} c_2 + m_2 L_{C_2}^2)\ddot{\theta}_1 + (m_2 L_{C_2}^2)\ddot{\theta}_2 \\ + (m_2 L_{C_1} L_{C_2} s_2)\dot{\theta}_1^2 + m_2 L_{C_2} g c_{12} \end{bmatrix} \\
&+ \begin{bmatrix} 0 \\ 0 \\ (m_1 L_{C_1}^2)\ddot{\theta}_1 + m_1 L_{C_1} g c_1 \end{bmatrix} \\
&+ \begin{bmatrix} 0 \\ 0 \\ (m_2 L_{C_1}^2)\ddot{\theta}_1 - (m_2 L_{C_1} L_{C_2} s_2)(\dot{\theta}_1 + \dot{\theta}_2)^2 + m_2 L_{C_1} g s_2 s_{12} \\ + (m_2 L_{C_1} L_{C_2} c_2)(\ddot{\theta}_1 + \ddot{\theta}_2) + m_2 L_{C_1} g c_2 c_{12} \end{bmatrix}
\end{aligned} \tag{7.46}
$$

관절 토크를 앞에서 구한 모멘트와 $\hat{Z}$성분을 이용해서 다음과 같이 완전한 2링크 매니퓰레이터의 운동 방정식을 벡터 행렬식으로 나타낼 수 있다.

$$\begin{bmatrix}\tau_1\\ \tau_2\end{bmatrix}=\begin{bmatrix}I_{C_1}+m_1L_{C_1}^2+m_2(L_{C_1}^2+L_{C_2}^2+2L_{C_1}L_{C_2}c_2)+I_{C_2} & I_{C_2}+m_2L_{C_1}L_{C_2}c_2+m_2L_{C_2}^2\\ I_{C_2}+m_2L_{C_1}L_{C_2}c_2+m_2L_{C_2}^2 & I_{C_2}+m_2L_{C_1}L_{C_2}c_2+m_2L_{C_2}^2\end{bmatrix}\begin{bmatrix}\ddot{\theta}_1\\ \ddot{\theta}_2\end{bmatrix}$$
$$+\begin{bmatrix}0 & -m_2L_{C_1}L_{C_2}s_2\\ m_2L_{C_1}L_{C_2}s_2 & 0\end{bmatrix}\begin{bmatrix}\dot{\theta}_1^2\\ \dot{\theta}_2^2\end{bmatrix}+\begin{bmatrix}-m_2L_{C_1}L_{C_2}s_2 & -m_2L_{C_1}L_{C_2}s_2\\ 0 & 0\end{bmatrix}\begin{bmatrix}\dot{\theta}_1\dot{\theta}_2\\ \dot{\theta}_1\dot{\theta}_2\end{bmatrix}$$
$$+\begin{bmatrix}m_1L_{C_1}gc_1+m_2g(L_{C_2}c_{12}+L_{C_1}c_1)\\ m_2L_{C_2}gc_{12}\end{bmatrix} \tag{7.47}$$

식 (7.47)은 매니퓰레이터의 관절 구동부에 필요한 토크를 위치와 속도 및 가속도를 이용해서 나타내고 있다. 위와 같은 복잡한 형태의 운동 방정식은 다음과 같이 일반화된 형태로 표현할 수 있다.

$$\tau = M(\theta)\ddot{\theta} + C(\theta,\dot{\theta})\dot{\theta} + G(\theta) \tag{7.48}$$

또는 상태 공간 방정식 형태로 다음과 같이 표시하기도 한다.

$$\tau = M(\Theta)\ddot{\Theta} + V(\Theta,\dot{\Theta}) + G(\Theta) \tag{7.49}$$

여기서 $M(\Theta)$는 매니퓰레이터의 $n\times n$ 질량 행렬(Mass matrix), $V(\Theta,\dot{\Theta})$는 원심력(Centrifugal force)과 코리올리 효과 또는 힘(Coriolis effect, Coriolis force)을 나타내는 $n\times 1$벡터, 그리고 $G(\Theta)$는 중력(Gravity)을 나타내는 $n\times 1$ 벡터이다.

식 (7.48)은 관절 변수를 사용해서 다음과 같이 동일하게 나타낼 수 있다.

$$\tau = M(q)\ddot{q} + C(q,\dot{q})\dot{q} + G(q) \tag{7.50}$$

각 항의 물리적인 의미는 다음과 같다. 질량 행렬 $M(\circ)$은 매니퓰레이터가 동작하기 위해서 링크의 가속도를 생성하기 위한 엑추에이터의 토크, 즉 관절 토크 값을 의미한다. $C(\circ)$에서 원심력은 일차 도함수의 제곱으로 나타나는 항이며, 회전 운동시 발생하는 원심력에 대해서 매니퓰레이터가 움직임을 유지하는데 필요한 각 링크에서의 토크를 의미한다. 또한, $C(\circ)$의 일차 도함수의 곱으로 표현되는 항은 회전하는 좌표계의 회전 방향으로 발생하는 코리올리 효과 또는 힘에 대해서 회전 운동을 유지하기 위해 필요한 토크를 의미한다. 마지막으로 중력을 나타내는 $G(\circ)$는 각 링크의 질량 중심 또는 무게 중심에 가해지는 중력 방향으로의 힘에 대해서 매니퓰레이터의 링크가 운동을 유지하는데 필요한 위한 토크라고 할 수 있다.

7.3 라그랑쥐 매니퓰레이터 운동 방정식

뉴튼-오일러 방식은 기본적인 동역학 풀이 방법에 기초하면서, 주로 기구에 작용하는 힘의 평형 관점에서 해석적인 방법으로 힘과 모멘트를 구하는 방법이다. 이와 달리 라그랑쥐(Lagrangian) 방법은 매니퓰레이터 전체 시스템에 의한 일과 그에 상응하는 에너지에 대한 관점에서 운동 방정식을 전개하는 방법이다. 같은 매니퓰레이터에 대해서 뉴튼-오일러 방식이나 라그랑쥐 방식으로 유도한 운동 방정식은 동일한 결과를 가져온다.

라그랑쥐 방정식은 가상 일의 원리(Priciple of virutal work)을 이용해서, [그림 7.7]과 같이 질량 m인 물체에 중력과 힘 f가 작용하는 1자유도 시스템의 가속도에 의한 힘에 대한 운동 에너지를 뉴튼의 제2법칙으로부터 유도할 수 있다.

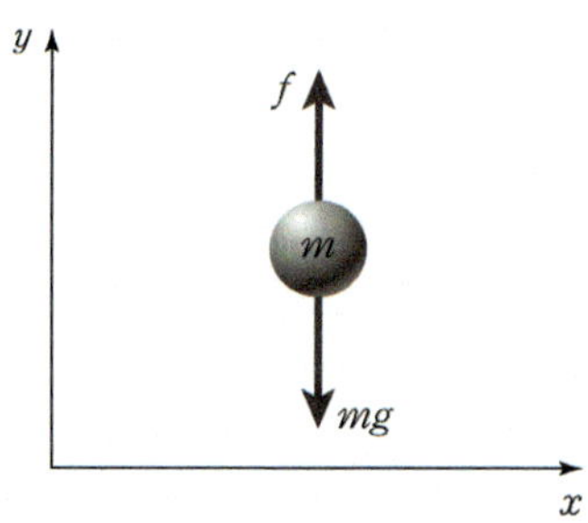

그림 7.8 1자유도 시스템의 힘과 운동 에너지 관계

[그림 7.8]에서 물체가 위치 y에서 힘 f로 운동할 때, 중력의 작용으로 1자유도 시스템 전체에 작용되는 알짜 힘(Net force)은 다음과 같다.

$$m\ddot{y} = f - mg \tag{7.51}$$

식 (7.51)의 좌변은 물체의 가속도에 의한 힘을 나타내고, 물체의 운동 에너지(Kinetic energy, K)이며 다음과 같이 정의된다.

$$K = \frac{1}{2}m\dot{y}^2 \tag{7.52}$$

물체의 운동 에너지에 대한 미분을 이용하면, 가속도에 의한 힘은 다음과 같이 운동 에너지의 관점으로 나타낼 수 있다.

$$m\ddot{y} = \frac{d}{dt}\frac{\partial}{\partial\dot{y}}(\frac{1}{2}m\dot{y}^2) = \frac{d}{dt}\frac{\partial K}{\partial\dot{y}} \tag{7.53}$$

식 (7.51)의 오른쪽 항은 중력에 의해서 발생되는 위치 에너지(Potential energy, P)를 의미하며, 다음과 같이 정의된다.

$$P = mgy \tag{7.54}$$

또한, 식 (7.54)를 (7.53)에서와 같은 방법으로 편미분을 적용하면 다음과 같다.

$$mg = \frac{\partial}{\partial y}(mgy) = \frac{\partial P}{\partial y} \tag{7.55}$$

여기에서 운동 에너지와 위치 에너지의 관계를 다음과 같이 정의한 후,

$$L = K - P = \frac{1}{2}m\dot{y}^2 - mgy \tag{7.56}$$

$\dot{y}$, y에 대해서 각각 미분을 적용하면 다음과 같다.

$$\frac{\partial L}{\partial\dot{y}} = \frac{\partial K}{\partial\dot{y}},\ \frac{\partial L}{\partial y} = \frac{\partial P}{\partial y} \tag{7.57}$$

따라서, 식 (7.51)은 식 (7.56)과 (7.57)을 이용하여 다음과 같이 나타낼 수 있다.

$$\frac{d}{dt}\frac{\partial L}{\partial\dot{y}} - \frac{\partial L}{\partial y} = f \tag{7.58}$$

식 (7.58)에서 L은 운동 에너지와 위치 에너지의 차이를 나타내며, 이는 물체에 작용하는 힘과 같음을 나타내고 있다. 이러한 L을 라그랑쥐(Lagrangian)이라고 부르며, 식 (7.56)과 (7.58)을 라그랑쥐-오일러 또는 오일러-라그랑쥐 방정식이라고 한다. 또한, 라그랑쥐는 계의 상태 변화를 좌표와 시간의 함수로 나타내고 있음을 볼 수 있다. 따라서, 식 (7.56)은 다음과 같이 나타낼 수 있다.

$$L(q, \dot{q}, t) = K(q, \dot{q}, t) - P(q, t) \tag{7.59}$$

앞에서 언급한 것처럼, 식 (7.58)의 오일러-라그랑쥐 방정식에 의해서 유도되는 운동 방정식은 뉴튼-오일러에 의해서 구해진 방정식과 동일한 결과를 가져오게 된다. 그리고, 간단한 시스템에는 뉴튼-오일러 방식이 사용되고, 보다 복잡한 시스템에서는 오일러-라그랑쥐 방식이 사용되는 것이 일반적이다.

7.3.1 구속 조건과 자유도

3차원 공간에서 어떤 질량체가 $x-y$평면 상의 원($x^2 + y^2 = r^2$) 위에서 운동한다고 가정했을 때, 이 질량체는 원점을 중심으로 회전 운동을 하는 1자유도 시스템으로 생각할 수 있다. 다시 말하면, 3차원 공간에서 질량체의 운동은 x, y, z축 상에서 표현할 수 있기 때문에 3개의 변수 즉 3자유도 운동 해석이 필요하다. 그러나, 이 질량체가 $x-y$평면 상에서만 움직이는 것으로 제한했기 때문에 이 질량체의 운동을 표현하는데 2자유도만으로도 나타낼 수 있다. 더욱이, 이 질량체가 원점(O)을 중심으로 반지름의 길이가 r인 원 궤도 상에서 움직이기 때문에, 질량체의 움직임 즉, 위치는 원점을 중심으로 x축에 대해서 회전한 각도(θ)만으로 나타낼 수 있다. 그러므로 이 질량체 운동은 1자유도 운동으로 생각할 수 있다.

구속 조건이 하나씩 증가하면 자유도는 하나씩 감소한다. 자유도를 감소시키면 복잡한 운동을 매우 간단하게 기술할 수 있으며, 자유도를 감소시키는 조건을 구속 조건(Constraint)이라고 한다.

7.3.2 일반화 좌표와 일반화 속도

공간상에서 어떤 질량체의 운동을 표현하기 위해서는 3자유도를 필요로 한다. 일반적으로, 독립인 N개의 질량체에 대한 운동을 나타내기 위해서는 $3N$ 좌표계를 필요로 한다. 그러나, 앞 절에서와 같이 k개의 구속 조건을 이용하여 자유도를 감소시켜서 질량체의 운동을 표현할 수 있다면, 일반적으로 $3N-k$ 자유도 또는 좌표계를 필요로 한다. 이와 같이 어떤 질량체 혹은 입자의 운동을 기술할 때, 구속 조건이 시간에 대한 질량체의 좌표와의 관계로 주어지는 구속 조건을 홀로노믹 구속조건(Holonomic constraint)이라고 한다.

독립인 N개의 질량체가 k개의 홀로노믹 구속조건을 만족시킬 때, 이 질량체들의 운동은 $3N-k$개의 좌표의 집합($\{q_1, q_2, \cdots, q_{3N-k}\}$)으로 표현할 수 있으며, 이를 일반화된 좌표계(Generalized coordinates)라고 한다.

앞 절의 $x-y$평면 상의 원 위에서 운동하는 질량체는 θ를 이용해서 질량체의 변화하는 운동 즉, 시간에 따른 위치를 표현할 수 있다. 이 때, θ에 의한 좌표 또는 좌표 θ는 앞의 정의에 따라 일반화된 좌표이다. 이 질량체는 3차원 공간에서 다음과 같은 일반화된 좌표 θ를 이용하여 표현할 수 있다.

$$x = r\cos\theta,\ y = r\sin\theta,\ z = 0 \tag{7.60}$$

식 (7.60)을 시간에 대해서 미분하면, 질량체에 대한 속도 또한 일반화된 좌표를 이용하여

$$\dot{x} = -r\dot{\theta}\sin\theta,\ \dot{y} = r\dot{\theta}\cos\theta,\ \dot{z} = 0 \tag{7.61}$$

와 같이 나타낼 수 있고, 식 (7.61)의 $\dot{\theta}$를 일반화 속도(Generalized velocity)라고 한다.

7.3.2 라그랑쥐와 일반화 운동량

운동량(Momentum)은 뉴튼 역학에서 질량과 속도의 곱으로 나타내는 물리량이다. 운동량은 또한 크기와 방향을 가지는 벡터이며, 물체의 현재 운동 상태를 나타낸다. 운동량을 p, 질량을 m, 속도를 v라고 하면

$$p = mv \tag{7.62}$$

이다.

[그림 7.8]의 중력의 영향을 받는 질량체의 라그랑쥐 방정식인 식(7.58)에 대하여 양변을 속도 $\dot{y}$ 즉, v로 미분하면, 다음과 같이 질량과 속도의 곱으로 표현되는 질량체에 대한 선형 운동량(Linear momentum, p)를 얻을 수 있다.

$$\frac{\partial L}{\partial v} = m\dot{y} = mv = p \tag{7.63}$$

이는 앞에서 설명한 것과 같이, 라그랑쥐 방정식이 뉴튼 역학의 방정식과 동일한 결과를 나타내는 것을 알 수 있는 매우 간단한 예시이다.

매니퓰레이터의 각 관절은 독립(Independent)이고, 임의의 시간에 대해서 각 관절의 상태를 표현할 수 있는 온전한(Complete) 시스템으로 생각할 수 있다. 또한, 매니퓰레이터는 관절의 좌표계와 자유도의 수가 일치하는 홀로노믹 시스템이다. 따라서, 자유도가 n인 계를 n개의 좌표로 표현할 수 있는 일반화 좌표계를 이용해서 매니퓰레이터의 운동을 표현할 수 있다.

n개의 관절(n자유도)를 갖는 관절 변수 $q_i(i=1, 2, \cdots n)$ 는 일반화 좌표이며, 이에 대응하는 일반화 운동량은 다음과 같이 나타낼 수 있다.

$$\frac{\partial L}{\partial \dot{q}_i} = m\dot{q}_i = p_i \tag{7.64}$$

이는 라그랑쥐 $L(q_i, \dot{q}_i, t)$의 일반화 속도 $\dot{q}_i$에 대한 편미분이다. 식 (7.56)과 (7.58)로부터 오일러-라그랑쥐 방정식은

$$\frac{d}{dt}\frac{\partial L}{\partial \dot{q}_i} - \frac{\partial L}{\partial q_i} = \tau_i \tag{7.65}$$

이며, 식 (7.58)로부터

$$\frac{d}{dt}\frac{\partial (K-P)}{\partial \dot{q}_i} - \frac{\partial (K-P)}{\partial q_i} = \tau_i \tag{7.66}$$

이고, 기계 시스템에서 위치 에너지는 시간의 함수가 아니기 때문에 $\frac{d}{dt}\frac{\partial P}{\partial \dot{q}_i} = 0$ 이며, 식을 정리하면 다음과 같다.

$$\frac{d}{dt}\left(\frac{\partial K}{\partial \dot{q}_i}\right) - \frac{\partial K}{\partial q_i} + \frac{\partial P}{\partial q_i} = \tau_i \tag{7.67}$$

여기서 τ_i는 i번째 관절에 작용하는 토크 또는 일반 힘이다.

예제 7.2

다음 그림과 같은 단진자(Pendulum)의 동역학 방정식을 오일러-라그랑지 방정식을 이용하여 유도하시오.

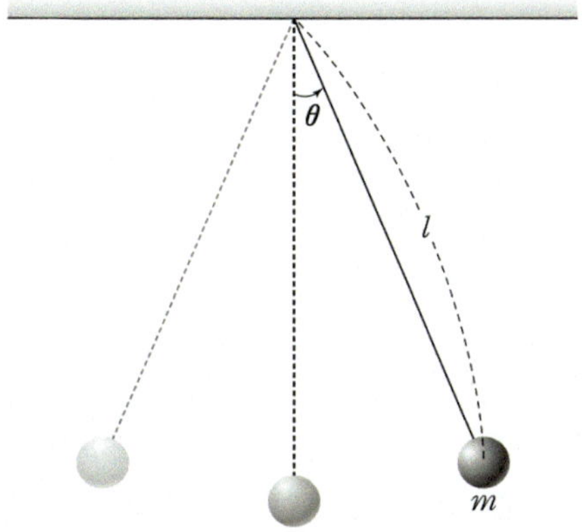

그림 7.9 1자유도 단진자 운동

풀이

단진자의 운동 에너지 K와 위치 에너지 P는 다음과 같이 나타낼 수 있다.

$$
\begin{aligned}
K &= \frac{1}{2}m(l\dot{\theta})^2 \\
P &= mgl(1-\cos\theta)
\end{aligned}
\tag{7.68}
$$

라그랑쥐 정의로부터

$$
\begin{aligned}
L &= K - P \\
&= \frac{1}{2}ml^2\theta^2 - mgl(1-\cos\theta)
\end{aligned}
\tag{7.69}
$$

이며, 다음과 같은 운동 방정식을 구할 수 있다.

$$
\begin{aligned}
&\frac{d}{dt}\frac{\partial L}{\partial\dot{\theta}} - \frac{\partial L}{\partial\theta} = \tau \\
&\frac{d}{dt}(ml^2\dot{\theta}) + mgl\sin\theta = \tau \\
&ml^2\ddot{\theta} + mgl\sin\theta = \tau
\end{aligned}
\tag{7.70}
$$

일반화 좌표로 나타낸 θ가 가상적으로 $\delta\theta(t)$만큼 운동했다고 가정하고, 이를 해밀턴의 최소 작용의 원리를 적용하면 $\delta\theta(t)=0$ 이므로, 식 (7.70)의 우변은 0이 된다. 따라서, 다음과 같은 운동 방정식을 얻을 수 있다.

$$ml^2\ddot{\theta}+mgl\sin\theta=0$$

또는, (7.71)

$$\ddot{\theta}+\frac{g}{l}\sin\theta=0$$

예제 7.3

다음 그림과 같이 DC모터로 구동되는 1자유도 매니퓰레이터의 동역학 방정식을 유도하시오. 단, 링크는 강체로 가정하며 링크의 길이와 무게는 각각 l과 M, 모터와 링크의 관성 모멘트는 각각 J_m과 J_l, 기어비는 $r:1$이며, 마찰은 고려하지 않는다.

그림 7.10 DC 모터 구동 1자유도 매니퓰레이터(Quansar robot)

풀이

DC 모터 구동 방식에 의한 1자유도 매니퓰레이터의 기구학적 구조는 일반적으로 [그림 7.11]과 같이 나타낼 수 있다.

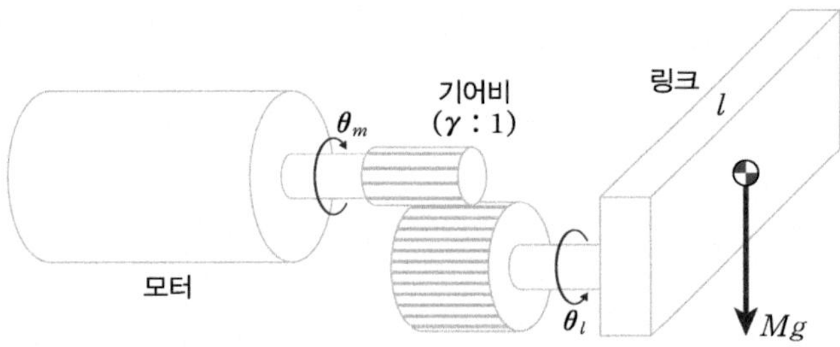

그림 7.11 DC 모터 구동 1자유도 매니퓰레이터의 기구학적 구조

이 시스템은 모토의 회전축(Shaft)에 연결되어 있는 링크의 회전 운동이므로, 1자유도를 갖게 되며, 운동 에너지는 θ_m과 θ_l을 이용하여 다음과 같이 나타낼 수 있다.

$$K = \frac{1}{2} J_m \dot{\theta}_m^2 + \frac{1}{2} J_l \dot{\theta}_l^2 \tag{7.72}$$

θ_m과 θ_l의 기어비에 의해

$$\begin{aligned} \theta_m : \theta_l &= r : 1 \\ \theta_m &= r\theta_l \end{aligned} \tag{7.73}$$

이므로, 식 (7.72)는 다음과 같이 나타낼 수 있다.

$$\begin{aligned} K &= \frac{1}{2} r^2 J_m \dot{\theta}_l^2 + \frac{1}{2} J_l \dot{\theta}_l^2 \\ &= \frac{1}{2} (r^2 J_m + J_l) \dot{\theta}_l^2 \end{aligned} \tag{7.74}$$

시스템의 전체 관성 모멘트는 모터와 링크에서 발생하는 관성 모멘트의 합과 같으므로

$$J_T = r^2 J_m + J_l \tag{7.75}$$

이며, 식 (7.74)의 운동 에너지는 다음과 같이 나타낼 수 있다.

$$K = \frac{1}{2} J_T \dot{\theta}_l^2 \tag{7.76}$$

이 시스템의 위치 에너지는

$$P = Mgl(1-\cos\theta_l) \tag{7.77}$$

이다. 따라서, 라그랑쥐 방정식은 다음과 같이 나타낼 수 있다.

$$\begin{aligned} L &= K - P \\ &= \frac{1}{2}J_T\dot{\theta}_l^2 - Mgl(1-\cos\theta_l) \end{aligned} \tag{7.78}$$

식 (7.65) 또는 (7.67)로부터 다음과 같은 운동 방정식을 얻을 수 있다.

$$J_T\ddot{\theta}_l^2 + Mgl\sin\theta_l = \tau_l \tag{7.79}$$

예제 7.4

[예제 7.3]의 DC 모터 구동 1자유도 매니퓰레이터 시스템에서 기어의 마찰 계수를 고려하여 링크에 유효한 토크를 출력시킬 수 있는 모터의 발생 토크에 대한 동역학 방정식을 구하시오.

풀이

운동하는 물체는 그 운동을 방해하는 마찰력(Friction)이 존재하기 때문에 고도의 정밀도를 요구하는 시스템에서는 반드시 고려되어야 하는 사항이다. 그러나, 마찰 계수가 매우 작거나 시스템의 성능에 크게 영향을 주지 않는 경우에는 마찰력을 무시하고 운동 해석을 하는 경우도 많이 있다.

[그림 7.11]의 1자유도 매니퓰레이터는 DC 모터의 회전력이 모터와 링크를 연결하고 있는 기어에 의해서 링크에 전달되고 있고, 맞물려 있는 기어의 마찰에 의해 모터의 회전력이 감소할 수 있다. 이러한 작용을 감쇠(Damping)작용이라고 한다. 또한, DC 모터는 내부적으로 전자기적인 회전에 의한 관성 모멘트와 점성 마찰(Viscous friction)을 가지고 있다. 이에 대한 자세한 내용은 진동 또는 제어공학과 같은 교재를 참고하면 된다. 두 기어에서 발생하는 토크는 [그림 7.12]와 같다.

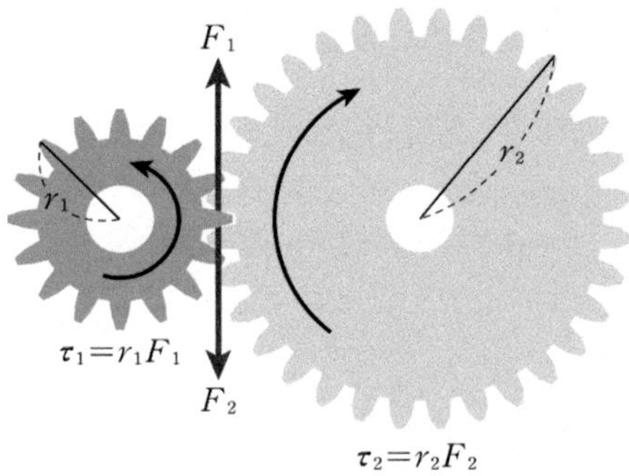

그림 7.12 기어 시스템의 발생 토크

제1장의 기어비 관계로부터 반지름과 회전수는 반비례하므로, [그림 7.11]의 토크 비는 다음과 같이 나타낼 수 있다.

$$\frac{\tau_1}{\tau_2} = \frac{\theta_2}{\theta_1} = \frac{N_1}{N_2} = \frac{\omega_2}{\omega_1} \tag{7.80}$$

두 기어에 발생하는 마찰계수(B)에 의한 감쇠는 관성 모멘트와 유사한 방식으로 다음과 같이 설정할 수 있고

$$B_T = rB_m + B_l \tag{7.81}$$

각 기어의 감쇠 토크는 각각 $B_m\dot{\theta}_m$과 $B_l\dot{\theta}_l$로 정의할 수 있다.

모터에서 발생되는 토크를 τ_e라고 하면, 토크의 총합은 링크에 걸리는 토크와 감쇠 토크의 합이어야 하므로 다음과 같은 식이 성립된다.

$$\tau_l = \tau_e - B_T\dot{\theta}_l \tag{7.82}$$

식 (7.79)과 (7.82)로부터 링크 구동에 필요한 토크 τ_l의 출력에 필요한 모터 측의 발생 토크를 계산할 수 있는 운동 방정식을 수립할 수 있다.

$$\begin{aligned} J_T\ddot{\theta}_l^2 + Mgl\sin\theta_l &= \tau_e - B_T\dot{\theta}_l \\ J_T\ddot{\theta}_l^2 + B_T\dot{\theta}_l + Mgl\sin\theta_l &= \tau_e \end{aligned} \tag{7.83}$$

식 (7.48)을 참고하면 라그랑쥐-오일러 방정식을 이용하여 유도한 식 (7.83)은 뉴튼-오일러 방정식을 이용한 운동 방정식과 그 형태가 같음을 알 수 있다.

예제 7.5

다음과 같은 2진자 시스템의 동역학 방정식을 유도하시오.

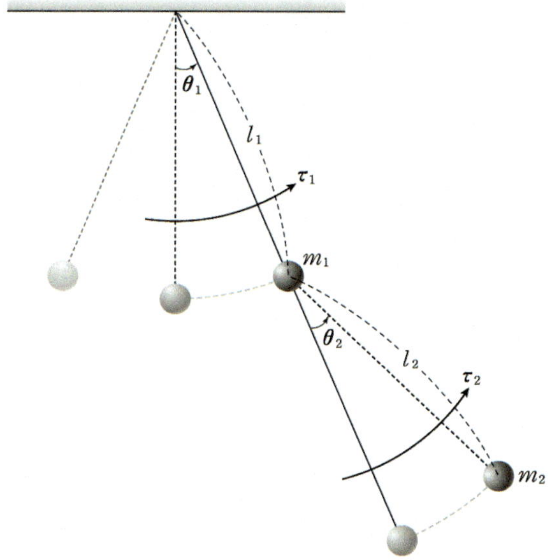

그림 7.13 2자유도 진자 시스템

풀이

[그림 7.13]의 2자유도 진자 시스템은 [예제 7.2]에서 언급된 1자유도 단진자 시스템이 확장된 것으로 볼 수 있으며, 질량 중심을 링크의 중앙 부분으로 설정했던 부분을 제외하면 일반적인 2자유도 매니퓰레이터와 매우 유사하다.

로봇공학 측면에서 2진자 시스템은 2자유도 매니퓰레이터의 동역학 방정식을 유도하는데 많은 도움이 될 수 있다. 이러한 측면에서, 예제에서 주어진 2진자 시스템의 두 번째 진자의 운동 각도가 일반적인 2진자 시스템과 다른 방식으로 표현되어 있음에 유의할 필요가 있다.

물리적으로 2자유도 진자 시스템을 구현해서 운동을 관찰해보면, 1자유도 진자 운동에서 볼 수 없는 매우 예측하기 어렵고 복잡한 비선형적인 움직임을 볼 수 있다.

[그림 7.13]의 2자유도 진자 시스템의 운동 에너지는 질량체 m_1과 m_2의 운동에 의한 에너지의 합 즉,

$$K = K_1 + K_2 \tag{7.84}$$

이다. 또한, 식 (7.68)로부터 질량체 m_1의 운동 에너지는

$$K_1 = \frac{1}{2} m_1 l_1^2 \dot{\theta}_1^2 \tag{7.85}$$

이다.

질량체 m_2의 운동은 질량체 m_1의 운동 상태에 영향을 받기 때문에, 이를 고려하여 질량체 m_2의 운동 에너지를 계산해야 한다. 먼저, 질량체 m_2의 운동에 따른 위치의 각 성분은 다음과 같이 계산된다.

$$\begin{aligned} x_2 &= l_1 \sin\theta_1 + l_2 \sin(\theta_1 + \theta_2) = l_1 s_1 + l_2 s_{12} \\ y_2 &= -l_1 \cos\theta_1 - l_2 \cos(\theta_1 + \theta_2) = -l_1 c_1 - l_2 c_{12} \end{aligned} \tag{7.86}$$

(식 7.86)를 미분하여 속도를 구하면 다음과 같다.

$$\begin{aligned} \dot{x}_2 &= l_1 c_1 \dot{\theta}_1 + l_2 c_{12} (\dot{\theta}_1 + \dot{\theta}_2) \\ \dot{y}_2 &= l_1 s_1 \dot{\theta}_1 + l_2 s_{12} (\dot{\theta}_1 + \dot{\theta}_2) \end{aligned} \tag{7.87}$$

질량체 m_2의 속도(v)는 식 (7.87)에서 구한 각 성분의 제곱의 합이므로

$$\begin{aligned} v_2^2 &= l_1^2 \dot{\theta}_1^2 (s_1^2 + c_1^2) + l_2^2 (\dot{\theta}_1^2 + \dot{\theta}_2^2 + 2\dot{\theta}_1 \dot{\theta}_2)(s_{12}^2 + c_{12}^2) \\ &\quad + 2 l_1 l_2 (c_1 c_{12} + s_1 s_{12})(\dot{\theta}_1^2 + 2\dot{\theta}_1 \dot{\theta}_2) \\ &= l_1^2 \dot{\theta}_1^2 + l_2^2 (\dot{\theta}_1^2 + \dot{\theta}_2^2 + 2\dot{\theta}_1 \dot{\theta}_2) + 2 l_1 l_2 c_2 (\dot{\theta}_1^2 + \dot{\theta}_1 \end{aligned} \tag{7.88}$$

이다. 따라서, 질량체 m_2의 운동 에너지는

$$K_2 = \frac{1}{2} m_2 l_1^2 \dot{\theta}_1^2 + \frac{1}{2} m_2 l_2^2 (\dot{\theta}_1^2 + \dot{\theta}_2^2 + 2\dot{\theta}_1 \dot{\theta}_2) + m_2 l_1 l_2 c_2 (\dot{\theta}_1^2 + \dot{\theta}_1 \dot{\theta}_2) \tag{7.89}$$

이고, 2자유도 진자 시스템의 총 운동 에너지는 다음과 같다.

$$K = \frac{1}{2} (m_1 + m_2) l_1^2 \dot{\theta}_1^{\,2} + \frac{1}{2} m_2 l_2^2 (\dot{\theta}_1^{\,2} + \dot{\theta}_2^{\,2} + 2\dot{\theta}_1 \dot{\theta}_2) + m_2 l_1 l_2 c_2 (\dot{\theta}_1^{\,2} + \dot{\theta}_1 \dot{\theta}_2) \tag{7.90}$$

다음으로, 2자유도 진자 시스템의 총 위치 에너지는 질량체 m_1과 m_2의 위치 에너지의 합 으로 나타낼 수 있으므로

$$P = P_1 + P_2 \tag{7.91}$$

이며, 질량체 m_1과 m_2의 위치 에너지는 각각 다음과 같이 나타낼 수 있다.

$$\begin{aligned} P_1 &= -m_1 g l_1 c_1 \\ P_2 &= -m_2 g l_1 c_1 - m_2 g l_2 c_{12} \end{aligned} \tag{7.92}$$

따라서, 2자유도 진자 시스템의 총 위치 에너지는 다음과 같다.

$$P = -(m_1 + m_2) g l_1 c_1 - m_2 g l_2 c_{12} \tag{7.93}$$

식 (7.90)과 (7.93)으로부터 2자유도 진자 시스템의 라그랑쥐 방정식은 다음과 같다.

$$\begin{aligned} L &= K - P \\ &= \frac{1}{2}(m_1 + m_2) l_1^2 \dot{\theta}_1^2 + \frac{1}{2} m_2 l_2^2 (\dot{\theta}_1^2 + \dot{\theta}_2^2 + 2\dot{\theta}_1 \dot{\theta}_2) \\ &\quad + m_2 l_1 l_2 c_2 (\dot{\theta}_1^2 + \dot{\theta}_1 \dot{\theta}_2) + (m_1 + m_2) g l_1 c_1 + m_2 g l_2 c_{12} \end{aligned} \tag{7.94}$$

다음으로, 각 질량체에 대한 편미분은

$$\begin{aligned} \frac{\partial L}{\partial \dot{\theta}_1} &= (m_1 + m_2) l_1^2 \dot{\theta}_1 + m_2 l_2^2 (\dot{\theta}_1 + \dot{\theta}_2) + 2 m_2 l_1 l_2 c_2 \dot{\theta}_1 + m_2 l_1 l_2 c_2 \dot{\theta}_2 \\ \frac{d}{dt}\left(\frac{\partial L}{\partial \dot{\theta}_1}\right) &= [(m_1 + m_2) l_1^2 + m_2 l_2^2 + 2 m_2 l_1 l_2 c_2] \ddot{\theta}_1 + [m_2 l_2^2 + m_2 l_1 l_2 c_2] \ddot{\theta}_2 \\ &\quad - 2 m_2 l_1 l_2 s_2 \dot{\theta}_1 \dot{\theta}_2 - m_2 l_1 l_2 s_2 \dot{\theta}_2^2 \\ \frac{\partial L}{\partial \theta_1} &= -(m_1 + m_2) g l_1 s_1 - m_2 g l_2 s_{12} \end{aligned} \tag{7.95}$$

이므로, 식 (7.64)로부터 질량체 m_1에 대한 운동 방정식은 다음과 같이 구할 수 있다.

$$\begin{aligned} \tau_1 &= [(m_1 + m_2) l_1^2 + m_2 l_2^2 + 2 m_2 l_1 l_2 c_2] \ddot{\theta}_1 + [m_2 l_2^2 + m_2 l_1 l_2 c_2] \ddot{\theta}_2 \\ &\quad - 2 m_2 l_1 l_2 s_2 \dot{\theta}_1 \dot{\theta}_2 - m_2 l_1 l_2 s_2 \dot{\theta}_2{}^2 + (m_1 + m_2) g l_1 s_1 + m_2 g l_2 s_{12} \end{aligned} \tag{7.96}$$

같은 방법으로, 질량체 m_2의 라그랑쥐는

$$\frac{\partial L}{\partial \dot{\theta}_2} = m_2 l_2^2(\dot{\theta}_1 + \dot{\theta}_2) + m_2 l_1 l_2 c_2 \dot{\theta}_1$$

$$\frac{d}{dt}\left(\frac{\partial L}{\partial \dot{\theta}_2}\right) = m_2 l_2^2(\ddot{\theta}_1 + \ddot{\theta}_2) + m_2 l_1 l_2 c_2 \ddot{\theta}_1 - m_2 l_1 l_2 s_2 \dot{\theta}_1 \dot{\theta}_2 \quad (7.97)$$

$$\frac{\partial L}{\partial \theta_2} = -m_2 l_1 l_2 s_2 (\dot{\theta}_1^2 + \dot{\theta}_1 \dot{\theta}_2) - m_2 g l_2 s_{12}$$

이고, 질량체 m_2에 대한 운동 방정식은

$$\tau_2 = (m_2 l_2^2 + m_2 l_1 l_2 c_2)\ddot{\theta}_1 + m_2 l_2^2 \ddot{\theta}_2 + m_2 l_1 l_2 s_2 \dot{\theta}_1^2 + m_2 g l_2 s_{12} \quad (7.98)$$

이므로, 식 (7.96)과 (7.98)을 행렬 형태로 표시하면 2자유도 진자 시스템의 완전한 운동 방정식을 얻을 수 있다.

$$\begin{bmatrix} \tau_1 \\ \tau_2 \end{bmatrix} = \begin{bmatrix} (m_1 + m_2) l_1^2 + m_2 l_2^2 + 2 m_2 l_1 l_2 c_2 & m_2 l_2^2 + m_2 l_1 l_2 c_2 \\ m_2 l_2^2 + m_2 l_1 l_2 c_2 & m_2 l_2^2 \end{bmatrix} \begin{bmatrix} \ddot{\theta}_1 \\ \ddot{\theta}_2 \end{bmatrix}$$
$$+ \begin{bmatrix} 0 & -m_2 l_1 l_2 s_2 \\ m_2 l_1 l_2 s_2 & 0 \end{bmatrix} \begin{bmatrix} \dot{\theta}_1^2 \\ \dot{\theta}_2^2 \end{bmatrix} + \begin{bmatrix} -m_2 l_1 l_2 s_2 & -m_2 l_1 l_2 s_2 \\ 0 & 0 \end{bmatrix} \begin{bmatrix} \dot{\theta}_1 \dot{\theta}_2 \\ \dot{\theta}_1 \dot{\theta}_2 \end{bmatrix}$$
$$+ \begin{bmatrix} (m_1 + m_2) g l_1 s_1 + m_2 g l_2 s_{12} \\ m_2 g l_2 s_{12} \end{bmatrix} \quad (7.99)$$

라그랑쥐를 이용한 2자유도 진자 시스템의 운동 방정식이 식 (7.47)과 동일한 형태를 취하고 있음에 주목할 필요가 있다. 첫 번째 항 즉, $\ddot{\theta}$항은 질량체의 각가속도를, $\dot{\theta}^2$과 $\dot{\theta}_1\dot{\theta}_2$로 이루어져 있는 두 번째 항은 각각 원심력과 코리올리 힘이라는 것을 알 수 있다. 마지막으로 세 번째 항은 중력을 나타낸다.

여기서 일반적인 이중 진자 시스템에서 수직선분에 나타내는 것과 다르게 이중 진자 시스템의 운동 방정식과 2자유도 매니퓰레이터의 운동 방정식의 유사성을 유지하기 위해, 첫 번째 진자가 θ_1만큼 변화된 상태에서 진자의 연결대의 연장선상에서 두 번째 진자의 운동 상태를 설명하는 θ_2가 설정되었다는 것에 유의할 필요가 있다.

예제 7.6

[예제 7.1]의 2자유도 평면형 매니퓰레이터의 동역학 방정식을 라그랑쥐 방정식을 이용하여 유도하시오. 단, 링크계 표기는 [예제 7.1]에서 전제한 것과 같다.

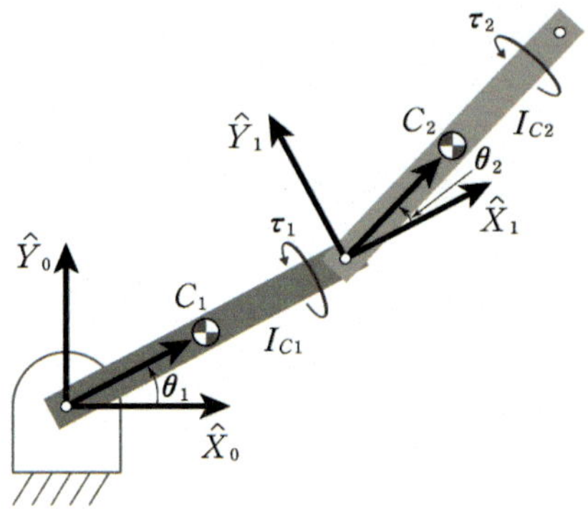

그림 7.14 2자유도 매니퓰레이터

풀이

2자유도 매니퓰레이터의 운동 방정식은 [예제 7.5]와 매우 흡사하다. 앞에서 설명한 것 같이 링크라는 강체 전반에 질량이 분포되어 있고, 질량 중심을 링크의 중간 부분에 설정하였기 때문에, 이에 대한 온전한 운동 방정식을 계산하기 위해서는 반드시 관성 모멘트가 고려되어야 한다. 하지만, [예제 7.1]에서와 마찬가지로 점질량을 가정하여 관성 모멘트와 마찰은 고려하지 않는다.

질량 중심 C_1, C_2에서의 질량을 각각 m_1, m_2라고 하고, 각 링크의 좌표는 제3장의 정 기구학식을 참고하여 다음과 같이 얻을 수 있다.

$$
\begin{aligned}
x_1 &= l_1\cos\theta_1 = l_1 c_1 \\
y_1 &= l_1\sin\theta_1 = l_1 s_1 \\
x_2 &= l_1\cos\theta_1 + l_2\cos(\theta_1+\theta_2) = l_1 c_1 + l_2 c_{12} \\
y_2 &= {}_1\sin\theta_1 + l_2\sin(\theta_1+\theta_2) = l_1 s_1 + l_2 s_{12}
\end{aligned}
\tag{7.100}
$$

이에 대한 미분에 의한 속도 성분은

$$
\begin{aligned}
\dot{x}_1 &= -\, l_1 s_1 \dot{\theta}_1 \\
\dot{y}_1 &= l_1 c_1 \dot{\theta}_1 \\
\dot{x}_2 &= -\, l_1 s_1 \dot{\theta}_1 - l_2 s_{12} (\dot{\theta}_1 + \dot{\theta}_2) \\
\dot{y}_2 &= l_1 c_1 \dot{\theta}_1 + l_2 c_{12} (\dot{\theta}_1 + \dot{\theta}_2)
\end{aligned}
\tag{7.101}
$$

이고, 각 링크의 속도는

$$
\begin{aligned}
v_1^2 &= l_1^2 \dot{\theta}_1^2 \\
v_2^2 &= l_1^2 \dot{\theta}_1^2 + l_2^2 (\dot{\theta}_1^2 + \dot{\theta}_2^2 + 2\dot{\theta}_1 \dot{\theta}_2) + 2 l_1 l_2 c_2 (\dot{\theta}_1^2 + \dot{\theta}_1 \dot{\theta}_2)
\end{aligned}
\tag{7.102}
$$

이므로, 매니퓰레이터의 링크의 운동 에너지는 다음과 같다.

$$
\begin{aligned}
K &= K_1 + K_2 \\
&= \frac{1}{2} m_1 v_1^2 + \frac{1}{2} m_2 v_2^2 \\
&= \frac{1}{2} m_1 l_1^2 \dot{\theta}_1^2 \\
&\quad + \frac{1}{2} m_2 [l_1^2 \dot{\theta}_1^2 + l_2^2 (\dot{\theta}_1^2 + \dot{\theta}_2^2 + 2\dot{\theta}_1 \dot{\theta}_2) + 2 l_1 l_2 c_2 (\dot{\theta}_1^2 + \dot{\theta}_1 \dot{\theta}_2)] \\
&= \frac{1}{2} (m_1 + m_2) l_1^2 \dot{\theta}_1^{\,2} + \frac{1}{2} m_2 l_2^2 (\dot{\theta}_1^{\,2} + \dot{\theta}_2^{\,2} + 2\dot{\theta}_1 \dot{\theta}_2) + m_2 l_1 l_2 c_2 (\dot{\theta}_1^{\,2} + \dot{\theta}_1 \dot{\theta}_2)
\end{aligned}
\tag{7.103}
$$

매니퓰레이터의 총 위치 에너지는 식 (7.93)을 참고하여 다음과 같이 나타낼 수 있다.

$$
P = (m_1 + m_2) g l_1 s_1 + m_2 g l_2 s_{12} \tag{7.104}
$$

따라서, 2자유도 매니퓰레이터의 라그랑쥐는 다음과 같다.

$$
\begin{aligned}
L &= K - P \\
&= \frac{1}{2} (m_1 + m_2) l_1^2 \dot{\theta}_1^2 + \frac{1}{2} m_2 l_2^2 (\dot{\theta}_1^2 + \dot{\theta}_2^2 + 2\dot{\theta}_1 \dot{\theta}_2) \\
&\quad + m_2 l_1 l_2 c_2 (\dot{\theta}_1^2 + \dot{\theta}_1 \dot{\theta}_2) - (m_1 + m_2) g l_1 s_1 - m_2 g l_2 s_{12}
\end{aligned}
\tag{7.105}
$$

첫 번째 링크에 걸리는 일반 힘을 구하기 위한 편미분은

$$
\begin{aligned}
\frac{\partial L}{\partial \dot{\theta}_1} &= (m_1+m_2)l_1^2\dot{\theta}_1 + m_2 l_2^2(\dot{\theta}_1+\dot{\theta}_2) + 2m_2 l_1 l_2 c_2 \dot{\theta}_1 + m_2 l_1 l_2 c_2 \dot{\theta}_2 \\
\frac{d}{dt}\left(\frac{\partial L}{\partial \dot{\theta}_1}\right) &= [(m_1+m_2)l_1^2 + m_2 l_2^2 + 2m_2 l_1 l_2 c_2]\ddot{\theta}_1 + [m_2 l_2^2 + m_2 l_1 l_2 c_2]\ddot{\theta}_2 \\
&\quad - 2m_2 l_1 l_2 s_2 \dot{\theta}_1 \dot{\theta}_2 - m_2 l_1 l_2 s_2 \dot{\theta}_2^2 \\
\frac{\partial L}{\partial \theta_1} &= -(m_1+m_2)g l_1 c_1 - m_2 g l_2 c_{12}
\end{aligned}
\tag{7.106}
$$

이므로, 식 (7.67)로부터 첫 번째 링크에 대한 운동 방정식은 다음과 같이 구할 수 있다.

$$
\begin{aligned}
\tau_1 = {} & [(m_1+m_2)l_1^2 + m_2 l_2^2 + 2m_2 l_1 l_2 c_2]\ddot{\theta}_1 + [m_2 l_2^2 + m_2 l_1 l_2 c_2]\ddot{\theta}_2 \\
& - 2m_2 l_1 l_2 s_2 \dot{\theta}_1 \dot{\theta}_2 - m_2 l_1 l_2 s_2 \dot{\theta}_2^2 + (m_1+m_2)g l_1 c_1 + m_2 g l_2 c_{12}
\end{aligned}
\tag{7.107}
$$

같은 방법으로, 두 번째 링크에 대한 라그랑쥐는

$$
\begin{aligned}
\frac{\partial L}{\partial \dot{\theta}_2} &= m_2 l_2^2(\dot{\theta}_1+\dot{\theta}_2) + m_2 l_1 l_2 c_2 \dot{\theta}_1 \\
\frac{d}{dt}\left(\frac{\partial L}{\partial \dot{\theta}_2}\right) &= m_2 l_2^2(\ddot{\theta}_1+\ddot{\theta}_2) + m_2 l_1 l_2 c_2 \ddot{\theta}_1 - m_2 l_1 l_2 s_2 \dot{\theta}_1 \dot{\theta}_2 \\
\frac{\partial L}{\partial \theta_2} &= -m_2 l_1 l_2 s_2(\dot{\theta}_1^2 + \dot{\theta}_1\dot{\theta}_2) - m_2 g l_2 c_{12}
\end{aligned}
\tag{7.108}
$$

이고, 두 번째 링크에 대한 운동 방정식은

$$
\tau_2 = [m_2 l_2^2 + m_2 l_1 l_2 c_2]\ddot{\theta}_1 + [m_2 l_2^2]\ddot{\theta}_2 + m_2 l_1 l_2 s_2 \dot{\theta}_1^2 + m_2 g l_2 c_{12} \tag{7.109}
$$

이므로, 식 (7.107)과 (7.109)를 행렬 형태로 나타내면 다음과 같은 완전한 운동 방정식을 얻을 수 있으며, 계산의 편의상 제외한 관성 모멘트를 제외하면 [예제 7.1]의 결과와 동일함을 확인할 수 있다.

$$\begin{bmatrix}\tau_1\\ \tau_2\end{bmatrix}=\begin{bmatrix}(m_1+m_2)l_1^2+m_2l_2^2+2m_2l_1l_2c_2 & m_2l_2^2+m_2l_1l_2c_2\\ m_2l_2^2+m_2l_1l_2c_2 & m_2l_2^2\end{bmatrix}\begin{bmatrix}\ddot{\theta}_1\\ \ddot{\theta}_2\end{bmatrix}$$
$$+\begin{bmatrix}0 & -m_2l_1l_2s_2\\ m_2l_1l_2s_2 & 0\end{bmatrix}\begin{bmatrix}\dot{\theta}_1^2\\ \dot{\theta}_2^2\end{bmatrix}+\begin{bmatrix}-m_2l_1l_2s_2 & -m_2l_1l_2s_2\\ 0 & 0\end{bmatrix}\begin{bmatrix}\dot{\theta}_1\dot{\theta}_2\\ \dot{\theta}_1\dot{\theta}_2\end{bmatrix}$$
$$+\begin{bmatrix}(m_1+m_2)gl_1c_1+m_2gl_2c_{12}\\ m_2gl_2c_{12}\end{bmatrix} \tag{7.110}$$

7.4 n-링크 매니퓰레이터의 운동 방정식

이 절에서는 산업용 로봇이나 협동 로봇 등과 같은 다중 링크(Multiple link) 혹은 다자유도(Multiple DoF)를 갖는 다물체(Multibody) 매니퓰레이터에 대한 운동 방정식을 구할 수 있도록 일반화된 방법을 소개한다.

7.4.1 n-링크 매니퓰레이터의 운동 에너지

강체에 대한 일반적인 운동 에너지는 다음과 같다.

$$K=\frac{1}{2}mv^Tv+\frac{1}{2}\omega^TI\omega \tag{7.111}$$

여기서 m은 강체의 질량, v와 ω는 강체의 속도 및 각속도 벡터, I는 관성 텐서이다. 다중 링크 또는 다물체의 경우 식 (7.111)은 다음과 같이 나타낼 수 있다.

$$K_i=\frac{1}{2}m_iv_i^Tv_i+\frac{1}{2}\omega_i^TI_i\omega_i \tag{7.112}$$

따라서, 총 운동 에너지는 모든 링크에 대한 운동 에너지의 합으로 표현할 수 있다.

$$K_T=\sum_{i=1}^{n}K_i \tag{7.113}$$

식 (7.111)에서 속도에 대한 관절 변수는 일반화된 좌표계 상의 질량 중심(C_i)을 기준으로 다음과 같이 나타낼 수 있다.

$$v_{C_i} = J_{v_{C_i}}(q)\dot{q}$$
$$\omega_i = J_{\omega_i}(q)\dot{q} \tag{7.114}$$

여기서 J_{v_i}와 J_{ω_i}는 각각 i번째 관절에 대한 질량 중심에서의 속도 및 각속도를 나타내는 자코비안이다. 식 (7.114)를 (7.113)에 대입하면 다음과 같이 나타낼 수 있다.

$$K_i = \frac{1}{2}\sum_{i=1}^{n}[m_i \dot{q}^T J_{v_i}(q)^T J_{v_i}(q)\dot{q} + \dot{q}^T J_{\omega_i}(q)^T I_i J_{\omega_i}(q)\dot{q}] \tag{7.115}$$

또한, 제6장 6.5절의 식 (6.26)이 회전 강체에 대한 관성 텐서를 나타내고 있으므로, 이 식을 이용하여 정리하면 식 (7.115)는 다음과 같이 표현할 수 있다.

$$K_i = \frac{1}{2}\dot{q}^T\sum_{i=1}^{n}[m_i J_{v_i}(q)^T J_{v_i}(q) + J_{\omega_i}(q)^T R_i(q)\, I_i R_i(q)^T J_{\omega_i}(q)]\dot{q} \tag{7.116}$$

식 (7.116)을 다음과 같이 간단하게 표현할 수 있다.

$$K_T = \frac{1}{2}\dot{q}^T D(q)\dot{q} \tag{7.117}$$

단, $D(q) = \sum_{i=1}^{n}[m_i J_{v_i}(q)^T J_{v_i}(q) + J_{\omega_i}(q)^T R_i(q)\, I_i R_i(q)^T J_{\omega_i}(q)]$

여기서 $D(q)$를 관성 행렬(Inertia matrix)이라고 한다.

7.4.2 n-링크 매니퓰레이터의 위치 에너지

직교 좌표 공간에서 운동하는 강체의 위치 에너지는 중력에 의해서만 나타나게 된다. 운동 에너지와 마찬가지로 각각의 링크에서 발생하는 위치 에너지의 합이 매니퓰레이터의 총 위치 에너지가 된다.

매니퓰레이터의 i번째 링크의 위치 에너지는 다음과 같다.

$$P_i = m_i g^T r_{c_i} \tag{7.118}$$

여기서 m_i는 i번째 링크의 질량이며, g^T는 직교좌표 공간에서 중력 $[g_x\, g_y\, g_z\, 0]^T$, 그리고 r_{c_i}는 i번째 링크의 질량 중심까지의 거리이다. 앞에서 가정했던 것처럼 편의상 링크의 길이로 설정한다.

n-링크 매니퓰레이터의 총 위치 에너지는 식 (7.113)과 같은 방법으로 다음과 같이 나타낼 수 있다.

$$\begin{aligned} P_T &= \sum_{i=1}^{n} P_i \\ &= \sum_{i=1}^{n} m_i g^T r_{c_i} \end{aligned} \tag{7.119}$$

7.4.3 n-링크 매니퓰레이터의 일반화된 운동 방정식

식 (7.117)의 운동 에너지를 스칼라 형태로 표현하면 다음과 같이 나타낼 수 있으므로

$$K_T = \frac{1}{2}\dot{q}^T D(q)\dot{q} = \frac{1}{2}\sum_{i,j=1}^{n} d_{ij}(q)\dot{q}_i\dot{q}_j \tag{7.120}$$

라그랑쥐 방정식은 다음과 같다.

$$\begin{aligned} L &= K - P \\ &= \frac{1}{2}\sum_{i=1}^{n}\sum_{j=1}^{n} d_{ij}(q)\dot{q}_i\dot{q}_j - \sum_{i=1}^{n} m_i g^T r_{c_i} \end{aligned} \tag{7.121}$$

편의상 벡터 기호는 생략한다. 운동 방정식을 구하기 위해서 라그랑쥐 방정식의 첫 번째 항에 대응하는 편미분은

$$\begin{aligned} \frac{\partial L}{\partial \dot{q}_i} &= \sum_{j=1}^{n} d_{ij}\dot{q}_j \\ \frac{d}{dt}\left(\frac{\partial L}{\partial \dot{q}_i}\right) &= \frac{d}{dt}\left(\sum_{j=1}^{n} d_{ij}\dot{q}_j\right) \\ &= \sum_{j=1}^{n} d_{ij}\ddot{q}_j + \sum_{j=1}^{n}\frac{d}{dt}d_{ij}\dot{q}_j \end{aligned} \tag{7.122}$$

이다. $\frac{d}{dt}d_{ij}$의 시간에 대한 미분은 다음과 같이 나타낼 수 있으므로

$$\begin{aligned}\frac{d}{dt}d_{ij} &= \sum_{k=1}^{n}\frac{\partial d_{ij}}{\partial q_k}\frac{dq_k}{dt} \\ &= \sum_{k=1}^{n}\frac{\partial d_{ij}}{\partial q_k}\dot{q}_k\end{aligned} \tag{7.123}$$

식 (7.122)의 미분식은 다음과 같다.

$$\frac{d}{dt}\left(\frac{\partial L}{\partial \dot{q}_i}\right) = \sum_{j=1}^{n} d_{ij}\ddot{q}_j + \sum_{j=1}^{n}\sum_{k=1}^{n}\frac{\partial d_{ij}}{\partial q_k}\dot{q}_j\dot{q}_k \tag{7.124}$$

식 (7.64)의 두 번째 항에 대응하는 편미분은

$$\frac{\partial L}{\partial q_i} = \frac{1}{2}\sum_{j=1}^{n}\sum_{k=1}^{n}\frac{\partial d_{jk}}{\partial q_i}\dot{q}_j\dot{q}_k - \sum_{j=1}^{n} m_j g^T \frac{\partial r_{c_i}}{\partial q_i} \tag{7.125}$$

이다. 따라서, 다음과 같은 일반화된 n-링크 매니퓰레이터의 운동 방정식을 얻을 수 있다.

$$\tau_i = \sum_{j=1}^{n} d_{ij}\ddot{q}_j + \sum_{j=1}^{n}\sum_{k=1}^{n}\left[\frac{\partial d_{ij}}{\partial q_k} - \frac{1}{2}\frac{\partial d_{jk}}{\partial q_i}\right]\dot{q}_j\dot{q}_k + \sum_{j=1}^{n} m_j g^T \frac{\partial r_{c_i}}{\partial q_i} \tag{7.126}$$

또한, 식 (7.124)의 두 번째 항에 대해서 크리스토펠 기호(Christoffel symbols)를 이용하면 다음과 같이 나타낼 수 있으므로

$$\sum_{j=1}^{n}\sum_{k=1}^{n}\left[\frac{\partial d_{ij}}{\partial q_k}\right]\dot{q}_j\dot{q}_k = \sum_{j=1}^{n}\sum_{k=1}^{n}\frac{1}{2}\left[\frac{\partial d_{ij}}{\partial q_k} + \frac{\partial d_{ik}}{\partial q_j}\right]\dot{q}_j\dot{q}_k \tag{7.127}$$

식 (7.126)의 코리올리 항을 다음과 같이 나타낼 수 있다.

$$\sum_{j=1}^{n}\sum_{k=1}^{n}\left[\frac{\partial d_{ij}}{\partial q_k} - \frac{1}{2}\frac{\partial d_{jk}}{\partial q_i}\right]\dot{q}_j\dot{q}_k = \sum_{j=1}^{n}\sum_{k=1}^{n}\frac{1}{2}\left[\frac{\partial d_{ij}}{\partial q_k} + \frac{\partial d_{ik}}{\partial q_j} - \frac{\partial d_{jk}}{\partial q_i}\right]\dot{q}_j\dot{q}_k \tag{7.128}$$

$$c_{ijk} = \left[\frac{\partial d_{ij}}{\partial q_k} - \frac{1}{2}\frac{\partial d_{jk}}{\partial q_i}\right] = \frac{1}{2}\left[\frac{\partial d_{ij}}{\partial q_k} + \frac{\partial d_{ik}}{\partial q_j} - \frac{\partial d_{jk}}{\partial q_i}\right] \tag{7.129}$$

따라서, 식 (7.126)은 다음과 같이 나타내는 것이 가능하다.

$$\tau_i = \sum_{j=1}^{n} d_{ij}(q)\ddot{q}_j + \sum_{j=1}^{n}\sum_{k=1}^{n} c_{ijk}(q)\dot{q}_j\dot{q}_k + g_i(q) \tag{7.130}$$

여기서 $h_i = \sum_{j=1}^{n}\sum_{k=1}^{n} c_{ijk}(q)\dot{q}_j\dot{q}_k$ 라고 할 때, $j=k$일 때는 $h_i = \sum_{j=1}^{n}\sum_{k=1}^{n} c_{ijj}(q)\dot{q}_j^2$ 의 원심력이 되고, $j \neq k$일 때는 $h_i = \sum_{j=1}^{n}\sum_{k=1}^{n} c_{ijk}(q)\dot{q}_j\dot{q}_k$ 인 코리올리 힘이 되므로 다음과 같이 나타낼 수 있음에 유의할 필요가 있다.

$$h_i = \sum_{j=1}^{n}\sum_{k=1}^{n} c_{ijj}(q)\dot{q}_j^2 + \sum_{j=1}^{n}\sum_{k=1}^{n} c_{ijk}(q)\dot{q}_j\dot{q}_k \tag{7.131}$$

또는 앞에서 소개된 식 (7.50)의 운동 방정식 형태로 다음과 같이 나타낼 수 있다.

$$\tau = D(q)(\ddot{q}) + C(q,\dot{q})\dot{q} + G(q) \tag{7.132}$$

예를 들어 2자유도 매니퓰레이터의 운동 방정식은 식 (7.131)로부터 다음과 같이 나타낼 수 있다.

$$\begin{aligned}
&\begin{bmatrix}\tau_1\\ \tau_2\end{bmatrix} = \begin{bmatrix}d_{11} & d_{12}\\ d_{21} & d_{22}\end{bmatrix}\begin{bmatrix}\ddot{\theta}_1\\ \ddot{\theta}_2\end{bmatrix} + \begin{bmatrix}c_1(\theta_1,\dot{\theta}_1)\\ c_2(\theta_2,\dot{\theta}_2)\end{bmatrix}\begin{bmatrix}\dot{\theta}_1\\ \dot{\theta}_2\end{bmatrix} + \begin{bmatrix}g_1\\ g_2\end{bmatrix}\\
&c_1(\theta_1,\dot{\theta}_1) = \begin{bmatrix}\dot{\theta}_1 & \dot{\theta}_2\end{bmatrix}\begin{bmatrix}c_{111} & c_{112}\\ c_{121} & c_{122}\end{bmatrix},\ c_2(\theta_2,\dot{\theta}_2) = \begin{bmatrix}\dot{\theta}_1 & \dot{\theta}_2\end{bmatrix}\begin{bmatrix}c_{211} & c_{212}\\ c_{221} & c_{222}\end{bmatrix}\\
&c_1 = c_{111}\dot{\theta}_1^2 + (c_{112} + c_{121})\dot{\theta}_1\dot{\theta}_2 + c_{122}\dot{\theta}_2^2\\
&c_2 = c_{211}\dot{\theta}_1^2 + (c_{212} + c_{221})\dot{\theta}_1\dot{\theta}_2 + c_{222}\dot{\theta}_2^2
\end{aligned} \tag{7.133}$$

예제 7.7

일반화된 운동 방정식을 이용하여 [예제 7.6]의 2링크 매니퓰레이터의 운동 방정식을 구하시오.

풀이

첨자의 혼선이 있을 수 있으므로 여기서 질량 중심에 대한 기호는 편의상 생략한다. 먼저, 첫 번째 항 $D(q)$에 필요한 속도는

$$\begin{aligned} v_1 &= J_{v_1}\dot{q} \\ &= \begin{bmatrix} -l_1 s_1 & 0 \\ l_1 c_1 & 0 \end{bmatrix} \begin{bmatrix} \dot{\theta}_1 \\ \dot{\theta}_2 \end{bmatrix} \\ v_2 &= J_{v_2}\dot{q} \\ &= \begin{bmatrix} -l_1 s_1 - l_2 s_{12} & -l_2 s_{12} \\ l_1 c_1 + l_2 c_{12} & l_2 c_{12} \end{bmatrix} \begin{bmatrix} \dot{\theta}_1 \\ \dot{\theta}_2 \end{bmatrix} \end{aligned} \tag{7.134}$$

이고, 각속도는 다음과 같다.

$$\begin{aligned} \omega_1 &= J_{\omega_1}\dot{q} = [z_1\ 0]\dot{q} \\ &= [1\ 0]\begin{bmatrix} \dot{\theta}_1 \\ \dot{\theta}_2 \end{bmatrix} \\ \omega_2 &= J_{\omega_2}\dot{q} = [z_1\ z_2]\dot{q} \\ &= [1\ 1]\begin{bmatrix} \dot{\theta}_1 \\ \dot{\theta}_2 \end{bmatrix} \end{aligned} \tag{7.135}$$

식 (7.133)과 (7.134)를 식 (7.117)에 대입하면 다음과 같다.

$$\begin{aligned} D &= m_1 J_{v_1}^T J_{v_1} + I_1 J_{\omega_1}^T J_{\omega_1} + m_2 J_{v_2}^T J_{v_2} + I_2 J_{\omega_2}^T J_{\omega_2} \\ &= \begin{bmatrix} d_{11} & d_{12} \\ d_{21} & d_{22} \end{bmatrix} \\ d_{11} &= m_1 l_1^2 + I_1 + m_2(l_1^2 + l_2^2 + 2 l_1 l_2 c_2) + I_2 \\ d_{12} &= m_2(l_2^2 + l_1 l_2 c_2) + I_2 \\ d_{21} &= m_2(l_2^2 + l_1 l_2 c_2) + I_2 \\ d_{22} &= m_2 l_2^2 + I_2 \end{aligned} \tag{7.136}$$

두 번째 항인 원심력 및 코리올리 $C(q, \dot{q})\dot{q}$는 다음과 같다.

$$
\begin{aligned}
c_{111} &= \frac{\partial d_{11}}{\partial q_1} - \frac{1}{2}\frac{\partial d_{11}}{\partial q_1} = \frac{1}{2}\frac{\partial d_{11}}{\partial q_1} = 0 \\
c_{112} &= \frac{\partial d_{11}}{\partial q_2} - \frac{1}{2}\frac{\partial d_{12}}{\partial q_1} = -2m_2 l_1 l_2 s_2 - 0 = -2m_2 l_1 l_2 s_2 \\
c_{121} &= \frac{\partial d_{12}}{\partial q_1} - \frac{1}{2}\frac{\partial d_{21}}{\partial q_1} = 0 - 0 = 0 \\
c_{122} &= \frac{\partial d_{12}}{\partial q_2} - \frac{1}{2}\frac{\partial d_{22}}{\partial q_1} = -m_2 l_1 l_2 s_2 - 0 = -m_2 l_1 l_2 s_2 \\
c_{211} &= \frac{\partial d_{21}}{\partial q_1} - \frac{1}{2}\frac{\partial d_{11}}{\partial q_2} = 0 - \frac{1}{2}\frac{\partial d_{11}}{\partial q_2} = m_2 l_1 l_2 s_2 \\
c_{212} &= \frac{\partial d_{21}}{\partial q_2} - \frac{1}{2}\frac{\partial d_{12}}{\partial q_2} = -m_2 l_1 l_2 s_2 + \frac{1}{2}m_2 l_1 l_2 s_2 = -\frac{1}{2}m_2 l_1 l_2 s_2 \\
c_{221} &= \frac{\partial d_{22}}{\partial q_1} - \frac{1}{2}\frac{\partial d_{21}}{\partial q_2} = 0 + \frac{1}{2}m_2 l_1 l_2 s_2 = \frac{1}{2}m_2 l_1 l_2 s_2 \\
c_{222} &= \frac{\partial d_{22}}{\partial q_2} - \frac{1}{2}\frac{\partial d_{22}}{\partial q_2} = \frac{1}{2}\frac{\partial d_{22}}{\partial q_2} = 0
\end{aligned}
\tag{7.137}
$$

중력은 위치 에너지로부터

$$
\begin{aligned}
&P_1 = r_{c_1} = m_1 g l_1 s_1,\ P_2 = r_{c_2} = m_2 g (l_1 s_1 + l_2 s_{12}) \\
&P = P_1 + P_2 = (m_1 l_1 + m_2 l_1) g s_1 + m_2 l_2 g s_{12}
\end{aligned}
\tag{7.138}
$$

이므로, 각 링크에 걸리는 중력항 $G(q)$은 다음과 같다.

$$
\begin{aligned}
g_1 &= \frac{\partial P}{\partial q_1} = (m_1 l_1 + m_2 l_1) g c_1 + m_2 l_2 g c_{12} \\
g_2 &= \frac{\partial P}{\partial q_2} = m_2 l_2 g c_{12}
\end{aligned}
\tag{7.139}
$$

2링크 매니퓰레이터의 최종 운동 방정식은 다음과 같이 나타낼 수 있고

$$
\begin{aligned}
\tau_1 &= d_{11}\ddot{\theta}_1 + d_{12}\ddot{\theta}_2 + c_{111}\dot{\theta}_1^2 + (c_{112} + c_{121})\dot{\theta}_1\dot{\theta}_2 + c_{122}\dot{\theta}_2^2 + g_1 \\
\tau_2 &= d_{21}\ddot{\theta}_1 + d_{22}\ddot{\theta}_2 + c_{211}\dot{\theta}_1^2 + (c_{212} + c_{221})\dot{\theta}_1\dot{\theta}_2 + c_{222}\dot{\theta}_2^2 + g_1
\end{aligned}
\tag{7.140}
$$

앞에서 구한 코리올리 결과를 대입하면 다음과 같다.

$$\tau_1 = d_{11}\ddot{\theta}_1 + d_{12}\ddot{\theta}_2 + (c_{112} + c_{121})\dot{\theta}_1\dot{\theta}_2 + c_{122}\dot{\theta}_2^2 + g_1$$
$$\tau_2 = d_{21}\ddot{\theta}_1 + d_{22}\ddot{\theta}_2 + c_{211}\dot{\theta}_2^2 + g_2 \quad (7.141)$$

이를 행렬 형태로 정리하면 다음과 같다.

$$\begin{bmatrix}\tau_1\\ \tau_2\end{bmatrix} = \begin{bmatrix} m_1 l_1^2 + I_1 + m_2(l_1^2 + l_2^2 + 2l_1 l_2 c_2) + I_2 & m_2 l_1 l_2 c_2 + m_2 l_2^2 + I_2 \\ m_2 l_1 l_2 c_2 + m_2 l_2^2 + I_2 & m_2 l_2^2 + I_2 \end{bmatrix}\begin{bmatrix}\ddot{\theta}_1\\ \ddot{\theta}_2\end{bmatrix} + \begin{bmatrix} -2m_2 l_1 l_2 s_2 \dot{\theta}_1\dot{\theta}_2 - m_2 l_1 l_2 s_2 \dot{\theta}_2^2 \\ m_2 l_1 l_2 s_2 \dot{\theta}_1^2 \end{bmatrix} + \begin{bmatrix} m_1 l_1 g c_1 + m_2 g(l_2 c_{12} + l_1 c_1) \\ m_2 l_2 g c_{12} \end{bmatrix} \quad (7.142)$$

또는 식 (7.132)와 (7.133)을 이용하여 다음과 같이 나타낼 수 있다.

$$\begin{bmatrix}\tau_1\\ \tau_2\end{bmatrix} = \begin{bmatrix} m_1 l_1^2 + I_1 + m_2(l_1^2 + l_2^2 + 2l_1 l_2 c_2) + I_2 & m_2 l_1 l_2 c_2 + m_2 l_2^2 + I_2 \\ m_2 l_1 l_2 c_2 + m_2 l_2^2 + I_2 & m_2 l_2^2 + I_2 \end{bmatrix}\begin{bmatrix}\ddot{\theta}_1\\ \ddot{\theta}_2\end{bmatrix} + \begin{bmatrix} -2m_2 l_1 l_2 s_2 \dot{\theta}_1\dot{\theta}_2 - m_2 l_1 l_2 s_2 \dot{\theta}_1^2 \\ m_2 l_1 l_2 s_2 \dot{\theta}_1^2 \end{bmatrix} + \begin{bmatrix} (m_1 + m_2) g l_1 c_1 + m_2 g l_2 c_{12} \\ m_2 g l_2 c_{12} \end{bmatrix} \quad (7.143)$$

다시 식을 정리하면

$$\begin{bmatrix}\tau_1\\ \tau_2\end{bmatrix} = \begin{bmatrix} m_1 l_{c1}^2 + I_1 + m_2(l_1^2 + l_2^2 + 2l_1 l_2 c_2) + I_2 & m_2 l_1 l_2 c_2 + m_2 l_2^2 + I_2 \\ m_2 l_1 l_2 c_2 + m_2 l_2^2 + I_2 & m_2 l_2^2 + I_2 \end{bmatrix}\begin{bmatrix}\ddot{\theta}_1\\ \ddot{\theta}_2\end{bmatrix} + \begin{bmatrix} 0 & -m_2 l_1 l_2 s_2 \\ m_2 l_1 l_2 s_2 & 0 \end{bmatrix}\begin{bmatrix}\dot{\theta}_1^2\\ \dot{\theta}_2^2\end{bmatrix} + \begin{bmatrix} -m_2 l_1 l_2 s_2 & -m_2 l_1 l_2 s_2 \\ 0 & 0 \end{bmatrix}\begin{bmatrix}\dot{\theta}_1\dot{\theta}_2\\ \dot{\theta}_1\dot{\theta}_2\end{bmatrix} + \begin{bmatrix} (m_1 + m_2) g l_1 c_1 + m_2 g l_2 c_{12} \\ m_2 g l_2 c_{12} \end{bmatrix} \quad (7.144)$$

이다. 따라서, [예제 7.1]의 뉴튼-오일러 방정식을 이용하여 계산한 결과와 오일러-라그랑쥐 방정식을 이용해서 계산한 [예제 7.6]과 일반화된 방정식을 이용해서 구한 결과는 모두 동일함을 확인할 수 있다.

Chapter 7 연습문제

7.1 제5장의 식 (5.60)을 이용하여 식 (7.21)이 되는 과정을 유도하시오.

7.2 다음과 같은 RP형 매니퓰레이터의 운동 방정식을 오일러-라그랑쥐 방정식을 이용하여 구하시오.

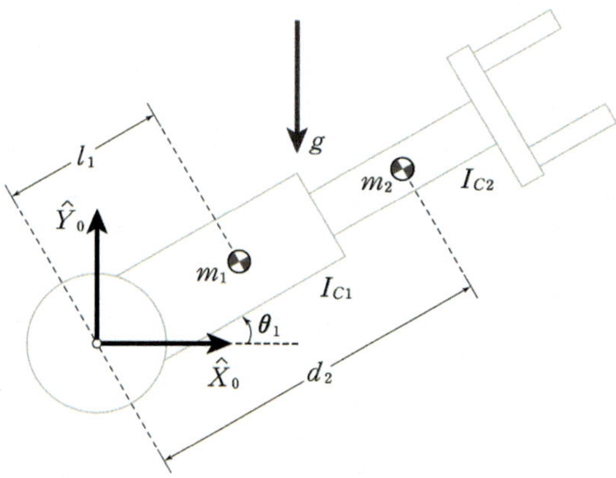

그림 7.15 RP형 매니퓰레이터

7.3 [연습문제 7.2]의 매니퓰레이터의 운동 방정식을 뉴튼-오일러 방정식을 이용하여 구하시오.

7.4 다음과 같은 RR형 매니퓰레이터의 운동 방정식을 오일러-라그랑쥐 방정식을 이용하여 구하시오.

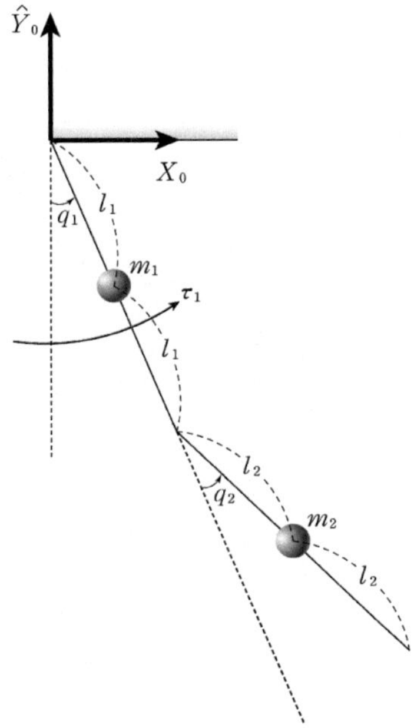

그림 7.16 이중 진자

7.5 PUMA 560을 3자유도 매니퓰레이터로 단순화한 후, 오일러-라그랑쥐 방정식을 이용하여 운동 방정식을 유도하시오. 단, 좌표계 변수는 다음과 같다.

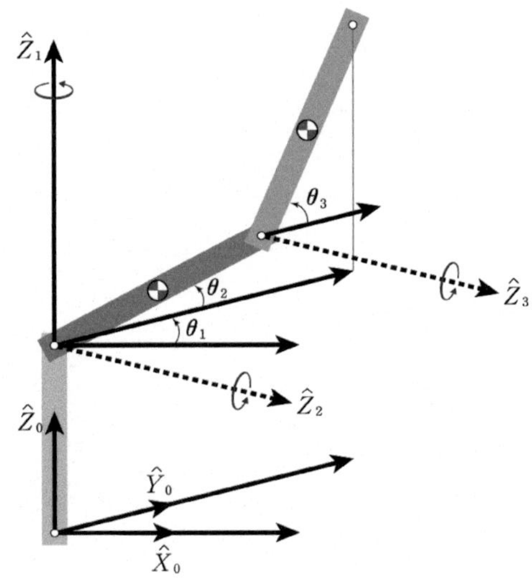

그림 7.17 PUMA 560 매니퓰레이터의 단순화 모델

7.6 다음과 같은 2자유도 매니퓰레이터의 운동 방정식을 구하시오. 단, 링크계는 [예제 7.1]에서 전제한 것과 같다.

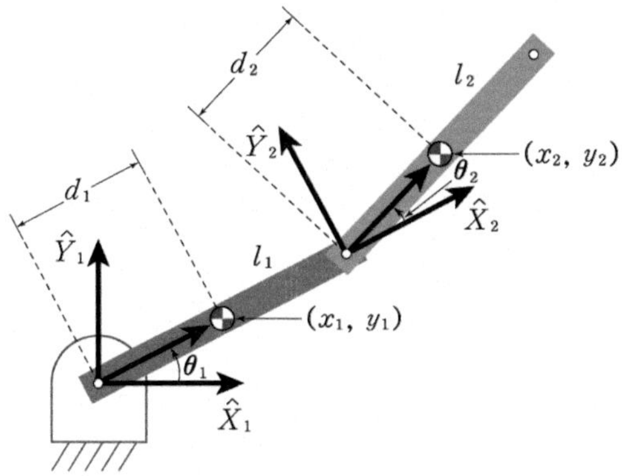

그림 7.18 2자유도 매니퓰레이터

7.7 다음과 같은 직교 좌표 매니퓰레이터의 운동 방정식을 구하시오.

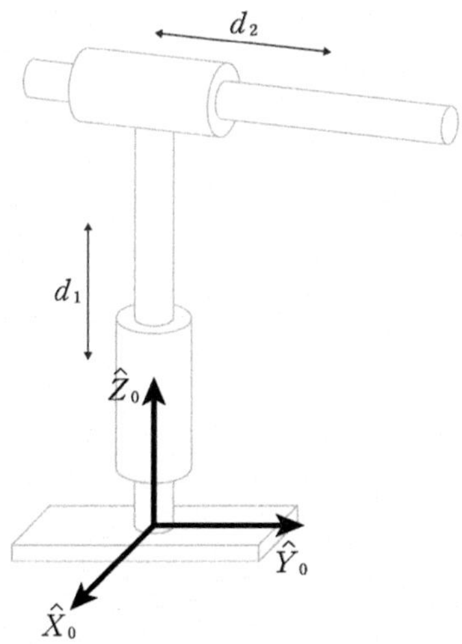

그림 7.19 2축 직교 좌표 매니퓰레이터

7.8 다음과 같은 직교 좌표 매니퓰레이터의 운동 방정식을 구하시오.

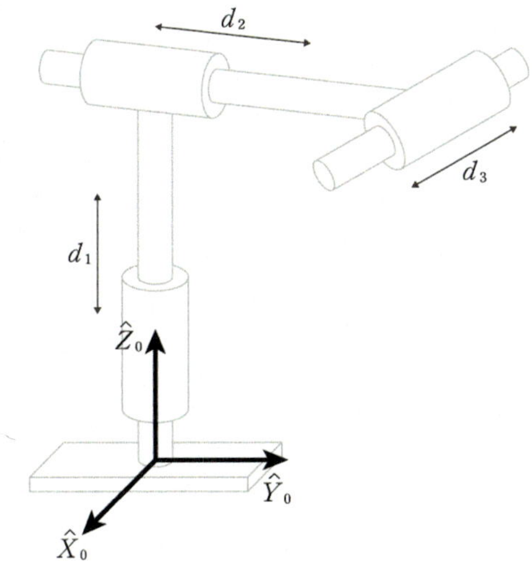

그림 7.20 3축 직교 좌표 매니퓰레이터

프로젝트 과제

7.9 [연습문제 7.4]의 매니퓰레이터의 동역학 시뮬레이션을 파이썬으로 구현하시오.

그림 7.21 2중 진자 시뮬레이션

Chapter
8

로봇 궤적 계획

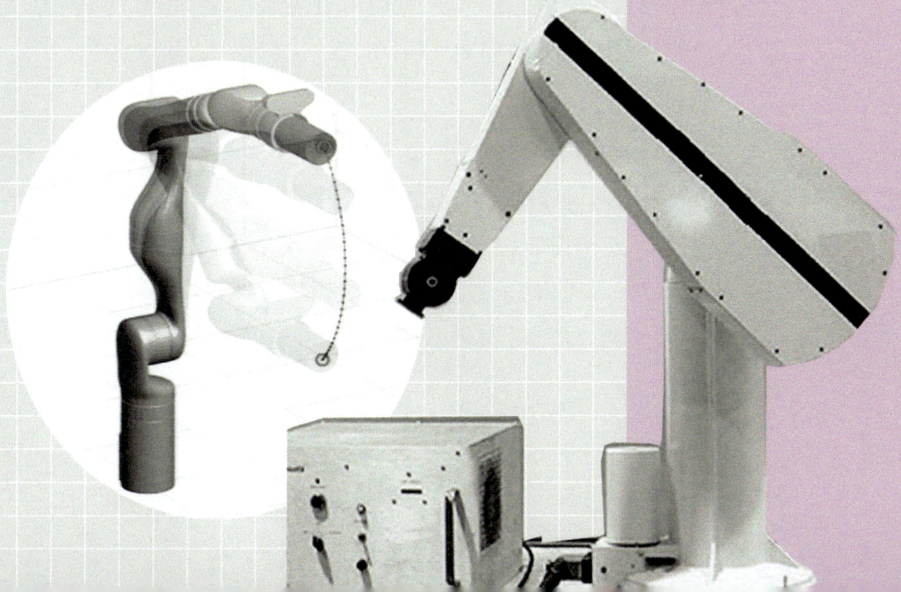

8.1 개요

매니퓰레이터는 목표로 하는 위치와 방위에 도달하기 위해서 적절하게 움직일 수 있도록 제어되어야 한다. 경로 계획(Path planning)과 궤적 계획(Trajectory planning)은 매니퓰레이터가 한 지점으로부터 또 다른 지점으로 이동하는 방식과 연관되는 내용을 다루는 분야이다. 또한, 매니퓰레이터의 이동 중 장애물 회피나 충돌 회피와 같은 환경 부분을 고려하는 것은 좀 더 큰 의미를 포함하고 있으며, 이는 모션 계획(Motion planning)이라고 하는 영역에서 주로 고려되는 사항이다.

매니퓰레이터가 어느 한 지점 A에서, 중간의 경유하는 지점들을 포함하여, 다른 한 지점 B로 이동하는 과정을 시간과 속도에 관계없이 계획하는 것을 경로 계획이라고 한다. 반대로, 시간과 속도를 고려하여 이동 과정을 계획하는 것은 궤적 계획이라고 한다.

매니퓰레이터의 이동 과정에서 장애물이나 다른 물체와의 간섭 등을 회피해야 하는 경우, 또는 공간적 제약으로 인해서 초기 위치와 최종 위치 사이에 반드시 거쳐가야 하는 경우에는 경유점(Way points 또는 Via points)를 설정해서 경로 계획을 수립한다.

일반적으로 사용자는 교시 장치와 같은 인터페이스를 이용해서 매니퓰레이터 말단 장치의 최종 위치와 방위만을 결정한다. 그리고, 로봇 공학자 또는 매니퓰레이터의 제어 설계자는 매니퓰레이터의 이동 경로나, 경유 지점간 이동 속도 및 경유점 통과 속도 등과 같은 자세한 운동 프로파일과 제어 방식을 매니퓰레이터 내부에서 자동으로 처리되도록 설계한다.

매니퓰레이터의 동작에서 속도 및 가속도에 대한 제한은 매니퓰레이터의 부드럽고 유연한 움직임 제어를 위한 필수 요소이다. 그리고, 이러한 제한을 통해서 매니퓰레이터의 기계적 또는 물리적인 안정성을 유지할 수 있고, 또한 목표 지점이나 경유 지점 추종에 대한 정확성, 안정성 및 정밀도 등의 작업 효율과 성능을 향상시킬 수 있다.

매니퓰레이터가 이동 중에 흔들리거나 목표 위치에서 급하게 속도를 줄이면서 덜컹거리거나 하는 등의 현상이 나타날 수 있고, 이러한 경우가 발생하면 매니퓰레이터의 기구적인 손상뿐만 아니라 작업 대상물에 대한 파손을 가져올 수도 있다. 그리고, 그리퍼 등을 이용해서 어떤 물건을 파지한 상태로 이동 중이라면 동작 중의 충격으로 파지하고 있던 물체를 떨어뜨리는 경우도 발생할 수 있다.

따라서, 매니퓰레이터의 유연한 경로 이동 또는 부드럽고 안정된 동작 제어에 필수적인 속도 및 가속도에 관한 특성뿐만 아니라, 이동을 위한 초기 위치 및 목적 위치와 경유 지점 간의 부드러운 이동 동작에 필요한 경로 및 이와 관련된 시간적 특성을 이해하는 것은 매니퓰레이터 제어의 중요한 한 부분이라고 할 수 있다.

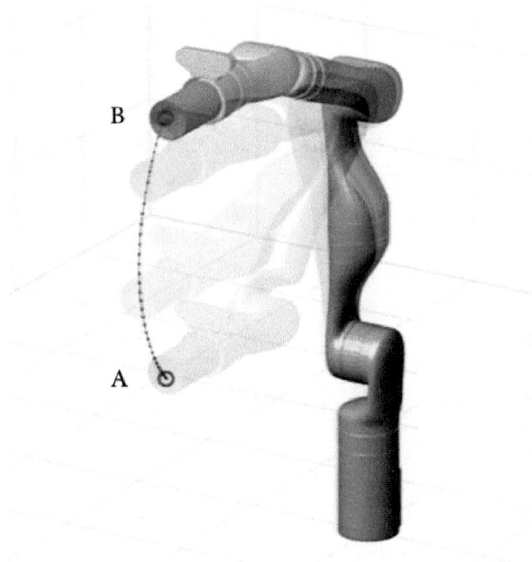

그림 8.1 경로상의 연속적인 매니퓰레이터의 이동

[그림 8.1]에서 보는 바와 같이, 초기 위치 A에서 목적 위치인 B 지점으로의 이동은 결과적으로 매니퓰레이터의 말단 장치 혹은 말단 장치에 연결되어 있는 공구계에 대한 초기 위치 A에서 B로의 이동을 의미한다. 이때, 매니퓰레이터는 각 관절과 기구의 물리적인 제약 범위 내에서 적절한 자세와 이동 속도를 가지고 동작하게 된다. 그리고, 최종 지점에서는 목적하는 작업에 부합되도록 말단 장치 또는 공구계가 적절한 위치와 방위를 가져야 한다.

8.2 관절 공간과 직교 좌표 공간에서의 궤적 계획 특성

제5장에서 언급된 것과 같이, 매니퓰레이터의 운동은 관절 공간에서 관절 변수 값을 이용하는 방법과 직교 공간에서 좌표값을 이용하는 방법이 있다. 또한, 제4장과 제5장에서 매니퓰레이터가 이동해야 할 위치가 결정되면 역 기구학이나 자코비안을 이용해서 매니퓰레이터가 목표 위치에 도달할 수 있는 각 관절의 변위를 계산할 수 있음을 살펴보았다.

관절 변수의 값은 매니퓰레이터의 적절한 동작을 일으키기 위하여 매니퓰레이터 제어기의 입력값으로 전달되며, 이는 결과적으로 매니퓰레이터의 엑추에이터를 관절 변수에 해당하는 값만큼 구동시키서 매니퓰레이터를 원하는 위치로 이동시킬 수 있게 한다.

[그림 8.1]의 구간 $\overline{AB}$사이에는 점선으로 표시된 많은 경유점이 존재하고, 경유점에 도달할 수 있는 방법은 동일한 시간에 각각의 관절의 조합이 적합한 위치와 방위를 가질 때 가능해 진다. 따라서, 매니퓰레이터가 주어진 경로를 따라 움직이기 위해서는 경로 또는 경유점이 관절각의 함수이어야만 한다.

경유점 사이를 이동해야 하는 매니퓰레이터의 경로는 관절각만을 고려하는 관절 공간에서는 비교적 쉽게 표현할 수 있다. 하지만, 계산적으로는 실현 가능한 관절각이 매니퓰레이터를 구성하는 기구 구조나 엑츄에이터의 작동 범위상으로는 실현될 수 없는 비현실적인 값이 되는 경우가 있을 수 있으며, 기계적 성능을 뛰어넘는 매우 순간적인 관절 동작을 필요로 하는 경우일 수도 있다. 반대로, 직교 좌표 공간에서는 어떤 구간의 이동 경로를 표현하기 위해서는 경로를 작은 부분으로 나누어서 계산해야 하기 때문에, 관절 공간에서의 방법보다 많은 연산량을 필요로 한다. 일반적으로 직교 좌표 공간에서의 연속적인 운동은 직관적이고 경로를 쉽게 알 수 있기 때문에 시각화와 직관성이 관절 공간법보다 우수하다. 그러나, 기구적인 특이성의 파악이 어렵거나 작업 가능 공간을 벗어나는 등의 경우가 발생할 수 있다.

8.2.1 3차 다항식 궤적 계획

매니퓰레이터의 초기 위치와 방위가 알려져 있고, 목표 위치까지 일정한 시간 동안에 매니퓰레이터의 말단 장치가 이동하기 위해서는 역 기구학을 이용해서 목표 위치와 방위 설정에 필요한 관절각을 구해야 한다. 이 때, 매니퓰레이터의 초기 위치는 매니퓰레이터를 구성하는 모든 관절각의 조합에 의해 알려져 있다고 가정하고, 관절각 함수 $\theta(t)$를 다음과 같이 3차 다항식(Cubic polynomial)으로 설정한다.

$$\theta(t) = a_0 + a_1 t + a_2 t^2 + a_3 t^3 \tag{8.1}$$

매니퓰레이터의 초기 위치 즉, 시간 $t_i = t_0$ 에서 관절각 함수가 $\theta(t_i) = \theta(t_0) = \theta_i$ 일 때, 매니퓰레이터의 초기 위치 및 최종 위치에서의 속도는 0이 되어야 하므로 초기 조건과 최종 조건을 다음과 같이 설정할 수 있다.

$$\begin{aligned} \theta(t_i) &= \theta(t_0) = \theta_i \\ \theta(t_f) &= \theta_f \\ \dot{\theta}(t_i) &= \dot{\theta}(t_0) = 0 \\ \dot{\theta}(t_f) &= 0 \end{aligned} \tag{8.2}$$

여기서 t_f는 목표 지점에서의 시간 또는 최종 위치에 도달한 시간을 의미한다. 식 (8.1)에 대한 속도와 가속도는 다음과 같으므로,

$$\begin{aligned} \dot{\theta}(t) &= a_1 + 2a_2 t + 3a_3 t^2 \\ \ddot{\theta}(t) &= 2a_2 + 6a_3 t \end{aligned} \tag{8.3}$$

식 (8.1)과 (8.3)에 식 (8.2)의 초기 및 최종 조건을 대입하면

$$\begin{aligned} \theta(t_i) &= a_0 = \theta_i \\ \theta(t_f) &= a_0 + a_1 t_f + a_2 t_f^2 + a_3 t_f^3 \\ \dot{\theta}(t_i) &= a_1 = 0 \\ \dot{\theta}(t_f) &= a_1 + 2a_2 t_f + 3a_3 t_f^2 = 0 \end{aligned} \tag{8.4}$$

이며, 식 (8.4)의 위치 함수에서

$$\begin{aligned} \theta(t_f) &= a_0 + a_1 t_f + a_2 t_f^2 + a_3 t_f^3 = \theta_f \\ t_f^2(a_2 + a_3 t_f) &= \theta_f - \theta_i \end{aligned} \tag{8.5}$$

이고, 또한 식 (8.4)의 속도 함수에서

$$\dot{\theta}(t_f) = 2a_2 t_f + 3a_3 t_f^2 = 0$$
$$a_2 = -\frac{3}{2}a_3 t_f \tag{8.6}$$

이므로, 계수 a_2를 식 (8.5)에 대입하여 풀면 다음과 같이 계수 a_3를 구할 수 있다.

$$t_f^2\left(-\frac{3}{2}a_3 t_f + a_3 t_f\right) = \theta_f - \theta_i$$
$$a_3 = -\frac{2}{t_f^3}(\theta_f - \theta_i) \tag{8.7}$$

또한, 계수 a_3를 식 (8.6)에 대입하면 다음과 같은 계수 a_2를 얻을 수 있다.

$$a_2 = -\frac{3}{2}\left[-\frac{2}{t_f^3}(\theta_f - \theta_i)\right]t_f$$
$$a_2 = \frac{3}{t_f^2}(\theta_f - \theta_i) \tag{8.8}$$

이상을 정리하면 매니퓰레이터의 궤적 계획을 위한 3차 다항식의 계수는 다음과 같다.

$$a_0 = \theta_i$$
$$a_1 = 0$$
$$a_2 = \frac{3}{t_f^2}(\theta_f - \theta_i) \tag{8.9}$$
$$a_3 = -\frac{2}{t_f^3}(\theta_f - \theta_i)$$

이와 같은 방법은 매니퓰레이터의 각 관절 운동 변위 또는 관절 위치를 임의의 시간 동안에 연속적으로 계산할 수 있도록 해준다. 그리고, 매니퓰레이터의 제어기는 해당 시간 동안 연속적으로 계산된 각 관절각을 엑츄에이터로 출력하여 매니퓰레이터의 관절이 해당 위치로 이동할 수 있도록 한다.

앞에서 언급된 것처럼, 각 관절은 독립적이지만 모든 관절이 동일한 시간 해상도(Resolution) 안에서 함께 구동되어야 한다. 그리고, 두 점 이상이 정의되어 매니퓰레이터가 그 점들을 연속적으로 통과해야 한다면, 각각의 경유점은 구간별로 초기 및 최종 조건으로 사용될 수 있으며, 해당 구간에서 초기 및 최종 속도가 0이 아닌 값을 가지게 된다. 그럼에도 불구하고, 앞에서 유도한 3차 방정식은 여전히 매니퓰레이터의 궤적 계획을 위해서 사용될 수 있다.

예제 8.1

회전 관절을 갖는 1자유도 매니퓰레이터가 초기 각도 30°에서 정지되어 있고, 3초 동안 최종 각도 60°까지 유연하게 움직인다. 매니퓰레이터는 최종 위치에 도착한 후 정지한다고 할 때, 3차식의 계수와 각 시간에서의 관절의 위치 및 속도, 가속도를 시간의 함수로 나타내시오.

풀이

식 (8.9)를 이용하면 다음과 같은 계수를 얻을 수 있다.

$$\begin{aligned} a_0 &= 30 \\ a_1 &= 0 \\ a_2 &= \frac{3}{9}(60-30) = 10 \\ a_3 &= -\frac{2}{27}(60-30) = -2.22 \end{aligned} \tag{8.10}$$

식 (8.1)과 (8.3)을 이용하면

$$\begin{aligned} \theta(t) &= 30 + 10t^2 - 2.22t^3 \\ \dot{\theta}(t) &= 20t - 6.66t^2 \\ \ddot{\theta}(t) &= 20 - 13.32t \end{aligned} \tag{8.11}$$

를 얻을 수 있다. [그림 8.2]는 시간에 대한 매니퓰레이터의 위치와, 속도, 그리고 가속도 함수를 보여주고 있다. [그림 8.2]의 포물선은 속도, 직선은 가속도를 나타내고 있다.

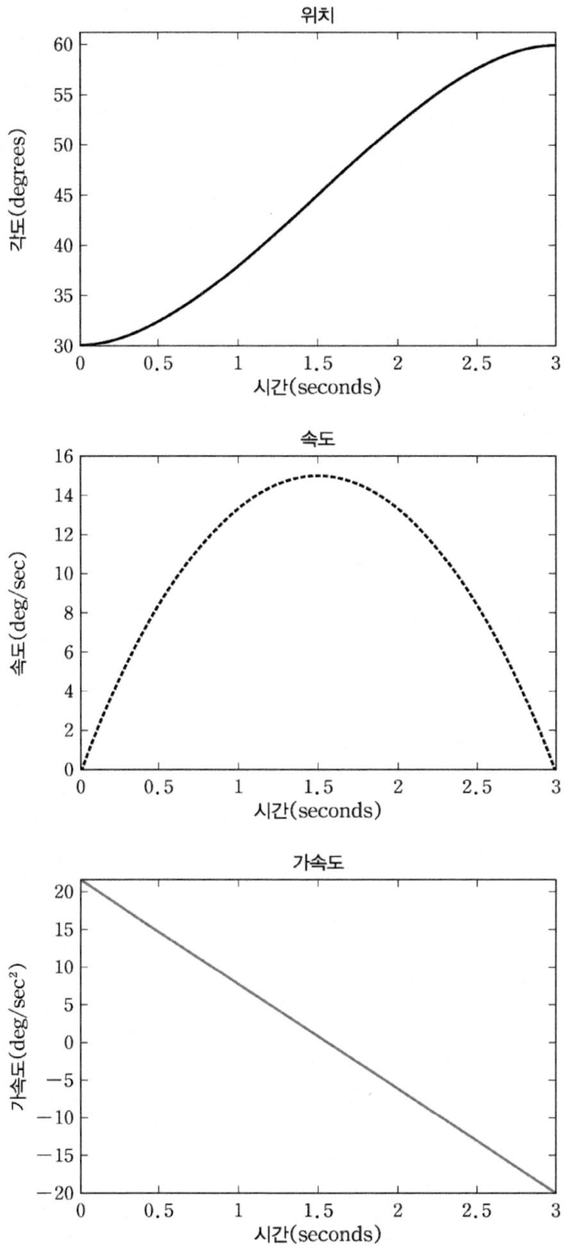

그림 8.2 매니퓰레이터의 위치, 속도 및 가속도

예제 8.2

[예제 8.1]의 매니퓰레이터가 3초 후 목표 지점에 도착한 후 다시 2초 후에 75°에 도달한다고 할 때, 최초 위치부터 5초 후 도착 지점까지의 매니퓰레이터의 위치, 속도 및 가속도의 변화를 나타내는 그래프를 그리시오.

풀이

식 (8.5)를 이용하면

$$\begin{aligned} a_0 &= 60 \\ a_1 &= 0 \\ a_2 &= \frac{3}{4}(75-60) = 11.25 \\ a_3 &= -\frac{2}{8}(75-60) = -3.75 \end{aligned} \tag{8.12}$$

이고, 다음과 같은 방정식을 얻을 수 있다.

$$\begin{aligned} \theta(t) &= 60 + 11.25t^2 - 3.75t^3 \\ \dot{\theta}(t) &= 22.5t - 11.25t^2 \\ \ddot{\theta}(t) &= 22.5 - 22.5t \end{aligned} \tag{8.13}$$

[그림 8.3]은 경유점에서 경계 조건 즉, 속도와 가속도가 0인 경우에 전체 운동에 대한 상태를 확인할 수 있다. 유의할 것은 속도 곡선이 3초 지점은 감소하다가 다시 증가하는 변곡점이며, 이 지점에서의 가속도는 연속이면서 수직 상승한다는 것이다. 매니퓰레이터를 구성하는 구동기의 성능이 이러한 가속도 조건을 만족시키지 못한다면, 이러한 가속도 조건은 매니퓰레이터 구동시 문제를 일으킬 수 있게 된다.

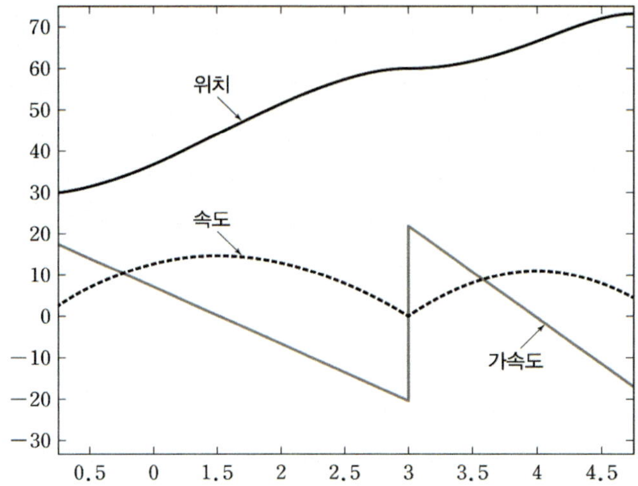

그림 8.3 경유점에서 속도, 가속도가 0인 매니퓰레이터의 운동 상태

따라서, 적절한 가속도 제한이 필요하며, 가속도의 제한과 더불어 경유점에서 속도가 0이 되지 않는 조건을 추가적으로 설정해야 한다. 그러므로, 중간 경유점에서의 최종 속도는 다음 운동을 시작하는 초기 속도와 같아진다. 이러한 사항은 경유점을 포함하는 일반적인 3차 다항식을 이용하는 궤적 계획법에 사용된다.

8.2.2 경유점을 갖는 3차 다항식 궤적 계획

매니퓰레이터의 궤적 계획은 일반적으로 경유점을 통과하는 경로를 생성하게 된다. 따라서, 앞에서 언급된 3차 다항식 궤적 계획 방법을 경유점을 통과하는 경로의 제한 조건을 추가적으로 부여해서 일반화할 필요가 있다.

매니퓰레이터의 경로에 포함되어 있는 각 경유점은 말단 장치 또는 공구계의 위치와 방위의 함수이며, 해당 지점에서 매니퓰레이터를 구성하는 모든 관절각의 조합의 결과이다. 경유점을 지나는 매니퓰레이터의 속도가 알려지면, 초기 및 최종 조건을 이용해서 연속적인 3차 다항식의 계산이 가능하다. 식 (8.2)는 다음과 같이 초기 및 최종 속도가 0이 아닌 조건식을 포함하게 된다.

$$\begin{aligned} \dot{\theta}(t_i) &= \dot{\theta}(t_0) = \dot{\theta}_i \\ \dot{\theta}(t_f) &= \dot{\theta}_f \end{aligned} \tag{8.14}$$

따라서, 식 (8.4)는 다음과 같이 일반적인 3차원 다항식을 나타내는 4개의 식으로 기술된다.

$$\begin{aligned}
\theta(t_i) &= a_0 = \theta_i \\
\theta(t_f) &= a_0 + a_1 t_f + a_2 t_f^2 + a_3 t_f^3 \\
\dot{\theta}(t_i) &= a_1 = \dot{\theta}_i \\
\dot{\theta}(t_f) &= a_1 + 2a_2 t_f + 3a_3 t_f^2 = \dot{\theta}_f
\end{aligned} \tag{8.15}$$

이를 앞에서와 같은 방법으로 계수를 구하면 다음과 같다.

$$\begin{aligned}
a_0 &= \theta_i \\
a_1 &= \dot{\theta}_i \\
a_2 &= \frac{3}{t_f^2}(\theta_f - \theta_i) - \frac{1}{t_f}(\dot{\theta}_f + 2\dot{\theta}_i) \\
a_3 &= -\frac{2}{t_f^3}(\theta_f - \theta_i) + \frac{1}{t_f^2}(\dot{\theta}_f + \dot{\theta}_i)
\end{aligned} \tag{8.16}$$

8.3 경유점에 대한 부분 경로 계획

앞에서 언급된 것처럼, 경유점에서 다음 지점으로 이동하기 위해서는 매니퓰레이터의 속도와 가속도는 연속이어야 한다. 매니퓰레이터의 이동 경로가 최초 위치에서 경유점에 도착하는 제1경로와 경유점에서 최종 위치에 도착하는 제2경로로 나뉘어져 있을 때, 앞에서 언급된 초기 및 종료 지점에서의 조건 외에 경유점 조건이 만족되어야 한다. 시간 $t_i = t_0$ 에서 편의상 매니퓰레이터의 초기 위치를 θ_0, 종료 위치를 θ_f라 하면, 초기 및 종료 조건은 식 (8.2)로부터

$$\begin{aligned}
\theta(t_0) &= \theta_0 \\
\dot{\theta}(t_0) &= 0 \\
\theta(t_f) &= \theta_f \\
\dot{\theta}(t_f) &= 0
\end{aligned} \tag{8.17}$$

이다.

경유점(v)을 통과하는 임의의 시간 t_v에서 매니퓰레이터의 관절 위치를 θ_v라 하면, 경유점에 도착하는 제1경로의 종료 지점과 경유점을 통과할 때 즉, 제2경로의 시작 지점의 조건은

$$\begin{aligned} \theta_v &= \theta_1 \\ \theta_v &= \theta_2 \\ \dot{\theta}_1 &= \dot{\theta}_2 \\ \ddot{\theta}_1 &= \ddot{\theta}_2 \end{aligned} \tag{8.18}$$

이며, 이를 이용하여 제1경로에 대한 3차 다항식 궤적 계획식은 첨자를 이용하여 다음과 같이 표현할 수 있다.

$$\theta_1(t_v) = a_{10} + a_{11}t_v + a_{12}t_v^2 + a_{13}t_v^3 \tag{8.19}$$

여기서 θ_1은 제1경로를 의미하며, a_{ij}는 첫 번째 경로에 해당하는 3차 다항식 j항의 계수이다. 식 (8.2)와 (8.4)와 같은 방법으로 다음의 조건식을 세울 수 있다.

$$\begin{aligned} \theta_1(t_0) &= \theta_1(0) = a_{10} = \theta_0 \\ \dot{\theta}_1(t_0) &= \dot{\theta}_0 = a_{11} = 0 \\ \dot{\theta}_1(t_0) &= a_{11} = 0 \end{aligned} \tag{8.20}$$

식 (8.19)와 같은 방법으로, 제2경로에 대한 3차 다항식을 다음과 같이 설정할 수 있다.

$$\theta_2(t_v) = a_{20} + a_{21}t_v + a_{22}t_v^2 + a_{23}t_v^3 \tag{8.21}$$

여기서 θ_2은 제2경로를 의미하며, a_{ij}는 두 번째 경로에 해당하는 3차 다항식 j항의 계수이다. 식 (8.2)와 (8.4)와 같은 방법으로 다음의 조건식을 세울 수 있다.

$$\begin{aligned} \theta_2(t_f) &= \theta_f = a_{20} + a_{21}t_f + a_{22}t_f^2 + a_{23}t_f^3 \\ \dot{\theta}_2(t_f) &= \dot{\theta}_f = a_{21} + 2a_{22}t_f + 3a_{23}t_f^2 = 0 \end{aligned} \tag{8.22}$$

마지막으로 경유점의 도착 및 통과 속도가 같음을 이용하면

$$\dot{\theta}_1(t_v) = \dot{\theta}_2(t_v) \tag{8.23}$$

이므로, 다음과 같은 식을 얻을 수 있다.

$$\begin{aligned} \dot{\theta}_1(t_v) &= a_{11} + 2a_{12}t_v + 3a_{13}t_v^2 \\ \dot{\theta}_2(t_v) &= a_{21} + 2a_{22}t_v + 3a_{23}t_v^2 \end{aligned} \tag{8.24}$$

또한, 속도와 마찬가지로 가속도의 조건식은

$$\ddot{\theta}_1(t_v) = \ddot{\theta}_2(t_v) \tag{8.25}$$

이므로, 다음과 같은 식을 얻을 수 있다.

$$\begin{aligned} \ddot{\theta}_1(t_v) &= 2a_{12} + 6a_{13}t_v \\ \ddot{\theta}_2(t_v) &= 2a_{22} + 6a_{23}t_v \end{aligned} \tag{8.26}$$

이상의 조건식을 정리하면 다음과 같다.

$$\begin{aligned} & a_{10} = \theta_0 \\ & a_{11} = 0 \\ & a_{12}t_v^2 + a_{13}t_v^3 = \theta_v - \theta_0 \\ & a_{20} + a_{21}t_f + a_{22}t_f^2 + a_{23}t_f^3 = \theta_f \\ & a_{20} + a_{21}t_v + a_{22}t_v^2 + a_{23}t_v^3 = \theta_v \\ & a_{21} + 2a_{22}t_f + 3a_{23}t_f^2 = 0 \\ & a_{21} + 2a_{22}t_v + 3a_{23}t_v^2 = 2a_{12}t_v + 3a_{13}t_v^2 \\ & 2a_{22} + 6a_{23}t_v = 2a_{12} + 6a_{13}t_v \end{aligned} \tag{8.27}$$

식 (8.27)의 조건식에서 각 다항식의 계수는 다음 예제를 통해서 확인할 수 있다.

예제 8.3

[예제 8.2]의 매니퓰레이터가 시간 $t=0$ 에서 출발하여 중간 경유점을 통과하면서 정지하지 않고 일정한 속도로 연속적으로 이동하여 시간 $t=t_f$ 에서 목표 지점에 도착한다고 할 때, 중간 경유점을 중심으로 나뉘어지는 2개의 부분 경로에 대한 3차 다항식 궤적 계획식의 계수를 구하시오. 단, 매니퓰레이터가 2개의 부분 경로 이동에 걸리는 시간은 같다고 가정한다.

풀이

나뉘어져 있는 구간별 3차 다항식의 조건식을 다음과 같이 분리하여 생각해 본다. 제1경로에 대해서 시작점의 관절 위치를 θ_0, 경유점 도착시간을 t_{f1}, 제1경로의 끝점인 중간 경유점의 관절 위치를 θ_v로 설정한다. 제2경로의 시작점은 제1경로의 끝점과 같으므로 시작점의 관절 위치는 θ_v이며, 최종 목표지점 도착시간을 t_{f2}, 제2경로의 끝점은 최종 목표 지점과 같으므로 이때의 관절 위치를 θ_f라고 설정한다.

식 (8.27)를 이용하여 경유점을 통과하는 매니퓰레이터의 3차 다항식의 계수 a_{ij}에 대해서 정리하면 다음과 같다.

$$\begin{aligned} a_{10} &= \theta_0 \\ a_{11} &= 0 \end{aligned} \tag{8.28}$$

제1경로의 종착 시간 t_{f1}에서의 관절 위치 θ_v는 제2경로의 출발 시간($t_{f2}=0$)에서의 초기 위치와 같아야 하므로,

$$\begin{aligned} \theta_v &= a_{10} + a_{11}t_{f_1} + a_{12}t_{f1}^2 + a_{13}t_{f1}^3 \\ a_{20} &= \theta_v \end{aligned} \tag{8.29}$$

이다. 제2경로의 종료 시간과 최종 목표에 도달하는 시간은 서로 같으므로 $t_f = t_{f2}$ 를 대입하면 다음과 같은 식을 얻을 수 있다.

$$\theta_f = a_{20} + a_{21}t_{f2} + a_{22}t_{f2}^2 + a_{23}t_{f2}^3 \tag{8.30}$$

최종 목표 지점에서 매니퓰레이터는 정지해야 하므로, 식 (8.30)으로부터

$$\dot{\theta}_f = 0 = a_{21} + 2a_{22}t_{f2} + 3a_{23}t_{f2}^2 \tag{8.31}$$

이다. 또한, 제1경로에서 경유점에 도착시($t = t_{f1}$)와 제2경로의 경유점의 출발 시간($t_{f2} = 0$)에서의 속도와 가속도는 같으므로, 식 (8.27)에서 다음과 같은 식을 구할 수 있다.

$$\begin{aligned} a_{21} &= 2a_{12}t_{f1} + 3a_{13}t_{f1}^2 \\ 2a_{22} &= 2a_{12} + 6a_{13}t_{f1} \end{aligned} \tag{8.32}$$

이상의 조건식은 8개의 미지수를 갖는 8개의 선형 방정식을 구성하므로, 다음과 같이 행렬 형태로 나타낼 수 있다.

$$\begin{bmatrix} \theta_0 \\ 0 \\ \theta_v \\ \theta_v \\ \theta_f \\ \dot{\theta}_f \\ 0 \\ 0 \end{bmatrix} = \begin{bmatrix} 1 & 0 & 0 & 0 & 0 & 0 & 0 & 0 \\ 0 & 1 & 0 & 0 & 0 & 0 & 0 & 0 \\ 1 & t_{f1} & t_{f1}^2 & t_{f1}^3 & 0 & 0 & 0 & 0 \\ 0 & 0 & 0 & 0 & 1 & 0 & 0 & 0 \\ 0 & 0 & 0 & 0 & 1 & t_{f2} & t_{f2}^2 & t_{f2}^3 \\ 0 & 0 & 0 & 0 & 0 & 1 & 2t_{f2} & 3t_{f2}^2 \\ 0 & 0 & 2t_{f1}^2 & 3t_{f1}^2 & 0 & -1 & 0 & 0 \\ 0 & 0 & 2 & 6t_{f1} & 0 & 0 & -2 & 0 \end{bmatrix} \begin{bmatrix} a_{10} \\ a_{11} \\ a_{12} \\ a_{13} \\ a_{20} \\ a_{21} \\ a_{22} \\ a_{23} \end{bmatrix} \tag{8.33}$$

식 (8.33)에서 $\dot{\theta}_f = 0$ 으로 치환하고, 쉽게 풀수 있는 띠행렬(Banded matrix) 형태로 변형하면 다음과 같이 5중 대각 행렬(Pentadiagonal matrix)가 된다.

$$\begin{bmatrix} \theta_0 \\ 0 \\ \theta_v \\ 0 \\ 0 \\ \theta_v \\ \theta_f \\ 0 \end{bmatrix} = \begin{bmatrix} 1 & 0 & 0 & 0 & 0 & 0 & 0 & 0 \\ 0 & 1 & 0 & 0 & 0 & 0 & 0 & 0 \\ 1 & t_{f1} & t_{f1}^2 & t_{f1}^3 & 0 & 0 & 0 & 0 \\ 0 & 0 & 2t_{f1}^2 & 3t_{f1}^2 & 0 & -1 & 0 & 0 \\ 0 & 0 & 2 & 6t_{f1} & 0 & 0 & -2 & 0 \\ 0 & 0 & 0 & 0 & 1 & 0 & 0 & 0 \\ 0 & 0 & 0 & 0 & 1 & t_{f2} & t_{f2}^2 & t_{f2}^3 \\ 0 & 0 & 0 & 0 & 0 & 1 & 2t_{f2} & 3t_{f2}^2 \end{bmatrix} \begin{bmatrix} a_{10} \\ a_{11} \\ a_{12} \\ a_{13} \\ a_{20} \\ a_{21} \\ a_{22} \\ a_{23} \end{bmatrix} \tag{8.34}$$

띠행렬에 관해서는 다른 선형 대수학을 참고하기 바란다. 8개의 선형 방정식의 풀이 과정은 다소 복잡하고 많은 연산을 요구하기 때문에, 수치해석이 가능한 파이썬(Python)의 Simpy나 매트랩(Matlab)의 syms와 같은 심볼릭 패키지를 이용하면 간단하게 해를 구할 수 있다. 식 (8.34)에서 3차 궤적 계획식의 계수는 다음과 같다.

$$
\begin{aligned}
a_{10} &= \theta_0 \\
a_{11} &= 0 \\
a_{12} &= \frac{12\theta_v - 3\theta_f - 9\theta_0}{4t_f^2} \\
a_{13} &= \frac{-8\theta_v + 3\theta_f + 5\theta_0}{4t_f^3} \\
a_{20} &= \theta_v \\
a_{21} &= \frac{3\theta_f - 3\theta_0}{4t_f} \\
a_{22} &= \frac{-12\theta_v + 6\theta_f + 6\theta_0}{4t_f^2} \\
a_{23} &= \frac{8\theta_v - 5\theta_f - 3\theta_0}{4t_f^3}
\end{aligned}
\tag{8.35}
$$

또 다른 방법으로, 식 (8.34)의 좌변은 각도 변수로 이루어진 (1×8) 열벡터(θ), 우변은 (8×8)의 계수행렬(M)과 (1×8) 열벡터(C)의 곱으로 나타낼 수 있다. 따라서, 다음과 같이 역행렬을 이용하여 해를 구할 수 있다.

$$
\begin{aligned}
\theta &= MC \\
C &= M^{-1}\theta
\end{aligned}
\tag{8.36}
$$

이 책에서 다루지는 않지만, 경로 구간의 처음과 마지막에 필요한 위치와 속도 그리고 가속도를 세밀하게 지정하는 방법으로 5차 다항식(Quintic polynomial)을 사용할 수 있다. 5차 다항식의 경우, 6개의 미지수와 6개의 조건식을 갖는 선형 방정식을 풀면 방정식에 필요한 모든 계수를 구할 수 있다. 그러나, 차수가 높아질수록 계산식이 복잡해지고 연산량이 매우 많아지며, 곡선의 모양이 변곡점 부근에서 기구적으로 달성할 수 없는 형태가 나타나는 경우가 있기 때문에 주의할 필요가 있다.

8.4 사다리꼴 속도 함수와 LSPB 경로 계획법

사다리꼴 속도 계획법(Trapezoidal velocity profile)은 산업 현장에서 매니퓰레이터를 이용한 작업 계획시 가장 많이 사용하는 방법이다. 매니퓰레이터가 정지 상태에서 주어진 목표 지점을 향해 움직일 때, 처음 얼마의 시간 동안에는 일정하게 가속하여 주어진 이동 속도(목표 속도)에 도달하면 등속 운동을 하고, 최종 위치에 근접하면서 감속하여 목표점에 도달하는 방법이다. 이와 같은 속도 프로파일은 [그림 8.4]와 같이 첫 번째 구간은 가속, 두 번째 구간은 등속, 마지막 구간은 감속 구간으로 나누어진다.

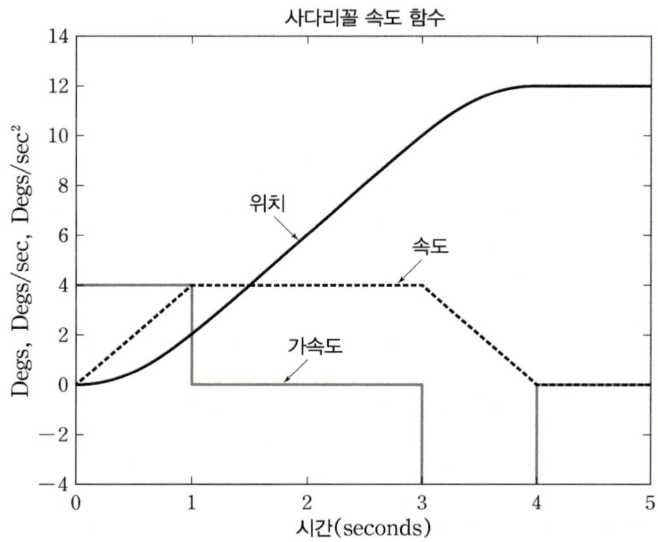

그림 8.4 사다리꼴 함수를 이용한 매니퓰레이터의 위치, 속도 및 가속도

사다리꼴 속도 함수의 처음과 마지막 구간은 포물선(Parabolic) 형태를 가지고 있으며, 등속 부분은 선형으로 설계한다. 이러한 궤적 계획법을 LSPB(Linear Segments with Parabolic Blends) 경로 계획법이라고 한다.

8.4.1 Linear Segments with Parabolic Blends (LSPB) 궤적 계획법

LSPB 경로 계획법은 [그림 8.5]에서 나타난 것과 같이, 궤적은 등속 구간의 중간 지점($t_m = \frac{t_f}{2}$)에서 대칭이다.

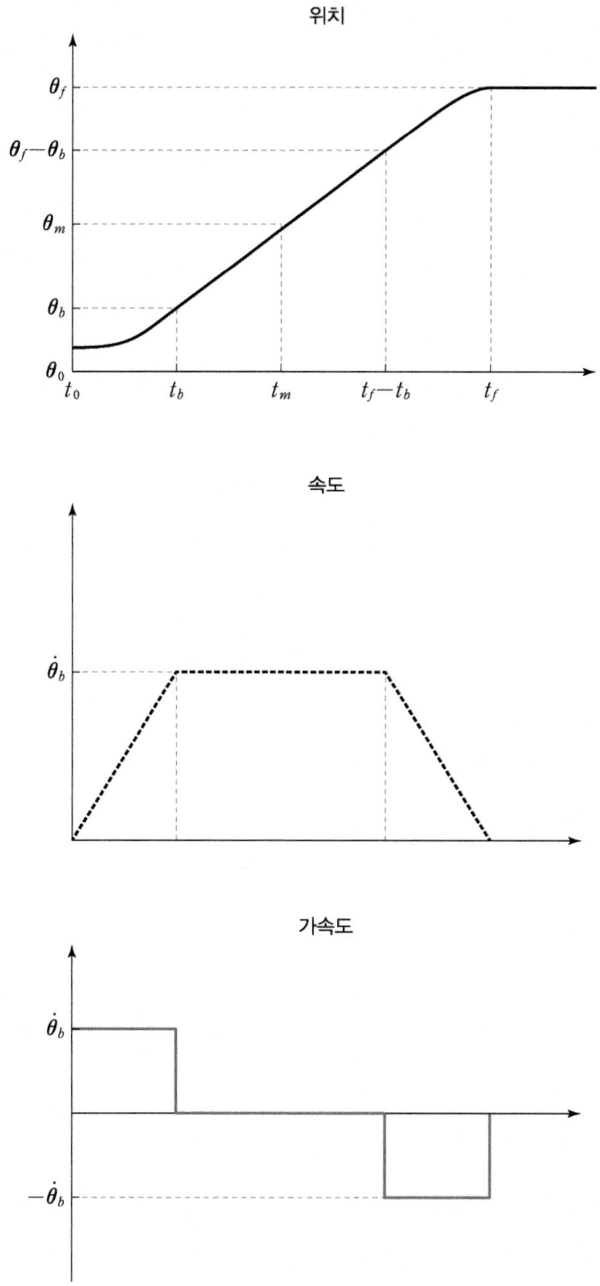

그림 8.5 포물선이 조화된 LSPB 궤적의 위치, 속도 및 가속도

따라서, 다음의 식이 성립된다.

$$\theta_m = \frac{\theta_f + \theta_0}{2} \tag{8.37}$$

또한, 등속도 운동까지의 최대 가속도($\ddot{\theta}_b$)가 주어지면, $t = t_b$ 에서의 포물선 구간의 끝 속도와 직선 구간의 시작 속도가 같으므로

$$\ddot{\theta}_b t_b = \dot{\theta}_b = \frac{\theta_m - \theta_b}{t_m - t_b} \tag{8.38}$$

이다.

[그림 8.5]에 나타나 있듯이 출발점 및 끝점에서의 속도는 0이며, 가속 구간 ($0 \le t \le t_b$)과 감속 구간($t_f - t_b < t \le t_f$)은 2차 포물선이며, 등속 구간 ($t_b < t \le t_f - t_b$)은 직선 선형이다.

먼저, 가속 구간의 경로 계획에 필요한 2차 다항식을 앞 절에서와 마찬가지 방법으로 다음과 같이 설정할 수 있다.

$$\begin{aligned} \theta(t) &= a_0 + a_1 t + a_2 t^2 \\ \dot{\theta}(t) &= a_1 + 2a_2 t \\ \ddot{\theta}(t) &= 2a_2 \end{aligned} \tag{8.39}$$

가속 구간에서 2차 다항식의 계수는 다음과 같이 구할 수 있다.

$$\begin{aligned} \theta(t_0) &= \theta_0 = a_0 \\ \dot{\theta}(t_0) &= a_1 = 0 \end{aligned} \tag{8.40}$$

식 (8.38)과 (8.39)로부터 다음이 성립한다.

$$\begin{aligned} \dot{\theta}_b &= 0 + 2a_2 t_b \\ a_2 &= \frac{1}{2}\frac{\dot{\theta}_b}{t_b} \end{aligned} \tag{8.41}$$

여기서 $\dfrac{\dot{\theta}_b}{t_b}$ 는 가속도($\ddot{\theta}_b$)이며, 표현의 간결함을 위해 $a = \ddot{\theta}_b = \dfrac{\dot{\theta}_b}{t_b}$ 로 나타내면 식 (8.41)은 다음과 같이 나타낼 수 있다.

$$a_2 = \frac{1}{2}a \tag{8.42}$$

따라서, 가속 구간의 궤적 계획식은 다음과 같다.

$$\begin{aligned} \theta(t) &= \theta_0 + \frac{1}{2}at^2 \\ \dot{\theta}(t) &= at \\ \ddot{\theta}(t) &= a \end{aligned} \tag{8.43}$$

매니퓰레이터의 가속도는 기구적으로 실현될 수 있는 범위내에 있어야 하기 때문에, 가속도에 대한 구속 조건이 추가적으로 필요하다. 이를 위하여, 식 (8.37)과 (8.43)을 결합하면 다음과 같은 2차 방정식이 된다.

$$\begin{aligned} &\frac{\theta_f + \theta_0}{2} - (\theta_0 + \frac{1}{2}at_b^2) = at_b(\frac{t_f}{2} - t_b) \\ &at_b^2 - at_f t_b + (\theta_f - \theta_0) = 0 \end{aligned} \tag{8.44}$$

2차 방정식을 t_b에 대해서 풀면 다음과 같은 두 개의 해를 구할 수 있다.

$$t_b = \frac{t_f}{2} \pm \frac{\sqrt{a^2t_f^2 - 4a(\theta_f - \theta_0)}}{2a} \tag{8.45}$$

여기서 $0 < t_b \leq \frac{t_f}{2}$ 를 만족시켜야 하므로 작은 값을 선택하여

$$t_b = \frac{t_f}{2} - \frac{\sqrt{a^2t_f^2 - 4a(\theta_f - \theta_0)}}{2a} \tag{8.46}$$

이다. 또한, t_b는 실수이어야 하므로 근호 안의 값은 다음을 만족해야 한다.

$$a^2t_f^2 - 4a(\theta_f - \theta_0) \geq 0 \tag{8.47}$$

따라서, 다음과 같은 가속도의 구속 조건을 얻을 수 있다.

$$a \geq \frac{4(\theta_f - \theta_0)}{t_f^2} \tag{8.48}$$

다음으로, 등속도 운동을 하는 선형 구간에 대한 궤적 계획을 유도한다. 등속도 구간에서는 매니퓰레이터의 이동 속도가 일정하므로 식 (8.37)을 (8.38)에 대입하여 정리하면

$$\dot{\theta}_b\left(\frac{t_f}{2} - t_b\right) = \frac{\theta_f + \theta_0}{2} - \theta_b \tag{8.49}$$

이다. 여기서 θ_b는 임의의 시간($t = t_b$)에 대한 관절각 함수이므로 $\theta(t)$로 대체할 수 있다. 경계 구간에서 가속도가 0이므로 등속도 구간에 필요한 경로 함수는 다음과 같이 나타낼 수 있다.

$$\begin{aligned} \theta(t) &= \frac{\theta_f + \theta_0}{2} - \frac{\dot{\theta}_b t_f}{2} + \dot{\theta}_b t \\ \dot{\theta}(t) &= \dot{\theta}(t_b) = \dot{\theta}_b \\ \ddot{\theta}(t) &= 0 \end{aligned} \tag{8.50}$$

또는, 등속 구간은 시작점의 위치에서 가속 구간의 마지막 위치까지 시간에 정비례하는 직선 궤적을 가지므로, 다음과 같은 방법으로도 표현할 수 있다.

$$\begin{aligned} \theta(t) &= \theta_0 + \frac{1}{2}at_b^2 + a(t - t_b) \\ &= \theta_0 + at_b\left(t - \frac{t_b}{2}\right) \end{aligned} \tag{8.51}$$

마지막으로, 감속 구간에 필요한 궤적 계획식은 최종 조건을 이용하여 궤적 방정식을 세울 수 있다. 최종 조건은 다음과 같고

$$\begin{aligned} \theta(t_f) &= \theta_f \\ \dot{\theta}(t_f) &= 0 \\ \ddot{\theta}(t_f) &= -a \end{aligned} \tag{8.52}$$

궤적 방정식은 가속 궤적식과 마찬가지로 다음과 같이 설정한다.

$$\begin{aligned} \theta(t) &= \theta_f = a_0 + a_1 t + a_2 t^2 \\ \dot{\theta}(t) &= 0 = a_1 + 2a_2 t \\ \ddot{\theta}(t) &= -a = 2a_2 \end{aligned} \tag{8.53}$$

식 (8.52)를 (8.53)에 대입하여 풀면

$$a_0 = \theta_f - \frac{a}{2}t^2$$
$$a_1 = at_f \tag{8.54}$$
$$a_2 = -\frac{a}{2}$$

이고, 결과적으로 다음과 같은 감속 구간에서의 궤적 계획식을 구할 수 있다.

$$\theta(t) = \theta_f - \frac{a}{2}t_f^2 + at_f t - \frac{a}{2}t^2$$
$$\dot{\theta}(t) = at_f - at \tag{8.55}$$
$$\ddot{\theta}(t) = -a$$

또 다른 방법으로, 감속 구간은 최종값에서 가속 구간과 같은 포물선 함수를 빼면 다음과 같이 간단하게 구할 수 있다.

$$\theta(t) = \theta_f - \frac{1}{2}a(t_f - t)^2 \tag{8.56}$$

이상을 종합하면 사다리꼴 궤적 계획식은 다음과 같다.

$$\theta(t) = \begin{bmatrix} \theta_0 + \frac{1}{2}at^2 & , & (0 \le t < t_b) \\ \frac{\theta_f + \theta_0}{2} - \frac{\dot{\theta}_b t_f}{2} + \dot{\theta}_b t & , & (t_b \le t < t_f - tb) \\ \text{또는, } \theta_0 + at_b\left(t - \frac{t_b}{2}\right) & & \\ \theta_f - \frac{a}{2}t_f^2 + at_f t - \frac{a}{2}t^2 & , & (t_f - t_b \le t < t_f) \\ \text{또는, } \theta_f - \frac{1}{2}a(t_f - t)^2 & & \end{bmatrix} \tag{8.57}$$

매니퓰레이터는 기구적으로 제한된 이동 능력을 가지고 있기 때문에, 식 (8.48)의 가속도 제한 조건이 유효하며, 이를 이용해서 등속 구간에 도달할 수 있는 시간 또는 적정 속도를 유도할 수 있다.

등속 구간에서 속도($\dot{\theta}_b$)를 V라 하면 식 (8.50) 또는 (8.51)로부터 간단하게 다음과 같은 궤적식을 세울 수 있다.

$$\theta(t) = a_0 + Vt \tag{8.58}$$

식 (8.37)을 이용하여 다음과 같은 방정식을 얻을 수 있다.

$$\frac{\theta_f + \theta_0}{2} = a_0 + V\frac{t_f}{2} \tag{8.59}$$

따라서,

$$a_0 = \frac{\theta_0 + \theta_f - Vt_f}{2} \tag{8.60}$$

이고, 가속 구간과 등속 구간이 만나는 시간 t_b에 대해서 두 함수의 값이 같아야 하므로

$$\theta_0 + \frac{V}{2}t_b = \frac{\theta_f + \theta_0 - Vt_f}{2} + Vt_b \tag{8.61}$$

이다. 식 (8.61)을 정리하면 포물선의 가속 구간에서 선형의 등속 구간으로 바뀌는 시간 t_b를 다음과 같이 구할 수 있다.

$$t_b = \frac{\theta_0 - \theta_f + Vt_f}{V} \tag{8.62}$$

앞에서 언급된 것과 같이 시간 t_b는 $0 < t_b \le \frac{t_f}{2}$ 을 만족시켜야 하므로

$$0 < \frac{\theta_0 - \theta_f + Vt_f}{V} \le \frac{t_f}{2} \tag{8.63}$$

이다. 식 (8.63)에 $\frac{\theta_f - \theta_0}{V}$을 더하면 다음과 같다.

$$\frac{\theta_f - \theta_0}{V} < t_f \le \frac{t_f}{2} + \frac{\theta_f - \theta_0}{V} \tag{8.64}$$

식을 정리하면, 다음과 같이 속도(V)가 주어졌을 때 매니퓰레이터의 종착지점 도착 시간을 계산할 수 있다.

$$\frac{\theta_f - \theta_0}{V} < t_f \le \frac{2(\theta_f - \theta_0)}{V} \tag{8.65}$$

또한, 식 (8.65)를 속도에 관해서 나타내면 다음과 같은 속도 제한 조건을 위한 부등식을 얻을 수 있다.

$$\frac{\theta_f-\theta_0}{t_f} < V \le \frac{2(\theta_f-\theta_0)}{t_f} \tag{8.66}$$

만약, 시간 t_b에서 가속도 $\ddot{\theta}_b$ 대신 식 (8.65)에 의한 최대 속도 $\dot{\theta}_b$가 식 (8.66)에 의해서 주어진다면

$$\begin{aligned} V &= \ddot{\theta}_b t = at \\ a &= \frac{V}{t} \end{aligned} \tag{8.67}$$

이므로, 가속도 $\ddot{\theta}_b$는 식 (8.62)와 (8.66)으로부터 다음과 같이 구할 수 있다.

$$\ddot{\theta}_b = a = \frac{V}{t_b} = \frac{V^2}{\theta_0-\theta_f+Vt_f} \tag{8.68}$$

예제 8.4

매니퓰레이터의 초기 위치는 0이며, 50초 후에 목표 위치인 60° 에 도달하기 위한 최대 속도 및 가속도를 구하고 이를 이용한 LSPB 궤적 계획을 설계하시오. 단, 매니퓰레이터의 이동 속도는 안전상 최대 속도값의 85%까지만 고려하고, 소수점 첫째 자리까지 사용한다.

풀이

식 (8.66)으로부터 속도의 제한 조건은

$$\begin{aligned} &\frac{60-0}{50} < V \le \frac{2(60-0)}{50} \\ &0.2 < V \le 2.4 \end{aligned} \tag{8.69}$$

이며, 최대 속도는 2.4(°/s)이므로, 주어진 85% 제한 조건에 따라 이동 속도(V)는

$$V = 2.0(°/s) \tag{8.70}$$

가속 구간의 포물선 궤적이 등속 구간과 조화되는 시간 t_b는 식 (8.62)로부터

$$\begin{aligned} t_b &= \frac{0-60+2.0*50}{2.0} \\ &= 20\,(\mathrm{sec}) \end{aligned} \tag{8.71}$$

이며, 가속도는 식 (8.67)로부터 다음과 같다.

$$\begin{aligned} \ddot{\theta}_b = a &= \frac{2.0}{25} = \frac{2.0^2}{0-60+2.0*50} \\ &= 0.1\,(^\circ/s^2) \end{aligned} \tag{8.72}$$

식 (8.72)에서 구한 가속도는 다음과 같이 식 (8.48)의 가속도 제한 조건을 만족시킨다.

$$a \geq \frac{4(60-0)}{50^2} = 0.096 \tag{8.73}$$

따라서, 이를 이용한 LSPB 궤적 계획은 3개의 구간으로 나누어서 식 (8.57)을 이용하여 다음과 같이 설계할 수 있다.

$$\theta(t) = \begin{cases} 0 + \dfrac{1}{2}(0.1)t^2 = 0.05t^2 & , \quad (0 \leq t < 20) \\ 0 + 0.1*20\left(t - \dfrac{20}{2}\right) = 2t - 20 & , \quad (20 \leq t < 30) \\ 60 - \dfrac{1}{2}*0.1(50-t)^2 = -65 + 5t - 0.05t^2 & , \quad (30 \leq t < 50) \end{cases} \tag{8.74}$$

생성된 궤적 그래프는 [그림 8.6]과 같다.

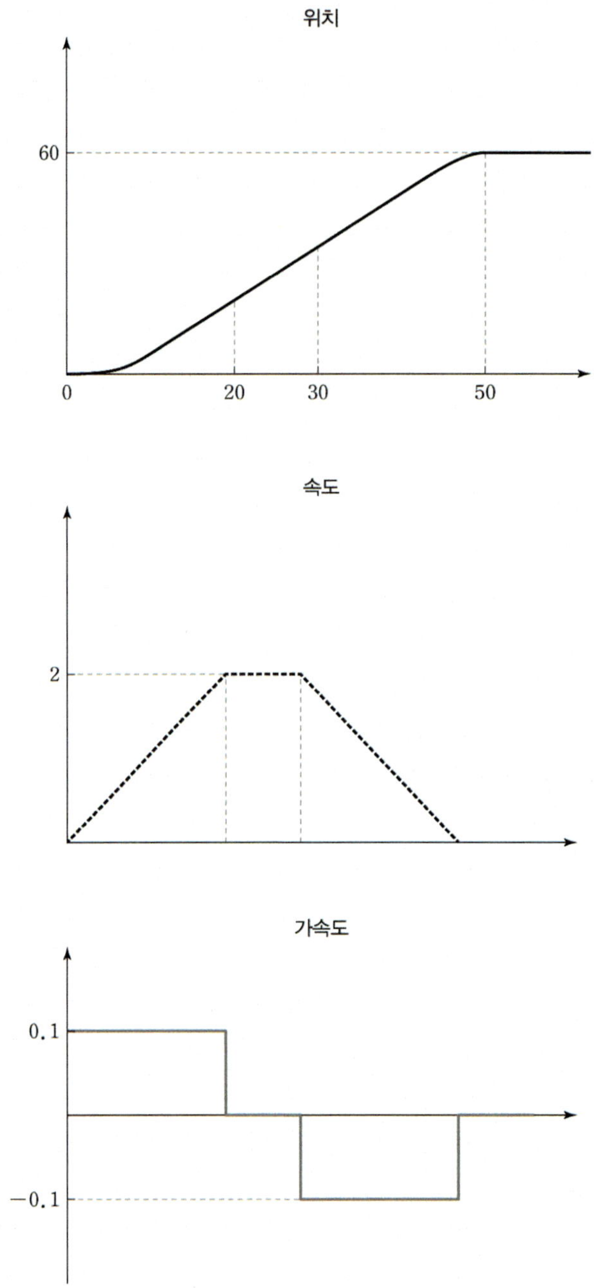

그림 8.6 사다리꼴 함수를 이용한 LSPB 궤적 계획

8.4.2 Bang Bang Parabolic Blends (BBPB) 궤적 계획법

BBPB 궤적 계획법은 LSPB에서 일정한 속도로 운동하는 등속 구간이 없는 경우이며, 속도 그래프가 사다리꼴이 아닌 삼각형 형태를 나타낸다. 등속 구간이 없기

때문에 LSPB 보다 이동하는 소요 시간이 짧아지는 특성을 가지고 있다.

BBPB 궤적 계획법을 위한 경계 시간과 가속도의 조건은 다음과 같다.

$$t_b = \frac{t_f}{2}$$
$$a = \frac{4(\theta_f - \theta_0)}{t_f^2} \tag{8.75}$$

따라서, BBPB 궤적식은 2개의 구간으로 나뉘어지고, LSPB 궤적식을 이용하면 간단하게 도출할 수 있다. 첫 번째 구간($0 \le t < t_b$)의 궤적 함수는 다음과 같다.

$$\theta(t) = \theta_0 + \frac{1}{2}at^2$$
$$\dot{\theta}(t) = at \tag{8.76}$$
$$\ddot{\theta}(t) = a$$

두 번째 구간($t_b \le t < t_f$)의 궤적 함수는 다음과 같다.

$$\theta(t) = \theta_f - \frac{1}{2}a(t_f - t)^2$$
$$\dot{\theta}(t) = -a(t_f - t) \tag{8.77}$$
$$\ddot{\theta}(t) = -a$$

예제 8.5

매니퓰레이터의 초기 위치는 0, 목표 위치가 3.2°, 가속도는 0.2($^\circ/s^2$)일 때, BBPB 궤적 계획을 설계하시오. 단, 매니퓰레이터의 이동 속도는 안전상 최대 속도 값의 85%까지만 고려하고, 소수점 첫째 자리까지 사용한다.

풀이

식 (8.73)으로부터 목표 지점까지 이동하는데 필요한 시간은

$$t_f^2 = \frac{4(\theta_f - \theta_0)}{a}$$

$$\begin{aligned} t_f &= 2\sqrt{\frac{\theta_f - \theta_0}{a}} \\ &= 2\sqrt{\frac{3.2 - 0}{0.2}} \\ &= 8 \end{aligned} \tag{8.78}$$

이고, 가속 구간과 감속 구간의 경계가 되는 시간 t_b는

$$t_b = \frac{t_f}{2} = \frac{8}{2} = 4 \tag{8.79}$$

이다. 따라서, 식 (8.76)으로부터 가속 구간인 $0 \le t < 4$에 대한 궤적 계획식은

$$\begin{aligned} \theta(t) &= 0.1t^2 \\ \dot{\theta}(t) &= 0.2t \\ \ddot{\theta}(t) &= 0.2 \end{aligned} \tag{8.80}$$

이며, 감속 구간인 $4 \le t < 8$에 대한 궤적 계획식은 다음과 같다.

$$\begin{aligned} \theta(t) &= 3.2 - 0.1(8 - t)^2 \\ &= -2.8 + 160t + t^2 \\ \dot{\theta}(t) &= -0.2(8 - t) \\ &= -1.6 + 0.2t \\ \ddot{\theta}(t) &= -0.2 \end{aligned} \tag{8.81}$$

식 (8.78)과 (8.79)로부터 BBPB 궤적 그래프는 다음과 같다.

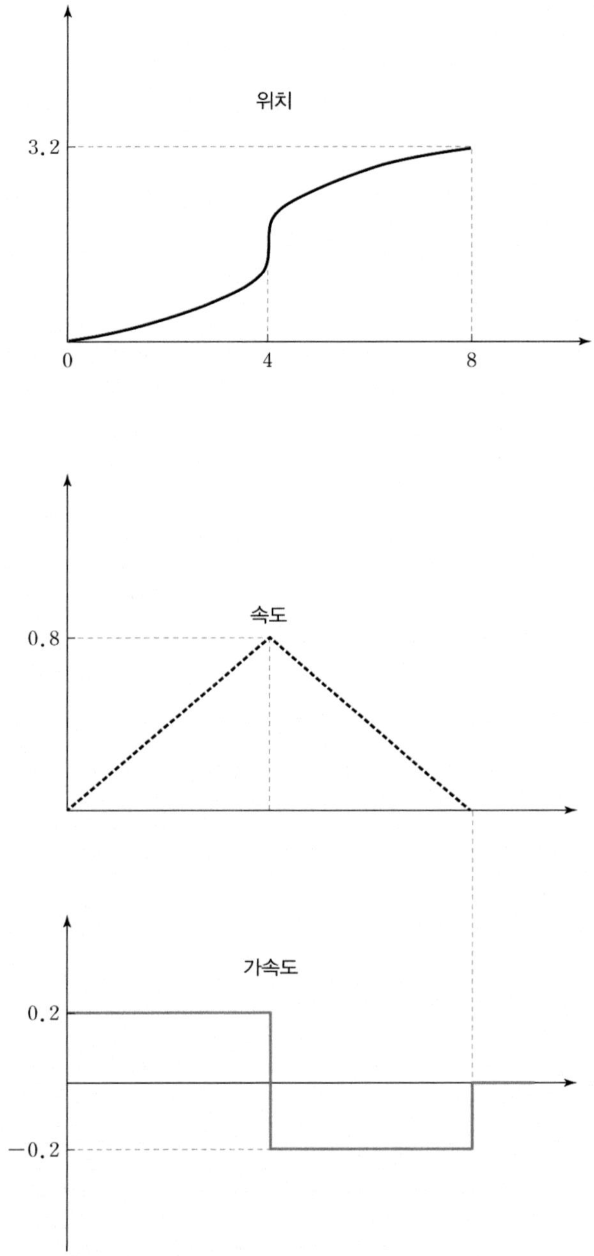

그림 8.7 사다리꼴 함수를 이용한 BBPB 궤적 계획

8.5 기타 궤적 계획법

앞서 소개된 방법 이외에도 매니퓰레이터의 궤적을 계획하는 방법은 매우 다양하다. 정사각형이나 평행사변형을 이용하는 방법도 있으며, LSPB의 가감속 구간에서 속도 프로파일이 S자 형태를 취하도록 하여, 가속도의 변화를 부드럽게 되도록 하는 사다리꼴 궤적 계획법도 있다. 물론, 정현파를 이용하는 방법도 있고 고차의 다양한 다항식을 혼합해서 사용하는 방법들도 있다. 또한, 산업 현장에서 여러 경유점을 포함하는 매니퓰레이터의 궤적 계획시 스플라인(Spline)을 이용한 부드러운 이동 경로를 생성하는 방법도 있다. 추가적인 내용들은 이 장의 끝에 있는 참고 문헌을 참조하기 바란다.

8.6 직교 공간에서의 궤적 계획

직교 공간(Cartesian space)에서의 궤적 계획은 매니퓰레이터의 말단 장치 또는 손 끝(공구계)의 위치와 방위를 기준 좌표계에 대해서 해석적으로 나타내는 것과 관계가 있다. 실제로 관절 공간에서 논의된 궤적 계획법들은 직교 공간에서도 그대로 사용될 수 있다.

관절 공간에서의 궤적 계획법이 매니퓰레이터의 관절 변수와 직접 관련된 값을 이용하지만, 직교 공간에서의 궤적 계획법은 매니퓰레이터의 관절값들이 역 기구학을 통해서 매니퓰레이터가 이동하는 모든 과정 속에서 연속적으로 계산된다. 다시 말하면, 직교 공간에서는 궤적 계획 함수를 이용해서 계산된 값은 관절값이 아닌, 매니퓰레이터 말단 장치 또는 공구계의 위치와 방위값으로 나타난다. 따라서, 함수에 의해서 계산된 값은 매니퓰레이터의 관절에 대응되는 관절값을 얻기 위해서 역 기구학 방정식을 이용한 변환 과정이 필요하다.

매니퓰레이터를 이용한 자동화 작업에서 직선 운동은 매우 실질적이면서 보편화되어 있는 궤적 계획 중의 하나라고 할 수 있다. 복잡한 형태의 경로를 따라가는 이동인 경우에도, 작은 부분으로 나누어서 부드러운 직선 운동 형태로 전환할 수 있다. 이외에도 직선 보간법이나 원호 보간법 등이 적용될 수 있다. 보간법은 CAD나 기구설계 등의 교과목에서 다루어지므로 해당 교과를 통해서 습득할 수 있다.

예제 8.6

2자유도 평면(RR)형 매니퓰레이터가 초기 위치 (2, 5)에서 목표 위치 (4.5, 6.5)로 직선 이동을 하려고 할 때, 직선 궤적을 위한 관절 변수들을 구하시오. 단, 링크 1, 2의 길이는 각각 5, 4이며, 이동 거리는 총 10개의 구간으로 나누어서 직선 운동을 한다고 가정한다.

풀이

직교 공간에서 두 점이 알려져 있으므로 직선의 기울기(m)는

$$\tan\theta\,(m) = \frac{6.5-5}{4.5-2} = 0.6 \tag{8.82}$$

이므로, 두 점을 잇는 직선은 다음과 같다.

$$\begin{aligned} y-5 &= 0.6(x-2) \\ y &= 0.6x+3.8 \end{aligned} \tag{8.83}$$

2자유도 매니퓰레이터의 역 기구학 식은 제4장으로부터

$$\begin{aligned} c_2 &= \frac{x^2+y^2-L_1^2-L_2^2}{2L_1L_2} \\ s_2 &= \pm\sqrt{1-c_2^2} \end{aligned} \tag{8.84}$$

이고, 관절 변수는 다음과 같으므로

$$\begin{bmatrix} L_1+L_2c_2 & -L_2s_2 \\ L_2s_2 & L_1+L_2c_2 \end{bmatrix}\begin{bmatrix} c_1 \\ s_1 \end{bmatrix} = \begin{bmatrix} x \\ y \end{bmatrix}$$

$$\begin{aligned} c_1 &= \frac{1}{D}\begin{vmatrix} x & -L_2s_2 \\ y & L_1+L_2c_2 \end{vmatrix} \\ s_1 &= \frac{1}{D}\begin{vmatrix} L_1+L_2c_2 & x \\ L_2s_2 & y \end{vmatrix} \end{aligned} \tag{8.85}$$

단,

$$\begin{aligned} D &= (L_1+L_2c_2)(L_1+L_2c_2)+(L_2s_2)(L_2s_2) \\ &= L_1^2+L_2^2+2L_1L_2c_2 \end{aligned}$$

여기서

$$\theta_1 = atan2(s_1, c_1)$$
$$\theta_2 = atan2(s_2, c_2) \tag{8.86}$$

이다.

따라서, [표 8.1]과 같이 10개로 구성되는 각 직선 구간에 대한 관절 변수를 구할 수 있다.

표 8.1 10개의 부분 직선 구간에 대한 관절각

	1	2	3	4	5	6	7	8	9	10
x	2.0000	2.2778	2.5556	2.8333	3.1111	3.3889	3.6667	3.9444	4.2222	4.5000
y	5.0000	5.1667	5.3333	5.5000	5.6667	5.8333	6.0000	6.1667	6.3333	6.5000
θ_1	0.4028	0.3944	0.3916	0.3940	0.4017	0.4145	0.4326	0.4564	0.4866	0.5245
θ_2	1.8755	1.8007	1.722	1.6389	1.5510	1.4577	1.3581	1.2507	1.1335	1.0033

2자유도 매니퓰레이터의 직교 공간에서의 궤적 계획 결과는 [그림 8.8]과 같다.

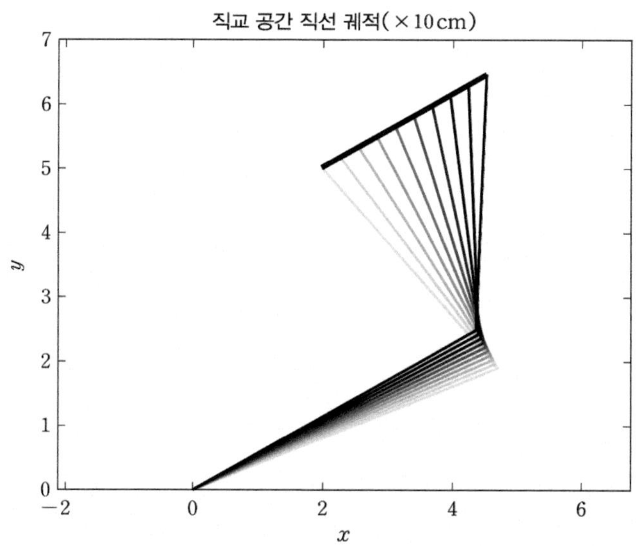

그림 8.8 직교 공간에서 직선 운동을 위한 궤적 계획

Chapter 8 연습문제

8.1 회전 관절을 갖는 단절 링크 매니퓰레이터가 시작 지점에서의 관절 위치가 30°인 상태로 정지해 있다. 관절이 2초 동안 목표 지점인 150°까지 부드럽게 움직여서 정지한다고 할 때, 이 운동을 수행하는 관절 공간에서의 궤적 계획을 위한 3차 다항식과 계수를 구하시오.

8.2 [예제 8.1]의 관절의 위치, 속도 그리고 가속도를 시간의 함수로 그리시오.

8.3 [예제 8.1]에서 매니퓰레이터의 가속도가 0.2$(\mathrm{deg/sec^2})$일 때, 이 운동을 수행하는 관절 공간에서의 궤적 계획을 위한 3차 다항식과 계수를 구하시오.

8.4 [예제 8.3]의 관절의 위치, 속도 그리고 가속도를 시간의 함수로 그리시오.

8.5 회전 관절을 갖는 단절 링크 매니퓰레이터가 시작 지점에서의 관절 위치가 -5°인 상태로 정지해 있다. 관절이 4초 동안 목표 지점인 80°까지 부드럽게 움직여서 정지한다고 할 때, 이 운동을 수행하는 관절 공간에서의 궤적 계획을 위한 3차 다항식과 계수를 구하시오.

8.6 [예제 8.5]의 관절의 위치, 속도 그리고 가속도를 시간의 함수로 그리시오.

8.7 회전 관절을 갖는 단절 링크 매니퓰레이터가 시작 지점에서의 관절 위치가 1°인 상태로 정지해 있다. 목표 지점인 5°까지 3초 동안 V=2(deg/sec)으로 부드럽게 움직여서 정지한다고 할 때, LSPB를 설계하시오.

8.8 초기 위치가 -0.9, 목표 위치가 0이며 가속도가 $0.3(^\circ/s^2)$일 때, BBPB 경로 계획을 설계하시오.

프로젝트 과제

8.9 [예제 8.6]의 직교 공간에서 직선 운동하는 매니퓰레이터의 궤적 계획 프로그램을 파이썬으로 작성하시오.

Chapter
9

로봇 제어

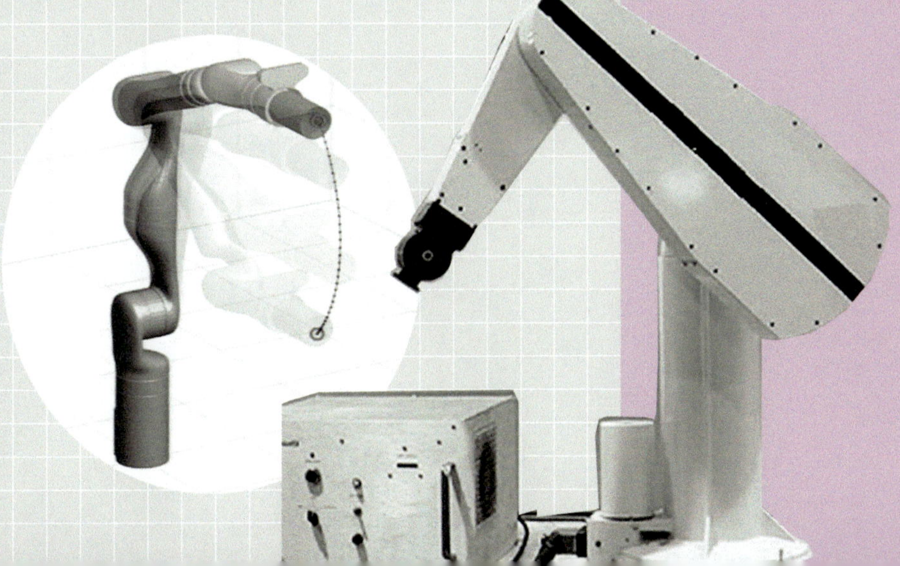

9.1 개요

제8장까지 로봇공학의 기본적인 요소인 기구학과 역기구학을 이용한 위치와 방위를 찾는 방법과, 매니퓰레이터를 이용한 작업시 물체와 상호작용할 수 있는 힘에 관한 정역학과 움직이는 동적 특성을 나타낼 수 있는 동역학 및 주어진 목표 위치까지 경로 추종제어에 필요한 궤적 계획법을 학습하였다. 이 장에서는 이러한 기본적인 로봇공학 기술을 이용하여 실제 로봇이 원하는 위치로 이동할 수 있도록 하는 제어기에 대해서 논의한다.

매니퓰레이터를 제어하기 위해서는 매니퓰레이터의 움직임을 수학적으로 표현할 수 있어야 하며, 이러한 운동은 제6장과 제7장에서 다룬 정역학 및 동역학 방정식을 이용해서 기술된다. 따라서, 이 장을 공부하기 이전에 제6장과 제7장 내용을 다시 한번 되짚어 보는 것을 권장한다. 또한, 이 장에서 다루는 제어기는 매니퓰레이터의 기구부 및 구동부에 대한 수학적 모델링과 전달함수를 이용해서 설계하는 제어공학의 기본적인 과정을 바탕으로 한다. 그러므로, 제어 시스템 모델링 방법에 대한 기본적인 내용을 사전에 학습할 필요가 있다.

9.2 제어 시스템 모델링

매니퓰레이터를 구성하는 주요 요소는 [그림 9.1]과 같이 기구적으로 매니퓰레이터 링크, 관절에 직접적인 운동을 일으키는 모터와 모터의 빠른 속도를 낮추고 토크를 발생시켜 적절한 중량을 처리할 수 있는 감속기로 구성된다. 이와 더불어 매니퓰레이터가 이동한 거리 또는 회전각 등을 알 수 있는 엔코더(Encoder)나 포텐시오미터(Potentiometer)가 추가적으로 설치된다.

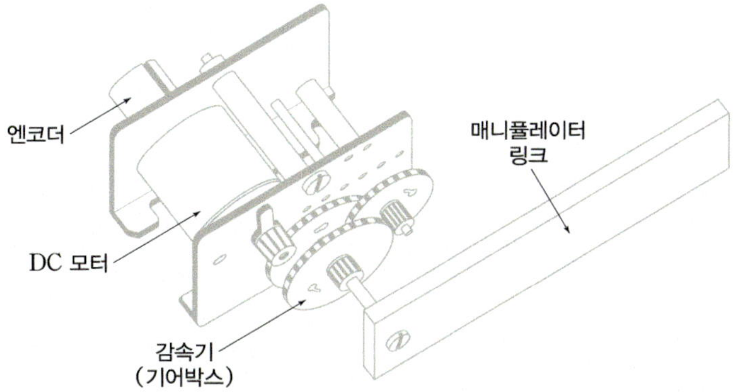

그림 9.1 엔코더와 감속기를 가지고 있는 단일 링크 매니퓰레이터 구조

이와 같은 매니퓰레이터는 [그림 9.2]와 같이 개략적인 기구 모델로 나타낼 수 있다. 일반적으로 DC 모터의 회전 속도는 매니퓰레이터가 이동하는 속도보다 매우 빠르기 때문에 적절한 제어 성능과 안정성을 보장할 수 있도록 감속기를 사용한다. 감속기에 의한 감속비 및 토크비는 제1장에서 이미 언급이 되었으므로 해당 설명을 참고하기 바란다.

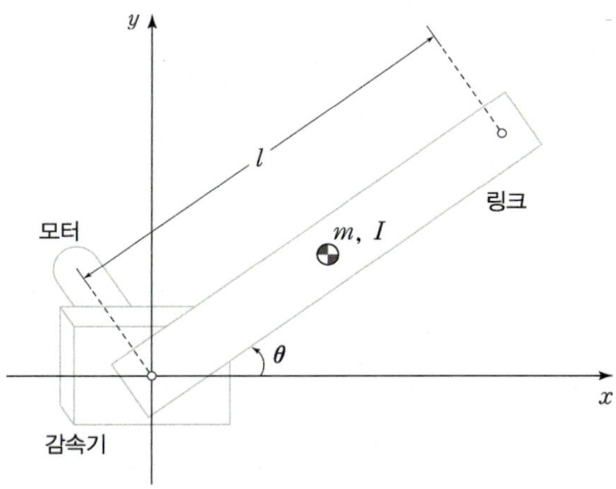

그림 9.2 단일 링크 매니퓰레이터의 기구 모델

9.2.1 연속시간 모델

DC 모터를 구동하기 위해서는 전기적으로 구성되어 있는 구동 회로가 필요하다. DC 모터의 일반적인 구동 회로는 [그림 9.3]과 같다.

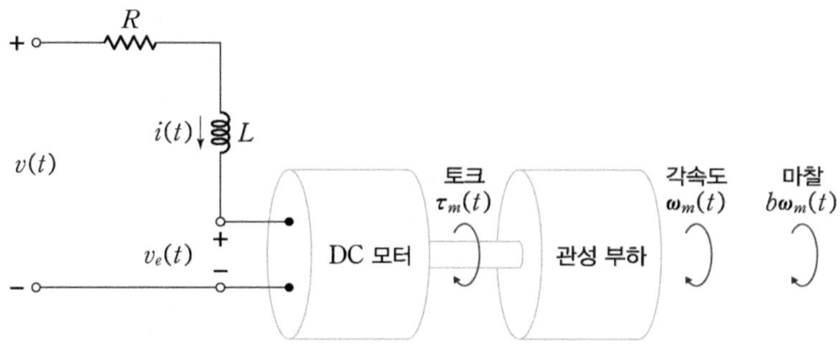

그림 9.3 DC 모터 구동 회로

DC 모터에 연결된 회로에 입력으로 전압을 인가하면 모터를 구성하는 로터 또는 아마추어(Armature)라고 하는 철심에 코일을 감은 회전체에 전류가 흐르게 되며, 코일에서 나오는 자력선과 스테이터라고 하는 고정자(영구자석)의 자력선과의 작용에 의해 아마추어가 회전하게 된다. 모터의 회전력 즉, 토크는 아마추어에 흐르는 전류의 세기와 비례하므로 전류의 세기를 조절하면 토크의 크기를 조절할 수 있다.

모터 회로에 키르히호프 전압 법칙(KVL)을 적용하면 공급 전압($v(t)$)과 전류($i(t)$) 사이에는 다음과 같은 관계가 성립된다.

$$v(t) = L\frac{di(t)}{dt} + Ri(t) + v_e(t) \tag{9.1}$$

토크는 인가된 전압으로 발생되는 전류에 비례하므로 다음과 같은 식을 세울 수 있다.

$$\tau_m(t) = K_m \phi i(t) = K_t\, i(t) \tag{9.2}$$

여기서 K_t는 토크 상수, K_m은 모터 상수, ϕ는 자속이다. 토크 상수는 자기장의 강도와 권선 코일의 감은 수 또는 밀도와 같은 모터의 물리적 요소와 관계가 있다.

모터의 회전에 의해서 생성되는 역기전력(Back EMF)은 회전 속도에 비례하며 모터가 회전하면서 발생하는 반대방향의 전류로 인한 전압강하량이다. 이는 다음과 같다.

$$v_e(t) = K_e w_m(t) = K_e \frac{dw_m(t)}{dt} \tag{9.3}$$

여기서 K_e는 역기전력 상수이며 토크 상수와 유사한 형태를 가지며, 토크 상수와 같이 모터의 물리적인 요소와 관계가 있다.

모터의 회전각을 θ_m 이라면, 식 (9.3)은 다음과 같이 나타낼 수 있다.

$$v_e(t) = K_e w_m(t) = K_e \frac{d\theta_m(t)}{dt} \tag{9.4}$$

이다. 여기서 K_e는 역기전력 상수이며 토크 상수와 유사한 형태를 가지며, 토크 상수와 같이 모터의 물리적인 요소와 관계가 있다.

식 (9.4)를 식 (9.1)에 대입하면 다음과 같이 전압 강하식을 구할 수 있다.

$$v(t) = L\frac{di(t)}{dt} + Ri(t) + K_e \frac{d\theta_m(t)}{dt} \tag{9.5}$$

식 (9.5)를 라플라스 변환하면

$$V(s) = (Ls + R)I(s) + K_e s\,\theta_m(s) \tag{9.6}$$

이고, 아마추어에 흐르는 전류는 다음과 같이 구할 수 있다.

$$\begin{aligned} I(s) &= \frac{V(s) - K_e s\,\theta_m(s)}{Ls + R} \\ &= \frac{V(s) - V_e(s)}{Ls + R} \end{aligned} \tag{9.7}$$

단,

$$V_e(s) = K_e s\,\theta_m(s) = K_e \omega(s)$$

모터의 회전축의 끝에 기어 박스나 매니퓰레이터의 링크가 연결되며, 모터에 연결된 이러한 물리적 요소는 부하 관성 또는 관성 부하(Inertial load)라고 한다. 관성 부하는 회전체의 기하학적 형상과 회전을 발생시키는 모터의 물리적 특성과 연관이 있다.

[그림 9.3]에서 부하의 관성 모멘트는 J이고, 점성 마찰(Viscous friction) 계수가 b일 때, 뉴튼의 제2법칙을 이용하면 관성 부하에 걸리는 토크를 다음과 같이 나타낼 수 있다.

$$\begin{aligned} \tau_m(t) &= \frac{Jd\omega_m(t)}{dt} + b\omega_m(t) \\ \tau_m(s) &= Js\,\omega(s) + b\omega(s) \end{aligned} \tag{9.8}$$

따라서, 다음과 같은 각속도식을 얻을 수 있다.

$$\omega(s) = \frac{1}{Js+b}\,T_m(s) = \frac{T_m(s)}{Js+b} \tag{9.9}$$

식 (9.7)과 (9.9)를 이용해서 DC 모터의 블록선도(Block diagram)를 그리면 다음과 같다.

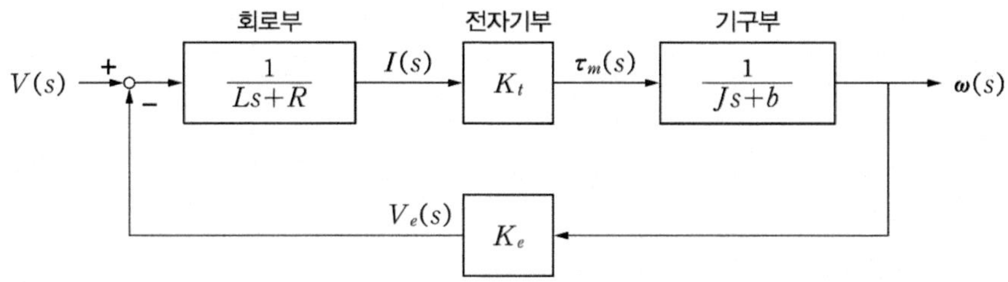

그림 9.4 DC 모터 블록선도

[그림 9.4]로부터 시스템 입력을 $V(s)$, 출력을 $\omega(s)$로 하는 전달 함수(Transfer function)를 구하면 다음과 같다.

$$\begin{aligned} G(s) = \frac{\omega(s)}{V(s)} &= \frac{\left(\frac{1}{Ls+R}\right)K_t\left(\frac{1}{Js+b}\right)}{1+\left(\frac{1}{Ls+R}\right)K_t\left(\frac{1}{Js+b}\right)K_e} \\ &= \frac{K_t}{(Ls+R)(Js+b)+K_eK_t} \\ &= \frac{K_t}{LJs^2+(RJ+Lb)s+(Rb+K_eK_t)} \\ &= \frac{\frac{K_t}{LJ}}{s^2+\frac{RJ+Lb}{LJ}s+\frac{Rb+K_eK_t}{LJ}} \end{aligned} \tag{9.10}$$

식 (9.10)의 최종 결과는 2차 시스템의 기본형인

$$G(s) = \frac{K\omega_n^2}{s^2 + 2\zeta\omega_n s + \omega_n^2} \tag{9.11}$$

와 동일함을 알 수 있다. 모터 이득(Gain, K)을 다음과 같이 설정하면

$$K = \frac{K_t}{Rb + K_e K_t} \tag{9.12}$$

식 (9.10)과 (9.11)로부터

$$\begin{aligned} G(s) = \frac{\omega(s)}{V(s)} &= \frac{\frac{K_t}{LJ}}{s^2 + \frac{RJ + Lb}{LJ}s + \frac{Rb + K_e K_t}{LJ}} \\ &= \frac{K\frac{Rb + K_e K_t}{LJ}}{s^2 + \frac{RJ + Lb}{LJ}s + \frac{Rb + K_e K_t}{LJ}} \end{aligned} \tag{9.13}$$

이다. 따라서, 고유 진동수(Natural frequency, ω_n)은

$$\omega_n = \sqrt{\frac{Rb + K_e K_t}{LJ}} \tag{9.14}$$

이고, 감쇠비(Damping ratio, ζ)는

$$\zeta = \frac{1}{2}\frac{RJ + Lb}{\sqrt{LJ}\sqrt{Rb + K_e K_t}} \tag{9.15}$$

이다.

식 (9.13)의 전달 함수를 이용하여 DC 모터를 이용하는 시스템의 과도 상태 및 정상 상태의 응답 특성을 파악할 수 있고, 이를 통해서 시스템의 안정적인 제어를 할 수 있다.

물리적으로 $L \ll R$이므로 인덕턴스의 효과를 무시하면, 식 (9.10)은 다음과 같이 1차 동적 모델로 간략화할 수 있다.

$$G(s) = \frac{\omega(s)}{V(s)} = \frac{K_t}{RJs + Rb + K_e K_t} \tag{9.16}$$

식 (9.16)의 우변을 $(Rb + K_t K_b)$로 나누면

$$G(s) = \frac{\omega(s)}{V(s)} = \frac{\dfrac{K_t}{Rb + K_e K_t}}{\dfrac{RJ}{Rb + K_e K_t} s + 1} \tag{9.17}$$

이고, 이는 다음과 같이 나타낼 수 있다.

$$G(s) = \frac{\omega(s)}{V(s)} = \frac{K}{\tau s + 1}$$

단,

$$K = \frac{K_t}{Rb + K_e K_t}, \quad \tau = \frac{RJ}{Rb + K_e K_t} \tag{9.18}$$

식 (9.18)은 2차식의 DC 모터 모델을 1차식으로 간략화한 시정수(Time Constant) 모델이며, 여기서 K는 모터 이득(Gain)이고 τ는 모터의 기구적 시정수(Mechanical time constant) 또는 간단히 시정수(Time Constant, TC)라고 한다. 모터의 위치 제어를 하는 경우, 식 (9.18)에 적분기를 추가하면 다음과 같이 DC 모터의 위치 제어가 가능한 모델로 변경할 수 있다.

$$\frac{\theta(s)}{V(s)} = \frac{K}{s(\tau s + 1)} \tag{9.19}$$

예제 9.1

다음 [그림 9.5]의 데이터쉬트(datasheet)를 참고하여 Series1717SR 계열의 024SR(24V용) 모터의 파라미터와 전달 함수를 구하시오.

FAULHABER

DC-Micromotors 2,2 mNm

Precious Metal Commutation 5 W

Series 1717 ... SR

	Values at 22°C and nominal voltage	1717 T	003 SR	006 SR	012 SR	018 SR	024 SR	
1	Nominal voltage	U_N	3	6	12	18	24	V
2	Terminal resistance	R	1,07	4,3	17,1	50,1	68,8	Ω
3	Efficiency, max.	$\eta_{max.}$	69	69	70	68	70	%
4	No-load speed	n_0	14 000	14 000	14 000	12 300	14 000	min^{-1}
5	No-load current, typ. (with shaft ø 1,5 mm)	I_0	0,091	0,046	0,023	0,013	0,011	A
6	Stall torque	M_H	5,37	5,34	5,38	4,66	5,36	mNm
7	Friction torque	M_R	0,18	0,18	0,18	0,18	0,17	mNm
8	Speed constant	k_n	4 820	2 410	1 210	709	602	min^{-1}/V
9	Back-EMF constant	k_E	0,207	0,414	0,829	1,41	1,66	mV/min^{-1}
10	Torque constant	k_M	1,98	3,96	7,92	13,5	15,9	mNm/A
11	Current constant	k_I	0,505	0,253	0,126	0,074	0,063	A/mNm
12	Slope of n-M curve	$\Delta n/\Delta M$	2 610	2 620	2 600	2 640	2 610	min^{-1}/mNm
13	Rotor inductance	L	17	65	260	760	1 040	μH
14	Mechanical time constant	τ_m	16	16	16	16	16	ms
15	Rotor inertia	J	0,59	0,58	0,59	0,58	0,59	gcm^2
16	Angular acceleration	$\alpha_{max.}$	92	92	92	80	92	$\cdot 10^3 rad/s^2$

(http://www.faulhaber.com)

그림 9.5 DC 모터 데이터쉬트

풀이

모터의 데이터쉬트 상에 제시된 물리적 수치를 이용하여 다음과 같이 DC 모터의 파라미터를 계산할 수 있다. 마찰 계수(b)는 제공되지 않으므로 0으로 간주한다.

$$R = 68.8\,(\Omega)$$

$$J = 0.59\,(g\,cm^2) = 0.59 \times 10^{-7}\,(kgm^2)$$

$$\begin{aligned} K_e &= 1.66\,(m\,V/\min^{-1}) = 1.66\,(m\,V/rpm) \\ &= 1.66 \times 10^{-3} \times (V) / \frac{2\pi}{60}\,(rad/\sec) \\ &= \frac{1.66 \times 10^{-3} \times 30}{\pi}\,(\sec/rad) \\ &= 1.59 \times 10^{-2}\,(V\sec/rad) \end{aligned} \tag{9.20}$$

$$K_t = 15.9\,(mNm/A) = 1.59 \times 10^{-2}\,(Nm/A)$$

$$\begin{aligned} TC &= RJ/K_e K_t = \frac{68.8 \times 0.59 \times 10^{-7}}{(1.59 \times 10^{-2})(1.59 \times 10^{-2})} \\ &= 16.05 \times 10^{-3}\,(\sec) \\ &= 16\,(ms) \end{aligned}$$

식 (9.20)은 제조사의 데이터쉬트를 참고하여 J, K_e, K_t를 계산할 수 있음을 보이고 있으며, 식 (9.18)에서 유도한 시정수(TC)를 이용하여 계산한 결과는 제조사의 데이터쉬트 상의 시정수와 일치함을 알 수 있다.

모터의 전달 함수는 식 (9.16)의 모터 파라미터와 시정수 모델을 이용해서 다음과 같이 구할 수 있다. 마찰 계수(b)가 0이므로

$$\begin{aligned} K &= \frac{K_t}{Rb + K_e K_t} = \frac{1}{K_e} \\ &= \frac{1}{1.59 \times 10^{-2}} = 62.89\,(rad/\sec) \\ \tau &= \frac{RJ}{Rb + K_e K_t} = 16.05 \times 10^{-3}(\sec) \end{aligned} \tag{9.21}$$

이고, 식 (9.21)에서 구한 값을 식 (9.18)에 대입하면 다음과 같은 전달 함수를 구할 수 있다.

$$G(s) = \frac{\omega(s)}{V(s)} = \frac{62.89}{0.0001605s + 1} \tag{9.22}$$

식 (9.22)에서 구한 전달 함수의 계단 응답(Step response)은 다음 그래프와 같이 나타난다.

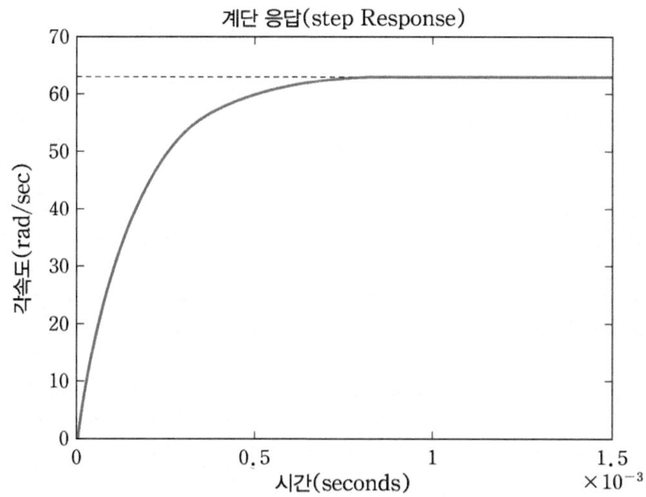

그림 9.6 DC 모터의 계단 응답

9.2.2 이산시간 모델링

모터의 회전값(Angular position)을 출력값으로 하는 위치 제어 모델은 앞 절에서 소개된 식 (9.19)와 같이 적분기를 추가하여 나타낼 수 있으며, 회전량을 출력으로 하는 DC 모터 모델의 블록선도는 [그림 9.7]과 같다.

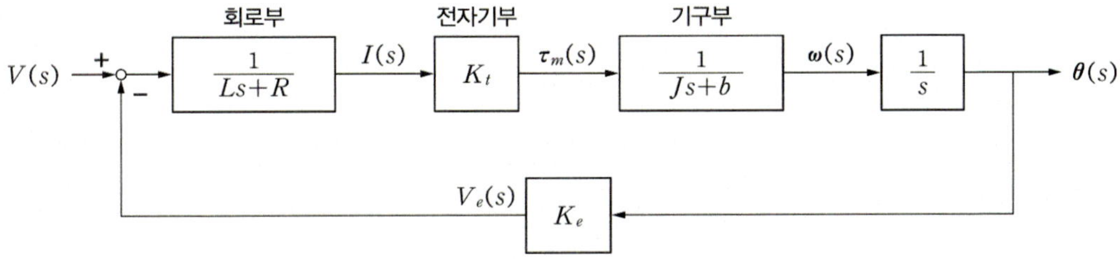

그림 9.7 DC 모터 위치 제어 모델 블록선도

샘플링이 포함되는 라플라스 변환 함수 $X(s)$는 연속 시간 모델(Continuous time domain)에서 이산 시간 영역의(Discrete time domain) 모델로 변환되므로, 컴퓨터와 같은 디지털 계측 장비를 이용한 디지털 제어가 가능하게 된다. 연속 시간 영역에서의 라플라스 변환에 의한 전달 함수와 샘플링이 포함되는 디지털 제어 시스템에서의 z-변환에 의한 전달 함수의 결과는 동일하다. z-변환 함수($X(z)$)는 라플라스 함수($X(s)$)의 펄스 전달 함수(Pulse transfer function)라고도 한다.

이산 시간 영역의 제어기에서 시스템으로 명령을 주는 신호는 디지털-아날로그 변환을 통해서 이루어지며, 반대로 시스템의 센서로부터 제어기로 전달되는 신호는 아날로그-디지털 변환이 이루어진다. 이 때, 신호와 신호 사이의 값은 정확하게 알 수 없기 때문에 상수값으로 근사화할 필요가 있는데, 이를 0차 홀드(Zero-Order Hold, ZOH)라고 하며 디지털 제어 시스템의 설계시 고려해야 주어야 하는 부분이다. 디지털 제어 시스템의 블록선도는 [그림 9.8]과 같다.

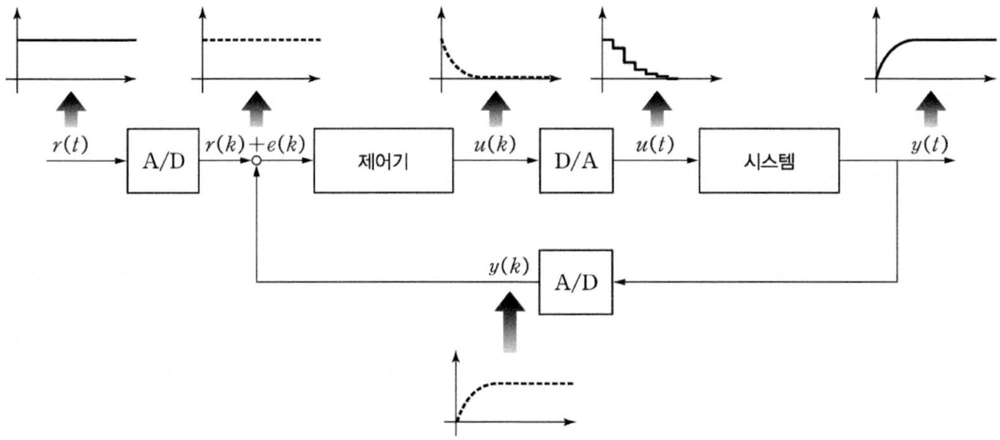

그림 9.8 이산 시스템의 블록선도

디지털 제어 시스템의 전달 함수는 다음과 같이 나타낼 수 있다.

$$G(z) = \frac{Y(z)}{U(z)} \tag{9.23}$$

여기서

$$G(z) = Z\{y(k)\} \tag{9.24}$$

이다.

이산 시간 영역에서의 임펄스(impulse) 신호에 대한 0차 홀드(ZOH)는 다음과 같이 표현할 수 있다.

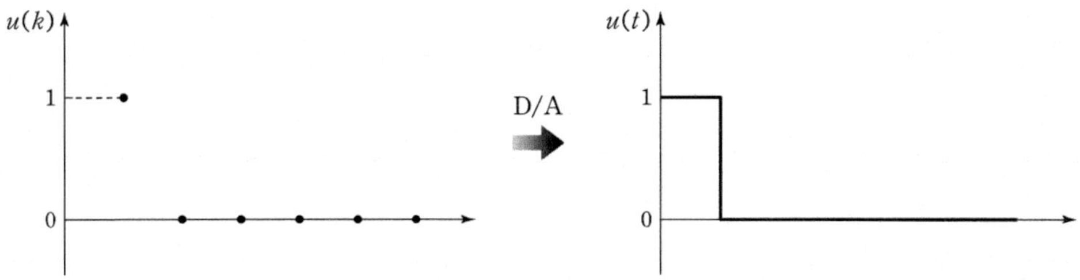

그림 9.9 이산 시간 영역에서 임펄스의 영차 홀드 신호 표현

[그림 9.9]의 임펄스와 0차 홀드 신호 함수는

$$u(k) = \begin{cases} 1 & \text{for } k = 0 \\ 0 & \text{for } k > 0 \end{cases}, \quad u(t) = \begin{cases} 1 & \text{for } 0 \le t \le T \\ 0 & \text{for } t > T \end{cases} \tag{9.25}$$

이고, 변환된 0차 홀드 신호는 계단 함수와 시간 지연 계단 함수를 이용해서 다음과 같이 나타낼 수 있다.

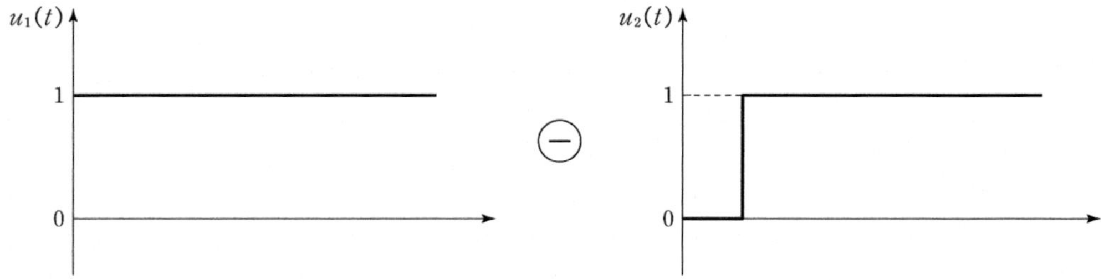

그림 9.10 계단 함수를 이용한 단위 계단 입력 표현

그러므로, 단위 계단 입력 함수는 다음과 같다.

$$u(t) = u_1(t) - u_2(t) \tag{9.26}$$

$u_1(t)$는 일반 단위 계단 함수이므로 라플라스 변환은

$$U_1(s) = \mathcal{L}[u_1(t)] = \frac{1}{s} \tag{9.27}$$

이고, 시간 지연된 계단 함수 $u_2(t)$의 라플라스 변환은 다음과 같다.

$$\begin{aligned} U_2(s) &= \mathcal{L}[u_2(t)] = \mathcal{L}[\delta(t-nT)u_2(t)] \\ &= e^{-nsT}\frac{1}{s} \\ &= \frac{e^{-sT}}{s}, \quad (\text{단}, n=1) \end{aligned} \tag{9.28}$$

따라서, 샘플링에 의한 단위 입력의 라플라스 변환 즉 0차 홀드 함수는 다음과 같다.

$$\begin{aligned} U(s) &= U_{1(s)} - U_2(s) \\ &= \frac{1}{s} - \frac{e^{-sT}}{s} \\ &= (1-e^{-sT})\frac{1}{s} \end{aligned} \tag{9.29}$$

[그림 9.7]의 블록선도를 식 (9.18)에서 구한 전달 함수를 이용하여 간단히 나타내면 다음과 같다.

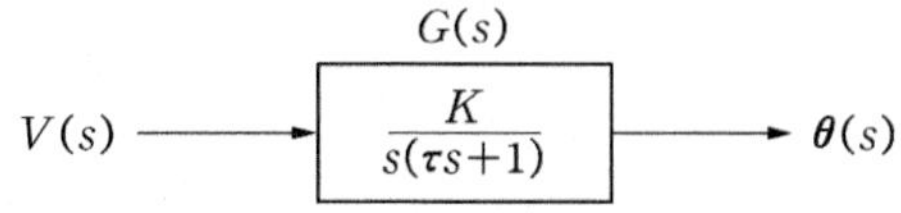

그림 9.11 전달 함수를 이용한 위치 제어 모델 블록선도

[그림 9.11]의 블록선도에 샘플링 시간과 0차 홀드를 추가하여 디지털 제어 시스템으로 변환하면 다음과 같이 나타낼 수 있다.

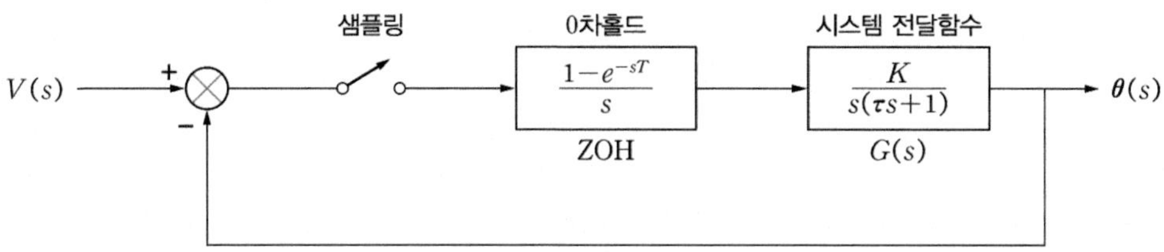

그림 9.12 샘플링으로 표현된 DC 모터의 디지털 제어 시스템 블록선도

[그림 9.12]의 시스템의 출력은

$$\begin{aligned} Y(s) &= G(s)U(s) \\ &= (1-e^{-sT})\frac{G(s)}{s} \end{aligned} \tag{9.30}$$

이므로, 역 라플라스 변환을 수행하면

$$y(t) = \mathcal{L}^{-1}\left\{(1-e^{-sT})\frac{G(s)}{s}\right\} \tag{9.31}$$

이므로, 식 (9.31)에 대한 z-변환은 다음과 같다.

$$Y(z) = Z\left\{\mathcal{L}^{-1}\left\{(1-e^{-sT})\frac{G(s)}{s}\right\}\right\} \tag{9.32}$$

여기서 $z = e^{sT}$이고 식 (9.23)의 입력함수 $U(z)$는 임펄스이므로 전달 함수는 다음과 같이 나타낼 수 있다.

$$G(z) = \frac{Y(z)}{U(z)} = (1-z^{-1})Z\left[\frac{G(s)}{s}\right] \tag{9.33}$$

따라서, 식 (9.19)를 식 (9.33)에 대입하면

$$\begin{aligned} G(z) &= (1-z^{-1})Z\left[\frac{G(s)}{s}\right] \\ &= (1-z^{-1})Z\left[\frac{K}{s^2(\tau s+1)}\right] \\ &= K(1-z^{-1})Z\left[\frac{1}{s^2(\tau s+1)}\right] \end{aligned} \tag{9.34}$$

이고, z-변환 부분을 부분 분수로 전개하여 풀고 라플라스에 대한 z-변환 공식을 사용하여 정리하면

$$\begin{aligned} G(z) &= (1-z^{-1})Z\left[\frac{1}{s^2}-\frac{\tau}{s}+\frac{\tau^2}{\tau s+1}\right] \\ &= (1-z^{-1})\left[\frac{Tz^{-1}}{(1-z^{-1})^2}-\frac{\tau}{(1-z^{-1})}+\frac{\tau}{1-e^{-T/\tau}z^{-1}}\right] \\ &= K\frac{(T-\tau+\tau e^{-T/\tau})z^{-1}+[\tau-(T+\tau)e^{-T/\tau}]z^{-2}}{(1-z^{-1})(1-e^{-T/\tau}z^{-1})} \end{aligned} \tag{9.35}$$

이고, T는 샘플링 시간이다.

식 (9.35)를 z^{-1}에 대하여 정리하면 다음과 같이 z-변환된 이산 시간 영역에서의 전달 함수를 구할 수 있다.

$$\begin{aligned} G(z) &= \frac{b_1z^{-1}+b_2z^{-2}}{1+a_1z^{-1}+a_2z^{-2}} \\ \text{단, } a_1 &= -(1+e^{-T/\tau}) \\ a_2 &= e^{-T/\tau} \\ b_1 &= K(T-\tau+\tau e^{-T/\tau}) \\ b_2 &= K[\tau-(T+\tau)e^{-T/\tau}] \end{aligned} \tag{9.36}$$

예제 9.2

[예제 9.1]에서 구한 시정수(τ)와 DC 모터 이득(K)을 갖는 연속 시간 속도 모델에서 샘플링 시간(T)이 $1\times10^{-4}(s)$일 때, 위치 제어 모델에 대한 펄스 전달 함수를 구하시오.

풀이

식 (9.36)을 이용하여 각 계수를 구하면 다음과 같다.

$$\begin{aligned} a_1 &= -(1+e^{-T/\tau}) = -1.9399596 \\ a_2 &= e^{-T/\tau} = 0.939596 \\ b_1 &= K(T-\tau+\tau e^{-T/\tau}) = 0.001919 \\ b_2 &= K[\tau-(T+\tau)e^{-T/\tau}] = 0.001879 \end{aligned} \tag{9.37}$$

따라서, 펄스 전달 함수는 다음과 같다.

$$G(z) = \frac{0.001919z^{-1}+0.001879z^{-2}}{1-1.939595z^{-1}+0.939595z^{-2}} \tag{9.38}$$

연속 시간 모델과 이산 시간 모델을 그래프로 출력하면 다음과 같다.

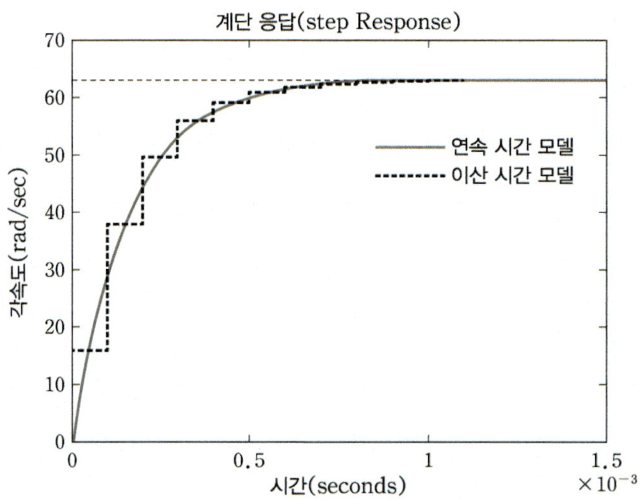

그림 9.13 DC모터의 이산 시간 모델 계단 응답

9.2.3 감속기가 있는 DC 모터 모델링

[그림 9.14]는 관성 부하에 기어 박스로 이루어진 감속기를 통하여 연결된 DC 모터 회전자에 대한 기구 모델이다.

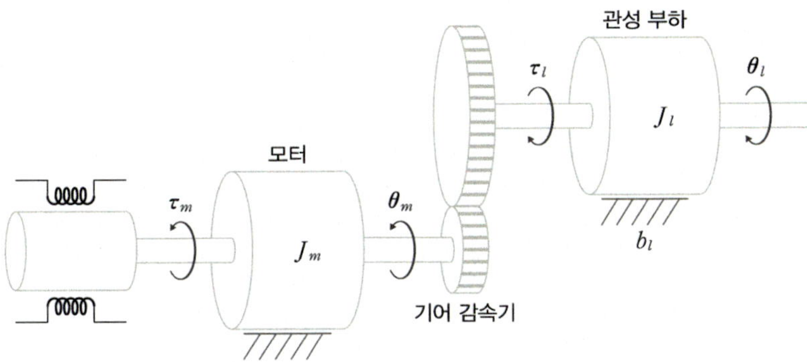

그림 9.14 관성 부하와 기어 감속기에 연결된 DC 모터의 기구 모델

회전자에 가해지는 토크(τ_m)는 식 (9.2)에서 보여진 것과 같이 아마추어에 흐르는 전류($i(t)$)의 함수이다. 모터와 관성 부하를 연결하는 감속기의 기어비(Gear ratio, η)는 관성 부하에서의 속도와 토크에 대해 다음과 같은 관계를 가진다.

$$\begin{aligned} &\theta_m = \eta\theta_l\,,\ \ \theta_l = (1/\eta)\theta_m \\ &\tau_m = (1/\eta)\tau_l\,,\ \ \tau_l = \eta\tau_m \end{aligned} \tag{9.39}$$

여기서 $\eta > 1$이다. 관성 부하와 기어를 포함하는 DC 모터의 동역학 방정식은 회전자에 대한 토크 평형식으로 다음과 같이 나타낼 수 있다.

$$\begin{aligned} &\tau_m - (1/\eta)\tau_l = J_m\ddot{\theta}_m + b_m\dot{\theta}_m \\ &\tau_m = J_m\ddot{\theta}_m + b_m\dot{\theta}_m + (1/\eta)(J_l\ddot{\theta}_l + b_l\dot{\theta}_l) \end{aligned} \tag{9.40}$$

여기서 J_m과 J_l은 모터 회전자와 부하의 관성이고, b_m과 b_l은 회전자와 하중에 연결되어 있는 베어링 등의 점성 마찰 계수(Viscous friction coefficient)이다.

식 (9.39)을 식 (9.40)에 대입하면

$$
\begin{aligned}
\tau_m &= J_m\ddot{\theta}_m + b_m\dot{\theta}_m + (1/\eta)(J_l\ddot{\theta}_l + b_l\dot{\theta}_l) \\
&= J_m\ddot{\theta}_m + b_m\dot{\theta}_m + (\frac{1}{\eta})(J_l\frac{1}{\eta}\ddot{\theta}_m + b_l\frac{1}{\eta}\dot{\theta}_m) \\
&= (J_m + \frac{J_l}{\eta^2})\ddot{\theta}_m + (b_m + \frac{b_l}{\eta^2})\dot{\theta}_m
\end{aligned}
\tag{9.41}
$$

이고, 다시 관성 부하에 걸리는 토크식으로 나타내면 다음과 같다.

$$\tau_l = (J_l + \eta^2 J_m)\ddot{\theta}_l + (b_l + \eta^2 b_m)\dot{\theta}_l \tag{9.42}$$

식 (9.42)의 각가속도 항의 계수($J_l + \eta^2 J_m$)는 기어로 연결되어 있는 출력측의 유효 관성(Effective inertia), 각속도 항의 계수($b_l + \eta^2 b_m$)는 유효 감쇠(Effective damping)이라고 한다. 유효 관성은 모터와 같이 회전하는 축에 연결된 기어와 기어에서 연결되는 부하에 걸리는 부하의 관성이 합산된 것과 같은 효과를 가진다. 부하 관성은 형상과 질량에 따라 달라지지만, 유효 관성에서 기어비의 거듭제곱이 모터 관성에 곱해지기 때문에, 높은 기어비를 가지는 감속기에 연결된 부하에 의한 관성 효과는 적어지게 된다. 따라서, 부하 관성을 일정 수준 이상의 값이 되도록 설정한다면 유효 관성은 일정하게 유지될 수 있다. DC모터의 관성을 모터가 결속되어 있는 부분에서의 관성(J_a)을 고려하면 구동부의 관성은 $J = J_m + J_a$ 이라고 할 수 있다. 편의상 DC 모터측 관성을 J로 나타내고, 식 (9.2)를 식 (9.40)에 대입하면

$$K_t i(t) - (1/\eta)\tau_l(t) = J\ddot{\theta}_m(t) + b_m\dot{\theta}_m(t) \tag{9.43}$$

이고, 초기 조건을 모두 0으로 설정하고 라플라스 변환하면

$$
\begin{aligned}
K_t I(s) - (1/\eta)\tau_l(s) &= Js^2\theta_m(s) - s\theta(0) - \theta'(0) + b_m s\theta_m(s) - \theta(0) \\
&= Js^2\theta_m(s) + b_m s\theta_m(s) \\
&= (Js^2 + b_m s)\theta_m(s)
\end{aligned}
\tag{9.44}
$$

이다. 식 (9.6)으로부터 위치 제어가 포함된 모델의 $I(s)$는

$$I(s) = \frac{V(s) - K_e s\theta_m(s)}{Ls + R} \tag{9.45}$$

이므로, 이를 식 (9.44)에 대입하면 다음과 같다.

$$K_t\left\{\frac{V(s)-K_e s\,\theta_m(s)}{Ls+R}\right\}-(1/\eta)\tau_l(s)=(Js^2+b_m s)\theta_m(s) \tag{9.46}$$

식 (9.46)을 정리하면 다음과 같다.

$$\frac{K_t V(s)}{Ls+R}-(1/\eta)\tau_l(s)=\left(Js^2+b_m s+\frac{K_e K_t s}{Ls+R}\right)\theta_m(s) \tag{9.47}$$

식 (9.47)에서 입력이 $V(s)$와 $\tau_l(s)$의 두 개가 있지만, DC 모터 시스템은 선형 시스템이므로 중첩의 원리를 이용하여 각각의 입력에 대한 독립적인 출력을 구할 수 있다.

먼저, $V=0$ 이라면

$$\frac{\theta_m(s)}{\tau_l(s)}=\frac{-(1/\eta)(Ls+R)}{s[(Ls+R)(Js+b_m)+K_e K_t]} \tag{9.48}$$

이고, $\tau_l=0$이라면

$$\frac{\theta_m(s)}{V(s)}=\frac{K_t}{s[(Ls+R)(Js+b_m)+K_e K_t]} \tag{9.49}$$

이다.

식 (9.49)의 우변은 다음과 같이 나타낼 수 있다.

$$\frac{\theta_m(s)}{V(s)}=\frac{K_t}{s\left[(\frac{L}{R}s+1)(\frac{J}{b_m}s+1)+K_e K_t\right]} \tag{9.50}$$

일반적으로 $\frac{L}{R}\ll\frac{J}{b_m}$ 이므로, 식 (9.50)은 다음과 같이 2차식으로 근사화할 수 있다.

$$\frac{\theta_m(s)}{V(s)}=\frac{K_t}{s\left[(\frac{J}{b_m}s+1)+K_e K_t\right]} \tag{9.51}$$

식 (9.51)은 식 (9.19)와 같은 형태의 2차 전달 함수이다. 각 항의 계수를 치환하면 다음과 같이 나타낼 수 있다.

$$\frac{\theta_m(s)}{V(s)} = \frac{M}{s(Ps+Q)} \tag{9.52}$$

여기서 $P = J/b_m$, $Q = 1 + K_e K_t$, $M = K_t$ 이다.

[그림 9.15]는 관성 부하와 기어에 연결된 DC 모터에 대한 블록선도이다.

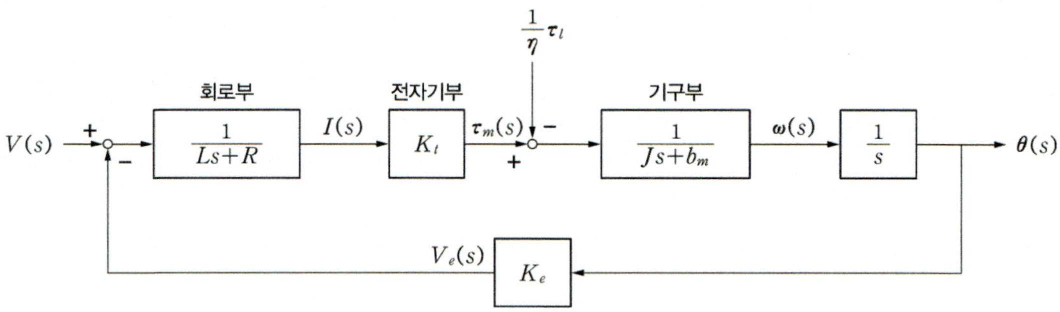

그림 9.15 기어와 관성 부하에 연결된 DC 모터의 블록선도

[그림 9.7]과 비교했을 때, 기어에 연결된 부하측의 동적 모델은 높은 기어비에 의해서 회로부의 영향은 미미해지고, 기본적인 모터 파라미터와 기구부의 특성에 의해서 출력이 결정됨을 알 수 있다.

예제 9.3

1자유도 매니퓰레이터를 구동하는 구동부의 링크 관성(J_l)이 $2 \le J_l \le 5\,(kgm^2)$, 모터 회전자 관성(J_m)이 $0.005\,(kgm^2)$, 기어비(η)가 100일 때, 실제 구동부의 유효 관성을 구하시오.

풀이

식 (9.52)로부터 유효 관성(EI)은 다음과 같은 범위에 있다.

$$J_l + \eta^2 J_m = 5.0 + (100^2 \cdot 0.005) = 55$$

$$J_l + \eta^2 J_m = 2.0 + (100^2 \cdot 0.005) = 52 \tag{9.53}$$

$$52 \le EI \le 55$$

예제 9.4

[예제 9.1]의 DC 모터가 [예제 9.3]에서와 같은 파라미터와 0.09의 마찰 계수를 가질 때, DC 모터 시스템의 전달 함수를 구하시오.

풀이

링크의 최대 유효 관성값과 식 (9.51)을 이용하여 전달 함수를 구하면 다음과 같다.

$$\begin{aligned}\frac{\theta_m(s)}{V(s)} &= \frac{1.59\times 10^{-2}}{s[(5+0.005)/0.009]s+1+(1.59\times 10^{-2})(1.59\times 10^{-2})} \\ &= \frac{0.0159}{s[(4.996)s+1.00025281]}\end{aligned} \tag{9.54}$$

9.3 극점과 근궤적

일반적인 매니퓰레이터 시스템의 성능은 목표로 하는 작업을 얼마나 정확하게 또는 정교하게 완수할 수 있는지로 판단할 수 있다. 예를 들어, 매니퓰레이터의 경로 추종시, 허용 가능한 작은 오차 범위 내에서 지속적인 경로를 따라 최종 목적지에 원하는 시간에 도착해야 한다.

매니퓰레이터가 허용 가능한 또는 최소한의 오차 범위 내에서 동작할 수 있도록 하기 위해서, 매니퓰레이터의 제어기는 출력단의 적절한 센서를 통한 피드백(Feedback)을 사용해서 오차를 보상하는 것이 일반적이다. 다시 말하면, 원하는 위치와 현재 위치의 차이, 원하는 속도와 실제 속도와의 차이 등을 계산하여 오차 만큼의 위치나 속도를 보상해서 매니퓰레이터를 제어한다. 이와 같이 피드백을 사용하는 제어 시스템은 폐루프(Closed loop) 시스템이라고 한다.

앞 절에서 매니퓰레이터를 구성하는 구동부 즉, DC 모터 시스템은 식 (9.9), (9.13)과 (9.52)를 통해서 2차 선형 시스템임을 알 수 있다. 이 절에서는 독자들이 물리적 현상을 미분 방정식으로 나타낼 수 있으며, 기초적인 제어 이론을 알고 있다는 가정하에 제어기 설계에 관한 내용을 설명한다.

매니퓰레이터 시스템은 센서의 피드백을 통해서 진폭(또는 오차)이 지수적으로 감소하면서 정상 상태(오차가 0)에 도달하는 2차 진동 시스템으로 생각할 수 있다. 2차 진동 시스템은 일반적으로 마찰이 있는 질량-스프링-댐퍼(Mass-spring-damper) 시스템으로 [그림 9.16]과 같이 표현할 수 있다.

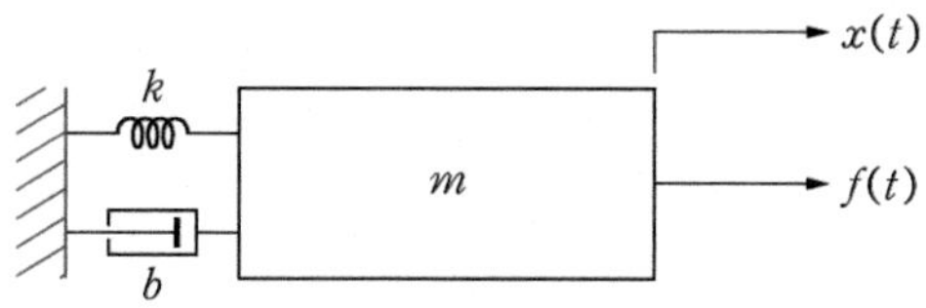

그림 9.16 질량-스프링-댐퍼 시스템

이 시스템은 [그림 9.17]과 같이 각 요소에 작용되는 힘에 대해서 개념적으로 나타낼 수 있다.

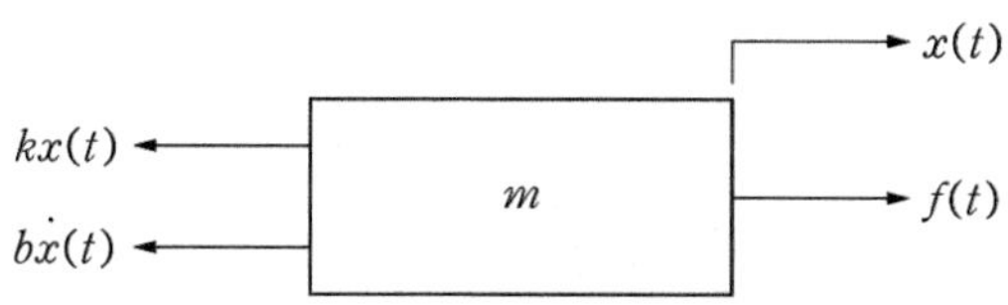

그림 9.17 질량-스프링-댐퍼 시스템의 블록선도

그리고, 정·동역학 모델 수립시 적용된 뉴튼의 제2법칙을 이용하여 다음과 같이 나타낼 수 있다.

$$f(t) - b\frac{dx}{dt} - kx(t) = m\frac{d^2x}{dt^2} \tag{9.55}$$

식 (9.55)에 대한 라플라스 변환을 수행하면

$$F(s) - bsX(s) - kX(s) = ms^2X(s) \tag{9.56}$$

이므로, 전달 함수를 구하면 다음과 같다.

$$G(s) = \frac{F(s)}{X(s)} = \frac{1}{ms^2 + bs + k} \tag{9.57}$$

식 (9.57)은 앞 절의 식 (9.10)과 (9.52)와 같은 형태를 가지고 있다. 이 방정식의 분모를 0으로 만드는 식은 특성 방정식(Characteristic equation)이라고 하며, 근의 공식을 이용해서 이 방정식의 해를 구할 수 있다.

$$s = -\frac{b \pm \sqrt{b^2 - 4mk}}{2m} \tag{9.58}$$

식 (9.58)의 두 근은 복소 평면에서 극점(Pole)이라고 하며, 시스템의 운동 특성을 나타낸다. 만약 두 근이 실수이면서 서로 다른 근이면, 시스템은 진동이 없고 느린 운동을 한다. 즉 마찰이 크다고 할 수 있다. 이런 경우엔 댐퍼의 작용이 크게 작용하고 있다고 할 수 있기 때문에 과감쇠(Overdamped)라고 한다.

두 근이 복소수이면 강성이 크고 시스템에 진동 현상이 나타나게 된다. 진동이 발생하는 경우엔 댐퍼 역할이 적절하게 이루어지지 않은 것으로 생각할 수 있으므로 부족감쇠(Underdamped)라고 한다.

또한, 두 근이 실수이면서 같은 경우는 시스템의 강성과 마찰이 균형을 이루는 시스템이며, 진동이 거의 없고 빠르게 정상 상태로 진입하게 된다. 이러한 시스템은 임계감쇠(Critically damped)라고 한다.

따라서, 이런 특성들은 시스템의 극점과 매우 긴밀한 관계가 있으므로, 원하는 매니퓰레이터 시스템의 안정성과 성능을 얻기 위해서는 폐루프 시스템의 극점을 적절하게 조절할 필요가 있다.

9.3.1 2차 시스템의 극점과 근궤적

근궤적(Root locus)은 하나의 파라미터가 0에서 ∞까지 변하는 동안 폐루프 시스템의 극점들이 움직인 자취를 의미하며, 하나의 파라미터를 다루는 제어기를 설계하는 경우에 매우 유용하게 사용된다. 두 개 이상의 파라미터가 있는 경우엔 하나의 파라미터를 고정한 상태에서 다른 하나의 파라미터를 변화시키면서 근궤적을 찾는 방법이 사용된다.

근궤적을 이용해서 극점을 선정하는 경우, 제어 시스템의 안정성 확보를 위해서 극점을 좌반 평면에 배치하고, 원하는 목표 성능을 달성할 수 있는 과도 응답(Transient response) 특성이 나타나도록 극점의 상세한 위치를 결정한다. 근궤적에서 다루는 기본적인 폐루프 시스템의 블록선도는 [그림 9.18]과 같다.

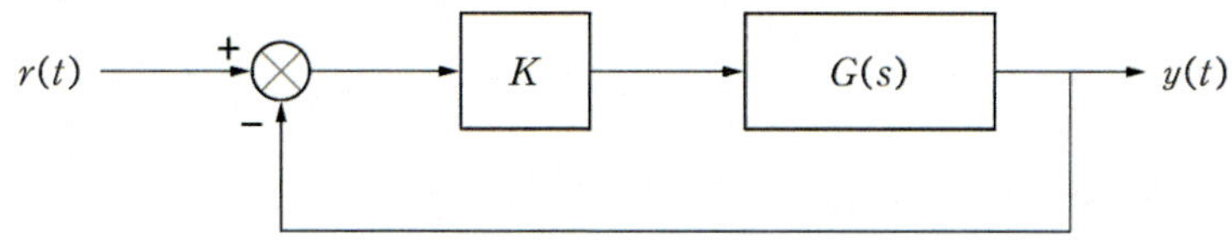

그림 9.18 단위 피드백 폐루프 시스템의 블록선도

이 시스템은 간단한 비례 제어기(K)와 제어 대상인 플랜트 시스템($G(s)$)의 직렬 조합으로 이루어진 단위 피드백 시스템이다. 제어 대상인 플랜트의 전달 함수를 구하고 이 전달 함수에 제어기가 추가된 형태임에 유의할 필요가 있다. 이 시스템의 전달 함수는 다음과 같이 표현된다.

$$\frac{Y(s)}{R(s)} = \frac{KG(s)}{1+KG(s)} \tag{9.59}$$

예제 9.5

$KG(s)$가 다음과 같을 때 제어 시스템의 근궤적을 구하시오.

$$KG(s) = \frac{K}{s(s+1)} \tag{9.60}$$

풀이

식 (9.60)의 특성 방정식은 다음과 같으므로

$$1+KG(s) = 1+\frac{K}{s(s+1)} = 0 \tag{9.61}$$

극점은 0과 -1이다. 모든 극점이 복소 평면상의 좌측, 즉 좌반 평면에 있기 때문에 시스템은 안정하다. 식 (9.61)의 양변에 $s(s+1)$을 곱해서 식을 정리하면

$$s^2+s+K=0 \tag{9.62}$$

이고, s에 관한 2차 방정식의 해를 구하면 다음과 같다.

$$s = -\frac{1 \pm \sqrt{1-4K}}{2} \tag{9.63}$$

식 (9.63)로부터 K가 변함에 따라 특성 방정식의 해인 시스템의 극점이 변경됨을 알 수 있다. $0 < K \leq \frac{1}{4}$ 에서는 서로 다른 실근이며, $K \geq \frac{1}{4}$ 에서는 서로 다른 허근이므로, 이에 대한 근궤적을 그리면 [그림 9.19]와 같다.

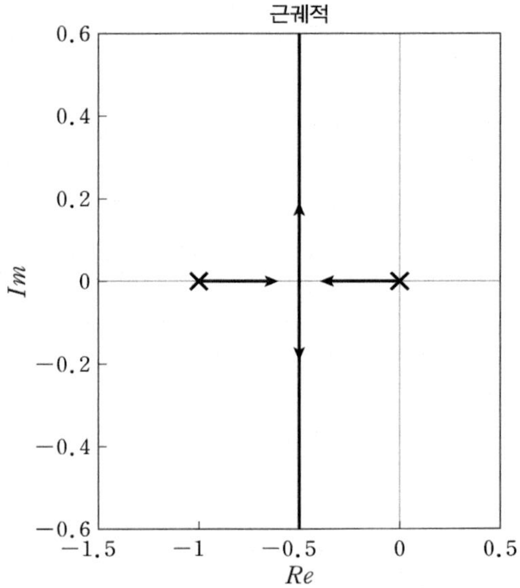

그림 9.19 단위 피드백 폐루프 제어 시스템의 근궤적

[예제 9.5]의 결과로부터 변화되는 극점의 궤적을 확인할 수 있다. [그림 9.19]의 근궤적은 두 극점이 처음에 -1과 0에서 위치하고 있으며(× 표시), K값이 증가함에 따라 서로 반대 방향으로 이동하면서 $K = \frac{1}{4}$일 때 -0.5에서 만나고, 그 이후로는 켤레 복소수가 되어 각각 위 아래 방향으로 움직인다. $K > 0$ 에서 모든 극점이 좌반 평면상에 있으므로 이 시스템은 안정하다고 할 수 있다.

다음으로 [예제 9.5]의 제어 시스템의 응답 성능을 고려하여 적절한 비례 제어기의 이득값을 결정할 필요가 있다. 제어 시스템의 성능에 관한 지표로는 상승 시간(Rise time, T_r), 최고값 시간(Peak time, T_p), 퍼센트 오버슈트(Percent overshoot, $\%OS$), 정착 시간(Settling time, T_s) 등이 있다.

만약, [예제 9.5]의 제어 시스템의 $\%OS$를 17% 이하로 설정한다면, 식 (9.64)의 $\%OS$ 식을 이용하여

$$\%OS = e^{-(\zeta\pi/\sqrt{1-\zeta^2})} \times 100 \tag{9.64}$$

다음과 같이 시스템의 감쇠비를 구할 수 있고

$$
\begin{aligned}
&e^{-(\zeta\pi/\sqrt{1-\zeta^2})} \leq 0.17 \\
&\zeta \geq 0.4913 \\
&\zeta \simeq 0.5
\end{aligned}
\tag{9.65}
$$

고유 진동수를 고정했을 때, 감쇠비 선의 각도는

$$
\begin{aligned}
\theta &= \cos^{-1}(\zeta) \\
&= \cos^{-1}(0.5) = 60^{\circ}
\end{aligned}
\tag{9.66}
$$

이며, 이에 대한 근궤적을 다시 그리면 다음과 같이 나타낼 수 있다.

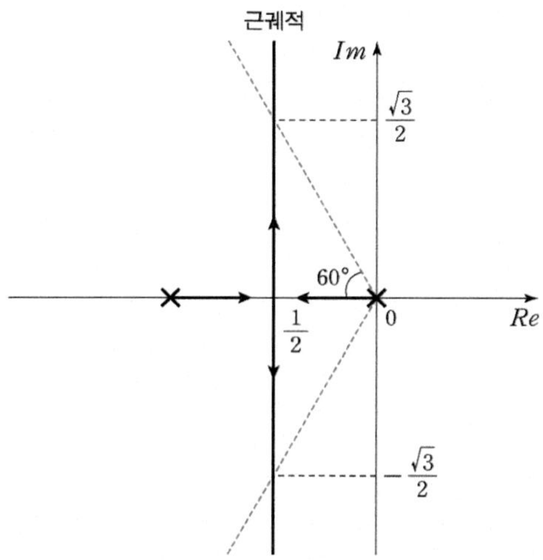

그림 9.20 $\%OS$ 17% 이하를 만족하는 극점

따라서, 두 극점은 다음과 같으며

$$
s = \frac{-1 \pm j\sqrt{3}}{2} \tag{9.67}
$$

식 (9.63)과 (9.67)로부터 다음과 같은 비례 제어기의 이득을 결정할 수 있다.

$$\frac{\sqrt{1-4K}}{2} = \frac{\sqrt{-3}}{2} \qquad (9.68)$$

$$K = 1$$

또한, 상승 시간과 감쇠비 사이의 정확한 관계식은 구할 수 없으나, 부족 감쇠 응답 특성을 가지는 2차 시스템의 감쇠비에 대한 정규화된 상승 시간은 [그림 9.21]과 같다.

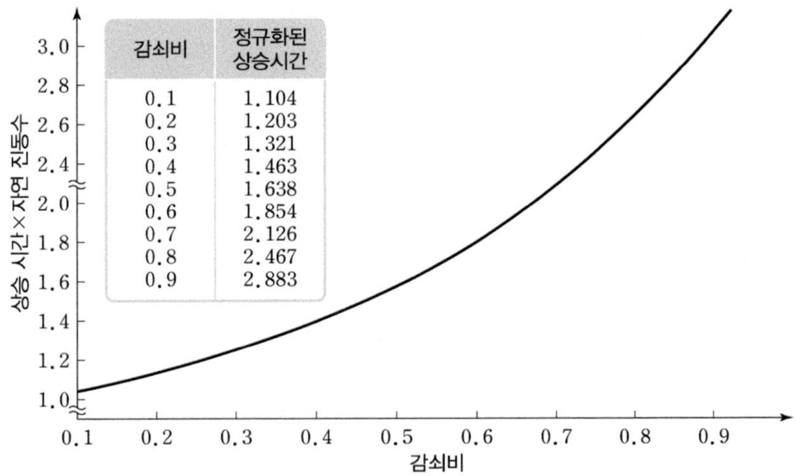

그림 9.21 감쇠비에 대한 정규화된 상승 시간

상승 시간은 다음의 식과 같으므로

$$T_s = \frac{4}{\zeta\omega_n} \qquad (9.69)$$

다음과 같이 고유 진동수를 계산할 수 있다.

$$1.638 = \frac{4}{0.5\,\omega_n}$$

$$\omega_n = 0.20475 \qquad (9.70)$$

예제 9.6

다음과 같은 전달 함수가 있을 때, a가 0부터 ∞까지 변할 때, 단위 피드백 폐루프 제어 시스템의 극점이 변화하는 근궤적을 나타내시오.

$$\frac{2}{s(s+a)} \tag{9.71}$$

풀이

식 (9.71)의 전달 함수를 가지는 단위 피드백 폐루프 특성 방정식은

$$\begin{aligned} &1+\frac{2}{s(s+a)}=0 \\ &s^2+as+2=0 \end{aligned} \tag{9.72}$$

이며, 극점은 다음과 같다.

$$s=\frac{-a\pm\sqrt{a^2-8}}{2} \tag{9.73}$$

따라서,

$$\begin{aligned} &a \geq 2\sqrt{2} \text{ 일 때, 실근} \\ &a = 2\sqrt{2} \text{ 일 때, 중근} \\ &0 < a < 2\sqrt{2} \text{ 일 때, 허근} \end{aligned} \tag{9.74}$$

을 가지며, 두 허근은 서로 켤레이기 때문에 다음과 같은 관계식이 성립된다.

$$\begin{aligned} &s_1+\overline{s_1}=-a \\ &s_1\overline{s_1}=2 \end{aligned} \tag{9.75}$$

식 (9.75)로부터

$$|s|=\sqrt{2} \tag{9.76}$$

이다. 따라서, 근궤적이 원점을 중심으로 반지름 $\sqrt{2}$인 반원이다. $a=0$이면 특성 방정식의 극점은 $\pm j\sqrt{2}$인 허수축에서 출발한다. 근궤적을 그리면 [그림 9.22]와 같다.

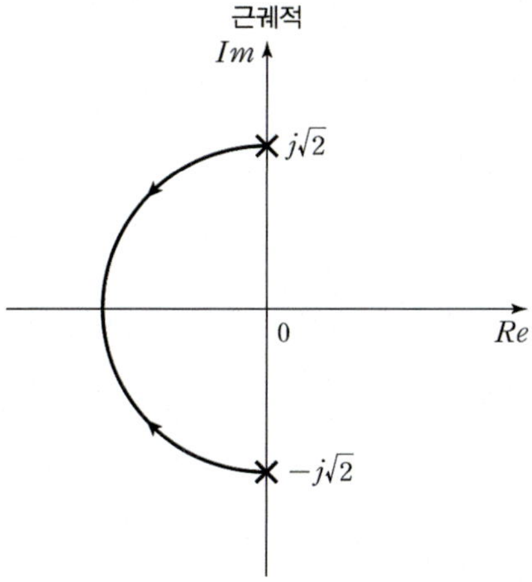

그림 9.22 좌반 평면 상에 움직인 반원 형태의 근궤적

9.3.2 근궤적의 특성

제어 시스템의 전달 함수는 일반적으로 다음과 같은 형태로 표현된다.

$$1+KG(s)=1+\frac{K(s+q_1)(s+q_2)\cdots(s+q_m)}{(s+p_1)(s+p_2)\cdots(s+p_n)} \tag{9.77}$$

여기서 n은 극점의 개수, m은 영점의 개수이며, 근궤적은 다음을 만족시키는 해를 찾는 것이라고 할 수 있다.

$$KG(s)=-1 \tag{9.78}$$

앞에서 살펴본 바와 마찬가지로, 극점은 대칭의 관계에 있기 때문에 다음 식을 만족한다.

$$\begin{aligned} |KG(s)| &= 1 \\ \angle KG(s) &= (2k+1)\pi,\ \ k=0,\pm 1,\pm 2\cdots \end{aligned} \tag{9.79}$$

식 (9.79)를 만족하는 특징을 살펴보면 다음과 같다. 각 특성에 관한 상세한 내용은 전문 서적을 참고하기 바란다.

근궤적의 출발점

근궤적의 출발점은 앞에서 살펴본 바와 같이 $K=0$ 일 때의 극점이다. 근궤적은 항상 $G(s)$의 모든 극점에서 출발한다.

근궤적의 도착점

근궤적의 도착점은 $K=\infty$ 일 때의 극점이다. 극점에서 출발한 근궤적은 발산하고, 일부 극점의 근궤적은 $G(s)$의 영점에 도착한다.

근궤적의 대칭성

특성 방정식의 해는 실근 또는 켤레 복소수이므로 근궤적은 실수축에 대해서 대칭이다.

실수축상의 근궤적

$KG(s)$의 실극점과 실영점으로부터 실수축이 분할되는 경우, 오른쪽 구간에서 영점과 극점의 합이 홀수인 경우에 극점이 존재한다.

근궤적의 점근선

이득 K가 커질수록 근궤적은 점근선에 가까워진다.

근궤적의 분기점

특성 방정식의 다중근으로 나타나는 복소 평면상의 점을 의미하며, 분기점에서는 두 개 이상의 근궤적이 만났다가 분리된다.

근궤적과 허수축의 교차점

이득 K값의 변화에 따라 허수축을 지나 복소 평면의 우반 평면으로 들어가는 순간은 제어 시스템이 불안정해지는 점이 된다. 따라서, 이 점은 제어 시스템의 안정성을 보장하는 임계점이 되며, 이 점에 대응하는 K 값은 Routh-Hurwitz 방법으로 구할 수 있다.

앞에서 기술한 일련의 특성은 근궤적을 이용해서 시스템의 과도 응답과 성능, 안정성을 확보하는데 활용된다. 다음의 예제를 통해서 근궤적을 활용하는 방법에 대해서 알아보도록 하자.

예제 9.7

다음과 같은 전달 함수가 있을 때, 단위 피드백 시스템의 근궤적의 특징을 설명하시오.

$$KG(s) = \frac{K}{s(s+3)(s^2+2s+2)} \tag{9.80}$$

풀이

이 시스템은 영점이 없으며, 극점은 0, −3, −1±j 4개가 존재한다. 따라서, 점근선은 극점과 영점 개수의 차이므로 4개의 점근선을 가진다. 또한, 실수축 상에서 점근선의 교차점(Intersect of aymptotes)은 도심(Centroid)이라고도 하며,

$$ba = \frac{-\sum_{i=1}^{n} p_i + \sum_{i=1}^{m} q_i}{n-m} \tag{9.81}$$

를 이용하여 계산할 수 있다. 따라서, 주어진 시스템의 도심은

$$\frac{0-3-1+j-1-j}{4} = -1.25 \tag{9.82}$$

이다.

점근선의 각도는 다음의 식을 이용해서 구할 수 있으며, 점근선의 개수와 같다.

$$\phi_k = \frac{(2k+1)\pi}{n-m}\Big|_{k=0,1,\cdots,n-m-1} \tag{9.83}$$

각 점근선의 접근 각도를 구하면 다음과 같다.

$$\begin{aligned}
\phi_0 &= \frac{(2\times 0+1)\pi}{4} = \frac{\pi}{4} = 45^\circ \\
\phi_1 &= \frac{(2\times 1+1)\pi}{4} = \frac{3\pi}{4} = 135^\circ \\
\phi_2 &= \frac{(2\times 2+1)\pi}{4} = \frac{5\pi}{4} = 225^\circ \\
\phi_3 &= \frac{(2\times 3+1)\pi}{4} = \frac{7\pi}{4} = 315^\circ
\end{aligned} \tag{9.84}$$

근궤적의 출발각(Angle of departure) 또는 도착각(Angle of arrival)은 다음과 같다.

$$\begin{aligned} \angle G(s_1)H(s_1) &= \sum_{k=1}^{m} \angle (s_1 - z_k) - \sum_{j=1}^{n} \angle (s_1 - p_j) \\ &= (2i+1) \times 180^\circ \ (K \geq 0, \ \ i = 0, \pm 1, \pm 2, \cdots) \end{aligned} \tag{9.85}$$

여기서 z는 영점, p는 극점이다.

$s=-1+j$로부터 출발한 각도는 다음과 같이 구할 수 있다.

$$\begin{gathered} -(\theta_{p_1} + \theta_{p_2} + \theta_{p_3} + \theta_{p_4}) = (2k+1) \times 180^\circ \\ -(135^\circ + 90^\circ + \theta_{p_3} + 26.6^\circ) = (2k+1) \times 180^\circ \\ \therefore \theta_{p_3} = -71.6 \end{gathered} \tag{9.86}$$

$s=-1-j$로부터 출발한 각도는 식 (9.85)에서 구한 값과 대칭이므로 $\theta_{p_3} = 71.6$이다. 나머지 근궤적의 출발각도 같은 방식으로 구할 수 있다.

근궤적의 분기점은 $\frac{dK}{ds}$를 이용하여 구할 수 있으므로, 특성 방정식으로부터

$$\begin{aligned} 1 + KG(s) &= s(s+3)(s^2+2s+2) + K = 0 \\ &= s^4 + 5s^3 + 8s^2 + 6s + K = 0 \\ \frac{dK}{ds} &= -(4s^3 + 15s^2 + 16s + 6) = 0 \end{aligned} \tag{9.87}$$

이다. 따라서, 식 (9.85)를 만족하는 해는 다음과 같다.

$$\begin{aligned} s &= -2.3, & K &= 4.33 \\ s &= -0.73 \pm j0.35 & K &= 1.79 \mp j0.18 \end{aligned} \tag{9.88}$$

실수축 상의 양의 K에 해당하는 $s=-2.3$ 만 분기점이 된다. 이상의 근궤적의 특성에 대한 그래프는 [그림 9.23]과 같다.

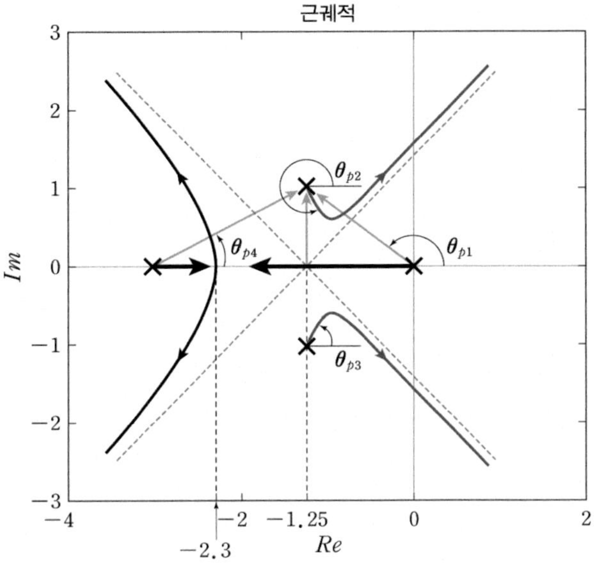

그림 9.23 교차점, 분기점, 점근선에 대한 근궤적 특성 그래프

마지막으로 허수축과의 교차점은 특성 방정식을 사용하는 Routh-Hurwitz 테이블로부터

표 9.1 Routh-Hurwitz 표

s^4	1	8	K
s^3	5	6	0
s^2	$\dfrac{5\times 8-1\times 6}{5}$ $=\dfrac{34}{5}$	$\dfrac{5\times K-1\times 0}{5}$ $=\dfrac{5K}{5}=K$	0
s^1	$\dfrac{34/5\times 6-5\times K}{34/5}$ $=\dfrac{204/5-5K}{34/5}$	0	
s^0	K		

여기서 극점이 복소 평면의 좌측에 있도록 하기 위해서는 첫 번째 열의 값이 모두 양수이어야 한다. 따라서, s^0, s^1에 해당하는 두 값이 모두 0보다 커야 하므로, 다음과 같이 구할 수 있다.

$$s^0,\ K > 0 \qquad s^1,\ \frac{204/5 - 5K}{34/5} > 0$$

이므로, (9.89)

$$0 < K < 204/25 = 8.15$$

즉, $K = 8.15$일 때 근궤적과 허수축이 교차하며, 교차점의 허수축 좌표값은 보조 방정시을 이용해서 다음과 같이 구할 수 있다.

$$\frac{34}{5}s^2 + K = \frac{34}{5}s^2 + 8.15 = 0$$

$$s = \pm j1.095 \tag{9.90}$$

이상의 근궤적 특성을 그래프로 나타내면 [그림 9.24]와 같다.

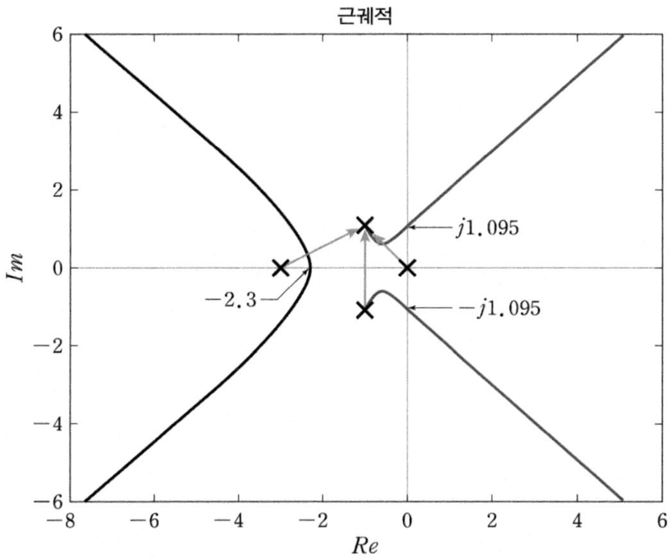

그림 9.24 $KG(s) = \dfrac{K}{s(s+3)(s^2+2s+2)}$ 의 근궤적

9.4 매니퓰레이터의 제어기 설계

앞 절에서는 비례 이득만을 사용하는 간단한 제어기에서 근궤적을 통하여 폐루프 제어 시스템의 극점의 변화를 확인할 수 있었다. 그리고, 이러한 극점의 경로를 바탕으로 제어 시스템의 안정성과 성능 목표를 달성할 수 있는 방법에 대해서 논의했다. 이번 절에서는 약 95%이상의 산업용 로봇에 적용되고 있는 비례-적분-미분 제어기(PID controller)를 근궤적을 이용해서 설계하는 방법에 대해서 살펴본다.

9.4.1 비례 제어기 설계

앞 절에서 살펴본 비례 이득만을 사용하는 제어기를 비례 제어기(Proportional controller, P 제어기)라고 한다. 다음과 같은 1자유도 매니퓰레이터의 시스템의 전달 함수를 가정한다.

$$G(s) = \frac{0.1}{s^2 + 2s + 0.1} \tag{9.91}$$

시스템에 계단 입력을 가하면, 이 시스템은 [그림 9.25]와 같은, 정상 상태 오차는 0이지만 상승 시간이 4초 정도로 느린 특성을 가지고 있다. 이런 특성을 앞 절에서 다룬 적절한 비례 제어 이득 K를 가지는 단위 피드백 제어 시스템을 사용해서 느린 특성을 개선할 수 있다.

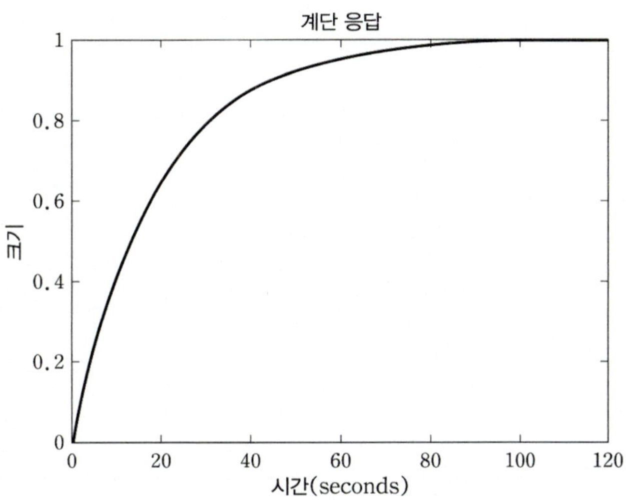

그림 9.25 $G(s) = \frac{0.1}{s^2 + 2s + 0.1}$ 의 단위 계단 응답

이 시스템의 근궤적은 [그림 9.26]과 같다.

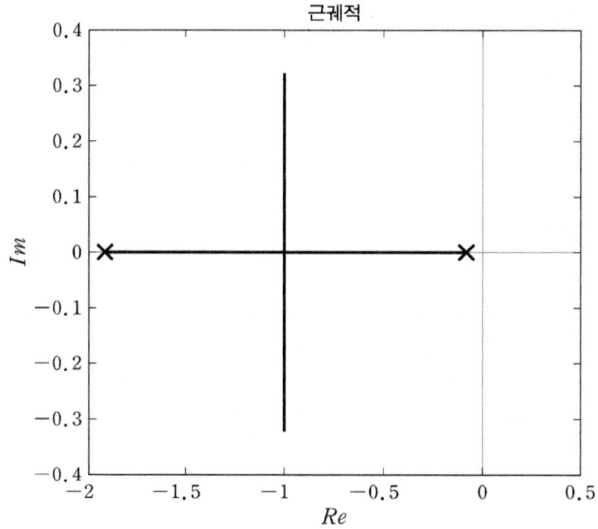

그림 9.26 $G(s)=\dfrac{0.1}{s^2+2s+0.1}$ 의 근궤적

비례 이득의 증가는 다음과 같은 현상을 나타낸다. 첫 번째, K값이 증가함에 따라 극점의 실수부가 고정되기 때문에 정착 시간은 일정한 범위 내에서 나타난다. 두 번째, K값이 증가함에 따라 정상 상태의 오차는 감소한다. 또한, 감쇠비가 작아져서 오버슈트는 증가한다. 마지막으로 부족감쇠인 경우에는 K값이 커지면 상승 시간이 감소한다.

다음과 같이 몇 가지 K값을 적용한 계단 응답이 [그림 9.27]에 나타나 있다.

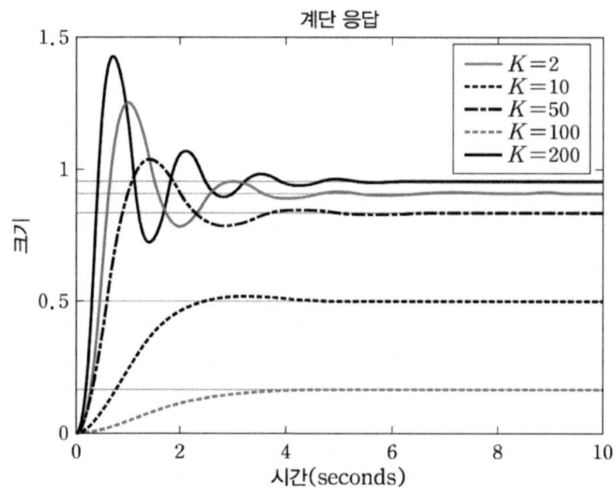

그림 9.27 P 제어기의 이득에 따른 시스템의 계단 응답

비례 제어기의 이득 K값이 증감함에 따라 상승 시간과 정착 시간이 획기적으로 감소하는 것을 확인할 수 있다. $K \geq 9$이면 정착 시간은 약 4.2±0.1초 정도 소요되며, $K \geq 50$이면 정착 시간은 약 3.5±0.3초 정도 소요된다. 하지만, 이득값이 증가하면서 오버슈트의 증가와 정상 상태 오차가 발생하는 것을 볼 수 있다. 특히, 오버슈트가 크게 증가하면 정상 상태에 도달할 때까지 몇 번의 큰 진동과 미세한 정상 상태 오차가 발생하는 것을 확인할 수 있다. 즉, 상승 시간과 정상 상태 오차는 감소하지만, 오버슈트가 커지면서 시스템의 과도 응답 특성이 나빠질 수 있는 단점을 가지게 된다. 또한, 앞 절에서 언급된 것처럼 제어 시스템에 따라서 이득값을 높이면 근궤적이 복소 평면상이 우반 평면에 진입하게 되어 시스템이 불안정해지는 경우가 있으므로 유의할 필요가 있다.

9.4.2 비례-적분 제어기 설계

앞 절의 단순 비례 제어기에 적분 연산을 추가한 제어 방법을 비례-적분 제어, 또는 PI 제어기(Proportional-Integral controller)라고 한다. PI 제어기는 앞 절의 비례 제어기에서 비례 이득을 증가시켰을 때 발생하는 정상 상태 오차를 개선하는 것이 가장 큰 목적이다. PI 제어기에 대한 개선을 블록선도로 표시하면 [그림 9.28]과 같다.

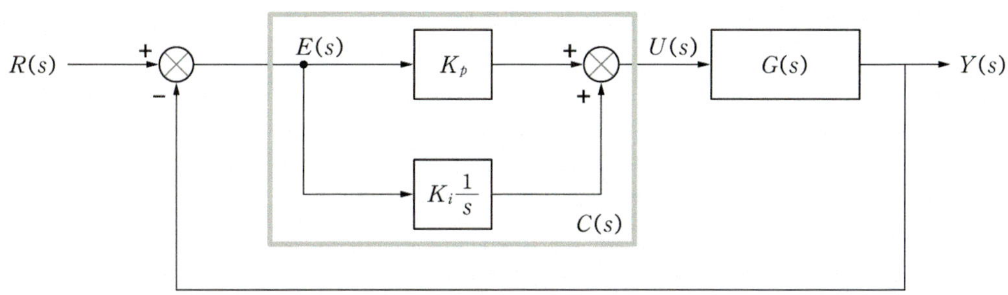

그림 9.28 PI 제어기의 블록선도

제어기 부분에 대한 전달 함수는 다음과 같으며, K_p는 비례 이득, K_i는 적분 이득이다.

$$C(s) = K_p + K_i \frac{1}{s} = \frac{K_p s + K_i}{s} \tag{9.92}$$

식 (9.92)의 제어기 전달 함수를 시간 영역에서 나타내면 다음과 같다.

$$u(t) = K_p e(t) + K_i \int_0^t e(\tau) d\tau \tag{9.93}$$

또는 제어기의 이득을 K_c(혹은 비례 이득 K_p)라고 하면 식 (9.92)는 다음과 같이 표현된다.

$$u(t) = K_c \left(e(t) + \frac{1}{T_i} \int_0^t e(\tau) d\tau \right) + C \tag{9.94}$$

여기서 T_i는 적분 시간, C는 제어기의 초기값이다. K_c와 T_i이 시스템의 정상 상태 오차에 미치는 영향은 [그림 9.29]와 같다.

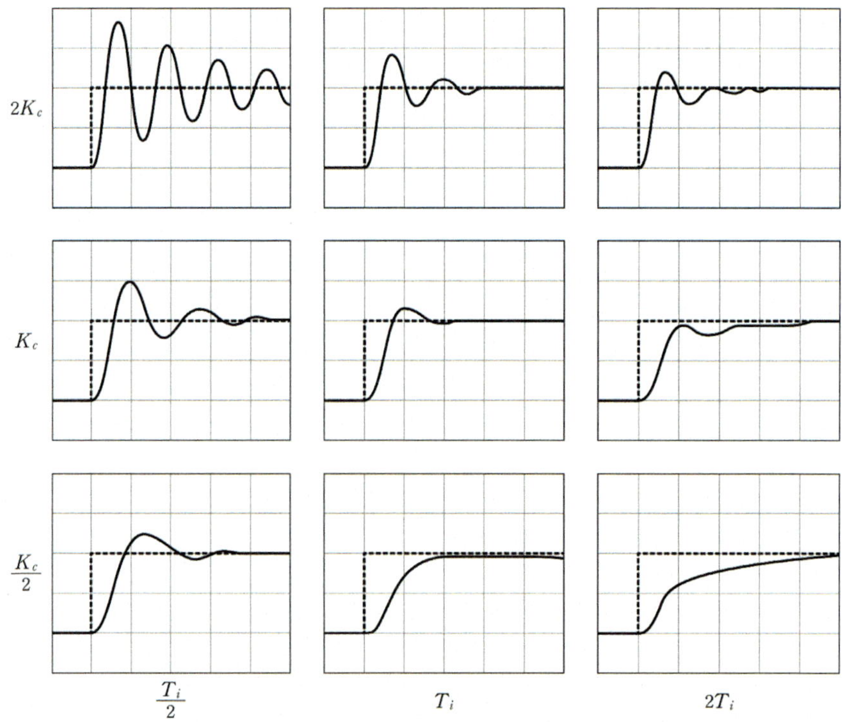

그림 9.29 비례, 적분 이득이 정상 상태 오차에 미치는 영향

예제 9.8

다음과 같은 전달 함수가 있을 때, 단위 피드백 시스템의 P, PI 제어 보상에 의한 계단 응답을 나타내시오. 단, 비례 이득은 300이며, 적분 이득은 비례 이득의 110%로 설정한다.

$$G(s) = \frac{1}{s^2 + 10s + 20} \tag{9.95}$$

풀이

PI 제어기가 있는 시스템의 전달 함수는 식 (9.89)를 이용해서 다음과 같이 구할 수 있다.

$$G(s) = \frac{K_p s + K_i}{s^3 + 10s^2 + (20 + K_p)s + K_i} \tag{9.96}$$

따라서, 단위 계단 응답을 나타내면 [그림 9.30]과 같고, P 제어기 및 PI 제어기는 비슷한 과도 응답을 보이는 것을 확인할 수 있다. 실제로 근궤적을 그려보면 적분 제어가 추가되더라도 근궤적에서의 차이가 거의 없기 때문에, 과도 응답에도 큰 영향을 주지 않는다고 할 수 있다. 그러나, PI 제어기는 P 제어기에서 발생하는 정상 상태 오차를 크게 개선할 수 있음을 볼 수 있다. 이는 P 제어기에 적분 이득이 추가됨으로써, $s = 0$에 극점이 추가되고, $s = -\frac{K_i}{K_p}$에 영점도 추가된다. 특히, $s = 0$에 있는 극점은 시스템의 형(System type)을 1차수 증가시키기 때문에 정상 상태 오차를 차수만큼 개선시킬 수 있다.

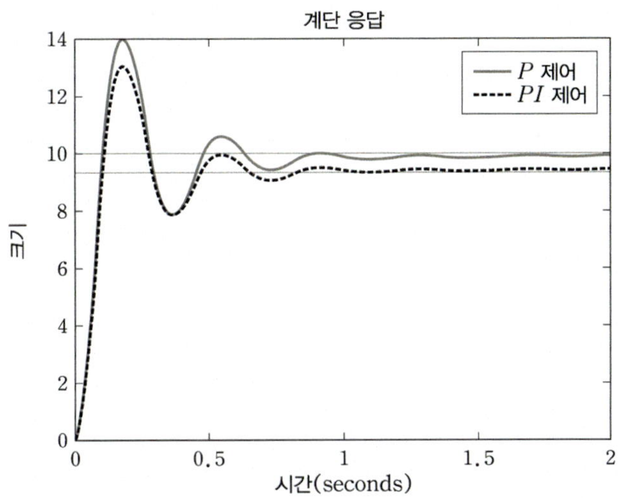

그림 9.30 PI 제어기에 의한 계단 응답

[예제 9.8]에서 비례 제어기의 정상 상태 오차를 확연히 나타낼 수 있도록 적분 제어기의 이득을 110%로 설정하였기 때문에, 이로 인한 오버슈트의 추가적인 증가를 함께 볼 수 있다. 따라서, 비례 제어기와 적분 제어기의 이득비는 식 (9.97)과 같이 100%를 초과하지 않도록 설정하는 것이 일반적이며, 오버슈트와 상승 시간 성능 지표를 만족할 수 있는 적절한 이득비를 결정할 필요가 있다.

$$\frac{K_i}{K_p} \leq 1 \tag{9.97}$$

9.4.3 비례-미분 제어기 설계

PI 제어기는 과도 응답에 크게 영향을 미치지 않으면서 정상 상태 오차를 줄일 수 있지만, 식 (9.94)에서도 나타나 있듯이 시간 샘플링이 포함되어 있어서 과도 응답에 빠르고 민감한 반응이라기 보다는 느린 반응이라고 할 수 있다. 또한, 비례 이득의 증가로 인한 오버슈트 증가를 상쇄시키는 효과가 없기 때문에 시스템에 따라서는 불안정해지는 현상을 초래할 수도 있다.

비례-미분 제어기(Proportional-Derivative controller) 또는 PD 제어기는 비례 제어기에 의한 오버슈트를 개선할 수 있는 방법으로, 오차 신호의 미분값에 비례하는 제어 신호를 피드백하여 오차 신호에 의한 변화를 억제하는 효과를 나타낸다. 따라서, 감쇠비를 증가시켜 오버슈트를 감소시킬 수 있고 과도 응답 특성을 개선시킬 수 있다. 그러나, 정상 상태 오차에 대한 개선 효과는 없다. PD 제어기의 블록선도는 [그림 9.31]과 같다.

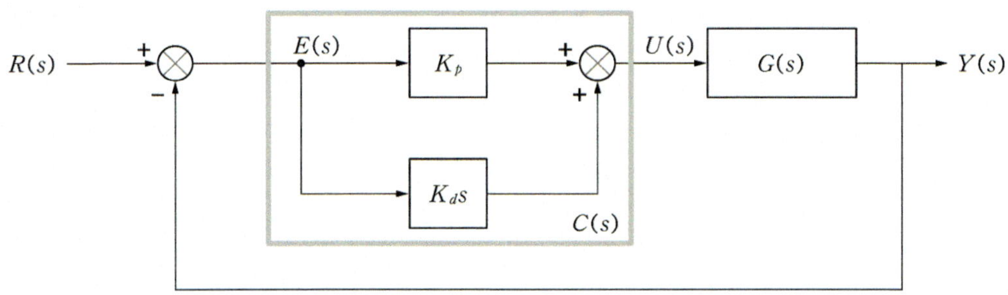

그림 9.31 PD 제어기의 블록선도

PI 제어기와 마찬가지로, PD 제어기 부분에 대한 전달 함수는

$$C(s) = K_p + K_d s = K_d\left(\frac{K_p}{K_d} + s\right) \tag{9.98}$$

이고, 여기서 K_d는 미분 이득이다. 식 (9.98)의 PD 제어기 전달 함수를 시간 영역에서 나타내면 다음과 같다.

$$u(t) = K_p e(t) + K_d \frac{d}{dt} e(t) \tag{9.99}$$

식 (9.94)에서와 같이, 제어기의 이득을 K_c(혹은 비례 이득 K_p)라고 하면 식 (9.99)는 다음과 같이 표현된다.

$$u(t) = K_c\left(e(t) + T_d \frac{de}{dt}\right) + C \tag{9.100}$$

여기서 T_d는 미분 시간 상수, C는 제어기의 초기값이다.

예제 9.9

[예제 9.8]의 시스템에 대한 PD 제어의 계단 응답을 나타내시오.

풀이

시스템의 PD 제어기를 포함하는 전달 함수는 식 (9.98)을 이용해서 다음과 같이 구할 수 있다.

$$G(s) = \frac{K_d s + K_p}{s^2 + (10 + K_d)s + (20 + K_p)} \tag{9.101}$$

제어 시스템의 계단 응답은 [그림 9.32]와 같고, PD 제어기는 P 제어기의 오버슈트와 정착 시간 개선에 크게 기여하는 것을 확인할 수 있다. 그러나, 정상 상태 오차 개선에는 효과가 거의 없다는 것을 알 수 있다.

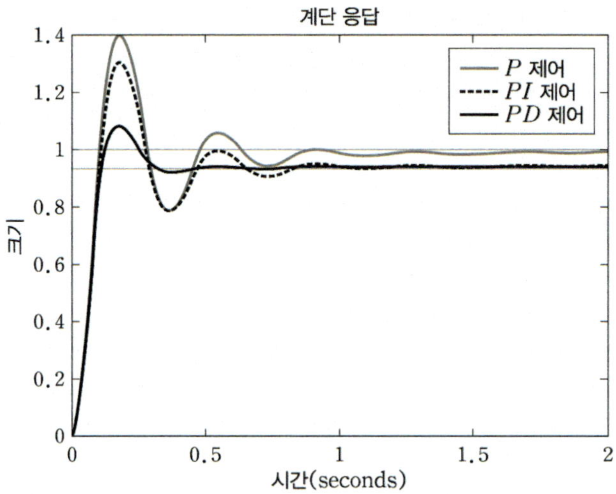

그림 9.32 PD 제어기의 계단 응답

예제 9.10

다음과 같은 전달 함수에 대해서 오버슈트가 16% 이하, 정착 시간이 $\frac{1}{3}$로 감소할 수 있는 PD 제어기를 설계하시오.

$$G(s) = \frac{1}{s(s+4)(s+6)} \tag{9.102}$$

풀이

시스템의 오버슈트가 16% 이하가 되기 위해서는

$$\begin{aligned} & e^{-(\zeta\pi/\sqrt{1-\zeta^2})} = 0.16 \\ & \zeta = 0.504 \end{aligned} \tag{9.103}$$

이다. 고유 진동수를 고정했을 때, 감쇠비 선의 각도를 편의상 sin으로 계산하면

$$\begin{aligned} \theta &= 180^\circ - \cos^{-1}(\zeta) \\ &= 120.26^\circ \end{aligned} \tag{9.104}$$

이다. 소프트웨어를 이용하면 [그림 9.33]에서와 같이 점 $-1.205 \pm j2.064$에서 감쇠비 선과 근궤적이 교차하며, K값은 43.35가 되는 것을 확인할 수 있다. 이 부분은 연산 과정이 다소 복잡하므로 매트랩이나 파이썬 등의 수치해석이 가능한 소프트웨어를 사용하는 것이 편리하다.

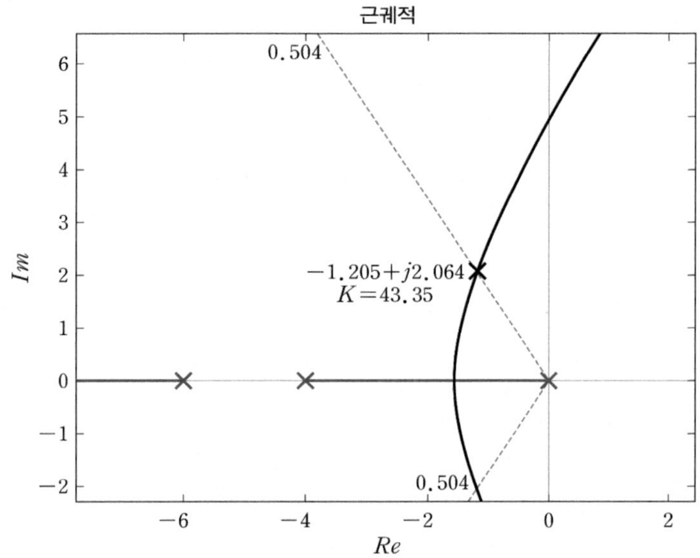

그림 9.33 PD 제어기 보상전 근궤적

보상 전의 정착 시간은

$$T_s = \frac{4}{\zeta\omega_n} = \frac{4}{1.205} = 3.320 \tag{9.105}$$

이며, 보상 후의 정착 시간은 $\frac{1}{3} * T_s = 1.107$이다. 따라서, 보상 후의 극점의 실수부는

$$\zeta\omega_n = \sigma(\text{또는 } Re) = \frac{4}{1.107} = 3.613 \tag{9.106}$$

이다. 보상 시의 극점의 허수부(Im)는

$$Im = 3.613\tan(180° - 120.26°) = 6.193 \tag{9.107}$$

이다. PD 제어기는 새로운 영점이 추가되므로, 보상 후 영점의 새로운 극점으로의 향하는 출발각은 식 (9.85)를 이용하여 다음과 같이 계산할 수 있다.

$$\theta_z - (\theta_1 + \theta_2 + \theta_3) = (2i+1) \times 180^\circ$$

$$\theta_z - (68.92^\circ + 86.42^\circ + 120.26^\circ) = 180^\circ \tag{9.108}$$

$$\therefore \theta_z = 95.6^\circ$$

식 (9.108)로부터 영점의 실수부 위치 즉, 점근선이 교차점은 다음과 같이 구할 수 있다.

$$\frac{6.193}{3.613-\sigma} = \tan(180^\circ - 95.6^\circ)$$

$$\sigma = 3.006 \tag{9.109}$$

따라서, PD 제어기가 추가된 전달 함수는 다음과 같다.

$$G(s) = \frac{s+3.006}{s(s+4)(s+6)} \tag{9.110}$$

보상 후 시스템의 근궤적은 [그림 9.34]와 같으며

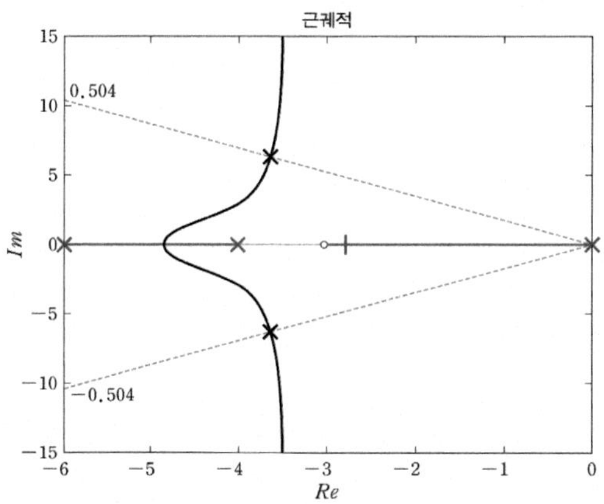

그림 9.34 PD 제어 보상 후 근궤적

계단 응답은 [그림 9.35]와 같다.

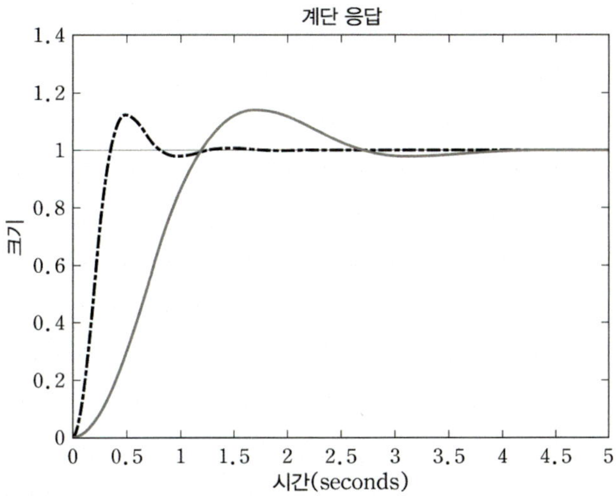

그림 9.35 PD 제어 보상 후 계단 응답

9.4.4 비례-적분-미분 제어기 설계

앞에서 정상 상태 오차와 과도 응답 개선을 위한 PI 제어기와 PD 제어기에 대해서 논의하였다. 두 제어기를 병합하면 정상 상태 오차와 과도 응답을 동시에 개선할 수 있음을 예상할 수 있다. 비례-적분-미분 제어기(Proportional-Integral-Derivative controller) 또는 PID 제어기는 PI 제어기와 PD 제어기를 합친 제어기이며, 다음과 같은 블록선도로 나타낼 수 있다.

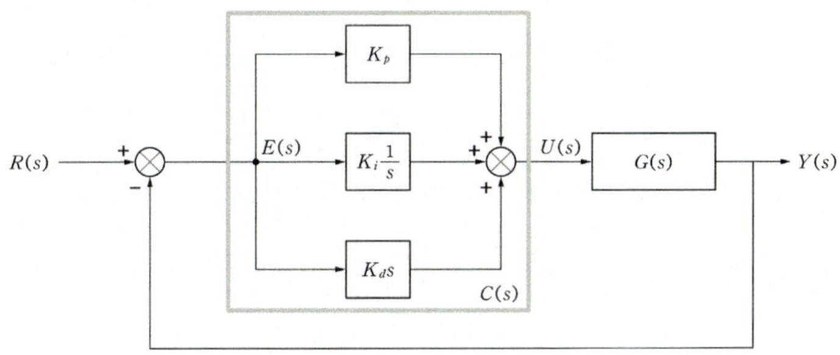

그림 9.36 PID 제어기의 블록선도

PID 제어기 부분에 대한 전달 함수는

$$C(s) = K_p + \frac{K_i}{s} + K_d s = \frac{K_p s + K_i + K_d s^2}{s}$$
$$= \frac{K_d \left(s^2 + \frac{K_p}{K_d} s + \frac{K_i}{K_d}\right)}{s} \tag{9.111}$$

이고, 식 (9.111)의 PID 제어기 전달 함수를 시간 영역에서 나타내면 다음과 같다.

$$u(t) = K_p e(t) + K_i \int_0^t e(\tau) d\tau + K_d \frac{d}{dt} e(t) \tag{9.112}$$

식 (9.94)에서와 같이, 제어기의 이득을 K_c(혹은 비례 이득 K_p)라고 하면 식 (9.112)는 다음과 같이 표현된다.

$$u(t) = K_c \left(e(t) + \frac{1}{T_i} \int_0^t e(\tau) d\tau + T_d \frac{d}{dt} e(t) \right) + C \tag{9.113}$$

PID 제어기는 일렬(Serial), 병렬(Parallel), 표준(Standard), 케스케이드(Cascade)형 이외에도 다양한 형태로 사용된다. PID 제어기의 이득값에 대한 튜닝 방법으로는 지글러-니콜스(Ziegler-Nichols) 방법이 전통적으로 많이 사용되는 방법이며, 지글러-니콜스의 단점을 개선한 코헨-쿤(Cohen-Coon) 방법과 첸-론-루윅(Chien-Hrones-Reswick) 방법도 널리 사용된다. 최근에는 인공 지능과 결합된 PID 튜닝 방법도 활용되고 있다.

PID 제어기의 설계 과정은 일반적으로 다음과 같은 순서로 진행된다.

① 과도응답 설정을 위한 비보상 시스템의 성능 평가

② 과도응답 요구 조건을 만족하는 PD 제어기 설계(영점위치와 이득계산)

③ PD 제어기가 추가된 시스템의 과도응답 성능 평가

④ 정상 상태 오차에 대한 PI 제어기 설계

⑤ PID 이득 결정

⑥ PID 제어기가 추가된 시스템의 성능 평가

보다 자세한 내용은 제어공학 서적을 참고하기 바란다. 이 절에서는 [예제 9.8]의 전달 함수를 이용해서 각각의 제어기의 과도 응답 개선 효과를 살펴보도록 한다.

예제 9.11

[예제 9.8]의 전달 함수를 가지는 제어 시스템의 PID 제어기에 의한 과도 응답의 개선을 그래프로 나타내시오.

풀이

PI 제어기가 포함된 전달 함수는 식 (9.93)과 같고, PD 제어기가 포함된 전달 함수는

$$G(s) = \frac{K_d s + K_p}{s^3 + (10 + K_d)s + (20 + K_p)} \tag{9.114}$$

이며, PID 제어기가 포함된 전달 함수는

$$G(s) = \frac{K_d s^2 + K_p s + K_i}{s^3 + (10 + K_d)s^2 + (20 + K_p)s + K_i} \tag{9.115}$$

이다. 각 제어기에 의한 과도 응답을 나타내면 [그림 9.37]과 같다. 여기서 적용한 각 제어기의 이득은 $K_p = 350$, $K_i = 300$, $K_d = 150$ 이다.

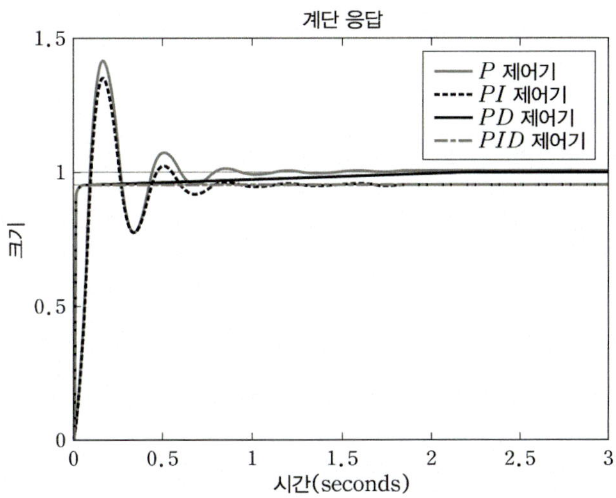

그림 9.37 PID 제어 보상 후 계단 응답

[예제 9.11]의 PID 제어기는 상승 시간이 0.018로 매우 빠르게 응답하지만, 정착 시간은 1.32초로 PI 제어기나 PD 제어기보다 느리며, 정상 상태 진입에 3초가 소요된다. 만약 정착 시간을 단축하고자 하는 경우에는, PI 제어기를 다시 설계하거

나 PD 제어기에서 추가되는 영점을 원점으로부터 더 멀리 위치시켜서 시스템의 응답 속도를 높일 수 있다. 예를 들어, $K_p = 450$, $K_i = 350$, $K_d = 70$ 인 경우, 상승 시간이 0.0375으로 기존의 상승 시간보다 2배 늘어나지만, 정착 시간이 0.7초로 응답 성능이 크게 향상된다.

9.5 상태 공간 모델

앞의 절에서는 단일 입력과 출력을 가지는 SISO(Single input-single output)의 1자유도 매니퓰레이터 시스템에 대한 제어기 설계에 관해서 알아보았다. 일반적으로 매니퓰레이터는 다변수 즉, 다관절 함수로 이루어져 있으며 각각의 독립적인 관절에 대한 개별 제어 입력과 출력이 발생하는 MIMO(multiple input-multiple output) 시스템이다.

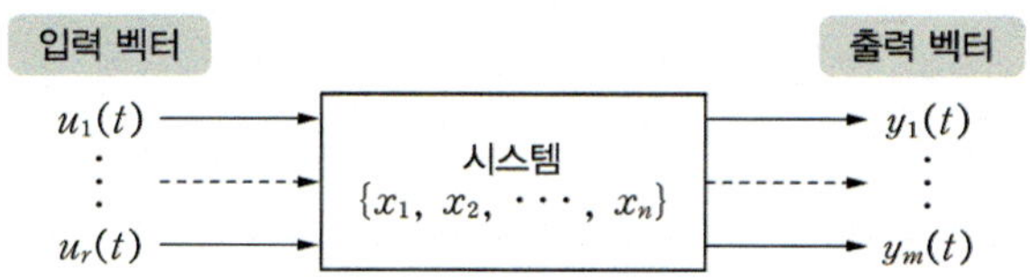

그림 9.38 다중 입력 및 출력을 가지는 시스템

상태 공간(State space)는 주어진 시간에서 시스템의 상태를 완전히 서술하기 위해 필요한 변수의 집합이며, 시스템의 상태를 정의할 수 있는 변수 또는 벡터를 상태 변수(State variable)이라고 한다. 일반적으로 상태 변수는 시스템 내의 독립된 에너지를 저장할 수 있는 특성이 있는 것을 변수로 설정한다. 예를 들어, 위치 에너지를 저장할 수 있는 변위, 운동 에너지를 저장할 수 있는 속도 등이다.

상태 변수와 입력의 시간에 대한 관계를 일차 선형 미분 방정식으로 표현하는 것을 상태 방정식(State equation)이라고 한다. 또한, 시스템의 출력이 상태 변수 및 입력과 어떤 관계인가를 선형 미분 방정식으로 표현한 것을 출력 방정식(Output equation)이라고 한다. 이와 같이, 제어 대상이 되는 시스템을 분석하여 필요한 변수를 설정하고, 이와 관련된 일련의 입력과 출력 관계를 선형 미분 방정식으로 표현하는 방법을 상태 공간 모델링(State space modeling)이라고 한다.

상태 공간 모델은 선형 시불변(Linear time-invariant)하는 다변수(Multivariable)

시스템인 경우에 적용하는 것이 일반적이지만, 시변(Time-variant) 또는 비선형 (Non-linear) 시스템인 경우에도 적용할 수 있다.

9.5.1 매니퓰레이터 제어를 위한 상태 방정식

상태 방정식은 상태 변수 벡터 x를 위치와 속도로 정의하고 이에 대한 미분 벡터 $\dot{x}$에 대해서

$$\dot{x} = Ax + Bu \tag{9.116}$$

이며, 여기서

$$\dot{x} = \{\dot{x}_1, \dot{x}_2, \cdots, \dot{x}_n\}, \quad u = \{u_1, u_2, \cdots, u_r\}$$

$$A = \begin{bmatrix} a_{11} & a_{12} & \cdots & a_{1n} \\ a_{21} & a_{22} & \cdots & a_{2n} \\ \vdots & \vdots & \vdots & \vdots \\ a_{n1} & a_{n2} & \cdots & a_{nn} \end{bmatrix}, \quad B = \begin{bmatrix} b_{11} & \cdots & b_{1r} \\ b_{21} & \cdots & b_{2r} \\ \vdots & \vdots & \vdots \\ b_{n1} & \cdots & b_{nr} \end{bmatrix} \tag{9.117}$$

이다. 출력 방정식은 다음과 같이 나타낸다.

$$y = Cx + Du \tag{9.118}$$

여기서,

$$y = \{y_1, y_2, \cdots, y_m\}, \quad u = \{u_1, u_2, \cdots, u_r\}$$

$$C = \begin{bmatrix} c_{11} & c_{12} & \cdots & c_{1n} \\ c_{21} & c_{22} & \cdots & c_{2n} \\ \vdots & \vdots & \vdots & \vdots \\ c_{m1} & c_{m2} & \cdots & c_{mn} \end{bmatrix}, \quad D = \begin{bmatrix} d_{11} & \cdots & d_{1r} \\ d_{21} & \cdots & d_{2r} \\ \vdots & \vdots & \vdots \\ d_{m1} & \cdots & d_{mr} \end{bmatrix} \tag{9.119}$$

이다. 많은 경우에 있어서 행렬 D는 영 행렬(Zero matrix)이거나 널 행렬(Null matrix)이 되기 때문에 출력 방정식은 다음과 같이 간단한 형태로 나타내기도 한다.

$$y = Cx \tag{9.120}$$

식 (9.116)과 (9.118)의 라플라스 변환식은

$$\begin{aligned} sX(s) &= AX(s) + BU(s) \\ Y(s) &= CX(s) + DU(s) \end{aligned} \tag{9.121}$$

이고, 다음의 식이 성립된다.

$$sX(s) - AX(s) = [sI - A]X(s) = BU(s)$$
$$X(s) = [sI - A]^{-1}BU(s) \tag{9.122}$$

초기 조건을 0으로 가정하고 식 (9.122)를 식 (9.121)의 출력 방정식에 대입하면

$$Y(s) = C[sI - A]^{-1}BU(s) + DU(s)$$
$$= [C(sI - A)^{-1}B + D]U(s) \tag{9.123}$$

이고, 다음과 같이 전달 함수를 구할 수 있다.

$$\frac{Y(s)}{U(s)} = C(sI - A)^{-1}B + D \tag{9.124}$$

여기서, $(sI - A) = 0$ 은 특성 방정식이라고 하며, 이 방정식의 근을 조사하면 시스템의 안정성을 판단할 수 있다.

예제 9.12

다음과 같은 질량-스프링-댐퍼(MKD) 시스템의 상태 공간 모델을 수립하고, 각 구성 요소의 계수가 $m = 50$, $b = 30$, $k = 100$ 일 때 시스템의 임펄스 입력에 대한 변위와 속도 응답을 나타내시오.

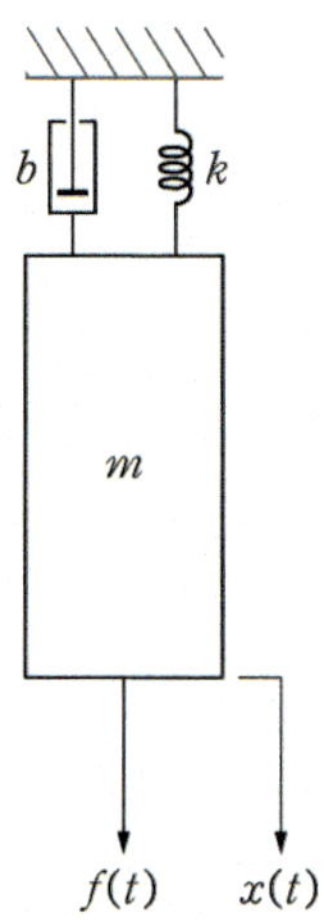

그림 9.39 질량-스프링-댐퍼 시스템

풀이

[그림 9.39]의 질량-스프링-댐퍼 시스템의 동역학 방정식은

$$m\ddot{x}(t)+b\dot{x}(t)+kx(t)=f(t) \tag{9.125}$$

이므로, 이에 대한 상태 변수는 위치와 속도를 이용해서 다음과 같이 설정할 수 있다.

$$\begin{aligned} &x_1(t)=x(t),\ \ x_2(t)=\dot{x}(t) \\ &\dot{x}_1(t)=x_2(t) \end{aligned} \tag{9.126}$$

$\dot{x}_2(t)$는 동역학 방정식에서 다음과 같이 구할 수 있다.

$$\begin{aligned} &m\ddot{x}(t)+b\dot{x}(t)+kx(t)=f(t) \\ &\dot{x}_2(t)=-\frac{b}{m}x_2(t)-\frac{k}{m}x_1(t)+\frac{1}{m}f(t) \end{aligned} \tag{9.127}$$

$f(t)=u(t)$ 이어야 하므로 상태 방정식은 다음과 같다.

$$\dot{\boldsymbol{x}}=\begin{bmatrix}\dot{x}_{1(t)}\\ \dot{x}_{2(t)}\end{bmatrix}=\begin{bmatrix}0 & 1\\ -\dfrac{k}{m} & -\dfrac{b}{m}\end{bmatrix}\begin{bmatrix}x_{1(t)}\\ x_{2(t)}\end{bmatrix}+\begin{bmatrix}0\\ \dfrac{1}{m}\end{bmatrix}u(t) \tag{9.128}$$

시스템의 출력은 늘어난 변위와 속도이므로, 출력 방정식은 다음과 같다.

$$y(t)=x_1(t)+x_2(t)=\begin{bmatrix}1 & 0\\ 0 & 1\end{bmatrix}\begin{bmatrix}x_1(t)\\ x_2(t)\end{bmatrix} \tag{9.129}$$

따라서, 상태 방정식과 상태 공간을 나타내는 행렬은 다음과 같다.

$$\begin{aligned} &\dot{\mathrm{x}}=A\mathrm{x}+B\mathrm{u} \\ &\mathrm{y}=C\mathrm{x} \\ &A=\begin{bmatrix}0 & 1\\ -\dfrac{k}{m} & -\dfrac{b}{m}\end{bmatrix},\ B=\begin{bmatrix}0\\ \dfrac{1}{m}\end{bmatrix},\ C=[1\quad 0],\ D=[0] \end{aligned} \tag{9.130}$$

주어진 질량-스프링-댐퍼 시스템의 임펄스 응답은 [그림 9.40]과 같다.

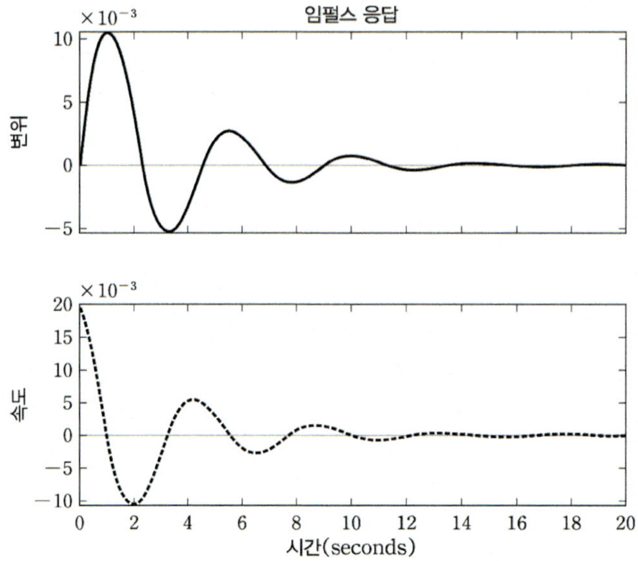

그림 9.40 상태공간으로 모델링된 MKD 시스템의 임펄스 응답

예제 9.13

다음과 그림과 같이 질량 m, 관성 모멘트 J인 공이 하나의 링크(또는 빔) 위의 일정한 위치에서 도달할 수 있도록 균형을 맞추는 1자유도 매니퓰레이터 시스템이 있다. 모터의 회전축에는 기어로 연결된 링크가 있고, 이 링크는 공이 올려져 있는 빔에 연결되어 모터 회전에 의해서 링크의 각도를 변화시킨다. 매니퓰레이터 시스템 제어를 위한 상태 공간 모델을 구하시오.

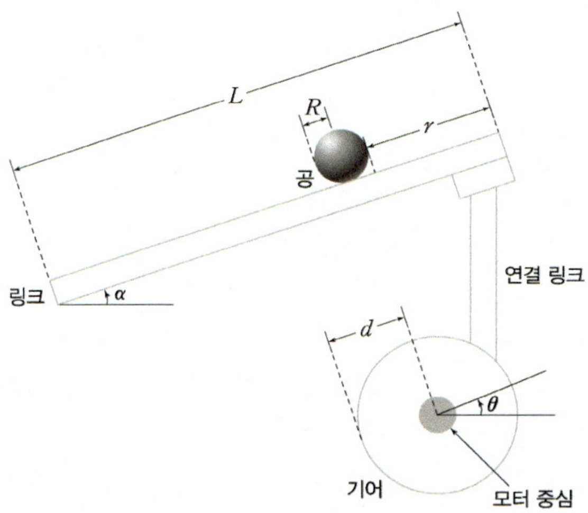

그림 9.41 1자유도 공-균형 유지 시스템의 기구 모델

풀이

상태 공간 모델을 유도하기 위해서, 먼저 [그림 9.41]의 동역학 모델을 유도해야 한다. 파티클(Particle)에 대한 관성 모멘트는

$$J = m_{particle} R^2$$
$$m_{particle} = \frac{J}{R^2} \tag{9.131}$$

이므로, 이 시스템의 동역학 방정식은 다음과 같다.

$$\left(m + \frac{J}{R^2}\right)\ddot{r} + mg\sin\alpha - mr\dot{\alpha}^2 = 0 \tag{9.132}$$

만약, 빔의 회전 각도를 미소값으로 가정하면 $\sin\alpha = \alpha$, $\frac{d\alpha}{dt} = \dot{\alpha} = 0$로 대체할 수 있다. 따라서, 이 시스템은 식 (9.133)과 같이 근사적으로 선형 모델로 해석할 수 있다.

$$\left(m + \frac{J}{R^2}\right)\ddot{r} = -mg\alpha \tag{9.133}$$

빔의 회전 각도는 기어의 회전 각도와 상관 관계가 있으므로, 다음과 같이 선형화 할 수 있다.

$$\alpha = \frac{d}{L}\theta \tag{9.134}$$

식 (9.134)를 식 (9.133)에 대입하면

$$\left(m + \frac{J}{R^2}\right)\ddot{r} = -mg\frac{d}{L}\theta \tag{9.135}$$

이다. 식 (9.135)를 라플라스 변환하면 다음과 같은 기어 회전 입력에 의한 공의 위치를 출력으로 하는 전달 함수를 구할 수 있다.

$$(m + \frac{J}{R^2})R(s)s^2 = -\frac{mgd}{L}\Theta(s)$$
$$\frac{R(s)}{\Theta(s)} = -\frac{mgd}{L(m + \frac{J}{R^2})s^2} \tag{9.136}$$

상태 변수를 공의 위치(r)와 속도($\dot{r}$)로 설정하고, 기어의 회전 각도(θ)를 입력으로 하면, 상태 공간 모델은 다음과 같이 나타낼 수 있다.

$$\dot{\mathrm{x}} = \begin{bmatrix} \dot{r} \\ \ddot{r} \end{bmatrix} = \begin{bmatrix} 0 & 1 \\ 0 & 0 \end{bmatrix} \begin{bmatrix} r \\ \dot{r} \end{bmatrix} + \begin{bmatrix} 0 \\ \dfrac{mgd}{L\left(m + \dfrac{J}{R^2}\right)} \end{bmatrix} \theta \tag{9.137}$$

$$\mathrm{y} = \begin{bmatrix} 1 & 0 \end{bmatrix} \begin{bmatrix} r \\ \dot{r} \end{bmatrix}$$

9.5.2 중력 보상을 위한 상태 피드백 제어

제7장에서 매니퓰레이터는 주어진 토크값에 따라서 동적으로 변화하는 상태를 나타낼 수 있음을 보았다. 매니퓰레이터 구동에 필요한 토크를 만들기 위해서는 적합한 입력이 요구된다. 물리적인 여러 요인에 의해 매니퓰레이터의 기준 입력과 실제 출력과는 차이가 발생한다. 임의의 시간 t에서 기준 입력을 $r(t)$, 출력을 $q(t)$라 하면 다음과 같은 오차 방정식 $e(t)$를 얻을 수 있다.

$$e(t) = r(t) - q(t) \tag{9.138}$$

제7장 7.4.3절의 식 (7.133)의 일반화된 매니퓰레이터의 동역학 방정식을 이용하여, 다음과 같이 마찰항이 추가된 매니퓰레이터의 동역학 방정식을 세울 수 있다.

$$\tau = D(q)\ddot{q} + C(q, \dot{q}) + G(q) + B(\dot{q}) \tag{9.139}$$

여기서 $\dot{q} = v$ 라고 하면 식 (9.138)은 다음과 같이 상태 방정식으로 표현할 수 있다.

$$\dot{v} = D^{-1}(q)[\tau - C(q, v)v - G(q) - B(v)] \tag{9.140}$$

식 (9.138)에서 기준 입력에 의해 매니퓰레이터 시스템에서 발생하는 것은 모터를 회전시키는 토크이며, 토크에 의해서 모터 구동부의 회전과 각도의 변화가 발생한다. 토크가 기준 입력에 대해서 고정밀도로 응답하게 되면 기준 입력에 대한 출력 오차는 최소화될 수 있다. 따라서, 매니퓰레이터의 개별 관절 위치 또는 말단의 위치가 기준 입력과의 차이를 최소화되도록 하는 것이 제어의 목표라고 할 수 있다. 그러므로 발생 토크는 다음과 같이 매니퓰레이터의 각도, 속도, 기준 입력의 함수라고 할 수 있다.

$$\tau = f(q,v,r) \tag{9.141}$$

중력을 고려한 매니퓰레이터의 PD 제어는 식 (9.99)를 참고하면 기준 입력인 $r(t)$의 토크 τ에 대해서 기존의 PD 제어기에 중력항을 추가함으로써 중력 효과를 상쇄시킬 수 있다. 매니퓰레이터 토크에 대한 PD 보상은 위치 오차와 속도 오차 각 항에 대한 제어 이득을 곱한 값이므로, 중력을 고려한 PD 제어기는 다음과 같이 나타낼 수 있다.

$$\tau = K_p(q_d - q) + K_d(\dot{q}_d - \dot{q}) + G(q) \tag{9.142}$$

여기서 q_d는 기준 입력에 의한 기준 출력이다. 식 (9.142)를 식 (9.139)에 대입하면

$$K_p(q_d - q) + K_d(\dot{q}_d - \dot{q}) + G(q) = D(q)\ddot{q} + C(q, \dot{q})\dot{q} + G(q) + B(\dot{q}) \tag{9.143}$$

이다. 식 (9.134)로부터

$$e = r - q = q_d - q \tag{9.144}$$

라고 할 수 있으므로, 식 (9.143)은

$$K_p e + K_d \dot{e} = D(q)\ddot{q} + C(q, \dot{q})\dot{q} + B(\dot{q}) \tag{9.145}$$

이고, 식 (9.140)을 이용하여 정리하면 다음과 같은 폐루프 방정식을 얻을 수 있다.

$$\dot{v} = D^{-1}(q)[K_p e + K_d \dot{e} - C(q, v)v - B(v)] \tag{9.146}$$

9.5.3 계산 토크 제어

앞 절에서는 기준 입력 $r(t)$가 일정한 경우에 적용가능한 상태 피드백 제어 방법에 대해서 논의했다. 이 절에서는 기준 입력 $r(t)$가 시간의 함수인 경우에 대해서 논의한다.

일반적으로 매니퓰레이터는 비선형 시스템이기 때문에 선형 제어기의 성능은 어느 정도 한계가 있다고 할 수 있다. 매니퓰레이터의 비선형적인 요소는 기어의 백래쉬, 진동, 말단의 하중 변화 및 이에 따른 중력 변화 등 다양하다. 계산 토크 제어(Computed torque control)는 매니퓰레이터의 비선형 항을 제거함으로써, 선형 제어 형태로 제어할 수 있도록 하는 방법이다. 특히, 비선형 항들을 제거하기

위하여 알려져 있는 동역학 모델을 사용하기 때문에 매니퓰레이터 동역학 방정식의 파라미터들에 대한 정확한 추정은 시스템 제어 성능에 영향을 미친다.

$\hat{D}, \hat{C}, \hat{G}, \hat{B}$를 매니퓰레이터의 관성 텐서, 코리올리 힘, 중력, 마찰력에 대한 추정치로 하고 $\Delta D, \Delta C, \Delta G, \Delta B$를 각 파라미터에 대한 추정 오차라고 하면, 매니퓰레이터의 파라미터는

$$
\begin{aligned}
D(q) &= \hat{D}(q) + \Delta D(q) \\
C(q, \dot{q}) &= \hat{C}(q, \dot{q})\dot{q} + \Delta C(q, \dot{q})\dot{q} \\
G(q) &= \hat{G}(q) + \Delta G(q) \\
B(q) &= \hat{B}(q) + \Delta B(q)
\end{aligned} \tag{9.147}
$$

이고, 토크는 다음식으로 주어진다.

$$\tau = \hat{D}(q)u(t) + \hat{C}(q, \dot{q})\dot{q} + \hat{G}(q) + \hat{B}(q) \tag{9.148}$$

상태 피드백 제어 방법과 마찬가지로 입력은 PD 제어 형태를 따라 다음과 같이 주어진다.

$$u(t) = \ddot{q}_d + K_p e + K_d \dot{e} \tag{9.149}$$

식 (9.148)과 (9.149)로부터

$$\tau = \hat{D}(q)[\ddot{q}_d + K_p e + K_d \dot{e}] + \hat{C}(q, \dot{q})\dot{q} + \hat{G}(q) + \hat{B}(q) \tag{9.150}$$

이다. 매니퓰레이터의 동역학 모델과 연립하면

$$
\begin{aligned}
&D(q)\ddot{q} + C(q, \dot{q})\dot{q} + G(q) + B(q) \\
&\quad = \hat{D}(q)[\ddot{q}_d + K_p e + K_d \dot{e}] + \hat{C}(q, \dot{q})\dot{q} + \hat{G}(q) + \hat{B}(q)
\end{aligned} \tag{9.151}
$$

이므로, 양변에 $-\hat{D}(q)\ddot{q}$를 더한 후 식을 정리하면

$$
\begin{aligned}
&(D - \hat{D})(q)\ddot{q} + C(q, \dot{q}) + G(q) + B(q) \\
&\quad = \hat{D}(q)[(\ddot{q}_d - \ddot{q}) + K_p e + K_d \dot{e}] + \hat{C}(q, \dot{q}) + \hat{G}(q) + \hat{B}(q) \\
&\hat{D}(q)[\ddot{e} + K_p e + K_d \dot{e}] = (D - \hat{D})(q)\ddot{q} + (C - \hat{C})(q) + (G - \hat{G})(q) + (B - \hat{B})(q)
\end{aligned} \tag{9.152}
$$

이므로, 최종적으로 다음과 같은 오차 방정식을 얻을 수 있다.

$$\ddot{e} + K_p e + K_d \dot{e} = D^{-1}[(\Delta D(q)\ddot{q} + \Delta C(q,\dot{q}) + \Delta G(q) + \Delta B(q)] \tag{9.153}$$

계산 토크 제어는 매니퓰레이터의 알려진 동역학 모델을 사용하기 때문에 식 (9.153)의 우변에 나타나 있듯이, 오차 방정식은 모델 파라미터의 추정치의 정확도에 의해 성능이 좌우된다. 만약 동역학 모델의 파라미터의 오차가 없다면 식 (9.153)은 다음과 같이 완전한 오차 방정식이 된다.

$$\ddot{e} + K_p e + K_d \dot{e} = 0 \tag{9.154}$$

마지막으로, 매니퓰레이터의 각 관절은 독립적인 제어가 가능해야 하므로, 식 (9.154)에서 K_p, K_d 행렬을 대각선 행렬(Diagonal matrix)로 정의하면 다음과 같이 각 관절에 대한 개별적인 오차 방정식이 가능해진다.

$$\ddot{e}_{ij} + K_{p_{ij}} e_{ij} + K_{d_{ij}} \dot{e}_{ij} = 0$$

단,

$$i,\ j \in \{1, 2, \ldots, n\}$$

$$diag(\lambda_1, \lambda_2, \ldots, \lambda_n) = \begin{cases} \lambda_n & (i = j) \\ 0 & (i \neq j) \end{cases} \tag{9.155}$$

Chapter 9 연습문제

9.1 [예제 9.1]의 전달 함수에 대한 성능 지표를 계산하시오.

9.2 [예제 9.2]의 전달 함수에 대한 계단 응답을 보이는 파이썬 프로그램을 작성하시오.

9.3 [예제 9.5]의 근궤적을 도시하는 파이썬 프로그램을 작성하시오.

9.4 [예제 9.7]의 근궤적을 도시하는 파이썬 프로그램을 작성하시오.

9.5 [예제 9.8]의 PI 제어기를 파이썬 프로그램으로 작성하시오.

9.6 [예제 9.8]의 PD 제어기를 파이썬 프로그램으로 작성하시오.

9.7 [예제 9.8]의 PID 제어기를 파이썬 프로그램으로 작성하시오.

9.8 [예제 9.12]의 질량-스프링-댐퍼 시스템의 동역학 시뮬레이션 프로그램을 파이썬으로 작성하시오.

9.9 [예제 9.13]의 동역학 시뮬레이션 프로그램을 파이썬으로 작성하시오.

9.10 [연습문제 9.9]에 대한 PID 제어기를 설계하고 응답 성능을 설명하시오.

프로젝트 과제

9.11 다음과 같은 시스템의 전달 함수와 상태 방정식을 유도하고, PID 제어기의 계단 응답 결과를 나타내시오.

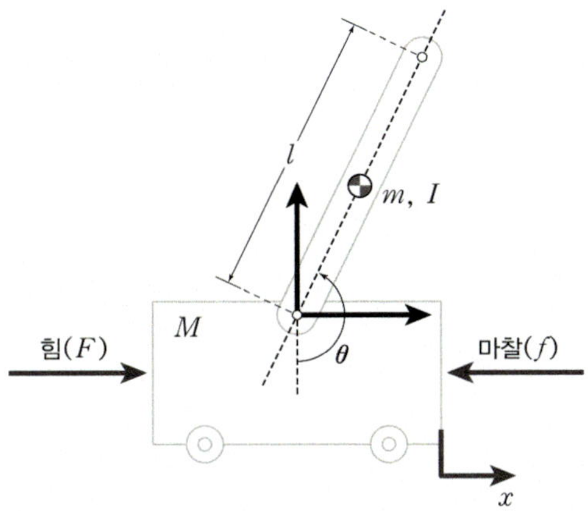

그림 9.42 역진자 수레 모형

9.12 [연습문제 9.11]의 시스템의 시뮬레이션 프로그램을 파이썬으로 작성하시오.

9.13 다음과 같은 시스템의 전달 함수와 상태 방정식을 유도하고, PID 제어기의 계단 응답 결과를 나타내시오.

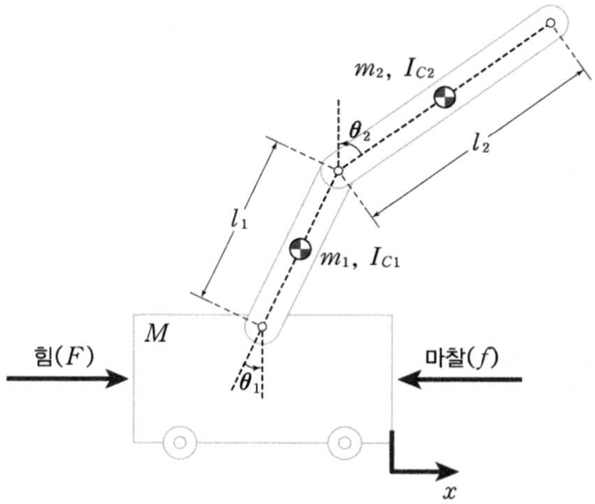

그림 9.43 이중 역진자 수레 시스템

Chapter 10

컴퓨터 비전 및 인공지능 제어

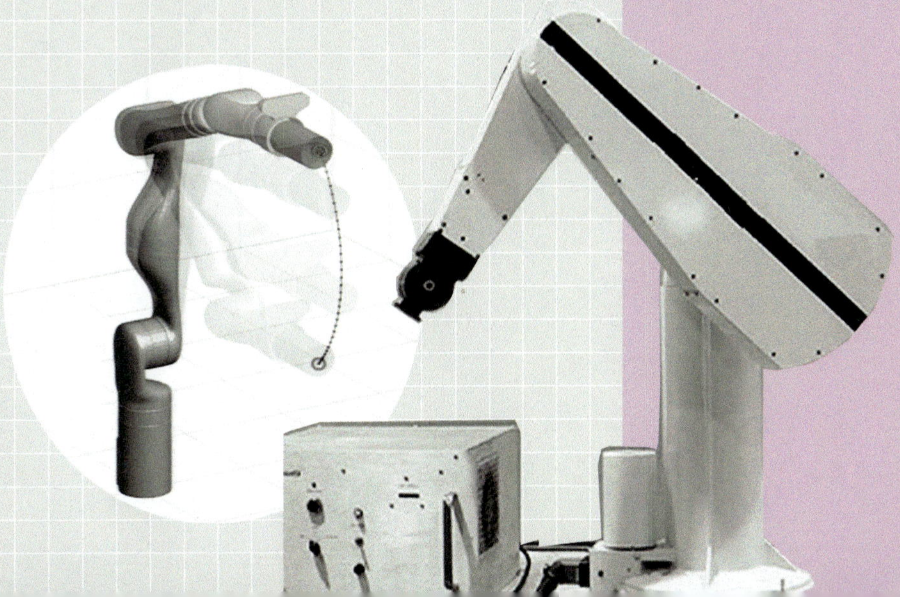

10.1 개요

카메라 영상은 산업용 로봇이 물체를 인식하여 대상 물체에 필요한 작업 수행에 필요한 매니퓰레이터의 자세나 경로 생성 등에 필요한 기본 정보를 제공해 주는 역할을 한다. 또한, 최근에는 자율 주행 자동차에도 카메라 센서가 탑재되어, 차선 및 자동차에 대한 인식을 가능하게 함으로써 자율 주행에 필요한 정보를 제공해 주는 중요한 역할을 하고 있다. 뿐만 아니라 카메라를 통한 얼굴 인식은 물론이고, 움직이는 물체의 탐지 및 추적, 3차원 공간 정보 생성 등 다양한 분야에 활용되고 있다.

매니퓰레이터 제어를 위해서 카메라 정보가 활용된 것은 대략적으로 1970년대 후반부터라고 할 수 있다. 주변 환경에 대한 정보만을 전송하는 단순한 단계에서 벗어나, 최근에는 인공 지능과 결합하여 구체적인 사물 인식과 공간 좌표의 추출까지 가능해졌다.

산업 부분에서는 작업 대상물의 위치와 방향 정보를 추출하여, 그에 적합한 매니퓰레이터의 자세를 결정할 수 있도록 하는 비주얼 서보잉(Visual servoing) 기술이 대표적인 활용 사례이다. 특히, 영상 처리 과정에서 작업 대상물에 대한 특징을 추출하고 학습할 수 있는 기계 학습(Machine learning)과 딥 러닝(Deep learning) 기반의 인공 지능 기술과 융합되어 지능적인 제어가 가능하도록 발전하고 있다. 이러한 인공 지능 기술을 통해서 매니퓰레이터 스스로 다양한 형상의 작업 대상물을 인식하고 필요한 자세와 행동을 결정할 수 있는 기술들에 대한 연구 개발이 활발하게 진행되고 있다.

이 장에서는 컴퓨터 비전을 기반으로 매니퓰레이터의 자세를 결정할 수 있는 비주얼 서보잉과 인공 지능을 이용한 영상 처리 기반의 매니퓰레이터 제어 방법에 대해서 논의한다.

10.2 영상 처리 기반 물체 인식

비주얼 서보잉이란 컴퓨터 비전을 통해 획득한 정보를 이용하여 목표 대상물의 특징(Feature)을 추출하고, 이를 이용하여 대상물에 대한 작업을 수행할 수 있도록 매니퓰레이터의 자세를 생성하고 동작을 제어하는 기술이다.

비주얼 서보잉은 제어 방법에 따라서 위치-자세 기반 제어(Position-pose based visual servoing, PBVS)와 영상 기반 제어(Image based visual servoing, IBVS)로 분류된다. 영상 정보는 [그림 10.1]과 같이 매니퓰레이터의 말단 장치에 부착한 카메라에 의해서 수집되는 방식(Eye-in-hand)과 작업 공간 내에 한 지점에 고정해서 정보를 전달해 주는 방식(Eye-to-hand)이 있다.

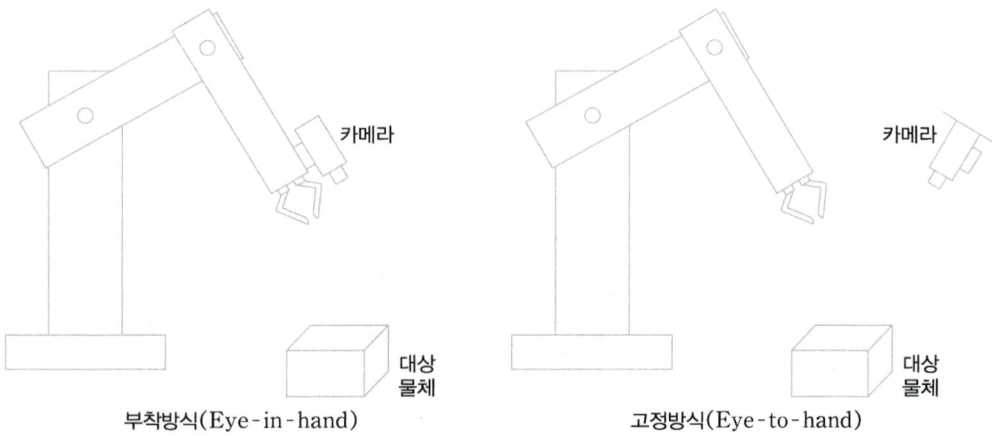

그림 10.1 비주얼 서보잉을 위한 카메라 설치 방식

10.2.1 컴퓨터 비전 기반 물체 인식

비주얼 서보잉에서 대상 물체의 특징을 추출하거나 인식하기 위한 방법으로는 전통적인 컴퓨터 비전 기술들이 활용된다. 예를 들어, 물체 탐지 및 인식(Object detection and recognition), 물체-배경 분리(Segmentation), 엣지(Edge), 라인(Lines), 코너(Corner), 색(Color blob) 인식 등과 같은 방법들을 적용하여 목표 대상물에 대한 영상 정보를 추출한다.

물체의 윤곽(또는 엣지)을 찾기 위해 사용하는 케니 엣지(Canny edge detection) 알고리즘은 가장 보편화되어 있는 엣지 탐색 방법 중의 하나이다. 케니 엣지는 노이즈(Noise) 제거, 그래디언트(Gradient) 연산, 최대값 연산과 엣지 판단 과정

등으로 구성되어 있는 다단계 알고리즘이다. 케니 엣지 방법은 [그림 10.2]에서 나타나 있는 사례와 같이, 단순한 배경을 가지고 있거나 물체의 색이 단일한 경우에는 매우 좋은 성능을 나타낸다.

그림 10.2 케니 엣지 방법에 의한 물체 윤곽 추출

엣지 검출 방법 이외에 물체를 인식하고 추적하기 위해서 이미지 정보의 색깔이나 형상 등을 사용하여 해당 물체를 인식할 수 있도록 하는 방법들 또한 자주 사용된다. [그림 10.3]은 원형의 마커(Marker)와 세그멘테이션을 이용하여 테니스 공과 같은 물체를 인식하는 것을 보여주고 있다.

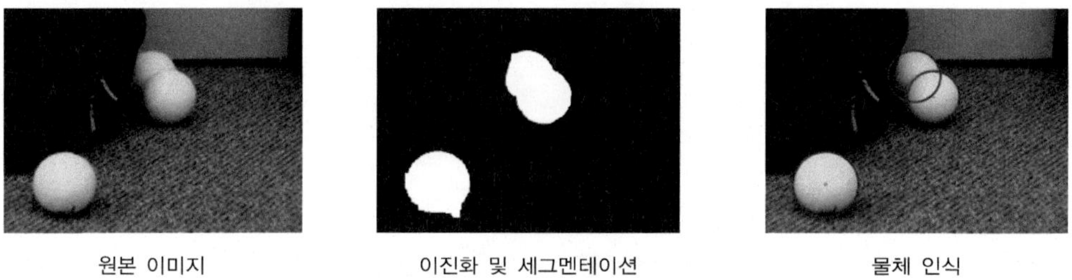

그림 10.3 케니 엣지와 형상 정보에 의한 물체 인식

케니 엣지와 형상 정보를 이용하는 방법은 물체의 형상이나 주변 환경이 단순한 경우에는 물체 인식 및 추종이 비교적 용이하다. 그러나, 자동화 시스템과 같은 복잡도가 높은 환경에서는 케니 엣지외에 Harris corner, Fast corner, Shi-Thomas corner, SIFT(Scale invariant feature transform), SURF(Speed Up Robust Features) 등의 알고리즘을 사용하여 특징점(Keypoints/Interesting points)을 추출한 후에 사전에 알려진 물체를 여러 물체 중에서 비교하여 유사도가 높은 물체를 해당 물체로 인식시키고 추적할 수 있도록 하고 있다. 예를 들어 [그림 10.4]와 같이, 사전에 물체의 정보가 주어지면 SIFT나 SURF와 같은 알고리즘을 사용하면 대표 물체의 특징점을 추출한 후에 이를 이용하여 복잡한 환경에서도 해당 물체의 영역을 정밀하게 추정할 수 있다.

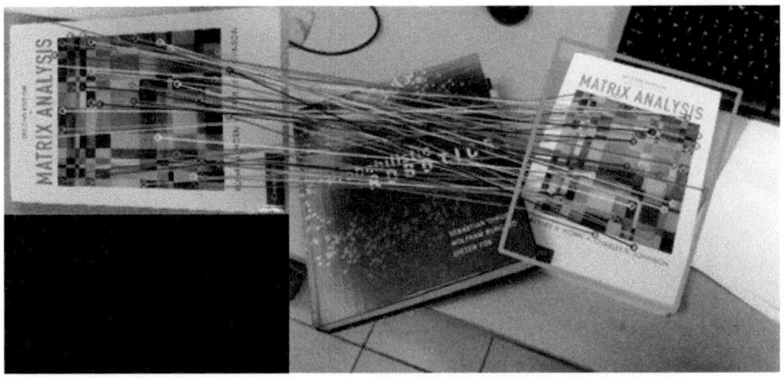

대상 물체 이미지　　　　　특징점 매칭 및 물체 인식

그림 10.4 SIFT와 SURF를 이용한 물체 특징점 추출, 매칭 및 인식

컴퓨터 비전을 통한 물체 인식 과정의 표준적인 절차가 있는 것은 아니지만, 대체적으로 기준 이미지에 대한 전처리 과정을 통한 물체 인식이 첫 번째 처리 과정이라고 할 수 있다. 그리고, 전처리를 통해서 이미지에 대한 여러 정보들이 생성되면 그로부터 특징 정보를 추출하고 벡터 정보로 저장한다. 그리고, 실제 입력 이미지와 비교하면서 대상 물체를 찾고 위치나 방향 등을 추정한다. 또한, 앞에서 처리된 특징 정보를 이용하여 입력 영상의 이미지에서 대상 물체의 영역을 계산하고, 최종적으로 물체의 인식을 완료하는 과정을 거치게 된다. [그림 10.5]는 이러한 과정의 일반적인 흐름을 보여준다.

컴퓨터 비전에 관한 내용은 매우 방대한 부분이기 때문에, 이 절에서는 비주얼 서보잉을 위해서 물체를 인식하고 자세를 추정할 때 사용되는 방법론에 대한 내용을 간략히 소개하는 수준에서 다루었다. 하지만, 컴퓨터 비전에 관심이 많은 독자나, 관련 처리 기법에 대한 상세한 내용은 다양한 영상 처리 또는 컴퓨터 비전에 관한 교재를 참고하기 바란다.

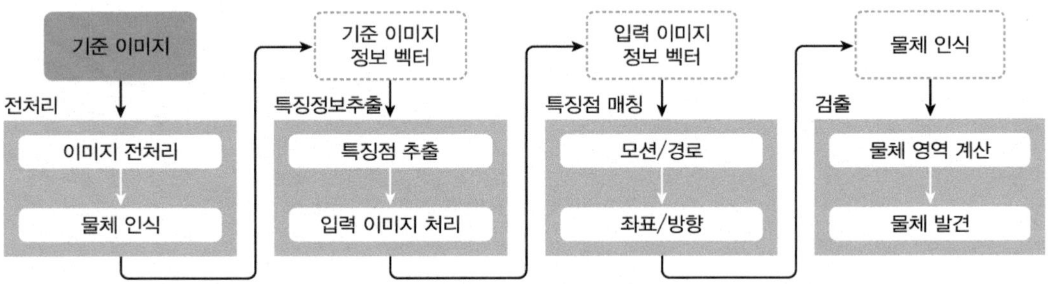

그림 10.5 컴퓨터 비전을 통한 물체 인식 프로세스

10.2.2 비주얼 서보잉 제어 요소

비주얼 서보잉 제어의 목적은 측정된 영상 정보, 예를 들어 좌표, 중심점, 코너, 엣지, 크기 등을 매니퓰레이터의 제어를 위한 특징(Visual feature)으로 변환하고 이를 이용하여 매니퓰레이터의 목표 자세 또는 모션 제어를 달성하는 것이다. 일반적으로 비주얼 서보잉의 목표 함수는 다음과 같은 오차 방정식을 최소화하는 것이라고 할 수 있다.

$$e(t) = s(m(t),\, a) - s^* \tag{10.1}$$

여기서 $m(t)$는 카메라 영상에서 추출된 특징 정보(이미지 좌표, 중심점, 크기, 엣지, 세그먼트 등)이며, a는 카메라의 물리적 특성(초점 거리, 시야각 등)이나 대상 물체의 월드 좌표와 같은 보조적으로 직접 수집이 가능한 정보이며, s^*는 영상 정보로부터 추출되어야 하는 목표 특징 정보(Desired feature)이다. 피드백 제어 시스템의 일반적인 방식에 맞추기 위해서 목표 특징 정보(s^*)와 현재 특징 정보(s)의 부호가 반대로 설정되어 있음에 유의할 필요가 있다.

비주얼 서보잉은 매니퓰레이터의 속도 제어를 주목적으로 한다. 따라서, 매니퓰레이터에 부착된 카메라의 속도와 시간에 따라 변화하는 특징 정보와의 관계가 성립되어야 한다. 이를 위해서 제3장에서 다루었던 계(Coordinate frame)의 부여 방식을 다시 상기할 필요가 있다. 매니퓰레이터, 대상 물체 및 카메라의 계가 [그림 10.6]과 같이 설정되어 있다고 가정한다.

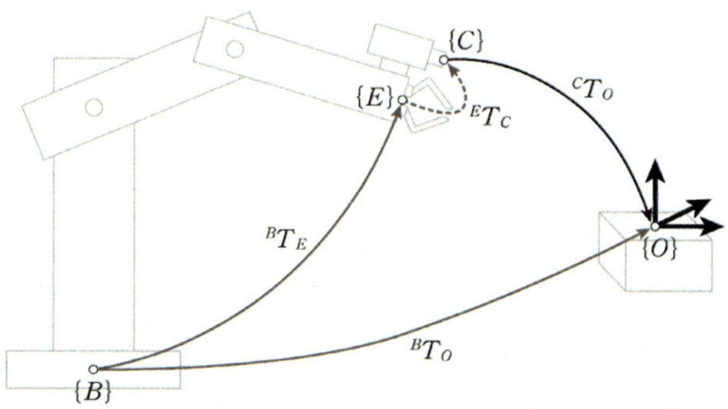

그림 10.6 카메라 부착된 매니퓰레이터 시스템의 계

카메라의 속도 벡터(v_c)는 직각 좌표계의 선속도 또는 관절 공간의 각속도로 표현 가능하므로 다음과 같이 주어진다.

$$\mathrm{v}_c = (v_c,\, \omega_c) \tag{10.2}$$

시간에 따른 특성 벡터의 미소 변화와 속도와의 관계는 다음과 같이 나타낸다.

$$\dot{s} = L_s \mathrm{v}_c \tag{10.3}$$

여기서 L_s는 s에 대한 상호작용 행렬(Interaction matrix) 또는 이미지 특성 자코비안(Feature jacobian)이라고 한다. L_s의 차원은 매니퓰레이터와 이미지 특성 벡터의 차원과 관련이 있으며, 매니퓰레이터가 6자유도를 가진다고 가정할 때, k 차원의 특성 벡터로 구성된 상호작용 행렬은 $L_s \in \mathbb{R}^{k \times 6}$이다.

식 (10.1)과 (10.3)으로부터 카메라의 속도와 오차 방정식의 미소 변화 관계는 다음과 같이 구할 수 있다.

$$\dot{e} = L_e \mathrm{v}_c \tag{10.4}$$

여기서 $L_e = L_s$ 이다.

ν_c가 매니퓰레이터에 인가되는 제어 입력이라고 할 때, 매니퓰레이터의 추종 오차를 신속하게 감소시키기 위해서 다음과 같은 지수 관계를 사용하면

$$\dot{e} = -\lambda e \tag{10.5}$$

식 (10.4)로부터 다음과 같은 카메라의 속도 벡터식을 구할 수 있다.

$$\mathrm{v}_c = -\lambda L_e^+ e \tag{10.6}$$

여기서 L_e^+는 L_e에 대한 의사 역행렬(Pseudo inverse)이며 다음과 같이 정의된다.

$$L_e^+ = (L_e^T L_e)^{-1} L_e^T \tag{10.7}$$

또한, L_e^+는 $\| \dot{e} - \lambda L_e L_e^+ e \|$ 와 $\| \mathrm{v}_c \|$ 의 값이 최소값이 되게 한다.

특성 정보 벡터의 차수 $k=6$이고 $\det(L_e) \neq 0$ 이면, 역행렬이 가능해지므로 식 (10.6)은 다음과 같이 나타낼 수 있다.

$$\mathrm{v}_c = -\lambda L_e^{-1} e \tag{10.8}$$

그러나, 비주얼 서보잉에서 영상 정보에 대한 완전한 취득은 불가능하기 때문에 일반적으로 다음과 같은 근사 모델을 사용한다.

$$\mathrm{v}_c = -\lambda \hat{L}_e^{+} e \tag{10.9}$$

식 (10.9)에서 $e = s - s^*$라고 하면 식 (10.9)는

$$\mathrm{v}_c = -\lambda \hat{L}_e^{+} (s - s^*) \tag{10.10}$$

이며, 이를 식 (10.5)에 대입하면

$$\dot{e} = -\lambda L_e \hat{L}_e^{+} e \tag{10.11}$$

이다.

10.2.3 카메라를 이용한 물체 정보

매니퓰레이터의 제어를 위해서는 카메라로부터 획득된 영상에서 목표 대상물을 찾은 후 물체가 카메라로부터 얼마나 떨어져 있는지, 또는 물체 정보가 사전에 주어지지 않았다면 영상 정보로부터 해당 물체의 크기를 알 수 있어야 한다. 물체가 지면 또는 어떤 고정면에 부착되어 있다고 가정하면 물체의 위치는 물체가 지면과 맞닿은 지점의 2차원 좌표로 단순해진다. 따라서, 카메라로부터 획득된 이미지 상의 물체의 실제 물리적인 위치를 찾는 문제는 영상 이미지에 나타나 있는 물체의 좌표에 대응하는 2차원 평면상의 물체의 좌표를 구하는 문제로 귀결된다.

카메라를 이용해서 물체의 위치는 기하학적인 방법과 한 평면을 다른 평면에 투영했을 때의 관계를 사용하는 호모그래피(Homography) 방법, 그리고 변환 행렬 방법 등의 3가지 방법으로 찾을 수 있다. [그림 10.7]과 같이 카메라 원점으로부터 거리 d만큼 떨어진 평면상에 중심이 $P(X, Y)$인 물체를 고려한다.

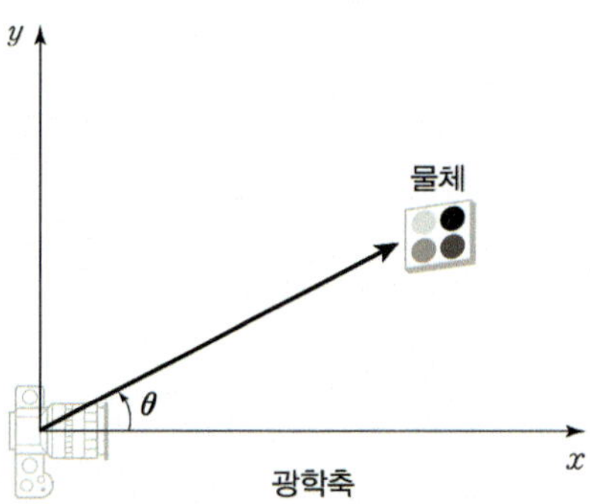

그림 10.7 카메라와 물체의 좌표 관계

기하학적 방법

카메라가 지상으로부터 높이 h상에 설치되어 있을 때, 영상 좌표 p에 대응되는 지면 좌표 P의 카메라 원점과의 기하학적인 관계는 [그림 10.8]과 같이 나타낼 수 있다.

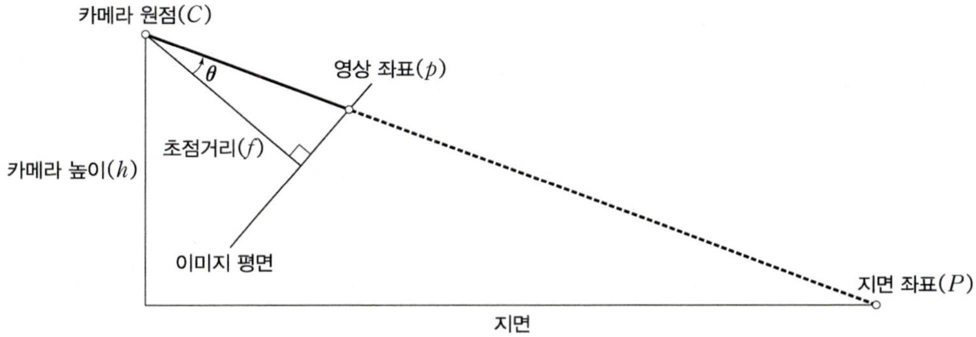

그림 10.8 카메라와 물체간의 기하학적 관계

초점거리(f_x, f_y)과 주점(C_x, C_y) 등과 같은 카메라 내부 파라미터는 알려져 있으며, 설치된 카메라의 각도(θ) 및 높이(h) 또한 물리적으로 알려져 있다. 입력 영상의 물체 기준점에 대한 픽셀 좌표를 $p(x, y)$, 지면에 대응되는 물체 기준점 좌표를 $P(X, Y)$라고 하고 물리적 좌표가 카메라의 초점 거리에 의한 영향을 제거하기 위하여 식 (10.12)과 같이 좌표에 대한 정규화(Normalization)를 한다.

$$
\begin{aligned}
u_n &= (X - C_x)/f_x \\
v_n &= (Y - C_y)/f_y
\end{aligned}
\tag{10.12}
$$

여기서 (u_n, v_n)은 정규화된 좌표이며, 정규화된 좌표와 카메라의 높이 및 각도를 이용한 물체의 물리적 거리를 계산하기 위한 기하학적 관계는 [그림 10.9]와 같이 표현된다.

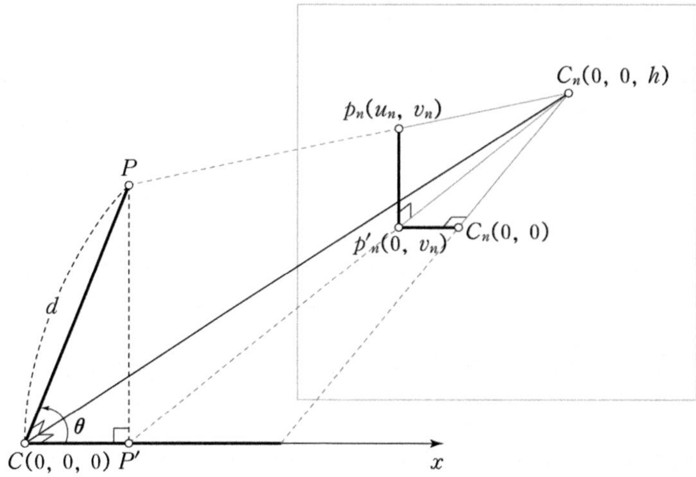

그림 10.9 정규화된 이미지 평면상의 카메라와 물체의 기하학적 관계

[그림 10.9]에서 카메라의 주점(C_x, C_y)이 정규화된 이미지 평면상에서 $C_n(0, 0)$으로 변환되고, 카메라의 초점 거리가 1이 된다. 주점과 물체와의 기하학적인 관계는

$$\begin{aligned}
&\overline{CC_n} = h \\
&\overline{CP'} = \overline{CC_n} + \tan\left(\frac{\pi}{2} + \theta - atan(v)\right) \\
&\overline{C_nP'} = \sqrt{(\overline{CC_n})^2 + (\overline{CP'})^2} \\
&\overline{C_np'} = \sqrt{1+v^2} \\
&\overline{PP'} = u + \overline{CP'} / \overline{Cp'}
\end{aligned} \tag{10.13}$$

이고, 카메라 영상에서 물체의 물리적 거리는 식 (10.13)을 이용해서 다음과 같이 구할 수 있다.

$$d = \sqrt{(\overline{CP'})^2 + (\overline{PP'})^2} \tag{10.14}$$

따라서, 지면의 물체의 크기는 다음과 같이 구할 수 있다.

$$P(X, Y) = (d\cos\theta, d\sin\theta) \tag{10.15}$$

호모그래피 방법

제3장의 동차 변환과 유사하게, 어떤 한 평면을 다른 평면에 투영(Projection)시켰을 때 투영된 대응점들과 원래의 점들 사이에는 [그림 10.10]과 같이 일정한 변환 관계가 성립된다. 이러한 호모그래피(Homography) 변환을 이용하면 카메라의 영상 정보로부터 즉각적인 물체의 위치를 구할 수 있다.

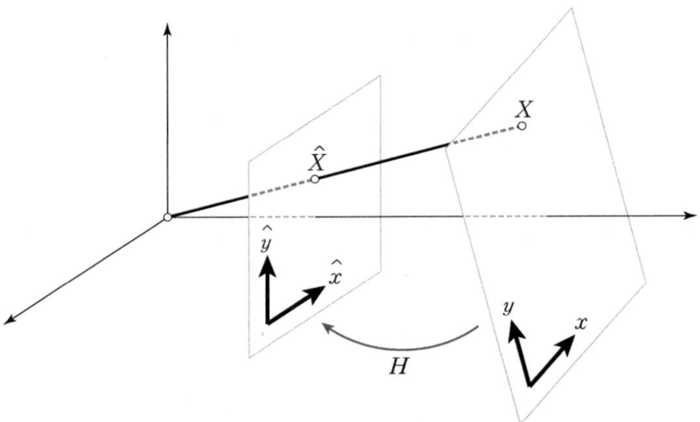

그림 10.10 투영면에 대한 호모그래피 변환 개념

동차 변환 행렬과 유사한 개념으로, 호모그래피 변환은 식 (10.16)과 같이 3×3 행렬로 표현된다.

$$s\begin{bmatrix}\hat{x}\\ \hat{y}\\ 1\end{bmatrix}=\begin{bmatrix}h_{11} & h_{12} & h_{13}\\ h_{21} & h_{22} & h_{23}\\ h_{31} & h_{32} & h_{33}\end{bmatrix}\begin{bmatrix}x\\ y\\ 1\end{bmatrix} \tag{10.16}$$

여기서 s는 동차 좌표 변환의 스케일 팩터(Scale factor)이며, 호모그래피 행렬은 일반적으로 4개 이상의 대응점에 대해서 관계를 설정했을 때, 두 평면의 모든 대응점들에 대해서 유일성이 보장된다.

호모그래피 행렬은 먼저 카메라 화각 안에 존재하는 지면에 임의의 네 개의 점을 설정한다. 그리고, 각 점의 좌표는 지면 좌표계를 원점을 기준으로 실측하여 결정하고, 이 점들에 대한 카메라 영상의 픽셀 정보를 획득한다. 다음으로, 픽셀 좌표로부터 지면 좌표로의 전환이 가능한 동차 변환 행렬을 구한다. 네 개의 대응점이 다음과 같을 때

$$(p_1, \hat{p}_1),\ (p_2, \hat{p}_2),\ (p_3, \hat{p}_3),\ (p_4, \hat{p}_4) \tag{10.17}$$

이를 행렬로 나타내면 다음과 같다.

$$p_i = \begin{bmatrix} -x_i & -y_i & -1 & 0 & 0 & 0 & x_i\hat{x}_i & y_i\hat{x}_i & \hat{x}_i \\ 0 & 0 & 0 & -x_i & -y_i & -1 & x_i\hat{y}_i & y_i\hat{y}_i & \hat{y}_i \end{bmatrix} \tag{10.18}$$

카메라 초점 거리(f), 광학 중심점(o_x, o_y), 센서 사이즈(xs, ys), 유효 픽셀 사이즈(w, h)를 카메라 내부 파라미터라고 할 때, 다음과 같은 내부 파라미터 행렬을 정의한다.

$$C_{\text{int}} = \begin{bmatrix} \frac{fw}{xs} & 0 & o_x \\ 0 & \frac{fh}{ys} & o_y \\ 0 & 0 & 1 \end{bmatrix} = \begin{bmatrix} \frac{fw}{xs} & 0 & \frac{w}{2} \\ 0 & \frac{fh}{ys} & \frac{h}{2} \\ 0 & 0 & 1 \end{bmatrix} \tag{10.19}$$

카메라의 외부 파라미터는 대상 물체가 지면의 평면상의 이미지이기 때문에 z축에 관련된 항은 연산 과정에서 0이 된다. 편의상, 중간 과정은 생략하며 외부 파라미터의 동차 변환 행렬 형태는 다음과 같다.

$$C_{ext} = \begin{bmatrix} r_{11} & r_{12} & T_x \\ r_{11} & r_{12} & T_x \\ r_{11} & r_{12} & T_x \end{bmatrix} \tag{10.20}$$

호모그래피 행렬은 카메라의 내부 파라미터와 외부 파라미터의 곱으로 식 (10.21)과 같이 표현된다.

$$H = C_{\text{int}} C_{\text{ext}} = \begin{bmatrix} \frac{fw}{xs} & 0 & \frac{w}{2} \\ 0 & \frac{fh}{ys} & \frac{h}{2} \\ 0 & 0 & 1 \end{bmatrix} \begin{bmatrix} r_{11} & r_{12} & T_x \\ r_{11} & r_{12} & T_x \\ r_{11} & r_{12} & T_x \end{bmatrix} \tag{10.21}$$

호모그래피 행렬의 각 원소는 다음의 식을 통해서 찾을 수 있다.

$$\begin{bmatrix} x_1 & y_1 & 1 & 0 & 0 & 0 & -x_1\hat{x}_1 & -y_1\hat{x}_1 \\ x_2 & y_2 & 1 & 0 & 0 & 0 & -x_2\hat{x}_2 & -y_2\hat{x}_2 \\ x_3 & y_3 & 1 & 0 & 0 & 0 & -x_3\hat{x}_3 & -y_3\hat{x}_3 \\ x_4 & y_4 & 1 & 0 & 0 & 0 & -x_4\hat{x}_4 & -y_4\hat{x}_4 \\ 0 & 0 & 1 & x_1 & y_1 & 1 & -x_1\hat{y}_1 & -y_1\hat{y}_1 \\ 0 & 0 & 1 & x_2 & y_2 & 1 & -x_2\hat{y}_2 & -y_2\hat{y}_2 \\ 0 & 0 & 1 & x_3 & y_3 & 1 & -x_3\hat{y}_3 & -y_3\hat{y}_3 \\ 0 & 0 & 1 & x_4 & y_4 & 1 & -x_4\hat{y}_4 & -y_4\hat{y}_4 \end{bmatrix} \begin{bmatrix} h_{11} \\ h_{12} \\ h_{13} \\ h_{21} \\ h_{22} \\ h_{23} \\ h_{31} \\ h_{32} \\ h_{33} \end{bmatrix} = h_{33} \begin{bmatrix} \hat{x}_1 \\ \hat{x}_2 \\ \hat{x}_3 \\ \hat{x}_4 \\ \hat{y}_1 \\ \hat{y}_2 \\ \hat{y}_3 \\ \hat{y}_4 \end{bmatrix} \tag{10.22}$$

여기서 $h_{33} = 1$ 또는 $\sum_i^3 \sum_i^3 h_{ij}^2 = 1$ 이다.

임의의 영상 픽셀 좌표 $p(x, y)$에 호모그래피 행렬을 곱한 결과가 다음과 같이 나타난다면

$$H \cdot (x, y, 1)^T = (a, b, c)^T \tag{10.23}$$

지면 좌표는 다음과 같다.

$$P(X, Y) = (a/c, b/c) \tag{10.24}$$

변환 행렬 방법

3차원 공간상의 임의의 한 점 P에 대한 월드 좌표를 P_w, 카메라의 영상으로부터 획득된 이미지 좌표를 P_c, 두 점의 계에 대한 회전 변환 행렬을 R, 전위 행렬을 T라고 할 때, 다음과 같은 변환 관계가 성립된다.

$$\begin{aligned} P_c &= RP_w + T \\ P_w &= R^{-1}(P_c - T) = R^T(P_c - T) \end{aligned} \tag{10.25}$$

식 (10.25)로부터 카메라의 원점에 대한 월드 좌표는 다음과 같이 나타낼 수 있다.

$$C_w = R^T(C_c - T) \tag{10.26}$$

여기서 카메라의 원점(C_c)은 항상 (0, 0)이므로 식 (10.26)은

$$C_w = -R^T T \tag{10.27}$$

이다. 따라서, 식 (10.25)과 (10.27)을 이용하여 다음과 같이 지면 좌표를 구할 수 있는 관계식을 얻을 수 있다.

$$P_w = R^T P_c - C_w \tag{10.28}$$

10.3 비주얼 서보잉 제어

비주얼 서보잉의 제어는 두 가지 방법이 있다. 첫 번째, 특징 정보 벡터(s)가 영상 정보로부터 즉각적으로 사용 가능한 경우에는 영상 기반 비주얼 서보잉 방법을 적용한다. 두 번째, 만약 특징 정보 벡터(s)가 영상 정보로부터 계산되어야 하는 3차원 파라미터들로 이루어지는 경우엔 위치 기반 비주얼 서보잉 방법을 사용한다.

10.3.1 영상 기반 비주얼 서보잉 제어

영상 기반 비주얼 서보잉(IBVS)은 카메라의 영상으로부터 원하는 물체의 특징 정보를 즉각적으로 획득할 수 있는 경우에 사용되며, 오차 방정식이 이미지 공간에서 정의된다. 영상 기반 비주얼 서보잉의 제어를 위한 블록선도는 [그림 10.11]와 같다.

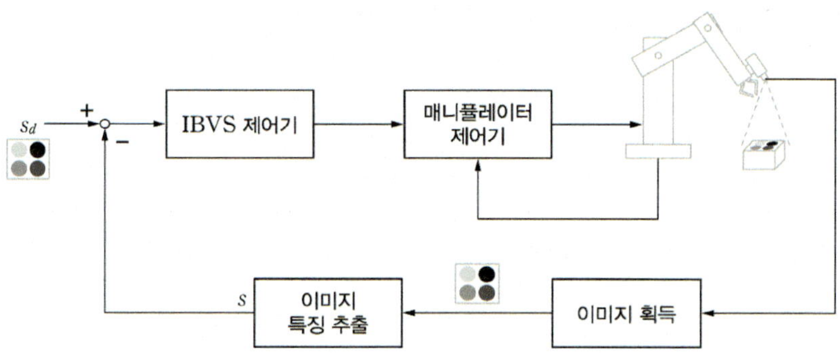

그림 10.11 영상 기반 비주얼 서보잉 블록 선도

전통적으로 영상 기반 비주얼 서보잉 제어에서 3차원 공간상의 물체에 대한 영상 기반의 카메라-물체의 제어 구성 요소는 [그림 10.12]에서 나타내고 있는 것과 같은 관계를 가정한다.

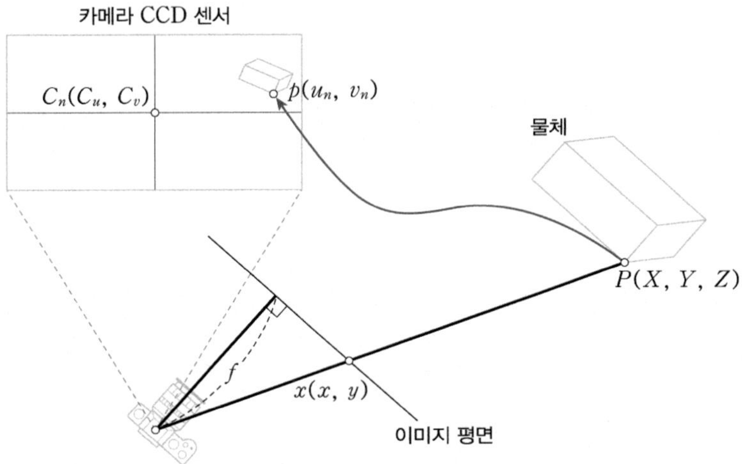

그림 10.12 IBVS의 일반적인 카메라-물체의 좌표 설정

카메라에서 획득된 물체의 2차원 좌표가 $\mathrm{x}(x,\ y)$라면, 이는 정규화된 좌표를 이용해서 다음과 같이 표현할 수 있다.

$$\begin{cases} x = X/Z = (u_n - c_u)/f\alpha \\ y = Y/Z = (v_n - c_v)/f\alpha \end{cases} \tag{10.29}$$

여기서 α는 카메라 센서의 해상도 비율이다. 식 (10.29)의 시간에 대한 미분식은

$$\begin{cases} \dot{x} = \dot{X}/Z - X\dot{Z}/Z^2 = (\dot{X} - x\dot{Z})/Z \\ \dot{y} = \dot{Y}/Z - Y\dot{Z}/Z^2 = (\dot{Y} - y\dot{Z})/Z \end{cases} \tag{10.30}$$

이다. 어떤 한 점의 카메라에 대한 상대 속도는 다음과 같이 정의되므로

$$\begin{aligned} &V = -T - \omega \times P \\ &T = \begin{bmatrix} T_x \\ T_y \\ T_z \end{bmatrix}, \omega = \begin{bmatrix} \omega_x \\ \omega_y \\ \omega_z \end{bmatrix}, P = \begin{bmatrix} X \\ Y \\ Z \end{bmatrix} \\ &V_x = -T_x - \omega_y Z + \omega_z Y \\ &V_y = -T_y - \omega_z X + \omega_x Z \\ &V_z = -T_z - \omega_x Y + \omega_y X \end{aligned} \tag{10.31}$$

식 (10.31)을 속도에 관한 식 (10.30)에 대입하여 정리하면 다음과 같다.

$$\begin{cases} \dot{x} = -V_x/Z + xV_z/Z + xy\omega_x - (1+x^2)\omega_y + y\omega_z \\ \dot{y} = -V_y/Z + yV_z/Z + (1+y^2)\omega_x - xy\omega_y - x\omega_z \end{cases} \tag{10.32}$$

상호작용 행렬을 이용하면 식 (10.32)은 다음과 같다.

$$\dot{\mathrm{x}} = L_{\mathrm{x}} v_c$$

$$L_{\mathrm{x}} = \begin{bmatrix} -\frac{1}{Z} & 0 & \frac{x}{Z} & xy & -(1+x^2) & y \\ 0 & -\frac{1}{Z} & \frac{y}{Z} & 1+y^2 & -xy & -x \end{bmatrix} \tag{10.33}$$

6자유도의 매니퓰레이터를 제어하기 위해서는 적어도 3개의 점이 필요하다. 이러한 경우에 특성 벡터를 $\mathbf{x} = (x_1, x_2, x_3)$로 나타낼 수 있으므로, 상호작용 행렬은 간단히 다음과 같은 행렬 형태로 나타낼 수 있다.

$$L_{\mathrm{x}} = \begin{pmatrix} L_{\mathrm{x}_1} \\ L_{\mathrm{x}_2} \\ L_{\mathrm{x}_3} \end{pmatrix} \tag{10.34}$$

예제 10.1

[그림 10.13]과 같이 매니퓰레이터의 자세를 결정할 수 있도록 6자유도 매니퓰레이터의 관절 공간에서의 영상 기반 비주얼 서보잉을 나타내시오.

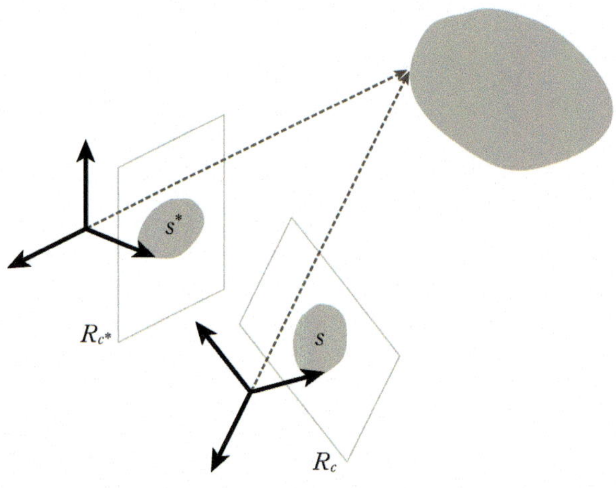

그림 10.13 매니퓰레이터의 카메라계의 이동

풀이

일반적으로 카메라 계와 말단 장치 계는 동일하지 않으므로 좌표계에 대한 설정과 이로부터 상대적인 속도 벡터를 구할 수 있다. 카메라 계와 말단 장치 계의 관계를 나타내는 벡터를

$$r = [T \;\; \theta]^T \tag{10.35}$$

라고 할 때, 이에 대한 미분은 계의 표시를 포함하여 다음과 같이 나타낼 수 있다.

$$\dot{r} = {}^E V_C = \begin{bmatrix} {}^E\dot{T}_C \\ {}^E\Omega_C \end{bmatrix} = \begin{bmatrix} {}^E R_C {}^C\dot{T}_C - {}^E R_C {}^C\Omega_C \times {}^E\dot{T}_C \\ {}^E R_C {}^C\Omega_C \end{bmatrix} \tag{10.36}$$

여기서 ${}^E T_C$, ${}^E \Omega_C$는 각각 카메라 계에서의 카메라 속도 및 각속도이다. 또한, 매니퓰레이터의 베이스부에서 카메라에 대한 속도 관계식은 다음과 같이 나타낼 수 있다.

$${}^B V_C = \begin{bmatrix} {}^B\dot{T}_C \\ {}^B\Omega_C \end{bmatrix} = \begin{bmatrix} {}^B R_E {}^E\dot{T}_C - {}^B R_E {}^E\Omega_C \times {}^B\dot{T}_E \\ {}^B R_E {}^E\Omega_C \end{bmatrix} \tag{10.37}$$

자코비안을 이용한 매니퓰레이터의 베이스부에 대한 카메라의 속도는 제5장의 속도 기구학을 참고하면 다음과 같이 나타낼 수 있다.

$$\begin{aligned} {}^B V_C &= J(q)\dot{q} \\ \dot{q} &= J^{-1}(q){}^B V_C \end{aligned} \tag{10.38}$$

시스템의 이득이 λ일 때, 식 (10.38)은 다음과 같이 표현할 수 있다.

$$\dot{q} = -\lambda J^{-1}(q){}^B V_C \tag{10.39}$$

[예제 10.1]의 결과를 이용하면 관절 공간에서 영상 기반의 비주얼 서보잉을 위한 관절 변수에 대한 제어식을 유도할 수 있다. 일반적으로 특징 속도 벡터($\dot{s}$)와 관절 속도 벡터($\dot{q}$)는 다음과 같은 관계가 성립한다.

$$\dot{s} = J_s\dot{q} + \frac{\partial s}{\partial t} \tag{10.40}$$

여기서 J_s는 이미지의 특징점 자코비안 행렬이며, 물체가 움직이지 않는다고 가정하면 식 (10.40)의 두 번째 항($\frac{\partial s}{\partial t}$)은 0이다. 또한, 특징점 자코비안 행렬은 관절 자코비안을 사용하여 다음과 같이 표현된다.

$$J_s = L_s\,{}^{C}T_E J(q) \tag{10.41}$$

${}^{C}T_E$는 카메라계로부터 말단 장치 사이의 변환 행렬이며, 일반화된 형태로 다음과 같이 나타낼 수 있다.

$${}^{E}T_C = \begin{bmatrix} {}^{C}R_E & [{}^{C}T_E]_\times\,{}^{C}R_E \\ 0 & {}^{C}R_E \end{bmatrix} \tag{10.42}$$

여기서 ${}^{C}R_E$는 카메라와 말단 장치간의 회전 행렬을 나타내며, $[{}^{C}T_E]_\times$는 ${}^{C}T_E$의 비대칭 행렬(Skew symmetric matrix)이다. 또한, 카메라가 말단 장치에 부착되어 있다면 ${}^{C}T_E$는 일정 수준을 유지하기 때문에 카메라의 내부 파라미터를 통해서 자코비안 행렬을 구할 수 있다.

매니퓰레이터의 말단 장치와 기준 좌표계(ξ)에 대한 변환 행렬이 ${}^{\xi}T_E$라면, 이미지 자코비안은 다음과 같이 나타낼 수 있다.

$$J_s = -L_s\,{}^{C}T_\xi\,{}^{\xi}T_E J(q) \tag{10.43}$$

또한, 상호작용 행렬의 근사식으로부터 식 (10.43)은 다음과 같이 나타낼 수 있다.

$$\hat{J}_s^+ = -\hat{L}_s^+\,{}^{C}T_\xi\,{}^{\xi}T_E J(q) \tag{10.44}$$

시간에 따른 오차의 최소화를 목표로 하는 영상 기반의 매니퓰레이터에 대한 비주얼 서보잉 제어는 식 (10.39)와 (10.44)로부터 다음과 같이 나타낼 수 있다.

$$\dot{q} = -\lambda \hat{J}_s^+ (s - s^*) \tag{10.45}$$

또는

$$\begin{aligned} \dot{q} &= -\lambda \hat{J}_e^+ (s - s^*) - \hat{J}_e^+ \frac{\partial (s - s^*)}{\partial t} \\ &= -\lambda \hat{J}_e^+ e - \hat{J}_e^+ \frac{\partial e}{\partial t} \end{aligned} \tag{10.46}$$

여기서 $\hat{J}_e^+ = \hat{J}_s^+$ 이다.

10.3.2 위치 기반 비주얼 서보잉 제어

위치-자세 기반 비주얼 서보잉(PBVS)은 간단히 위치 기반 비주얼 서보잉이라고 하며, 정확한 카메라 교정(Calibration) 정보를 통해 목표물의 자세를 추정한다. 그리고, 이 정보를 이용하여 목표물을 추종하거나 파지, 핸들링이나 용접과 같은 작업을 수행하도록 하는 것이 일반적이다. 위치 기반 비주얼 서보잉의 제어를 위한 블록 선도는 [그림 10.14]와 같다.

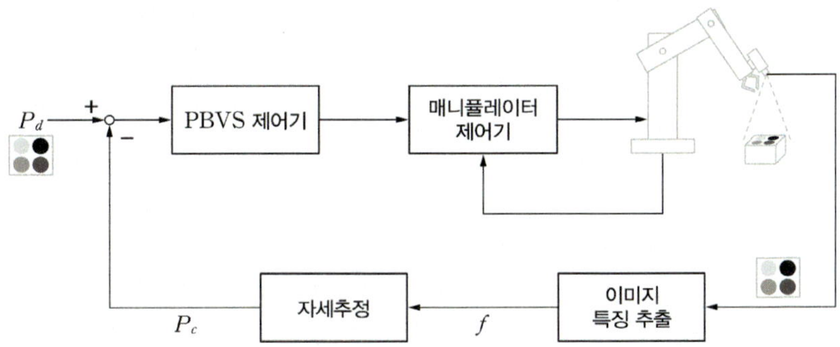

그림 10.14 위치 기반 비주얼 서보잉 블록 선도

위치 기반 비주얼 서보잉에 의한 매니퓰레이터 제어 성능은 목표물의 자세 추정의 정확성 또는 정밀도에 의해 결정된다. 일반적으로 이러한 목표물의 자세 추정도를 향상시키기 위해서 목표물에 마커(Marker)를 부착하여 카메라와 물체간의 보정을 함으로써, 공간상의 목표물 위치나 방향 등에 대한 정보를 획득한다.

위치 기반 비주얼 서보잉은 특징 벡터를 정의하는 기준계에 대한 카메라의 자세를 사용한다. 앞에서 언급된 것처럼 카메라의 특징 벡터는 일반적으로 알려져 있는 내부 파라미터와 카메라의 자세이다. 현재의 카메라계와 목표로 하는 카메라계의 구성은 [그림 10.15]와 같다고 가정한다.

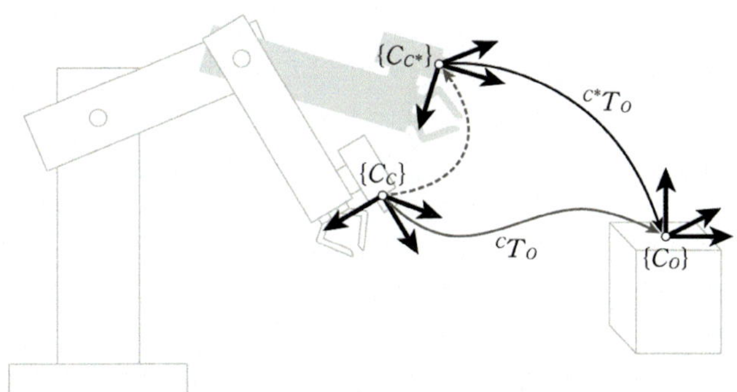

그림 10.15 PBVS의 카메라-물체의 좌표 설정

현재 카메라계를 C_c, 목표 카메라계를 C_{c^*}, 현재 물체계를 C_o이라 설정하고, 목표 카메라계와 현재 카메라계의 회전 행렬을 다음과 같이 설정한다. 편의상 첨자만을 이용하기로 한다.

$$R = {}^{c^*}R_c \tag{10.47}$$

다음으로, s에 대해서 전위 벡터(T)와 회전(θu)에 대한 파라미터로 식 (10.48)과 같이 정의하면

$$\begin{aligned} s &= ({}^{c}T_o,\ \theta u),\ s^* = ({}^{c^*}T_o,\ 0) \\ e &= ({}^{c}T_o - {}^{c^*}T_o,\ \theta u) \end{aligned} \tag{10.48}$$

오차 e에 대한 상호작용 행렬은 다음과 같다.

$$L_e = \begin{bmatrix} -I_{3\times 3} & [{}^{c}T_o]_\times \\ 0 & L_{\theta u} \end{bmatrix} \tag{10.49}$$

여기서 $L_{\theta u}$는 다음과 같이 정의된다.

$$L_{\theta u} = I_{3\times 3} - \frac{\theta}{2}[u]_\times + \left(1 - \frac{\mathrm{sinc}\theta}{\mathrm{sinc}^2\dfrac{\theta}{2}}\right)[u]^2_\times \tag{10.50}$$

여기서 $\mathrm{sinc}x = \dfrac{\sin x}{x}$인 싱크함수(Sinus cardinal)이다.

위치 기반 비주얼 서보잉을 위한 제어식을 다음과 같이 정의할 수 있다.

$$\mathrm{v}_c = (v_c,\ \omega_c) = \begin{cases} \mathrm{v}_c = -\lambda(({}^{c^*}T_o - {}^{c}T_o) + [{}^{c}T_o]_\times \theta u \\ \omega_c = -\lambda\theta u \end{cases} \tag{10.51}$$

식 (10.9)로부터 식 (10.52)는 다음과 같이 나타낼 수 있다.

$$\begin{aligned} \mathrm{v}_c &= -\lambda \hat{L}_e^{-1} e \\ \hat{L}_e^{-1} &= \begin{bmatrix} -I_{3\times 3} & [{}^{c}T_o]_\times L_{\theta u}^{-1} \\ 0 & L_{\theta u}^{-1} \end{bmatrix} \\ L_{\theta u}^{-1}\theta u &= \theta u \end{aligned} \tag{10.52}$$

만약, 식 (10.49)에서 s를 다음과 같이 설정한다면

$$s = ({}^{c^*}T_o,\ \theta u) \tag{10.53}$$

$s^* = 0$, $e = s$가 되므로 식 (10.52)는 다음과 같이 간단하게 나타낼 수 있다.

$$\mathrm{v}_c = (v_c,\ \omega_c) = \begin{cases} \mathrm{v}_c = -\lambda R^{T\,c^*}T_c \\ \omega_c = -\lambda\theta u \end{cases} \tag{10.54}$$

식 (10.50)으로부터 상호작용 행렬도 다음과 같이 간단한 형태로 나타낼 수 있다.

$$L_e = \begin{bmatrix} R & 0 \\ 0 & L_{\theta u} \end{bmatrix} \tag{10.55}$$

위치 기반 비주얼 서보잉은 매니퓰레이터의 기구학 모델을 적용하기 때문에 목표물에 대한 추종 성능이 향상된다. 그러나, 예상할 수 있듯이 역 기구학 모델로 형성되는 매니퓰레이터의 모션이나 경로 추종 과정에서 목표물이 카메라의 시야각을 벗어나는 경우가 발생할 수 있다.

10.4 인공 지능 기반 비주얼 서보잉

10.4.1 인공 지능 개요

최근 인공 지능(Artificial Intelligence, AI) 기술이 급속히 발전하면서 음성 인식, 얼굴 및 사람 인식, 물체 인식 등과 같은 다양한 분야에서 인공 지능을 이용하는 다양한 사례들이 소개되고 있다. 특히, 2016년 3월 알파고와 2019년 8월의 알파스타는 인간과의 대결에서 승리하는 모습을 보여주었으며, 충분한 데이터와 적절한 학습이 가능하다면 협소한 영역에서는 사매우 뛰어난 수준의 지적 수준에 도달할 수 있음을 보여주는 계기가 되었다.

최근 인공 지능은 딥 러닝(Deep learning)으로 통합되어 거론되고 있지만, 인공 지능은 [그림 10.16]과 같이 기계 학습 또는 머신 러닝(Machine learning) 기술의 하나인 인공 신경망(Artificial neural network) 기술의 발전된 형태 중 하나라고 할 수 있다. 기존의 인공 신경망을 세분화하고 고도화하여 적용하게 되면서 CNN(Convolution Neural Network), RNN(Recurrent Neural Network) 등이 활발하게 사용되고 있다.

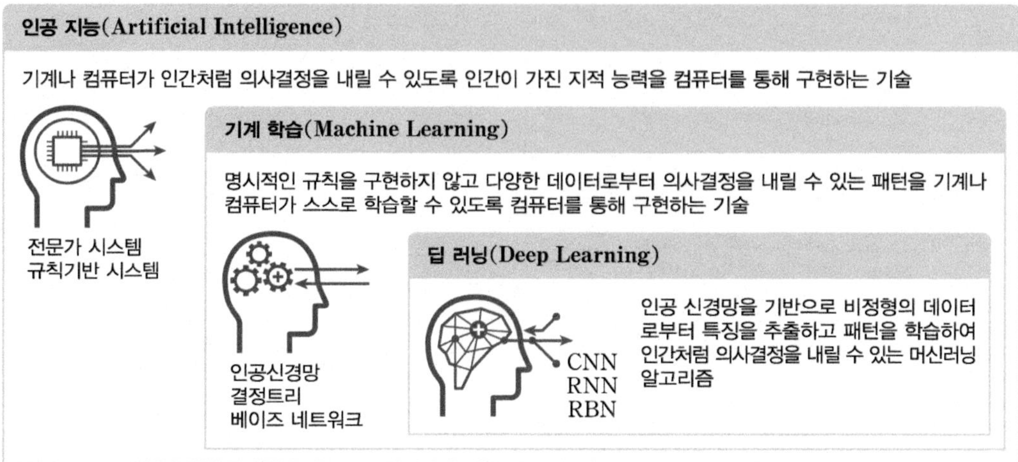

그림 10.16 인공 지능의 개요

1943년 신경생리학자 Warren McCulloch과 수학자 Walter Pitts가 'A Logical Calculus of Ideas Immanent In Nervous Activity'에서 [그림 10.17]과 같이 생물체의 신경망의 기능을 컴퓨터 알고리즘으로 추상화한 모델을 제시하였다.

처음 제시된 인공 신경망은 명제 논리(Propositional logic)를 사용해 동물 뇌의 생물학적 뉴런이 복잡한 계산을 위해 어떻게 상호작용 하는지에 대하여 설명하기 위해 만들어졌다.

초기 이진 연산을 위한 신경망 모델은 하나 이상의 이진 입력이 가능한 뉴런과 하나의 출력을 가지는 뉴런으로 [그림 10.18]과 같이 구성된 이 가능한 모델이다.

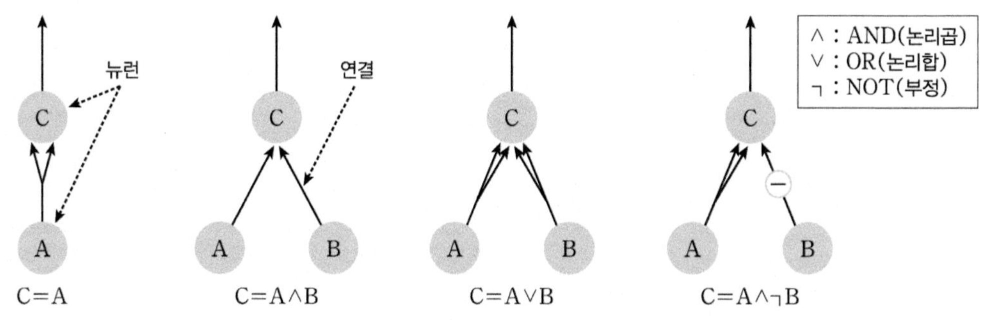

그림 10.17 이진 연산을 위한 인공 신경망 모델

[그림 10.17]의 첫 번째 신경망은 항등 함수와 같으며, 입력 뉴런 A가 활성화되면 출력 뉴런 C도 활성화된다. 두 번째 신경망은 논리곱 연산을 위한 모델이며, 입력 뉴런 A와 B 모두 활성화 되어야 출력 뉴런 C가 활성화된다. 반대로 세 번째

신경망은 논리합 연산을 위한 모델이며, 입력 뉴런 A 또는 B 중 어느 하나만 활성화되면 출력 뉴런 C가 활성화된다. 마지막 모델은 입력 뉴런 A가 활성화되고, 입력 뉴런 B는 NOT(부정) 연산으로 비활성화되면 출력 뉴런 C가 활성화된다.

그러나, 인공 신경망으로는 간단한 XOR 문제 조차 해결할 수 없음이 보고되면서 1990년대에 SVM(Support Vector Machine)과 같은 다른 머신 러닝 알고리즘들이 나오게 되었고, 인공 신경망에 대한 대중의 관심도는 크게 떨어지게 되었다. 그러나, 빅데이터 시대인 요즘 신경망을 학습시킬 수 있는 데이터가 엄청나게 증가하면서, 기존의 머신 러닝 알고리즘보다 규모가 크고 복잡한 문제에서 좋은 성능을 나타내게 되었으며, 고성능 컴퓨터와 GPU로 대규모 신경망 학습이 가능해지면서 다시 주목받고 있다.

10.4.2 퍼셉트론 모델

퍼셉트론(Perceptron)은 [그림 10.18]과 같이 생물체의 뉴런을 구성하는 Dendrite, Soma, Axon의 기능을 수학적으로 추상화한 인공 신경망 모델이다. 퍼셉트론은 다수의 입력으로부터 하나의 결과를 내보내는 인공 뉴런(Neuron)으로 구성되어 있다. 퍼셉트론의 각 요소는 다음과 같은 역할을 한다.

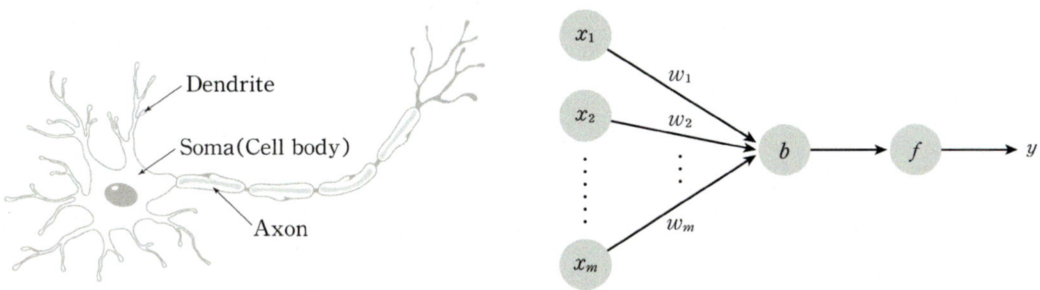

그림 10.18 생물학적 신경망과 페셉트론

- **Dendrite**: 전기적 신호를 통해 입력 신호를 받는 기능을 수행한다. 인공 신경망에서는 벡터의 형태로 입력된 데이터 $\mathrm{x} = [x_1, x_2, \cdots, x_m]^T$를 전달받는 역할을 한다.
- **Soma**: Dendrite를 통해 전달받은 입력을 합산하는 기능을 수행한다. 인공 신경망에서는 각각의 dendrite의 입력에 가중치(weight)라고 하는 $\mathrm{w} = [w_1, w_2, \cdots, w_m]^T$를 곱하여 다음과 같이 합산한 결과를 출력한다.

$$s(x;\theta) = \sum_{j=1}^{m} w_j x_j + b \tag{10.56}$$

출력 함수는 선형이며, b는 바이어스(Bias)라고 하는 출력 함수의 상수항이고, θ는 인공 신경망의 파라미터로 신경망을 구성하는 가중치(weight, w)와 바이어스(b)를 의미한다.

- Axon: Soma에서 계산된 값을 출력한다. 인공 신경망에서는 soma에서 출력된 $s(x;\theta)$를 활성화 함수(Activation function, f)에 입력하고, 이로부터 계산된 출력값(y)을 전달한다. 활성화 함수는 $s(x;\theta)$를 바탕으로 어떠한 의사 결정을 내리는 기능을 수행한다. 활성화 함수로는 단위 계단 함수나 [그림 10.19]와 같은 시그모이드 함수(Sigmoid function) 등을 사용한다.

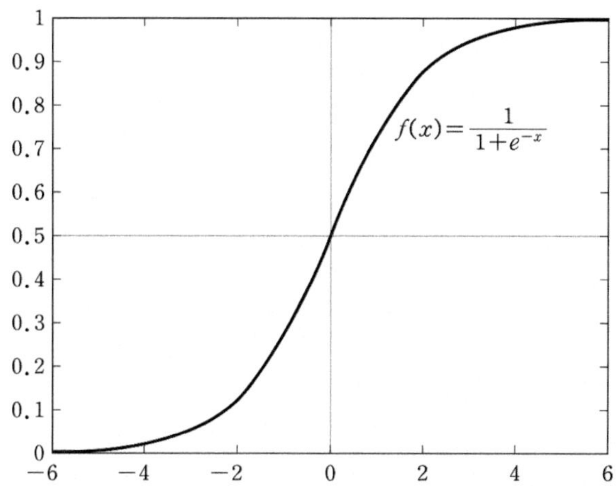

그림 10.19 시그모이드 함수

인공 뉴런에서 학습(Training)은 주어진 데이터 세트를 이용하여 인공 뉴런이 특정한 역할을 수행하도록 인공 뉴런의 파라미터인 θ, 즉 적절한 가중치(w)와 바이어스(b)를 설정하는 것과 같다.

인공 뉴런을 학습시키기 위해서는 손실 함수(Loss function) 또는 비용 함수(Cost function, C)를 정의해야 한다. 비용 함수는 입력에 대한 진리값(또는 레이블값, $\hat{y}$)과 신경망에서 연산되어 나타나는 모델 출력값(또는 예측값, y)의 차이를 계산할 수 있는 함수이다.

식(10.58)은 m개의 입력으로 구성되는 데이터 세트의 i번째 입력 데이터 세트에 대한 비용 함수를 평균 제곱 오차를 이용해서 나타내고 있다.

$$C(MSE) = \frac{1}{N}\sum_{i=1}^{N}(y^{(i)} - \hat{y}^{(i)})^2 \tag{10.57}$$

여기서 y는 다음과 같이 입력 데이터와 가중치의 선형 회귀 방정식이다.

$$\begin{aligned} y &= w_1x_1 + w_2x_2 + \cdots + w_mx_m + b \\ &= wx^{(i)} + b \end{aligned} \tag{10.58}$$

여기서 w는 신경망의 가중치 벡터이며, $x^{(i)}$는 i번째 입력 벡터이다.

비용 함수는 오차 방정식과 동일한 의미를 가지며, 신경망의 학습은 비용 함수를 최소화할 수 있는 비용 함수 파라미미터(w, b)를 찾는 문제로 귀결된다. 일반적으로 사용되는 비용 함수로는 잔차 제곱의 합(Sum of Squared Error, SSE), 평균 제곱 오차(Mean Squqred Error, MSE), 교차 엔트로피 오차(Cross Entropy Error, CEE) 등이 있다.

일반적으로 인공 뉴런은 [그림 10.19]와 같은 경사 하강법(Gradient descent method)을 사용하여 비용 함수(C)가 작아지는 가중치와 바이어스를 찾아가도록 신경망을 학습시킨다.

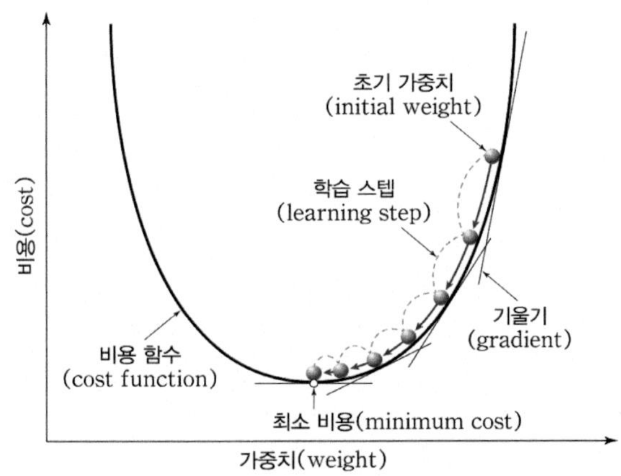

그림 10.20 경사 하강법 개요

경사 하강법에서 가중치와 바이어스는 다음과 같이 정의한다.

$$\begin{aligned} w_j &= w_j - \eta\frac{\partial C}{\partial w_j} \\ b &= b - \eta\frac{\partial C}{\partial b} \end{aligned} \tag{10.59}$$

식 (10.58)에 (10.59)를 대입한 후, w에 대하여 편미분 하면

$$\begin{aligned}\frac{\partial C}{\partial w} &= \frac{1}{n}\sum_{i=1}^{n}[(wx^{(i)}+b-\hat{y}^{(i)})^2]' \\ &= \frac{2}{n}\sum_{i=1}^{n}(wx^{(i)}+b-\hat{y}^{(i)})[(wx^{(i)}+b-\hat{y}^{(i)})]' \\ &= \frac{2}{n}\sum_{i=1}^{n}(wx^{(i)}+b-\hat{y}^{(i)})x^{(i)}\end{aligned} \tag{10.60}$$

이고, 비용 함수를 b에 대하여 편미분 하면 다음과 같다.

$$\begin{aligned}\frac{\partial C}{\partial b} &= \frac{1}{n}\sum_{i=1}^{n}[(wx^{(i)}+b-\hat{y}^{(i)})^2]' \\ &= \frac{2}{n}\sum_{i=1}^{n}(wx^{(i)}+b-\hat{y}^{(i)})[(wx^{(i)}+b-\hat{y}^{(i)})]' \\ &= \frac{2}{n}\sum_{i=1}^{n}(wx^{(i)}+b-\hat{y}^{(i)})\end{aligned} \tag{10.61}$$

식 (10.60)에 비용 함수의 편미분 결과를 대입하면 경사 하강법의 일반화된 파라미터를 다음과 같이 나타낼 수 있다.

$$\begin{aligned}w &= w-\eta\frac{\partial C}{\partial w} = w-\frac{2}{n}\sum_{i=1}^{n}(wx^{(i)}+b-\hat{y}^{(i)})x^{(i)} \\ b &= b-\eta\frac{\partial C}{\partial b} = b-\eta\frac{2}{n}\sum_{i=1}^{n}(wx^{(i)}+b-\hat{y}^{(i)})\end{aligned} \tag{10.62}$$

10.4.3 단층 인공 신경망 모델

인공 신경망(Single layer artificial neural networks)은 앞에서 정의된 다수의 퍼셉트론을 포함하는 여러 개의 층(Layer)으로 이루어진 것이라고 할 수 있다. 단층 인공 신경망은 [그림 10.21]과 같이 하나의 층으로 이루어진 인공 신경망이다.

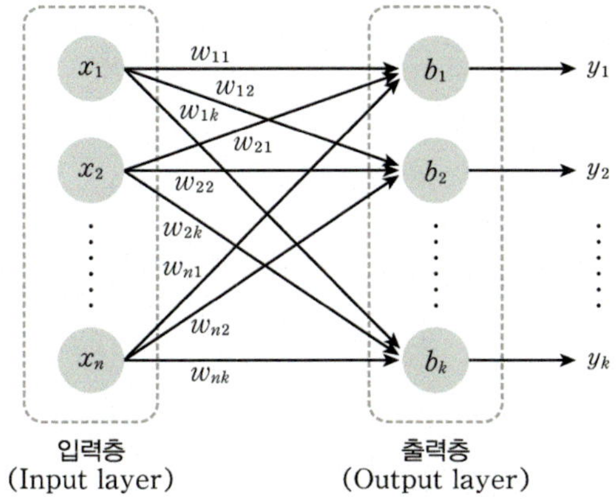

그림 10.21 단층 인공 신경망

입력층은 단순히 주어진 데이터를 전달하는 역할만 하기 때문에, 실제 인공 뉴런은 출력층으로만 이루어진 단층이라고 할 수 있다. 또한, 하나의 출력 뉴런은 0 또는 1, 혹은 0에서 1 사이의 값을 가지도록 설계된다. 따라서, k개의 출력 가지는 경우엔 출력층에 k개의 뉴런을 포함해야 한다. 예를 들어, 어떤 입력에 대해 출력 $\mathrm{y} = [y_1, y_2, y_3]$의 세 가지 중에 하나의 값으로 분류되는 문제라면 각각의 출력은 [1, 0, 0], [0, 1, 0], [0, 0, 1]이 된다.

예제 10.2

두 입력 변수 x_1, x_2이 이진 입력값 0 또는 1일 때, AND 연산을 수행하는 신경망을 구성하시오.

풀이

두 입력과 하나의 출력이므로 다음과 같은 단층 신경망을 설정할 수 있다.

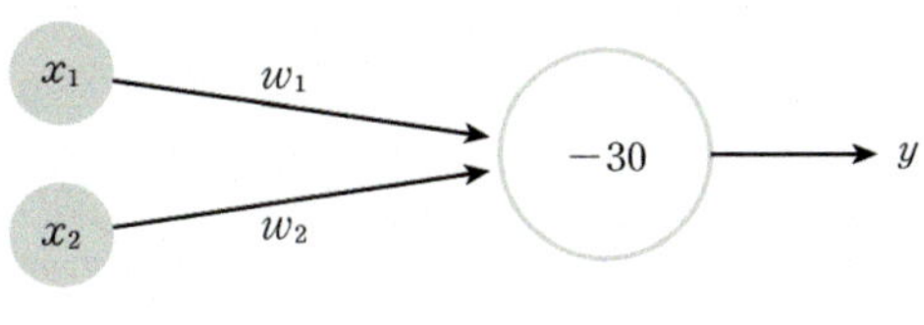

그림 10.22 AND 연산 신경망

가중치를 $w_1 = 20$, $w_2 = 20$ 으로 설정하고 활성화 함수로 시그모이드 함수를 사용한다고 가정하면 AND 연산 수행을 위한 학습은 다음과 같이 진행된다.

$\{x_1, x_2\} \in \{0, 1\}$, $y = x_1 \text{ AND } x_2$ 이므로, 식 (10.57)로부터

$$\begin{aligned}(0,0) &: 0 \cdot 20 + 0 \cdot 20 - 30 = -30 \\ (0,1) &: 0 \cdot 20 + 1 \cdot 20 - 30 = -10 \\ (1,0) &: 1 \cdot 20 + 0 \cdot 20 - 30 = -10 \\ (1,1) &: 1 \cdot 20 + 1 \cdot 20 - 30 = 10\end{aligned} \tag{10.63}$$

이며, 이에 대한 시그모이드 함수를 적용하면 다음과 같다.

$$\begin{aligned}(0,0) &: \text{sigmoid}(-30) = 0 \\ (0,1) &: \text{sigmoid}(-10) = 0 \\ (1,0) &: \text{sigmoid}(-10) = 0 \\ (1,1) &: \text{sigmoid}(10) = 1\end{aligned} \tag{10.64}$$

10.4.4 다층 인공 신경망

다층 인공 신경망(Multiple layer ANN, MLP)은 [그림 10.22]와 같이 하나 이상의 은닉층(Hidden layer)를 가지고 있는 신경망이다. 은닉층을 추가함으로써 비선형적인 연산이 가능해지며, 동시에 주어진 데이터에 대한 최적화 연산을 학습할 수 있다는 장점이 있다. 은닉층의 뉴런의 수에 따라서 주어진 데이터의 차원이 축소되거나 증가될 수 있다.

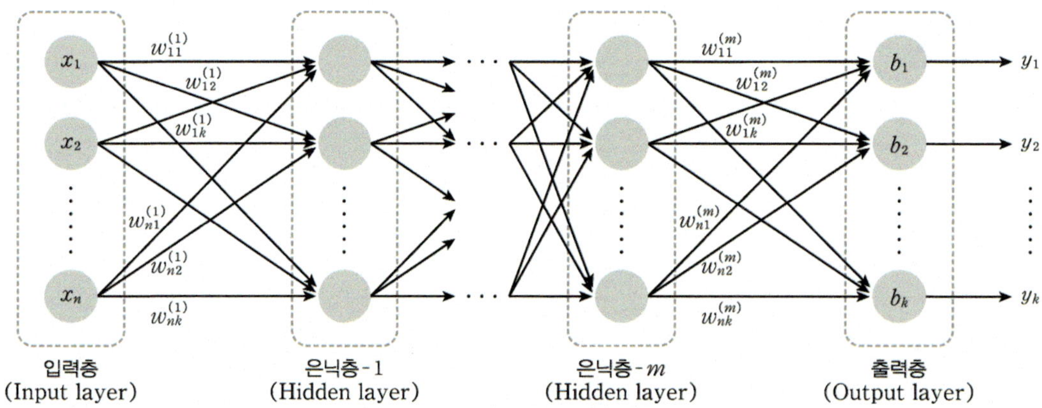

그림 10.23 다층 인공 신경망

은닉층이 2개 이상인 신경망을 심층 신경망(Deep neural networks, DNN)이라고 하며, 인공 신경망에서 학습을 시키는 신경망 구조가 심층 신경망인 경우, 심층 신경망을 학습시킨다는 의미로 딥 러닝(Deep learning)이라고 한다.

다층 인공 신경망의 출력층은 단층 인공 신경망의 출력층과 동일하게 비용 함수를 정의하여 학습시킬 수 있다. 그러나 은닉층의 경우에는 실제값(레이블값)이 없기 때문에 비용 함수를 정의할 수 없다는 문제가 있으며, 이를 해결하기 위한 방법으로 오류 역전파(Backpropagation)이 고안되었다.

10.4.5 오류 역전파

오류 역전파는 출력층의 출력값과 비용 함수에서 계산된 오차 즉, $e = (y - \hat{y})$ 를 은닉층으로 역으로 전달하여 은닉층의 가중치를 조정한 후 갱신시키는 방법이다. 가중치 갱신은 식 (10.66)과 같다.

$$w' = w - \eta \frac{\partial E_{total}}{\partial w} \tag{10.65}$$

역전파에 의한 신경망 학습 과정에 대한 설명을 위해 [그림 10.24]와 같은 신경망을 고려해보자. 하나의 입력에 대해서 두 가지 출력이 가능한 신경망이며, 두 개의 은닉층과 활성화 함수로 시그모이드 함수를 사용한다. 설명의 편의상 바이어스는 없다.

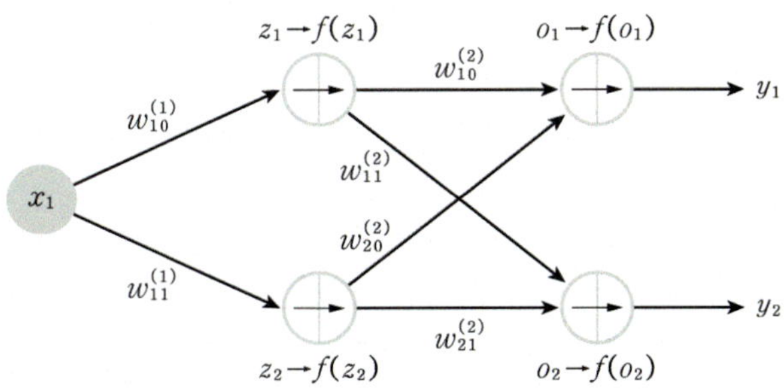

그림 10.24 오류 역전파를 위한 다층 신경망

입력 뉴런에 0.5가 입력될 때, 출력되는 실제값은 $y_1 = 0.3$, $y_2 = 0.7$이어야 한다. 초기 신경망의 가중치가 $w_{10}^{(1)} = 0.15$, $w_{11}^{(1)} = 0.2$, $w_{10}^{(2)} = 0.4$, $w_{11}^{(2)} = 0.5$ $w_{20}^{(2)} = 0.45$, $w_{21}^{(2)} = 0.55$이다.

은닉층의 뉴런에 전달되는 값은

$$
\begin{aligned}
z_1 &= w_{10}^{(1)}x_1 = 0.15 \cdot 0.5 = 0.075,\ f(z_1) = sigmoid(0.075) = 0.51874 \\
z_2 &= w_{11}^{(1)}x_1 = 0.2 \cdot 0.5 = 0.1,\ f(z_2) = sigmoid(0.1) = 0.52498 \\
o_1 &= w_{10}^{(2)}f(z_1) + w_{20}^{(2)}f(z_2) = 0.4(0.5187) + 0.45(0.5249) = 0.44374 \\
o_2 &= w_{11}^{(2)}f(z_1) + w_{21}^{(2)}f(z_2) = 0.5(0.5187) + 0.55(0.5249) = 0.54811
\end{aligned}
\tag{10.66}
$$

이고, 출력값은 다음과 같다.

$$
\begin{aligned}
f(o_1) &= sigmoid(0.4437) = 0.60915 \\
f(o_2) &= sigmoid(0.5480) = 0.63370
\end{aligned}
\tag{10.67}
$$

$y_1 = 0.3$이지만 $f(o_1) = 0.6091$ 이며, $y_2 = 0.7$이지만 $f(o_2) = 0.6336$ 이기 때문에, $f(o_1)$는 감소하는 방향으로 $f(o_2)$는 증가하는 방향으로 가중치를 조정해야 함을 알 수 있다.

출력층의 전체 오차는 평균 제곱 오차식을 이용하여 다음과 같이 구할 수 있다.

$$
\begin{aligned}
E_{total} &= \frac{1}{2}\sum_{i=1}^{2}(target_i - output_i)^2 \\
&= ((0.3 - 0.6091)^2)/2 + ((0.7 - 0.6337)^2)/2 \\
&= 0.04998
\end{aligned}
\tag{10.68}
$$

역전파를 수행할 때, 출력층에서 가까운 층부터 순서대로 계산되어 진행되므로 먼저 $w_{10}^{(2)}$, $w_{11}^{(2)}$, $w_{20}^{(2)}$, $w_{21}^{(2)}$가 E_{total}에 미치는 정도를 식 (10.70)과 같이 편미분을 수행하여 계산한다. 먼저 $w_{10}^{(2)}$이 E_{total}에 미치는 영향은 다음과 같이 구할 수 있다.

$$
\frac{\partial E_{total}}{\partial w_{10}^{(2)}} = \frac{\partial E_{total}}{\partial f(o_1)} \frac{\partial f(o_1)}{\partial o_1} \frac{\partial o_1}{\partial w_{10}^{(2)}}
\tag{10.69}
$$

식 (10.70)의 우변의 각 항은 다음과 같음을 알 수 있다.

$$\frac{\partial E_{total}}{\partial f(o_1)} = -(y_1 - f(o_1)) = -e_1$$

$$\frac{\partial f(o_1)}{\partial o_1} = f'(o_1) = f(o_1)[1 - f(o_1)] \tag{10.70}$$

$$\frac{\partial o_1}{\partial w_{10}^{(2)}} = f(z_1)$$

따라서, 식 (10.70)은 다음과 같이 나타낼 수 있다.

$$\begin{aligned}\frac{\partial E_{total}}{\partial w_{10}^{(2)}} &= \frac{\partial E_{total}}{\partial f(o_1)}\frac{\partial f(o_1)}{\partial o_1}\frac{\partial o_1}{\partial w_{10}^{(2)}} \\ &= -e_1 f'(o_1) f(z_1) = -\delta_{w_{10}^{(1)}} f(z_1)\end{aligned} \tag{10.71}$$

식 (10.72)를 신경망의 역전파 식 (10.66)에 대입하면 다음과 같다.

$$\begin{aligned}w_{10}^{(2)\prime} &= w_{10}^{(2)} - \eta\frac{\partial E_{total}}{\partial w_{10}^{(2)}} \\ &= w_{10}^{(2)} + \eta[e_1 f'(o_1) f(z_1)] \\ &= w_{10}^{(2)} + \eta\delta_{w_{10}^{(2)}} f(z_1)\end{aligned} \tag{10.72}$$

식 (10.67)에서 구한 값을 식 (10.72)에 대입하면

$$\begin{aligned}\frac{\partial E_{total}}{\partial w_{10}^{(2)}} &= -e_1 f'(o_1) f(z_1) = -e_1 f(o_1)[1 - f(o_1)] f(z_1) \\ &= -(0.3 - 0.6091)(0.6091)(1 - 0.6091)(0.5187) \\ &= 0.03818\end{aligned} \tag{10.73}$$

이다. 이 값을 식 (10.73)에 대입하면 새롭게 학습된 $w_{10}^{(2)\prime}$의 값을 구할 수 있다.

$$\begin{aligned}w_{10}^{(2)\prime} &= w_{10}^{(2)} - \eta\frac{\partial E_{total}}{\partial w_{10}^{(2)}} = w_{10}^{(2)} + \eta\delta_{w_{10}^{(2)}} f(z_1) \\ &= 0.4 - 0.5(0.0381) \\ &= 0.38091\end{aligned} \tag{10.74}$$

같은 방법으로 $w_{11}^{(2)}$, $w_{20}^{(2)}$, $w_{21}^{(2)}$에 대한 값을 다음과 같이 구할 수 있다.

$$\begin{aligned}
\frac{\partial E_{total}}{\partial w_{20}^{(2)}} &= \frac{\partial E_{total}}{\partial f(o_1)} \frac{\partial f(o_1)}{\partial o_1} \frac{\partial o_1}{\partial w_{20}^{(2)}} \\
&= -e_1 f'(o_1) f(z_2) = -\delta_{w_{20}^{(2)}} f(z_2) \\
&= -(0.3-0.6091)(0.6091)(1-0.6091)(0.5249) \\
&= 0.03864 \\[2ex]
\frac{\partial E_{total}}{\partial w_{11}^{(2)}} &= \frac{\partial E_{total}}{\partial f(o_2)} \frac{\partial f(o_2)}{\partial o_2} \frac{\partial o_2}{\partial w_{11}^{(2)}} \\
&= -e_2 f'(o_2) f(z_1) = -\delta_{w_{11}^{(2)}} f(z_1) \qquad (10.75) \\
&= -(0.7-0.6336)(0.6336)(1-0.6336)(0.5187) \\
&= -0.00798 \\[2ex]
\frac{\partial E_{total}}{\partial w_{21}^{(2)}} &= \frac{\partial E_{total}}{\partial f(o_2)} \frac{\partial f(o_2)}{\partial o_2} \frac{\partial o_2}{\partial w_{21}^{(2)}} \\
&= -e_1 f'(o_2) f(z_2) = -\delta_{w_{21}^{(2)}} f(z_2) \\
&= -(0.7-0.6336)(0.6336)(1-0.6336)(0.5249) \\
&= -0.00808
\end{aligned}$$

식 (10.76)에서 구한 값을 식 (10.73)을 이용하여 풀면 다음과 같이 새롭게 학습된 가중치 $w_{11}^{(2)\prime}$, $w_{20}^{(2)\prime}$, $w_{21}^{(2)\prime}$값을 구할 수 있다.

$$w_{20}^{(2)\prime} = w_{20}^{(2)} - \eta \frac{\partial E_{total}}{\partial w_{20}^{(2)}} = w_{20}^{(2)} + \eta [e_1 f'(o_1) f(z_2)]$$

$$= 0.45 + (0.5)(0.03864)$$

$$= 0.43068$$

$$w_{11}^{(2)\prime} = w_{11}^{(2)} - \eta \frac{\partial E_{total}}{\partial w_{11}^{(2)}} = w_{11}^{(2)} + \eta [e_1 f'(o_2) f(z_1)]$$

$$= 0.5 + (0.5)(-0.00807) \tag{10.76}$$

$$= 0.50399$$

$$w_{21}^{(2)\prime} = w_{21}^{(2)} - \eta \frac{\partial E_{total}}{\partial w_{21}^{(2)}} = w_{21}^{(2)} + \eta [e_1 f'(o_2) f(z_2)]$$

$$= 0.55 + (0.55)(-0.00798)$$

$$= 0.55404$$

출력층에 대한 가중치 갱신이 완료되었으므로, 다음으로 입력층에 대한 가중치 갱신을 진행한다. 앞의 단계에서 $w_{10}^{(2)}$이 전체 오차에 미치는 영향을 분석하여 새롭게 반영된 가중치를 구한 것과 같이, 먼저 $w_{10}^{(1)}$이 전체 오차에 미치는 영향을 구한다. 식 (10.70)과 마찬가지로 전체 오차에 대한 기여도는 다음과 같다.

$$\frac{\partial E_{total}}{\partial w_{10}^{(1)}} = \frac{\partial E_{total}}{\partial f(z_1)} \frac{\partial f(z_1)}{\partial z_1} \frac{\partial z_1}{\partial w_{10}^{(1)}} \tag{10.77}$$

그러나, 여기서 뉴런 z_1은 $w_{10}^{(2)}$과 $w_{11}^{(2)}$의 가중치로 연결되어 각각 뉴런 o_1과 o_2로 나누어져서 전체 오차에 기여하고 있다는 것이 이 앞의 단계와 다른 점이다. 따라서, 식 (10.78)은 출력층으로 연결되는 분리된 가중치가 미치는 오차 영향을 반영하여 다음과 같이 나타낼 수 있다.

$$\frac{\partial E_{total}}{\partial w_{10}^{(1)}} = \left(\frac{\partial E_{y_1}}{\partial f(z_1)} + \frac{\partial E_{y_2}}{\partial f(z_1)} \right) \frac{\partial f(z_1)}{\partial z_1} \frac{\partial z_1}{\partial w_{10}^{(1)}} \tag{10.78}$$

각 출력에 미치는 오차 영향에 대한 항은 다음과 같이 나타낼 수 있다.

$$\frac{\partial E_{y_1}}{\partial f(z_1)} = \frac{\partial E_{y_1}}{\partial f(o_1)} \frac{\partial f(o_1)}{\partial z_1} \frac{\partial z_1}{\partial w_{10}^{(1)}}$$

$$\frac{\partial E_{y_2}}{\partial f(z_1)} = \frac{\partial E_{y_2}}{\partial f(o_2)} \frac{\partial f(o_2)}{\partial z_2} \frac{\partial z_2}{\partial w_{10}^{(1)}} \tag{10.79}$$

앞에서 구한 값을 대입하여 정리하면

$$\frac{\partial E_{y_1}}{\partial f(z_1)} = -(0.3-0.609)(0.609)(1-0.609)(0.4) = 0.02944$$

$$\frac{\partial E_{y_2}}{\partial f(z_1)} = -(0.7-0.633)(0.633)(1-0.633)(0.5) = -0.00769 \tag{10.80}$$

이고, 식 (10.78)에 대입하면

$$\frac{\partial E_{total}}{\partial w_{10}^{(1)}} = (0.02944-0.00769)(0.24969)(0.15) = 0.00081 \tag{10.81}$$

이다. 따라서, 새롭게 학습된 $w_{10}^{(1)\prime}$은 다음과 같다.

$$w_{10}^{(1)\prime} = w_{10}^{(1)} - \eta \frac{\partial E_{total}}{\partial w_{10}^{(1)}} = 0.15 - 0.5(0.00081)$$

$$= 0.14959 \tag{10.82}$$

같은 방법으로 $w_{11}^{(1)}$의 오차 영향은 다음 식과 같다.

$$\frac{\partial E_{total}}{\partial w_{11}^{(1)}} = \left(\frac{\partial E_{y_1}}{\partial f(z_2)} + \frac{\partial E_{y_2}}{\partial f(z_2)} \right) \frac{\partial f(z_2)}{\partial z_2} \frac{\partial z_2}{\partial w_{11}^{(1)}}$$

$$\frac{\partial E_{y_1}}{\partial f(z_2)} = \frac{\partial E_{y_1}}{\partial f(o_1)} \frac{\partial f(o_1)}{\partial z_1} \frac{\partial z_1}{\partial w_{11}^{(1)}} \tag{10.83}$$

$$\frac{\partial E_{y_2}}{\partial f(z_2)} = \frac{\partial E_{y_2}}{\partial f(o_2)} \frac{\partial f(o_2)}{\partial z_2} \frac{\partial z_2}{\partial w_{11}^{(1)}}$$

앞에서와 마찬가지로 다음과 같이 $w_{11}^{(1)}$이 전체 오차에 미치는 영향을 구할 수 있다.

$$\frac{\partial E_{y_1}}{\partial f(z_1)} = -(0.3-0.609)(0.609)(1-0.609)(0.45) = 0.03312$$

$$\frac{\partial E_{y_2}}{\partial f(z_1)} = -(0.7-0.633)(0.633)(1-0.633)(0.55) = -0.00846 \tag{10.84}$$

$$\frac{\partial E_{total}}{\partial w_{11}^{(1)}} = (0.0031-0.0086)(0.2494)(0.2) = 0.00123$$

따라서, 새롭게 학습된 $w_{11}^{(1)\prime}$은 다음과 같다.

$$w_{11}^{(1)\prime} = w_{11}^{(1)} - \eta\frac{\partial E_{total}}{\partial w_{11}^{(1)}} = 0.2 - 0.5(-0.0003) \tag{10.85}$$
$$= 0.19938$$

새로운 가중치 값이 적용된 신경망 모델은 [그림 10.25]의 오른쪽 그림과 같다.

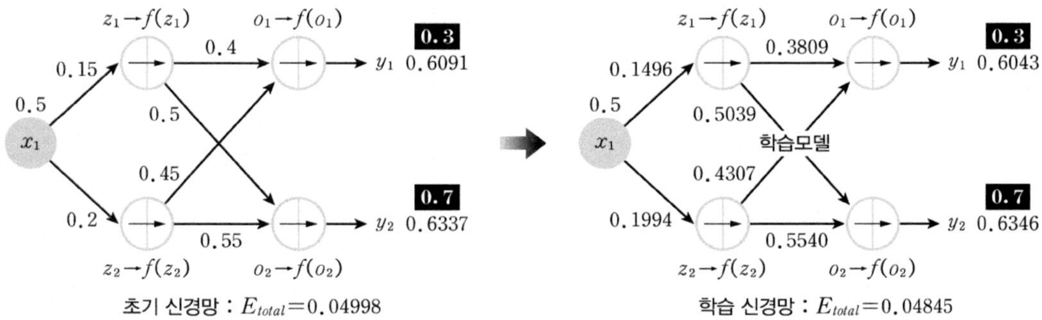

그림 10.25 초기 신경망 모델과 학습 후 신경망의 가중치 및 오차값 변화

초기 신경망을 1회 학습시킨 후 오차가 0.04988에서 004855로 감소한 것을 확인할 수 있다. 또한, $f(o_1)$은 0.6091에서 0.6043으로 감소하였으며, $f(o_2)$는 0.6337에서 0.6346으로 증가하였다. 이러한 학습 과정을 반복적으로 수행하여 오차가 일정한 수준에 머물게 되면, 출력값이 목표값에 가까운 값을 가지기 때문에, 신경망은 수렴하게 되면서 최적화가 이루어진다.

예제 10.3

[그림 10.26]의 신경망의 파라미터가 다음과 같을 때, 오차 역전파에 의하여 신경망을 학습시키시오.

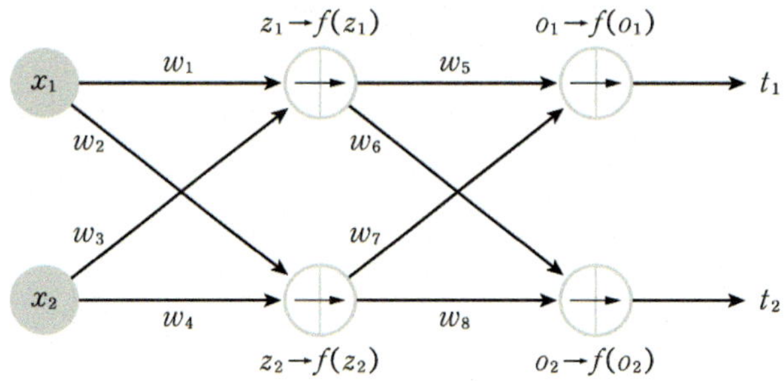

그림 10.26 두 개의 입력과 출력을 가지는 다층 신경망

신경망의 입력은 $x_1 = 0.05$, $x_2 = 0.1$이며, 출력의 목표값은 $t_1 = 0.01$, $t_2 = 0.99$이다. 가중치는 $w_1 = 0.2$, $w_2 = 0.15$, $w_3 = 0.25$, $w_4 = 0.3$, $w_5 = 0.35$, $w_6 = 0.4$, $w_7 = 0.45$, $w_8 = 0.5$이다.

풀이

앞에서 전개한 식을 참고하여 각 뉴런에 대한 역전파를 수행하면 다음과 같은 결과를 얻을 수 있다. 상세한 과정은 독자들의 몫으로 남긴다.

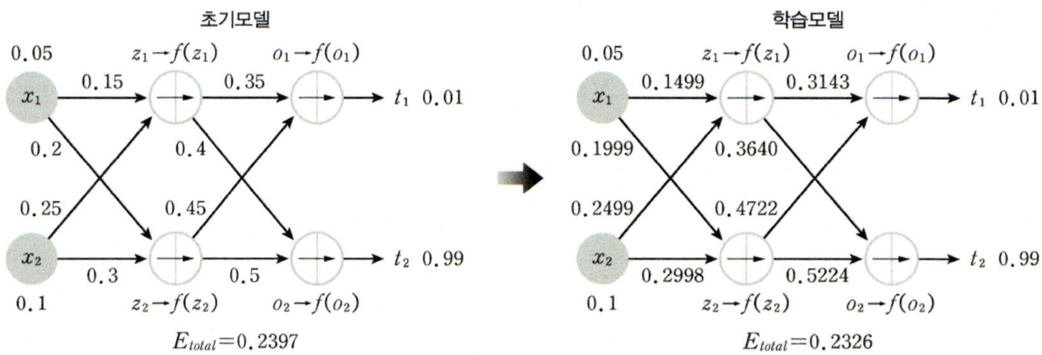

그림 10.27 두 개의 입력과 출력을 가지는 신경망 모델의 학습 결과

10.5 인공 지능 기반 매니퓰레이터 제어

이 절에서는 3자유도 매니퓰레이터에 대한 역기구학 해를 10.4절에서 소개한 인공 신경망을 기반으로 찾고, 이를 이용해서 주어진 경로를 추종할 수 있도록 인공 지능 기반의 제어기를 설계하는 방법에 대해서 논의한다.

10.5.1 학습 데이터

제4장에서 소개된 3자유도 매니퓰레이터와 파라미터는 [그림 10.28]과 같다. 링크계 표현과 관련된 전제는 동일하다.

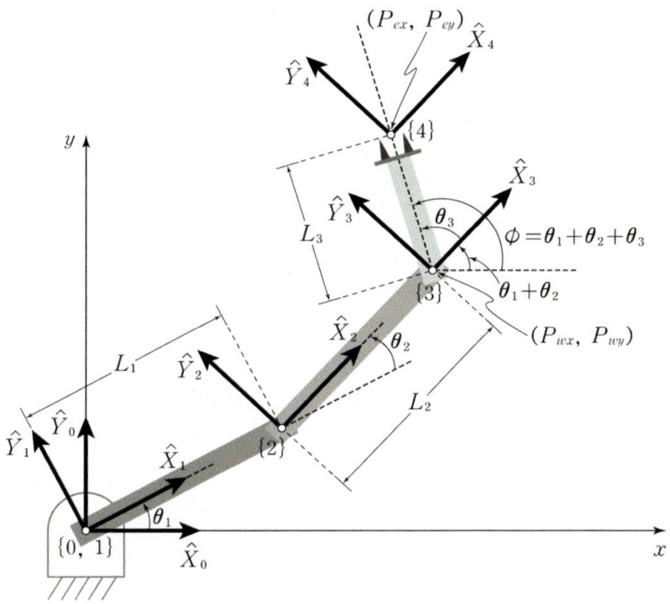

그림 10.28 3자유도 매니퓰레이터의 파라미터

말단 장치의 위치는 제4장의 식 (4.35)로부터 다음과 같이 정의된다.

$$
{}^0T_4 = \begin{bmatrix} c_{123} & -s_{123} & 0 & L_1c_1 + L_2c_{12} + L_3c_{123} \\ s_{123} & c_{123} & 0 & L_1s_1 + L_2s_{12} + L_3s_{123} \\ 0 & 0 & 1 & 0 \\ 0 & 0 & 0 & 1 \end{bmatrix}
$$

$$
= \begin{bmatrix} c_\phi & -s_\phi & 0 & x \\ s_\phi & c_\phi & 0 & y \\ 0 & 0 & 1 & 0 \\ 0 & 0 & 0 & 1 \end{bmatrix}
$$

단,

$$c_{123} = \cos(\theta_1 + \theta_2 + \theta_3), \; s_{123} = \sin(\theta_1 + \theta_2 + \theta_3)$$

$$\phi = \theta_1 + \theta_2 + \theta_3$$

$$c_\phi = c_{123}, \; s_\phi = s_{123}$$

$$\begin{aligned} x &= P_{ex} = L_1 c_1 + L_2 c_{12} + L_3 c_{123} \\ y &= P_{ey} = L_1 s_1 + L_2 s_{12} + L_3 s_{123} \end{aligned} \tag{10.86}$$

먼저 정기구학을 바탕으로 좌표 공간에서 임의의 위치에 매니퓰레이터가 도달할 수 있도록 해당 위치에 대응되는 관절의 조합을 [그림 10.29]와 같이 생성한다. 여기서 생성된 총 데이터의 개수는 1000개이다.

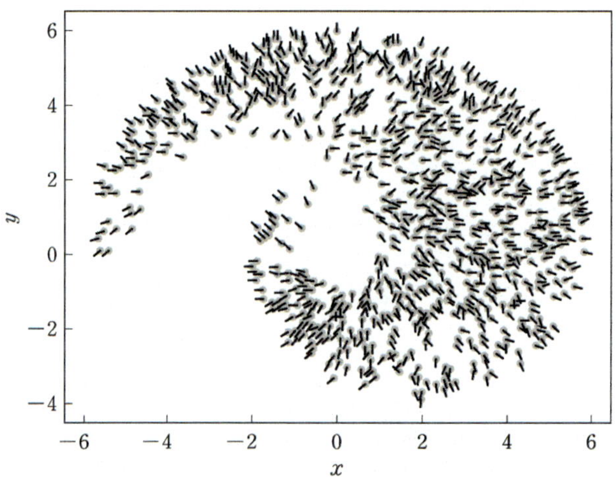

그림 10.29 신경망 학습을 위한 데이터

10.5.2 3자유도 매니퓰레이터를 위한 인공 신경망

매니퓰레이터의 인공 신경망 학습을 위한 입력 데이터는 매니퓰레이터의 자세를 나타내는 $P = (P_{ex}, P_{ey}, \theta)$ 이며, 목표 데이터는 매니퓰레이터의 관절각 벡터 $q = (q_1, q_2, q_3)$ 이다. 설명의 편의를 위해 $(\theta_1, \theta_2, \theta_3) = (q_1, q_2, q_3)$으로 대체되었음에 유의할 필요가 있다.

역기구학의 해는 같은 위치에 서로 다른 해가 존재할 수 있기 때문에 중복되는 데이터는 훈련 데이터에서 제외시킨다. 인공 신경망은 [그림 10.30]과 같이 다층 신경망으로 구성하며 은닉층은 100개의 뉴런과, 출력층은 관절각에 해당하는 3개의 뉴런으로 구성된다.

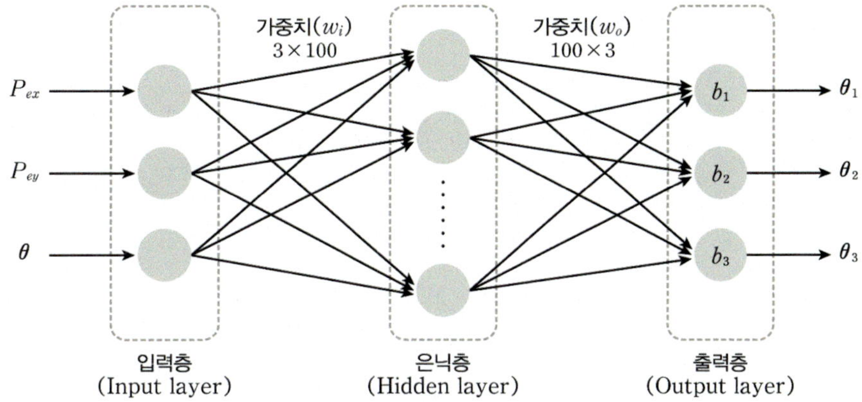

그림 10.30 3자유도 매니퓰레이터 제어를 위한 다층 신경망

또한, 은닉층의 활성화 함수는 쌍곡 탄젠트(Hyperbolic tangent)함수를 사용한다.

$$y = \tanh(x) = \frac{e^{2x}-1}{e^{2x}+1} \tag{10.87}$$

신경망을 이용한 매니퓰레이터의 각 관절에 대응되는 관절각의 계산식은 다음과 같이 나타낼 수 있다.

$$\begin{aligned} &\theta_i = w_{ij}^{(2)} \cdot \tanh(P \cdot w_{ij}^{(1)} + b_{ij}^{(1)}) + b_i^{(2)} \\ &\text{단}, i\{1,2,3\}, j = \{1,2,...,100\} \end{aligned} \tag{10.88}$$

10.5.3 인공 신경망 기반 궤적 추종 시뮬레이션

학습률(η)은 0.143으로 부여하고 배치(Batch) 사이즈는 20, 에포크(Epoch)는 10으로 설정하여 실행하면 총 50회의 가중치 업데이트가 일어나고, 10번째 에포크에서 수렴이 이루어져 매니퓰레이터 관절각에 대한 추정값이 완성된다.

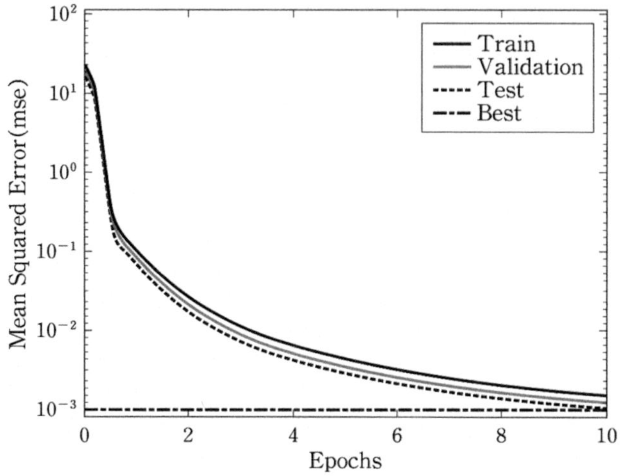

그림 10.31 신경망 학습에 의한 관절 오차

매니퓰레이터가 다음과 같이 학습된 추정 관절각을 이용하여 원의 중심이 (3,2)인 원궤적을 추종할 수 있도록 하기 위해서 다음과 같은 궤적을 생성한다.

$$(x-3)^2+(y-2)^2=1 \tag{10.89}$$

에포크 5회 이후 추종 결과와 학습이 완료된 후 최종적인 궤적 추종 결과는 [그림 10.32]와 같다.

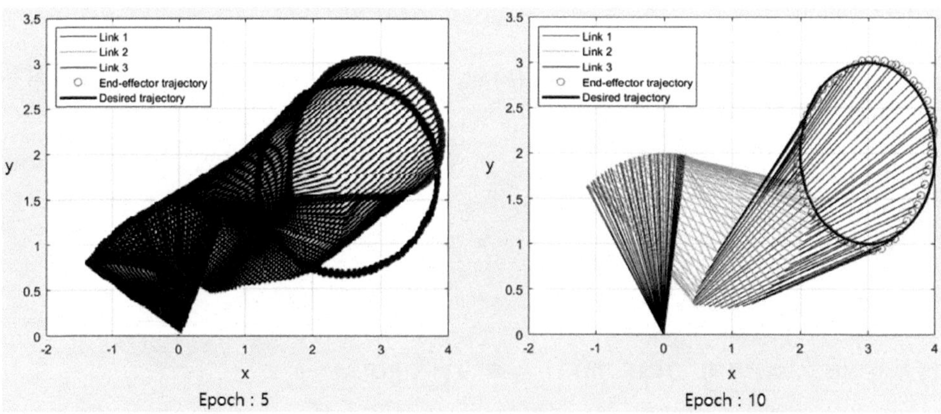

그림 10.32 신경망 학습에 의한 원궤적 추종 시뮬레이션 결과

10.6 딥 러닝 기반 매니퓰레이터 제어

최근 인공 지능의 급속한 발전으로 비주얼 서보잉 제어에서 가장 화두가 되는 것 중의 하나는, 매니퓰레이터에 부착된 카메라를 통해서 비정형적으로 놓여져 있는 물체들을 인식하고 각 물체를 잡을 수 있는 최적의 자세를 생성한 후, 해당 물체를 집어서 이동시키는 일련의 과정을 수행할 수 있는 제어 시스템에 대한 것이라고 할 수 있다. 이 절에서는 앞에서 다루었던 기본적인 내용들을 토대로 딥 러닝 기반의 매니퓰레이터 제어 방식에 대해서 간략하게 소개한다.

딥 러닝을 이용하는 매니퓰레이터 제어는 상당히 복잡한 내용이기 때문에 이 절에서 구체적으로 다루기에는 지면의 제약상 어려움이 있기 때문에, 기본적인 절차와 개념에 대해서 간단히 설명한다.

매니퓰레이터 제어를 위한 신경망 시스템은 2~3가지의 신경망으로 구성된다고 할 수 있다. 첫 번째는 물체 인식을 위한 신경망으로, 앞에서 언급된 이미지로부터 특징 정보들을 추출하고, 이를 이용하여 딥 러닝에서 사용되는 딥 뉴럴 네트워크(Deep neural network, DNN)나 합성곱 신경망(Convolution neural netwok, CNN) 등을 이용해서 해당 물체가 어떤 물체인지를 판별하는 역할을 한다.

두 번째는 물체를 잡기 위한 정보를 생성하기 위한 신경망으로, 사전에 다양한 물체에 대한 데이터를 이용하여 매니퓰레이터의 그리퍼가 각 물체를 잡기 위한 최적의 위치를 생성할 수 있도록 딥 리인포스 러닝(Deep reinforment learning, DRL) 등을 이용하여 학습시킨다.

세 번째, 신경망에서 인식된 물체는 물체의 위치나 방향 정보를 추정할 수 있는 정보를 포함하기 때문에, 이에 적절한 매니퓰레이터의 자세를 역 기구학이나, 앞에서 예시한 공간상의 위치에 대한 데이터 세트를 이용해서 신경망으로 매니퓰레이터의 역 기구학 해를 가지도록 할 수 있다.

딥 러닝 기반의 매니퓰레이터 제어에 대한 블록선도는 [그림 10.33]과 같이 나타낼 수 있다.

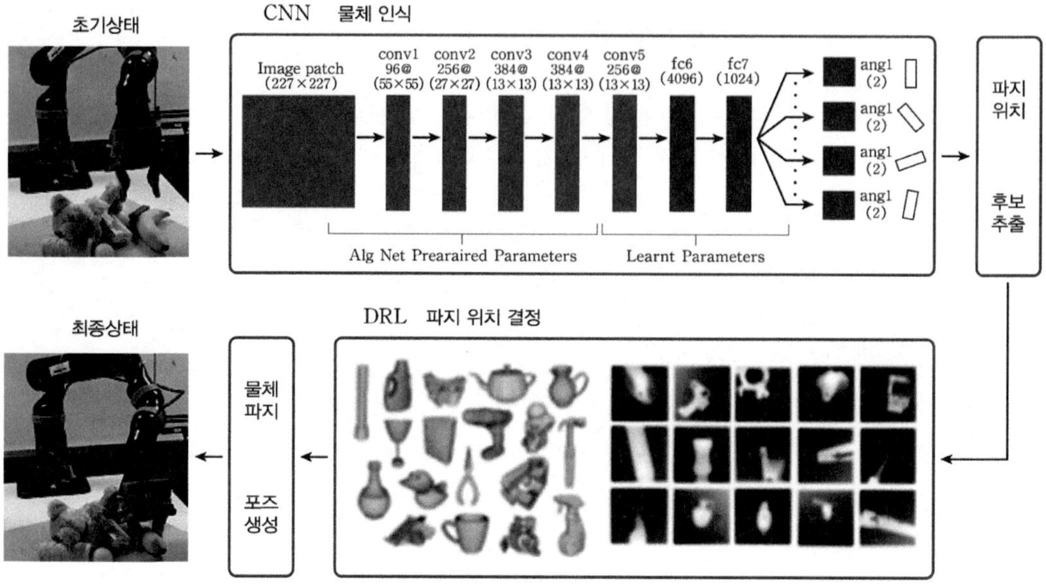

그림 10.33 딥 러닝을 이용한 매니퓰레이터의 물체 파지 제어 시스템 블록 선도

영상 처리를 위한 CNN이나 딥 러닝을 이용한 비주얼 서보잉 제어에 관한 내용은 이 장의 끝에 있는 참고 문헌을 참조하기 바란다.

Chapter 10 연습문제

10.1 특징점 검출을 위한 FAST(Feature from Accelerated Segment Test) 알고리즘에 대해서 조사하고 설명하시오.

10.2 FAST와 헤리스 코너 검출의 차이점을 설명하시오.

10.3 다음과 같은 이미지를 호모그래피 방법을 이용하여 변환시키는 파이썬 프로그램을 작성하시오.

원본 코너 특징점 변환 타겟 변환 결과

그림 10.34 호모그래피 매핑

10.4 [예제 10.2]에서 OR 연산을 수행하는 신경망을 완성하시오.

10.5 [예제 10.3]의 풀이 과정을 모두 완성하시오.

10.6 [10.5절]에 소개된 인공 신경망 기반의 궤적 추종을 위한 파이썬 프로그램을 작성하시오.

프로젝트 과제

10.6 다음과 같은 매니퓰레이터와 작업물이 알려져 있을 때, IBVS를 이용하여 매니퓰레이터의 말단이 목표물에 접촉할 수 있도록 매니퓰레이터의 자세를 결정하는 파이썬 프로그램을 작성하시오. 단, 그림과 같이 X축(빨강색)의 방향을 일치시키며 Z축을 마주보게 함으로써 물체를 터치할 수 있도록 매니퓰레이터의 자세를 생성해야 한다.

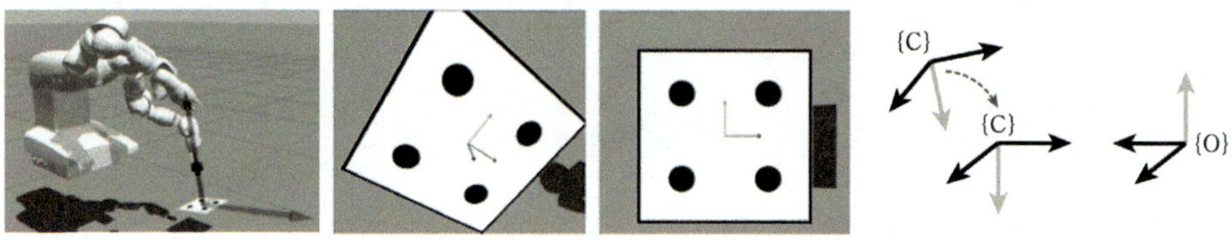

그림 10.35 IBVS를 이용한 매니퓰레이터 자세 제어

출처 및 참고문헌

1장

〈출처〉

그림 1.1 http://gsmaintelligence.com
그림 1.2 http://zdnet.co.kr
그림 1.3 http://lindahall.org/karel-capek-2
그림 1.4 https://www.factory2021.ru/
그림 1.5 https://asimo.honda.com/
그림 1.6 https://www.bostondynamics.com/
그림 1.7 https://eiec.kdi.re.kr/
그림 1.9 https://www.intuitive.com/
그림 1.10 https://www.bostondynamics.com/
그림 1.11 https://biz.nikkan.co.jp/eve/irex/
그림 1.12 https://www.nasa.gov
그림 1.13 https://www.ces.tech
그림 1.14 https://www.festo.com
그림 1.21 DC모터 구조 https://www.encyclopedia.com/
표 1.2 http://ettkorea.com/
그림 1.22~23 기어 로봇기구(설계와 응용), 박영제 김종형, 도서출판 영(YOUNG)
그림 1.25 https://servomotorgearbox.com/
그림 1.26 http://edge.rit.edu/
그림 1.27~28 https://www.nabtesco.de/de
그림 1.29~30 https://www.harmonicdrive.net/technology
그림 1.31 https://azine.kr
그림 1.32 https://smckorea.co.kr
그림 1.33~34 https://en.wikipedia.org/
그림 1.35 https://www.hepcoautomation.co.uk/
그림 1.36 https://www.pishrobot.com/
그림 1.37 https://www.epson.com/
그림 1.38 https://www.yaskawa.com/
그림 1.39 https://www.kuka.com/, https://www.universal-robots.com/
그림 1.40 https://images.app.goo.gl/DBBQb7fVDCs5JzPz6
그림 1.41 https://www.robotshop.com/

2장

〈출처〉

그림 2.8 https://www.kuka.com

그림 2.22 https://www.fanuc.com

그림 2.25 https://doi.org/10.3390/robotics8010015, Robotics, vol. 8, 1, MDPI, 2019

〈참고문헌〉

1. **Robotics: control, sensing, vision, and intelligence**, *K. S. Fu, R. C. Conzalez and C. S. G Lee*, McGraw-Hill Book Company, 1987
2. **Introduction to intelligent robotics 7th edition**, *Herman Bruyninckx and Joris De Schutter*, 2001
3. **Robot Dynamics and Control 2nd edition**, Mark W. Spong, Seth Hutchinson and M. Vidyasaga, Wiley, 2004
4. **Introduction to Robotics: Mechanism and analysis 3rd edition**, *John J. Craig*, Pearson Education International, 2005
5. **Control of Robot Manipulators in Joint space**, *R. Kelly and A. Loria*, Springer, 2005
6. **Robotics: modelling, planning and control**, *Bruno Siciliano, Lorenzo Sciavicco, Luigi Villani and Giuseppe Oriolo*, Springer, 2009
7. **Introduction to Robotics: analysis, control, applications 2nd edition**, S*aeed Benjamin Niku*, Wiley, 2010

3장

〈출처〉

그림 3.1 Types of kinematic joints in the design of machines, Bright hub engineering, 2008

그림 3.3 https://www.fanuc.com

그림 3.9 Mechpen robot https://tinkerlog.com/2019/08/27/mechpen/

그림 3.12 https://www.nexcom.com/

그림 3.15 https://www.pishrobot.com

그림 3.21 https://www.factory2021.ru/

그림 3.24 https://www.kuka.com

그림 3.25 https://www.universal-robots.com/

그림 3.27 https://www.universal-robots.com/

그림 3.28 https://www.universal-robots.com/

〈참고문헌〉

1. **Robotics: control, sensing, vision, and intelligence**, *K. S. Fu, R. C. Conzalez and C. S. G Lee*, McGraw-Hill Book Company, 1987
2. **Introduction to intelligent robotics 7th edition**, *Herman Bruyninckx and Joris De Schutter*, 2001
3. **Robot Dynamics and Control 2nd edition**, Mark W. Spong, Seth Hutchinson and M. Vidyasaga, Wiley, 2004
4. **Introduction to Robotics: Mechanism and analysis 3rd edition**, *John J. Craig*, Pearson Education International, 2005
5. **Control of Robot Manipulators in Joint space**, *R. Kelly and A. Loria*, Springer, 2005
6. **Robotics: modelling, planning and control**, *Bruno Siciliano, Lorenzo Sciavicco, Luigi Villani and Giuseppe Oriolo*, Springer, 2009
7. **Introduction to Robotics: analysis, control, applications 2nd edition**, S*aeed Benjamin Niku*, Wiley, 2010
8. **Introduction to Applied Linear Algebra**, *Stephen Boyd and Lieven Vandenberghe*, Cambridge university press, 2018
9. **지능형 로봇공학**, *문승빈, 고경철, 곽관웅, 강병훈, 이순걸, 김종형*, 사이텍미디어, 2010
10. **로봇공학의 이해**, *이석규, 도용택, 박창용, 이재원*, 시이텍미디어, 2013
11. **로봇공학**, *정슬*, 홍릉과학출판사, 2015
12. **Difference Between Denavit - Hartenberg (D-H) Classical And Modified Conventions For Forward Kinematics Of Robots With Case Study**, *Chennakesava Reddy Alavala*, International Conference on Advanced Materials and manufacturing Technologies, 2014
13. **Inverse Kinematics (IK) Solution of a Robotic Manipulator using PYTHON**, *R. Venkata Neeraj Kumar and 2R. Sreenivasulu*, Journal of Mechatronics and Robotics, 2019
14. **Kinematics of a UR5**, *Rasmus Skovgaard Andersen*, 2018
15. **Design of a Painting Robotic Cell for Industrial Applications**, *Atef A. ATA and Alaa ELEYAN*, ISITES2014, 2014
16. **Forward and inverse kinematics model for robotic welding process using KR16KS KUKA robot**, *Mahidzal Dahari and Jian-Ding Tan*, IEEE, 2011
17. **Kinematic and Dynamic Analysis of an Industrial Six-Axis Robotic Manipulator**, *Ashwin Misra and Ghanvir Singh*, Easychair, 2019.
18. **Multiple Configurations For Puncturing Robot Positioning**, *Omar Abdelaziz, Minzhou Luo, Guanwu Jiang and Saixuan Chen*, International Journal of Advance Robotics & Expert System, vol. 1(4), 2019

19. **The inverse kinematics of a 7R 6-degree-of-freedom robot with non-spherical wrist**, *Xuhao Wang, Dawei Zhang and Chen Zhao*, Advances in Mechanical Engineering, 2017
20. **Workspace Analysis of Two-link Planar Manipulator**, *Thu Zar, Phyo Wai Lin and Su Yin Win*, International Journal of Science and Engineering Applications, vol.8(8). 2019

4장

〈출처〉

그림 4.4　참고문헌 19번

그림 4.13　https://www.keralapool.com/

〈참고문헌〉

1. **Robotics: control, sensing, vision, and intelligence**, *K. S. Fu, R. C. Conzalez and C. S. G Lee*, McGraw-Hill Book Company, 1987
2. **Introduction to intelligent robotics 7th edition**, *Herman Bruyninckx and Joris De Schutter*, 2001
3. **Robot Dynamics and Control 2nd edition**, Mark W. Spong, Seth Hutchinson and M. Vidyasaga, Wiley, 2004
4. **Introduction to Robotics: Mechanism and analysis 3rd edition**, *John J. Craig*, Pearson Education International, 2005
5. **Control of Robot Manipulators in Joint space**, *R. Kelly and A. Loria*, Springer, 2005
6. **Robotics: modelling, planning and control**, *Bruno Siciliano, Lorenzo Sciavicco, Luigi Villani and Giuseppe Oriolo*, Springer, 2009
7. **Introduction to Robotics: analysis, control, applications 2nd edition**, *Saeed Benjamin Niku*, Wiley, 2010
8. **Introduction to Applied Linear Algebra**, *Stephen Boyd and Lieven Vandenberghe*, Cambridge university press, 2018
9. **지능형 로봇공학**, *문승빈, 고경철, 곽관웅, 강병훈, 이순걸, 김종형*, 사이텍미디어, 2010
10. **로봇공학의 이해**, *이석규, 도용택, 박창용, 이재원*, 시이텍미디어, 2013
11. **로봇공학**, *정슬*, 홍릉과학출판사, 2015
12. **Difference Between Denavit - Hartenberg (D-H) Classical And Modified Conventions For Forward Kinematics Of Robots With Case Study**, *Chennakesava Reddy Alavala*, International Conference on Advanced Materials and manufacturing Technologies, 2014

13. **Inverse Kinematics (IK) Solution of a Robotic Manipulator using PYTHON**, *R. Venkata Neeraj Kumar and 2R. Sreenivasulu*, Journal of Mechatronics and Robotics, 2019
14. **Kinematics of a UR5**, *Rasmus Skovgaard Andersen*, 2018
15. **Design of a Painting Robotic Cell for Industrial Applications**, *Atef A. ATA and Alaa ELEYAN*, ISITES2014, 2014
16. **Forward and inverse kinematics model for robotic welding process using KR16KS KUKA robot**, *Mahidzal Dahari and Jian-Ding Tan*, IEEE, 2011
17. **Kinematic and Dynamic Analysis of an Industrial Six-Axis Robotic Manipulator**, *Ashwin Misra and Ghanvir Singh*, Easychair, 2019.
18. **Multiple Configurations For Puncturing Robot Positioning**, *Omar Abdelaziz, Minzhou Luo, Guanwu Jiang and Saixuan Chen*, International Journal of Advance Robotics & Expert System, vol. 1(4), 2019
19. **The inverse kinematics of a 7R 6-degree-of-freedom robot with non-spherical wrist**, *Xuhao Wang, Dawei Zhang and Chen Zhao*, Advances in Mechanical Engineering, 2017
20. **Workspace Analysis of Two-link Planar Manipulator**, T*hu Zar, Phyo Wai Lin and Su Yin Win*, International Journal of Science and Engineering Applications, vol.8(8). 2019

5장

〈참고문헌〉

1. **Robotics: control, sensing, vision, and intelligence**, *K. S. Fu, R. C. Conzalez and C. S. G Lee*, McGraw-Hill Book Company, 1987
2. **Introduction to intelligent robotics 7th edition**, *Herman Bruyninckx and Joris De Schutter*, 2001
3. **Robot Dynamics and Control 2nd edition**, Mark W. Spong, Seth Hutchinson and M. Vidyasaga, Wiley, 2004
4. **Introduction to Robotics: Mechanism and analysis 3rd edition**, *John J. Craig*, Pearson Education International, 2005
5. **Control of Robot Manipulators in Joint space**, *R. Kelly and A. Loria*, Springer, 2005
6. **Robotics: modelling, planning and control**, *Bruno Siciliano, Lorenzo Sciavicco, Luigi Villani and Giuseppe Oriolo*, Springer, 2009
7. **Introduction to Robotics: analysis, control, applications 2nd edition**, S*aeed Benjamin Niku*, Wiley, 2010

8. **Introduction to Applied Linear Algebra**, *Stephen Boyd and Lieven Vandenberghe*, Cambridge university press, 2018
9. **지능형 로봇공학**, *문승빈, 고경철, 곽관웅, 강병훈, 이순걸, 김종형*, 사이텍미디어, 2010
10. **로봇공학의 이해**, *이석규, 도용태, 박창용, 이재원*, 시이텍미디어, 2013
11. **로봇공학**, *정슬*, 홍릉과학출판사, 2015
12. **Difference Between Denavit – Hartenberg (D-H) Classical And Modified Conventions For Forward Kinematics Of Robots With Case Study**, *Chennakesava Reddy Alavala*, International Conference on Advanced Materials and manufacturing Technologies, 2014
13. **Inverse Kinematics (IK) Solution of a Robotic Manipulator using PYTHON**, *R. Venkata Neeraj Kumar and 2R. Sreenivasulu*, Journal of Mechatronics and Robotics, 2019
14. **Kinematics of a UR5**, *Rasmus Skovgaard Andersen*, 2018
15. **Design of a Painting Robotic Cell for Industrial Applications**, *Atef A. ATA and Alaa ELEYAN*, ISITES2014, 2014
16. **Forward and inverse kinematics model for robotic welding process using KR16KS KUKA robot**, *Mahidzal Dahari and Jian-Ding Tan*, IEEE, 2011
17. **Kinematic and Dynamic Analysis of an Industrial Six-Axis Robotic Manipulator**, *Ashwin Misra and Ghanvir Singh*, Easychair, 2019.
18. **Multiple Configurations For Puncturing Robot Positioning**, *Omar Abdelaziz, Minzhou Luo, Guanwu Jiang and Saixuan Chen*, International Journal of Advance Robotics & Expert System, vol. 1(4), 2019
19. **The inverse kinematics of a 7R 6-degree-of-freedom robot with non-spherical wrist**, *Xuhao Wang, Dawei Zhang and Chen Zhao*, Advances in Mechanical Engineering, 2017
20. **Workspace Analysis of Two-link Planar Manipulator**, T*hu Zar, Phyo Wai Lin and Su Yin Win*, International Journal of Science and Engineering Applications, vol.8(8). 2019

6장

〈출처〉

표 6.1 https://namu.wiki/관성모멘트

그림 6.23 https://www.coppeliarobotics.com/ (구, V-REP)

〈참고문헌〉

1. **Robotics: control, sensing, vision, and intelligence**, *K. S. Fu, R. C. Conzalez and C. S. G Lee*, McGraw-Hill Book Company, 1987
2. **Introduction to intelligent robotics 7th edition**, *Herman Bruyninckx and Joris De Schutter*, 2001
3. **Robot Dynamics and Control 2nd edition**, Mark W. Spong, Seth Hutchinson and M. Vidyasaga, Wiley, 2004
4. **Introduction to Robotics: Mechanism and analysis 3rd edition**, *John J. Craig*, Pearson Education International, 2005
5. **Control of Robot Manipulators in Joint space**, *R. Kelly and A. Loria*, Springer, 2005
6. **Robotics: modelling, planning and control**, *Bruno Siciliano, Lorenzo Sciavicco, Luigi Villani and Giuseppe Oriolo*, Springer, 2009
7. **Introduction to Robotics: analysis, control, applications 2nd edition**, S*aeed Benjamin Niku*, Wiley, 2010
8. **Introduction to Applied Linear Algebra**, *Stephen Boyd and Lieven Vandenberghe*, Cambridge university press, 2018
9. **지능형 로봇공학**, *문승빈, 고경철, 곽관웅, 강병훈, 이순걸, 김종형*, 사이텍미디어, 2010
10. **로봇공학의 이해**, *이석규, 도용택, 박창용, 이재원*, 시이텍미디어, 2013
11. **로봇공학**, *정슬*, 홍릉과학출판사, 2015
12. **Difference Between Denavit – Hartenberg (D-H) Classical And Modified Conventions For Forward Kinematics Of Robots With Case Study**, *Chennakesava Reddy Alavala*, International Conference on Advanced Materials and manufacturing Technologies, 2014
13. **Inverse Kinematics (IK) Solution of a Robotic Manipulator using PYTHON**, *R. Venkata Neeraj Kumar and 2R. Sreenivasulu*, Journal of Mechatronics and Robotics, 2019
14. **Kinematics of a UR5**, *Rasmus Skovgaard Andersen*, 2018
15. **Design of a Painting Robotic Cell for Industrial Applications**, *Atef A. ATA and Alaa ELEYAN*, ISITES2014, 2014
16. **Forward and inverse kinematics model for robotic welding process using KR16KS KUKA robot**, *Mahidzal Dahari and Jian-Ding Tan*, IEEE, 2011
17. **Kinematic and Dynamic Analysis of an Industrial Six-Axis Robotic Manipulator**, *Ashwin Misra and Ghanvir Singh*, Easychair, 2019.
18. **Multiple Configurations For Puncturing Robot Positioning**, *Omar Abdelaziz, Minzhou Luo, Guanwu Jiang and Saixuan Chen*, International Journal of Advance Robotics & Expert System, vol. 1(4), 2019

19. **The inverse kinematics of a 7R 6-degree-of-freedom robot with non-spherical wrist**, *Xuhao Wang, Dawei Zhang and Chen Zhao*, Advances in Mechanical Engineering, 2017
20. **Workspace Analysis of Two-link Planar Manipulator**, T*hu Zar, Phyo Wai Lin and Su Yin Win*, International Journal of Science and Engineering Applications, vol.8(8). 2019
21. **KINEMATICS, STATICS, AND DYNAMICS OF TWO-DIMENSIONAL MANIPULATORS**, Patric Henry Winston and Richard Henry Brwon, Artificial Intelligence, MIT Press, 1992

7장

〈출처〉

그림 7.9 https://www.quanser.com/

〈참고문헌〉

1. **Robotics: control, sensing, vision, and intelligence**, *K. S. Fu, R. C. Conzalez and C. S. G Lee*, McGraw-Hill Book Company, 1987
2. **Introduction to intelligent robotics 7th edition**, *Herman Bruyninckx and Joris De Schutter*, 2001
3. **Robot Dynamics and Control 2nd edition**, Mark W. Spong, Seth Hutchinson and M. Vidyasaga, Wiley, 2004
4. **Introduction to Robotics: Mechanism and analysis 3rd edition**, *John J. Craig*, Pearson Education International, 2005
5. **Control of Robot Manipulators in Joint space**, *R. Kelly and A. Loria*, Springer, 2005
6. **Robotics: modelling, planning and control**, *Bruno Siciliano, Lorenzo Sciavicco, Luigi Villani and Giuseppe Oriolo*, Springer, 2009
7. **Introduction to Robotics: analysis, control, applications 2nd edition**, S*aeed Benjamin Niku*, Wiley, 2010
8. **Introduction to Applied Linear Algebra**, *Stephen Boyd and Lieven Vandenberghe*, Cambridge university press, 2018
9. **지능형 로봇공학**, *문승빈, 고경철, 곽관웅, 강병훈, 이순걸, 김종형*, 사이텍미디어, 2010
10. **로봇공학의 이해**, *이석규, 도용태, 박창용, 이재원*, 시이텍미디어, 2013
11. **로봇공학**, *정슬*, 홍릉과학출판사, 2015
12. **Difference Between Denavit – Hartenberg (D-H) Classical And Modified Conventions For Forward Kinematics Of Robots With Case Study**, *Chennakesava*

Reddy Alavala, International Conference on Advanced Materials and manufacturing Technologies, 2014

13. **Inverse Kinematics (IK) Solution of a Robotic Manipulator using PYTHON**, *R. Venkata Neeraj Kumar and 2R. Sreenivasulu*, Journal of Mechatronics and Robotics, 2019
14. **Kinematics of a UR5**, *Rasmus Skovgaard Andersen*, 2018
15. **Design of a Painting Robotic Cell for Industrial Applications**, *Atef A. ATA and Alaa ELEYAN*, ISITES2014, 2014
16. **Forward and inverse kinematics model for robotic welding process using KR16KS KUKA robot**, *Mahidzal Dahari and Jian-Ding Tan*, IEEE, 2011
17. **Kinematic and Dynamic Analysis of an Industrial Six-Axis Robotic Manipulator**, *Ashwin Misra and Ghanvir Singh*, Easychair, 2019.
18. **Multiple Configurations For Puncturing Robot Positioning**, *Omar Abdelaziz, Minzhou Luo, Guanwu Jiang and Saixuan Chen*, International Journal of Advance Robotics & Expert System, vol. 1(4), 2019
19. **The inverse kinematics of a 7R 6-degree-of-freedom robot with non-spherical wrist**, *Xuhao Wang, Dawei Zhang and Chen Zhao*, Advances in Mechanical Engineering, 2017
20. **Workspace Analysis of Two-link Planar Manipulator**, T*hu Zar, Phyo Wai Lin and Su Yin Win*, International Journal of Science and Engineering Applications, vol.8(8). 2019
21. **KINEMATICS, STATICS, AND DYNAMICS OF TWO-DIMENSIONAL MANIPULATORS**, Patric Henry Winston and Richard Henry Brwon, Artificial Intelligence, MIT Press, 1992

8장

〈출처〉

그림 8.1 https://www.mathworks.com/

〈참고문헌〉

1. **Robotics: control, sensing, vision, and intelligence**, *K. S. Fu, R. C. Conzalez and C. S. G Lee*, McGraw-Hill Book Company, 1987
2. **Introduction to intelligent robotics 7th edition**, *Herman Bruyninckx and Joris De Schutter*, 2001
3. **Robot Dynamics and Control 2nd edition**, Mark W. Spong, Seth Hutchinson and M. Vidyasaga, Wiley, 2004

4. **Introduction to Robotics: Mechanism and analysis 3rd edition**, *John J. Craig*, Pearson Education International, 2005
5. **Control of Robot Manipulators in Joint space**, *R. Kelly and A. Loria*, Springer, 2005
6. **Robotics: modelling, planning and control**, *Bruno Siciliano, Lorenzo Sciavicco, Luigi Villani and Giuseppe Oriolo*, Springer, 2009
7. **Introduction to Robotics: analysis, control, applications 2nd edition**, *Saeed Benjamin Niku*, Wiley, 2010
8. **Introduction to Applied Linear Algebra**, *Stephen Boyd and Lieven Vandenberghe*, Cambridge university press, 2018
9. **지능형 로봇공학**, *문승빈, 고경철, 곽관웅, 강병훈, 이순걸, 김종형*, 사이텍미디어, 2010
10. **로봇공학의 이해**, *이석규, 도용택, 박창용, 이재원*, 시이텍미디어, 2013
11. **로봇공학**, *정슬*, 홍릉과학출판사, 2015
12. **Difference Between Denavit – Hartenberg (D–H) Classical And Modified Conventions For Forward Kinematics Of Robots With Case Study**, *Chennakesava Reddy Alavala*, International Conference on Advanced Materials and manufacturing Technologies, 2014
13. **Inverse Kinematics (IK) Solution of a Robotic Manipulator using PYTHON**, *R. Venkata Neeraj Kumar and 2R. Sreenivasulu*, Journal of Mechatronics and Robotics, 2019
14. **Kinematics of a UR5**, *Rasmus Skovgaard Andersen*, 2018
15. **Design of a Painting Robotic Cell for Industrial Applications**, *Atef A. ATA and Alaa ELEYAN*, ISITES2014, 2014
16. **Forward and inverse kinematics model for robotic welding process using KR16KS KUKA robot**, *Mahidzal Dahari and Jian–Ding Tan*, IEEE, 2011
17. **Kinematic and Dynamic Analysis of an Industrial Six–Axis Robotic Manipulator**, *Ashwin Misra and Ghanvir Singh*, Easychair, 2019.
18. **Multiple Configurations For Puncturing Robot Positioning**, *Omar Abdelaziz, Minzhou Luo, Guanwu Jiang and Saixuan Chen*, International Journal of Advance Robotics & Expert System, vol. 1(4), 2019
19. **The inverse kinematics of a 7R 6–degree–of–freedom robot with non–spherical wrist**, *Xuhao Wang, Dawei Zhang and Chen Zhao*, Advances in Mechanical Engineering, 2017
20. **Workspace Analysis of Two–link Planar Manipulator**, *Thu Zar, Phyo Wai Lin and Su Yin Win*, International Journal of Science and Engineering Applications, vol.8(8). 2019
21. **KINEMATICS, STATICS, AND DYNAMICS OF TWO–DIMENSIONAL MANIPULATORS**,

Patric Henry Winston and Richard Henry Brwon, Artificial Intelligence, MIT Press, 1992

22. **MODERN ROBOTICS MECHANICS, PLANNING, AND CONTROL**, F.C PARK and K.M. LYNCH, Cambridge University Press, 2017

9장

〈출처〉

그림 9.5　https://www.faulhaber.com/

〈참고문헌〉

1. **Robotics: control, sensing, vision, and intelligence**, *K. S. Fu, R. C. Conzalez and C. S. G Lee*, McGraw-Hill Book Company, 1987
2. **Introduction to intelligent robotics 7th edition**, *Herman Bruyninckx and Joris De Schutter*, 2001
3. **Robot Dynamics and Control 2nd edition**, Mark W. Spong, Seth Hutchinson and M. Vidyasaga, Wiley, 2004
4. **Introduction to Robotics: Mechanism and analysis 3rd edition**, *John J. Craig*, Pearson Education International, 2005
5. **Control of Robot Manipulators in Joint space**, *R. Kelly and A. Loria*, Springer, 2005
6. **Robotics: modelling, planning and control**, *Bruno Siciliano, Lorenzo Sciavicco, Luigi Villani and Giuseppe Oriolo*, Springer, 2009
7. **Introduction to Robotics: analysis, control, applications 2nd edition**, S*aeed Benjamin Niku*, Wiley, 2010
8. **Introduction to Applied Linear Algebra**, *Stephen Boyd and Lieven Vandenberghe*, Cambridge university press, 2018
9. **지능형 로봇공학**, *문승빈, 고경철, 곽관웅, 강병훈, 이순걸, 김종형*, 사이텍미디어, 2010
10. **로봇공학의 이해**, *이석규, 도용택, 박창용, 이재원*, 시이텍미디어, 2013
11. **로봇공학**, *정슬*, 홍릉과학출판사, 2015
12. **Difference Between Denavit – Hartenberg (D-H) Classical And Modified Conventions For Forward Kinematics Of Robots With Case Study**, *Chennakesava Reddy Alavala*, International Conference on Advanced Materials and manufacturing Technologies, 2014
13. **Inverse Kinematics (IK) Solution of a Robotic Manipulator using PYTHON**, *R. Venkata Neeraj Kumar and 2R. Sreenivasulu*, Journal of Mechatronics and Robotics, 2019

14. **Kinematics of a UR5**, *Rasmus Skovgaard Andersen*, 2018
15. **Design of a Painting Robotic Cell for Industrial Applications**, *Atef A. ATA and Alaa ELEYAN*, ISITES2014, 2014
16. **Forward and inverse kinematics model for robotic welding process using KR16KS KUKA robot**, *Mahidzal Dahari and Jian-Ding Tan*, IEEE, 2011
17. **Kinematic and Dynamic Analysis of an Industrial Six-Axis Robotic Manipulator**, *Ashwin Misra and Ghanvir Singh*, Easychair, 2019.
18. **Multiple Configurations For Puncturing Robot Positioning**, *Omar Abdelaziz, Minzhou Luo, Guanwu Jiang and Saixuan Chen*, International Journal of Advance Robotics & Expert System, vol. 1(4), 2019
19. **The inverse kinematics of a 7R 6-degree-of-freedom robot with non-spherical wrist**, *Xuhao Wang, Dawei Zhang and Chen Zhao*, Advances in Mechanical Engineering, 2017
20. **Workspace Analysis of Two-link Planar Manipulator**, T*hu Zar, Phyo Wai Lin and Su Yin Win*, International Journal of Science and Engineering Applications, vol.8(8). 2019
21. **KINEMATICS, STATICS, AND DYNAMICS OF TWO-DIMENSIONAL MANIPULATORS**, Patric Henry Winston and Richard Henry Brwon, Artificial Intelligence, MIT Press, 1992
22. **MODERN ROBOTICS MECHANICS, PLANNING, AND CONTROL**, F.C PARK and K.M. LYNCH, Cambridge University Press, 2017
23. **Control System Engineering** 6th edition, NISE, 2016
24. **Modeling, Simulation and Control of 2-R Robot**, Aalim M. Mustafa and A AL_SAIF, Global Journal of Researches in Engineering: Robotics and Nano-tech, 2014
25. **Theory of robot control**, Carlos Canuda de Wit, Bruno Siciliano and Georges Bastin, Springer, 1996
26. **Automatic Control Systems** 10th edition, Farid Golnaraghi and Benjamin C. Kuo, 2016

10장

〈출처〉

그림 10.4 https://cuijinqiang.blogspot.com/

그림 10.18 신경뉴런 https://pixabay.com/

그림 10.33 Dex-Net 2.0 https://berkeleyautomation.github.io/dex-net/

〈참고문헌〉

1. **Robotics: control, sensing, vision, and intelligence**, *K. S. Fu, R. C. Conzalez and C. S. G Lee*, McGraw-Hill Book Company, 1987
2. **Introduction to intelligent robotics 7th edition**, *Herman Bruyninckx and Joris De Schutter*, 2001
3. **Robot Dynamics and Control 2nd edition**, Mark W. Spong, Seth Hutchinson and M. Vidyasaga, Wiley, 2004
4. **Introduction to Robotics: Mechanism and analysis 3rd edition**, *John J. Craig*, Pearson Education International, 2005
5. **Control of Robot Manipulators in Joint space**, *R. Kelly and A. Loria*, Springer, 2005
6. **Robotics: modelling, planning and control**, *Bruno Siciliano, Lorenzo Sciavicco, Luigi Villani and Giuseppe Oriolo*, Springer, 2009
7. **Introduction to Robotics: analysis, control, applications 2nd edition**, S*aeed Benjamin Niku*, Wiley, 2010
8. **Introduction to Applied Linear Algebra**, *Stephen Boyd and Lieven Vandenberghe*, Cambridge university press, 2018
9. **지능형 로봇공학**, *문승빈, 고경철, 곽관웅, 강병훈, 이순걸, 김종형*, 사이텍미디어, 2010
10. **로봇공학의 이해**, *이석규, 도용택, 박창용, 이재원*, 시이텍미디어, 2013
11. **로봇공학**, *정슬*, 홍릉과학출판사, 2015
12. **Difference Between Denavit – Hartenberg (D-H) Classical And Modified Conventions For Forward Kinematics Of Robots With Case Study**, *Chennakesava Reddy Alavala*, International Conference on Advanced Materials and manufacturing Technologies, 2014
13. **Inverse Kinematics (IK) Solution of a Robotic Manipulator using PYTHON**, *R. Venkata Neeraj Kumar and 2R. Sreenivasulu*, Journal of Mechatronics and Robotics, 2019
14. **Kinematics of a UR5**, *Rasmus Skovgaard Andersen*, 2018
15. **Design of a Painting Robotic Cell for Industrial Applications**, *Atef A. ATA and Alaa ELEYAN*, ISITES2014, 2014
16. **Forward and inverse kinematics model for robotic welding process using KR16KS KUKA robot**, *Mahidzal Dahari and Jian-Ding Tan*, IEEE, 2011
17. **Kinematic and Dynamic Analysis of an Industrial Six-Axis Robotic Manipulator**, *Ashwin Misra and Ghanvir Singh*, Easychair, 2019.
18. **Multiple Configurations For Puncturing Robot Positioning**, *Omar Abdelaziz, Minzhou Luo, Guanwu Jiang and Saixuan Chen*, International Journal of Advance Robotics & Expert System, vol. 1(4), 2019

19. **The inverse kinematics of a 7R 6-degree-of-freedom robot with non-spherical wrist**, *Xuhao Wang, Dawei Zhang and Chen Zhao*, Advances in Mechanical Engineering, 2017
20. **Workspace Analysis of Two-link Planar Manipulator**, T*hu Zar, Phyo Wai Lin and Su Yin Win*, International Journal of Science and Engineering Applications, vol.8(8). 2019
21. **KINEMATICS, STATICS, AND DYNAMICS OF TWO-DIMENSIONAL MANIPULATORS**, Patric Henry Winston and Richard Henry Brwon, Artificial Intelligence, MIT Press, 1992
22. **MODERN ROBOTICS MECHANICS, PLANNING, AND CONTROL**, F.C PARK and K.M. LYNCH, Cambridge University Press, 2017
23. **Control System Engineering** 6th edition, NISE, 2016
24. **Modeling, Simulation and Control of 2-R Robot**, Aalim M. Mustafa and A AL_SAIF, Global Journal of Researches in Engineering: Robotics and Nano-tech, 2014
25. **Theory of robot control**, Carlos Canuda de Wit, Bruno Siciliano and Georges Bastin, Springer, 1996
26. **Automatic Control Systems** 10th edition, Farid Golnaraghi and Benjamin C. Kuo, 2016
27. **Visual Control of Robots**, Peter Coke, CSIRO Division of Manufacturing Technology, 1996
28. **Visual servo control, Part I: Basic Approaches**, Francois Chaumette and Seth Hutchinson, IEEE Robotics and Automation Magazine, 2007
29. **An Image Based Visual Servo Approach with Deep Learning for Robotic Manipulation**, Jingshu Liu, Yuan Li, The 6th International Workshop on Advanced Computational Intelligence and Intelligent Informatics, 2019
30. **Training Deep Neural Networks for Visual Servoing**, Quentin Bateux, Eric Marchand, Jurgen Leitner, Francois Chaumette and Peter Corke, IEEE International Conference on Robotics and Automation, 2017
31. **Deep Learning**, Ian Goodfellow, Yoshua Bengio and Aaron Courville, MIT Press, 2016
32. **A Reinforcement Learning Neural Network for Robotic Manipulator Control**, Yazhou Hu and Bailu Si, Neural Computation 30, 2018